日本冷凍空調学会専門書シリーズ

冷凍サイクル制御

公益社団法人 日本冷凍空調学会

冷凍サイクル制御　発行にあたって

日本冷凍空調学会内に「冷媒制御技術委員会」が発足したのは2009年頃であり，その後「次世代冷凍システム技術委員会」に統合され，同委員会内の「冷媒制御WG」となって今日に続いている．本専門書は同委員会・冷媒制御WGが主体となって，2014年（平成26年）11月より出版準備作業を開始した．執筆者は合計45名，全4編9章構成である．

本書は日本冷凍空調学会専門書シリーズにおいて「冷媒圧縮機」・「冷媒の凝縮」に引き続き発行されるもので，「冷凍サイクル制御」に関するものである．本書の構成は初級・基礎編，中級・実践編，応用・製品編，システム編の全4編からなっている．さらに各章は　第1章 蒸気圧縮式冷凍サイクルの原理，第2章 構成要素（初級・基礎編），第3章 サイクルバランス，第4章 構成要素（中級・実践編），第5章 冷媒回路，第6章 応用製品，第7章 空調システム，第8章 ビルエネルギーマネジメントシステム，第9章 空調システムの今後の動向　より構成されている．

本書の中身は，昭和50年代のインバータエアコンの発売から火が付いた技術開発の足跡を示すものであり，各種製品群の冷媒制御に関わる技術展開をまとめたものである．たとえば電子膨張弁，COP競争からAPF競争への制御ポイントシフト，容量制御，運転範囲の拡大のための冷媒回路構成と制御によるバックアップ，省エネ制御，マルチ化対応制御，多機能化冷媒回路とその制御，ビル用マルチ型直膨空調機の制御，原価低減と制御開発コストの低減と短縮，R 407C混合冷媒の組成制御，ノンフロン化対応制御変更，ガス漏れ検知，故障診断，ネットワークとセキュリティ，快適性検知と制御，ファジー制御などが取り込まれていった具体的な応用製品とその技術を紹介したものである．

本書の執筆には45名もの執筆者の方々にご協力いただいた．特に第6章の応用製品では各社の最新技術の詳細が紹介されている．皆様にお礼を申し上げたい．その内容は6.1 ルームエアコン，6.2 ハウジングエアコン，6.3 店舗用エアコン，6.4 ビル用マルチエアコン，6.5 GHP，6.6 デシカント利用外調機，6.7 カーエアコン，6.8 列車用空調機，6.9 自動販売機，6.10 冷凍・冷蔵ショーケース，6.11 保冷車用冷凍空調機，6.12 冷蔵庫，6.13 給湯機，6.14 ターボ冷凍機，6.15 スクリューチラー，6.16 モジュールチラー　である．

最後に，現在も社会的要請によりIoT対応制御とセキュリティの兼合いおよび低GWP冷媒対応制御技術開発が必要となり，さらなる技術開発が続けられている．本書が関係者の参考になれば幸いである．

2018年11月

公益社団法人　日本冷凍空調学会
次世代冷凍システム技術委員会
委員長　松岡　文雄

冷凍サイクル制御　出版委員会　委員（50音順）

委員長	松岡　文雄	株式会社ヒートポンプ研究所
委　員	岡田　　覚	東芝キヤリア株式会社
	笠原　伸一	ダイキン工業株式会社
	金井　弘	パナソニック株式会社 アプライアンス社
	古谷野　赳弘	三菱電機株式会社
	斉藤　　玲	日本サン石油株式会社
	佐藤　雅文	JR 東日本コンサルタンツ株式会社
	鈴木　康司	三機工業株式会社
	関谷　禎夫	株式会社日立製作所
	大宮司　啓文	東京大学
	田崎　　茂	東テク株式会社
	中山　伸一	富士電機株式会社
	濱本　芳徳	九州大学
	平尾　豊隆	三菱重工サーマルシステムズ株式会社
	四十宮　正人	三菱電機株式会社

冷凍サイクル制御　執筆・校閲者一覧（50音順）

赤木　智	三菱電機株式会社
赤坂　亮	九州産業大学
伊藤　隆英	三菱重工業株式会社
井本　勉	日立ジョンソンコントロールズ空調株式会社
上田　憲治	三菱重工サーマルシステムズ株式会社
大内　共存	株式会社不二工機
大平　昭義	株式会社日立製作所
大矢　直弘	株式会社デンソー
岡　昌弘	ダイキン工業株式会社
岡田　覚	東芝キヤリア株式会社
尾形　豪太	株式会社デンソー
落合　秀也	東京大学
垣ケ原　里美	三機工業株式会社
笠井　一成	ダイキン工業株式会社
笠原　伸一	ダイキン工業株式会社
頭島　康博	株式会社日立製作所
金井　弘	パナソニック株式会社 アプライアンス社
鎌田　聰士	元・ダイキン工業株式会社
北出　幸生	ダイキン工業株式会社
北村　哲也	日立アプライアンス株式会社
斉藤　玲	日本サン石油株式会社
齊藤　克弘	三菱重工業株式会社
齊藤　信	三菱電機株式会社
佐藤　雅文	JR 東日本コンサルタンツ株式会社
柴田　稜威夫	元・三機工業株式会社
鈴木　康司	三機工業株式会社
関谷　禎夫	株式会社日立製作所
大宮司　啓文	東京大学
高山　司	東芝キヤリア株式会社
田崎　茂	東テク株式会社
田中　航祐	三菱電機株式会社
丹野　英樹	東芝キヤリア株式会社
東條　健司	東條技術士事務所
豊島　正樹	三菱電機株式会社
中田　成憲	三菱電機株式会社
中山　伸一	富士電機株式会社
能登原　保夫	株式会社日立製作所
配川　知之	ダイキン工業株式会社
橋本　公秀	三菱電機株式会社
濱本　芳徳	九州大学
平尾　豊隆	三菱重工サーマルシステムズ株式会社
平山　卓也	東芝キヤリア株式会社
福田　充宏	静岡大学
藤野　宏和	ダイキン工業株式会社
藤本　裕地	富士電機株式会社
舩倉　敏彦	東芝インフラシステムズ株式会社
前山　英明	三菱電機株式会社
町田　晋也	株式会社鷺宮製作所
松井　伸樹	ダイキン工業株式会社
松岡　文雄	株式会社ヒートポンプ研究所
松田　憲兒	日本冷凍空調工業会
松原　健	富士電機株式会社
宮良　明男	佐賀大学
守田　昌弘	富士電機株式会社
山下　植也	三機工業株式会社
四十宮　正人	三菱電機株式会社
渡辺　泰	三菱重工サーマルシステムズ株式会社

冷凍サイクル制御　目次

【 シ ス テ ム 編 】

第 7 章．空調システム

第1章．蒸気圧縮式冷凍サイクルの原理

1.1　冷凍の原理

1.1.1　エネルギー保存の法則

高い圧力の気体で満たされている容器から気体が放出されるとき，気体から熱が奪われることを経験的に知っている．膨張は短い時間で起こることから，周囲との熱のやり取りがなく，膨張の際に仕事はおこなわれないと考えると，熱力学第一法則より，このとき気体の内部エネルギーは変化しないことになる．熱力学第一法則とはエネルギー保存の法則であり，式 (1.1-1) によって表される．

$$dU = \delta Q + \delta W \tag{1.1-1}$$

ただし，dU は系の内部エネルギーの変化量，δQ は系が外部から受ける熱量，δW は系が外部から受ける仕事である※1．式 (1.1-1) は系の内部エネルギーの変化量は周囲と交換した熱量と仕事の和に等しいことを表している．高い圧力の気体で満たされている容器から気体が放出される例においては，$\delta Q = 0$ および $\delta W = 0$ と考えられるため，式 (1.1-1) より $dU = 0$ が成り立つ．系の圧力 p が一定で，体積が dV だけ変化するとき，系が外部から受ける仕事 δW は次式で表される．

$$\delta W = -pdV \tag{1.1-2}$$

式 (1.1-2) を式 (1.1-1) に代入すると，体積変化に伴う仕事を陽に表したエネルギー保存の法則が導かれる．

$$dU = \delta Q - pdV \tag{1.1-3}$$

定常的な流れのある系で流体のエネルギーを考えるときは，内部エネルギーの代わりにエンタルピーを用いるのが便利である．エンタルピー H は次式で定義される．

$$H = U + pV \tag{1.1-4}$$

ここで，エンタルピーの変化量は次式で表される．

$$dH = dU + pdV + Vdp \tag{1.1-5}$$

式 (1.1-5) を式 (1.1-3) に代入すると次式が導かれる．

$$dH = \delta Q + Vdp \tag{1.1-6}$$

今，**図 1.1-1** に示されるように，流体が体積 V，圧力差 dp の区間を定常的に流れる状況を考える．上流の断面 1 の圧力を p_1，下流の断面 2 の圧力を p_2 とすると，圧力差 dp は $dp = p_2 - p_1\ (< 0)$ で与えられる．

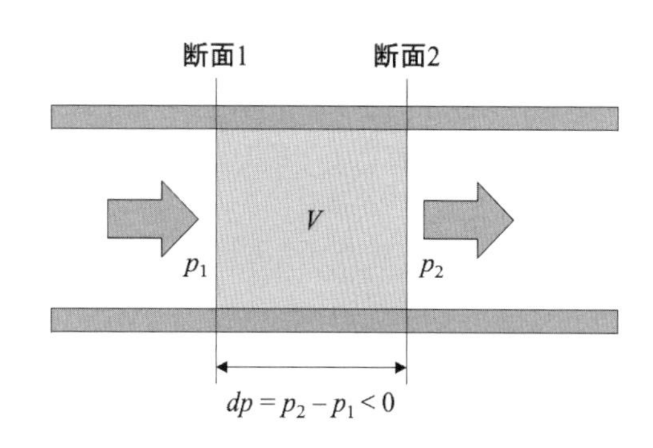

図 1.1-1　定常流れ

このとき，流体がこの区間で外部にする仕事は $-Vdp$ と表される．言い換えると，流体がこの区間で外部から受ける仕事 δW は次式で表される．

$$\delta W = Vdp \tag{1.1-7}$$

式 (1.1-7) を式 (1.1-6) に代入すると次式が導かれる．

$$dH = \delta Q + \delta W \tag{1.1-8}$$

式 (1.1-8) は，ある区間において流体のエンタルピーの変化量 dH は外部と交換した熱量 δQ と流体が外部から受ける仕事 δW の和に等しいことを表しており，定常流動系におけるエネルギー保存の法則を表しているといえる．はじめに，高圧の気体が容器から放出されるとき，気体から熱が奪われる現象を取り上げたが，同様に，**図 1.1-2** に示されるように高圧の流体が流路の狭くなっている部分（オリフィス部分）を通過すると，圧力が降下し，流体から熱が奪われる現象がある．この現象においても，短い時間で起こることから，外部と熱のやり取りがなく（$\delta Q = 0$），また，流体はオリフィス部を通過しただけで，外部から仕事を受けたり外部へ仕事をしたりしない（$\delta W = 0$）と考えられる．したがって，式 (1.1-8) より $dH = 0$ が成り立つ．この現象は等エンタルピー膨張，絞り膨張，あるいはジュール・トムソン膨張といわれ，蒸気圧縮式冷凍サイクルにおいて作動媒体の温度を下げる基本原理である．

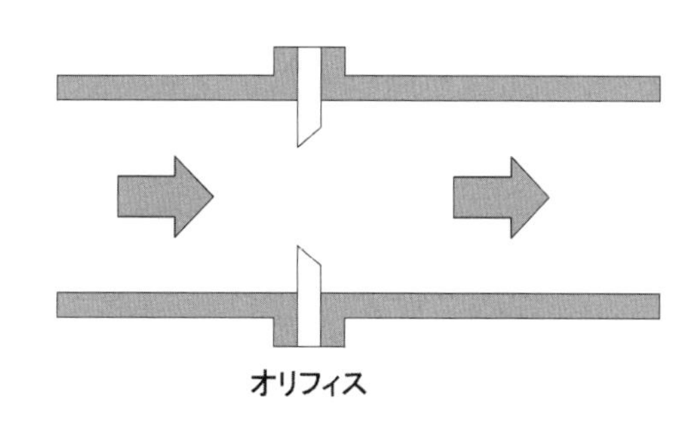

図 1.1-2　オリフィスを用いた絞り膨張

1.1.2　不可逆な断熱膨張

気体が内部エネルギーの変化がなく（$dU = 0$）膨張するとき，あるいは流体がエンタルピーの変化がなく（$dH = 0$）膨張するとき，気体あるいは流体の温度が低下する理由を考える[*1)]．はじめに，気体が内部エネルギーの変化がなく（$dU = 0$）膨張するときの温度低下について考える．内部エネルギー U を温度 T と体積 V の関数とすると，内部エネルギー U（T, V）の全微分は次式で与えられる．

$$dU = \left(\frac{\partial U}{\partial T}\right)_V dT + \left(\frac{\partial U}{\partial V}\right)_T dV \tag{1.1-9}$$

次に，式 (1.1-9) の右辺第一項，U の温度依存性（$\partial U / \partial T)_V$ について考える．式 (1.1-3) より V が一定のとき $dU = \delta Q$ なので次式が成り立つ．

$$\left(\frac{\partial U}{\partial T}\right)_V = \left(\frac{\delta Q}{\partial T}\right)_V \tag{1.1-10}$$

また，定積熱容量 C_V は次式のように定義される．

$$C_V \equiv \left(\frac{\delta Q}{\partial T}\right)_V \tag{1.1-11}$$

したがって，U の温度依存性（$\partial U / \partial T$）$_V$ は定積熱容量 C_V に等しいことがわかる．次に，式 (1.1-9) の右辺第二項，U の体積依存性（$\partial U / \partial V$）$_T$ について考える．もし，（$\partial U / \partial V$）$_T$ を温度，圧力などの状態量，およびそれらの状態量の微分によって表すことができれば，（$\partial U / \partial V$）$_T$ を定量的に評価することができる．ここではエントロピーという状態量 S に着目する．エントロピーの変化量 dS は温度 T において系の外部と可逆的に交換される熱量 δQ_{rev} を用いて以下のように定義される．

$$dS = \frac{\delta Q_{\mathrm{rev}}}{T} \tag{1.1-12}$$

不可逆過程で外部と交換される熱量 δQ_{irr} は常に可逆過程で交換される熱量 δQ_{rev} よりも少ないので，以下の不等式が成り立つ．

$$dS = \frac{\delta Q_{\mathrm{rev}}}{T} > \frac{\delta Q_{\mathrm{irr}}}{T} \tag{1.1-13}$$

特に孤立系では外部と熱交換がない（$\delta Q_{\mathrm{irr}} = 0$）ため，平衡に向かうすべての不可逆過程はエントロピーの増加（$dS > 0$）と結びついており，平衡に達したときエントロピーは最大になる．これが熱力学第二法則である．式 (1.1-13) はクラウジウスの不等式と呼ばれ，まさに熱力学第二法則を表している．式 (1.1-3) と式 (1.1-9) を式 (1.1-12) に代入すると，次式が得られる．

$$dS = \frac{1}{T}\left(\frac{\partial U}{\partial T}\right)_V dT + \left(\frac{1}{T}\left(\frac{\partial U}{\partial V}\right)_T + \frac{p}{T}\right) dV \tag{1.1-14}$$

また，エントロピーを温度 T と体積 V の関数とすると，エントロピー S（T, V）の全微分は次式で与えられる．

$$dS = \left(\frac{\partial S}{\partial T}\right)_V dT + \left(\frac{\partial S}{\partial V}\right)_T dV \tag{1.1-15}$$

式 (1.1-14) と式 (1.1-15) の係数を比較すると，式 (1.1-16) と式 (1.1-17) が得られる．

$$\left(\frac{\partial S}{\partial T}\right)_V = \frac{1}{T}\left(\frac{\partial U}{\partial T}\right)_V \tag{1.1-16}$$

$$\left(\frac{\partial S}{\partial V}\right)_T = \frac{1}{T}\left(\frac{\partial U}{\partial V}\right)_T + \frac{p}{T} \tag{1.1-17}$$

ところで，エントロピー S（T, V）と内部エネルギー U（T, V）は完全微分であるから，

$$\frac{\partial^2 S}{\partial T \partial V} = \frac{\partial^2 S}{\partial V \partial T} \tag{1.1-18}$$

$$\frac{\partial^2 U}{\partial T \partial V} = \frac{\partial^2 U}{\partial V \partial T} \tag{1.1-19}$$

が成り立たなければならない．式 (1.1-16) と式 (1.1-17) より以下の式が成り立つ．

$$\begin{aligned}\frac{\partial^2 S}{\partial T \partial V} &= \frac{\partial}{\partial V}\left(\left(\frac{\partial S}{\partial T}\right)_V\right)_T \\ &= \frac{\partial}{\partial V}\left(\frac{1}{T}\left(\frac{\partial U}{\partial T}\right)_V\right)_T \\ &= \frac{1}{T}\frac{\partial^2 U}{\partial T \partial V}\end{aligned} \tag{1.1-20}$$

$$\begin{aligned}\frac{\partial^2 S}{\partial V \partial T} &= \frac{\partial}{\partial T}\left(\left(\frac{\partial S}{\partial V}\right)_T\right)_V \\ &= \frac{\partial}{\partial T}\left(\frac{1}{T}\left(\frac{\partial U}{\partial V}\right)_T + \frac{p}{T}\right)_V \\ &= -\frac{1}{T^2}\left(\frac{\partial U}{\partial V}\right)_T + \frac{1}{T}\frac{\partial^2 U}{\partial V \partial T} - \frac{p}{T^2} + \frac{1}{T}\left(\frac{\partial p}{\partial T}\right)_V\end{aligned} \tag{1.1-21}$$

したがって，式 (1.1-18) - (1.1-21) より U の体積依存性（$\partial U / \partial V$）$_T$ は次式によって与えられる．

$$\left(\frac{\partial U}{\partial V}\right)_T = T\left(\frac{\partial p}{\partial T}\right)_V - p \tag{1.1-22}$$

U の温度依存性（$\partial U / \partial T$）$_V$ を表す式 (1.1-10) と式 (1.1-11)，および U の体積依存性（$\partial U / \partial V$）$_T$ を表す式 (1.1-22) を内部エネルギー U（T, V）の全微分を表す式 (1.1-9) に代

入すると，以下のようになる．

$$dU = C_V dT + \left(T\left(\frac{\partial p}{\partial T}\right)_V - p\right)dV \qquad (1.1\text{-}23)$$

したがって，$dU = 0$ のときは次式が成り立つ．

$$\left(\frac{dT}{dV}\right)_U = \frac{1}{C_V}\left(p - T\left(\frac{\partial p}{\partial T}\right)_V\right) \qquad (1.1\text{-}24)$$

ここで，気体の膨張に伴う温度変化を考察する．はじめに，理想気体について考える．理想気体とは気体を相互作用のない質点として記述することを特徴としており，以下の状態方程式が成り立つ．

$$pV = NkT \qquad (1.1\text{-}25)$$

ただし，p は圧力，V は体積，T は温度，N は気体の粒子数，k はボルツマン定数（$k = 1.38\times10^{-23}\mathrm{JK^{-1}}$）である．式 (1.1-25) より，$(\partial p/\partial T)_V = Nk/V = p/T$ であるから，この式を式 (1.1-24) に代入すると，$(\partial T/\partial V)_U = 0$ となる．すなわち，理想気体は膨張して体積が増加しても，温度は変わらないことがわかる．次に，ファン・デル・ワールス気体について考える．ファン・デル・ワールス気体とは実在気体のモデルの一つであり，次の状態方程式が成り立つ．

$$\left(p + a\left(\frac{N}{V}\right)^2\right)(V - bN) = NkT \qquad (1.1\text{-}26)$$

ただし，a は分子間の相互作用を表すパラメータ，b は分子の大きさを表すパラメータである．式 (1.1-26) より，$(\partial p/\partial T)_V = Nk/(V - bN) = (p + a(N/V)^2)/T$ であるから，この式を式 (1.1-24) に代入すると，

$$\left(\frac{dT}{dV}\right)_U = -\frac{a}{C_V}\left(\frac{N}{V}\right)^2 \qquad (1.1\text{-}27)$$

となる．分子間の相互作用を表すパラメータ a は正であるから $(\partial T/\partial V)_U < 0$ であり，すなわち膨張すると（$dV > 0$），温度が低下する（$dT < 0$）ことがわかる．ファン・デル・ワールス気体が膨張するとき，気体は外部に対して仕事をしなくても，気体分子間に働く分子間力（引力）に逆らって膨張する仕事により温度が低下すると解釈できる．一方，分子間力が働かない理想気体の場合は，気体は外部に対して仕事をしない場合は，気体の膨張により温度が低下することはない．

次に，流体がエンタルピーの変化がなく（$dH = 0$）膨張するときの温度低下，すなわち流体の絞り膨張による温度低下について考える．エンタルピーを温度 T と圧力 p の関数とすると，エンタルピー $H(T, p)$ の全微分は次式で与えられる．

$$dH = \left(\frac{\partial H}{\partial T}\right)_p dT + \left(\frac{\partial H}{\partial p}\right)_T dp \qquad (1.1\text{-}28)$$

式 (1.1-28) の右辺第一項，すなわち H の温度依存性 $(\partial H/\partial T)_p$ について，式 (1.1-6) より p が一定のとき $dH = \delta Q$ なので，次式が成り立つ．

$$\left(\frac{\partial H}{\partial T}\right)_p = \left(\frac{\delta Q}{\partial T}\right)_p \qquad (1.1\text{-}29)$$

また，定圧熱容量 C_p は次式のように定義される．

$$C_p \equiv \left(\frac{\delta Q}{\partial T}\right)_p \qquad (1.1\text{-}30)$$

したがって，H の温度依存性 $(\partial H/\partial T)_p$ は定圧熱容量 C_p に等しいことがわかる．一方，式 (1.1-28) の右辺第二項，H の圧力依存性 $(\partial H/\partial p)_T$ については，さきほど U の体積依存性 $(\partial U/\partial V)_T$ を考察したときと同様に式を変形して考察する．式 (1.1-6) と式 (1.1-28) を式 (1.1-12) に代入すると次式が得られる．

$$dS = \frac{1}{T}\left(\frac{\partial H}{\partial T}\right)_p dT + \left(\frac{1}{T}\left(\frac{\partial H}{\partial p}\right)_T - \frac{V}{T}\right)dp \qquad (1.1\text{-}31)$$

また，エントロピーを温度 T と圧力 p の関数とすると，エントロピー $S(T, p)$ の全微分は次式で与えられる．

$$dS = \left(\frac{\partial S}{\partial T}\right)_p dT + \left(\frac{\partial S}{\partial p}\right)_T dp \qquad (1.1\text{-}32)$$

式 (1.1-31) と式 (1.1-32) の係数を比較すると，式 (1.1-33) と式 (1.1-34) が得られる．

$$\left(\frac{\partial S}{\partial T}\right)_p = \frac{1}{T}\left(\frac{\partial H}{\partial T}\right)_p \qquad (1.1\text{-}33)$$

$$\left(\frac{\partial S}{\partial p}\right)_T = \frac{1}{T}\left(\frac{\partial H}{\partial p}\right)_T - \frac{V}{T} \qquad (1.1\text{-}34)$$

エントロピー $S(T, p)$ とエンタルピー $H(T, p)$ は完全微分であるから，

$$\frac{\partial^2 S}{\partial T \partial p} = \frac{\partial^2 S}{\partial p \partial T} \qquad (1.1\text{-}35)$$

$$\frac{\partial^2 H}{\partial T \partial p} = \frac{\partial^2 H}{\partial p \partial T} \qquad (1.1\text{-}36)$$

が成り立たなければならない．式 (1.1-33) と式 (1.1-34) より以下の式が成り立つ．

$$\frac{\partial^2 S}{\partial T \partial p} = \frac{1}{T} \frac{\partial^2 H}{\partial T \partial p} \tag{1.1-37}$$

$$\frac{\partial^2 S}{\partial p \partial T} = -\frac{1}{T^2}\left(\frac{\partial H}{\partial p}\right)_T + \frac{1}{T}\frac{\partial^2 H}{\partial p \partial T} + \frac{V}{T^2} - \frac{1}{T}\left(\frac{\partial V}{\partial T}\right)_p \tag{1.1-38}$$

したがって，式 (1.1-35) - (1.1-38) より H の圧力依存性 $(\partial H / \partial p)_T$ は次式によって与えられる．

$$\left(\frac{\partial H}{\partial p}\right)_T = V - T\left(\frac{\partial V}{\partial T}\right)_p \tag{1.1-39}$$

H の温度依存性（$\partial H / \partial T$）p を表す式 (1.1-29) と式 (1.1-30)，および H の圧力依存性（$\partial H / \partial p$）$_T$ を表す式 (1.1-39) をエンタルピー H（T, p）の全微分を表す式 (1.1-28) に代入すると，以下のようになる．

$$dH = C_p dT + \left(V - T\left(\frac{\partial V}{\partial T}\right)_p\right) dp \tag{1.1-40}$$

したがって，$dH = 0$ のときは次式が成り立つ．

$$\left(\frac{dT}{dp}\right)_H = \frac{1}{C_p}\left(T\left(\frac{\partial V}{\partial T}\right)_p - V\right) \tag{1.1-41}$$

等エンタルピー膨張はジュール・トムソン膨張とも言われ，$(\partial T / \partial p)_H$ はジュール・トムソン係数 μ と言われる．

$$\mu = \left(\frac{dT}{dp}\right)_H \tag{1.1-42}$$

ここで，流体の膨張に伴う温度変化を考察する．はじめに，理想気体について考える．式 (1.1-25) より，（$\partial V / \partial T$）$p = N\mathrm{k} / p = V / T$ であるから，この式を式 (1.1-41) に代入すると，$(\partial T / \partial p)_H = 0$ であることがわかる．すなわち，理想気体は等エンタルピーで膨張して圧力が降下しても，温度は変わらないことがわかる．次に，ファン・デル・ワールス気体について考える．今，一定の量（n モル）の気体について考える．モル数 n は、気体の粒子数を N，アボガドロ数を N_A としたとき，$n = N / N_A$ で定義される．ファン・デル・ワールスの状態式（式 (1.1-26)）は $V = NkT / p - N^2 a / (pV) + Nb + (N / V)^2 (Nab / p)$ と変形することができるが※2，この式の右辺の V に $V = NkT / p$（V の 0 次近似値），N に $N = N_A n$ を代入すると次式のようになる．

$$V = n\left(\frac{RT}{p} - \frac{A}{RT} + B + \frac{ABp}{R^2 T^2}\right) \tag{1.1-43}$$

ただし，R は気体定数（$R = N_A k$），A および B は $A = N_A{}^2 a$，および $B = N_A b$ で定義されるパラメータである．式 (1.1-43) について（$\partial V / \partial T$）p を求めると次式のようになる．

$$\left(\frac{\partial V}{\partial T}\right)_p = n\left(\frac{R}{p} + \frac{A}{RT^2} - \frac{2ABp}{R^2 T^3}\right) \tag{1.1-44}$$

式 (1.1-43) と式 (1.1-44) を式 (1.1-41) に代入すると，次式が導かれる．

$$\left(\frac{dT}{dp}\right)_H = \frac{3AB}{c_p R^2}\left(-\frac{R^2}{3A} + \frac{2R}{3BT} - \frac{p}{T^2}\right) \tag{1.1-45}$$

ただし，c_p は定圧モル比熱（$c_p = C_p / n$）である．(1.1-45) より（$\partial T / \partial p$）$_H = 0$ のとき次式が成り立つ．

$$p = -\frac{R^2}{3A}T^2 + \frac{2R}{3B}T \tag{1.1-46}$$

式 (1.1-46) を $p = f(T)$ と表し，式 (1.1-45) に代入すると，次式のようになる．

$$\left(\frac{dT}{dp}\right)_H = \frac{3AB}{c_p R^2}\frac{f(T) - p}{T^2} \tag{1.1-47}$$

ここで，f（T）は式 (1.1-46) によって与えられる温度 T についての二次関数である．**図 1.1-3(a)** は圧力－温度（$p - T$）平面上に曲線 $p = f$（T）（式 (1.1-46)）を描いた図を示している．式 (1.1-47) より，$p < f$（T）の領域においては（$\partial T / \partial p$）$_H > 0$ となり，すなわち等エンタルピー膨張で圧力が下がる（$dp < 0$）と温度も下がる（$dT < 0$）．一方，$p > f$（T）の領域においては（$\partial T / \partial p$）$_H < 0$ となり，すなわち等エンタルピー膨張で圧力が下がると温度は上がる．したがって，$p = f$（T）によって表される曲線は等エンタルピー膨張により温度が上昇から降下へ転じる点，すなわち逆転温度を表しており，逆転曲線と呼ばれる．図 1.1-3(a) より，ファン・デル・ワールス気体においては臨界圧力 $p_{max} = A / (3B^2)$ 以下で，各圧力に対して逆転温度が二つ存在する．また，逆転温度の最大値は最高逆転温度と呼ばれ，ファン・デル・ワールス気体においては $p = 0$ のとき，$T_{max} = 2A / (BR)$ である．

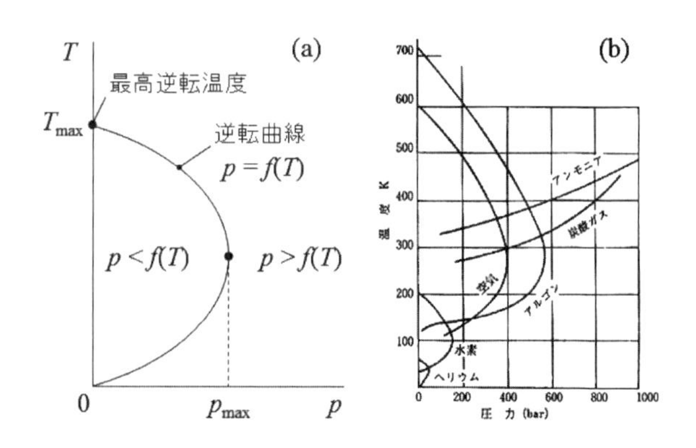

図 1.1-3　逆転曲線 (a) ファン・デル・ワールス気体の逆転曲線，(b) 各種物質の逆転曲線 [1)]

以上よりファン・デル・ワールス気体においては，パラメータ A が大きく，パラメータ B が小さいとき，等エンタルピー膨張により温度が下がる領域が広がることがわかる．また，式(1.1-47)より温度が低く，圧力が逆転曲線から離れて低くなるほど，等エンタルピー膨張による温度低下が大きくなることがわかる．等エンタルピー膨張においても，内部エネルギーを一定に保ちながらの膨張と同様に，作動媒体の分子間に働く分子間力（引力）に逆らって膨張する仕事により，作動媒体の温度が低下することがわかる．なお，**図 1.1-3(b)** には各種物質の逆転曲線が示されている．

1.2　冷凍サイクル

1.2.1　サイクル

物質がさまざまな変化を受けながらも元の状態に戻る過程をサイクルという[*2]．**図 1.2-1(a)** は熱機関サイクルを示している．この熱機関サイクルでは，作動媒体が高温熱源から $Q_{\rm H}$ の熱を受け取り，外部へ仕事 W をおこない，低温熱源に $Q_{\rm L}$ の熱を放出し，元の状態に戻る．サイクル前後で作動媒体の状態に変化がないため，熱力学第一法則より $\delta Q = -\delta W$ が成り立つ．したがって，サイクルのおこなう仕事 W は次式のように表される．

$$W = Q_{\rm H} - Q_{\rm L} \tag{1.2-1}$$

これは熱を仕事に変換するサイクルであるから熱機関サイクルと呼ばれる．熱機関サイクルの熱効率 η は次式で定義される．

$$\eta \equiv \frac{W}{Q_{\rm H}} \tag{1.2-2}$$

図 1.2-1(b) は冷凍サイクルを示している．この冷凍サイクルでは，作動媒体が低温熱源から $Q_{\rm L}$ の熱を受け取り，外部から仕事 W を受けて，高温熱源に $Q_{\rm H}$ の熱を与え，元の状態に戻る．ここで，低温熱源から熱を受け取ることを目的とするのが冷凍機であり，高温熱源に熱を与えることを目的とするのがヒートポンプである．冷凍機の性能を表す成績係数（coefficient of performance, COP）$\varepsilon_{\rm R}$ は外部からの仕事 W に対する受熱量 $Q_{\rm L}$ の比として次式で定義される．

$$\varepsilon_{\rm R} = \frac{Q_{\rm L}}{W} = \frac{Q_{\rm L}}{Q_{\rm H} - Q_{\rm L}} \tag{1.2-3}$$

一方，ヒートポンプの性能を表す成績係数 $\varepsilon_{\rm H}$ は外部からの仕事 W に対する放熱量 $Q_{\rm H}$ の比として次式で定義される．

$$\varepsilon_{\rm H} = \frac{Q_{\rm H}}{W} = \frac{Q_{\rm H}}{Q_{\rm H} - Q_{\rm L}} \tag{1.2-4}$$

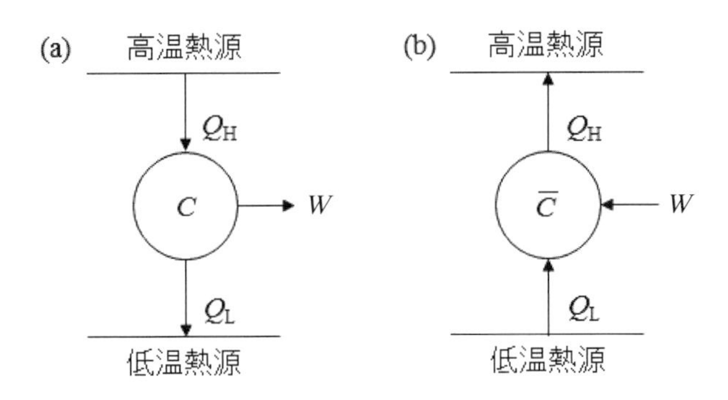

図 1.2-1　(a) 熱機関サイクル（C：サイクル）と (b) 冷凍サイクル（$\bar{C}$：逆サイクル）

1.2.2　カルノーサイクルと逆カルノーサイクル

二つの一定温度の熱源間に働く熱機関サイクルのうち，最も熱効率が高いのはカルノーサイクルである．**図 1.2-2(a)** はカルノーサイクルの温度－エントロピー（T–s）線図を示している．ここで，高温熱源の温度を $T_{\rm H}$，低温熱源の温度 $T_{\rm L}$ とする．また，エントロピー s は作動媒体の単位質量あたりのエントロピーとする．はじめに，作動媒体は外部から仕事を受けて断熱圧縮し，温度が $T_{\rm L}$ から $T_{\rm H}$ へ上昇する（状態 1 から状態 2）．次に，作動媒体は温度を一定（$T = T_{\rm H}$）に保ったまま高温熱源より熱を受け取りながら膨張し，エントロピーが s_1 から s_2 へ増大する（状態 2 から状態 3）．さらに，作動媒体は断熱膨張により外部へ仕事し，温度が $T_{\rm H}$ から $T_{\rm L}$ へ低下する（状態 3 から状態 4）．最後に，作動媒体は温度を一定（$T = T_{\rm L}$）に保ったまま低温熱源へ熱を放出しながら圧縮し，エントロピーが s_2 から s_1 へ減少し，元の状態に戻る（状態 4 から状態 1）．2 つの等温過程における作動媒体の単位質量あたりの受熱量 $q_{\rm H}$，および放熱量 $q_{\rm L}$ は，$\delta Q_{\rm rev} = TdS$（式(1.1-12)）の関係を積分することにより，次式のように求められる．

$$q_{\rm H} = T_{\rm H}(s_2 - s_1) \tag{1.2-5}$$

$$q_{\rm L} = T_{\rm L}(s_2 - s_1) \tag{1.2-6}$$

したがって，式(1.2-1)と式(1.2-2)より，カルノーサイクルの熱効率 $\eta_{\rm Carnot}$ は次式のように表される．

$$\eta_{\rm Carnot} = 1 - \frac{T_{\rm L}}{T_{\rm H}} \tag{1.2-7}$$

カルノーサイクルの熱効率は二つの熱源の温度のみによって決まることがわかる．カルノーサイクルでは，等温過程，断熱過程とも可逆過程を仮定している．すなわち温度差による伝熱や摩擦など不可逆過程で生じる損失を伴わず，熱から仕事への変換がおこなわれることを仮定している．

一方，二つの一定温度の熱源間に働く冷凍サイクルのうち，最も性能が高いのは逆カルノーサイクルである．**図 1.2-2(b)** は逆カルノーサイクルの T–s 線図を示している．逆カルノーサイクルも，カルノーサイクルと同様に二つの等温過程と，二つの断熱過程から成り立つ可逆サイクルである．しかし，T–s 線図における循環の向きが反対である．熱の授受も，カルノーサイクルと同様に二つの等温過程においておこなわれるが，低温熱源から受熱し，高温熱源へ放熱する点が異なる．また，仕事の入力はカルノーサイクルと同様に断熱圧縮過程（状態 1 から状態 2）でおこなわれる．作動媒体の単位質量あたりの受熱量 q_L，および放熱量 q_H は次式のように表される．

$$q_L = T_L(s_2 - s_1) \tag{1.2-8}$$

$$q_H = T_H(s_2 - s_1) \tag{1.2-9}$$

したがって，式 (1.2-3) と式 (1.2-4) より，逆カルノーサイクルの冷凍機の性能を表す成績係数 $\varepsilon_{R,\,Carnot}$ およびヒートポンプの性能を表す成績係数 $\varepsilon_{H,\,Carnot}$ は次式のように表される．

$$\varepsilon_{R,\,Carnot} = \frac{T_L}{T_H - T_L} \tag{1.2-10}$$

$$\varepsilon_{H,\,Carnot} = \frac{T_H}{T_H - T_L} \tag{1.2-11}$$

いずれの成績係数も二つの熱源の温度のみによって決まることがわかる．また，いずれの成績係数も二つの熱源の温度差が小さくなるほど大きくなることがわかる．

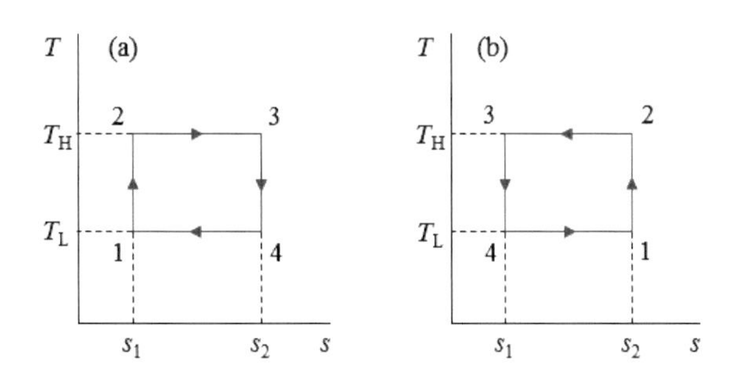

図 1.2-2　(a) カルノーサイクルと (b) 逆カルノーサイクルの温度－エントロピー（T–s）線図

1.2.3　蒸気圧縮式冷凍サイクル

一般的な蒸気圧縮式冷凍サイクルの構成は**図 1.2-3** に示される通りである [*3]．圧縮機，凝縮器，膨張弁，蒸発器の四つの要素から構成され，これらの要素間を作動媒体が循環する．冷凍サイクルの作動媒体は特に冷媒と言われる．**図 1.2-4(a)** と **(b)** はそれぞれ蒸気圧縮式冷凍サイクルの二種類のサイクル線図，温度－エントロピー（T–s）線図と圧力－エンタルピー（p–h）線図，を示している．ここで，エントロピー s，およびエンタルピー h はそれぞれ冷媒の単位質量あたりのエントロピー，およびエンタルピーとする．蒸気圧縮式冷凍サイクルの T–s 線図（図 1.2-4(a)）と逆カルノーサイクルの T–s 線図（図 1.2-2(b)）を比較すると，両者はよく似ていることがわかる．

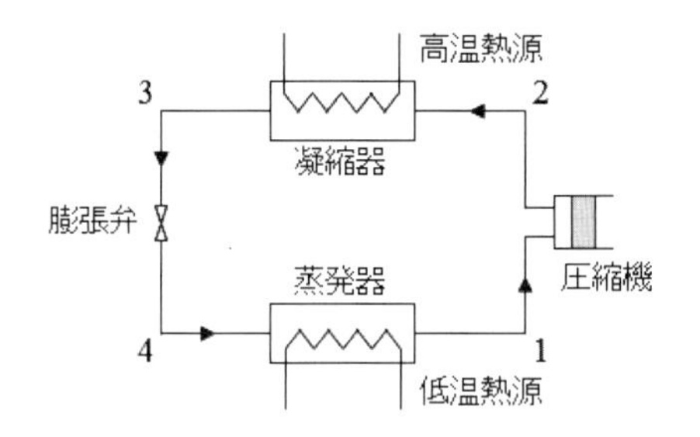

図 1.2-3　蒸気圧縮式冷凍サイクルの構成図

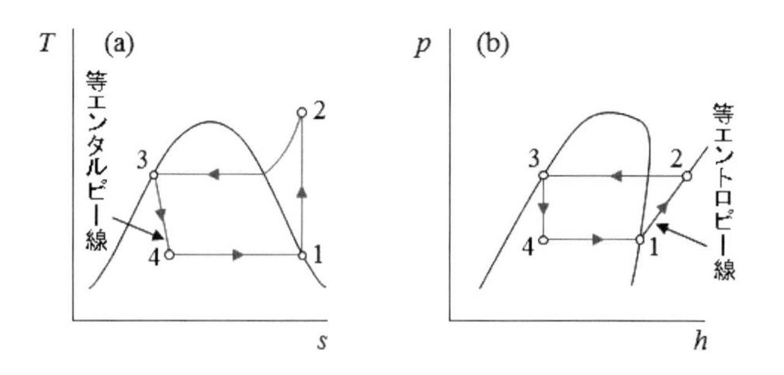

図 1.2-4　蒸気圧縮式冷凍サイクルの (a) 温度－エントロピー（T–s）線図と (b) 圧力－エンタルピー（p–h）線図

蒸気圧縮式冷凍サイクルのサイクル線図を説明する前に，冷媒の相と相平衡について説明する．一般的な蒸気圧縮式冷凍サイクルにおいて，冷媒は気相，液相，および気相と液相が共存する気液平衡状態のいずれかの状態をとる．実際の使用される冷媒には，複数の成分からなる混合冷媒などもあるが，ここでは，一成分の冷媒について考える．**図 1.2-5(a)** と **(b)** はそれぞれ冷媒の T–s 線図と p–h 線図を示している．

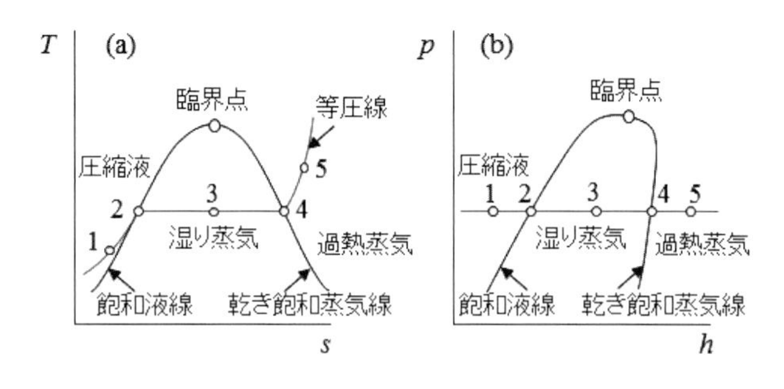

図 1.2-5　冷媒の (a) T–s 線図と (b) p–h 線図

今，臨界点の圧力より低い圧力で，圧力を一定に保ったまま冷媒を加熱することを考える．温度が低いとき冷媒は液相となる．この状態は圧縮液といわれる（状態 1）．加熱すると温度が上昇し，飽和液線上で冷媒は蒸発を開始する（状態 2）．蒸発が進むと気相と液相が共存する状態（気液平衡状態）となる．この状態は湿り蒸気といわれる（状態 3）．そして乾き飽和蒸気線上で冷媒の蒸発が完了する

(状態 4)．気液平衡状態においては，圧力が一定に保たれると，温度も一定に保たれる．さらに加熱すると，温度は再び上昇し，冷媒は気相となる．この状態は過熱蒸気といわれる（状態 5)．物質が気液平衡状態にあることを飽和状態にあるともいわれ，その温度，圧力はそれぞれ飽和温度，飽和圧力といわれる．

冷媒の相と相平衡を踏まえ，図 1.2-3 と図 1.2-4 を用いて，蒸気圧縮式冷凍サイクルの動作原理を説明する．圧縮機において，冷媒は断熱圧縮により低温，低圧の乾き飽和蒸気から高温, 高圧の過熱蒸気になる（状態 1 から状態 2)．圧縮機は電気モータやエンジンによって駆動され，この過程が外部からの仕事の入力過程となる．次に凝縮器において，冷媒は等圧冷却により，高圧の状態を保ったまま，過熱蒸気から飽和液になる（状態 2 から状態 3)．この過程で冷媒は高温熱源へ熱を放出する．膨張弁を通過するときに，冷媒は絞り膨張により高圧の飽和液から低圧の湿り蒸気になり，この膨張過程で冷媒の温度が低下する（状態 3 から状態 4)．最後に蒸発器において，冷媒は等圧加熱により，低圧の状態を保ったまま，湿り蒸気から乾き飽和蒸気になり，元の状態に戻る（状態 4 から状態 1)．この過程で冷媒は低温熱源から熱を受けとる．

圧縮機，凝縮器，蒸発器における，冷媒の単位質量あたりの入力仕事量，放熱量，受熱量を考える．冷媒が定常的に流れる場合は，ここで求めた値に質量流量を乗じることにより，圧縮機，凝縮器，蒸発器における単位時間あたりの入力仕事量，放熱量，受熱量を求めることができる．圧縮機においては，断熱（$\delta Q = 0$）で冷媒が圧縮されるので，エネルギー保存の法則（式 (1.1-8)）より $\delta W = dH$ が成り立つ．したがって，圧縮機仕事 w_{12} は次式のように表される．

$$w_{12} = h_2 - h_1 \tag{1.2-12}$$

凝縮器においては，等圧（$dp = 0$）で冷媒が冷却されるので，エネルギー保存の法則（式 (1.1-6)）より $\delta Q = dH$ が成り立つ．したがって，冷媒の高温熱源への放熱量 q_{23} は次式のように表される．

$$q_{23} = h_2 - h_3 \tag{1.2-13}$$

膨張弁においては，絞り膨張，すなわち等エンタルピー（$dH = 0$）で冷媒が膨張し，冷媒温度が低下する．このとき次式が成り立つ．

$$h_3 = h_4 \tag{1.2-14}$$

蒸発器においては，等圧（$dp = 0$）で冷媒が加熱される．凝縮器における状態変化の過程と同様に考え，冷媒の低温熱源からの受熱量 q_{41} は次式のように表される．

$$q_{41} = h_1 - h_4 \tag{1.2-15}$$

したがって，式 (1.2-3) と式 (1.2-4) より，蒸気圧縮式冷凍サイクルの性能を表す冷凍機としての成績係数 ε_R とヒートポンプとしての成績係数 ε_H はそれぞれ次式のように表される．

$$\varepsilon_R = \frac{q_{41}}{w_{12}} = \frac{h_1 - h_4}{h_2 - h_1} \tag{1.2-16}$$

$$\varepsilon_H = \frac{q_{23}}{w_{12}} = \frac{h_2 - h_3}{h_2 - h_1} \tag{1.2-17}$$

いずれの成績係数も，圧縮機，凝縮器，蒸発器における冷媒のエンタルピー差を用いて記述できることがわかる．したがって，図 1.2-4(b) に示されるように p–h 線図上に冷凍サイクルを描くと，入力仕事量，受熱量，放熱量，および動作条件，さらには冷凍サイクルの成績係数をわかりやすく表現することができる．冷媒の p–h 線図はモリエル線図とも言われ，冷凍サイクルの設計に用いられる．

※1　内部エネルギー U のような状態量は，ほかの状態量（例えば温度 T と体積 V）を変数とした関数，すなわち状態関数（たとえば $U(T, V)$）により表される．内部エネルギーの微小変化は状態関数 U の完全微分（全微分）なので dU と表記する（式 (1.1-9) 参照)．一方，熱量 Q と仕事 W は状態量ではない．その微小変化は変化の過程（経路）に依存する．数学的にいうと，熱量と仕事の微小変化は完全微分ではない．したがって，単なる微小を表す記号 δ を用いて，それぞれ δQ と δW と表記する．

※2　式 (1.1-26) から $V = NkT / p - N^2a / (pV) + Nb + (N / V)^2 (Nab / p)$ の導出方法を以下に示す．

$$\left(p + a\left(\frac{N}{V}\right)^2\right)(V - bN) = NkT$$

$$pV + a\left(\frac{N}{V}\right)^2 V - pbN - a\left(\frac{N}{V}\right)^2 bN = NkT$$

$$pV = NkT - a\left(\frac{N}{V}\right)^2 V + pbN + a\left(\frac{N}{V}\right)^2 bN$$

$$V = \frac{NkT}{p} - \frac{N^2 a}{pV} + Nb + \left(\frac{N}{V}\right)^2 \frac{Nab}{p}$$

引　用　文　献

1)　日本冷凍協会：「冷凍空調便覧」第 5 版，第 I 巻，p. 312，東京 (1993)．

参　考　文　献

*1)　W. グライナー, L. ナイゼ, H. シュテッカー（伊藤伸泰，青木圭子 訳)：「熱力学・統計力学」，pp. 1-120，丸善，東京 (2012)．

*2)　斎藤孝基：「応用熱力学」，pp. 19-37，東京大学出版会，東京 (1987)．

*3)　飛原英治：「熱力学 (JSME テキストシリーズ)」，pp. 147-177，日本機械学会，東京 (2002)．

（大宮司　啓文）

第2章. 構成要素（初級・基礎編）

2.1 冷媒

2.1.1 冷媒の役割

冷凍サイクルは熱エネルギーを低温の系から高温の系に移動させるシステムであり，このようなシステムの作動媒体として用いられるのが冷媒である．低温で冷媒を蒸発させることによって周囲から熱エネルギーを吸収した冷媒を，圧縮機で圧縮したのち，高温で凝縮させることによって周囲に熱エネルギーを放出する．実際の装置では膨張弁を組み合わせて低温側と高温側の圧力差をうまく調整することによって，蒸発器における熱エネルギーの吸収と凝縮器における熱エネルギーの放出を連続的におこなわせている．このような装置を蒸気圧縮式冷凍システムと呼び，現在，最も一般的な冷凍システムの形式である．蒸発器における熱エネルギーの吸収を主たる目的とする装置が冷凍機であり（空調用途では冷房運転），凝縮器における熱エネルギーの放出を主たる目的とする装置がヒートポンプである（空調用途では暖房運転）．本節では蒸気圧縮式冷凍システムに用いられる冷媒について説明する．

2.1.2 冷媒に求められる性質

冷媒に求められる性質は，第一に，冷凍機やヒートポンプが対象とする温度において適度な飽和蒸気圧や臨界点を持っていることである．現在，民生用の冷凍機や空調機に用いられている主な冷媒の標準沸点はほぼ−50 ℃から0 ℃の間にある．これよりも標準沸点が低い物質は冷凍システムが対象とする温度域での蒸気圧が高すぎる．一方，標準沸点が高い物質は蒸発圧力が低くなり，装置の大型化を招く．（高温用ヒートポンプや排熱回収ランキンサイクルでは沸点が0 ℃以上の作動媒体も用いられる．）

逆にこのような標準沸点を示す物質であれば原理的にはどのような物質であっても冷媒として使用可能であるが，実際の装置で使用するためには，安全性，環境への影響，コストなどの適切性も求められる．冷媒に求められる性質を列挙すると以下のようになる[*1]．

(1) 化学的性質

- 長期間にわたって使用条件下で分解や変質を起こさない．
- 装置材料の各種金属を腐食しない．
- 電気絶縁材料やシール材を侵さない．
- 潤滑油や冷凍機油と反応しない．
- 人体や環境への悪影響がない．
- 急性および慢性の毒性がない．
- 使用条件下で可燃性や爆発性がない．
- 大気中での残存寿命が短く，オゾン層破壊係数（Ozone Deplation Potential：ODP）や地球温暖化係数（Global Warming Potential：GWP）が小さい．

(2) 熱物性

- 融点が低く，液体領域が広い．
- 蒸発潜熱が大きい．
- 蒸気の比熱が小さい．
- 気液両相で粘性率が小さい．
- 気液両相で熱伝導率が大きい．
- 液体の表面張力が小さい．

(3) その他

- 冷凍機油との相溶性が良好である．
- 電気絶縁耐力が大きく，誘電損失が小さい．
- 漏れの検出が容易である．
- 低価格である．

しかしながら，このような多様な要求事項をすべて満たす冷媒は今のところ存在せず，種々の冷媒が用途ごとに使い分けられている．

2.1.3 冷媒の種類と命名法

表 2.1-1 は主な冷媒の性質をまとめたものである．過去に用いられていたものも含め，冷媒はその化学的特性により以下の3種類に大別される．

① 無機化合物（元素を含む）

表 2.1-1 主な冷媒の性質

冷媒名称	R 22	R 134a	R 32	R 600a	R 744	R 717	R 1234yf
分子量	86.5	102.0	52.0	58.1	44.0	17.0	114.0
標準沸点（℃）	-40.8	-26.1	-51.7	-11.7	-78.5	-33.3	-29.5
臨界温度（℃）	96.1	101.1	78.1	134.7	31.0	132.3	94.7
臨界圧力（MPa）	4.99	4.06	5.78	3.63	7.38	11.33	3.38
臨界密度（kg/m^3）	524	512	424	225	468	225	476
可燃性	不燃	不燃	微燃	可燃	不燃	可燃	微燃
GWP	1760[*3]	1300[*3]	677[*3]	4[*3]	1[*3]	<10[*3]	1[*4]

※冷媒物性はREFPROP[*2]に収録されている値である．

② 炭化水素（プロパン，イソブタン，ペンタンなど）
③ ハロゲン化炭化水素（フルオロカーボン類）

冷媒の中には長い正式名称や複雑な化学式を持つものも含まれているため，簡易的な命名規則に基づく冷媒番号が付されており，接頭辞「R」に続く 2 桁から 4 桁の数字によって冷媒が区別される．また，構造異性体などを区別するために数字の後に接尾辞を付す場合もある．以下，この命名規則 [*1)] の概略を述べる．

(1) ①に分類される冷媒は百の位を 7 とし，以下 2 桁を分子量とする．たとえば二酸化炭素は R 744，アンモニアは R 717 となる．
(2) ②および③に分類される冷媒は，炭素数が 4 以下の場合，以下のルールで 3 桁の数字を作る．
百の位：(炭素の数) − 1
十の位：(水素の数) ＋ 1
一の位：フッ素数
たとえば，プロパンは R 290 となり，1,1,1,2,2- ペンタフルオロエタンは R 125 となる．なお，百の位がゼロの場合（すなわち炭素の数が 1 個の場合）は 2 桁の数字とする．たとえば，ジフルオロメタンは R 32 となる．化学式を構成する原子の数がこの命名規則から導かれる原子の数よりも多い場合，不足したところには塩素が入る．たとえば，クロロジフルオロメタンは R 22 となり，2,2- ジクロロ -1,1,1- トリフルオロエタンは R 123 となる．
(3) ②の炭化水素のうち，炭素の数が 4 のブタンおよびイソブタンにはそれぞれ R 600 および R 600a が与えられている．
(4) ②の炭化水素のうち，不飽和炭化水素には千の位に二重結合の数を入れる．たとえばエチレンおよびプロピレンはそれぞれ R 1150 および R 1270 となる．
(5) ハロゲン化エタン系冷媒に構造異性体が存在する場合，各異性体について両炭素に結合している原子の原子量の和を求め，バランスの良いものから無印，a，b および c の接頭辞を付す．たとえば，ジクロロトリフルオロメタン (R 123) の 3 種類の構造異性体は以下のように区別されている．
R 123: $CHCl_2$-CF_3（2,2- ジクロロ -1,1,1- トリフルオロエタン）
R 123a: CHClF-$CClF_2$（1,2- ジクロロ -1,1,2- トリフルオロエタン）
R 123b: CHF_2-CCl_2F（1,1- ジクロロ -1,2,2- トリフルオロエタン）

炭素数が 3 のハロゲン化プロパン系冷媒やハロゲン化プロピレン系冷媒には多くの構造異性体が存在し，それを区別するためにさらに細分化された命名規則がある．それらについては文献 [*5,*6)] を参考にされたい．

2.1.4 冷媒と地球環境問題

冷凍サイクルの考え方自体は古くからあり，装置そのものも 19 世紀から存在していた．冷媒としては「とりあえず身近にあって冷媒として使えるもの」，すなわち，適当な蒸気圧を持ち，容易に蒸発・凝縮させることができるアンモニアや二酸化硫黄などが使われていた．しかしながら，これらの冷媒を安全に使用する技術が未成熟なこともあって事故が頻発していた．

20 世紀初頭に安全性の高いフルオロカーボン類が発明され，それらを冷媒として用いた冷凍機が普及した．それによって，食品の長期保存や長距離輸送が可能になった．さらに，電力の安定供給が可能になると，快適さを求めるための空調機も大きなものから小さなものまでさまざまなタイプが商品化され，広く普及した．また，フルオロカーボン類はその優れた化学的特性や安定性から，冷媒のみならず発泡剤や洗浄剤などの用途にも広く用いられるようになった．

ただし，フルオロカーボン類はあくまで人工的に合成されたものであるから，地球がそれを分解する能力は極めて低い．このことはオゾン層破壊という形で顕在化した．1987 年に採択されたモントリオール議定書では，オゾン層破壊の元凶である塩素原子を含んだクロロフルオロカーボン（CFC）の全廃およびハイドロクロロフルオロカーボン（HCFC）の段階的削減が決定した．

しかしながら，この問題は比較的早期に解決された．なぜならば，塩素原子を含まないフルオロカーボン類であるハイドロフルオロカーボン（HFC，代替フロン）がすでに開発されており，先進国においては，HFC を用いた冷凍機や空調機による従来機の置換えが短期間に完了したためである． HFC は燃焼性が CFC や HCFC に比してやや高いなどの欠点はあるが，オゾン層破壊に全く関与せず，基本的な性質は CFC や HCFC によく似ている．したがって，従来の機器を少し変更するだけで HFC に対応させることが可能であった．我が国では 2000 年を迎えるころには，冷凍空調機器の冷媒はほぼ全て HFC に置き換わった．加えて，HFC に特化した圧縮機や冷凍機油の開発，インバータの登場，熱交換器の設計技術の向上などによって機器性能が著しく向上した．

ところが，21 世紀に入ってから新たな問題がクローズアップされるようになった．大気中の温室効果ガスの濃度上昇による地球温暖化問題である．最も排出量の多い温室効果ガスである二酸化炭素はあらゆる生産活動の最終生成物ともいえるものであり，その排出量を大幅に削減することは経済発展を停滞させることにも繋がる．また国や地域の複雑な利害関係もあり，世界規模での削減は極めて困難である．こうした事情を受け，温室効果ガスの中でも削減効果が大きいものから削減していこうということになり，二酸化炭素の数百倍から数千倍の温室効果（GWP）を持っている HFC が，大気への排出量は二酸化炭素よりも遥かに少ないものの，各国に削減義務が課せられることとなった．2005 年に発効した京都議定書にも，HFC の削減が盛り込まれた．

現在進められている冷媒開発には，非常に厳しい要件が課せられている．すなわち，オゾン層破壊に関与しない，GWP がゼロ（もしくは極めて小さい），毒性がない，不燃性，大量生産可能，などである．特に，GWP が小さいことが重要視されており，新冷媒＝低 GWP 冷媒である．これまでに新しい冷媒候補物質がいくつか発表されているものの，そのような要件を全て満たす冷媒は今のところ見つかっていない．さらに，国や地域による環境保全に対する考え方の違いや，先行者利益を目論む企業間競争によって，問題がより複雑化している．次項では現在進められている低 GWP 冷媒の開発状況について述べる．

2.1.5 現在の冷媒開発状況

かつては R 22 や R 134a といった「万能冷媒」があり，さまざまな温度域の冷凍空調機器で使うことができた．しかし，上で列挙したような厳しい要求がある以上，今後はそのような万能冷媒が登場することは考えにくい．したがって，さまざまな冷媒が用途に応じて使い分けられている．

近年，オゾン層破壊に関与せず GWP も極めて小さいフルオロカーボン類として注目されているのが HFO（ハイドロフルオロオレフィン）である．HFO はその構造中に二重結合を有し，大気中に放出された場合の寿命が HFC に比べて短い．そのため GWP はおおよそ 10 以下である．HFO はさまざまな構造のものが開発され，冷媒としての評価がおこなわれてきた．中でも R 1234yf および R 1234ze(E) の二つは先に述べた要件をかなりの部分満たしており，一部はすでに実用化されている．HFO の開発は米国および日本を中心におこなわれている．

一方で，古くから環境保全の意識が高いヨーロッパでは，二酸化炭素，アンモニア，プロパンなどの冷媒（自然冷媒）を使う動きもある．

また，これまでの開発では，単一冷媒ではなかなか良いものが見つかっていないため，二種類以上の冷媒を混合した混合冷媒も検討されている．混合冷媒は単一冷媒に比べて取扱いが難しく，共沸冷媒や各成分の沸点が近い擬似共沸冷媒を除いてあまり積極的に使われていなかった．

(1) 家庭用冷蔵庫

一般家庭用の小型冷蔵庫は最も早くから低 GWP 冷媒に切り替わった分野である．以前は主に HFC である R 134a が使われていたが，現在，国産の家庭用冷蔵庫はすべて炭化水素（HC）のイソブタン（R 600a，GWP = 4）に置き換わっている．家庭用冷蔵庫の冷媒充填量はたかだか 100 g 程度であり，充填自体は製造過程でおこなわれるため可燃性冷媒でも問題は少ない．

(2) カーエアコン

カーエアコン用途においては，2006 年の欧州 F ガス規制により，定置式の空調機よりも早く低 GWP 冷媒の開発が進んだ．最も期待できる低 GWP 冷媒として発表されたものが R 1234yf である．発表された当初は冷媒そのもののコストが非常に高いことや，それまで広く使われていた R 134a と比べた場合の性能低下などが問題視された．しかし，冷媒のコストも徐々に下がり，また圧縮機などの最適化が進んだことにより性能低下の問題もある程度解消された．現在では多くの自動車に搭載されるようになった．

一方，二酸化炭素（R 744）を冷媒としたカーエアコンが 2000 年代前半に検討され，一部は実用化された．しかしながら，二酸化炭素を用いたカーエアコンはエアコンそのものからの漏洩による直接排出量と，燃料消費の結果排出される間接排出量とを合わせた TEWI（Total Environment Warming Impact，総合等価温暖化因子）が R 1234yf よりも劣ることが指摘されており，現在ではあまり注目されなくなっている．

(3) 家庭用エアコン

家庭用エアコンの冷媒として現在広く用いられているのは R 410A である．これは R 32 と R 125 を 1 対 1 の重量割合で混合した混合冷媒である．R 32 は蒸気圧が高く潜熱が大きいため装置を小型化することができ，家庭用エアコンには最適の冷媒である．GWP は 677 と HFC の中では小さい方であるが，若干の可燃性を有するため不燃性の R 125 を混ぜて不燃化したのが R 410A である．ただし，R 125 の GWP はかなり大きい（3170[*4)]）ため，R 410A も 2000 程度の GWP を有する．したがって，今後長期に渡って使用することが難しい状況であり，低 GWP 冷媒への切替えが強く望まれている．

先の R 1234yf は家庭用エアコンとしても検討されたが，R 410A に対する性能低下が著しいことや（特に冷房時），カーエアコンに比べて冷媒充填量が多く，冷媒そのもののコストが無視できないことから，単一冷媒としては使えないとの結論に落ち着いた．HFO の R 1234ze(E) も一部で検討されているが，まだ基礎研究の段階である．

途上国ではプロパンを用いた家庭用エアコンがすでに販売されている．プロパンは冷媒としての性能は高いが強燃性であり，現場設置が原則の家庭用エアコンでは爆発のリスクを避けられない．海外では実際に事故も発生している．日本の空調機器メーカは今のところ採用していない．

(4) 業務用大型空調機

現在は R 410A や R 407C といった HFC の混合冷媒が使われている．今のところ適切な代替冷媒が見つかっておらず，開発が待たれる分野である．

2.1.6 冷媒の熱物性

冷凍空調システムの設計や制御には冷媒の熱物性値に関する情報が必要不可欠である．本項では，冷媒の熱力学的性質および輸送性質について述べる．

新たな冷媒が発表された場合，その熱物性値の測定が重要度の高いものから順におこなわれる．次に，飽和蒸気圧や飽和液密度などの相関式が作成され，最終的に状態方程式のような熱力学モデルが構築される．

飽和蒸気圧は冷媒において最も重要な熱物性情報である．標準沸点によってどのような温度域に適用可能な冷媒かがほぼ決まり，飽和蒸気圧によって蒸発器や凝縮器での温度および圧力が決定する．標準沸点の値はある程度の精度で推算することが可能であるが，冷凍空調システムの設

表 2.1-2 主な冷媒に対するヘルムホルツ式を報告した論文

冷媒	ヘルムホルツ式	冷媒	ヘルムホルツ式
R 32	Tillner-Roth and Yokozeki[*7)]	R 1234ze(E)	McLinden et al. [*14)]
R 23	Penoncello, et al. [*8)]	R 1234ze(Z)	Akasaka et al. [*15)]
R 152a	Tillner-Roth[*9)]	R 245fa	Akasaka et al. [*16)]
R 143a	Lemmon and Jacobsen[*10)]	R 290	Lemmon et al. [*17)]
R 134a	Tillner-Roth and Baehr[*11)]	R 600a	Buecker and Wagner[*18)]
R 125	Lemmon and Jacobsen[*12)]	R 717	Tillner-Roth et al. [*19)]
R 1234yf	Richter et al. [*13)]	R 744	Span and Wagner[*20)]

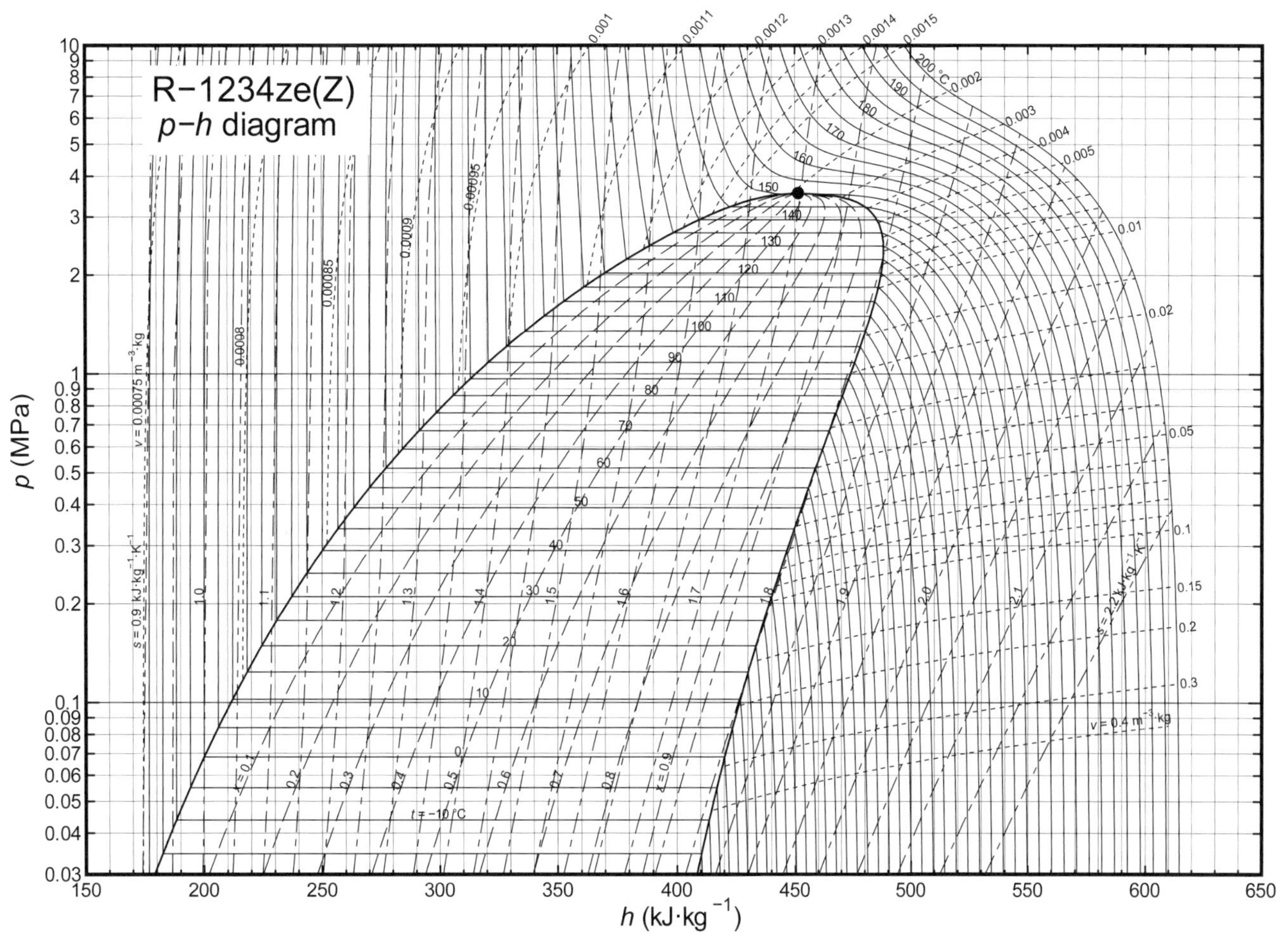

図 2.1-1 R 1234ze(Z) の *p-h* 線図

計や制御には広い温度範囲において高精度な飽和蒸気圧の情報が必要であり，高純度の冷媒サンプルを用いた測定が一般におこなわれている．得られた飽和蒸気圧の情報はWagner 式などの相関式として整理される．

また，臨界点に関する情報（臨界温度，臨界密度および臨界圧力，これらをまとめて臨界定数と呼ぶ）も重要である．現在用いられている多くの状態方程式は対応状態原理に根ざしており，臨界定数はこの種のモデルを構築する際に必要不可欠な情報となる．臨界定数の大まかな推算は可能であるものの，実際には精密な測定によって臨界定数が決定されている．飽和蒸気圧相関式と臨界定数が得られれば，Peng-Robinson 式などの 3 次型状態方程式によって飽和状態量を計算することが可能になり，冷媒の特性をある程度把握することができるようになる．

多くの状態方程式は実在流体と理想気体との差をモデル化したものであり，エンタルピーやエントロピーを計算するためには理想気体状態の比熱に関する情報も必要になる．状態方程式と理想気体状態の比熱を組み合わせることによって，冷凍サイクルの成績係数などの計算や *p-h* 線図などの状態線図の作成が可能になる．理想気体状態の比熱の決定方法として，Joback 法 [*21)] などの推算法や気体音速の実測値から外挿によって求める方法がある．

近年はヘルムホルツ型状態方程式（ヘルムホルツ式）と呼ばれる状態方程式が冷媒に対する標準的な熱力学モデル

として広く用いられている．この状態方程式は温度と密度を独立変数とし，ヘルムホルツ自由エネルギーを従属変数とするものである．この関数形は熱力学における四種類の基礎方程式（Fundamental equations）の一つであり，微分演算のみですべての熱力学的性質を導くことが可能である．積分が不要なため状態方程式の関数形の選定における自由度が高く，項数を増やすことにより臨界点近傍における急峻な状態量の変化も定量的に表現することが可能である．ヘルムホルツ式を用いた熱力学的性質の具体的な計算方法については文献[*22)]に詳しく述べられている．

しかしながら，信頼性が高いヘルムホルツ式を開発するためには，先に述べた飽和蒸気圧や臨界定数のほか，気液両相における密度，比熱，音速などの精密な値が広い温度および圧力の範囲で必要である．予備的な評価によって実用性が高いと判断された冷媒については，ヘルムホルツ式を作成するために密度，比熱，音速などの測定がおこなわれる． また，ヘルムホルツ式の開発にあたっては，これらの熱物性情報を測定不確かさの範囲内で再現できるように項数，係数および指数が最適化される．**表 2.1-2** は代表的な冷媒に対するヘルムホルツ式を報告した論文である．また，**図 2.1-1** は R 1234ze(Z) に対するヘルムホルツ式[*14)]を用いて作成した *p-h* 線図である．

参　考　文　献

*1)　日本冷凍空調学会 :「冷凍空調便覧」，第 6 版，第 I 巻 基礎編，日本冷凍空調学会（2010).

*2)　E. W. Lemmon, M. L. Huber, M. O. McLinden: NIST Standard Reference Database 23: Reference Fluid Thermodynamic and Transport Properties-REFPROP, Version 9.1, National Institute of Standards and Technology, Standard Reference Data Program, Gaithersburg（2013）.

*3)　IPCC: Fourth Assessment Report（AR4）,（2007）.

*4)　IPCC: Fifth Assessment Report（AR5）（2013）.

*5)　American Society of Heating, Refrigerating and Air-Conditioning Engineers: Designation and Safety Classification of Refrigerants, ANSI/ASHRAE Standard 34（2007）.

*6)　J. S. Brown: HFOs New, Low Global Warming Potential Refrigerants, ASHRAE J., **22**,（2009）

*7)　R. Tillner-Roth, A. Yokozeki: J. Phys. Chem. Ref. Data, **26**（6）, 1273-1328（1997）.

*8)　S. G. Penoncello, E. W. Lemmon, R. T. Jacobsen Z. Shan: J. Phys. Chem. Ref. Data, **32**（4）, 1473-1499,（2003）.

*9)　R. Tillner-Roth: Int. J. Thermophys., **16**（1）, 91-100（1995）.

*10)　E. W. Lemmon, R. T. Jacobsen: J. Phys. Chem. Ref. Data, **29**（4）, 521-552（2000）.

*11）　R. Tillner-Roth, H. D. Baehr: J. Phys. Chem. Ref. Data, **23**, pp.657-729（1994）.

*12）　E. W. Lemmon, R. T. Jacobsen: J. Phys. Chem. Ref. Data, **34**（1）, pp.69-108（2005）.

*13）　M. Richter, M. O. McLinden, E. W. Lemmon: J. Chem. Eng. Data, **56**（7）, pp.3254-3264（2011）.

*14）　M. O. McLinden, M. Thol, E. W. Lemmon: International Refrigeration and Air Conditioning Conference at Purdue, July 12-15（2010）.

*15）　R. Akasaka, Y. Higashi, A. Miyara, S. Koyama: Int. J. Refrig., **44**（1）, pp.168-176（2014）.

*16）　R. Akasaka, Y. Zhou, E. W. Lemmon: J. Phys. Chem. Ref. Data, **44**（1）, 013104（2015）.

*17）　E. W. Lemmon, M. O. McLinden, W. Wagner: J. Chem. Eng. Data, **54**（12）, pp.3141-3180（2009）.

*18）　D. Buecker, W. Wagner: J. Phys. Chem. Ref. Data, **35**(2), 929-1019（2006）.

*19）　R. Tillner-Roth, F. Harms-Watzenberg, H. D. Baehr: DKV-Tagungsbericht, **20**, 167-181（1993）.

*20）　R. Span, W. Wagner: J. Phys. Chem. Ref. Data, **25**（6）, 1509-1596（1996）.

*21）　K. G. Joback, R. C. Reid: Chem. Eng. Commun., **57**(1-6), 233-243（1987）.

*22）　赤坂亮 : 冷空論，**26**（1），p1-15（2009）.

（赤坂　亮）

2.2　圧縮機

2.2.1　冷媒圧縮機の役割と特徴

第 1 章に示したように，蒸気圧縮式冷凍サイクルにおいて，圧縮機は受熱源である蒸発器を出た低温低圧の冷媒ガスを吸い込んで圧縮し，冷媒ガスを高温高圧の過熱蒸気にして放熱源である凝縮器に吐き出す．また，蒸発器内部で発生した冷媒ガスを圧縮機が吸い込むことによって，蒸発器内の冷媒圧力を冷媒の蒸発温度に対応した飽和圧力に保つ. 蒸発器内の圧力は, 外部から入ってくる熱量(冷凍負荷)による冷媒の蒸発量と圧縮機に吸い込まれる流量によって変化するため, 圧縮機は蒸発器の圧力（すなわち蒸発温度）を必要なレベルに保つためにも使用されている．冷凍サイクルの運転バランス点は，圧縮機と膨張弁での流量，および蒸発器での蒸発量と凝縮器での凝縮量がバランスする点であり，サイクル制御の観点からは，圧縮機はサイクルのバランス点と冷凍能力を決定する重要な要素といえる．

通常の空気圧縮機と比べた場合の冷媒圧縮機の特徴として，圧縮機の吸込み側から吐出し側まで圧力が作用している密閉構造となっていることと，一般的に冷媒圧縮機で用いられる潤滑油（冷凍機油）は冷媒と溶解性（相溶性）をもつことがあげられる．冷凍機油と冷媒の相溶性は，圧縮機から冷媒とともに吐き出された冷凍機油がサイクルを循環して再び圧縮機に戻ってくるために要求される特性であるが，この冷凍機油と冷媒との相溶性は，冷凍機油の粘度や潤滑特性および発泡特性などに大きな影響を与えるため，一般の圧縮機に比べて冷媒圧縮機における潤滑油の選定には注意が必要となる．

2.2.2　冷媒圧縮機の分類

蒸気圧縮式冷凍機に用いられる圧縮機は，その圧縮原理から容積式と速度式に分けられる．容積式は吸い込んだ冷媒ガスを締め切られた空間内に入れ，その体積を押し縮めることにより冷媒の圧力を増加させる．一方速度式はターボ式とも呼ばれ，冷媒圧縮機には遠心式圧縮機が用いられる．遠心式圧縮機では羽根車内の遠心作用により圧力を上げるとともに，回転する羽根車により冷媒ガスを加速し，羽根車出口のディフューザ内で運動エネルギーを圧力に変換することで圧縮をおこなう．

容積式は大きく往復式と回転式に分けられ，次のようにさまざまな形式がある．

(1)　往復式（レシプロ式）
- ピストン・クランク式
- ピストン・スコッチヨーク式
- ピストン・斜板式
- フリーピストン式（リニア式）

(2)　回転式
- ロータリベーン式
- ローリングピストン式（ロータリ圧縮機）
- スクロール式
- スクリュー式

表 2.2-1[1] に，主な圧縮機の分類とその用途を示す．また，レシプロ式，ロータリ式，スクロール式，スクリュー式，遠心式圧縮機の例を，**図 2.2-1** ～**図 2.2-6** に示す．それぞれの圧縮機の詳細な構造と特徴は，「4.1.1 圧縮機の種類」の説明を参照していただきたい．

また，容積式圧縮機は圧縮機構部を収納した容器（ケーシングまたはハウジング）のシールの方式によって，開放型と密閉型，半密閉型に分けられる．開放型は駆動軸がケーシングを貫通し，外部のモータやエンジンにより直結駆動，あるいはベルト掛け駆動される．軸がケーシングを貫通する部分は，冷媒の漏止め用にメカニカルシールやリップシールのようなシャフトシール（軸封装置）を必要とする．開放型圧縮機は，カーエアコンのように外部に利用できる動力がある場合や，アンモニア冷媒のようにモータの銅線が冷媒によって冒されてしまう場合のほか，大型産業用冷凍機などに用いられる．一方，密閉型や半密閉型圧縮機は，圧縮機ケーシング内に電動機を収容したものであり，密閉型はケーシングが溶接により密閉されているのに対し，半密閉型はケーシングの一部がボルトにより締結されており，ボルトを外すことによって圧縮機内部の点検や修理を可能としている．家庭用の冷蔵庫やエアコン用の圧縮機はすべて密閉型圧縮機となっている．また，アンモニア圧縮機では，電動機巻線が冷媒に触れないように，キャンドモータを用いて圧縮機と電動機を直結した半密閉型の圧縮機も使われている．

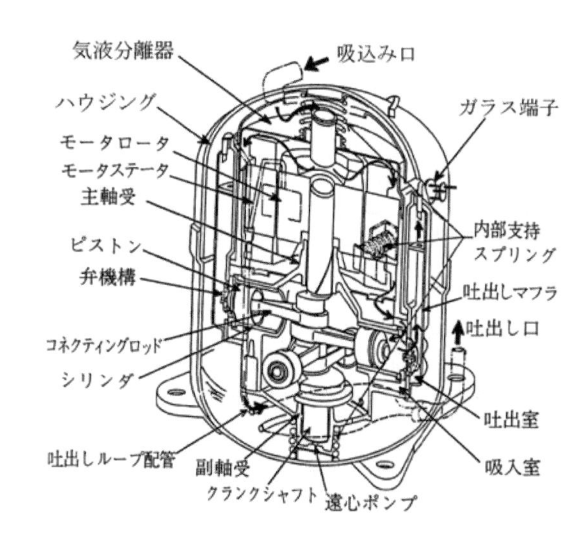

図 2.2-1　密閉型レシプロ圧縮機 [2]

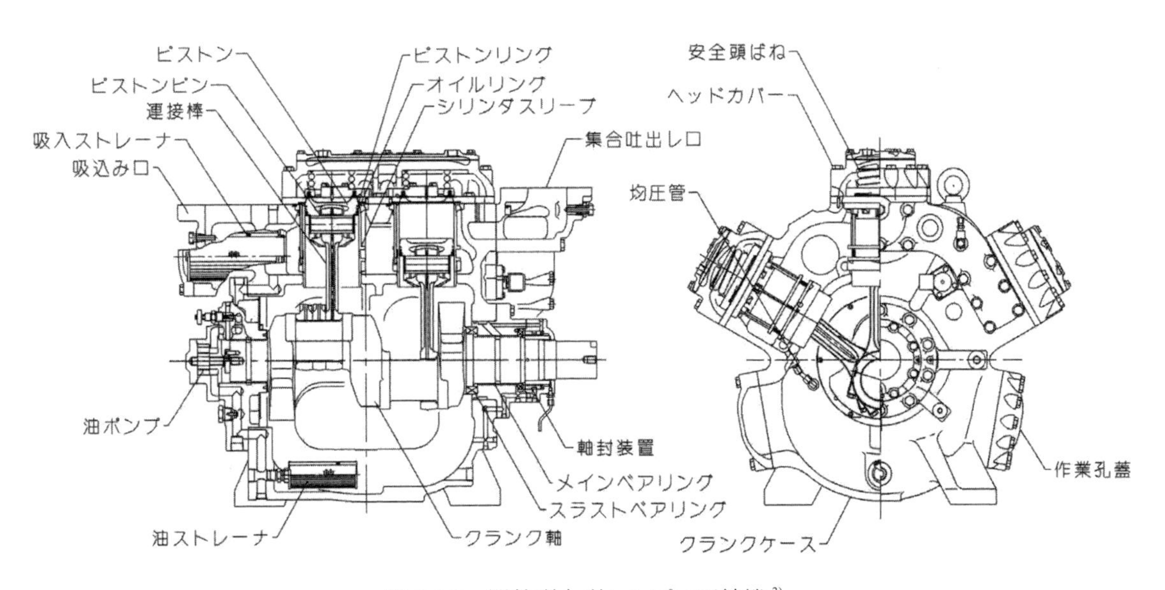

図 2.2-2　開放型大型レシプロ圧縮機 [3]

表 2.2-1　圧縮機の分類 [1)]

区分			形状	密閉構造	主な用途 (カッコ内は過去の用途)	駆動容量 範囲 [kW]	特　徴
容積式	レシプロ（往復）式	ピストン・クランク式	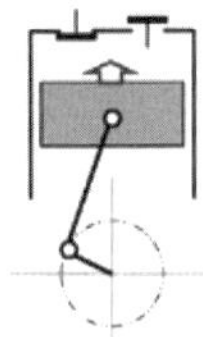	開放	冷凍，ヒートポンプ，車載用エアコン	0.4 ～ 120	使いやすい，機種豊富，安価 大容量に不適
				半密閉	冷凍，エアコン，ヒートポンプ	0.75 ～ 45	
				全密閉	冷蔵庫 エアコン	0.1 ～ 15	
		ピストン・斜板式		開放	カーエアコン	0.75 ～ 5	カーエアコン専用 容量制御可能
	ロータリ式	ローリングピストン式	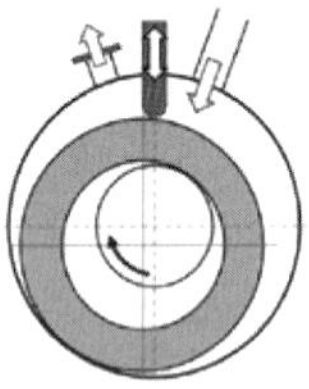	全密閉	(冷蔵庫) エアコン 小型冷凍機 ショーケース 給湯	0.1 ～ 5.5	小容量 高速化
		ロータリベーン式		開放	カーエアコン	0.75 ～ 2.2	容量に対して小型
				全密閉	(冷蔵庫) (エアコン)	0.6 ～ 5.5	
	スクロール式			開放	カーエアコン	0.75 ～ 2.2	
				半密閉	EV 車用カーエアコン		
				全密閉	エアコン，冷凍，給湯	0.75 ～ 30	小容量，高速化
	スクリュー式	ツインロータ	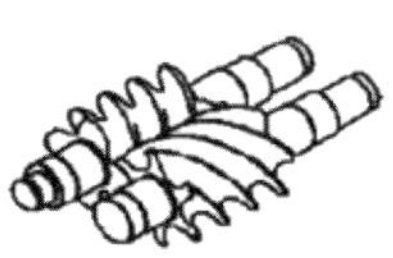	開放	(バスエアコン)	6 前後	
					冷凍，空調，車載用エアコン，ヒートポンプ	20 ～ 1800	遠心式に比べて，高圧縮比に適しているため，ヒートポンプ，冷凍に多用される． 小容量のものは密閉化が進む
				半密閉	冷凍，空調，ヒートポンプ	30 ～ 300	
		シングルロータ		開放	冷凍，空調，ヒートポンプ	100 ～ 1100	
				半密閉	冷凍，空調，ヒートポンプ，エアコン	22 ～ 90	
遠心式			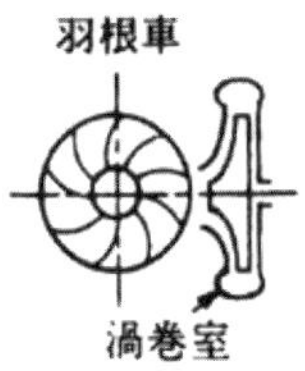 羽根車 渦巻室	開放 全密閉	冷凍，空調	90 ～ 10000	大容量に適している． 高圧縮比には不向き

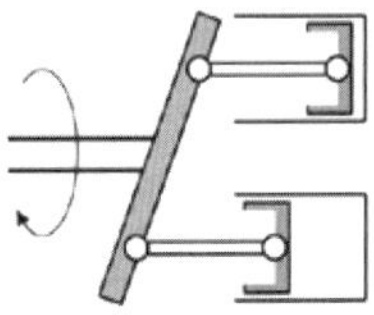

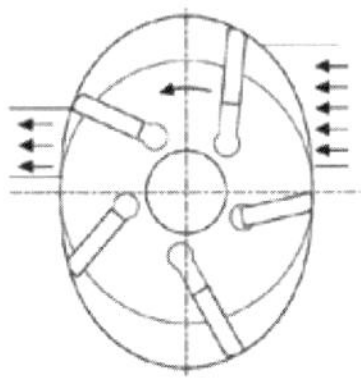

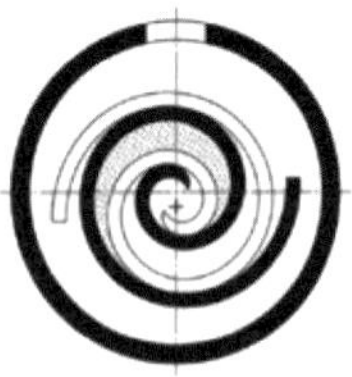

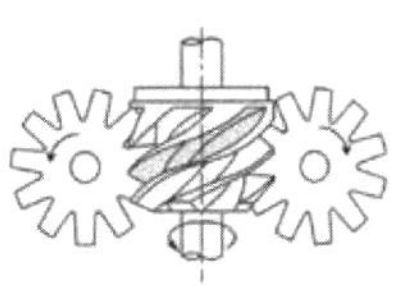

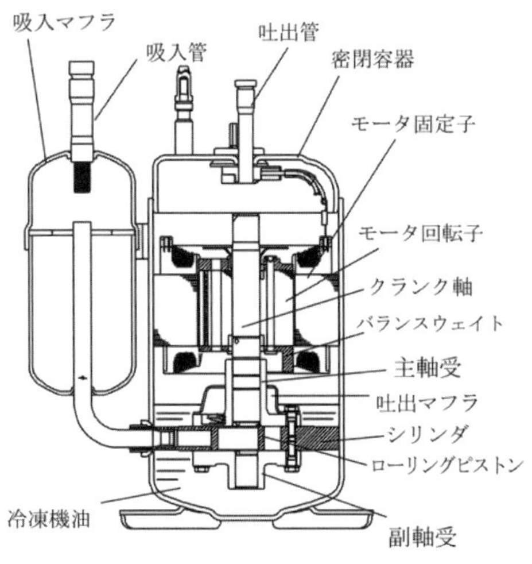

図 2.2-3　ロータリ圧縮機 4)

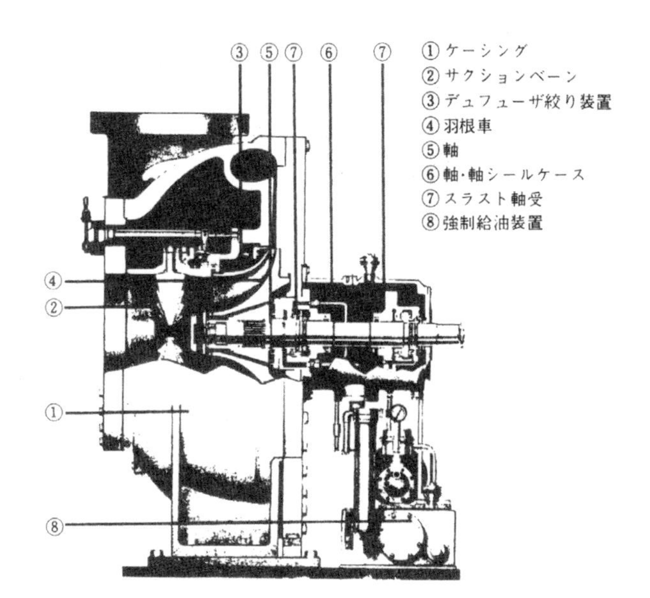

図 2.2-6　遠心式圧縮機 7)

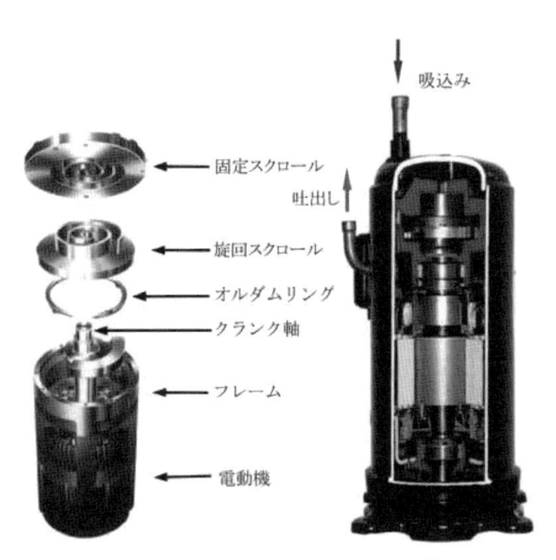

図 2.2-4　スクロール圧縮機 5)

2.2.3　圧縮基礎理論

蒸気圧縮式冷凍サイクルは，逆カルノーサイクルに近いサイクルであるが，逆カルノーサイクルにおける等温圧縮および等温膨張過程がそれぞれ凝縮器内および蒸発器内の等圧変化に置き換わり，断熱膨張過程が絞り弁による等エンタルピー過程になっている．冷凍サイクルの各機器におけるエネルギー変換量はエンタルピー差により表されるため，縦軸に絶対圧力をとり，横軸に比エンタルピーをとった *p-h* 線図が冷凍サイクルを表すために一般に用いられる．**図 2.2-7** に示す *p-h* 線図において，1-2 の過程が圧縮機における圧縮過程であり，この過程 1-2 は瞬間的におこなわれるため，熱の出入りのない断熱圧縮過程と考えることができる．断熱圧縮過程では比エントロピーが一定であり，圧縮機における圧縮過程は *p-h* 線図上では等比エントロピー線に沿った変化となる．圧縮機から出た点 2 の冷媒は，過熱ガスとなっている．後述のように，圧縮前後の比エンタルピー差が冷媒の単位質量あたりの断熱圧縮仕事となる．

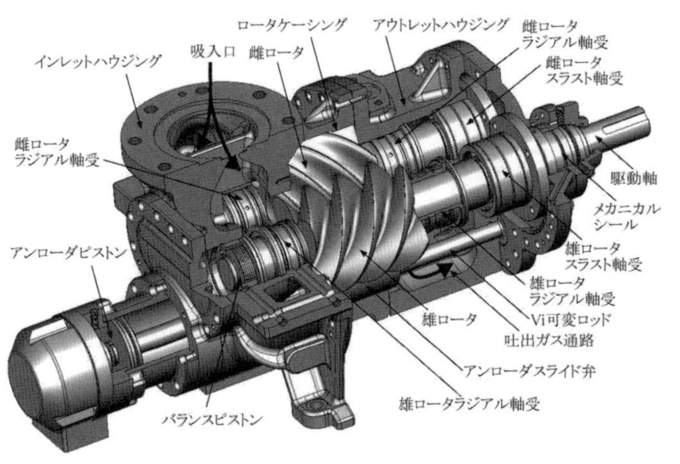

図 2.2-5　スクリュー圧縮機 6)

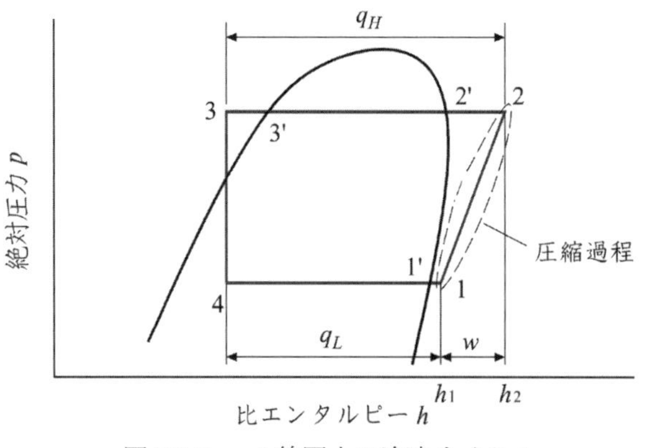

図 2.2-7　*p-h* 線図上の冷凍サイクル

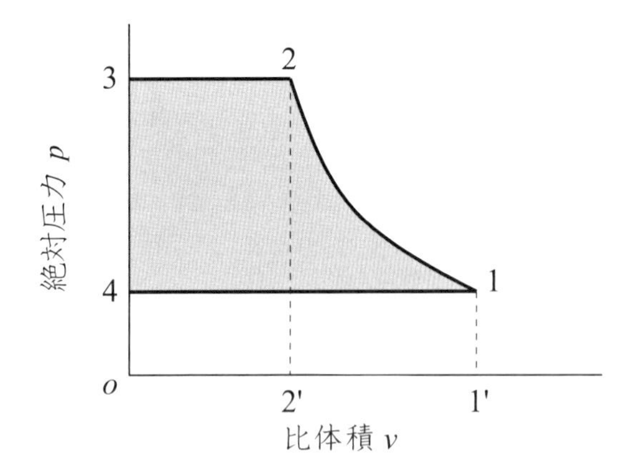

図 2.2-8　工業仕事

開いた系において，圧縮機が吸込み—圧縮—吐出しという一連の過程をなすとき，横軸に比体積をとり，縦軸に絶対圧力をとった p-v 線図は**図 2.2-8** のように示される．この場合，系は面積［1-2-2'-1'］で示される圧縮絶対仕事のほかに，面積［2-3-o-2'］の吐出し絶対仕事が外部から必要であり，また，吸込み過程では外部に対して面積［1-4-o-1'］の絶対仕事をしている．したがって，この開いた系が外部からなされる仕事，すなわち圧縮機において冷媒ガスの圧縮に要する仕事 w_{ad} は，**図 2.2-8** 中の斜線部で示され，単位質量あたり

$$w_{ad} = -\int_1^2 Pdv + P_2v_2 - P_1v_1 = \int_1^2 vdP \tag{2.2-1}$$

となる．ここで，P は圧力，v は比体積である．これを工業仕事と呼ぶ．

一方，熱力学の第 1 法則は，単位質量あたりの微小変化に対して

$$du = \delta q - Pdv \tag{2.2-2}$$

と表される．ここで u は比内部エネルギーであり，q は外部から系に入る熱である．開いた系では，境界を横切る流体が持ち込む（あるいは持ち去る）エネルギーを考慮する必要がある．定常流で，運動エネルギーおよび位置エネルギーが無視できる場合には，流体が流入するときのエネルギーである比エンタルピー h

$$h = u + Pv \tag{2.2-3}$$

を用いれば，

$$dh = du + Pdv + vdP \tag{2.2-4}$$

であるから，定常流の開いた系における熱力学の第 1 法則は次式となる．

$$dh = \delta q + vdP \tag{2.2-5}$$

圧縮機内の圧縮は瞬間的におこなわれるため，圧縮過程は断熱的におこなわれると考えることができる．式 (2.2-5) において $\delta q = 0$ とおいて積分すれば，

$$h_2 - h_1 = \int_1^2 vdP \tag{2.2-6}$$

となり，式 (2.2-1) で示される工業仕事は圧縮前後の比エンタルピー差（$h_2 - h_1$）で求めることができる．したがって，圧縮機における冷媒単位質量あたりの断熱圧縮仕事は，p-h 線図の等比エントロピー線上の比エンタルピー差から簡単に得られる．しかし，これは圧縮過程が断熱的におこなわれた場合であるので，放熱があって吐出し温度が低下したような場合などでは，圧縮前後の比エンタルピー差から圧縮仕事を求めることはできない．

断熱圧縮過程における圧力と比体積の関係は，冷媒を理想気体とすれば比熱比 κ を用いて次式で表される．

$$Pv^{\kappa} = \text{const.} \tag{2.2-7}$$

この関係を用いて式 (2.2-1) で示された圧縮仕事を計算すれば，次式のように単位質量あたりの断熱圧縮仕事が得られる．

$$\begin{aligned} w_{ad} &= \int_1^2 vdP = P_1^{\frac{1}{\kappa}} v_1 \int_1^2 P^{-\frac{1}{\kappa}} dP \\ &= P_1^{\frac{1}{\kappa}} v_1 \frac{\kappa}{\kappa - 1} \left[P^{\frac{\kappa-1}{\kappa}} \right]_1^2 \\ &= P_1^{\frac{1}{\kappa}} v_1 \frac{\kappa}{\kappa - 1} \left(P_2^{\frac{\kappa-1}{k}} - P_1^{\frac{\kappa-1}{k}} \right) \\ &= P_1 v_1 \frac{\kappa}{\kappa - 1} \left\{ \left(\frac{P_2}{P_1} \right)^{\frac{\kappa-1}{k}} - 1 \right\} \end{aligned} \tag{2.2-8}$$

実際の圧縮機における圧縮過程は完全な断熱過程ではなく，吸込み冷媒ガスがシリンダから加熱されたり，圧縮されて温度が上昇したガスが圧縮機部材を通して外部に放熱したりする．また，比熱比が大きく，吐出し温度が上昇しやすい冷媒を圧縮する場合には，積極的に圧縮機を冷却することも多い．このように圧縮過程において熱の出入りを伴う場合には，圧縮過程はポリトロープ変化として取り扱われ，圧縮過程における圧力と比体積の関係および圧縮仕事 w_p は，比熱比 κ の代わりにポリトロープ指数 n を用いてそれぞれ次式となる．

$$Pv^{n} = \text{const.} \tag{2.2-9}$$

$$w_p = \int_1^2 vdP = P_1 v_1 \frac{n}{n - 1} \left\{ \left(\frac{P_2}{P_1} \right)^{\frac{n-1}{n}} - 1 \right\} \tag{2.2-10}$$

圧縮過程が放熱を伴い，ポリトロープ指数 n が比熱比 κ より小さな場合，圧縮過程は**図 2.2-9** のようになり，圧縮仕事は断熱圧縮に比べて小さくなる．また式 (2.2-5) の右辺第 1 項は 0 ではないため，式 (2.2-5) の積分は

$$h_2 - h_1 = \int_1^2 \delta q + \int_1^2 vdP \tag{2.2-11}$$

となり，式 (2.2-6) のように圧縮前後のエンタルピー差か

ら圧縮仕事を求めることはできないことに注意が必要である．また，ポリトロープ指数はそれぞれの圧縮機において実験的に求められる値であり，運転条件によっても変化するため，後述する効率などの定義においては，曖昧さのない断熱圧縮仕事が一般に使用される．

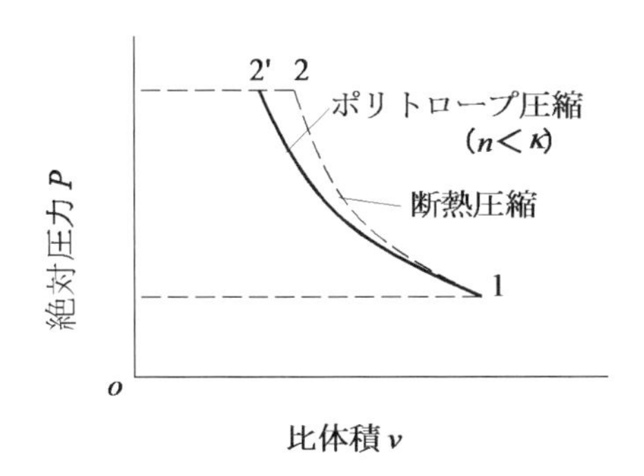

図 2.2-9　ポリトロープ圧縮仕事

断熱圧縮動力 L_{ad} を求める場合には，式 (2.2-6) や式 (2.2-8) で得られた単位質量あたりの断熱圧縮仕事 w_{ad} に，圧縮機における質量流量 G を掛ければよい．

$$L_{ad} = Gw_{ad} = G(h_2 - h_1) \tag{2.2-12}$$

式 (2.2-12) において，圧縮機で圧縮される冷媒質量流量は次式で表される．

$$G = N\rho_1 V_1 \tag{2.2-13}$$

ここで，N は単位時間あたりの圧縮機回転数，ρ_1 は吸込み冷媒ガスの密度，V_1 は 1 回転あたりの吸込み体積である．吸込み冷媒ガスの密度は，吸込み圧力が低いほど，また吸込み冷媒ガスの温度が高いほど小さくなり，圧縮機の冷媒質量流量は低下する．実際には漏れおよび吸込み冷媒ガスの流動抵抗や過熱などにより，圧縮機に吸い込まれて吐き出される冷媒質量流量は式 (2.2-13) で表される流量より小さくなるため，実際の圧縮機において吐き出される冷媒質量流量は，後述のように体積効率 η_v を考慮して計算される．

また，p-v 線図において面積を求める際，比体積ではなくシリンダ体積 V を用いた場合（式 (2.2-8) において体積 V_1 を用いた場合）には，得られた仕事は圧縮機 1 サイクルあたりの断熱圧縮仕事であるから，断熱圧縮動力を求めるためには，これに単位時間あたりの圧縮回数 N を掛ければよい．

$$L = N\int_1^2 VdP \tag{2.2-14}$$

式 (2.2-14) で得られた動力は，$NV_1 = Q_1$ の体積流量に対する断熱圧縮動力となる．

2.2.4　圧縮機の損失と効率

圧縮機内ではさまざまな部分で損失が生じるため，実際の流量は理論流量より減少し，圧縮機の軸動力は実際の流量に対する断熱圧縮動力より大きくなる．圧縮機における実際の動力や流量を得るには，いくつかの効率により，圧縮機で生じる損失を適切に考慮する必要がある．

圧縮機を駆動するのに必要な実際の軸動力 L_a は，冷媒ガスの圧縮に必要な圧縮動力 L_c と，機械的摩擦損失動力 L_m の和で表すことができる．

$$L_a = L_c + L_m \tag{2.2-15}$$

機械的摩擦損失動力は冷媒ガスの圧縮に関係ない無駄な動力であり，軸動力のうち冷媒ガスの圧縮に有効に使われた割合を η_m で表し，これを機械効率という．

$$\eta_m = \frac{L_a - L_m}{L_a} = \frac{L_c}{L_a} \tag{2.2-16}$$

機械的摩擦損失は，圧縮機各部のしゅう動部で発生するほか，流体の粘性せん断力や，冷媒ガス中でモータや圧縮機部材が回転または往復運動することに対する抗力によっても発生する．

図 2.2-10 に，往復式圧縮機の模式的な p-V 線図において，それぞれの行程で生じる損失を示す．ここで P_s は吸込み圧力であり P_d は吐出し圧力である．これらの損失により，冷媒ガスの圧縮に必要な動力は式 (2.2-12) で示す断熱圧縮動力より大きくなる．

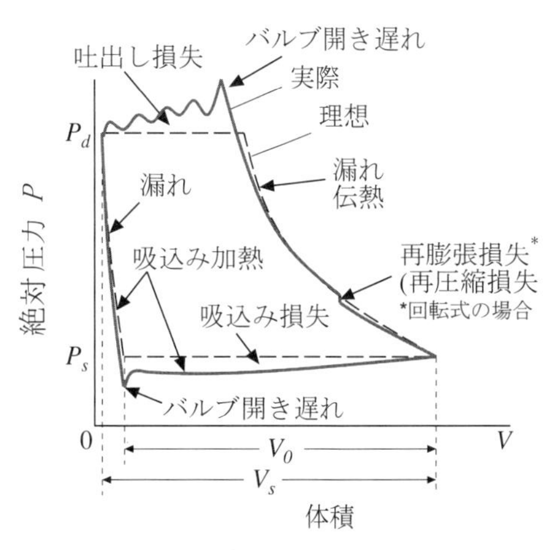

図 2.2-10　p-V 線図と損失

往復式圧縮機では，ピストンが上死点から下降し始めると，すき間体積（クリアランスボリューム）内に残された高圧のガスがほぼ断熱膨張し，シリンダ内圧力が吸込み圧力よりも低くなると，吸込み弁が開いて吸込み行程が始まる．そのため，この圧縮ガスの再膨張により，吸込み体積 V_0 は行程体積(ストロークボリューム) V_s より小さくなり，圧縮機の流量が低下する．また，吸込み弁の開き遅れがあると，吸込み開始圧力が低下し，その分シリンダ内の圧力は低下する．

吸込み行程では，圧縮機内の吸込み通路と吸込み弁での流動抵抗のため，シリンダ内の圧力は圧縮機の吸込み圧力より低くなり，p-V 線図で囲まれる面積が大きくなることにより，余分な圧縮仕事が必要となる．この損失を吸込み損失と呼ぶ．圧縮開始時の圧力が吸込み圧力より低い場合には，シリンダ内の冷媒密度が小さくなり，質量流量低下の原因となる．また，膨張過程や吸込み過程において冷媒ガスがシリンダ部材から受熱すると，吸込み冷媒の温度が上昇して密度が小さくなるため，質量流量が減少する．これは吸込み加熱と呼ばれる．

圧縮行程において冷媒ガスはほぼ断熱圧縮されるが，シリンダ内の圧力が上昇すると，シリンダ部のすき間を通って低圧側に圧縮ガスが漏れる．往復式圧縮機の場合，冷媒は低圧側のクランク室に漏れ，その分圧縮機に吸い込む冷媒量が減少するため，質量流量の低下をもたらす．一方，回転式圧縮機において冷媒が下流の圧縮室に漏れるような場合には，下流の圧縮室の圧力が上昇し，余分な圧縮仕事が必要となる．これは再膨張損失または再圧縮損失と呼ばれる．吸込み側に漏れた場合でも，下流の圧縮室に漏れた場合でも，漏れる冷媒は漏れた空間にエネルギーを持ち込むために，その空間の冷媒ガス温度はその分上昇することになる．これは，漏れる冷媒に与えた圧縮エネルギーが無駄になり，損失として熱になると理解できる．圧縮に伴って冷媒ガスが高温となると，圧縮されたガスから圧縮機部材に熱が伝わる．

シリンダ内の圧力が圧縮機吐出し圧力より大きくなると，吐出し弁が開いて圧縮された冷媒ガスの吐出しが始まる．吐出し行程では，吐出し弁の開き遅れや圧縮ガスの流動抵抗により，シリンダ内の圧力が圧縮機吐出し側の圧力より高くなるため，その分，圧縮仕事が増加し，これを吐出し損失と呼ぶ．吐出し行程中にも低圧側への圧縮ガスの漏れが生じており，漏れる冷媒が吐き出されない分，質量流量は低下する．

以上のような損失のため，冷媒ガスの圧縮に必要な動力 L_c は，式 (2.2-12) で与えられる断熱圧縮動力 L_{ad} よりも大きくなり，これらの比を断熱効率 η_c という．

$$\eta_c = \frac{L_{ad}}{L_c} \tag{2.2-17}$$

式 (2.2-16) の機械効率と式 (2.2-17) の断熱効率との積は，圧縮機における実際の質量流量に対する断熱圧縮動力 L_{ad} と実際の軸動力 L_a との比となり，これを全断熱効率という．

$$\eta_{tad} = \eta_c \times \eta_m = \frac{L_{ad}}{L_c} \times \frac{L_c}{L_a} = \frac{L_{ad}}{L_a} \tag{2.2-18}$$

圧縮機の効率の定義にはいくつかあり，モータやインバータの損失を考慮したり，*p-V* 線図に基づいたより詳細な効率の定義もある [*1]．したがって，効率を議論する場合には，それらの定義を明らかにした上で議論することが大切である．

圧縮機をマクロでとらえた場合，圧縮機への入力は最終的に冷媒に与えられる分と外気への放熱分になる．さまざまな損失により圧縮機への入力が大きくなり，冷媒に与えられたエネルギーが大きくなった場合には，**図 2.2-11** に示すように圧縮機出口でのエンタルピーが増加するため，*p-h* 線図上に描かれる圧縮行程の線は，点線で示すようにその傾きが等エントロピー線の傾きより小さくなる．

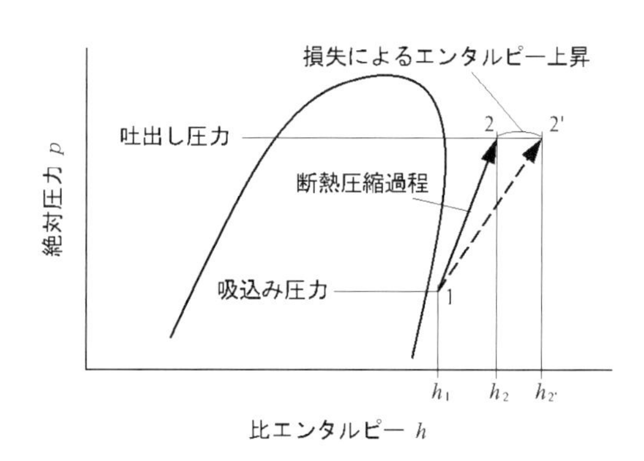

図 2.2-11　損失がある場合の *p-h* 線図上の圧縮行程

もし，圧縮機が断熱されていれば，圧縮機への軸入力 L_a は損失も含めて全て冷媒に与えられることになり，その場合，全断熱効率は次式で表される．

$$\eta_{tad} = \frac{G(h_2 - h_1)}{L_a} = \frac{G(h_2 - h_1)}{G(h_2' - h_1)} \tag{2.2-19}$$

ここで，h_2 は断熱圧縮後の比エンタルピーであり，h_2' は実際の圧縮機から吐き出される冷媒ガスの比エンタルピーである．冷媒の定圧比熱を一定とし，実際の圧縮機の吐出し温度を T_2' とすれば，式 (2.2-19) は次式となり，多くの流体機械に関するテキストにおいて断熱効率として定義されている．

$$\eta_{ad} = \frac{T_2 - T_1}{T_2' - T_1} \tag{2.2-20}$$

上式の断熱効率の定義は，損失があればその分だけ圧縮機の吐出し温度が高くなることを示しているが，圧縮機から外部への放熱が無視できる場合に成り立つ式である．

圧縮機から吐き出される冷媒質量流量に関しても，前述のように圧縮機内の漏れや吸込み行程での吸込み加熱や圧力損失のため，冷媒質量流量は式 (2.2-13) で示される流量より小さくなる．そこで理論質量流量と実際の質量流量との比を体積効率 η_v として，次式により実際の質量流量を計算する．

$$G = \eta_v N \rho_s V_0 \tag{2.2-21}$$

ここで，ρ_s は圧縮機吸込み側の密度，V_0 は理論吸込み体積，N は単位時間あたりの圧縮機回転数である．往復圧縮機では上死点におけるすき間体積内の圧縮ガスの再膨張により，行程体積より吸込み体積は減少する．行程体積を V_s，すき間体積を V_c，吸込み圧力を P_s，吐出し圧力を P_d，比熱比を κ とすると，行程体積に対する吸込み体積の比は

$$\eta_{v0} = \frac{V_0}{V_s} = 1 - \frac{V_c}{V_s}\left\{\left(\frac{P_d}{P_s}\right)^{\frac{1}{\kappa}} - 1\right\} \tag{2.2-22}$$

で表される．式 (2.2-21) の質量流量の計算において，吸込み体積に行程体積 V_s を用い，すき間体積の影響を体積効率に含める場合と，式 (2.2-21) において最初から理論吸込

み体積 V_0 を用いる場合があるため，注意が必要である．同様に吸込みの密度もどの状態の値を基準として用いるのかによって，体積効率の定義も変わってくる．したがって，全効率と同様に，体積効率も定義を明らかにして議論することが重要となる．

引　用　文　献

1) 日本冷凍空調学会圧縮機技術委員会：「冷媒圧縮機」，p.5，日本冷凍空調学会，東京（2013）．
2) 同　p.38．
3) 日本冷凍空調学会：「上級冷凍受験テキスト」，第 8 版，p.47，日本冷凍空調学会，東京（2015）
4) 日本冷凍空調学会圧縮機技術委員会：「冷媒圧縮機」，p.54，日本冷凍空調学会，東京（2013）．
5) 同　p.83．
6) 同　p.102．
7) 日本冷凍空調学会：「SI による上級冷凍受験テキスト」，第 7 版，p.56，日本冷凍空調学会，東京（2007）．

参　考　文　献

*1) 日本冷凍空調学会圧縮機技術委員会：「冷媒圧縮機」，p.26，日本冷凍空調学会，東京（2013）．

（福田　充宏）

2.3　膨張機構

2.3.1　膨張機構の役割

冷凍サイクルを構成する重要な要素の一つとしての温度膨張弁は，高圧の冷媒液を蒸発器に絞り膨張させる機能と，冷凍負荷に応じて冷媒流量を調節し，冷凍装置を効率よく運転する機能の二つの役割を持っている．

蒸発器の熱負荷に対して，温度膨張弁の弁開度が大きく，冷媒流量が多過ぎると，蒸発器への流入冷媒液量が過大となり，圧縮機に未蒸発の液が戻り（液バック）やすくなる．これに対して，弁開度が小さく，冷媒流量が少な過ぎると，蒸発器内の冷媒液量が不足し，圧縮機吸込み蒸気の過熱度が過大となる．これら，いずれの場合も，冷凍装置の効率が低下する．このような理由により，蒸発器の熱負荷変化に応じて冷媒流量を適切に調節する必要がある．

また，定圧膨張弁も，弁出口または蒸発器出口のいずれかの圧力を検出して制御の動作をする，内部均圧形と外部均圧形とがあり高圧冷媒液を絞り膨張して一定の蒸発器圧力を保持するための減圧弁の一種である．

2.3.2　膨張機構の能力計算

膨張弁のオリフィスを通る冷媒の量については，冷凍機械工学ハンドブック[*1] によると次式によって示されている．

$$M = 720 C_{\mathrm{D}} A \sqrt{2g\rho_1 (P_1 - P_2)} \qquad (2.3\text{-}1)$$

M	冷媒の流量	lb/min
ρ_1	弁の入口における冷媒液の密度	$\mathrm{lb/ft^3}$
g	重力の加速度	$32.2\ \mathrm{ft/s^2}$
C_{D}	流量係数	
A	オリフィスの流出面積	$\mathrm{ft^2}$
P_1	弁の入口の冷媒圧力	$\mathrm{lb/in^2}$
P_2	弁の出口の冷媒圧力	$\mathrm{lb/in^2}$

上式の流量係数 C_{D} は，実験結果から

$$C_{\mathrm{D}} = 0.0802\sqrt{\rho_1} + 0.0396 V_2 \qquad (2.3\text{-}2)$$

V_2	弁出口の圧力における湿りガスの比体積	$\mathrm{ft^3/lb}$

これらの式を，R 22 冷媒について SI 単位系で換算すると，一般の冷凍装置の運転条件範囲では

$$M = 0.0485 C_{\mathrm{D}} A \sqrt{P_1 - P_2} \qquad (2.3\text{-}3)$$

となる．ここに

M	冷媒の流量	kg/s
A	オリフィスの流出面積	$\mathrm{mm^2}$
P_1	弁の入口の冷媒圧力	MPa
P_2	弁の出口の冷媒圧力	MPa

$$C_{\mathrm{D}} = 0.02\sqrt{\rho_1} + 0.63 V_2 \qquad (2.3\text{-}4)$$

ρ_1	弁の入口における冷媒液の密度	$\mathrm{kg/m^3}$
V_2	弁出口の圧力における湿りガスの比体積	$\mathrm{m^3/kg}$

式（2.3-3）と式（2.3-4）より，次式が成り立つ．

$$M = 0.0485(0.02\sqrt{\rho_1} + 0.63 V_2) A \sqrt{P_1 - P_2} \qquad (2.3\text{-}5)$$

また，冷媒流量に，所定の蒸発温度における冷媒の蒸発器入口（弁の直前温度）と出口とのエンタルピーの差（冷凍効果）を乗ずれば，膨張弁の容量を冷凍能力で表すことができる．

$$Q = Mq \qquad (2.3\text{-}6)$$

Q	冷凍能力	kW
q	冷凍効果（$h_2 - h_1$）	kJ/kg
h_1	弁の直前温度における液のエンタルピー	kJ/kg
h_2	蒸発器出口のガスのエンタルピー	kJ/kg

2.3.3　膨張機構の種類

(1)　温度膨張弁

a)　構造と作動原理

i)　構造

図 2.3-1 は，受圧部にダイアフラムを用いた温度膨張弁の構造例を示す．ダイアフラムは，ステンレス鋼の薄板で，ホットガスデフロストやヒートポンプサイクルなどの

高温，高圧にも耐えられるようになっている．

感温筒はキャピラリチューブで弁頭部のダイアフラム上面側に接続されており，チャージ媒体が充填されている．ダイアフラム下面側には，蒸発器出口冷媒蒸気の過熱度を設定するためのばねが，連結棒を介してダイアフラムを押し上げるように作用するとともに，蒸発器内の冷媒圧力が作用するようになっている．

そこで，ダイアフラム上面に作用するチャージ媒体圧力に対して，蒸発器の入口（内部均圧形），または，蒸発器の出口（外部均圧形）からの冷媒圧力とばね力相当の圧力とがダイアフラム下面に作用し釣り合った状態で，膨張弁の弁開度が決まる．

膨張弁本体には，高圧冷媒液の入口配管の接続口と，絞り膨張された低圧の気液二相冷媒を蒸発器に送り出す出口配管の接続口，過熱度設定値調節用のばね力相当の圧力を変えるためのねじ付きスピンドルが装着されている．なお，内部均圧形温度膨張弁では，膨張弁本体内部に蒸発器入口冷媒圧力をダイアフラム下面に伝えるための均圧孔をもっている．また，外部均圧形温度膨張弁では，この膨張弁本体内部の均圧孔がなく，蒸発器出口冷媒圧力をダイアフラム下面に伝えるための均圧管接続口をもっている．

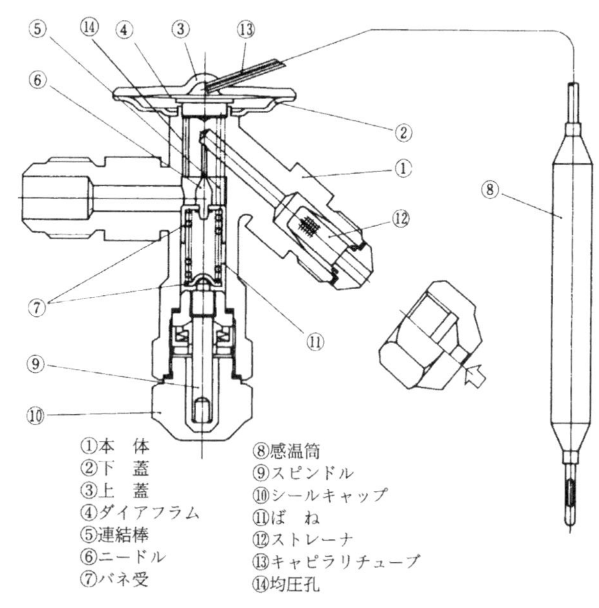

図 2.3-1　内部均圧形温度膨張弁 [1]

ii)　作動原理

図 2.3-2 は，内部均圧形の温度膨張弁を使用した，冷凍装置の配管系統図である．温度膨張弁本体が蒸発器入口に取り付けられており，また，感温筒は蒸発器出口配管に密着させるためバンドで締め付けられている．これらによって，蒸発器出口冷媒の過熱度を制御するための圧力信号を検知する．

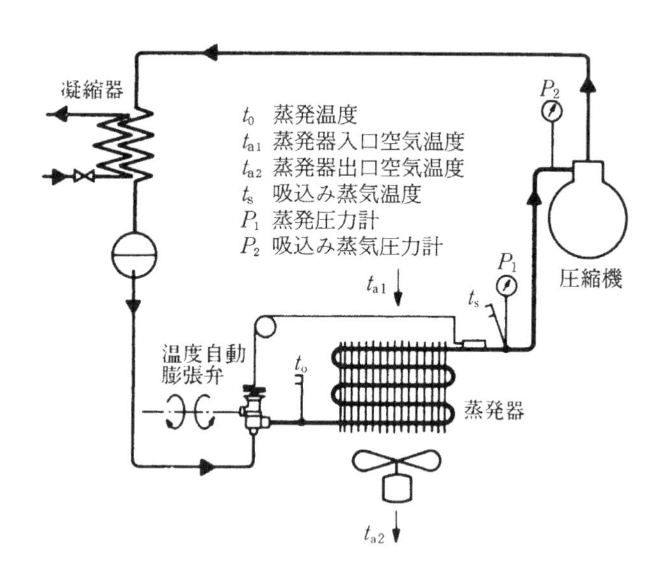

図 2.3-2　温度膨張弁使用の冷凍サイクル [2]

b)　温度膨張弁の分類

温度膨張弁は，冷凍装置の特性に適合させるために，各種の機能，特性を持ったものがあり，これらを大まかに分類すると，次のようになる．

適用冷媒：フルオロカーボン
　　　　　アンモニア
　　　　　その他
温度条件：冷凍・冷蔵用
　　　　　空調用
駆動部の形式：ダイアフラム形
　　　　　ベローズ形
感温筒のチャージ方式：
　　　　　液チャージ方式
　　　　　ガスチャージ（MOP 付き）方式
　　　　　クロスチャージ方式
　　　　　吸着チャージ方式
均圧方式：内部均圧形
　　　　　外部均圧形
容 量：単体のオリフィス固定形
　　　　　オリフィス交換（容量可変）形

c)　駆動部の形式

i)　ダイアフラム形

ダイアフラム形の温度膨張弁は，高圧力，高温に耐えられるように，外周を弁本体に溶接，固定されたステンレス鋼製のダイアフラム（薄膜）を使用し，それの両面に作用する圧力差によるダイアフラムのたわみが，弁に伝えられて開閉する（図 2.3-1）．

このように，この形式の膨張弁は，ダイアフラムのたわみの動作を利用しているので，圧力差の変化に比例した大きな弁開度幅（冷媒流量変化幅）をとることが難しい．しかし，弁頭部を小形にすることができ，耐圧強度も高く，ダイアフラムの有効受圧面積が大きいことから，弁の開閉の動作にともなう摺動部の摩擦抵抗によるヒステリシスが小さい．そこで，感温筒のチャージ方式の選択の自由度も大きいので，最も広く使われている．

ii) ベローズ形

ベローズ形の温度膨張弁は，燐青銅またはステンレス鋼製のベローズを用いたもので，圧力差に比例した弁開度幅（冷媒流量変化幅）を大きくとることができる．

しかし，ベローズの有効受圧面積が限られ，弁開閉にともなう摺動部の摩擦抵抗によるヒステリシスが大きいので，過熱度調節の動作の制御偏差がダイアフラム形よりも大きくなる欠点がある．また，ベローズの耐圧強度が小さいので，感温筒のチャージ方式が限定されるとともに，弁頭部がダイアフラム形よりも大きくなる．

d) 感温筒のチャージ方式

冷凍装置やヒートポンプ加熱装置などの運転条件や動作特性は，極めて広範囲にわたっている．そこで，装置に適した蒸発器出口冷媒過熱度の制御特性を持たせるために，温度膨張弁の感温筒のチャージ方式には，次のようなものがある．

i) 液チャージ方式

このチャージ方式の感温筒内のチャージ媒体は，一般に，冷凍装置が用いている冷媒と同じものが使われている．これは，いかなる運転条件，感温筒の取付け状態でも，感温筒内には常に湿り状態（飽和液と乾き飽和蒸気が共存）となるようにチャージされている．

ii) ガスチャージ方式

感温筒内にチャージされている媒体は，液チャージ方式と同じであるが，液チャージ方式との違いは，チャージ媒体量を少量に制限していることである．

そこで，感温筒温度が過度に大きく上昇すると，チャージ媒体の全ての液が気化して，感温筒内に液がなくなる．したがって，**図 2.3-3** に示したように，チャージ媒体圧力には上昇限度があり，その上昇限度の圧力を最高作動圧力と称し，MOP（Maximum Operating Pressure）チャージ方式膨張弁とも呼ばれる．このガスチャージ方式の膨張弁は，感温筒温度が高温になってもダイアフラムを破壊することがない．

そこで，冷凍装置の始動時の液戻り防止や圧縮機駆動用電動機の過負荷防止にも有効であり，特に，ホットガスデフロストをおこなう装置，ヒートポンプ冷暖房兼用装置などにも有効である．

iii) クロスチャージ方式

図 2.3-4 は，冷凍装置の冷媒（R 134a）と感温筒内チャージ媒体の飽和の温度と圧力，ならびに膨張弁の過熱度との関係を示した．これは，冷凍装置の冷媒に対して温度と圧力の特性の異なる媒体を感温筒にチャージしたものである．図の曲線に示されているように，冷凍装置の冷媒とチャージ媒体の飽和曲線とが交差しているので，この特性によりクロスチャージ方式という．

このチャージ方式の特徴は，温度帯域によって過熱度が変わる欠点を除いたことで，高温でも，低温でもほぼ同じ過熱度設定値が保持できることである．したがって，運転の状態が広範囲の蒸発温度に変わる装置に対しても，設定した過熱度の変化が少ないので，特に低温用の冷凍装置に適したチャージ方式である．

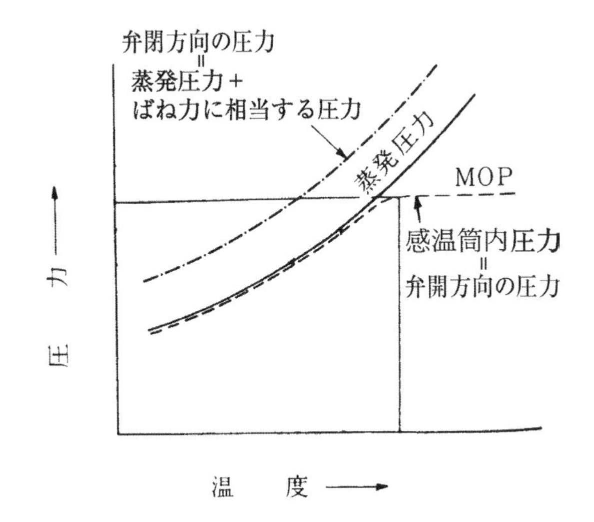

図 2.3-3 ガスチャージ方式の特性 [3)]

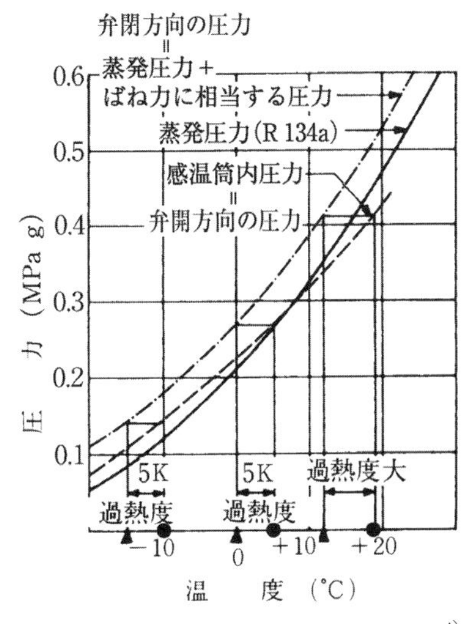

図 2.3-4 クロスチャージ方式 [4)]

（▲：弁閉時の例示温度，●：弁開時の例示温度）

iv) 吸着チャージ方式

このチャージ方式は，感温筒の温度に対して膨張弁本体の温度が高く，あるいは低くなっても，弁本体の温度の影響を受けない．感温筒内には活性炭などの吸着剤とともに，炭酸ガスのような通常の使用状態で液化しないガスが封入されている．

吸着剤のガスの吸着，脱着する特性として，ガス圧力が変わっても吸着剤のガス吸着量はあまり変わらない．しかし，吸着剤の温度が変わるとガスの吸着量が大きく変わる．このような，吸着剤の特性を有効に利用しており，封入ガスの大部分が吸着剤に吸着されている．

感温筒の温度が上昇すると，吸着剤からガスを多量に脱着（放出）するので，感温筒内のガス圧が上昇する．また，感温筒の温度が低下すると，吸着剤がガスを多量に吸着して，感温筒内のガス圧が低下する．

この吸着チャージ方式は，蒸発器出口の冷媒温度が変わると，その出口配管壁，感温筒壁を経て熱伝導の良くない吸着剤の順に熱が移動してから，吸着剤がガスを吸脱着する．この特性のために，膨張弁の動作はほかのi)～iv)のチャージ方式のどれよりも遅い．この特性によって，蒸発器の過熱度制御の安定性をかなり改善して，ハンチングを防止できる特徴がある．

e)　均圧方式

温度膨張弁を用いて蒸発器出口冷媒蒸気の過熱度の制御をおこなうには，感温筒が蒸発器出口の過熱蒸気温度をその温度に相当する飽和圧力に変換してダイアフラム上面に伝え，また，感温筒取付け部の冷媒圧力をダイアフラム下面に伝え，それら二つの圧力差で膨張弁開度を調節する必要がある．2.3.3 (1) a) i) で述べたように，膨張弁の均圧方式は，ダイアフラム下面側に伝えられる冷媒圧力が，次に述べるように，蒸発器入口の冷媒圧力である内部均圧形と，蒸発器出口の冷媒圧力である外部均圧形とがある．

i)　内部均圧形

図 2.3-1 は，内部均圧形温度膨張弁を示し，弁本体内部の均圧孔を通って，ダイアフラム下面に弁出口（蒸発器入口）からの冷媒圧力を伝えるようになっている．

図 2.3-5 は，蒸発器内の R 134a 冷媒の流れの圧力降下が 0.080 MPa あり，蒸発器の出口圧力に対応した飽和温度が −20 ℃であるとする．この蒸発器を，液チャージ方式の図中 (a) は内部均圧形温度膨張弁で，また，図中 (b) は外部均圧形温度膨張弁で過熱度制御している場合を示す．ただし，この膨張弁のばね力相当の圧力は，設定過熱度が 5 K のときに P_3 ＝ 0.031 MPa である．

ダイアフラムに作用する圧力の釣合いは

P_1	感温筒チャージ媒体の飽和圧力	MPa
P_2	膨張弁ダイアフラム下面に作用する冷媒圧力	MPa
P_3	ばね力相当の圧力	MPa
P_o	蒸発器出口冷媒圧力	MPa
ΔP	蒸発器内冷媒の圧力降下	MPa

とおくと

$$P_1 = P_2 + P_3 = (P_o + \Delta P) + P_3 \tag{2.3-7}$$

となる．ここで，図中 (a) の内部均圧形温度膨張弁で過熱度制御している場合の冷媒の状態量を用いると

P_o = 0.133 MPa（− 20 ℃の飽和圧力）

ΔP = 0.080 MPa

$P_2 = P_o + \Delta P$

$= 0.133 + 0.080 = 0.213$ MPa

したがって，感温筒チャージ媒体の飽和圧力は

$P_1 = P_2 + P_3$

$= 0.213 + 0.031 = 0.244$ MPa

このチャージ媒体の飽和圧力 P_1 は，− 5.0 ℃の飽和温度に相当するので，蒸発器出口の過熱蒸気も− 5.0 ℃となる．したがって，温度膨張弁の過熱度設定値は 5 K であったが，蒸発器の冷媒の流れの圧力降下が原因で，運転時の実際の過熱度は，15.0 K と大きくなってしまうことがわかる．

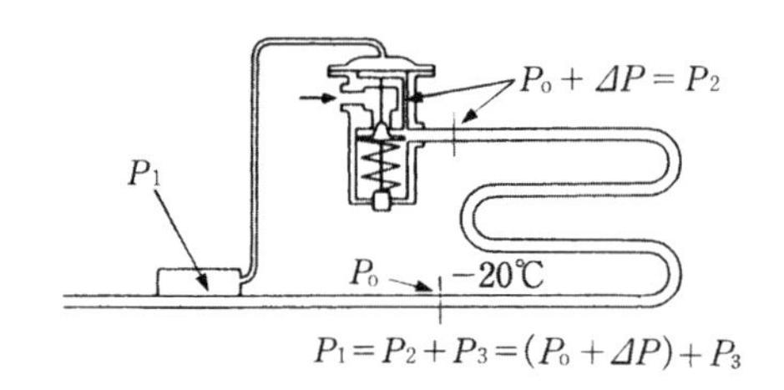

(a)　内部均圧形

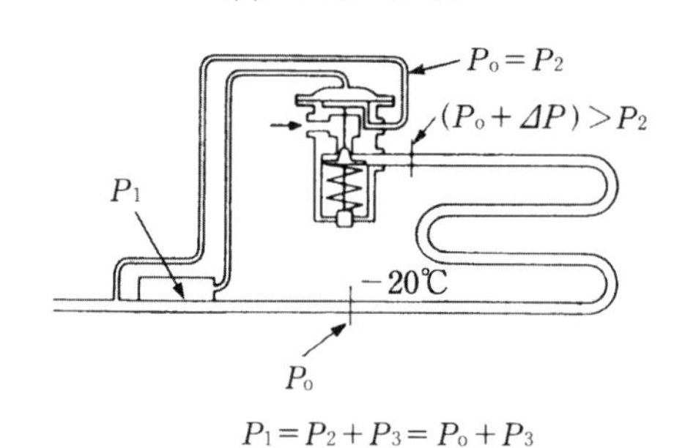

(b)　外部均圧形

図 2.3-5　温度膨張弁の作動 [5)]

ii)　外部均圧形

図 2.3-6 は，外部均圧形の温度膨張弁を示す．膨張弁本体の内部に均圧孔がなく，蒸発器出口と膨張弁本体の均圧管接続部との間を均圧管で連結して用いる．

膨張弁のダイアフラムの動きをニードルに伝える連結棒のガイド部から，弁出口の冷媒が均圧管接続部側に若干漏れることがあるので，均圧管は感温筒取付け部の少し下流側に接続する．これによって，漏れた冷媒の温度の影響を感温筒が受けないようにする．

蒸発器内の冷媒の流れの圧力降下が大きい場合には，この外部均圧形の温度膨張弁を用いないと，過熱度が圧力降下分だけ増大する．特に，蒸発器が複数パスの冷媒回路において，膨張弁と蒸発器の間に冷媒の均等分配の目的でディストリビュータを用いると，冷媒の流れの圧力降下が大きくなり過熱度が過大になるので，必ず外部均圧形にしなければならない．

図 2.3-5（b）で，外部均圧形を用いて，過熱度の制御偏差のないことを説明する．

内部均圧形の場合と同様に，過熱度を 5 K に設定された外部均圧形の温度膨張弁を用い，各部の冷媒状態量から，

P_o = 0.133 MPa（− 20 ℃の飽和圧力）

膨張弁のばね力相当の圧力と蒸発器内冷媒の圧力降下は

P_3 = 0.031 MPa

ΔP = 0.080 MPa

であるが，ダイアフラム下面には均圧管で蒸発器出口の冷媒圧力が伝えられているので，蒸発器内の圧力降下 ΔP は関係がなくなり

$P_2 = P_o$ = 0.133 MPa

そこで，感温筒チャージ媒体の飽和圧力は式 (2.3-7) により

$P_1 = P_2 + P_3 = 0.133 + 0.031 = 0.164$ MPa

（− 15 ℃の飽和圧力）

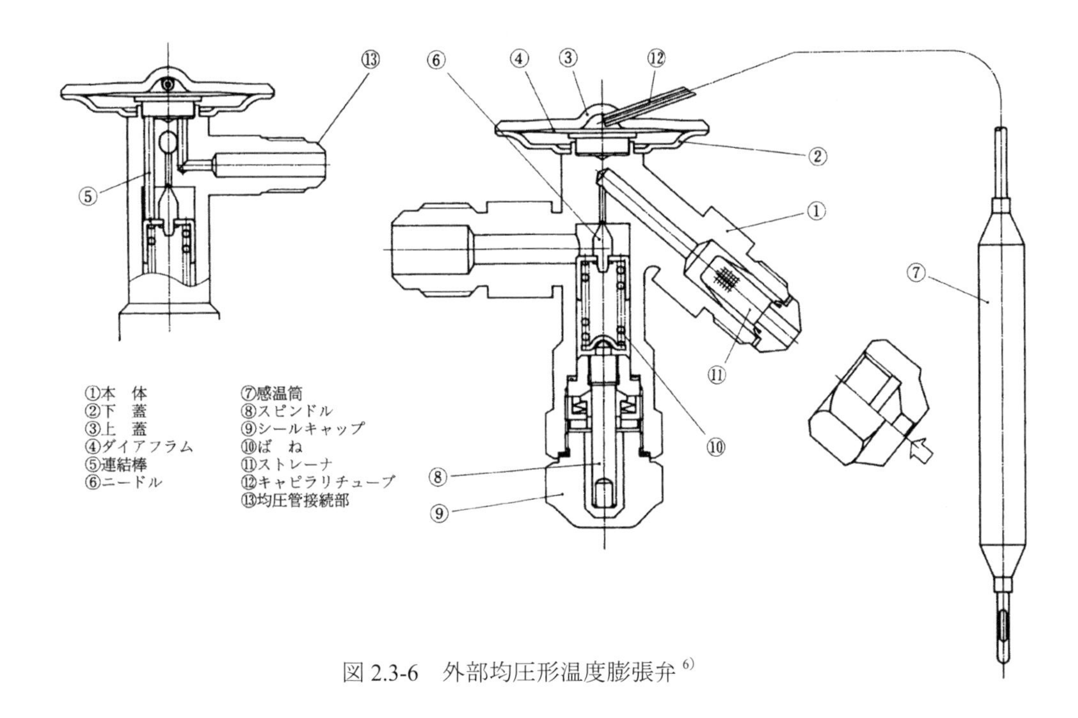

図 2.3-6　外部均圧形温度膨張弁 [6)]

になり，感温筒温度と蒸発器出口過熱蒸気温度が－15 ℃，蒸発器出口圧力に対応した飽和蒸気温度が －20 ℃であるから，蒸発器出口の感温筒取付け部の冷媒過熱度は 5 K である．

このように，外部均圧形の温度膨張弁を用いると，膨張弁の過熱度設定値どおりの過熱度制御がおこなえる．

f)　膨張弁の容量

温度膨張弁の容量（冷凍能力）は，オリフィス口径と弁開度でほぼ決まるが，そのほかに入口冷媒液の過冷却度や，凝縮圧力と蒸発圧力との差，すなわち，弁前後の高低圧間の圧力差によっても異なる．

蒸発器の容量に対して，弁容量が過大な弁を選定すると，弁流量と蒸発温度，過熱度が数分～十数分間の周期で振動的に変動する，一般にハンチングと呼ばれている現象を起こしやすくなる．逆に，小さ過ぎる容量の弁を選定するとハンチングは生じにくくなるが，熱負荷が大きくなったときに冷媒流量不足による冷却不良，過熱度の増大などの不具合をもたらす．

したがって，膨張弁の容量の選定は慎重におこない，予想される最大と最小の蒸発器熱負荷の運転状態でも，過熱度制御が，適切にできることを確認する必要がある．

膨張弁の構造上，次のように，弁容量が固定形と可変形のものがある．

i)　単体のオリフィス固定形

オリフィスとニードルは，図 2.3-1，図 2.3-6 のように弁本体に組み込まれている．この形式の膨張弁は，装置に取り付け，運転調整したときに容量不足，あるいは容量過大など蒸発器の容量に不適合であった場合には，膨張弁本体ごと交換しなければならない．

ii)　オリフィス交換（容量可変）形

この形式の膨張弁は，膨張弁本体の中にオリフィスとニードルの弁体セット（オリフィス・アッセンブリ）が収められており，この弁体セットが交換できるような構造になっている．

(2)　定圧膨張弁

定圧膨張弁は，感温筒とそれの接続キャピラリチューブの代わりに，作動圧力調整用のばねとねじがあり，その他は，構造的に温度膨張弁と同じである．また，定圧膨張弁にも，弁出口または蒸発器出口のいずれかの圧力を検出して制御の動作をする内部均圧形と外部均圧形とがあり，高圧冷媒液を絞り膨張して一定の蒸発器圧力を保持するための減圧弁の一種である．

図 2.3-7 に内部均圧形定圧膨張弁の構造を示す．また，**図 2.3-8** に定圧膨張弁の作動原理を示し，ダイアフラムの上側に作用する大気圧 P_a と作動圧力設定用ばねのばね力相当の圧力 P_{sa} との和と，ダイアフラムの下側から作用する蒸発圧力 P_o とニードル弁補助ばねのばね力相当の圧力 P_{so} との和とが釣合い状態

$$P_a + P_{sa} = P_o + P_{so} \tag{2.3-8}$$

で弁開度が定まり，作動圧力調整用ねじで設定した一定の蒸発圧力に制御する．その制御動作は，かなり速く，即応性の比例動作である．この定圧膨張弁は，負荷変動の少ない比較的小形で，単一の冷凍装置に用い，複数の蒸発器を持つ冷凍装置では適切に制御できなくなる．

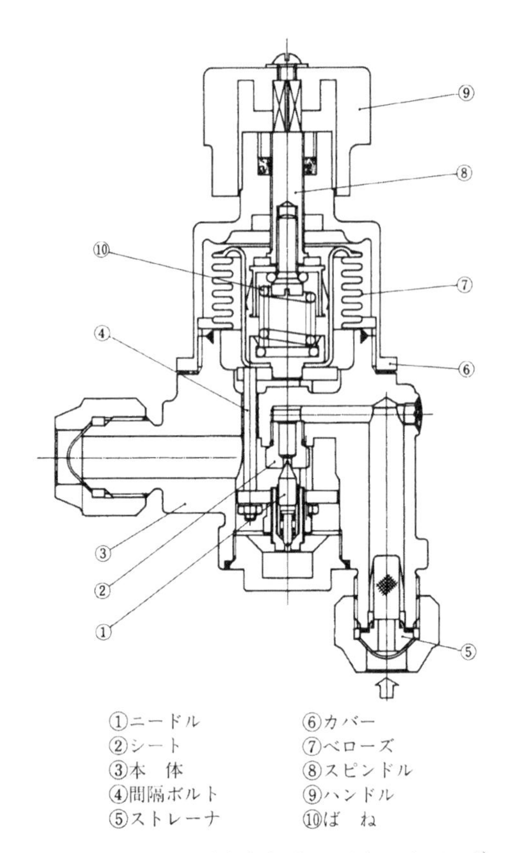

図 2.3-7　ベローズ式内部均圧形定圧膨張弁 [7)]

この定圧膨張弁にも，ベローズ式とダイアフラム式とがあり，ベローズ式内部均圧形はバイパス回路構成用および一定負荷運転用の定圧膨張弁として使用し，低圧側が真空になる低温用にはベローズ式内部均圧・真空兼用形が適している．

ダイアフラム式外部均圧形は，バイパス回路用および一定負荷運転における定圧膨張弁として使用され，外部均圧形であるので蒸発器の圧力降下の大きい場合に適している．

定圧膨張弁を使用した冷凍サイクルでは，常に低圧側圧力が一定になるように調整されているため，圧縮機の発停を低圧圧力スイッチでおこなうことはできない．したがって，この場合は，サーモスタットを使用する．また，蒸発器と圧縮機吸込み配管系の圧力振動と，定圧膨張弁のばねー質量系の固有振動数が一致すると共振状態となり，膨張弁が激しく振動することがあるので注意を要する．

圧縮機が停止して，低圧圧力が高いときには，定圧膨張弁が閉じているので送液が止まり，圧縮機が始動して，低圧圧力が膨張弁の設定圧力に下がってから送液を開始する．この制御動作によって，圧縮機の始動時の過負荷防止が可能であり，冷却運転開始時の立上り（冷却速度）がよい．そこで，保護機能の少ない小形の冷凍装置に適した膨張弁である．

しかし，定圧膨張弁は，温度膨張弁のように過熱度制御ができないので，熱負荷の変動の大きな装置では使用できない．

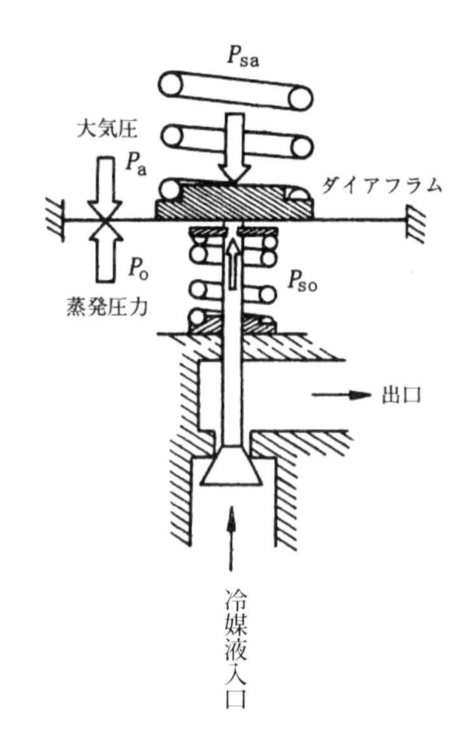

図 2.3-8　定圧膨張弁の作動原理 [8)]

引　用　文　献

1)　日本冷凍空調学会：「上級冷凍受験テキスト」，第 8 次改訂版，p.118，東京（2015）．
2)　同上　p.119.
3)　同上　p. 121.
4)　同上　p. 122.
5)　同上　p. 123.
6)　同上　p. 124.
7)　同上　p. 129.
8)　日本冷凍空調学会：「冷凍用自動制御機器」，改訂 3 版，p.22，東京（2013）．

参　考　文　献

*1)　内田秀雄 編集：「冷凍機械工学ハンドブック」，第 4 版，pp.395-396, 朝倉書店，東京（1969）．
*2)　日本冷凍空調学会：「冷凍用自動制御機器」，改訂 3 版，pp.1-2，東京（2013）．
*3)　日本冷凍空調学会：「上級冷凍受験テキスト」，第 8 次改訂版，pp.117-129，東京（2015）．
*4)　日本冷凍協会：「冷凍空調便覧」，第 5 版，第 2 巻 機器編，p.128，東京（1993）．

（町田　晋也）

(3)　電子膨張弁

省エネ性能を追求している冷凍サイクルの制御において電子膨張弁は，インバータ技術に加え必要不可欠となっており，エアコンディショナはもとよりショーケース，自動販売機，工作機械オイル冷却器に始まり，ヒートポンプ給湯器（エコキュート）やヒートポンプ洗濯乾燥機などにも搭載されている．

特にエアコンディショナでは，電子膨張弁の特長を活かしたさまざまなシステムが開発されており，省エネ性能に留まらず暖房や除湿性能，また静音性など快適性の向上にも大きく貢献し，その用途は広がりを見せている．

a)　分類

アクチュエータ仕様で大別すると，バイメタル方式や封入ワックスの加熱による体積膨張を利用した方式のアナログ形と，ステッピングモータ方式や電磁ソレノイド方式のデジタル形がある．アナログ形はアクチュエータの駆動回路が比較的簡単に構成できる利点があるが，応答速度や制御精度の観点からデジタル形が多用されているので，ここではステッピングモータ方式と電磁ソレノイド方式について述べる．

i)　ステッピングモータ方式

動作時のみの通電でよく省電力であり，流量再現性も高いことからエアコンディショナに広く搭載されている．構造により直動式とギア式の 2 種類がある．

・直動式

図 2.3-9 に示すように，モータの回転動作を，直接的にニードルに伝達することから，直動式と呼ばれている．

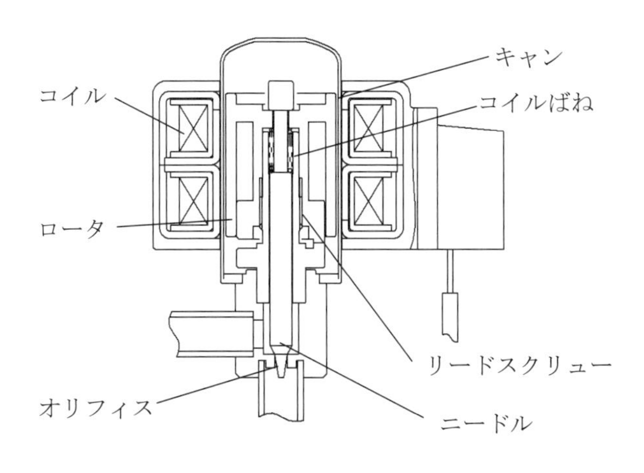

図 2.3-9　直動式

コントローラから送られてきた駆動パルスがコイルに入力されると，コイル内径部に配置されたロータが駆動パルスの相当量だけ回転する．ロータにはリードスクリューが加工されてあり，回転動作を上下動作に変換する．ロータとニードルが直結されているので，ロータの動作に伴ってニードルは上下動作し開度を変化させる．

制御精度は，コイル内径に設けてある磁歯数とロータ外径に着磁してある磁極数，リードスクリューのピッチとニードルの形状によって決定される．450 ～ 500 ステップが標準となっている．

ロータおよびニードル部は円筒ケースによって気密にされており，コイル部と分離できる構造となっている．

構造が簡単で比較的安価なことから，ルームエアコンやハウジングマルチエアコンなどに広く使用されている．

・ギア式

図 2.3-10 に示すように，モータの回転動作を，ギアにより減速した後にニードルに伝達することから，ギア式と呼ばれている．

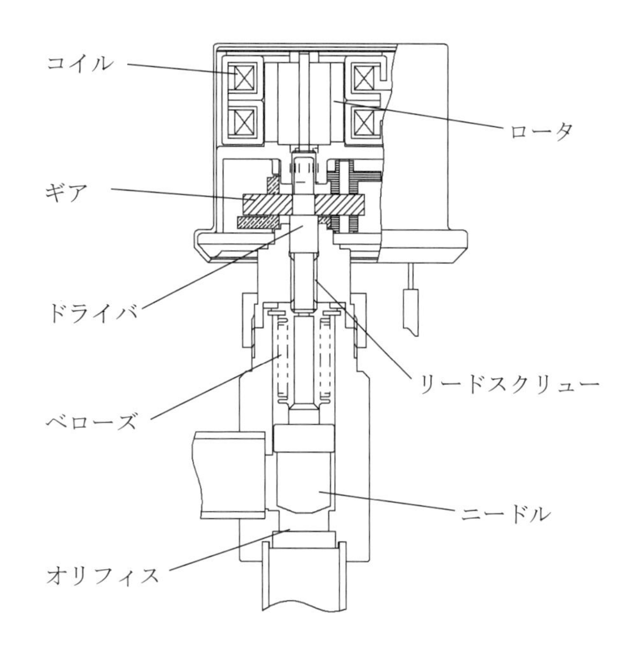

図 2.3-10　ギア式

直動式同様に，コントローラから送られてきた駆動パルスがコイルに入力されると，コイル内径部に配置されたロータが駆動パルスの相当量だけ回転する．ロータの回転はギアによって 1/30 程度まで減速された後に，ドライバに加工されているリードスクリューにより上下動作に変換され，ニードルに伝達される．

制御精度は，コイル内径に設けてある磁歯数とロータ外径に着磁してある磁極数，リードスクリューのピッチとニードルの形状のほか，ギア比によって決定される．1500 ～ 2000 ステップが標準となっている．

制御精度が高く，モータトルクが増幅されているので小型のモータで大容量まで対応でき消費電力も抑えられている．また動作の静音性にも優れているので，ビル用パッケージエアコンの室内機に広く使用されている．

ニードル部はベローズによって気密にされていて，駆動部が分離できる構造になっているものや，ロータ，減速機構及びニードル部は円筒ケースによって気密にされていて，コイル部が分離できる構造のものがある．

・ステッピングモータの回転原理

電子膨張弁に使われているステッピングモータは，**図 2.3-11** に示すような PM 型 4 相パルスモータが一般的である．このモータは，右巻き左巻きを一対（バイファイラ巻き）としたコイルと櫛歯状の極歯を有するステータヨーク 2 枚とからなるコイルを重ね合わせたものと，マグネットロータから構成されている．このコイルの通電パターンを切り替えることによって，ロータは極歯ピッチに対応した回転移動をする．

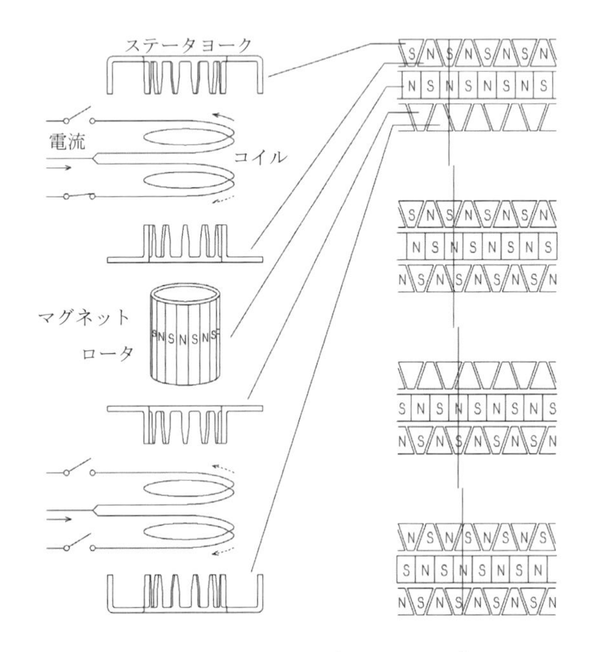

図 2.3-11　ステッピングモータの回転原理

ii)　電磁ソレノイド方式

基本構造は，電磁コイルと吸引子およびプランジャにより構成されており，一般的な電磁弁と同じである．

制御方式は，通電 ON と OFF の時間比率を変化させることによって単位時間あたりの流量を変化させるデューティ式と，印加電流を調整して吸引力を可変させることで弁開度を変化させる電磁比例式がある．

いずれもステッピングモータ方式と比べて，

- 簡単な電源回路で制御できる
- 応答速度が早い
- 基点出しが不要で直ぐに起動できる
- 通電 OFF 時の冷媒遮断が可能

などの特長があり，主に冷凍冷蔵装置用として使用されている．

図 2.3-12 にデューティ式の構造を示す．繰り返し連続的に開閉させることによって流量制御をおこなうため，高い耐久性が必要となる．一般的な二方電磁弁との違いは，耐久性および静音性確保のためのベン構造であり，開閉時の衝突部にクッション性の高い材料が配置されていることが特徴である．

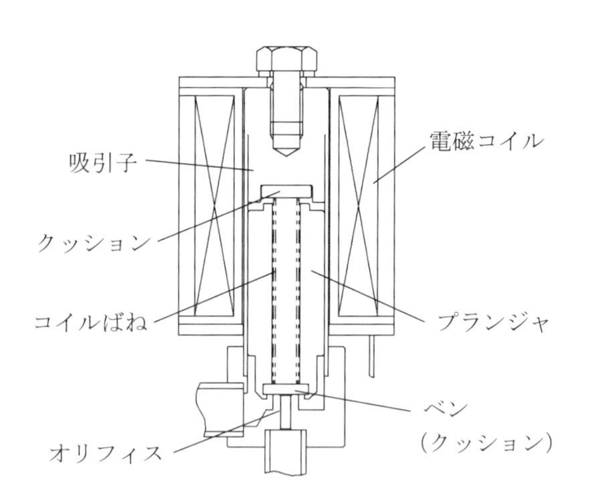

図 2.3-12　電磁ソレノイド方式（デューティ式）

b)　制御システム

図 2.3-13 に示すような電子膨張弁システムは，過熱度をセンシングして，適正値になるように冷媒流量を調整するというフィードバック制御であることは，温度膨張弁と基本的に同じである．

温度膨張弁は，検出機能，出力機能，流量調整機能を自ら持ち合せ，過熱度をフィードバック制御する．電子膨張弁は，温度センサや圧力センサによりセンシングした情報を，コントローラで弁開度に演算して電気信号に置換え出力し，アクチュエータで弁を動作させて，過熱度をフィードバック制御する．膨張弁の感温筒が電子膨張弁システムの温度センサ，封入冷媒が電気信号，ダイアフラムがアクチュエータに当たる．

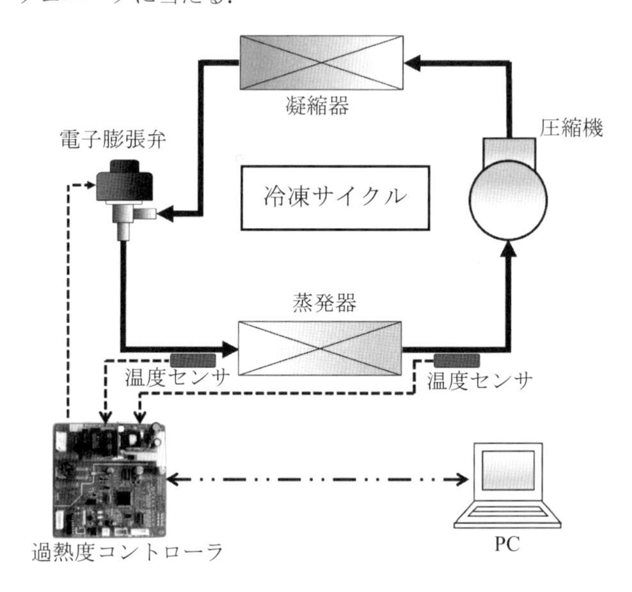

図 2.3-13　電子膨張弁システムの使用例

c)　特長ならびに用途

i)　リバースサイクル式ヒートポンプへの対応

図 2.3-14 に示すように，キャピラリチューブや温度式膨張弁でリバースサイクル式のヒートポンプエアコンにおける冷房と暖房いずれも最適な絞り条件で運転するために

は，それぞれ専用の絞り機構と逆止弁により回路を構成する必要があった．ステッピングモータ式の電子膨張弁は可逆流れなので，**図 2.3-15** に示すように簡単なサイクル構成となり，冷房と暖房いずれも最適な絞り条件とすることができる．

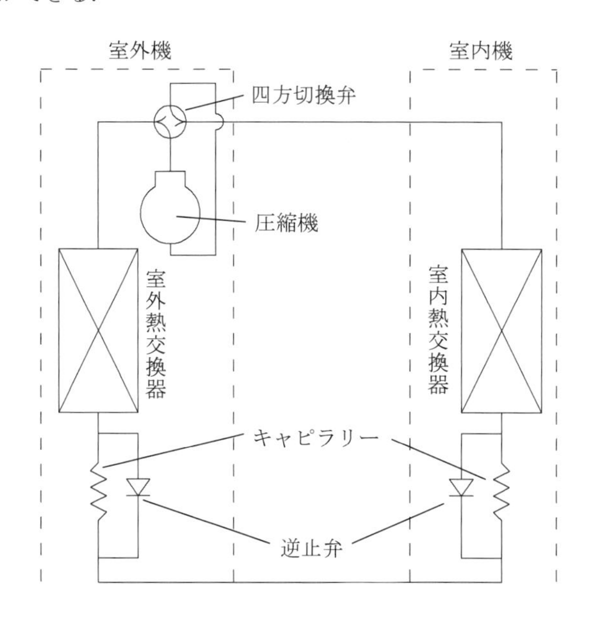

図 2.3-14　キャピラリーチューブ使用サイクル例

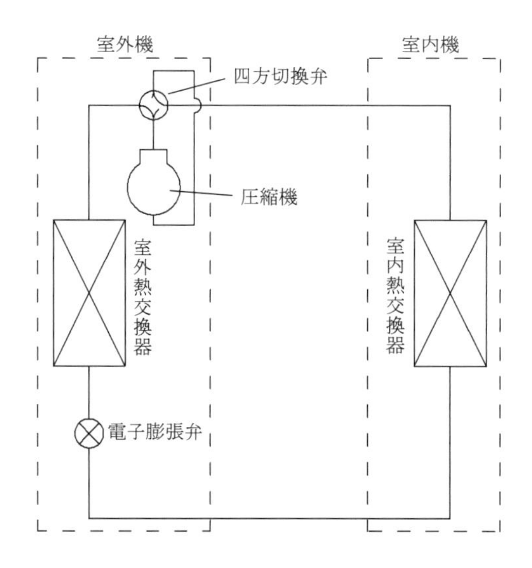

図 2.3-15　電子膨張弁使用サイクル例

ii)　インバータへの追従

インバータによる圧縮機の周波数制御や熱交換器の風量制御により，システムの能力可変範囲が拡大した．キャピラリチューブや温度式膨張弁では追従することが難しく，効率を犠牲にしなければならなかったが，流量制御範囲が大きい電子膨張弁を使用することによって，能力を有効に生かすことができるようになった．

iii）　システムの安定化

固定絞りであるキャピラリチューブは，設計点からずれた状態の運転になると過熱度が付き過ぎたり，あるいは液バックを生じたりすることがある．温度式膨張弁では，過渡的な冷媒過熱度の応答遅れや感温筒による検出遅れなどによりハンチング現象を発生することがあるため，膨張弁の容量と蒸発器の容量を適合させなければならなかった．そのためシステムのマッチングに多大な時間が必要であった．電子膨張弁では，温度センサなどの検出遅れや熱容量に起因する応答遅れなども，制御アルゴリズムでの対応によりフィードバック制御系を安定させることができる．これによりシステムのマッチング作業も大幅に軽減された．

iv)　自由な制御目的の選定

電子膨張弁は，温度や圧力などのセンサ部と独立して構成されているので，制御目的にあった情報のセンシングが可能であり，電子膨張弁の設置場所も制約を受けない．したがって配管長さの違いによる圧力損失や熱ロスの影響を受けない制御が可能である．たとえば過熱度が制御目的である場合，蒸発器出口直後あるいは吸入管近傍のいずれか最適な情報を選択することが可能である．また過冷却度の制御も可能となり，膨張弁への気液二相流の流入や凝縮器出口付近の液溜まりを防ぐことができ，効率的な運転と膨張弁への気液二相流流入による冷媒通過音の抑制ができる．

v)　マルチエアコンシステムへの対応

全閉機能により，マルチエアコンにおける停止室の制御を，電磁弁を用いずにおこなうことができる．前述したように，ステッピングモータ式の電子膨張弁では，動作時のみの通電で閉弁時を含む停止時は通電不要なので省電力である．さらに開閉速度をコントロールできるので，液ハンマ音の抑制にも効果的である．また**図 2.3-16** のような室外機 1 台に複数の電子膨張弁を搭載し，複数の室内機と接続できるような家庭用マルチエアコンシステムにおいては，電子膨張弁で流量を広範囲に調整できるので，室内機能力や配管長さの多彩な組合せに対応することができ，商品力の向上に貢献している．

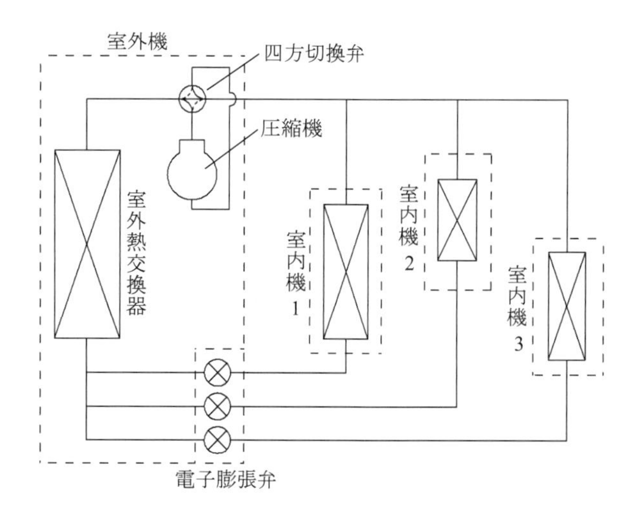

図 2.3-16　マルチエアコンシステム

vi)　コンプレッサ保護機能

室外機と室内機がそれぞれ一台ずつで構成されている家庭用シングルエアコンや店舗用パッケージエアコンのシステムでは，単一回路で構成されているため，電子膨張弁が何らかの理由により閉弁状態で動作不能となった場合，冷媒循環が停止するとともに冷凍機油がコンプレッサへ供給されない状態となり得る．そこでコンプレッサの焼付きを防止する機能として，全閉レス機能を持たせることができる．

一般的な手法であるブリードポートは，サイクル内の異物により閉塞してしまうことが懸念されるため，電子膨張弁では**図 2.3-17** に示すようなノッチ式あるいはクリアランス式が採用されている．

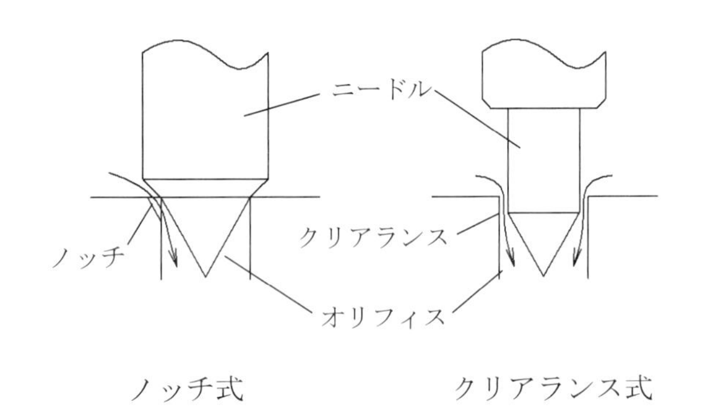

図 2.3-17　コンプレッサ保護機能（直動式）

vii)　デフロスト時間短縮および再熱除湿回路対応

ヒートポンプエアコンの暖房運転時においては，室外機熱交換器の霜取り（デフロスト）時間が長ければ，室温が低下し快適性が損なわれる．デフロスト時間の短縮が暖房機器としての課題であり，電子膨張弁にはデフロスト時間短縮のための最大流量確保と過熱度制御時に必要な流量制御精度が求められる．これは**図 2.3-18** のような再熱除湿回路に対応する場合も同様であり，冷房運転時は過熱度制御をおこなうために制御精度が必要となり，再熱除湿運転時は二相高圧高温冷媒通過の圧力損失とならないように全開（最大流量）が必要となる．

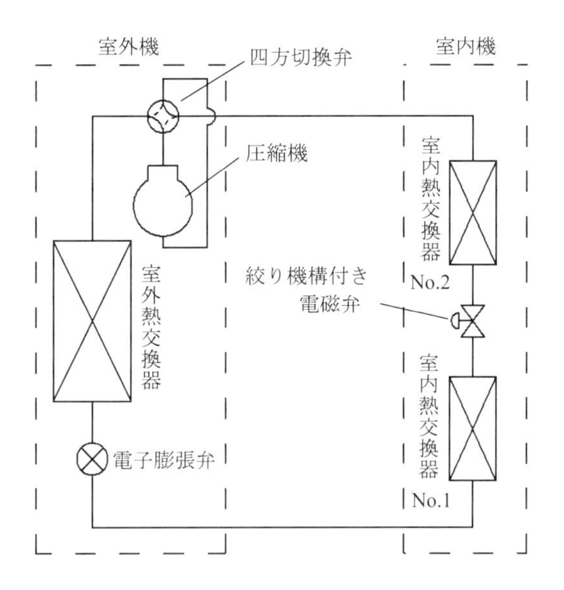

図 2.3-18　再熱除湿回路での使用例

ステッピングモータ式の電子膨張弁は，駆動部構造やニードル形状により**図 2.3-19** に示すような多様な流量特性を作ることができる．デフロストの時間短縮や再熱除湿運転に必要な最大流量と定常運転時に必要な制御精度の両立が可能で，システム成立の重要な要素となっている．

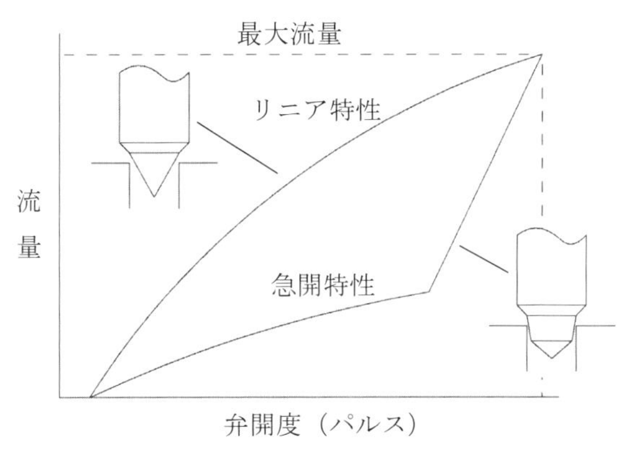

図 2.3-19　リニア特性と急開特性（直動式）

viii)　部分負荷運転への対応

ノンインバータエアコンにおける冷房運転中の ON/OFF 運転では，圧縮機停止直後に低圧側（室内機）に高温冷媒が流入すると熱交換器の温度が上昇してしまい熱ロスとなる．逆に圧縮機前後の圧力バランスがとれていない状態で圧縮機を再起動しようとすると，負荷トルクが大きくなり起動できないことがあるが，圧縮機停止直後に電子膨張弁を全閉にし，低圧側への高温冷媒の流入を抑制して熱交換器の温度上昇を抑えて，圧縮機再起動の適当なタイミングで電子膨張弁を全開にすることで圧力バランスの急回復を図れば，熱ロスの少ない ON/OFF 運転が可能となる．

インバータエアコンでは，圧縮機 ON/OFF によるエネルギロスの軽減策として，発停頻度を減らすために熱交換器の容量制御などと併せた圧縮機の容量可変や超低周波数による連続運転がおこなわれ，近年その性能向上に注力されている．このように部分負荷運転の効率を追求していくと，除湿能力が低下し快適性が損なわれるという課題がある．電子膨張弁にも一層の流量調整能力が求められ，特に低流量の制御精度が必要となる．

ix)　インジェクションサイクルの制御

ヒートポンプエアコンの効率改善や暖房性能の向上を目的として，ガスや液あるいは気液二相状態で圧縮機へインジェクトするようなさまざまなインジェクションサイクルが開発されている．**図 2.3-20** は Heat Inter Changer 回路（HIC）で熱交換し，インジェクション冷媒が気液二相状態となるサイクルの回路図である．3 台の電子膨張弁を連動制御することにより凝縮器側および蒸発器側の冷媒状態のほか，HIC への冷媒流入量を制御して吐出温度を自在に調整し，圧縮機の運転周波数や外気温度などの影響による冷凍サイクルの状態変化に対応させている．これにより高 COP やデフロスト時間の短縮を実現するとともに，－20 ℃以下となるような寒冷地での使用も可能としている．

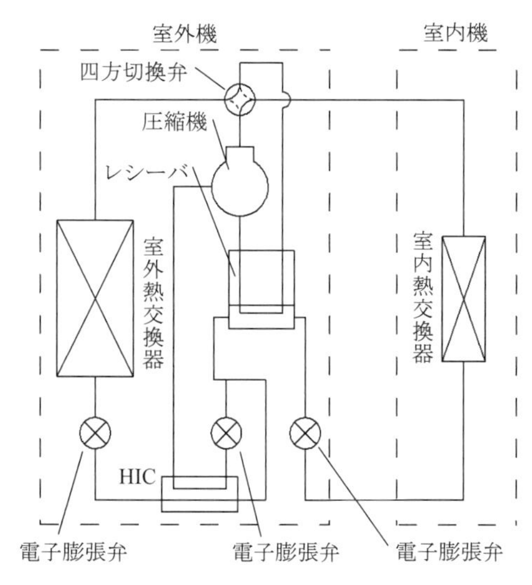

図 2.3-20　インジェクションサイクルでの使用例

x)　冷暖フリーシステムへの対応

ビルのような施設では，暖房シーズンでも日差しの影響により冷房運転が必要になることがあり，同一フロアでも部屋ごとに冷房と暖房が同時に選択される場合が発生する．このような状況に対応した冷暖フリータイプのシステムが開発されている．切換えには圧力損失とならないように大口径で，切換え時にユニット停止の必要がないよう高差圧で動作できる弁が必要になる．従来はパイロットタイプのソレノイドバルブが使用されていたが，切換え音やチャタリングの課題があった．近年，**図 2.3-21** のような小型でありながら高差圧でも大口径の開閉が可能な電子膨張弁が実用化され，開度や開閉速度のコントロールができるようになったことで，システムの安定化が図られている．

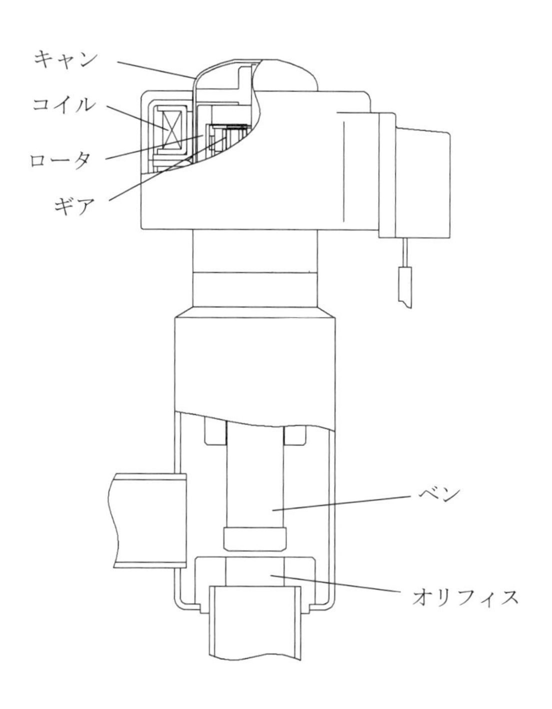

図 2.3-21　大口径対応電子膨張弁

d)　電子膨張弁使用に際しての注意点

主流となっているステッピングモータ方式ニードル弁タイプについての注意点を記述する．

i)　逆圧開弁圧力差

ステッピングモータ式の電子膨張弁は基本的に可逆流れに対応しているが，**図 2.3-22** に示すように，直動式はコイルばねによりニードルが閉弁方向に付勢されている構造のため，流れ方向が B → A の場合にコイルばね の付勢力以上の差圧がニードル前後に発生すると，意図せずにニードルが開弁方向へ変位してしまい流量制御不能となる．

ギア式は，リードスクリューの推力がニードルに直接伝達される構造になっているので，その限りではない．

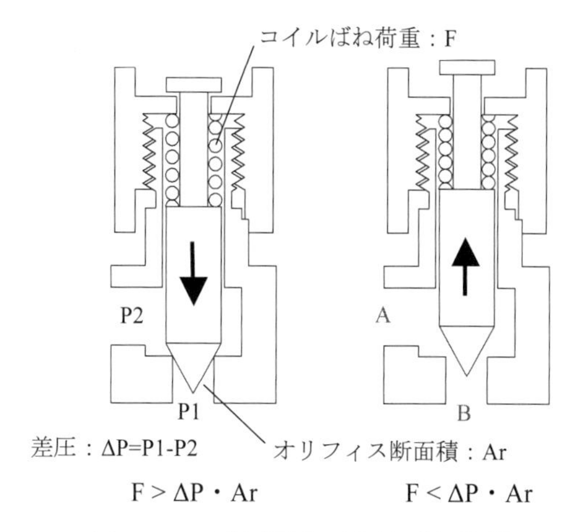

図 2.3-22　逆圧開弁圧力差（直動式）

ii)　最高作動差圧

電子膨張弁が正常動作可能な差圧範囲の上限値で，最高作動差圧は弁口径が大きくなる程小さくなる．直動式を可逆流れで使用する場合は,「逆圧開弁圧力差」と併せて使用条件に適合するか確認する.

iii) 流量ばらつき

電子膨張弁には個体差があり,基本的にはフィードバック制御によりそれが吸収されることを前提に作られている.したがって絶対位置制御系で使用する場合は,個体差を把握した上で使用する必要がある.**図 2.3-23** に示すように,特に低流量域は開弁ポイント(=開弁パルス)や流量立上り特性のばらつきに留意し,制御プログラムを作成しなければならない.

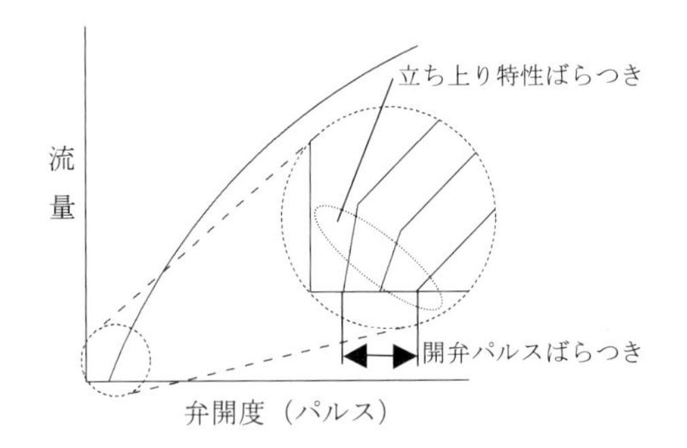

図 2.3-23 低開度域の流量ばらつき(直動式)

iv) ヒステリシスと流れ方向の流量差

ギア式は,ギアやドライバ伝達部のバックラッシにより,**図 2.3-24** に示すような開閉方向のヒステリシスが発生する.制御上はその影響を受けないように配慮が必要である.

直動式では発生しないが,リードスクリューのバックラッシにより,**図 2.3-25** に示すように流れ方向での流量差が大きい傾向となる.

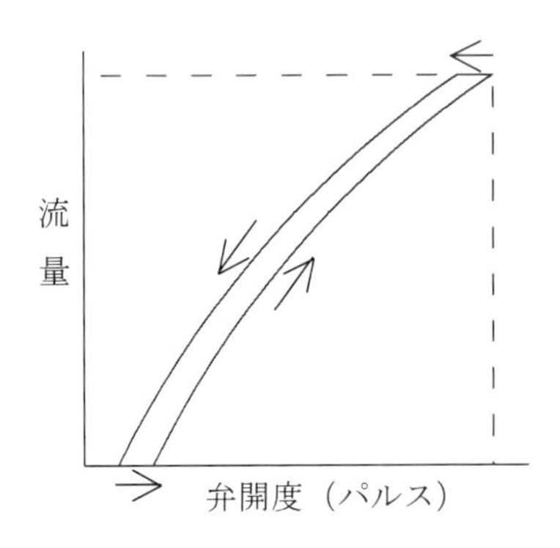

図 2.3-24 ヒステリシス(ギア式)

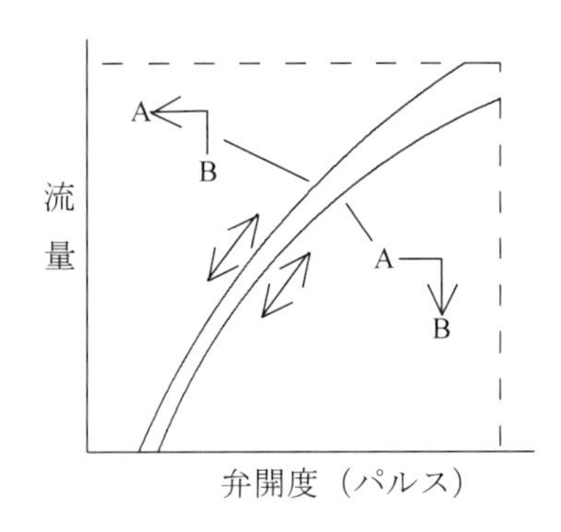

図 2.3-25 流れ方向の流量差(直動式)

v) イニシャライズ(0 パルス基点出し)

電子膨張弁は位置検出ができないため,実弁開度と指令弁開度(指令パルス)の相対位置関係を適合させなければならない.これを「イニシャライズ」といい全閉ポイントにて実施する.

イニシャライズは,システム電源 ON 時などの適切なタイミングで実施する必要があるが,過剰な実施は性能劣化に繋がるので注意しなければならない.また直動式においては,ストッパの衝突音が発生するので,全閉ポイントへの増し締めパルスは必要最低限にすることが望ましい.

vi) 弁洩れ

直動式,ギア式いずれの電子膨張弁も全閉させ流れを止めることができ,特にギア式は,モータのトルクを,ギアを介して減速し大きな推力を直接ニードルに作用させるので,高いシール性を有している.この機能を長期的に安定的に維持するためには,サイクル内の異物管理とともに電子膨張弁前後にストレーナを配置し,弁内部への異物流入を可能な限り防止することが重要となる.

vii) 温度影響

必要以上に通電することによって,コイルの温度が過度に上昇すると,モータのポテンシャルが低下するとともに,モータの電気絶縁性能の劣化を早めることになる.通常は作動時のみの通電とし,通電間隔と通電時間にも配慮して,コイルの温度上昇を規定の温度以上にならないように使用する.

viii) 冷凍機油の粘性影響

円筒ケースによって気密にされているキャンドタイプは,ロータ部へも流体が流入するため,冷凍機油の粘性が上昇するような低温下での使用に際しては冷凍機油の温度特性に注意するほか,冷凍機油が溜まらないように電子膨張弁の取付け姿勢にも配慮する.

ix) 始動,停止,逆転時の励磁条件

パルスずれのリスクを低減するために,以下に留意する.

駆動停止時(通電→無通電)は,停止した励磁相で一定時間励磁させてから通電を切る.

駆動開始時(無通電→通電)は,前回停止した励磁相で通電させ一定時間励磁後に駆動させる.

駆動方向を逆転させるときは,折返しの励磁相で一定時

間励磁した後に逆転させる．　　（一定時間＝ 0.5s を推奨）

x)　ろう付時の冷却

電子膨張弁内部にはロータを始め多くの樹脂部品が使われており，近年はその傾向がさらに強くなっている．ユニット組立時や工事で配管のろう付をおこなう際は，電子膨張弁を冷却しながら内機部品が膨張弁メーカの定めた温度を超えないようにする必要がある．またそのときに冷却水が内部に入らないように配慮しなければならない．

参　考　文　献

*1)　日本冷凍空調学会 :「冷凍用自動制御機器」，改訂第 3 版，pp.33-35，東京（2013）．

*2)　日本冷凍空調学会 : 冷凍，特集号「電子膨張弁と電子制御」，**61**（701），1-51（1986）．

*3)　日本冷凍空調学会 :「冷凍サイクル制御の動特性」，第 8 次改訂版，p.8，p.27，p.33，p.42，東京（2009）．

*4)　日本冷凍空調学会 : セミナーテキスト「業務用ヒートポンプエアコンの開発と技術」，pp.37-39，東京（2006）．

（大内　共存）

2.4　凝縮器

2.4.1　凝縮器の役割

凝縮器は，圧縮機から吐き出された冷媒を冷却して液化する役割を主に担っており，その性能が冷凍サイクルの加熱・冷却能力および性能（成績係数）に大きく影響する重要な要素機器である．また，冷凍サイクル運転中は多くの冷媒が凝縮器内に保持されていることも知られている．システムを適正な性能に維持しながら安定して運転するためには最適な冷媒充填量が存在し，一方で地球環境保全の観点から冷媒充填量の削減も求められている．すなわち，高い伝熱性能を維持しながら，最適な量の冷媒を保持することが凝縮器の役割となる．

一般に，圧縮機から吐き出された冷媒は過熱蒸気状態であり，管内凝縮を例にとれば，**図 2.4-1** に示すように熱交換の区間は，単相の過熱蒸気の冷却（非凝縮），過熱蒸気の凝縮，飽和蒸気の凝縮，凝縮液の過冷液部の 4 区間に分類される．図は冷媒と冷却水が対向流で流れて熱交換をおこなう熱交換器を示したものであるが，空気を冷却流体とした凝縮器においても同様な冷媒の熱交換がおこなわれる．なお，冷媒の凝縮潜熱量が過熱蒸気および過冷液の顕熱量に比べて大きいため凝縮域の伝熱がその性能に大きく影響する．

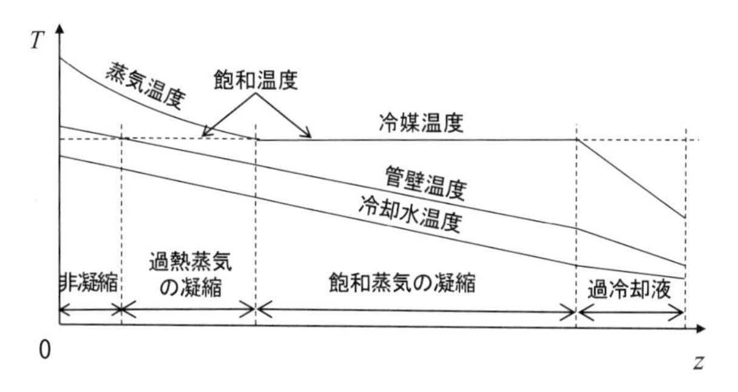

図 2.4-1　冷媒と冷却水の温度変化の例

2.4.2　凝縮の基礎理論と伝熱促進

(1)　平板上凝縮

図 2.4-2 に静止した蒸気が鉛直に設置された平板上で冷却されて凝縮する場合の液膜流動状態の変化を表す [*1]．上流側は平滑な界面を有する層流で，膜レイノルズ数 Re_L が約 40 で界面に微小な表面波が現れ，成長しながら流下する．さらに下流に進み，凝縮量が増えて流量が大きくなり膜レイノルズ数が 1400 程度になると波の形状が崩れて乱流へと遷移する．ここで，膜レイノルズ数は次式で定義される．

$$Re_L = 4\,\Gamma/\mu_L \tag{2.4-1}$$

Γ は単位幅あたりの質量流量，μ_L は粘度である．なお，膜レイノルズ数は $Re_L=\Gamma/\mu_L$ と定義されることもある．

層流域では熱伝導支配であり，液膜の厚さ δ と熱伝導率 λ_L により，凝縮開始点からの距離 χ における局所熱伝達率 h_χ が次式で与えられる．

$$h_x = \frac{\lambda_L}{\delta} \tag{2.4-2}$$

液膜厚さの変化は Nusselt の理論 [*2),*3)] により明らかにされており．壁温一定の場合の局所熱伝達率は次式で求められる．

$$h_x = \left[\frac{g\,\rho_L^2\,\lambda_L^3\,\Delta h_v}{4\mu_L\left(T_s - T_w\right)x}\right]^{1/4} \tag{2.4-3}$$

また，長さ ℓ までの平均熱伝達率 h_m は次式となる．

$$h_m = \frac{3}{4}\left[\frac{g\,\rho_L^2\,\lambda_L^3\,\Delta h_v}{4\mu_L\left(T_s - T_w\right)\ell}\right]^{1/4} \tag{2.4-4}$$

式 (2.4-3) および (2.4-4) を無次元式で表すと，

$$Nu_x = \frac{h_x x}{\lambda_L} = 0.707\left(\frac{Ga_{Lx}Pr_L}{Ja_L}\right)^{1/4} \tag{2.4-5}$$

$$Nu_m = \frac{h_m \ell}{\lambda_L} = 0.943\left(\frac{Ga_{Lx}Pr_L}{Ja_L}\right)^{1/4} \tag{2.4-6}$$

となる．Nu はヌセルト数であり，ガリレオ数 Ga，プラン

トル数 Pr，ヤコブ数 Ja は以下のように定義される．

$$Ga_{Lx} \equiv \frac{gx^3}{\nu_L},\quad Pr_L \equiv \frac{c_{pL}\mu_L}{\lambda_L},\quad Ja_L \equiv \frac{c_{pL}\left(T_s - T_w\right)}{\Delta h_v} \tag{2.4-7}$$

また，単位幅当たりの質量流量 Γ が与えられる場合，液膜厚さは $\delta^3 = 3\nu_L^2\Gamma/(g\mu_L)$ と与えられ，熱伝達率は膜レイノルズ数のみの関数となり次式で求められる．

$$Nu_x^* \equiv \frac{h_x}{\lambda_L}\left(\frac{\nu_L^2}{g}\right)^{1/3} = \left(\frac{3}{4}Re_L\right)^{-1/3} = 1.10Re_L^{-1/3} \tag{2.4-8}$$

Nu^* はヌセルト数であるが，前述の Nu とは定義が異なり，凝縮数ともいう．

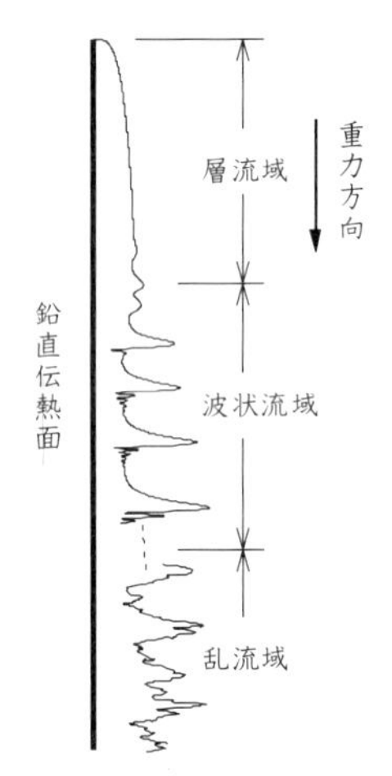

図 2.4-2　凝縮液膜の流動状態の遷移

波状流域は粘性支配の層流的な流れであるが，大波の中に発生した循環流と液膜厚さの変化により熱伝達が促進されることが Miyara[*4] の数値計算により示されている．波状流域の熱伝達率は，Kutateladze の式[*5] や Chun-Seban の式[*6]，上原 - 木下の式[*7] で計算できる．

$$\text{Kutateladze:}\quad Nu_x^* = 0.756Re_L^{-0.22} \tag{2.4-9}$$

$$\text{Chun-Seban:}\quad Nu_x^* = 0.822Re_L^{-0.22} \tag{2.4-10}$$

$$\text{上原 - 木下:}\quad Nu_x^* = 1.00Re_L^{-0.22} \tag{2.4-11}$$

乱流域では，液膜の複雑な流れによる乱流効果で熱伝達が促進される．波状流から乱流へ遷移する膜レイノルズ数は，冷媒液の物性値や冷却条件によって変化する．熱伝達のメカニズムは乱流液膜理論により説明されるが，詳細は成書[*3),*8),*9)] を参照されたい．熱伝達率の式は，上原 - 木下や Park らによって以下のように提案されている．

$$\text{上原 - 木下:}\quad Nu_x^* = 0.059Pr_L^{1/6}Re_L^{1/6} \tag{2.4-12}$$

$$\text{Prak ら:}\quad Nu_x^* = 0.0052Pr_L^{0.65}Re_L^{0.34} \tag{2.4-13}$$

蒸気流動により気液界面にせん断力が働く場合は，液膜が薄くなることや乱流効果が大きくなることで熱伝達率が高くなる．気液界面が平滑な層流強制対流凝縮について，Shekrladze-Gomelauni[*10)] は気液界面せん断力が凝縮質量流束 $\dot{m}_x$ と主流蒸気速度 $U_{V\infty}$ との積に比例すると仮定し，

$$\mu_L\left(\frac{\partial U_L}{\partial y}\right)_{y=\delta} = m_x U_{V\infty} \tag{2.4-14}$$

を導入して解析をおこない，伝熱面温度一様の場合の熱伝達率の式を以下のように与えている．

$$Nu_x = \frac{1}{2}\left(\frac{U_{V\infty}x}{\nu_L}\right)^{1/2} = \frac{1}{2}Re_{TPx}^{1/2} \tag{2.4-15}$$

Re_{TPx} は二相レイノルズ数とよばれ，蒸気速度 $U_{V\infty}$ を用いて定義される．藤井ら[*11)] は層流強制対流凝縮をより詳細に解析し，広い範囲で適用できる次式を提案している．

$$Nu_x = 0.45\left(1.20 + \frac{Pr_L}{RJa_L}\right)^{1/3} Re_{TPx}^{1/2} \tag{2.4-16}$$

R は気液の密度と粘度の積の比で，次式で定義される．

$$R = \left(\frac{\rho_L\mu_L}{\rho_V\mu_V}\right)^{1/2} \tag{2.4-17}$$

(2)　管外凝縮

水平な円管外面で静止蒸気が凝縮する場合は平板上凝縮の上流側と同様な粘性と重力が支配的な流れであり，液膜厚さは薄く，管周方向の流下距離も短いため，全域を層流とみなすことができる．Nusselt は理論解析をおこないその基本特性を明らかにするとともに，近似解を与えている．その後，本田ら[*12)] は管頂部を厳密に取り扱った解析をおこない，外径 D の水平管の管周方向平均熱伝達率の式を次のように与えている．なお，Nusselt の解では係数が 0.725 である．

$$Nu_D = \frac{h\,D}{\lambda_L} = 0.728\left(\frac{Ga_D Pr_L}{Ja_L}\right)^{1/4} \tag{2.4-18}$$

図 2.4-3 は解析に用いられたモデルを示しているが，液膜厚さは薄く，管周方向の流下距離も短いため，全域を層流とみなすことができる．

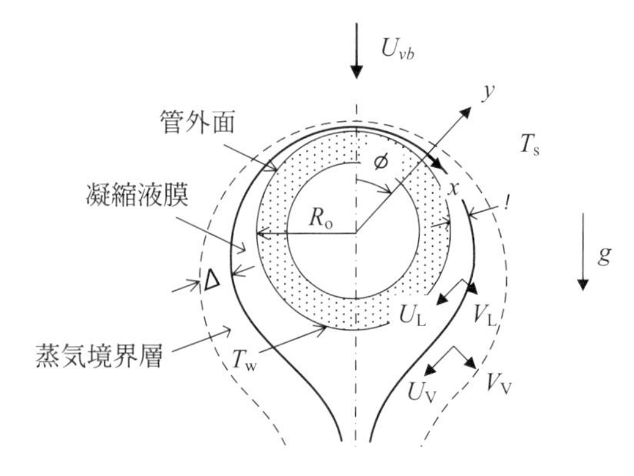

図 2.4-3　水平管外凝縮のモデル

蒸気流の影響が表れる強制対流凝縮の条件では，管周りの蒸気流の取扱いが異なるいくつかの解析がなされており，藤井 - 本田 [*13] は境界層のはく離なども考慮した解析をおこない，ヌセルト数に関する次式を得ている．

$$\frac{Nu_D}{\sqrt{Re_L}} = 0.728 F_D^{1/4}\left(1 + X + 0.57X^2\right)^{1/4}$$
$$X = \left\{1 + Pr_L / \left(RJa_L\right)\right\}^{2/3} / \sqrt{F_D} \tag{2.4-19}$$
$$F_D = g\mu_L \Delta h_v D / \left\{\lambda_L U_{vb}^2 \left(T_s - T_w\right)\right\}$$

管外で冷媒が凝縮する熱交換器では，複数の管を配置した管群が用いられる．管の配置は，基盤目配列と千鳥配列に分類されるが，いずれの場合も，上部の管から下部の管へ凝縮液が流れ落ちるため，熱伝達もその影響を受ける．この現象はイナンデーションとよばれる．流下の状態は，滴状，シート状，などのモードに分類される．

流れがシート状で，上流の凝縮液がすべて下流側の管上部に流下する場合，第 n 列目の管の熱伝達率，また，第 n 列目までの平均熱伝達率は，次式で与えられる．

$$\frac{h_n}{h_1} = n^{5/4} - \left(n-1\right)^{5/4}, \quad \frac{h_{n,m}}{h_1} = n^{-1/4} \tag{2.4-20}$$

しかし，実際には流下のモードや管の配置などにより熱伝達率が異なる．本田ら [*14] は 3 行 15 列の管群を用いた実験データに基づいて以下の式を与えている．

千鳥管群

$$Nu_D = \left\{Nu_{Dg}^4 + \left(Nu_{Dg} Nu_{Df}\right)^2 + Nu_{Df}^4\right\}^{1/4} \tag{2.4-21}$$

$$Nu_{Dg} = Gr_D^{1/3}\left\{\left(1.2/\mathrm{Re}_{fg}^{0.3}\right)^4 + \left(0.072\mathrm{Re}_{fg}^{0.2}\right)^4\right\}^{1/4} \tag{2.4-22}$$

$$Nu_{Df} = 0.165\left(\frac{p_L}{p_1}\right)^{0.7}\left\{Re_g^{-0.4} + 1.83\left(\frac{q_n}{\rho_V \Delta h_v U_{Vn}}\right)\right\}^{1/2} \times \left(\frac{\rho_V}{\rho_L}\right)^{1/2} \frac{Re_{LD} Pr_L^{0.4}}{Re_{f,sh}^{0.2}} \tag{2.4-23}$$

基盤目管群

$$Nu_D = \left\{Nu_{Dg}^4 + Nu_{Df}^4\right\}^{1/4} \tag{2.4-24}$$

$$Nu_{Df} = 0.053\left\{\left(\frac{1}{Re_g^{0.2}}\right) + 18.0\left(\frac{q_n}{\rho_V \Delta h_v u_{Vn}}\right)\right\}^{1/2} \times \left(\frac{\rho_V}{\rho_L}\right)^{1/2} \frac{Re_D Pr_L^{0.4}}{Re_{f,sh}^{0.2}} \tag{2.4-25}$$

(3)　**管内凝縮**

管内凝縮では圧縮機から吐き出された冷媒が凝縮しながら管内を流れ，凝縮した液が蒸気流のせん断力と重力の影響を受けながら流れる．**図 2.4-4 (a)** および **(b)** は，高流量および低流量の場合の流動様相の変化の代表的な例を示している．高流量では圧力差が支配的で，蒸気単相流から環状流，スラグ流，プラグ流，液単相へ遷移し，低流量では重力が支配的で，蒸気単相流から，環状流・半環状流，波状流，層状流へと変化する．なお，冷媒の物性や管の寸法や傾斜により流動様相も変化する．特に，管径が小さい（約 1 mm 以下）場合には表面張力の影響が顕著になることが知られている．管内凝縮においても，液膜の厚さや流れが熱伝達を支配するが，流動状態が複雑に変化するため，厳密な解析は容易でない．

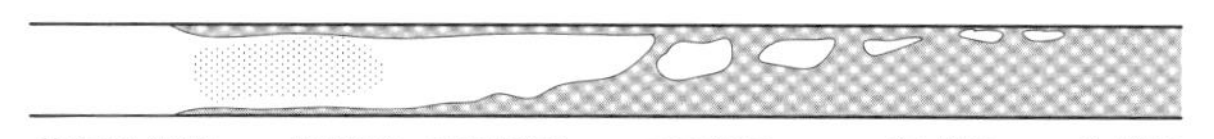

(a) 高流量の場合

蒸気単相流 → 環状流･半環状流 → 波状流 → 層状流

(b) 低流量の場合

図 2.4-4　管内凝縮における凝縮液の流動様相

藤井ら [*15] は，管軸方向に 3 次元的に変化する環状液膜流の厚さに関して，蒸気せん断力と重力の影響を考慮した乱流液膜解析をおこなっている．またその後，藤井ら [*16] は管底部を流れる厚液膜を考慮した解析をおこなっている．**図 2.4-5** は解析に用いられた物理モデルである．解析では，気液界面の複雑な現象は気液界面せん断力に含まれる形で間接的に考慮されており，この解析により，管入口から出口までの凝縮熱伝達の基礎的な特性が説明できる．

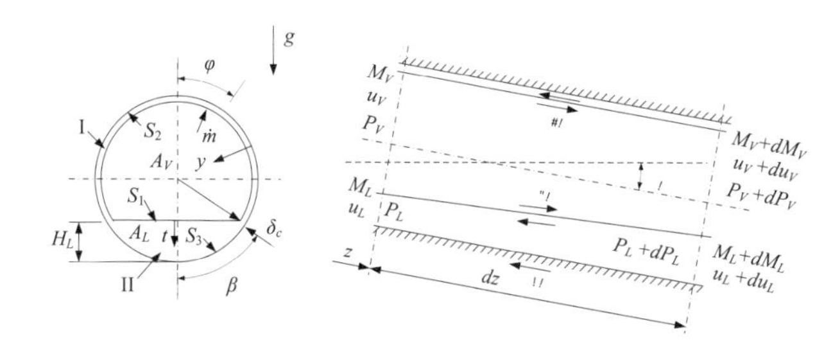

図 2.4-5　管底部厚液膜を考慮した管内凝縮の計算モデル

水平平滑管内の熱伝達率の相関式は多く提案されているが，冷媒の実験値との一致が比較的高いと評価されている代表的な式として次の原口ら [*17] の式が挙げられる．

$$Nu = \frac{hD}{k_L} = \left(Nu_F^2 + Nu_B^2\right)^{1/2} \tag{2.4-26}$$

$$Nu_F = 0.0152\left(1+0.6Pr_L^{0.8}\right)\frac{\Phi_V}{X_{tt}}Re_L^{0.77} \tag{2.4-27}$$

$$Nu_B = 0.725H(\xi)\left(\frac{Ga_{LD}Pr_L}{Ja_L}\right)^{1/4} \tag{2.4-28}$$

$$\Phi_V = 1+0.5Fr^{0.75}X_{tt}{}^{0.35} \tag{2.4-29}$$

$$H(\xi) = \xi + \left\{10(1-\xi)^{0.1} - 10 + 1.7\times10^{-4}Re\right\}\xi^{0.5}(1-\xi^{0.5})$$

$$Fr = G\Big/\left\{gD\rho_V\left(\rho_L-\rho_V\right)\right\}^{1/2} \tag{2.4-30}$$

ここで，ξはボイド率であり，原口らはSmithの式で計算している．

管内凝縮では，摩擦による圧力損失と相変化に伴う運動量変化により圧力が変化する．

$$\left(\frac{dP}{dz}\right) = \left(\frac{dP}{dz}\right)_F - G^2\frac{d}{dz}\left[\frac{x^2}{\xi\rho_V}+\frac{(1-x)^2}{(1-\xi)\rho_L}\right] \tag{2.4-31}$$

右辺第1項の摩擦損失項はLockhart-Martinelliのパラメータ

$$\Phi_V = \sqrt{\frac{(dP/dz)_F}{(dP/dz)_V}},\quad X_{tt} = \left(\frac{1-x}{x}\right)^{0.9}\left(\frac{\rho_V}{\rho_L}\right)\left(\frac{\mu_L}{\mu_V}\right)^{0.2} \tag{2.4-32}$$

で整理されること多く，宮良ら [*18] は次式を提案している．

$$\Phi_V^2 = 1 + CX_{tt}^n + X_{tt}^2 \tag{2.4-33}$$

$$C = 21\left\{1-\exp\left(-0.28Bo^{0.5}\right)\right\}\left\{1-0.9\exp\left(-0.02Fr^{1.5}\right)\right\}$$

$$n = 1-0.7\exp\left(-0.08Fr\right),\quad Bo = gD^2\left(\rho_L-\rho_V\right)/\sigma$$

$(dp/dz)_v$は気相成分だけが管を満たして流れたときの摩擦損失勾配である．

(4)　伝熱促進

凝縮器における液膜流動の多くは層流域と波状流域であり，性能を改善するためにはこの領域の伝熱促進をおこなう必要がある．熱伝達率は液膜厚さに支配されており，溝付き面などを用いて液膜を薄くすることで伝熱促進を図る．**図2.4-6**はその考え方を示したものであり，山部で凝縮した液膜は表面張力の効果により溝部に流れ込むため，薄い液膜が維持される．溝部の液膜は，重力やせん断力により下流部に運ばれる．

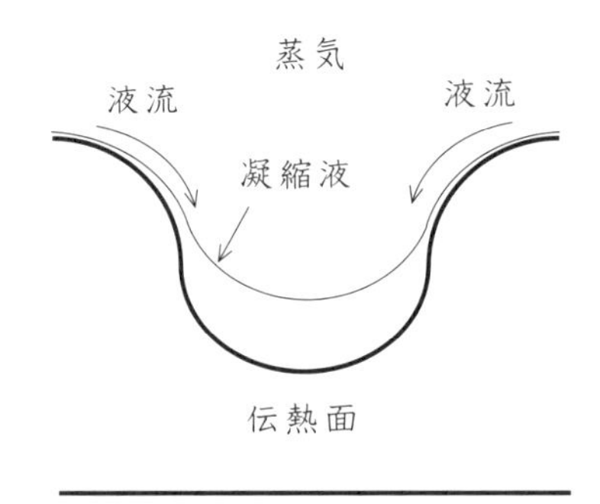

図2.4-6　溝付面上に形成された凝縮液膜

管外凝縮の伝熱促進は，管外面にフィン高さ1 mm程度の2次元および3次元のフィン加工を施したローフィン付管が使用されており，伝熱促進率が3～5倍程度となることが報告されている [*19]．

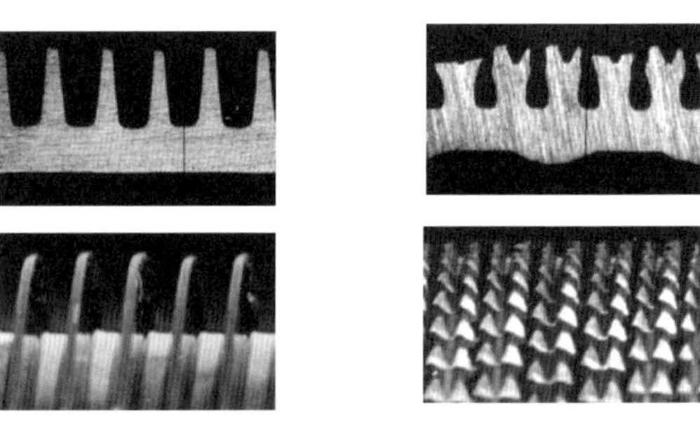

図2.4-7　ローフィン付管の例

また，本田ら [*20] はローフィン付管上の液膜厚さに関する詳細な解析をおこない，フィン角部で熱伝達率が極めて高くなることなどの伝熱促進メカニズムを明らかにしている．

管内凝縮の伝熱促進は，内面に0.1～0.3 mmの微細溝加工を施した内面溝付管（マイクロフィン付き管）が使用される．最も多く使用されているのはらせん溝付管であるが，クロス溝付管 [21] やヘリンボーン溝付管 [*22] がより高い伝熱性能を示すことが報告されている [*1]．なお，らせん溝の伝熱促進率は2～3倍，クロス溝は3～4倍，ヘリンボーンは3～5倍である．

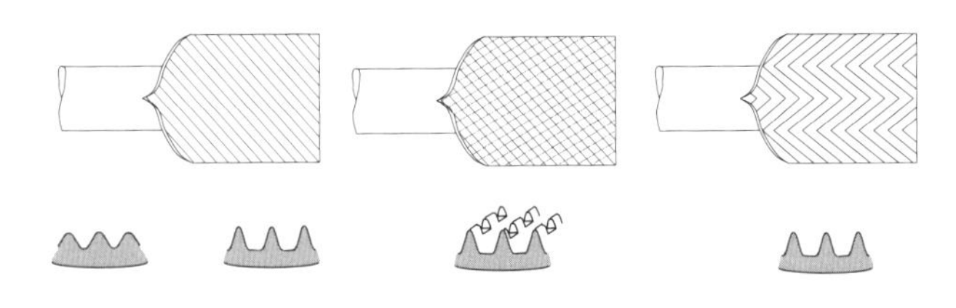

図2.4-8　内面溝付管の溝形状の概要

2.4.3　凝縮器の種類と特徴

冷媒凝縮器では冷却媒体に凝縮潜熱を放熱する必要があるが，冷却媒体が空気の場合と，冷却水やブラインなどの液体の場合とに大別できる．エアコンなどでは空気との熱交換をおこなうフィンチューブ熱交換器が最も多く使用されている．**図 2.4-9** に示すように，冷媒は管内を流れながら凝縮し，伝熱面積拡大のために管外に取り付けられた多数のフィンの間を空気が流れる．管外径は，5 ～ 10 mm 程度のものが多い．

扁平多孔管を使用した凝縮器は，カーエアコンでは以前から広く使用されているが，家庭用やビル空調用のエアコンにおいても，使用されるようになってきた．扁平多孔管は水力直径が 1 mm 程度の流路を 10 程度並列配置した扁平形状の管であり，熱交換器は，**図 2.4-10** に示すように扁平多孔管を 10 ～ 20 程度直列に配置し，その間にフィンを設置して空気を流して冷却する構造である．

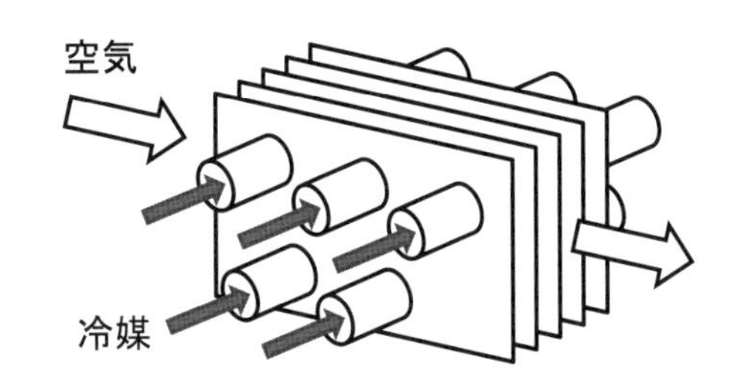

図 2.4-9　フィンチューブ熱交換器

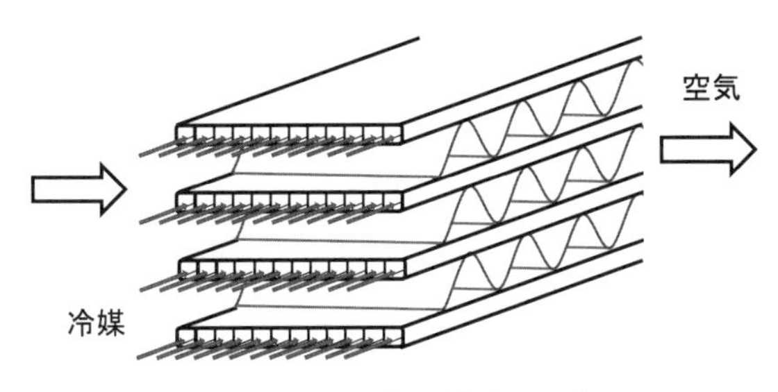

図 2.4-10　扁平多孔管式熱交換器

冷媒が液体で冷却される冷媒凝縮器では，二重管式熱交換器やシェルアンドチューブ式熱交換器，プレート式熱交換器などが使用される．それぞれの概略を**図 2.4-11**，**図 2.4-12**，**図 2.4-13** に示す．二重管式熱交換器は構造が簡単であり，比較的小型の凝縮器に使用される．シェルアンドチューブ式熱交換器では，管内に冷却水を流し，管外で凝縮する形式が多く，ターボ冷凍機などの大型の冷凍機で使用される．プレート式熱交換器は，熱交換器の体積あたりの伝熱面積が最も大きいので，装置を小型化すること，また冷媒充填量を削減することができる．

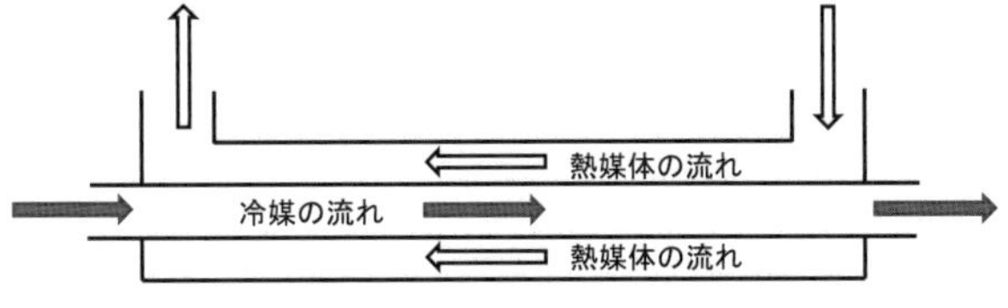

図 2.4-11　二重管式熱交換器

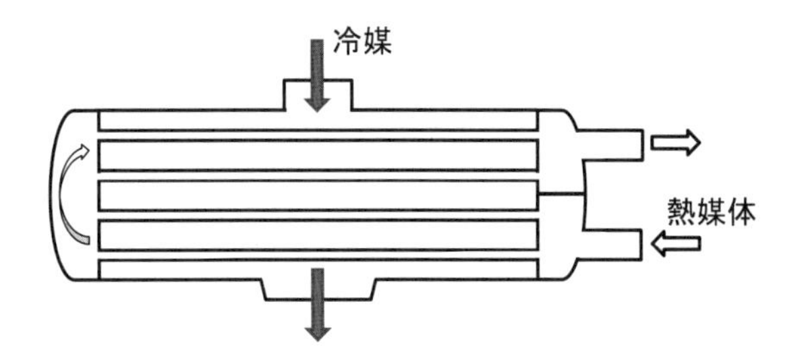

図 2.4-12　シェルアンドチューブ式熱交換器

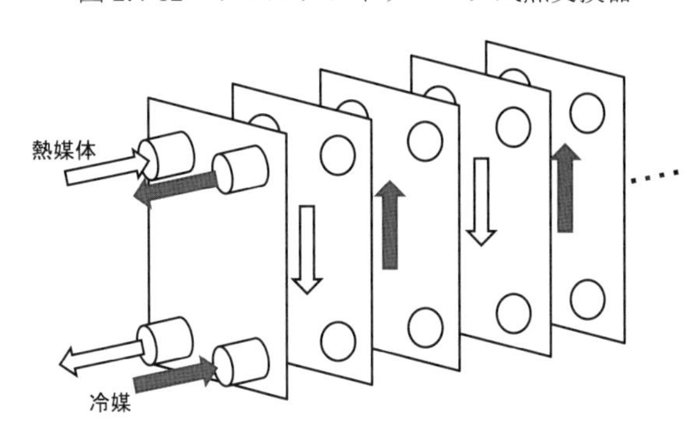

図 2.4-13　プレート式熱交換器

記　号

D	直径	mm
Ga	ガリレオ数	-
Δh_v	潜熱	J/kg
Ja	ヤコブ数	-
p	圧力	Pa
Pr	プラントル数	-
Re	レイノルズ数	-
T	温度	K
x	乾き度	-
ギリシャ記号		
λ	熱伝導率	W/(m·K)
μ	粘度	Pa·s
ν	動粘度	m^2/s
ξ	ボイド率	-
ρ	密度	kg/m^3
σ	表面張力	N/m
添字		
L	液	
V	蒸気	

参　考　文　献

1) 小山繁，宮良明男：冷凍，**75**（874），654（2000）．
2) W. Nusselt: Zeit. VDI, **60**（27），541（1916）．
3) 藤井哲：「膜状凝縮熱伝達」，pp. 9-18，九州大学出版，福岡（2005）．
4) A. Miyara: Trans. ASME, J. Heat Transfer, **123**（3），492（2001）．
5) S. S. Kutateladze: “Fundamentals of Heat Transfer”, Academic, New York,（1963）．

6) K. R. Chun and R. A. Seban: Trans. ASME J. Heat Transfer, **93**, 391（1971）.
7) 上原春男, 木下英二 : 機論（B）, **60**（577）, 3109（1994）.
8) 西川兼康, 藤田恭伸 :「伝熱学」, pp. 276-286, 理工学社, 東京（1982）.
9) 植田辰洋 :「気液二相流」, pp. 175-186, 養賢堂, 東京（1981）.
10) I.G. Shekriladze and V. I. Gomerauli: Int. J. Heat Mass Transfer, **9**, 581（1966）.
11) 藤井哲, 上原春男, 平田勝巳, 機論（第2部）, **37**（294）, 355（1971）.
12) 本田博司, 野津滋, 藤井哲 : 機論（B）, 48（425）, 2263（1994）.
13) 藤井哲, 本田博司:機論（B）, **46**（401）, 95-102（1980）.
14) 本田博司, 内間文顕, 野津滋, 中田裕紀, 藤井哲 : 機論（B）, **54**（502）, 1453-1460（1988）.
15) 藤井哲, 本田博司, 長田孝志, 野津滋, 藤井丕夫:機論, **43**（373）, 3435-3443（1977）.
16) 藤井哲 , 本田博司 , 野津滋 , 池田毅 : 冷凍 , **54**（624）: 819-834（1979）.
17) 原口英剛 , 小山繁 , 藤井哲 : 機論（B）, **60**（574）, 2117-2124（1994）.
18) 宮良明男, 桑原憲, 小山繁 : 日本機械学会九州支部第 57 期総会講演会, pp.117-118（2004）
19) 本田博司, 野津滋, 光森清彦 : 機論（B）, **49**（445）, 1937-1945（1983）.
20) 本田博司, 野津滋:機論（B）, **51**（462）, 572-581（1985）.
21) 内田麻理 , 伊藤正昭 , 鹿園直毅 , 畑田敏夫 , 工藤光夫 , 大谷忠男 : 冷空論, **16**（2）, 189-194（1999）.
22) 宮良明男 , 大坪祐介 , 大塚智史 : 冷空論, **18**（4）, 463-472（2001）.

（宮良　明男）

2.5 蒸発器

2.5.1 蒸発器の役割と伝熱

蒸発器は, 対象物を冷却するのが目的であるから冷却器とも呼ばれ, 膨張弁などの絞り膨張機構によって低温低圧となった冷媒が, 蒸発器の中で被冷却物から熱を奪って飽和蒸気または若干の過熱蒸気の状態まで変化することによって被冷却物を冷却する.

(1) 蒸発器の能力と圧縮機の能力

蒸発器の冷却能力 Q_o は次式によって表される.

$$Q_o = KA\Delta T_m \tag{2.5-1}$$

また, 次のように表すこともできる（ただし被冷却物側が顕熱の場合のみ).

$$Q_o = G_r (h_1 - h_4) = c_a G_a (T_{a1} - T_{a2}) \tag{2.5-2}$$

ここに

Q_o	冷却能力	kW
K	蒸発器の平均熱通過率	kW/(m^2·K)
A	蒸発器の伝熱面積	m^2
ΔT_m	冷媒と被冷却物との算術平均温度差または対数平均温度差	K

$$\Delta T_m = (T_{a1} + T_{a2})/2 - T_r \text{ または}$$

$$\Delta T_m = \frac{(T_{a1} - T_r) - (T_{a2} - T_r)}{\ln (T_{a1} - T_r)/(T_{a2} - T_r)}$$

G_r	蒸発器を流れる冷媒の質量流量	kg/s
h_1	蒸発器出口冷媒の比エンタルピー	kJ/kg
h_4	蒸発器入口冷媒の比エンタルピー	kJ/kg
G_a	被冷却物の質量流量	kg/s
c_a	被冷却物の比熱	kJ/(kg·K)
T_{a1}	被冷却物の蒸発器入口温度	℃
T_{a2}	被冷却物の蒸発器出口温度	℃
T_r	蒸発器内の冷媒の蒸発温度	℃

冷凍サイクルとして運転状態が安定するためには, 膨張機構から絞り膨張して蒸発器へ流入し蒸発した冷媒蒸気の全てを圧縮機が吸い込む必要がある. 蒸発器の能力と圧縮機の能力のバランスが崩れると, 圧縮機吸込み蒸気の冷媒の比体積が変化してそれらがバランスした運転状態に徐々に戻る. 以下その具体例を説明する.

V	圧縮機の押しのけ量	m^3/s
ν	圧縮機の吸込み蒸気の比容積（＝蒸発器を流れ出る冷媒蒸気の比容積）	m^3/kg
G_{vr}	圧縮機が吸い込む冷媒の体積流量	m^3/s
η_v	圧縮機の容積効率	

とおくと, 冷凍サイクルがバランスした状態で蒸発器を流れる冷媒 G_r が全量蒸発するとき,

$$G_r = \frac{G_{vr}}{\nu} = \frac{V\eta_v}{\nu} \tag{2.5-3}$$

となる. いま, 圧縮機の能力が蒸発器の冷却能力に比べて大きすぎると蒸発器を流れ出る冷媒蒸気の体積流量 νG_r よりも圧縮機が吸い込む冷媒の体積流量 G_{vr} のほうが大きいので, 蒸発圧力が低下して蒸発器を流れ出る冷媒蒸気（＝圧縮機の吸込み蒸気）の比容積 ν が大きくなって運転状態がバランスする. 一方, 冷却能力よりも小さな能力の圧縮機を用いると蒸発圧力が上昇して蒸発器を流れ出る冷媒蒸気の比容積が小さくなってバランスする.

このように蒸発器と圧縮機の能力のバランスが崩れると蒸発圧力（蒸発温度）が変化し, 圧縮機の吸込み蒸気の比容積が変化することによって冷媒の質量流量が変化して, 蒸発器の冷却能力が変化するとともに圧縮機駆動の軸動力も変化する.

(2) 蒸発器の伝熱

蒸発器の性能は, できるだけ小さな温度差 ΔT_m と小さな伝熱面積 A で単位時間あたりどれだけ大量の熱 Q_o を被冷却物から冷媒へ移動できるかで決まる. この性能は式 (2.5-1) に示す平均熱通過率 K の値の大小によって評価することができる.

平均熱通過率 K と伝熱面積 A の積 KA の逆数を熱通過抵抗といい, 被冷却物から冷媒への熱の移動のしにくさを

表す．熱通過抵抗の式を次に示す．

$$\frac{1}{KA}=\frac{1}{\alpha_r A_r}+\frac{\delta}{\lambda A_w}+\frac{f_s}{A_s}+\frac{1}{\alpha_a A_a} \tag{2.5-4}$$

ここに

A_r	冷媒側の伝熱面積	m^2
α_r	冷媒側の熱伝達率	$kW/(m^2 \cdot K)$
A_w	冷却管の表面積	m^2
δ	冷却管の厚さ	m
λ	冷却管の熱伝導率	$kW/(m \cdot K)$
A_a	被冷却物側の伝熱面積	m^2
α_a	被冷却物側の熱伝達率	$kW/(m^2 \cdot K)$
f_s	伝熱面の汚れ係数	$(m^2 \cdot K)/kW$
A_s	伝熱面の汚れなどの伝熱面積	m^2

冷却管（伝熱管）に熱伝導の良い銅管などを用いるときは，その熱伝導抵抗 $\delta/(\lambda A_w)$ の値はほかの熱抵抗の値と比べて十分に小さく，通常無視できる値になる．また，一方の流体の熱伝達率の値が他方に比べて小さいとき，小さい側の伝熱面にフィンなどを設けて伝熱面積を拡大することがある．フィンによって拡大した伝熱面の伝熱面積を A_f，拡大していない根元の冷却管部分の伝熱面の伝熱面積を A_p とすると，総伝熱面積 A_a はそれらの和となるが，フィン全体は根元の冷却管の温度と同じ均一な温度とはならないので，伝熱面の拡大の効果はそれよりも小さくなる．フィンでの実際の伝熱量とフィン温度が冷却管温度と完全に等しい場合の伝熱量の比をフィン効率 η と呼ぶ．フィンコイル冷却器のように被冷却物側である冷却管の外側にフィンを取り付けて伝熱面積を拡大し汚れが被冷却物側に付着した場合の蒸発器の熱通過抵抗は，冷却管の熱伝導抵抗を無視すると，フィン効率を考慮して式（2.5-4）より

$$\frac{1}{KA}=\frac{1}{\alpha_r A_r}+\frac{f_s}{A_s}+\frac{1}{\alpha_a(\eta A_f+A_p)} \tag{2.5-5}$$

ここで有効内外伝熱面積比 m を以下のように定義すれば

$$m=\frac{\eta A_f+A_p}{A_r}\cong\frac{A_s}{A_r} \tag{2.5-6}$$

$$A=A_r \tag{2.5-7}$$

$$\frac{1}{KA}=\frac{1}{\alpha_r A}+\frac{f_s}{mA}+\frac{1}{\alpha_a mA} \tag{2.5-8}$$

となる．したがって式（2.5-8）よりフィンコイル冷却器の平均熱通過率 K は，

$$K=\frac{1}{\frac{1}{\alpha_r}+\frac{f_s}{m}+\frac{1}{\alpha_a m}} \tag{2.5-9}$$

となる．逆にインナフィンチューブ蒸発器のように冷媒側である冷却管の内側にフィンをつけて面積を拡大している場合の熱通過抵抗は，

$$\frac{1}{KA}=\frac{1}{\alpha_r(\eta A_f+A_p)}+\frac{f_s}{A_s}+\frac{1}{\alpha_a A_a} \tag{2.5-10}$$

となる．基準面を冷却管外表面とすれば，(2.5-6) 式で A_r を A_a と置き換えて、平均熱通過率は

$$K=\frac{1}{\frac{1}{m\alpha_r}+f_s+\frac{1}{\alpha_a}} \tag{2.5-11}$$

と表される．したがって冷媒側の熱伝達抵抗 $1/(\alpha_r A_r)$，被冷却物側の熱伝達抵抗 $1/(\alpha_a A_a)$ および汚れなどの熱伝導抵抗 f_s/A_s のうち，熱通過抵抗に占める割合が最も大きい熱抵抗を小さくすれば熱通過抵抗の値を効果的に小さくすることができるので，被冷却物側，汚れなどおよび冷媒側各々でいろいろと工夫されている．

a)　被冷却物側の伝熱

蒸発器の被冷却物側の冷却管表面は，空気，水やブラインなどさまざまな冷却対象物と直接接触する部分であり，被冷却物の性状に応じた伝熱面の形状や流れの状態によって熱伝達抵抗はさまざまに変化する．空気用の蒸発器は空気側の熱伝達抵抗が冷媒側に比べて大きいので，フィン付き冷却管を使用して空気側の伝熱面積を拡大することによって熱伝達抵抗の改善を図っている．このフィンは空調用の場合 2 mm 前後のピッチで配置する．空気を 0 ℃以下に冷却する冷凍・冷蔵用の場合はフィン表面に霜がつく．この霜が厚くなると熱伝導抵抗が増大するとともに通風抵抗が増加し風量が減少するので熱通過抵抗が増加する．この対策としてフィン間隔を広くして頻繁な除霜を避けている．水やブラインを冷却する液体冷却用の蒸発器は，液体側の熱伝達抵抗は空気側に比べて格段に小さいので，空気用のようにフィンを用いた伝熱面積の拡大は通常おこなわない．被冷却物側の熱伝達率の例を**表 2.5-1** に示す．

表 2.5-1　被冷却物側の熱伝達率の例 [*1)]

被冷却物とその状態		熱伝達率 α　$kW/(m^2 \cdot K)$
気体	自然対流	0.005 ～ 0.012
	強制対流	0.012 ～ 0.12
液体	自然対流	0.08 ～ 0.35
	強制対流	0.35 ～ 12.0
蒸発	R 22	1.7 ～ 4.0
凝縮	R 22	2.9 ～ 3.5

b)　冷媒側の伝熱

蒸発器の中の冷媒は被冷却物から熱を奪って気化するが，その様態は満液式蒸発器では**図 2.5-1** に示す沸騰曲線の B－C 間での沸騰が支配的であり，冷却管表面温度と冷媒飽和温度との温度差 ΔT_s が大きくなるほど冷却管表面での熱流束 q が大きくなり沸騰が激しく熱伝達率は大きくなる．冷却管の内側で冷媒が蒸発する乾式蒸発器の場合は，**図 2.5-2** に示すように冷媒は湿り蒸気の状態で冷却管に流入し冷却管内で流れの様態が気泡流，スラグ流，環状流，噴霧流へと変化し過熱状態になって冷却管から流れ出る．冷媒側の熱伝達率は，冷媒の種類，冷媒流量の違いや冷却管の冷媒側表面温度と冷媒飽和温度との温度差 ΔT_s の違いなどによって大きく異なるが，およそ 2 ～ 10 kW/（$m^2 \cdot K$）程度となる．

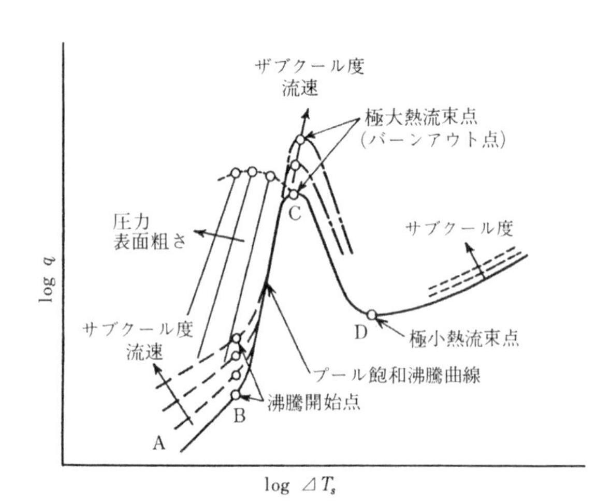

図 2.5-1　水平管外面における沸騰の伝熱特性 [1)]

表 2.5-2　熱伝導率の例 [*2)]

物　　質	熱伝導率　λ　W/(m·K)
銅	370
アルミニウム	230
ポリウレタンフォーム	0.023 ～ 0.035
グラスウール	0.035 ～ 0.046
空気	0.023
水	0.59
氷	2.2
水あか	0.93
油膜	0.14
新しい雪層	0.1
古い雪層	0.49

c)　汚れなどの影響

被冷却物側の凝縮水膜，汚れ，霜あるいはアンモニア冷媒の場合の冷媒側の油膜などはそれぞれが熱伝導抵抗となって熱通過抵抗の増加を引き起こすので発生の防止や除去が必要となる．熱伝導率の例を**表 2.5-2** に示す．

2.5.2　蒸発器の種類

蒸発器の種類は，冷却の目的と用途に応じて満液式や乾式などの冷媒の蒸発形態によるもの，気体や液体などの被冷却物の種類によるもの，あるいは構造によるものなど数多くの分け方がある．**表 2.5-3** に代表的な蒸発器の種類と特徴を示す．

(1)　乾式蒸発器

乾式蒸発器は温度自動膨張弁などによって低温低圧となった冷媒を冷却管内に流し，管外の水や空気などの被冷却物を冷却する．冷媒は冷却管内を図 2.5-2 に示すように流れるので，冷凍機油をよく溶解する冷媒の場合は冷凍機油も一緒に押し流す利点があるが，蒸発器出口の冷媒蒸気の過熱度を冷媒流量の制御信号に用いるため，熱伝達率が小さい過熱冷媒蒸気の領域を冷却管出口付近に確保する必要がある．また，冷却管内を流れる冷媒は流れ抵抗による圧力低下があるため蒸発温度も変化する．

蒸発温度の変化幅は冷媒の種類や温度によって異なる．蒸発圧力（蒸発器入口圧力）より 10 kPa 低い蒸発器出口

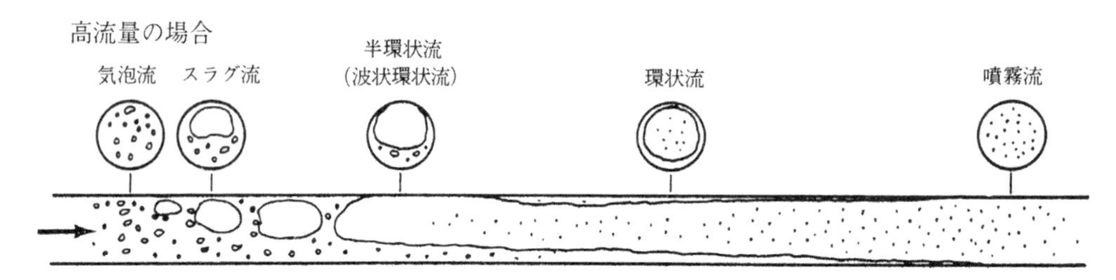

図 2.5-2　水平冷却管内における気液二相の流動様式

表 2.5-3　蒸発器の種類と特徴

<table>
<tr><td rowspan="3">冷媒の
蒸発形態</td><td>乾式蒸発器</td><td colspan="4">満液式蒸発器</td></tr>
<tr><td rowspan="2">冷却管内蒸発</td><td colspan="2">冷却管外蒸発</td><td colspan="2">冷却管内蒸発</td></tr>
<tr><td>自然循環式</td><td>強制循環式</td><td>自然循環式</td><td>強制循環式</td></tr>
<tr><td>代表的
蒸発器</td><td>ユニットクーラ，
シェルアンドチューブ</td><td>シェルアンド
チューブ</td><td>シェルアンド
チューブ (散布式)</td><td>管コイル，
ヘリンボーン形</td><td>フィンコイル</td></tr>
<tr><td>蒸発器に必要な
附属機器</td><td>—</td><td>—</td><td>冷媒液ポンプ</td><td>液集中器</td><td>低圧受液器
冷媒液ポンプ</td></tr>
<tr><td>蒸発器出入口の
冷媒の状態</td><td>(入口) 湿り蒸気
(出口) 過熱蒸気</td><td colspan="2">(入口) 湿り蒸気
(出口) 飽和蒸気</td><td colspan="2">(入口) 過冷却液
(出口) 飽和蒸気</td></tr>
<tr><td>冷媒流量の
制御信号</td><td>蒸発器出口の
冷媒蒸気過熱度</td><td>蒸発器内の
冷媒液面高さ</td><td>フロート室の
冷媒液面高さ</td><td>液集中器内の
冷媒液面高さ</td><td>低圧受液器内の
冷媒液面高さ</td></tr>
<tr><td>流量制御機器</td><td>温度自動膨張弁など</td><td colspan="4">フロート弁など</td></tr>
</table>

圧力に相当する飽和蒸気温度と蒸発温度との温度差を**表 2.5-4** に示す.

表 2.5-4　10 kPa 低下に相当する飽和蒸気温度の低下幅

蒸発温度 ℃	飽和蒸気温度の低下幅　K			
	R 22	R 134a	R 410A	R 717
0	0.6	0.9	0.4	0.6
-20	1.1	1.8	0.7	1.2
-30	1.5	2.7	0.9	1.8

蒸発温度が低いほど蒸発器出口圧力に相当する飽和蒸気温度が大きく低下するため，低温で使用する蒸発器は流れ抵抗などによる圧力の低下を小さくする必要がある．乾式蒸発器には空気冷却用と液体冷却用とがある.

空気冷却用の乾式蒸発器には，空気の温度で変わる密度の差によって空気が伝熱面を流れる自然対流式冷却器として裸管コイル冷却器や天井吊りフィンコイル冷却器がある．それに対し，送風機によって空気を強制的に流し伝熱面に適切な流速を与えることによって空気側の熱伝達抵抗の低減を図る強制対流式冷却器として管棚コイル冷却器，天井吊りユニットクーラやプレートフィンコイル冷却器などがある．また液体冷却用の乾式蒸発器には，乾式シェルアンドチューブ蒸発器，シェルアンドコイル蒸発器やブレージングプレート蒸発器などがある.

以下，それぞれについて簡潔に説明する.

a)　裸管コイル冷却器

アンモニアの時代から使用している冷却器で冷蔵庫の天井や壁などに取り付けて使う．構造が簡単で場所に応じて形状もある程度自由に設置できるが，冷却器全体が大きくなり冷却管材自身の熱容量も大きい．アンモニア冷媒では外径 21.7 ～ 60.5 mm の鋼管を使い，フルオロカーボン冷媒の場合は鋼管または外径 9.5 ～ 19.1 mm の銅管を使用する.

b)　天井吊りフィンコイル冷却器（**図 2.5-3**）

裸管コイルの表面にアルミニウムのプレートフィンを取り付けた構造で，コイルの下には露受けを取り付けて除霜時のドレンや空気湿度が高いときの伝熱面での凝縮水の落下を受け止める．冷却管は外径 9.5 ～ 15.9 mm の銅管を使用し，フィンピッチは 4 ～ 10 mm である.

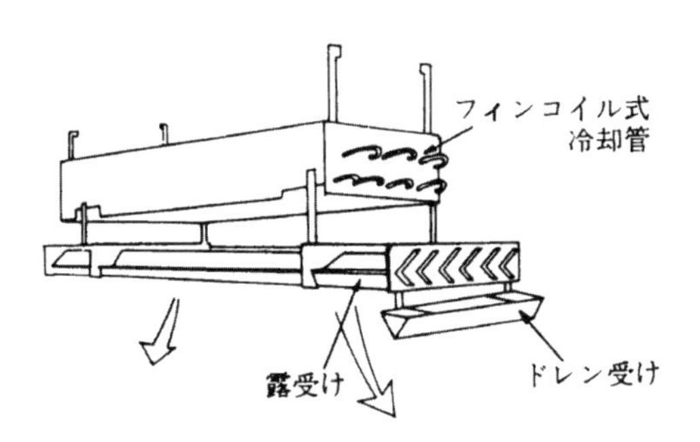

図 2.5-3　天井吊りフィンコイル冷却器 [3)]

c)　管棚コイル冷却器（**図 2.5-4**）

急速凍結装置などに使用する管棚コイル冷却器は裸管コイルを棚状に設置し，その管棚に品物を置いて送風機で空気を循環させることによって風速を与える.

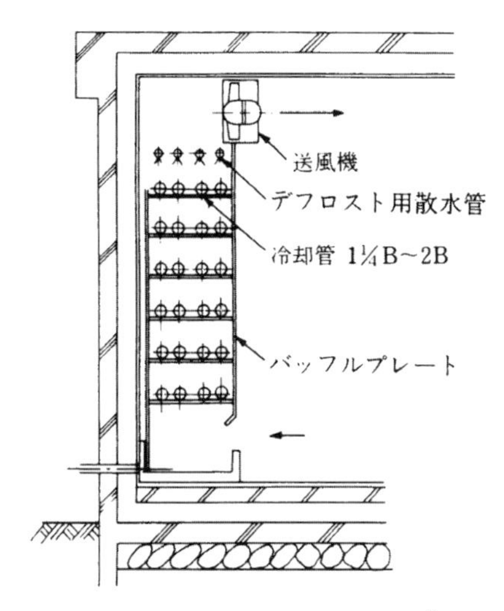

図 2.5-4　管棚コイル冷却器 [4)]

d)　天井吊りユニットクーラ（**図 2.5-5**）

フィンコイルに送風機，送風機駆動用電動機，ドレンパンや除霜用ヒータなどを一体に組み込んだ冷凍・冷蔵用ユニットで，設置スペースが少なく取付けが簡単である．フィンピッチは着霜することを考慮して 6 ～ 12 mm の間で選ぶ．前面風速は 3 m/s 前後，庫内温度と蒸発温度との温度差は 10 K 程度，冷却器出入口間の空気の温度差は 3 ～ 5 K 程度で使用する.

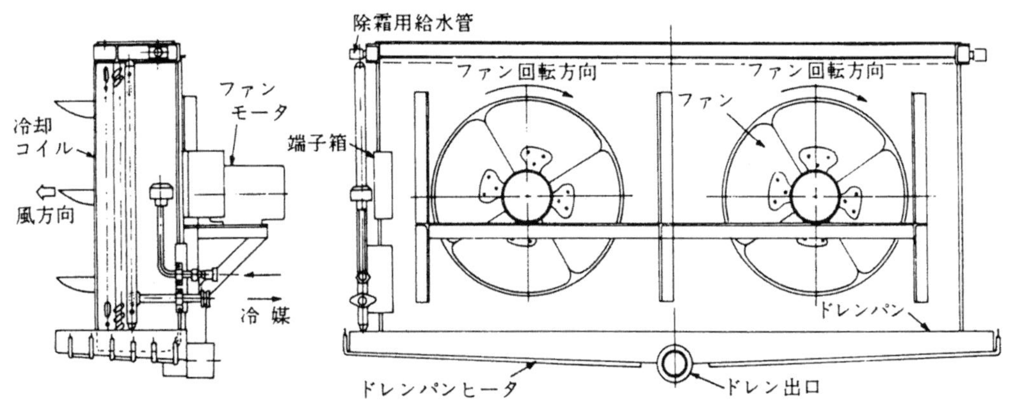

図 2.5-5　天井吊りユニットクーラ [5)]

e) プレートフィンコイル冷却器（**図 2.5-6**）

空調用に用いられ，冷却管は外径 9.5 または 12.7 mm の銅管，フィンはアルミニウムの板が使われフィンピッチは 2 mm 前後である．水滴の飛散を考慮して前面風速は 2 m/s 以下が一般的である．

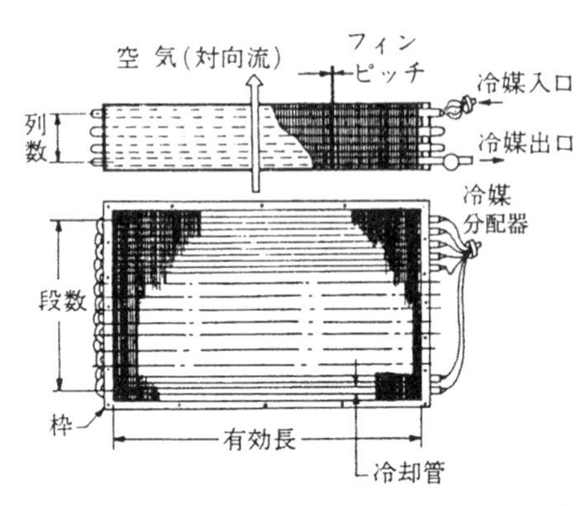

図 2.5-6 プレートフィンコイル冷却器 [5)]

f) 乾式シェルアンドチューブ蒸発器（**図 2.5-7**）

図 2.5-7 に示すように，冷媒は左側の蓋下部から入り，蒸発しながら冷却管（伝熱管）の中を通って右側の蓋に達し，右側の蓋で折り返し再び上半分の冷却管の中を通って左側の蓋に達し，蓋上部の冷媒出口から吸込み蒸気配管へ出て行く．冷水は胴体左側下部から入りじゃま板で冷却管群と直角になるように流れ方向を上下に変えながら右側出口に向かって移動する．蓋は鋳鋼または鋼板製で管板や胴も鋼板製が多い．じゃま板は鋼板製が一般的であるが樹脂板で作られたものもある．冷却管には鋼管や銅管を使用しており，インナフィンチューブ，コルゲートチューブや内面溝付き管など冷媒が蒸発する冷却管の内面を加工したさまざまな伝熱促進管が使用されている．冷却管は 19.1 mm，15.9 mm，12.7mm などの外径のものが用いられている．

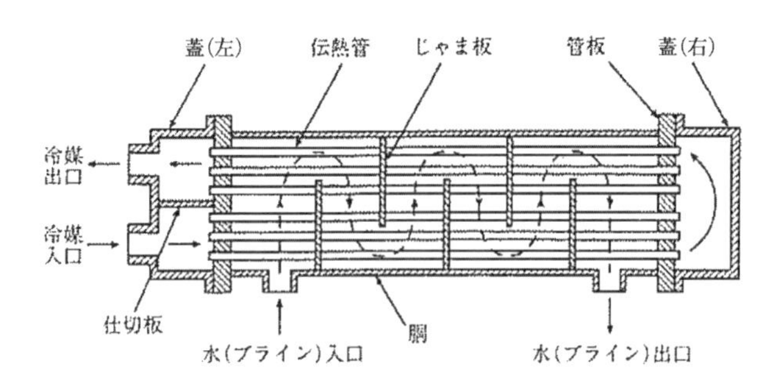

図 2.5-7 乾式シェルアンドチューブ蒸発器 [5)]

g) シェルアンドコイル蒸発器（**図 2.5-8**）

容器の中のコイル状の冷却管の中を冷媒が流れて容器内の冷水を冷却するが，冷水の流速が小さく熱伝達率は良くない．しかし構造が簡単で小形の冷凍装置に使用されている．

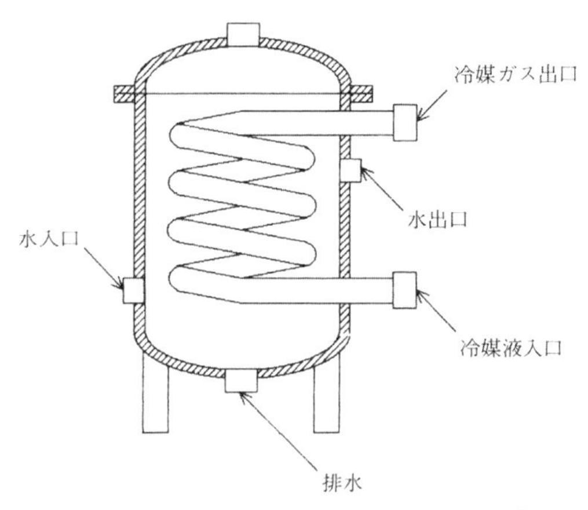

図 2.5-8 シェルアンドコイル蒸発器 [6)]

h) ブレージングプレート蒸発器（**図 2.5-9**）

小形高性能で水やブラインの冷却用として広く用いられている．板状のステンレス製伝熱プレートを多数積層しこれらをブレージング（ろう付け）で密封することによって耐圧・気密性能を確保している．乾式蒸発器の平均熱通過率の値は冷媒の種類，蒸発器の構造，被冷却物の種類や使用条件によって大きく異なるが一般的な値を**表 2.5-5** に示す．

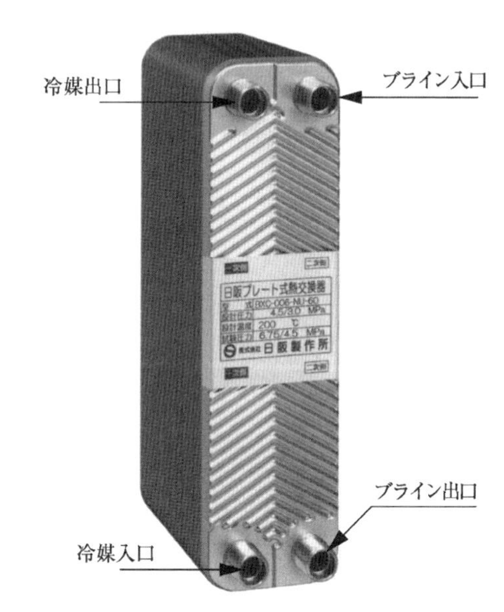

図 2.5-9 ブレージングプレート蒸発器 [3)]

表 2.5-5 乾式蒸発器の平均熱通過率の例 [*3)]

乾式蒸発器の種類と被冷却物の状態		平均熱通過率 kW/(m^2·K)
裸管コイル冷却器（自然対流）		0.012 ～ 0.017
天井吊りフィンコイル（自然対流）		0.006 ～ 0.01
天井吊りユニットクーラ（強制対流）	冷凍用	0.018 ～ 0.035
	空調用	0.045 ～ 0.08
シェルアンドチューブ蒸発器	ブライン	0.23 ～ 0.7
	水	0.7 ～ 1.4
ブレージングプレート蒸発器	ブライン	0.5 ～ 2
	水	1.5 ～ 3

(2)　満液式蒸発器

満液式蒸発器には，表 2.5-2 に示すように冷媒が冷却管の外側で蒸発する蒸発器と内側で蒸発する蒸発器とがあり，それぞれに冷媒液ポンプで冷媒液を強制循環して蒸発させるものと冷媒液ポンプを用いず自然循環で冷媒を蒸発させるものとがある．いずれの場合も蒸発器や低圧受液器などの容器内の冷媒液の液面高さを検知して，それを一定に保つようにフロート弁などで冷媒流量を制御する．蒸発器内で蒸発した冷媒は低圧受液器などを経由してまたは直接吸込み蒸気配管へほぼ飽和蒸気の状態で流れ出るので，被冷却物と蒸発冷媒との温度差を小さく保つ必要がある場合や冷却管全体の温度を均一に保つ必要がある場合に有利である．

冷媒液とともに蒸発器へ流入した冷凍機油は蒸発器や低圧受液器などの中に残留したままとなるので圧縮機の冷凍機油不足を生じないように別途油戻し機構を用いて冷凍機油を圧縮機へ戻す必要がある．また，冷却管内に水やブラインなどの被冷却物が流れる構造のものは被冷却物が冷却管内で凍結すると冷却管の破損などの事故が生じることがあるので注意が必要である．冷却管外蒸発自然循環式では満液式シェルアンドチューブ蒸発器が，冷却管外蒸発強制循環式では散布式シェルアンドチューブ蒸発器がある．また冷却管内蒸発自然循環式ではボーデロ形蒸発器，タンク形蒸発器，ヘリンボーン形蒸発器や満液式管棚コイル冷却器があり，冷却管内蒸発強制循環式では冷媒液強制循環式用のユニットクーラなどがある．

以下，それぞれについて簡潔に説明する．

a)　冷却管外自然循環式蒸発器

代表的なものに**図 2.5-10** に示す満液式シェルアンドチューブ蒸発器がある．冷却管の外面に微細溝加工した**図 2.5-11** に示す高性能沸騰伝熱促進管などの冷却管のほぼ全面を浸す量の冷媒液を，フロート弁などの絞り膨張機構を通して胴体側に供給し，図 2.5-1 に示す沸騰領域で沸騰させることによって冷却管内を流れている水やブラインなどの被冷却物を冷却する．沸騰して発生した飽和蒸気は絞り膨張機構を通して冷媒液と共に蒸発器内に供給された飽和蒸気と一緒になって蒸発器胴体の上部から吸込み蒸気配管へ流れ出る．蒸発器内の冷媒の流速は小さいが熱伝達率はよい．しかし，蒸発器内で冷媒液が蒸発するときに冷媒液の上部と下部で冷媒液の高さ分だけ圧力差があり，この圧力差分だけ下部の蒸発温度は上部の蒸発温度より高くなる．

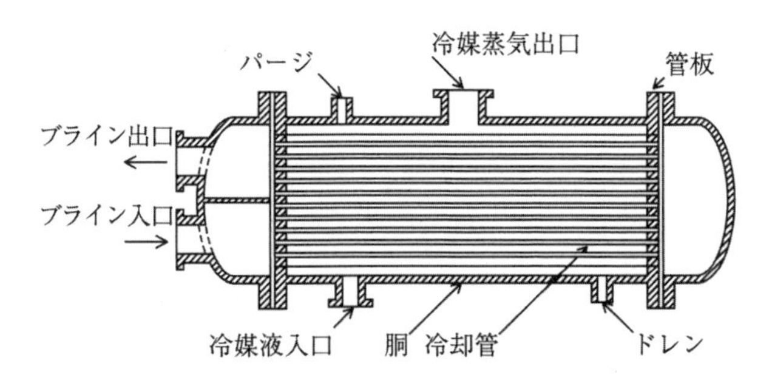

図 2.5-10　満液式シェルアンドチューブ蒸発器 [7]

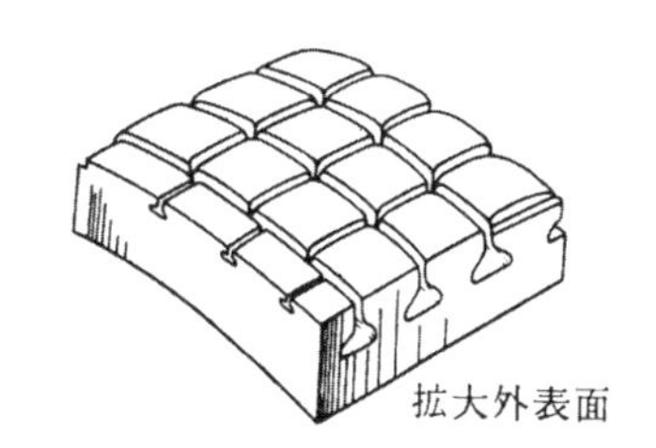

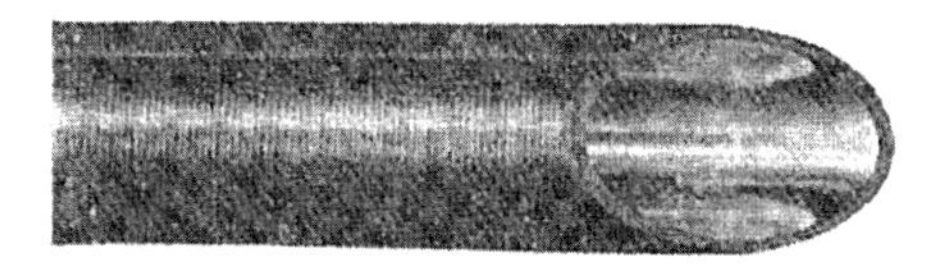

図 2.5-11　高性能沸騰伝熱促進管 [7]

b)　冷却管外強制循環式蒸発器

ターボ冷凍機などで低圧冷媒を使用する場合や蒸発温度が低い領域で使用する場合で冷媒液の上部と下部の蒸発温度差が無視できないときに用いられるシェルアンドチューブ蒸発器で，冷却管表面を完全に冷媒液で濡らして熱伝達率を良くする目的で冷却管に冷媒液ポンプを用いて蒸発量の 3 ～ 4 倍の冷媒液を散布するので冷媒散布式と呼ばれる（散布式シェルアンドチューブ蒸発器）．**図 2.5-12** に示すように冷却管群の上部に冷媒液を散布するノズルを設け，底部に冷媒液ポンプを設けて冷媒液を冷却管外面へ散布するが，散布した冷媒液のうち蒸発しきれなかったものは底部の液溜りに戻るので再び冷媒液ポンプを通して散布する．冷媒流量は高圧フロート弁などを用いてフロート室の冷媒液面を検知して制御する．冷却管の表面温度が均一である，必要冷媒充填量が少ない，熱伝達率が良い，負荷変動の影響が少ないなどの利点があるが装置が複雑でコストが高くつくので特殊用途以外あまり用いられない．

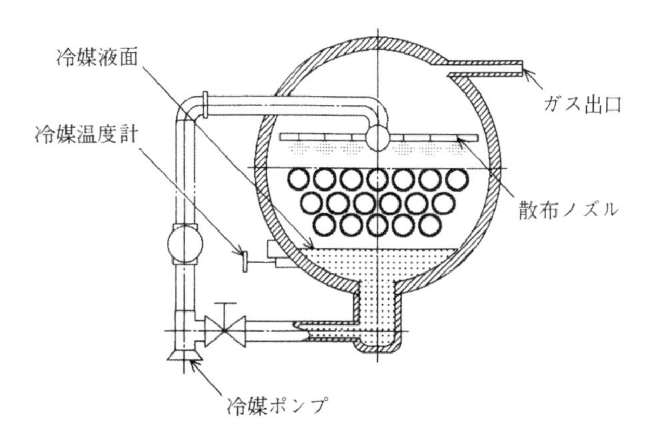

図 2.5-12　シェルアンドチューブ蒸発器（散布式）[8]

c)　冷却管内自然循環式蒸発器

これらはいずれも絞り膨張機構によって低温低圧になった冷媒を液集中器などで冷媒液と飽和蒸気に分離し，冷媒液の高さ分だけ圧力が高くなった冷媒液を冷却管へ導く構造で，**図 2.5-13** のように上部に設けた水槽から流れ出た水などの被冷却液体を水平に設置した冷却管の外面に流して冷却するボーデロ形蒸発器，**図 2.5-14** のように大量の液体を収納した容器の中に冷却管を配置したタンク形蒸発器，**図 2.5-15** に示す製氷用ブラインの冷却に使用するヘリンボーン形蒸発器や**図 2.5-16** に示す冷凍・冷蔵倉庫の凍結用の満液式管棚コイル冷却器などがある．

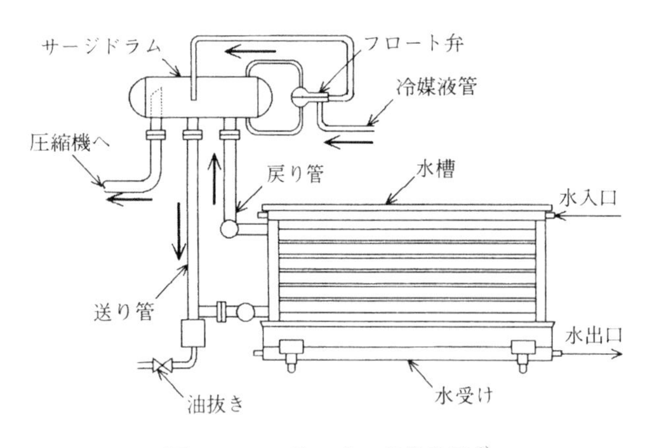

図 2.5-13　ボーデロ形蒸発器 [9)]

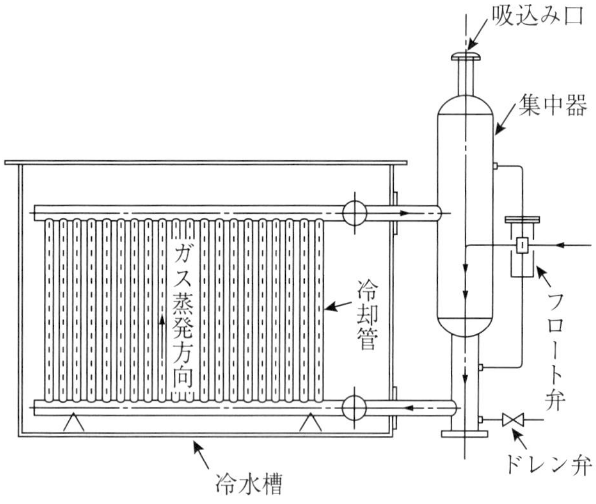

図 2.5-14　タンク形蒸発器 [10)]

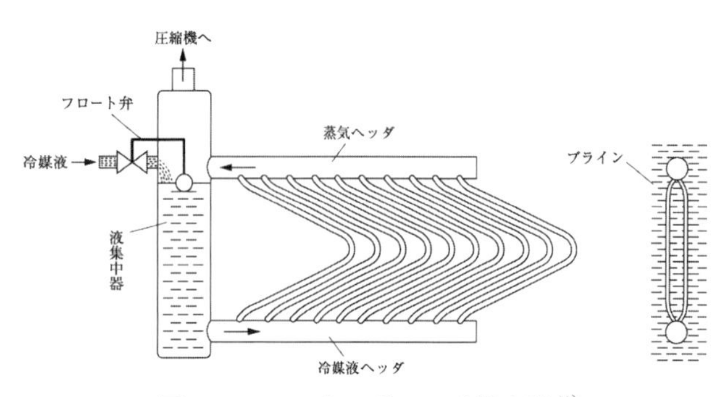

図 2.5-15　ヘリンボーン形蒸発器 [11)]

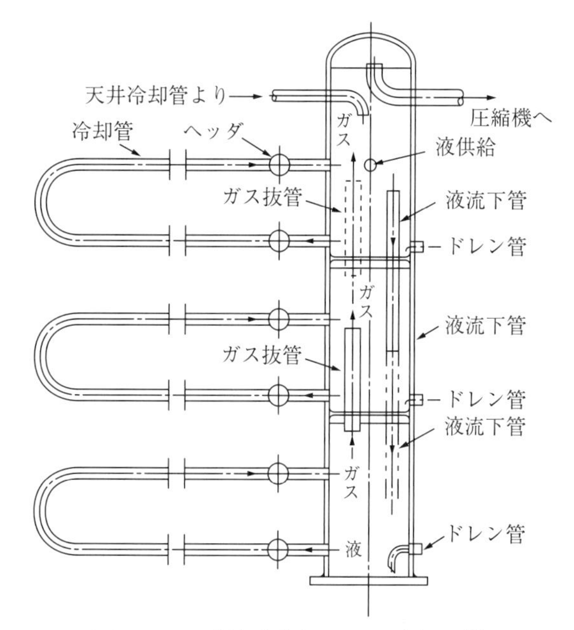

図 2.5-16　満液式管棚コイル冷却器 [12)]

d)　冷却管内強制循環式蒸発器

この方式は液ポンプ方式とも呼ばれ，絞り膨張機構によって低温低圧になった冷媒を低圧受液器で冷媒液と飽和蒸気に分離し，冷媒液を冷媒液ポンプへ導き，冷媒液ポンプで加圧され過冷却液となった冷媒液を蒸発器へ送り出す．送り出す冷媒液の量は蒸発冷媒量の 3 ～ 5 倍であり，満液式の管コイルやフィンコイルなどの蒸発器内で発生した冷媒蒸気は未蒸発の冷媒液と共に低圧受液器へ戻る．熱伝達も良く複数の蒸発器へ均等に冷媒液を供給でき負荷変動の影響も少ないが，低圧受液器や液ポンプなどが必要であり冷媒保有量も多い．**図 2.5-17** に示す冷媒液強制循環式用のユニットクーラや管コイル冷却器などは冷凍・冷蔵倉庫，環境試験装置や凍結真空乾燥装置などの大形冷凍装置に用いられる．**表 2.5-6** に満液式蒸発器の平均熱通過率の例を示す．

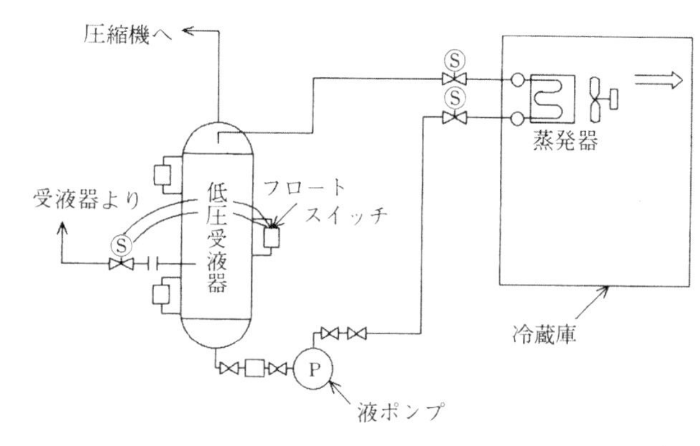

図 2.5-17　冷媒液強制循環式用のユニットクーラ [13)]

表 2.5-6　満液式蒸発器の平均熱通過率の例

蒸発器の種類	被冷却物	平均熱通過率 kW/(m²·K)
満液式シェルアンドチューブ蒸発器	ブライン	0.2 ～ 0.5
	水	0.7 ～ 1.4
ボーデロ形蒸発器	水，牛乳	0.35 ～ 0.45
	油	0.06
ヘリンボーン形蒸発器	ブライン	0.4 ～ 0.7*4)
満液式管棚コイル冷却器	空気	0.03 ～ 0.04

2.5.3　除霜

冷却管の表面温度が 0 ℃より低い温度になる空気冷却器や空気熱源ヒートポンプ暖房装置の冬季の室外コイルなどは空気側伝熱面に空気中の水分が凝縮・氷結して霜となる．この霜は温度が上昇しない限り伝熱面で成長を続けて熱伝導抵抗となり風の通路の邪魔にもなる．霜の成長で風の通路が狭くなると風量が減少し冷却空気の温度が低下しさらに霜が成長するので適切な霜の除去が必要となる．主な除霜方法を以下に示す．

(1)　オフサイクル方式

雰囲気温度が 5 ℃程度の冷蔵倉庫などでは，電磁弁などで冷媒の供給を遮断し，蒸発器の周囲の空気を熱源として霜を溶かす．通常，送風機を運転して除霜時間の短縮を図る．溶けた水はドレンパンで受け，ドレン管を通して外部へ排出する．

(2)　電気ヒータ方式

霜を融解する熱源に周囲の空気を使用できない低温の場合，冷却器の冷却管の配列の一部に組み込んだチューブ状の電気ヒータに通電することによって霜を溶かす．このとき雰囲気温度が上昇するのを防止するため送風機は停止しておく．冷却器の部分だけでなく，ドレンパンや排水管も電気ヒータで同時に加熱し排水に支障のないようにする．この電気ヒータは低温と高温が繰り返される環境にあり，高湿度環境でもあるから絶縁には充分注意が必要である．

(3)　ホットガスデフロスト方式

図 2.5-18 のように冷却器が 2 台以上ある場合，除霜しようとする冷却器を凝縮器の一部として使用し，圧縮機の吐出しガスを送り込んでその顕熱と潜熱で霜を溶かす．この場合，送風機の運転はおこなわない．冷媒回路を切り換える操作が必要であるがタイマを用いた自動除霜運転が可能である．また空気熱源ヒートポンプ暖房装置の場合は室内の送風機を停止し冷房運転に切り替えて運転することで除霜をおこなうことができる．

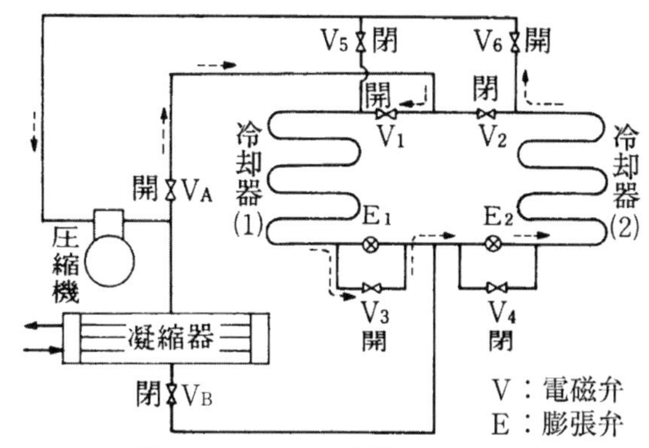

図 2.5-18　ホットガスデフロスト方式 14)

(4)　散水方式

冷却器への冷媒の供給を止めて冷却器内の冷媒液を受液器などに回収したのち送風機の運転を停止し，冷却器上部の散水管から 10 ～ 15 ℃の水を散布する．冷却器内に冷媒液が残っていると散水中に冷却管内の冷媒が蒸発して圧力が上昇するので注意が必要である．散水管のノズルが詰まると除霜むらが生じて一部に霜が残ることがあり，放置すると部分的に氷結が成長する不具合が生じる．ドレンパンや排水管に水や霜が残らないような構造が必要である．

(5)　ブライン散布方式

エチレングリコール水溶液やプロピレングリコール水溶液などの不凍液を冷却器の空気側伝熱面に運転中常に散布することにより着霜そのものを防止する方法である．空気中の水分は伝熱面で不凍液に吸収されるが，不凍液の凍結点が低いので氷結することはなく不凍液と一緒に回収される．回収された不凍液は吸収した水分によって濃度が薄くなるので濃度を一定に保つ処置が必要となる．

引　用　文　献

1)　日本冷凍空調学会：「冷凍空調便覧」，第 5 版，第 1 巻 基礎編，p.404 (1993)．
2)　同上，p.406.
3)　日本冷凍空調学会:「上級冷凍受験テキスト」，第 8 版，p.97 (2016)．
4)　同上，p.95.
5)　同上，p.96.
6)　日本冷凍空調学会：「冷凍空調便覧」，第 5 版，第 2 巻 機器編，p.97 (1993).
7)　同上，p.105.
8)　上記 6)，p.100.
9)　上記 6)，p.99.
10)　日本冷凍空調学会：「冷凍空調便覧」，第 6 版，第 2 巻 機器編，p.89 (2006)．
11)　上記 3)，p.106．
12)　上記 10)，p.89.
13)　上記 6)，p.100.

14）上記 3)，p.104.

参　考　文　献

*1)　日本冷凍空調学会:「上級冷凍受験テキスト」, 第 8 版, p.76 (2016).
*2)　同上，p.74 .
*3)　同上，pp.96-97,102 (2016) .
*4)　同上，p.105 (2016) .

（鎌田　聡士）

第3章．サイクルバランス

前章までに冷凍サイクルの原理と，構成する機器について述べた．本章では，これらの構成機器を用いて実際に冷凍サイクルを動かした場合に，冷凍サイクルの圧力や温度がどのように定まるのかについて，およびこれらを制御する際の考え方について説明する．

冷凍サイクル内における冷媒の圧力や温度は，負荷の変動等に応じて非定常に変化するが，本章では定常状態でのサイクルを対象とする．

3.1 凝縮器

記　号

Q	熱量	W
A	伝熱面積	m^2
Ta	空気温度	K
Tr	冷媒温度	K
G	質量流量	kg/s
Cp	定圧比熱	J/(kg・K)
hr	冷媒の比エンタルピー	J/kg
ha	空気の比エンタルピー	J/kg
K	熱通過率	W/(m^2・K)
U	エンタルピー通過率	kg/(m^2・s)
ΔT_m	対数平均温度差	K
Δh_m	対数平均エンタルピー差	J/kg
添字		
i	管内	
o	管外	
hex	熱交換器	
air	空気	
ref	冷媒	
in	入口	
out	出口	
c	凝縮器	
e	蒸発器	
rsi	冷媒入口温度における飽和空気	
rso	冷媒出口温度における飽和空気	
rse	冷媒蒸発温度における飽和空気	

冷凍サイクルとは，圧縮機，凝縮器，減圧弁，蒸発器から構成される閉じたループの中を冷媒が循環するサイクルである．したがって，圧力や温度といった各構成機器の動作点は，構成機器それぞれ単独では定まらず，相互に影響しあって定まる．たとえば，何らかの要因で圧縮機出口における冷媒の温度が変化した場合，凝縮器入口における冷媒の温度が変化するので，凝縮器出口の冷媒の温度も変化する．この変化は冷媒流路の下流に配置される減圧弁，蒸発器へと連鎖して，圧縮機の入口へと伝わるので，圧縮機の出口における冷媒の温度がさらに変化する．このように冷凍サイクルの動作点は構成機器単独では定まらない．ところで，冷凍サイクルが定常状態にある場合は，各構成機器においても，それぞれエネルギーバランスがとれた状態となる．したがって，定常状態の動作点とは，各構成機器におけるエネルギーバランスがとれており，かつ接続される構成機器の出入口における冷媒の圧力や温度，流れる冷媒の循環量に矛盾がない状態ということができる．本書ではこのような状態をサイクルバランスのとれた状態，またはサイクルがバランスした状態と呼ぶ．

このようにサイクルがバランスした状態では，上述のように各構成機器においても，それぞれエネルギーバランスがとれた状態となる．したがって，冷凍サイクルの凝縮器の動作点は，凝縮器におけるエネルギーバランスがとれる条件となる．

凝縮器でエネルギーバランスがとれた状態とは，冷媒が放出する熱量と，冷却媒体（空気や水など）が受け取る熱量とが一致した状態である．本項では冷却媒体が空気である空冷熱交換器を例として以下に説明する．

凝縮器は，高温の冷媒から低温の空気へ熱を伝える機器であり，その熱交換量は温度差に応じて変化すると考えてよい．したがって，凝縮器で放熱すべき熱量を定めると，あとは凝縮器における冷媒と空気の温度差をどのくらいにすればよいかという問題になる．

冷媒と空気の間に必要な温度差は，凝縮器が持つ伝熱性能によって定まり，凝縮器における熱交換量は次式で示される．

$$Q_{hex} = K_o A_o \Delta T_m \tag{3.1-1}$$

$$\Delta T_m = \frac{(Tr_{out} - Ta_{in}) - (Tr_{in} - Ta_{out})}{\ln\left(\dfrac{Tr_{out} - Ta_{in}}{Tr_{in} - Ta_{out}}\right)} \tag{3.1-2}$$

ここで K_o は，フィン効率を考慮した管外面積基準の熱通過率である．このように，冷媒と空気の温度が定まれば凝縮器の伝熱性能に応じた交換熱量が算出できる．ここで，冷媒と空気の温度差には，式 (3.1-2) で示す対数平均温度差を用いている．これは熱交換によって，凝縮器の入口から出口にかけて冷媒と空気それぞれ温度が変化するためである．

凝縮器出口における空気の温度は，空気が冷媒から受け取る熱量に応じて，空気物性から定まるので，次式で示される．

空気が冷媒から受け取る熱量は，凝縮器出入口における空気の温度と空気物性を用いて，次式で示される．

$$Q_{air} = G_{air} Cp_{air} \left(Ta_{out} - Ta_{in} \right) \tag{3.1-3}$$

次に冷媒が放出する熱量について示す．凝縮器では，過熱ガスの状態で流入した気相冷媒が凝縮して気液二相状態となった後，完全に液化して冷媒液となって流出する．冷媒が過熱ガスや液の状態にある場合，放熱することにより冷媒の温度が変化する顕熱変化となるが，凝縮過程では温度は変化しない潜熱変化となる．そこで潜熱も含めたエネルギー変化を考慮できる，比エンタルピーの変化により熱量を算出する．具体的には，凝縮器出入口における冷媒の比エンタルピーの差と，凝縮器を流れる冷媒流量との積により，次式で放熱量を算出する．

$$Q_{\mathrm{ref}} = G_{\mathrm{ref}}\left(hr_{\mathrm{in}} - hr_{\mathrm{out}}\right) \tag{3.1-4}$$

凝縮器では冷媒を完全に液化させるために過冷却度を確保する使い方が一般的であり，通常は3Kから5K程度の過冷却度が確保される．この場合，冷媒の圧力が定まると凝縮温度および凝縮器出口温度も定まるので，冷媒物性から凝縮器出口の比エンタルピーを求めることができる．したがって，凝縮器出入口における冷媒の比エンタルピー差が定まるので，放熱量は冷媒流量に比例して変化することがわかる．

サイクルがバランスした状態では，式(3.1-1)で算出される伝熱性能から定まる熱交換量と，式(3.1-3)で算出される空気が受け取る熱量，式(3.1-4)で算出される冷媒が放出する熱量，これらの三つの熱量はすべて等しくなる．したがって，この連立方程式を解くことで，冷凍サイクルのバランス点を同定することができる．

この連立方程式は以下のように考えると良い．まず過冷却度を定めると出入口の冷媒比エンタルピー差が定まるので，凝縮器へ流入する冷媒循環量から放熱する熱量が定まる．この場合，空気物性から空気の出口温度が定まるので，冷媒と空気の温度差が定まる．この温度差が，凝縮器の伝熱性能を考慮して矛盾がなければ動作点として正しいことになる．

次に，冷凍サイクルの動作を理解しやすくするために，もう少し簡略化した考え方を示す．凝縮器の中では，高温の過熱ガスが飽和温度となって凝縮液化し，さらに冷媒液の温度が低下する．また冷媒の飽和温度も凝縮器内を流れる際の圧力損失によって変わる．このように凝縮器内の冷媒温度は一定ではなく，場所によって温度が異なるため複雑な温度分布となる．そこでより簡便に考えるために，凝縮器における放熱量の大部分は潜熱域での放熱量であることから，過熱ガス域と液域の温度変化を無視できると仮定する．さらに，冷媒の流動圧力損失が小さく，飽和温度の変化を無視できると仮定する．これらの仮定により，凝縮器における冷媒の温度は，飽和温度で一定と考えることができる．

凝縮器の温度変化を模式的に示すと**図 3.1-1** のようになる．冷媒の凝縮温度は一定であり，空気温度は入口から出口にかけて，凝縮温度に近づいていくことになる．

これを実際の動作にあてはめて考える．ここでは，凝縮器へ流れる冷媒の循環量と，空気の風量および入口温度を一定とし，凝縮器の伝熱性能も変化しない場合について考える．この場合，上述のように所定の過冷却度を確保すると凝縮器出入口における冷媒の比エンタルピー差が定まるので，凝縮器で冷媒が放出する熱量が定まる．また，この熱量に応じて凝縮器出口における空気の温度が定まる．

凝縮器から空気へ放熱させるためには，冷媒の凝縮温度を空気の出口温度よりも高く保つ必要がある．この際の空気と冷媒の間に必要な温度差は凝縮器の伝熱性能に応じて定まるので，エネルギーバランスがとれる温度差となるように，冷媒の凝縮温度が定まることになる．

なお凝縮器におけるエネルギーバランスがとれていない場合には，過冷却度が所望の値とは異なる状態となる．たとえば凝縮温度が低い場合には，空気と冷媒の温度差が小さくなる．このため凝縮器における交換熱量が減少し，過冷却度は小さな値となる．さらに凝縮温度が下がると，場合によっては一部の冷媒が凝縮できないまま凝縮器から流出し，凝縮器出口が気液二相状態となる．逆に凝縮温度が高い場合には，空気と冷媒との温度差が大きくなる．このため凝縮器における熱交換量が増大し，過冷却度としては大きくなる．このように冷媒の過冷却度を適切に保つためには，適切な温度差が必要である．

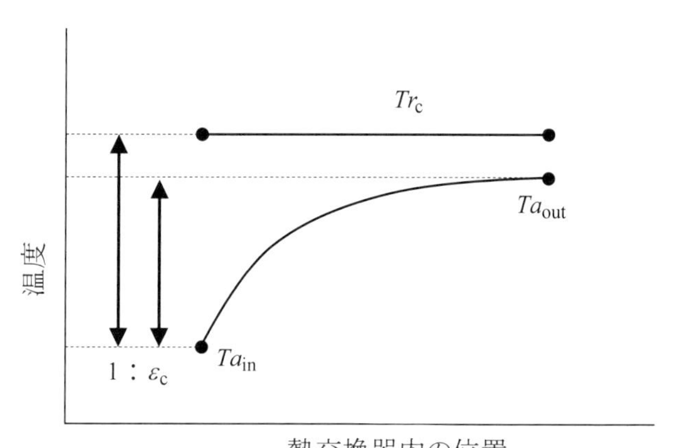

図 3.1-1　温度効率

このように凝縮温度を一定と考えることで，サイクルの動作を簡便に理解できるだけでなく，熱交換量も簡便な式で表すことが可能となる．

図 3.1-1 において，凝縮器の伝熱性能が高いと，凝縮器出口の空気と冷媒の温度差は小さくなり，逆に伝熱性能が低いと，この温度差は大きくなる．そこで凝縮器の伝熱性能をこの温度差を用いて簡便に表すことを考える．具体的には，空気の温度が凝縮器の入口から出口にいたるまでにどれだけ冷媒の凝縮温度に近づくかを表す温度効率という指標を導入する．温度効率は，熱交換器出入口における空気の温度上昇幅に対する，入口における空気と冷媒の温度差の比であり，次式で示される．

$$\varepsilon_{\mathrm{c}} = \frac{Ta_{\mathrm{out}} - Ta_{\mathrm{in}}}{Tr_{\mathrm{c}} - Ta_{\mathrm{in}}} \tag{3.1-5}$$

この温度効率を用いると，式(3.1-3)は次式のように示すことができる.

$$Q_{air} = G_{air}Cp_{air}\left(Tr_{c} - Ta_{in}\right)\ \varepsilon_{c} \tag{3.1-6}$$

また，Tr_{in}=Tr_{out}=Tr_{c} と仮定し，式(3.1-1)で表される熱量と式(3.1-6)で表される熱量が等しいとすると，温度効率について次式が導かれる.

$$\varepsilon_{c} = 1 - \exp\left[-\left(\frac{K_{o}A_{o}}{G_{air}Cp_{air}}\right)\right] \tag{3.1-7}$$

これらの式の導出方法については，他の文献[*1)]に詳しく示されているので参照されたい.

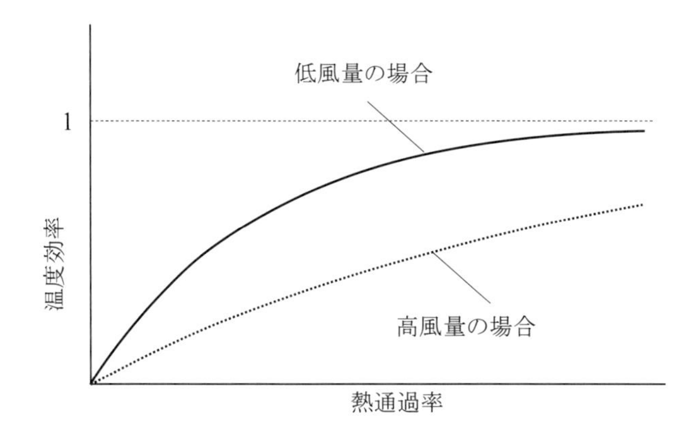

図 3.1-2　熱通過率と風量の温度効率への影響

図 3.1-2 は温度効率の熱通過率に対する特性を示しており，熱通過率が高いと温度効率は 1 に近づく. すなわち凝縮器出口における空気の温度が冷媒の凝縮温度に近づくことを示している. このように温度効率は式(3.1-7)で示されるとおり，伝熱面積や熱通過率の影響を含んだ指標であり，伝熱性能を表す指標といえる.

一方で，温度効率は空気側の風量の関数でもあり，高風量の場合には，図 3.1-2 に破線で示すように温度効率が低下する特性を持つことがわかる.

ここで，風量を増やした場合には空気側の熱伝達率が増加するので，熱通過率も向上する. このように風量を増加させた場合の影響は単純ではないが，熱通過率の向上率は一般的に，風量の向上率に対して小さい. したがって，高風量とすると温度効率としては低下する.

このように，温度効率は凝縮器へ流す風量によっても変動する値であり，熱交換器の伝熱性能の絶対値を表す指標ではないが，その運転条件における熱交換器の使い方の判断指標として考えることができる. すなわち温度効率が低い場合には，熱交換器の伝熱性能に対して，相対的に風量が過剰になっていることが考えられる. 逆に温度効率が高い場合には風量が不足している可能性が考えられる. または熱交換器の伝熱性能，たとえば伝熱面積が過剰になっていることも考えられる. 温度効率は，熱交換器の伝熱性能と風量のバランスを考える上でも有用な指標である.

次に風量を変えた場合のサイクル動作点の変化について説明する. 風量をかえた場合には，上述のように温度効率が変化する. しかし，高風量の条件で使用する場合には，風量変更による温度効率の変化は比較的小さい. そこで，ここではサイクルの動作を簡単に理解するために，温度効率の変化が小さく無視できると仮定する.

この場合，交換熱量が変わらないとすると，式(3.1-6)から風量の変化によって，空気と冷媒との温度差が変わることがわかる. 具体的には，風量を増加させることで必要な温度差は小さくなり，逆に風量を減らすと必要な温度差が大きくなる.

また，冷媒が気液平衡状態の場合，任意の温度に対して一意に飽和圧力が定まり凝縮温度が高くなると，凝縮圧力も高くなる. 凝縮圧力は，冷凍サイクル内における配管圧力損失を無視すると，圧縮機の出口圧力に等しい. 圧縮機は低圧のガス冷媒を高圧ガスへと圧縮する機械であり，その圧縮仕事は出口の圧力が高いほど大きくなる. したがって，凝縮圧力すなわち凝縮温度を高くすると，圧縮機における仕事量，すなわち消費電力が増加する.

このように風量を減らして凝縮温度を高くすると，圧縮機の消費電力が増加するので，圧縮機の消費電力を抑制するためには，風量を増加させて出口空気温度を下げるとよいことになる. しかし風量を増加させると送風機の消費電力が増加するので，システム全体としての消費電力を低減するためには，両者の適切なバランス点があることが理解できる.

次に，外気温度が変わった場合の影響を示す. 熱交換器の伝熱性能すなわち温度効率が変わらないと仮定すると，同じ交換熱量を確保するための冷媒と空気の温度差が変わらないので，外気温度の変化幅と同じだけ冷媒の温度も変化することになる. したがって，外気温度が下がると，その低下分と同じだけ冷媒温度も下がり，結果として圧縮機の仕事量が減少することがわかる. この場合，熱交換量を変えずに圧縮機の仕事量が減少するので，冷凍サイクルとしての COP が向上することになる. したがって，同じ空調機であっても外気温度の条件によって，消費電力が変化する特性を持つことになる.

3.2　蒸発器

(記号は 3.1 を参照)

次に蒸発器の動作点について示す. 蒸発器では，低温の冷媒が空気から熱を受け取り蒸発する. エネルギーバランスの基本的な考え方は凝縮器の場合と同様であり，冷媒が受け取る熱量と空気が放出する熱量，そして熱交換器の伝熱性能と冷媒と空気の温度差に応じた熱交換量，の三つの熱量がバランスする点で動作点が定まる.

冷媒が受け取る熱量は次式で示される.

$$Q_{ref} = G_{ref}\left(hr_{out} - hr_{in}\right) \tag{3.2-1}$$

蒸発器入口における冷媒の比エンタルピーは，凝縮器から蒸発器の間における外部との熱交換が無視できると仮定すると，凝縮器出口における冷媒の比エンタルピーに等しい．したがって，蒸発器出口の冷媒の状態が定まれば，蒸発器出入口の冷媒の比エンタルピー差が定まる．凝縮器では出口で過冷却度を確保することが一般的であることを述べた．蒸発器の場合には，出口で過熱度を確保することが一般的である．

COP 向上という観点では一般的に，過熱度を 0 K として飽和ガスで流出させることが望ましい．しかし，圧縮機に冷媒液が流入することは，圧縮機の信頼性確保の観点から望ましくない．そこで圧縮機に冷媒液が流入することを防ぐために，蒸発器出口において過熱度を確保し，確実に冷媒をガス化させる使い方が一般的である．このように過熱度を定めると，冷媒が受け取る熱量が定まる．

次に空気が放出する熱量を求める．蒸発器で蒸発する冷媒への熱源が水など顕熱変化だけの媒体の場合には，凝縮器と同様の手法，すなわち熱源媒体の流量と比熱および温度差の積により熱交換量を求めることができる．しかし熱源媒体が空気の場合には，空気中の水分の一部が結露する，いわゆる除湿の動作を伴う場合がある．この場合には顕熱変化，すなわち温度変化だけで考えることができないので，冷媒の場合と同様に湿度も含めたエネルギーとして比エンタルピーを用いて考える．

この場合の空気が放出する熱量は次式で示される．

$$Q_{air} = G_{air}\left(ha_{in} - ha_{out}\right) \tag{3.2-2}$$

伝熱性能に応じた交換熱量は，管外伝熱面積基準のエンタルピー通過率を用いて次式で示される．

$$Q_{hex} = U_o A_o \Delta h_m \tag{3.2-3}$$

$$\Delta h_m = \frac{(ha_{in} - ha_{rso}) - (ha_{out} - ha_{rsi})}{\ln\left(\dfrac{ha_{in} - ha_{rso}}{ha_{out} - ha_{rsi}}\right)} \tag{3.2-4}$$

蒸発器の動作点は，式 (3.2-1)，式 (3.2-2) および式 (3.2-3) の三つの式を連立させて解くことで同定される．

ここで，蒸発器の場合も凝縮器の場合と同様に，冷媒の温度が入口から出口まで一定であると仮定することで簡便に考えることができる．この場合，蒸発器出口において冷媒が蒸発して過熱ガスとなることによる冷媒温度の上昇や，冷媒流動に伴う圧力損失による冷媒温度の低下を無視する．

凝縮器では温度効率という指標を用いたが，蒸発器の場合には潜熱を考慮するために，次式で示されるエンタルピー効率を用いる．

$$\varepsilon_e = \frac{ha_{in} - ha_{out}}{ha_{in} - ha_{rse}} \tag{3.2-5}$$

エンタルピー効率は，空気のエンタルピーが蒸発器の入口から出口にいたるまでに，どれだけ冷媒の蒸発温度に相当する飽和空気エンタルピーに近づくかを表す指標である．エンタルピー効率を用いることで，式 (3.2-2) は次式で示される．

$$Q_{air} = G_{air}\left(ha_{in} - ha_{rse}\right)\ \varepsilon_e \tag{3.2-6}$$

また，$ha_{rsi} = ha_{rso} = ha_{rse}$ と仮定し，式 (3.2-3) で表される熱量と式 (3.2-6) で表される熱量が等しいとすると，エンタルピー効率について次式が導かれる．

$$\varepsilon_e = 1 - \exp\left[-\left(\frac{U_o A_o}{G_{air}}\right)\right] \tag{3.2-7}$$

蒸発器における空気の比エンタルピーの変化を模式的に示すと**図 3.2-1** のようになる．空気の比エンタルピーは，出口に向かって徐々に低下し，冷媒の蒸発温度に相当する飽和空気の比エンタルピーに向かって漸近する．

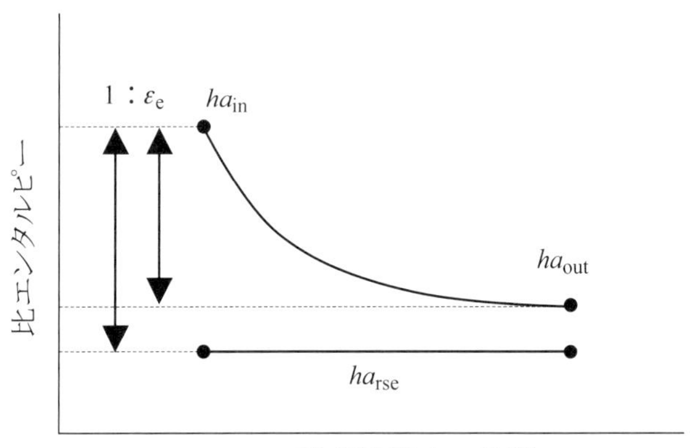

図 3.2-1　エンタルピー効率

凝縮器では，エネルギーバランスのとれる温度差となるように凝縮温度が定まることを示した.蒸発器でも同様に，エネルギーバランスがとれる比エンタルピー差となるように蒸発温度が定まる．

次に風量を変えた場合の動作点の変化を示す．蒸発器においても，風量に応じてエンタルピー効率が変化するが，簡便な理解のためにエンタルピー効率が変化しないと仮定する．この場合，熱交換量が変わらないとすると，式 (3.2-6) から風量を増やした場合，比エンタルピー差を小さくできるので，ha_{rse} を上げることができる．したがって，冷媒の蒸発温度すなわち蒸発圧力を高くできるので，圧縮機の入口圧力が高くなり圧縮機の仕事量を低減できる．

ところで，風量を増やした場合に，凝縮器の場合には温度差が小さくなるとしたが，蒸発器の場合には比エンタルピー差が小さくなる．比エンタルピーは湿度を考慮した指標であり，その差分は，顕熱によるエネルギー変化と，潜熱によるエネルギー変化の両方を加えたエネルギー変化を表している．したがって潜熱変化がある場合の顕熱によるエネルギー変化は，全体のエネルギー変化よりも小さくなることがわかる．

このことは,風量を同じ割合で増加させた場合の影響が，顕熱変化だけの凝縮器と，顕熱変化と潜熱変化の両方を伴う蒸発器では異なっており，蒸発器のほうが顕熱変化すなわち温度変化としては小さくなることを示している．冷媒の飽和圧力は温度によって定まるので，風量変化による蒸発圧力の変化が，凝縮圧力の変化より小さくなることを示している．

また蒸発器入口における空気の温度が変化した場合には，凝縮器同様に冷媒の蒸発温度が変化するが，蒸発器の場合は入口空気の湿度が変化した場合にも変化する．温度が同じであっても湿度が高い空気は比エンタルピーが高いので，蒸発器入口における空気の湿度が高い場合も，蒸発温度が高くなる特性となる．蒸発温度すなわち蒸発圧力が高くなると，圧縮機における圧縮仕事が減少するので，湿度が高いと圧縮機の消費電力が低下する特性を持つことがわかる．

以上，凝縮器と蒸発器における冷媒温度が一定であると仮定して，サイクルの動作点がどのように定まるか，また風量や入口空気の状態が変わった場合に，動作点がどのように変化するかについて概略を述べた．製品を設計する上では，もう少し詳細に考える必要があるが，冷凍サイクルの動作を理解する上での基本的な考え方は同様である．

参　考　文　献

*1)　松岡文雄：「冷凍サイクルの動特性と制御」，pp. 12-23，社団法人日本冷凍空調学会，東京（2009）.

（関谷　禎夫）

3.3　圧縮機

圧縮機の冷媒循環流量 GR_{comp} kg/s とすると，GR_{comp} は次式のように表される．

$$GR_{comp} = V_p \times 1/V_s \times \eta_v \qquad (3.3\text{-}1)$$

$$V_p = V_{st} \times f_z \times 3600 \times 10^{-6} \qquad (3.3\text{-}2)$$

V_p　理論ピストン押しのけ量
V_s　吸入ガス冷媒比容積
η_v　体積効率
V_{st}　ストロークボリューム
f_z　運転周波数

となり，V_{st}，η_v などは圧縮機により一定なので，インバータ圧縮機では，運転周波数 f_z と吸入ガス冷媒比容積 V_s の 2 つが支配的となる．一般的に運転周波数を上げると循環量は増えることになる．

一方，凝縮器の熱交換量 Q_c は冷媒側と空気側のそれぞれについて式 (3.3-3) と式 (3.3-4) のように表すことができる．

（冷媒側）$Q_c = GR_c \times (H_{ci} - H_{co})$　(3.3-3)

（空気側）$Q_c = A_c \times K_c \times \Delta T_c$　(3.3-4)

GR_c 凝縮器冷媒循環流量
H_{ci}　凝縮器入口比エンタルピー
H_{co}　凝縮器出口比エンタルピー
A_c　凝縮器伝熱面積
K_c　凝縮器熱通過率
ΔT_c 対数平均温度差

蒸発器の熱交換量 Q_e は冷媒と空気側のそれぞれについて式 (3.3-5) と式 (3.3-6) のように表すことができる．

（冷媒側）$Q_e = GR_e \times (H_{eo} - H_{ei})$　(3.3-5)

（空気側）$Q_e = A_e \times U_e \times \Delta i_e$　(3.3-6)

GR_e 蒸発器冷媒循環流量
H_{ei}　蒸発器入口比エンタルピー
H_{eo}　蒸発器出口比エンタルピー
A_e　蒸発器伝熱面積
U_e　蒸発器エンタルピー基準熱通過率
Δi_e　対数平均エンタルピー差

たとえば凝縮器側での熱バランスを考えてみる．式 (3.3-1) および式 (3.3-2) より圧縮機の運転周波数 f_z を増やすと，圧縮機における冷媒循環量が増加し，そのまま凝縮器を通る冷媒循環量も増加していく．式 (3.3-3) より凝縮器冷媒循環量が増加すると凝縮器熱交換量は増大する方向に向かう．一方，空気側からみると凝縮器熱交換量が増えるためには ΔT_c を増やす必要があり，凝縮器温度および圧力は相対的に上がる方向に向かう．この際に膨張弁の絞りが同一であれば冷媒が多く流れ込むことになるので，凝縮器出口の過冷却度（*SC*）は大きくなる．

蒸発器側での熱バランスを考えると，圧縮機の運転周波数 f_z が増え，冷媒循環量が増加すると，式 (3.3-5) より蒸発器の熱交換量は増加する方向である．一方，空気側の熱交換量は式 (3.3-6) より熱交換量が増加する場合，空気エンタルピー差が大きくなり，蒸発温度低下し，蒸発圧力低下する．その結果 **図 3.3-1** に示されるように全体的に冷凍サイクルが大きくなる方向に変化する．膨張弁における絞りが同一であれば蒸発器出口の過熱度（*SH*）は増加する．

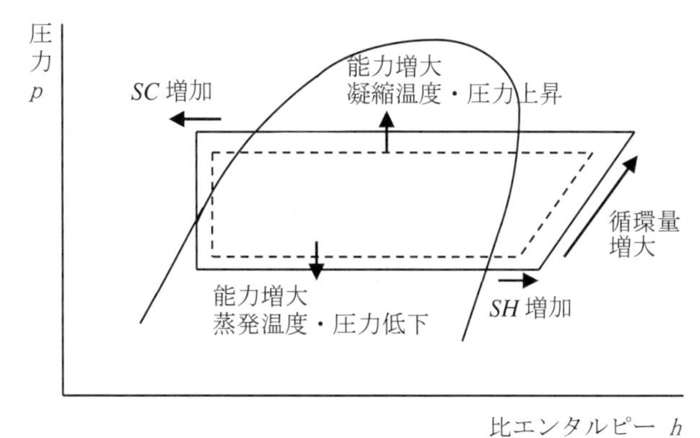

図 3.3-1　圧縮機運転周波数上昇と *p-h* 線図

一方，圧縮機の運転周波数が低下した場合には，逆の動きになると考えてよい．冷媒循環量が低下するため，吐出圧力，凝縮圧力は低下し，蒸発圧力，吸入圧力などは上昇し全体的な *p-h* 線図上の冷凍サイクルが小さくなるような形となる．（**図 3.3-2**）

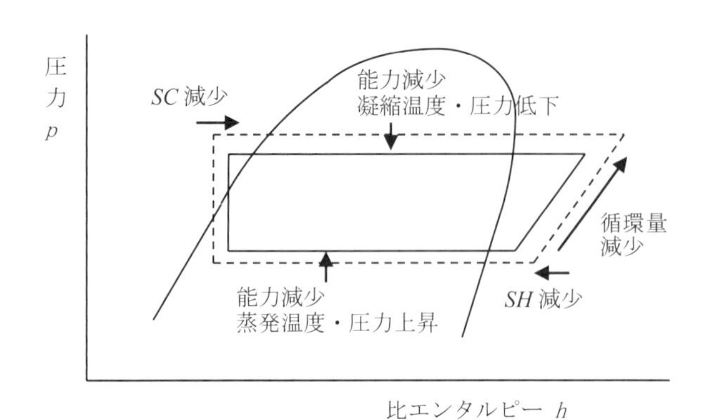

図 3.3-2　圧縮機運転周波数低下と *p-h* 線図

3.4　膨張弁

膨張弁は，高温高圧の冷媒液を低温低圧の冷媒に膨張させるために使用する．近年では，インバータの普及なども含めてマイコンにより膨張弁開度を制御する電子膨張弁が主流になってきている．**図 3.4-1** にその代表的なステッピングモータ方式の電子膨張弁の内部構造を，**図 3.4-2** に電子膨張弁の開口部の拡大図を示す．弁と弁座シート間の開口面積の最小部を *S* とすると冷媒通過流量 GR_v は次式のように表される．

$$GR_v = C_r C_d S\,(P①-P②)^{1/2} \qquad (3.4\text{-}1)$$

- C_r　冷媒種類により変わる係数
- C_d　流量係数
- S　弁の流出面積
- P①　膨張弁入口圧力
- P②　膨張弁出口圧力

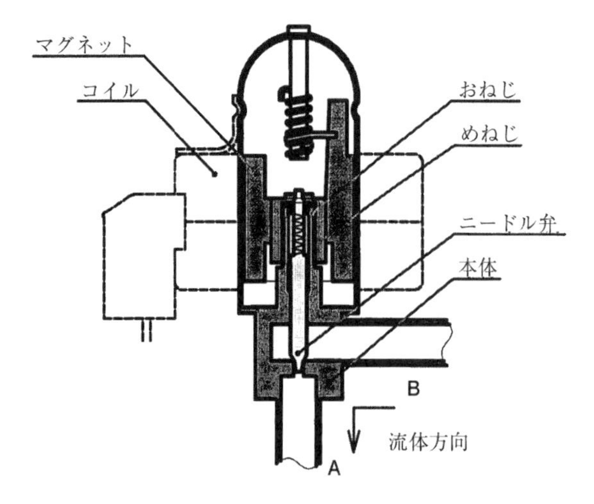

図 3.4-1　電子膨張弁の内部構造 [1]

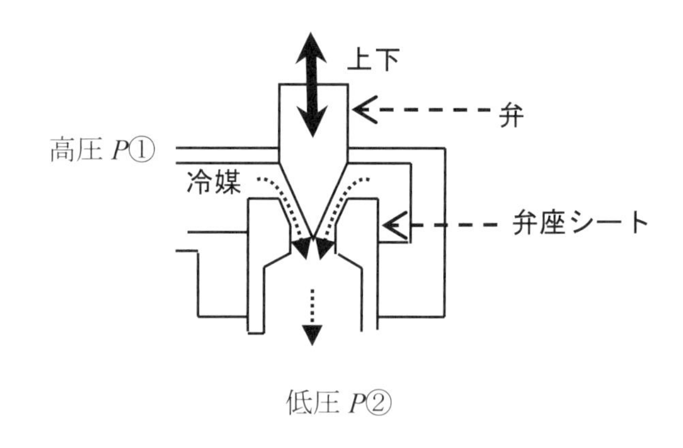

図 3.4-2　膨張弁開口部

安定した運転状態から電子膨張弁を開いたり閉じたりすると冷凍サイクルがどう変化するか考える．冷凍サイクル安定運転時（状態 1）から膨張弁を少し閉じて開口面積を小さくした場合の *p-h* 線図上のサイクルの変化をみる．膨張弁開度を小さくすると一時的に膨張弁の流量 GR_v が圧縮機流量 GR_{comp} に比べて小さくなる．（$GR_v < GR_{comp}$）

見方を変えると，凝縮器には冷媒がたまってきて高圧は上昇し，蒸発器からは冷媒が出過ぎて低圧が下がっていく．このときの冷媒回路内の冷媒液，ガス冷媒の分布は**図 3.4-3** に示されるように変化する．

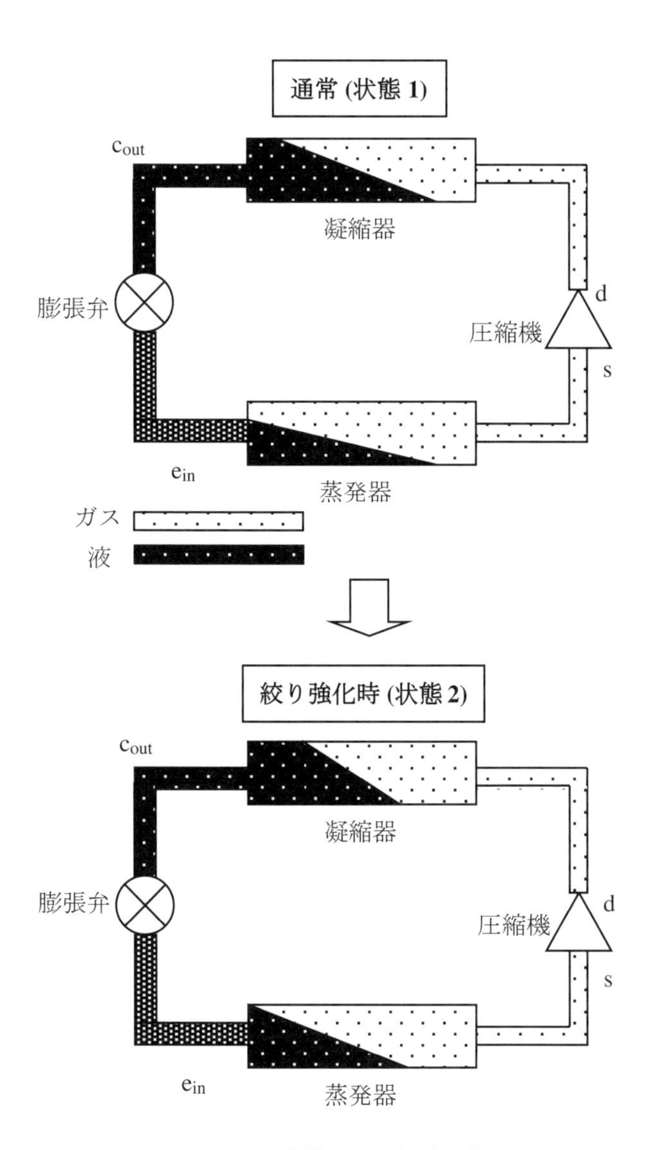

図 3.4-3　冷媒回路の気液状態

これに圧縮機流量の式 (3.3-1) を合わせて考えると圧縮機流量 GR_{comp} は吸入ガス比容積 V_s に大きく影響を受ける．吸入比容積 V_s は低圧になる程大きくなり，しかも過熱度 SH が付くほど V_s は大きくなるため，圧縮機流量 GR_{comp} は減少する．

一方，膨張弁の流量の式 (3.4-1) から，膨張弁の入口と出口圧力差が大きくなれば膨張弁部の流量 GR は増加する．

ここで 2 個の流量変動の推移をまとめると

安定時　$GR_v = GR_{comp}$　(3.4-2)

膨張弁を絞ったとき（1 の状態）

$$GR_{v1} < GR_{comp1} \quad (3.4\text{-}3)$$

となる．

その結果，V_s と SH の変化と膨張弁入口出口圧力の変化に基づいて安定状態（2 の状態）が得られることになる．

$$GR_{v1} < GR_{v2} \fallingdotseq GR_{comp2} < GR_{comp1} \quad (3.4\text{-}4)$$

絞りを閉めた場合，p-h 線図上は，吸入圧力は低下する方向に向かい，また逆に絞りを緩めた場合には吸入圧力は上昇する方向に向かう．

電子膨張弁では，SC や SH を制御するのが通常であり，絞りを調整しながら，SH や SC を適正な状態に制御する．

引　用　文　献

1) 日本冷凍空調学会：「冷凍用自動制御機器」,p34, 東京 (2013).

（四十宮　正人）

3.5　制御

現在最も一般的なインバータ容量制御型冷凍サイクル [*1] を例にとりその制御方法について説明する．

最初に，空調負荷に合わせて圧縮機の回転数を制御すること，次に室内ファンや室外ファン，膨張弁開度の変化と COP の関係について述べる．最後に，COP だけでなく信頼性確保・快適性確保の観点でも制御が必要なことを説明する．

3.5.1　インバータによる容量制御冷凍サイクル

図 3.5-1 にその冷媒回路図を示す．冷房運転時の冷媒の流れを実線で示す．構成機器として，インバータ圧縮機と室内ファンと室外ファンと電子膨張弁がある．この 4 個のアクチュエータの操作量（圧縮機周波数，室内ファン回転数，室外ファン回転数，電子膨張弁開度）には，それぞれ制御目標があり，かつ制御のためのセンサ（温度測定のサーミスタや圧力センサ）がある．

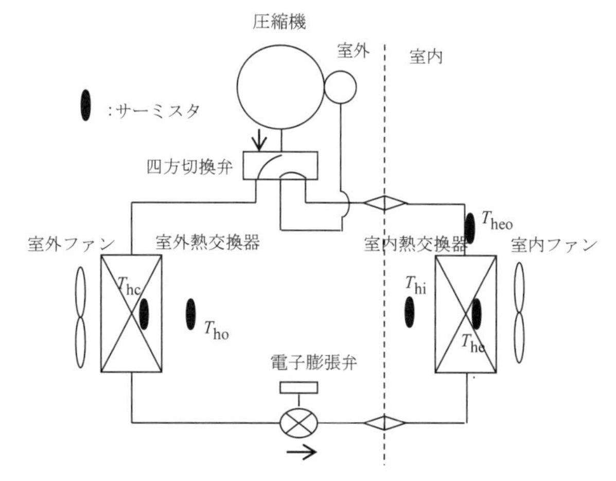

図 3.5-1　インバータ容量制御冷凍サイクル

4 個の各アクチュエータ群と制御目標とセンサ群の相関の一例を**図 3.5-2** に示す．

図の最上段にアクチェータ群を示し，中段にそれぞれの制御目標を示し，最下段にそのセンサ例を示す．圧縮機周波数の制御目標は室内からの空気温度であり，センサ検出温度の値との偏差に基づいて周波数が制御される．室内ファンの回転数の制御目標は冷媒の蒸発温度である．ただし，室内ファンの風量の大，中，小はユーザ指定により固定される場合が多い．室外ファンの回転数の制御目的は冷媒凝縮温度である．ただし，室外ファンの回転数制御の性能上の役割は，フル運転により高圧側圧力を低下させCOPの高い運転をすることがメインではあるが，室外での騒音防止のため夜間のサイレントモードではファン回転速を落とす場合もある．電子膨張弁の開度の制御目標は蒸発器出口冷媒の過熱度（スーパーヒート）である．

しかし図3.5-2に示すように，各アクチュエータを操作することで，各制御目標値が1対1に対応しているわけではない．周波数を制御すれば，冷房能力が変化するのみならず，過熱度も蒸発温度も凝縮温度も変化する．もちろん他のアクチュエータについても同様である．したがって，各アクチュエータの操作に対する，*p-h*線図上の冷凍サイクル特性の応答の相関関係をパターン認識し，定性的かつ定量化しておくことが必要となる．

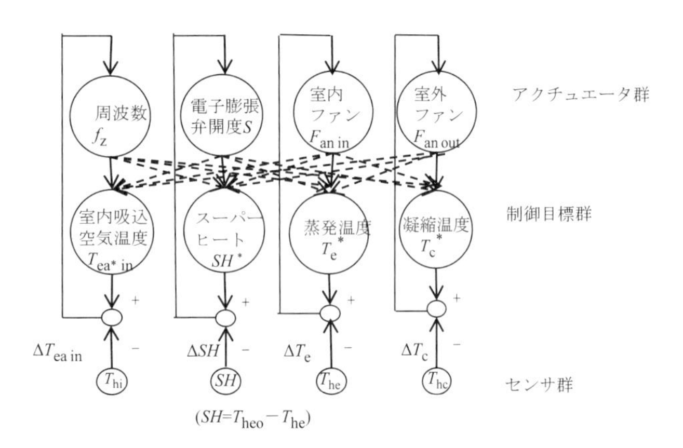

図3.5-2　アクチュエータ群と制御目標群とセンサ群

3.5.2 圧縮機の制御例

サイクル制御の第1の制御目的は，負荷に見合った能力を発揮することである．たとえば冷房運転時，冷房負荷を何を使って検知するのか，センサが蒸発器吸込空気温度T_{hi}の場合について，**図3.5-3**にそのブロック線図を示す．

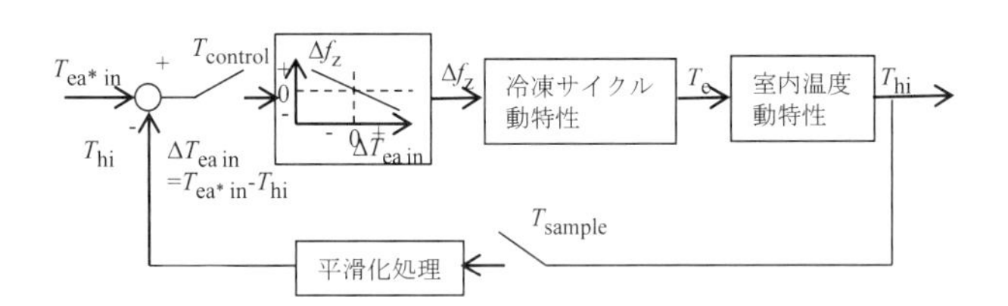

図3.5-3　圧縮機周波数変更制御ブロック線図

(1)　蒸発器吸込空気温度の目標値を$T_{ea*\ in}$とする．つまり負荷を蒸発器吸込空気温度で代表する．最近は湿度，放射をも検知して快適な室内空間を目標とした例もある．

(2)　時々刻々変化する蒸発器吸込空気の温度T_{hi}をコントロールタイミング$t_{control}$ごとにセンサで取り，蒸発器吸込空気温度の目標値$T_{ea*\ in}$との偏差$\Delta T_{ea\ in}$を制御信号にする．ここでの技術課題は，何秒ごとにセンサ値を取るのかというサンプリングタイムt_{sample}の決定とかつ何回サンプルして平均するかという平滑化処理が必要なことである．1回のセンシングでは誤信号の可能性もあり，通常サンプリング回数を5回以上とって，最大値と最小値を除き，残りの信号の平均値をとる．これはコントロールタイミング$t_{control}$の1/5以下のサンプリングタイムが必要なことを示している．

(3)　次に室内吸込空気温度の目標値との偏差$\Delta T_{ea\ in}$に基づいて，圧縮機インバータの周波数の変更量Δf_zを決定する．ここが制御アルゴリズムの心臓部になる．時間当たりの変更量のゲイン$\Delta f_z/t_{control}$が，そのあとに続く冷凍サイクルの動特性の蒸発温度T_eの応答時定数と，室内温度動特性T_{hi}の応答時定数の和に比較して大きいとハンティングし，小さすぎるとなかなか冷えないことになる．

(4)　インバータ周波数の変更量Δf_zを出力してから，冷凍サイクルが安定した蒸発温度になるまでに時間がかかる．それを冷凍サイクルの動特性と呼び，1次遅れの応答時定数t_{ref}で表される．

(5)　その冷媒蒸発温度に応じて，室内への吹出し温度が変化し，室内を気流が循環して，再び蒸発器吸込空気温度$T_{ea\ in}$として応答してくるまでにも時間遅れがあり，これも1次応答遅れの時定数t_{room}で表される．

このようにアクチュエータである圧縮機周波数f_zをコントロールして，何段階もの応答の遅れ（t_{ref}, t_{room}など）を経て，そのセンサ値を基に再び制御をかける方式をフィードバック制御と呼び，基本的な制御の1つとなっている．

3.5.3 冷凍サイクルの各構成要素（4アクチュエータ）とシステム特性（能力，COPなど）の相関

冷凍サイクルの構成要素のうち圧縮機周波数と室内熱交換器送風ファンと室外熱交換器送風ファンの3個がシステム特性の能力とCOPに及ぼす影響について，前節までに示したアルゴリズムで"定量的"に解析すれば，**表3.5-1**のようになる．

表3.5-1　冷凍サイクルの構成要素とシステム特性の相関

構成要素＼システム特性	冷房能力 Q_c	冷房成績係数 COP_c	暖房能力 Q_h	暖房成績係数 COP_h
圧縮機周波数　f_z	+相関大	−相関大	+相関大	−相関大
室内熱交換器送風ファン　$N_{fan\ in}$	+相関大	+相関小	+相関小	+相関大
室外熱交換器送風ファン　$N_{fan\ out}$	+相関小	+相関大	+相関大	+相関小

つまり，能力は冷房時も暖房時も圧縮機周波数と正の相関を持ち，COPは負の相関を持つ．

一方，熱交換器送風ファンの回転数は，蒸発器側送風ファンは能力と正の相関が大で，凝縮器側送風ファンはCOPと正の相関が大きい．蒸発器側送風ファンのCOPに

及ぼす影響は正の相関ではあるが小さい．凝縮器側送風ファンの能力に及ぼす影響は正の相関ではあるが小さい．

冷凍サイクル構成要素の残り 1 個の電子膨張弁の役割は上記圧縮機，凝縮器側送風ファン，蒸発器側送風ファンのアクティブな 3 つの構成要素とは異なり，圧縮機吸入冷媒の過熱度を適正に保ち，ほかの 3 アクチュエータが引き起こす過熱度（スーパーヒート）外乱を押さえて，性能維持と保護の為にパッシブではあるが重要な役割を果たしている．

図 3.5-4 に基づき電子膨張弁の過熱度制御アルゴリズムの物理的側面を示す．

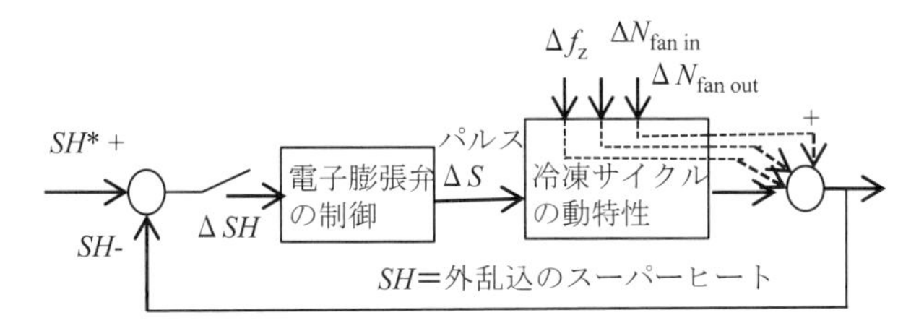

図 3.5-4　電子膨張弁の過熱度（スーパーヒート）制御アルゴリズム

インバータ周波数の変化 Δf_z と室内ファン回転数変化 $\Delta N_{fan\ in}$ と室外ファン回転数変化 $\Delta N_{fan\ out}$ を外乱としてとらえ，おのおのの過熱度応答のゲインと時定数を有する ΔSH_{fz}, $\Delta SH_{fan\ in}$, $\Delta SH_{fan\ out}$ を含んだ過熱度 SH を制御信号とする．目標過熱度 SH^* との偏差 ΔSH に基づいて制御タイミングごとに電子膨張弁アルゴリズムで出力 ΔS パルスを実行し，重畳された過熱度が $\Delta SH_{fz} + \Delta SH_{fan\ in} + \Delta SH_{fan\ out} + \Delta SH_{lev} = 0$ となるように外乱を押さえる必要がある．

3.5.4　信頼性確保のための制御例

以下に冷暖房能力や成績係数のみならず，冷凍サイクルの信頼性・快適性確保のための制御例を示す．

まずは凝縮器としての送風機運転に関わる信頼性確保制御および快適性を考慮した制御例を示す．

(1)　サイレントモード

冷房運転時において，室外熱交換器は凝縮器として機能している．COP を最大にするために室外熱交換器用送風機回転数は最大にしている．ただし，夜間の部分負荷運転時には，近隣への騒音低減のために室外送風機回転数を下げたサイレントモードがある．

(2)　高温吹出し

凝縮器が室内側で（暖房運転時），通常はリモコン送風モード指令（強，中，弱）に従うが，送風自動モードの場合や，暖房起ち上げ時，吹出し温度を維持し，快適性確保のために凝縮温度を検知して，送風量を制御する．

(3)　高圧確保

冷凍機の冬期または中間期運転時，熱源側凝縮器の外気温度が低く，高圧圧力が低下しすぎることがある．特にスクロール圧縮機など吐出弁なしの低圧縮比設計の場合，低圧と高圧の差圧を一定量確保する必要がある．この場合，高圧圧力を確保するために，熱源側凝縮器の送風機回転数を落として，凝縮温度を高くする高圧確保制御を実施する．

(4)　送風機のミニマム回転数

空気熱源ヒートポンプの暖房運転時は，室内側熱交換器が凝縮器となっている．このときの部分負荷運転時で最小能力に近い運転時，室内送風機の回転数の最小値を設定し，吹出し気流のショートサーキットを防いでいる．

次に，蒸発器としての送風機運転に関わる信頼性確保制御および快適性を考慮した制御例を示す．

(5)　冷房自動モード時の送風運転

冷房運転時，室内側熱交換器が蒸発器になり，この送風量は基本的にはユーザ指示に従う．ただし自動モードでは，圧縮機周波数は高→低に応じて室内送風機の回転数も高→低と連動して制御され顕熱比（*SHF*）が一定に保たれる．

(6)　除湿運転

除湿量を増加させるために蒸発温度を下げる必要があり，室内送風機の回転数を落として運転する．

(7)　蒸発温度一定制御

産業用途や低温機用に，目標蒸発温度に対し，圧縮機周波数と連動して蒸発器側送風機の回転数制御をおこなう．

(8)　送風モード運転

冷房運転時，室内側蒸発器の送風機運転は，圧縮機停止時も，送風機のみは運転を続行し，気流感のみでの快適性を維持する．

さらに圧縮機保護を含め冷媒回路全体から考慮した保護制御例を示す．

(9)　過電流防止制御

圧縮機用モータに過電流が流れるのを防ぎ，インバータ，モータの破壊を防止するのが目的である．インバータへの 1 次電流のセンシングにより周波数を下げる．さらには圧縮機を停止する．

(10)　液圧縮防止制御

圧縮機への過度の液バックを防ぎ，圧縮機の破損を防止する．圧縮機吸入冷媒ガスの過熱度をセンシングし，電子膨張弁を制御する．それでも危険な場合は圧縮機を停止する．

(11)　高圧保護制御

圧縮機吐出圧力の上限値を設け，圧縮機と付属機器の破壊を防止する．高圧圧力の飽和凝縮温度をセンシングして，凝縮器ファン回転数を制御，または膨張弁の開度を変更する．さらには圧縮機吐出口に高圧圧力調節器を設置して周波数を落とすか圧縮機を停止する．

(12) 吐出温度保護制御

圧縮機吐出冷媒の最高温度を設定し，油の劣化防止とモータ巻線の保護をする．吐出温度をセンシングし，周波数を下げる．あるいは膨張弁を開いて冷媒液を圧縮機に返す．

(13) ハンティング防止過冷却度制御

凝縮器を有効に熱交換器として使用し，向上させ，かつ膨張弁入口冷媒を完全に液化させてハンティングを防止するために，凝縮器出口冷媒液の過冷却度を 4 ～ 8 K つける．

(14) 膨張弁消音制御

膨張弁を通過する冷媒がガスまたは 2 相で通過する運転モードでは，フィードフォワード的に膨張弁の開度を固定またはパターン開度生成に従って制御する．

(15) ガス漏れ検知

封入冷媒量に対して，ガス漏れを検知し，発報する．定常 p-h 線図上の動作からのズレを検知してガス漏れを判断する．たとえばガス漏れ検知用運転モードで，高圧と低圧が一定圧力となる安定運転を実行し，その時の過冷却度から全冷媒量を演算する方法がある．

(16) デフロスト制御

空気熱源暖房運転時に，室外熱交換器に一定量の着霜が生じたとき，デフロスト運転制御に入る．蒸発温度をセンシングして，ホットガスデフロスト運転，リバースサイクル運転，ヒータデフロストなどを実行し，室外熱交換器出口冷媒温度が上昇したときにデフロストを終了し，その後水切り時間を置いたのち，通常の暖房運転に復帰する．

(17) 露飛び防止運転制御

冷房運転時，室内熱交換器から室内に露が吹き出すのを防止する．蒸発温度をセンシングし，蒸発温度が低くなりすぎないように，圧縮機回転数を下げるまたは室内ファン回転数を上げる．

参　考　文　献

*1) 松岡文雄：「冷凍サイクルの動特性と制御」,pp.1-52, 日本冷凍空調学会，東京（2009）.

（松岡　文雄）

第 4 章．構成要素（中級・実践編）

4.1 圧縮機

4.1.1 圧縮機の種類

(1) レシプロ圧縮機

レシプロ（往復動式）圧縮機を用いた冷凍の歴史は古く，かつ冷蔵庫などの製品に組み込まれているために正確に開発年次や生産年次の歴史を辿るのは困難である．しかし，1926 年のフルオロカーボンの発明や同じ頃の GE 社の冷蔵庫の大量生産（冷媒は SO_2）が初期の普及期に相当する．それ以前にも空気やアンモニア，エーテルを用いた冷凍機が存在しており，1834 年のパーキンスがダイアフラム型の圧縮機を利用したのが最初といわれている．

レシプロ圧縮機は圧縮原理が簡単なことから，冷凍空調用圧縮機として最も早く実用化された形式である．用途も，一般的な冷凍，冷蔵，空調以外に極低温用もあり，ほとんどの温度域で利用される．また容量も小型では電気冷蔵庫用の行程容積が数 mL のものから，大型では冷凍倉庫全体を冷却する数 L 以上のものも存在する．また，作動媒体の冷媒も各種フルオロカーボン系冷媒以外に，アンモニア，炭化水素（HC 系），炭酸ガス，ヘリウムなどを用いた例がある．

このように広く用いられる理由は，圧力が高い場合でもピストン径を調整することで荷重を調整することができ，機構部の信頼性を確保しやすいほかに，多気筒化で全行程容積を増加させることが容易である構造的メリットも影響している．このため，ロータリ，スクロール，スクリューなどの他形式の容積式圧縮機より広い能力範囲をカバーすることが可能である．レシプロ圧縮機に関する詳細な説明や力学に関しては，文献 [*1] を参照されたい．

図 4.1-1 に，開放型二気筒レシプロ圧縮機の断面図を示す．レシプロ圧縮機を構成する部品は，シリンダ，ピストン，吸入・吐出弁および回転運動を往復運動に変換する機構，たとえばクランクシャフト，コンロッド（連接棒）である．

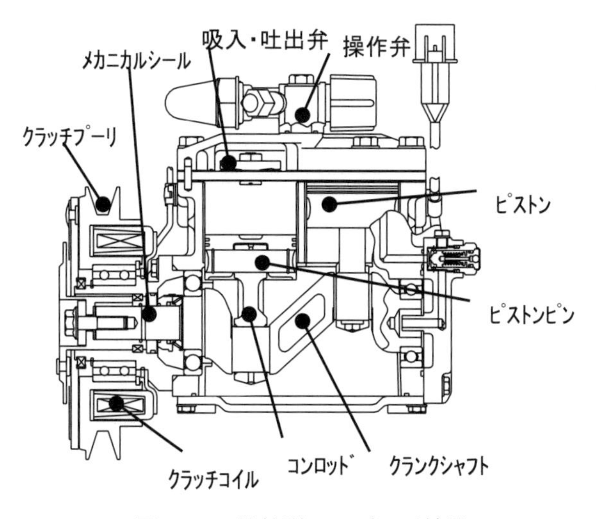

図 4.1-1　開放型レシプロ圧縮機

レシプロ圧縮機に用いられる吸入弁，吐出弁は，たとえば吸入弁ならシリンダ圧力が吸入ライン圧力より低いときは開放し，逆にシリンダ圧力が吸入ライン圧力より高い場合は閉塞する自動弁と呼ばれるものである．

レシプロ圧縮機の作動行程は以下の 4 つに分けられる．

a) 吸入行程

ピストンの下降が続き，シリンダ内圧力が吸入圧力より低くなるとガスがシリンダ内に流入する行程．下死点を過ぎたころに吸入が完了し吸入弁は閉鎖する．

b) 圧縮行程

ピストンが上昇し，シリンダ容積が減少することでガスを圧縮する行程．

c) 吐出行程

ピストンの上昇によりシリンダ内圧力が吐出圧力に到達すると吐出弁が開口し，ガスが吐出ラインに排出される行程．

d) 再膨張行程

ピストンが上死点から下降する行程．弁部やシリンダ上部のわずかに残った空間のガスが膨張する．

レシプロは 1 つの気筒に着目すると，シャフト 1 回転で 1 回，吸入吐出をおこなう．このため回転が早くなると短時間での吸入，吐出が必要となり，弁部での圧力損失が大きくなる．このため圧縮機の体積効率，圧縮効率は回転数の増加に対して悪化する傾向を示す．圧縮比に関しては，行程容積とトップクリアランスボリュームの比が運転可能な最大圧力比であり，これより高い圧力比では，吐出ガス流量が 0 となる．

レシプロ圧縮機は，気筒数および気筒配置，シャフトの回転運動をピストンの往復運動に変換する機構で分類することができる．冷凍空調用レシプロ圧縮機は，自動車用エンジンとは異なり，吸入弁，吐出弁にカム機構が不要な自動弁を採用することから，振動面で有利な多気筒化が比較的容易である．この気筒の配置は，直列以外に V 型，W 型，星型などがあり，この変形として V 型の気筒挟角が 180° の場合を対向型，4 気筒星型で 90° ごとに配置したものを十字対向型と呼ぶことがある．

回転運動を往復運動に変換する機構としては，クランク–コンロッド方式，斜板方式が主な方式である．また特殊な形式としては，ソレノイドコイルと磁石で直接，往復運動を発生させるリニアモータを応用した圧縮機も小型冷蔵庫で実用例がある．

クランク–コンロッド方式は自動車エンジンと同様の運動変換機構であり，レシプロ圧縮機として最もポピュラーな機構である．**図 4.1-2** に代表的なピストン構造とコンロッド形状を示す．

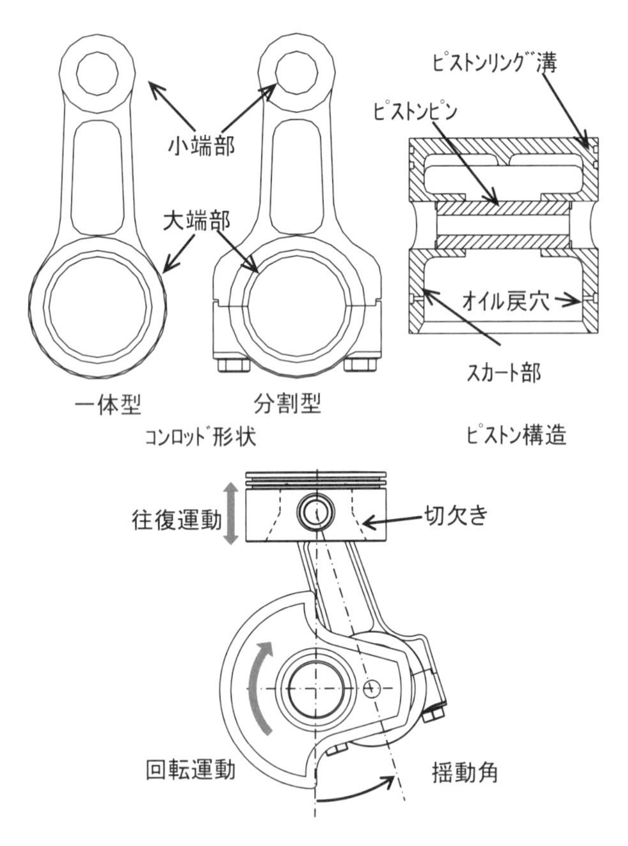

図 4.1-2　ピストン－コンロッド形状

コンロッドのクランク軸との結合部を大端部，ピストンとの結合部を小端部と呼ぶ．大端部はシャフトが回転することによる回転運動と，ピストンの往復運動により発生するコンロッドの揺動運動が合成され運動をおこなう．一方，小端部はピストンピンを中心とした揺動運動となる．大端部は，大型圧縮機では分割型，小型の単気筒圧縮機では一体型が用いられることもある．

揺動角はクランク径とコンロッド長の比で決定される．この揺動角を小さくすると小端部での機械損失が小さくなる．しかしシリンダとクランク軸間距離が大きくなり，圧縮機全体が大型化する問題が発生する．そのため，小容量の圧縮機では，コンロッド側ピストン壁の一部を切り欠くことで大きな揺動角を確保し，より小型化を目指した設計がなされることも多い．

斜板方式は斜めに取り付けられた板（斜板）を有する主軸と，ピストンに設けられたシューで構成され，主軸が回転することにより，シューは斜板の傾きに沿い往復運動する．**図 4.1-3** に斜板圧縮機の例を示す．

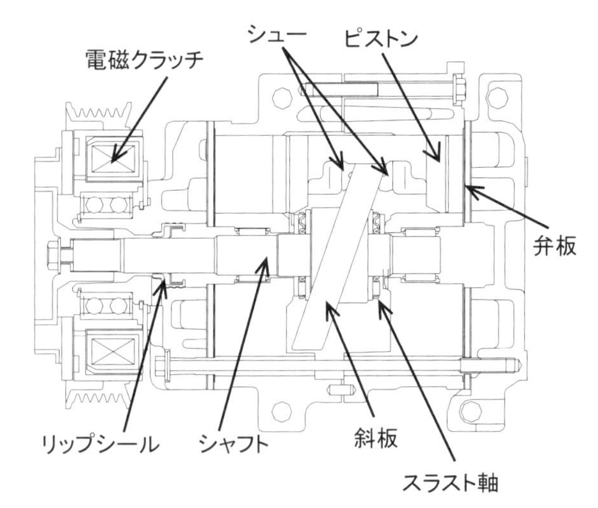

図 4.1-3　斜板圧縮機

この斜板による運動変換では回転軸と往復動方向が平行となることが最大の特徴であり，多気筒の圧縮機を小径化できる．このため小型軽量化が重要視される車載用圧縮機として広く利用されている．実際の圧縮機では，ガス圧縮荷重が作用するシューと斜板との摺動損失の低減と信頼性確保のために，シュー形状の工夫による流体潤滑化や表面処理による焼き付き性向上の工夫をおこなっている．

往復運動をおこなうレシプロ圧縮機の圧縮機構部をハウジングに固定する方法として，防振支持のためのばねを用いた内部支持機構と吐出管の応力緩和のためのショックループを用いることがある．**図 4.1-4** に例を示す．内部支持機構は，運転時の振動を吸収することでハウジングの振動を防止する機構である．定常速度に達するまでにばねの固有振動数を通過する場合は，ゴムダンパなどの抵抗を入れて最大振幅を抑える工夫をおこなう．

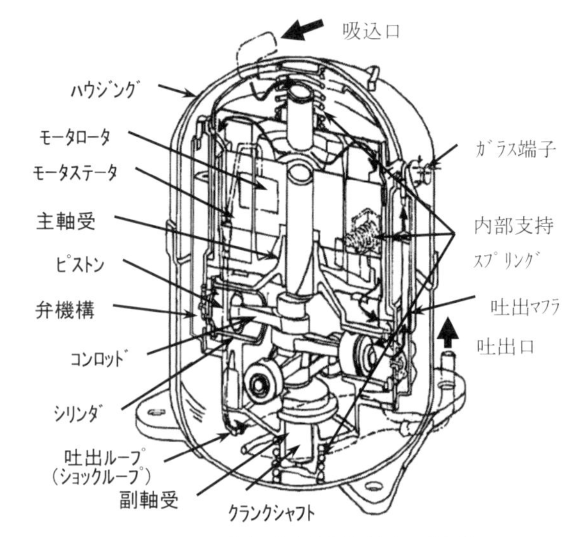

図 4.1-4　内部支持機構付き圧縮機

支持機構と併せて用いられるのが，吐出管のショックループである．ショックループは圧縮機構部側の吐出マフラーとハウジング側の吐出管をつなぐ部分であり，圧縮機構部の変位を吸収できるように，ループ構造の管であることが普通である．ショックループ設計では，軸方向，半径方向および回転に対して，運転範囲のすべてで，配管応力が許容値以下となるようにループ径，ループ数を定める必要がある．また，多気筒の場合は吐出の脈動干渉を積極的に利用し，マフラー内部の圧力が吐出圧力より低くなるよう集合管の長さを調整することでシリンダ内部の過大圧縮を低減するように設計することもある．

レシプロ圧縮機の容量制御機構としては，電磁石による吸入弁開閉タイミング制御で，圧縮開始時点でのシリンダ容積を減らす方法や，斜板型では斜板角を可変させてピストンストロークを変化させる方式がある．さらにはトップクリアランスボリュームを増加させ再膨張行程を長くすることで吸入開始を送らせる手法も存在する．

また，多気筒レシプロ圧縮機では，必要能力に応じて運転の必要が無い気筒の吸入弁を開放し続けることで，その気筒の実質的な吐出をなくす気筒数可変方式があり，どの機構も実用例が存在する．

斜板式のストローク可変型や，直接トップボリュームを変化させる型の容量制御は，機構は複雑になるが再膨張ガスの動力が回収できるレシプロ圧縮機の特徴により，圧縮効率の低下は小さい．

以上のようなメリットを持つレシプロ圧縮機も日本国内の家庭用，業務用のエアコンに限れば，インバータによる可変速運転が容易なロータリ圧縮機やスクロール圧縮機に押されて年々その生産台数は減少している．

ただ，冷蔵庫用圧縮機に関しては，オゾン層保護や地球温暖化防止の観点から，家庭用冷蔵庫にプロパンやブタンなどの可燃性冷媒が用いられるようになった．この流れに対応し，システムの冷媒充填量が低減できる低圧ハウジングの小型レシプロ圧縮機が再び採用されるようになった．近年では，モータに永久磁石モータを採用し，インバータ駆動で可変速運転を可能にした高効率なレシプロ圧縮機も登場し，活躍の場を広げている．

参　考　文　献

*1)　日本冷凍空調学会編：「冷媒圧縮機」，第 3 章，東京 (2013)．

（伊藤　隆英）

(2)　ロータリ圧縮機

a)　動作原理と特徴

ロータリ圧縮機の圧縮行程を**図 4.1-5** に示す．シリンダ内を回転軸に装着されたローリングピストン（ローラ）が偏心回転運動し，スプリングと背圧により押圧されたベーンによって，シリンダ内は高圧側の圧縮室と低圧側の吸入室に仕切られ，それぞれ圧縮行程と吸入行程が同時におこなわれる．吐出弁は圧縮室内のガスが吐出圧力と同一圧力となった時点で開き，吐出ガスの逆流を防止している．

ロータリ圧縮機がレシプロ圧縮機と異なっている点は，電動機の回転力を往復運動に変換せず，そのまま圧縮動作をおこなっている点と，吸入弁が不要な点である．これにより，レシプロが吸入と圧縮を半回転ずつ交互におこなうのに対し，ロータリでは吸入と圧縮を連続して 1 回転かけておこなうことができ，圧縮負荷変動が小さく，回転バランスも取りやすいというメリットがある．このため，低振動かつ高効率となり，密閉容器に圧縮要素部を直接固定することもできることから，小型・軽量化も可能になる．

一方で，圧縮室と吸入室がベーンとローリングピストンを介して構成され，シール部品を持たないため，漏れ損失を防ぐため各部の隙間を均一に小さくする必要があり，加工精度，組立て精度が求められる．また，圧縮室を構成する隙間をシールする潤滑油を高圧に保つ必要性から，周囲が吐出圧力であることが望ましく，その場合，電動機と圧縮要素部が過熱されやすい．

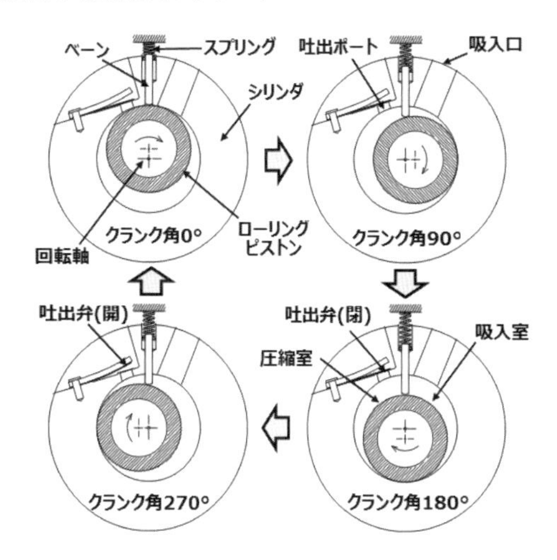

図 4.1-5　ロータリ圧縮機の圧縮行程図

b)　基本構造

一般的な空調用の縦型ロータリ圧縮機の基本構造を**図 4.1-6** に示す．密閉容器内下部に圧縮要素部が設けられ，上部のモータ（電動機）とクランク軸により連結されている．密閉容器内は高圧の吐出ガスで満たされた高圧タイプが一般的である．また，密閉容器底部には，圧縮要素部の潤滑のための冷凍機油が封入されている．

モータの回転力はクランク軸によってロータリ圧縮機構に伝達され，クランク軸はシリンダをはさんで上下に設けられた主軸受，副軸受により支持される．冷媒ガスは，密閉容器に隣接して設けられた吸入マフラを通って，吸入管より直接圧縮要素部のシリンダ内に導かれる．

シリンダ内でローリングピストンの偏心回転運動によって圧縮された冷媒ガスは，吐出弁部を通過後，吐出マフラを経由して密閉容器内に吐出される．さらに，冷媒ガスはモータ固定子の隙間やモータ回転子に設けられた風穴を通り，モータを冷却しながら，密閉容器上部に設けられた吐出管より外部の冷凍サイクルへ導かれる．このとき，圧縮された冷媒ガス内に混入した冷凍機油は，モータ回転子上部に設けられた油分離板により，遠心力などで吐出ガスと分離されて密閉容器底部に戻される．

吸入マフラは，冷媒液を分離し一時貯溜するアキュムレータ機能も有する構造となっており，吸入管より冷媒液が直接シリンダ内へ流入し，液圧縮が生じることを防止している．

モータ回転子の上下には，通常，バランスウェイトが取り付けられ，偏心回転するクランク軸偏心部，ローリングピストンに対して回転バランスを取っている．

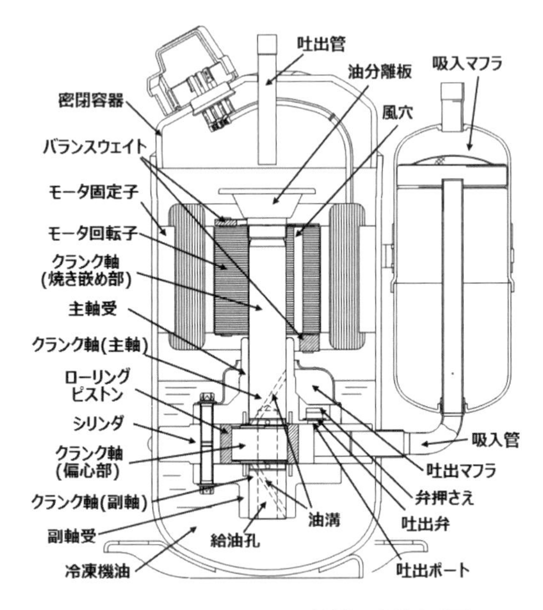

図 4.1-6　ロータリ圧縮機の縦断面図

c)　圧縮要素部品

図 4.1-6 および圧縮機構部の横断面図を示した**図 4.1-7** を用いて，ロータリ圧縮機の圧縮要素部品について詳しく説明する．

クランク軸は，モータ回転子と連結されてモータの回転力を圧縮機構部に伝達する．始動時の液圧縮などの過渡的状態を含めて圧縮の負荷トルクやモータの最大トルクに対して十分なねじり剛性を有し，高速運転時などにモータ回転子に発生する遠心力に対して十分な曲げ剛性を有していなければならない．ローリングピストンが挿入されるクランク軸偏心部をはさんで主軸（長軸）部，副軸（短軸）部およびモータ回転子の焼嵌め部より成り，軸中心には，しゅう動部への給油をおこなうための給油孔を有しており，回転の遠心力や差圧を利用して軸受部の潤滑や圧縮機構部のシールに必要な給油をおこなう遠心ポンプ機能を有している．材質は球状黒鉛鋳鉄，共晶黒鉛鋳鉄，焼入れ焼戻しされた炭素鋼などが用いられ，初期なじみ性と境界潤滑性を良くするために，表面にリン酸マンガン塩処理や二硫化モリブデン処理を実施して用いられる．

主軸受および副軸受は，クランク軸を回転支持するとともに，シリンダの端面を閉塞シールして圧縮室を構成する機能も併せて持ち，軸受内径面の真円度だけでなく，端面の平面度と直角度も必要となる．さらに，組立て時には主軸受と副軸受の間に厳しい同軸精度が要求される．軸受内周面の反負荷側の位相には，給油のための油溝が螺旋状に設けられる．また，端面には圧縮された冷媒ガスを圧縮室より吐出する吐出ポートが設けられ，これを開閉する吐出弁と吐出弁押さえが装着される．材質は，ねずみ鋳鉄あるいはスチーム処理により酸化皮膜が生成され封孔，含油された鉄系の焼結金属が用いられる．クランク軸と軸受の材料は，耐摩耗性の良い組合わせとすることが重要で，実機での十分な信頼性試験によって決定される．

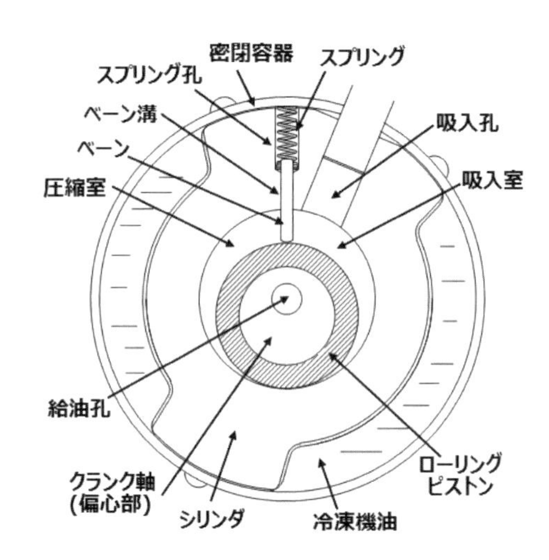

図 4.1-7　ロータリ圧縮機構部の横断面図

ローリングピストンは，クランク軸偏心部に装着されシリンダ内を偏心回転し，図 4.1-7 に示すように，外周に押圧されたベーンと共に吸入室と圧縮室を構成して，吸入動作と圧縮動作をおこなう．ローリングピストン外周とベーン先端のしゅう動は転がりとすべりを伴う線接触となる．ローリングピストン端面隙間および外周とシリンダ内周との半径方向隙間は，シリンダとの材質の違いによる熱膨張やガス圧縮荷重の方向などを考慮し，数ミクロン程度となるように設定され，冷凍機油によってシールすることで圧縮行程中の冷媒ガスの漏れを防止する．材質は，耐摩耗性の良い共晶黒鉛鋳鉄や Ni-Cr-Mo 鋳鉄などの特殊鋳鉄が一般的に使用される．

ベーンはシリンダに設けられたベーン溝内に収納され，始動時はバネ力で，また，始動後はバネ力と密閉容器内の背圧でローリングピストン外周に押圧されて往復運動し，吸入室と圧縮室を隔てる仕切り板の役割をする．R 形状の先端部とローリングピストン外周，両側面とベーン溝の間の潤滑状態は共に混合あるいは境界潤滑となるため，摩耗低減が信頼性上の重要課題となる．特に線接触となる先端 R 面の加工精度（粗度や真直度などの形状精度）が悪いと，局部的な接触面圧の急増を招き，しゅう動特性に大きく影響する．また，ベーンはシリンダ内を圧縮室と吸入室に分けているため，ベーン端面の隙間やベーン溝との隙間を通って，冷媒ガスが圧縮室から吸入室へ漏れる．よって，運転中にこれらの隙間を適切に保ち，冷凍機油によるシールにより漏れ損失を低減することが，圧縮機効率改善には重要である．材料は焼入れされた高速度工具鋼や軸受鋼が使用され，より高温，高圧，高速運転時の耐摩耗性改善のため，窒化処理などの表面硬化処理が実施される場合もある．

シリンダは上下を主軸受と副軸受によって閉塞されて吸入室と圧縮室を構成する．また，冷媒を導く吸入孔とベーンを保持するベーン溝，スプリング孔が設けられ，内周をローリングピストンが偏心回転運動し，冷媒の圧縮がおこなわれる．この際，ローリングピストン外周はシリンダ内周と非接触となるように隙間設定される．材質は，一般的に大型機種はねずみ鋳鉄，小型機種の場合は鉄系焼結金属が用いられる．

吐出弁はリード弁タイプが用いられ，シリンダ内外の圧力差によって開閉し，そのリフト量は弁押さえによって規制される．吐出弁の圧力損失は，過圧縮損失，オーバーシュート損失とも呼ばれ，圧縮機損失のなかで比較的大きな割合を占める．高速運転時ほど冷媒流速が増加して，この影響が大きくなるため，リフト量や弁板厚，吐出ポート径，ガス流路形状などを適切に設計することが圧縮機効率面で重要となる．材質は疲労強度と衝撃強度に優れた高級鋼材であるスウェーデン鋼が用いられる．

d)　主な用途

ロータリ圧縮機は，主に家庭用エアコンや店舗・オフィス用の業務用空調機器において，小型・高効率かつ最も経済的な圧縮機形式として，年間9000万台以上が世界で生産されている．特にインバータ駆動による可変速運転化と，**図4.1-8**に示すシリンダを2個有し，クランク偏心部が180°対向した配置になっている2シリンダ型の登場で，小能力域から大能力域まで広範囲で高効率かつ低振動の運転が可能になり，空調機器の省エネ性や快適性の向上に貢献している．

また近年では，オゾン層を破壊せず，地球温暖化係数も小さい冷媒を用いた機器への適応が進んでおり，GWP=1で，自然冷媒であるCO_2冷媒を用いた給湯機や冷凍冷蔵機器にも搭載されている．CO_2冷媒の場合，動作圧力が10 MPa以上に達し，極めて高圧であるため，密閉容器や圧縮要素部は高耐圧となっている．特に，ベーンとローリングピストンの接触部には大きな押付力が作用するため，ベーンには高硬度・高耐力であるDLC-Siコーティングなどの表面処理が施されている．

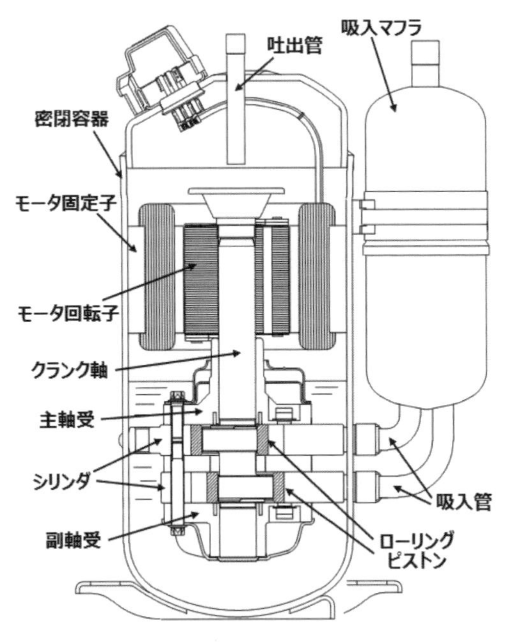

図4.1-8　2シリンダ型ロータリ圧縮機

参　考　文　献

*1)　日本冷凍空調学会：「冷凍圧縮機」，第4章，東京(2013)．

（平山　卓也）

(3)　スクロール圧縮機 [*1)]

一対の同一形状の渦巻体（スクロールラップ）を組み合わせて流体を移送するスクロール圧縮機の原理は比較的古く，1800年代後期から1900年代初期になると，エンジンやポンプなどのメカニズムとして欧米で数多くの特許が出願されている．しかしながら，当時の技術では渦巻部の精密な加工が困難であることや，摺動部の摩耗や焼付きを抑え高い性能と信頼性を与える合理的な機構を確立できなかったことなどにより実用化に至らなかったとされている．真の意味での実用化研究が始まったのは1970年代になってからのことである．その簡素な構造と高い効率の可能性に注目が集まり，日本でも精力的な研究開発が進められ，今日実用化されている基本的な構造が確立された．1980年代になってからは，製品化のための研究開発が急速に進み，量産に適した構造や精密加工技術を確立して，一般空調用および車輌空調用としていずれも我が国で最初に実用化された [*2-5)]．現在ではパッケージエアコンやルームエアコンなどの空調分野や冷凍，冷蔵などの低温分野向けに年間1000万台以上生産されている．

a)　動作原理

密閉形スクロール圧縮機の構造例を**図4.1-9**に示す．スクロール圧縮機は平板上に渦巻状の羽根（ラップ）を持つ固定スクロールと，これと基本的に同一形状で偏心クランクにより駆動される旋回スクロールとを180°位相をずらして組み合わせ，その間に形成される三日月状の密閉空間（圧縮室）が，両スクロールの相対運動により容積変化を生じることを利用した回転式圧縮機である．オルダムリングなどの自転防止機構を備え，旋回スクロールは，互いのラップ側面が接した状態で，固定スクロールの中心回りに一定の旋回半径で，自転することなく（すなわち同じ姿勢を維持したまま）公転（旋回運動）する．

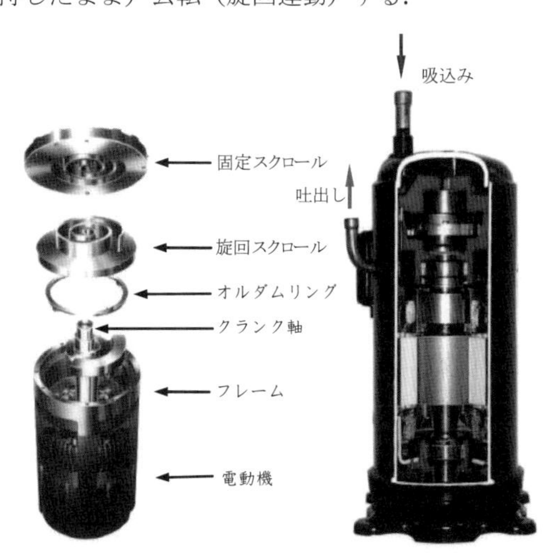

図4.1-9　密閉型スクロール圧縮機

図 4.1-10 にその動作原理を示す．固定スクロールと旋回スクロールにより対をなす三日月状の密閉空間(圧縮室)が形成される．左上の図はラップ外周部が閉じ，ちょうど吸込み行程が完了して外周部から流入したガスが圧縮室に閉じ込められた状態を示している．90°位相が進んだ右上の図はラップの外周部で吸込み行程を，中間部で圧縮行程を，中央部で吐出し行程を示している．以下，右下図，左下図の順に 90°ごとに位相が進んだ状態を示す．旋回スクロールの公転運動につれて，圧縮室が中心部に移動するとともに順次その容積を減少してガスは圧縮され，固定スクロールの中心部に設けられた吐出し口から排出される．作動ガスは連続的に圧縮され，吸込み弁も吐出し弁も必要としない．また，吸込みから吐出しまで複数個の圧縮室が介在するため，圧縮室間の漏れが少なく高い効率と静粛な運転が可能である．

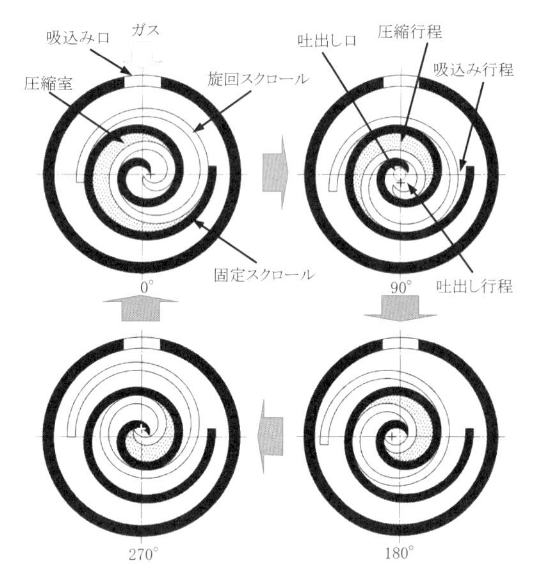

図 4.1-10　スクロール圧縮機の動作原理

b)　スクロールラップの形状

スクロールラップを形成する渦巻き状の曲線として各種の伸開線が考えられるが，一般的には取扱いの容易な円の伸開線であるインボリュート曲線が採用されている．固定スクロールラップは，旋回スクロールラップの旋回運動に伴う軌跡の包路線として与えられる．通常は旋回スクロールラップと同一で鏡面対称な形状が用いられている．

旋回スクロールラップの外側を表すインボリュート曲線は，基礎円の半径を a，巻角（伸開角）を λ とすると**図 4.1-11** の X_m-Y_m座標系で（外側インボリュート曲線の始点方向を X_mとする）

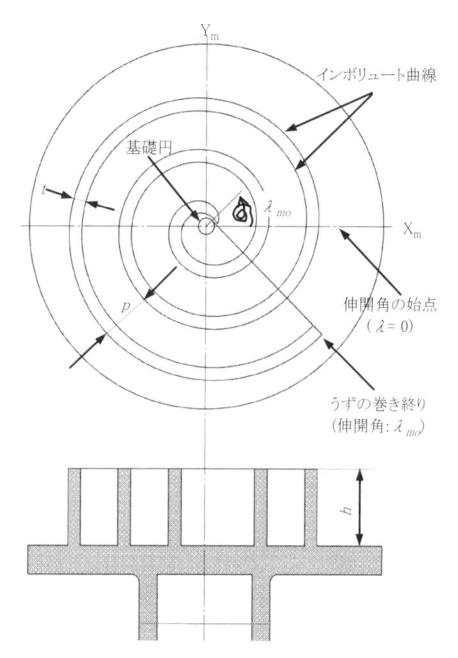

図 4.1-11　スクロールラップの幾何学的パラメータ

$$x_{\mathrm{mo}} = a(\cos\lambda + \lambda\sin\lambda)$$
$$y_{\mathrm{mo}} = a(\sin\lambda - \lambda\cos\lambda) \tag{4.1-1}$$

として表される．

圧縮機の行程容積は，吸込み完了時の閉じ込み容積で決まる．したがって旋回スクロールラップの幅を t，高さを h，巻き終わりの伸開角を λ_{mo}，旋回半径を ε とすると行程容積 V_{th} は

$$V_{\mathrm{th}} = 2\varepsilon^2 h\left\{2\left(1+\frac{t}{\varepsilon}\right)(\lambda_{mo} - 2\pi) + \pi\right\} \tag{4.1-2}$$

となる．

図 4.1-12 に，クランクシャフトの回転角に対する旋回スクロールと固定スクロールにより形成される圧縮室の容積変化の一例を示す [*5]．シャフトが数回転して吸込みから吐出しまでの全行程が完了する．吸込み行程は，シャフトが一回転した A 点で完了し，同時に圧縮行程が始まる．圧縮行程に入ると，圧縮室の容積は伸開角に対して直線的に減少する．圧縮室に閉じ込められたガスは，圧縮室が固定スクロールの中央部に設けられた吐出し口に連絡して初めて吐出される．

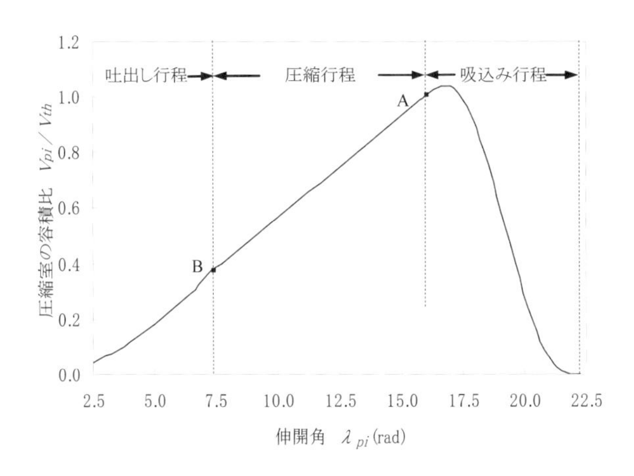

図 4.1-12　圧縮室の容積変化

このようにスクロール圧縮機は往復式やロータリ式と異なり，圧縮の始まりと終わりの容積がスクロールラップの形状で決定され，圧縮比（容積比）が定まる．吸込み行程終了時（A 点）の圧縮室の容積と吐出し開始直前（B 点）の圧縮室の容積の比を，組込み容積比，あるいは内部容積比 V_r（built-in volume ratio）と呼び次式で与えられる．

$$V_r = \frac{2(1+t/\varepsilon)(\lambda_{mo} - 2\pi) + \pi}{2(1+t/\varepsilon)(\lambda_{ms} + \pi) + \pi} \qquad (4.1\text{-}3)$$

ここに

λ_{ms}：旋回スクロールラップの巻始め伸開角

c)　用途と特性

動作原理から理解されるように，スクロール圧縮機には多くの優れた特徴がある．それらをまとめると

・複数の圧縮室が形成され，吸込み，圧縮，吐出しの行程が同時におこなわれるため，トルク変動が小さく，低振動，低騒音である．

・吐出し室と吸込み室との間に複数個の圧縮室が存在するため，隣接する圧縮室間の圧力差が小さく漏れが少なく効率が高い．

・可動部分の運動半径および摺動速度が小さいため，信頼性が高く高速化が可能．

・機構部品が少なく小形軽量である．

d)　選定および使用上の注意

スクロール圧縮機を使用する上での留意事項について以下述べる．

・製品の用途，目的に合った冷媒を使用し，その冷媒に適合した圧縮機を選定する．

・スクロール圧縮機には縦型および横型が，また一定速駆動とインバータ駆動，高圧シェル方式と低圧シェル方式があるので，各方式の特性を十分調査して温度レベルなど用途に見合った適切な圧縮機を選定する．

・圧縮機の使用可能範囲を十分確認した上で製品設計をおこない，過度の高圧力比運転や真空運転は避ける．

・過度の液バック運転は極力避ける．どうしても避けられない場合には，吸込み側にアキュムレータの取付けが必要となる．

・逆転運転をすると，圧縮せず摺動部に十分な給油もされないため異音や損傷などの原因となる．回転方向を十分確認して製品に搭載する．

・スクロール圧縮機は高精度で加工された部材から構成されている．このため，冷凍サイクルや配管類の洗浄，ロー付け作業などに十分留意して異物の混入を避ける．

参　考　文　献

*1)　日本冷凍空調学会：「冷媒圧縮機」，pp.83-86，東京（2013）．

*2)　K. Tojo, M. Ikegawa, M. Shibayashi, N. Arai, and A. Arai : “A Scroll Compressor for Air Conditioners”, Proceeding of the 7th International Compressor Conference at Purdue（1984）．

*3)　M. Hiraga : ”The Spiral Compressor – An Innovative Air Conditioning Compressor for the New Generation Automobiles”, SAE Technical Paper 830540（1983）．

*4)　M. Ikegawa, E. Sato, K. Tojo, A. Arai, and N. Arai : “Scroll Compressor with Self-Adjusting Back-Pressure Mechanism”, ASHRAE Transactions, Vol. **90**, Pt. 2, No. 2846（1984）．

*5)　K. Tojo, M. Ikegawa, N. Maeda, S. Machida, M. Shiibayashi and N. Uchikawa: “Computer Modeling of Scroll Compressor with Self-Adjusting Back Pressure Mechanism”, Proceedings of the 8th International Compressor Conference at Purdue（1986）．

（東條　健司）

(4)　ターボ圧縮機

ターボ圧縮機はインペラを回転させることにより冷媒ガスを加速して運動エネルギーを与え，ディフューザ部でその冷媒ガスを減速することにより位置エネルギーに変換する空力機械である．翼の形状によって小風量のものから遠心式，副流式，軸流式があり，ターボ冷凍機には遠心圧縮機が用いられる．冷媒は主に R 134a，R 123 が用いられてきた．

吸込から吐出まで冷媒ガスが淀みなく流れることを後述する．流動解析で確認しながら基本的な圧縮機能を満たすよう設計されるターボ圧縮機は，大容量であるスケール効果も相まって高効率な特性を持つ．一方，小風量側で旋回失速域を持ち，能力と圧力を回転数で制御できることは容積式に無い特徴である．特性を表現するための無次元数で特徴を説明する．圧力係数が一定とすると周速の 2 乗で断熱ヘッドが上昇し，風量が比例する．

適用容量や段数を考慮し現実的な設計が成立する流量係数 0.05 ～ 0.2，圧力係数 0.5 ～ 0.55 近傍であり，断熱効率は 0.8 ～ 0.9 となる．

$$\phi = \frac{Q_{st}}{\frac{\pi}{4}D^2u} \tag{4.1-4}$$

$$\mu_{ad} = \frac{gH_{ad}}{u^2} \tag{4.1-5}$$

$$u = \pi DN \tag{4.1-6}$$

記　号

D	インペラ外径	m
N	回転数	s^{-1}
g	重力加速度	m/s^2
Q_{st}	吸込風量	m^3/s
H_{ad}	断熱ヘッド（揚程）	m
ϕ	流量係数	－
μ_{ad}	圧力係数	－
u	インペラ外径周速	m/s

主な構成要素は，空力要素，容量制御機構，軸系要素，動力駆動系要素，潤滑系統，センサおよび保護装置，そしてケーシングである．翼の段数により汎用用途に単段圧縮機，高効率用途に二段圧縮機や三段圧縮機がある（**図 4.1-13** 参照）．

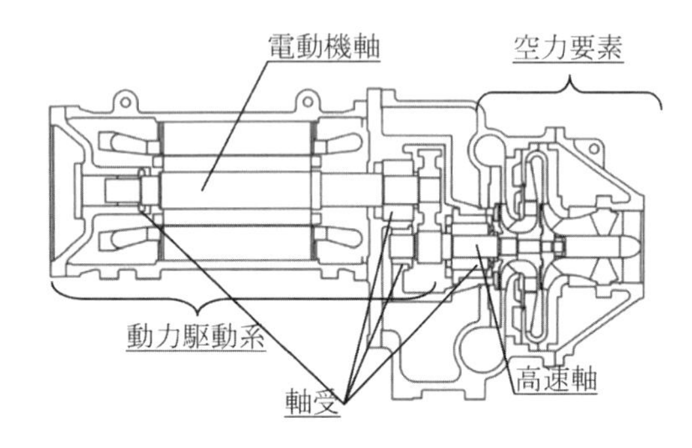

a.圧縮機断面図

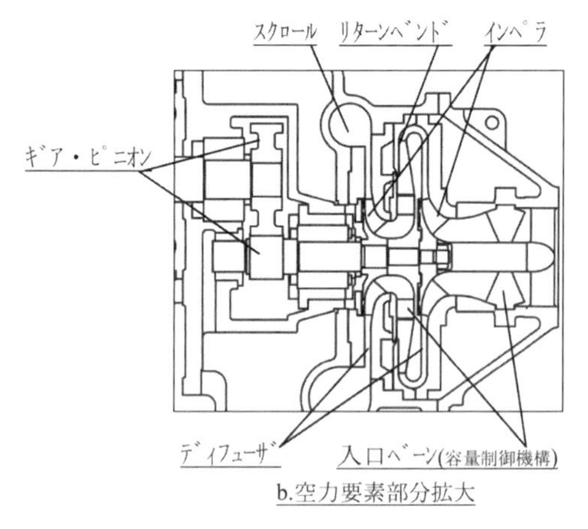

b.空力要素部分拡大

図 4.1-13　ターボ圧縮機の構成要素

a)　空力要素

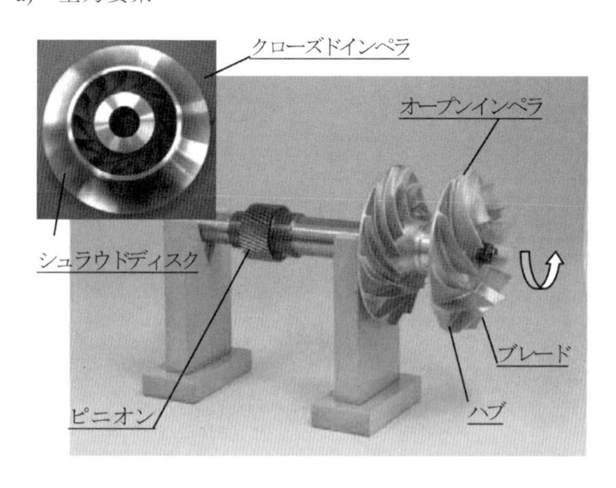

図 4.1-14　インペラと高速軸

空力要素は，動翼であるインペラ，静止流路であるディフューザ，リターンベンド，スクロールがある．インペラはハブと呼ばれるディスクに放射状にブレードが複数枚構成されたもので，ブレードの膨らんだ向きに回転する．インペラには遠心力とガス圧による高い荷重がかかるため軽量で高強度のアルミ合金が適用される．冷媒ガス温度が100 ℃を超えるとアルミ合金の強度が低下するため鋼系材を使用する必要が生じる．ブレードが露出しているオープンタイプとブレードがシュラウドディスクで覆われるクローズドタイプがある（**図 4.1-14** 参照）．オープンタイプは5 軸加工機による切削加工品であり形状精度が高く高効率機に採用されている．また，アルミの加工性も相まって高速切削技術により短時間で加工できるようになっている．一方ブレードが露出しているため高い回転支持精度が要求される．クローズタイプはブレードを機械加工で削出した後ハブを接合する手法が知られているが精密鋳造翼が用いられる場合が多い．精密鋳造の形状精度は機械加工品に劣るため汎用機に適用されている．

ディフューザではインペラ出口で最大に加速されたガスを半径方向に拡大する流路により減速昇圧する．ディフューザ部に静翼を設ける性能を向上させる手法があるが共振に注意が必要でインバータによる可変速制御には適さない．インペラを高速軸に直列に複数ごとに配する二段圧縮や三段圧縮の場合，リターンベンドというディフューザで昇圧されたガスを次段のインペラに導入するための静翼付案内流路がある．構成によってはリターンベンドにサイドフローガス流路やベーン機構が組み込まれる．

容量制御機構である入口ベーン機構は，インペラ入口のガス流れに角度（予旋回）を与えることでインペラの吸込風量を制御する．汎用機は一段インペラ上流にのみ入口ベーン機構を配するが，高効率機は各段にベーン機構を設け，より高い制御性と効率を両立させている．また入口ベーン機構と組み合わせてディフューザ幅制御機構が適用される場合がある．これより低風量側に安定域が拡大するが，効率低下に注意を要する．

これら空力要素について詳細設計段階で CFD ツールを

用い，入口ベーンからスクロールまでの3次元流動解析から性能数値評価し，設計点でだけでなく容量制御機構が作動する部分負荷点である予旋回流れを評価する（**図 4.1-15** 参照）.

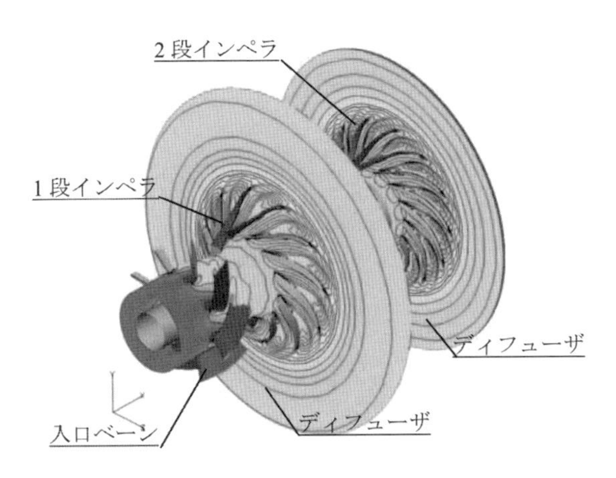

図 4.1-15　空力要素の３次元連成解析

b)　高速軸・電動機軸

軸にはインペラが取り付けられる高速軸と電動機軸がある．高速軸はインペラ外径周速が冷媒ガスの音速に相当する高速回転数となる．たとえば冷媒ガスの音速 145 m/s，インペラ径 200 mm とすると回転数は 18,854 rpm である．冷凍能力 1.75 MW（500 USRT 相当）では 300 kW の軸動力であり共振回避設計軸振動からも相応に太い軸径が適しているが，空力流路を大きく，軸受損失を小さくするため，細い軸が望ましいので，材質や形状を追い込み必要な疲労強度を確保した最小軸径とする．

比体積の大きな冷媒 R 123 や R 1233zd(E) などでは，インペラ径が大きく冷凍能力によっては回転数が低くでき，電動機軸上にインペラを組み込む圧縮機を計画できる．

c)　軸受

高速回転する軸を安定して支持するために軸受は重要な要素である．軸受の種類にはすべり軸受，転がり軸受，磁気軸受があり，支持荷重方向により軸の半径方向荷重を受けるラジアル軸受，軸方向荷重を受けるスラスト軸受がある．すべり軸受は軸を円筒スリーブで受けその隙間に強制給油し，その油圧と軸受に対して偏心した軸の回転に生じる動圧で軸を浮上させる単純な構造である．温度変動に強く，高荷重となる場合に適用する．油膜により支持剛性の減衰項が期待できるため軸の共振点近くでも適用できる特徴があるが，損失を小さくするために面圧を上げ体格を小さくすることが必要である．故障や停電時を含めて油膜を確保することで，軸受の劣化を抑えることができ，交換が不要となる．

転がり軸受は玉と内輪，外輪，玉を保持するリテーナから構成され油膜を介して玉と内外輪は接触している（**図 4.1-16** 参照）．そのため支持精度が高く，回転体と静止部品のクリアランスが小さいオープンインペラとの組合せに適している．接触点は大きなヘルツ応力が生じ潤滑油に対する極圧性能や潤滑性能を要求するため潤滑油の選定が重要である．過剰に潤滑油を供給すると損失が著しく増大するため，適用に合わせた潤滑法（ジェット潤滑，ミスト潤滑，アンダーレース潤滑）を選択する．アンギュラコンタクトタイプの場合，ラジアル荷重とスラスト荷重を両方受けることができ圧縮機がコンパクトにできる．転がり軸受は有限寿命部品であり圧縮機のオーバーホールに合わせた交換が必要である．

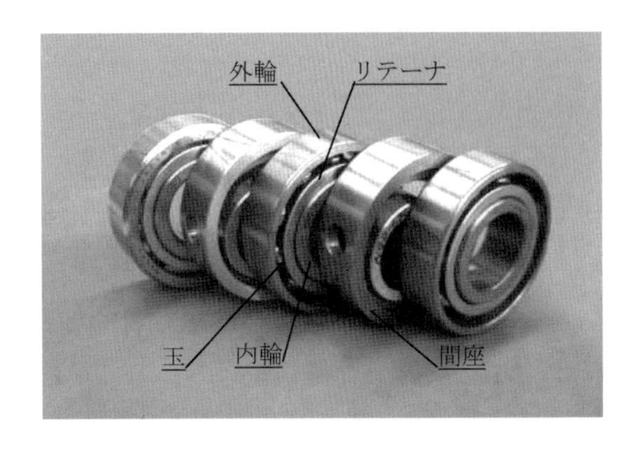

図 4.1-16　組合せ転がり軸受

磁気軸受は磁力により軸を浮上させて支持する非接触軸受である．減衰を含めて支持剛性を制御でき，軸支持精度も非常に高い．これらの特徴により危険速度以上で回転する軸や温度が大きく変動する用途に適している．一方，軸受の許容荷重はほかの軸受より小さいため，歯車で増速する圧縮機には適していない．電磁気力を制御する磁気軸受では専用の制御基板や電源が必要で，停電時は浮力が失われるため軸を保護するタッチダウン軸受，無停電電源装置が必要である．主にこれらの電気部品は定期的に交換・メンテナンスが必要である．

d)　潤滑系統

潤滑油，ポンプ，クーラ，膨張弁，フィルタで構成されている．油ポンプを備えた強制潤滑方式が特徴的である．潤滑油の冷媒適合性はターボ圧縮機特有ということでないが，軸構成や軸受によってフィルタや適正油量，油圧が異なる．

e)　電動機

主に2極の誘導機が用いられ，出力 50 ～ 1900 kW，電源電圧 200 V ～ 13.8 kV と幅広く，冷媒冷却方式が採用されている．冷媒冷却方式では起動時冷却能力が小さく十分に電動機の温度が低下しない．そのため，再起動までの時間制限が設けられている．インバータによる起動の場合は発熱量が小さく十分冷却される．水冷式／空冷式の開放モータを適用されるものもあるが圧縮機側にメカニカルシールが必要となる．そのため非常に少量ではあるが冷媒漏れを許容する構造となる．またインバータ駆動専用の高速モータや同期機を採用する場合もある．

f)　可変速機器

ターボ圧縮機は従来固定速機が主流であったが，近年は過半数がインバータによる可変速駆動である．電動機を十分駆動できる容量のインバータを適用する．比較的大容量となるため，高調波・高周波対策が必要とされる場合がある．

冷却水に排熱しながら冷水を供給するいわゆる水冷チラーであるターボ冷凍機では，ターボ圧縮機のヘッドが低下し必要な冷媒ガス吸込風量（冷凍能力）が小さくてよい条件では，設計点となるインペラ回転数から大きく減速して使用されるため，空力設計においても 100～40％の幅広い回転数範囲に適した形状とする必要がある．

（上田　憲治）

4.1.2　機械式容量制御

近年エアコンなどの快適性やさらなる省エネ化を図るため，負荷に応じて圧縮機の吐出流量を変えられる容量制御機能が求められている．その中で，インバータ駆動などにより圧縮機回転数を変化させるのではなく，バイパスやインジェクションなどにより循環流量を変化させるものや，ロータリの 2 シリンダ方式での片側休筒運転により実際のシリンダ容積を変化させる制御を機械式容量制御という．

(1)　吸入ガスバイパス方式 *1)

図 4.1-17 に吸入ガスバイパス（リレース）方式の冷凍サイクルおよび圧縮行程を示す．吸入行程終了後，圧縮室内の冷媒ガスを吸入側へバイパスさせるバイパス回路を設けパワーセーブ弁を ON させると，バイパス・ポートがほぼ吸入圧力になり，圧縮開始を遅らせることができる．これによりシリンダ容積を減少させ，能力を低減する構造である．理想的には圧縮室と吸入側がバイパス回路により連通している間は，圧縮室内の容積が減少しても圧力は吸入圧のままで，圧縮室と吸入側の連通が遮断された時点より圧縮が開始されるが，実際には圧力損失の分の圧力差が生じ圧縮機効率は低下する．ロータリ圧縮機の場合，バイパス・ポートの位置により，ローラがバイパス・ポートを通過して，圧縮室と吸入側の連通を遮断するタイミングが決まるため，バイパス回路の連通期間とバイパス流量が決まる．

バイパス・ポートを設けずに，吐出ポートと低圧側を直接つなぐバイパス方式もあるが，エネルギーロスが大きい．

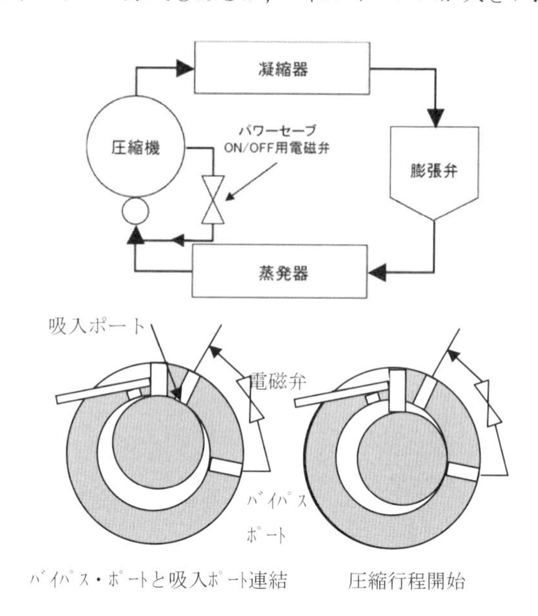

図 4.1-17　吸入ガスバイパス（リレース）方式 1)

(2)　可変気筒方式 *1)

ツインロータリ圧縮機において，負荷により 2 シリンダ運転と 1 シリンダ運転（休筒運転）を切り替える方式を可変気筒方式という．構造の 1 例を**図 4.1-18** に示す．

2 つの圧縮機の内上部のシリンダは，常にスプリングでベーンがローリングピストンに押し付けられているのに対し，容量制御をおこなう際は，下部圧縮室については，ベーンをローリングピストンから離し，圧縮させない（休筒）運転をおこなう．

図 4.1-18 では，下部圧縮室に高圧を導くことにより圧力をベーンに働く差圧がキャンセルされベーンは背部にあ

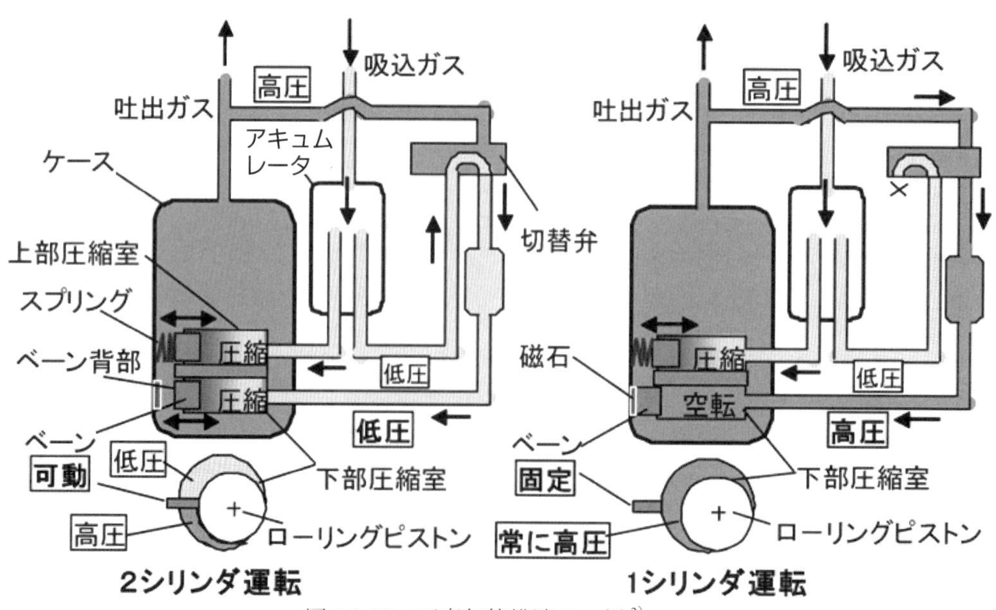

図 4.1-18　可変気筒構造の一例 2)

る磁圧により固定されるため下部圧縮室において圧縮がなされない．

一方2シリンダ運転時には，上下圧縮室とも低圧冷媒が吸入され，この際，下部圧縮室のベーンは背部に作用する高圧によりローリングピストンに押し付けられるので圧縮が可能になる．この際の下側ベーンは背圧をかけるなどしてローリングピストンに押し付ける．この方式では，最小回転数に対して，吐出冷媒量を約半減することが可能となり，能力もほぼ半減することが理論的に可能である．

今後のエアコンは，建物の断熱性向上により，低負荷での運転率が増える事が想定されるため，低能力まで効率が良い運転が出来ることが重要になってくる．

図4.1-19は冷房運転における可変気筒における性能特性を示している．1シリング運転による最小能力の低減化と低負荷運転時の2シリンダ運転からの性能向上効果が見られる．

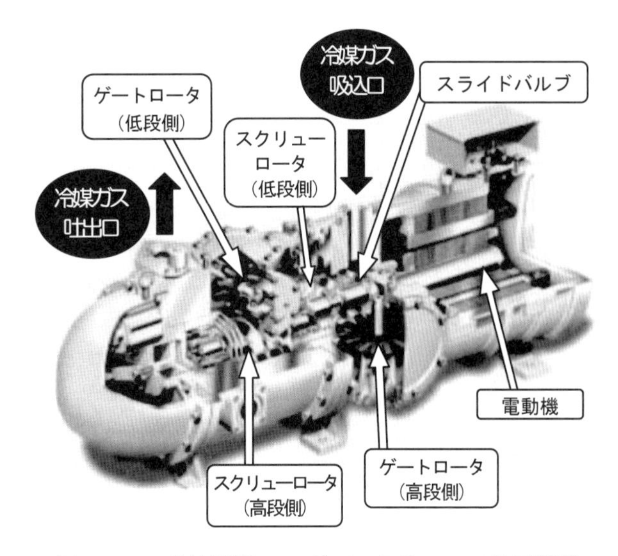

図4.1.20　半密閉型シングルスクリュー二段圧縮機

(3)　シングル二段スクリュー圧縮機

図4.1-20に半密閉型シングル二段スクリュー圧縮機の断面図を示す．二段スクリュー圧縮機では，高段側と低段側にそれぞれ，スクリューロータ，ゲートロータがあり，高段側と低段側のスクリュー軸が継手によって連結されている．この軸をモータにより回転させることにより，低段側および高段側のスクリューロータおよびゲートロータが回転し，吸入された冷媒は低段側で圧縮された後，高段側へ吐出される．吐出された冷媒はインジェクションされた冷媒と混ざった後，高段側圧縮機構へと入っていく．高段ロータの背面室は高段吸入側と均圧回路で均圧され，高・低段吸入圧力の中間の圧力に維持されている．一方低段側スクリュー背面室は低段吸入室側と均圧回路で均圧されている．

図4.1-21はシングルスクリュー圧縮機のスライドバルブ駆動機構を示す．スクリュー圧縮機では，インバータなどの電気式の容量制御と合わせ，経済性なども考慮して，容量制御が現在でも一般的に使われている．容量制御をおこなうスクリューロータは，スクリューの歯溝，ケーシング，ゲートロータにより構成される．容量制御する際は，高圧の油圧をスライドバルブにかけることにより，スライドバルブを左側に移動させ，ピストンを介して，スクリューロータ上部の開放部を開くことにより一部ゲートロータ内の冷媒ガスを吸入側にバイパスさせ，吐出させる冷媒の流量を調整する．100%負荷の場合は，スライドバルブは固定側に押し付けられている．スライドバルブは，差圧を用いるため，起動時やデフロスト時，低圧縮時には作動しない恐れがあるので注意が必要である．

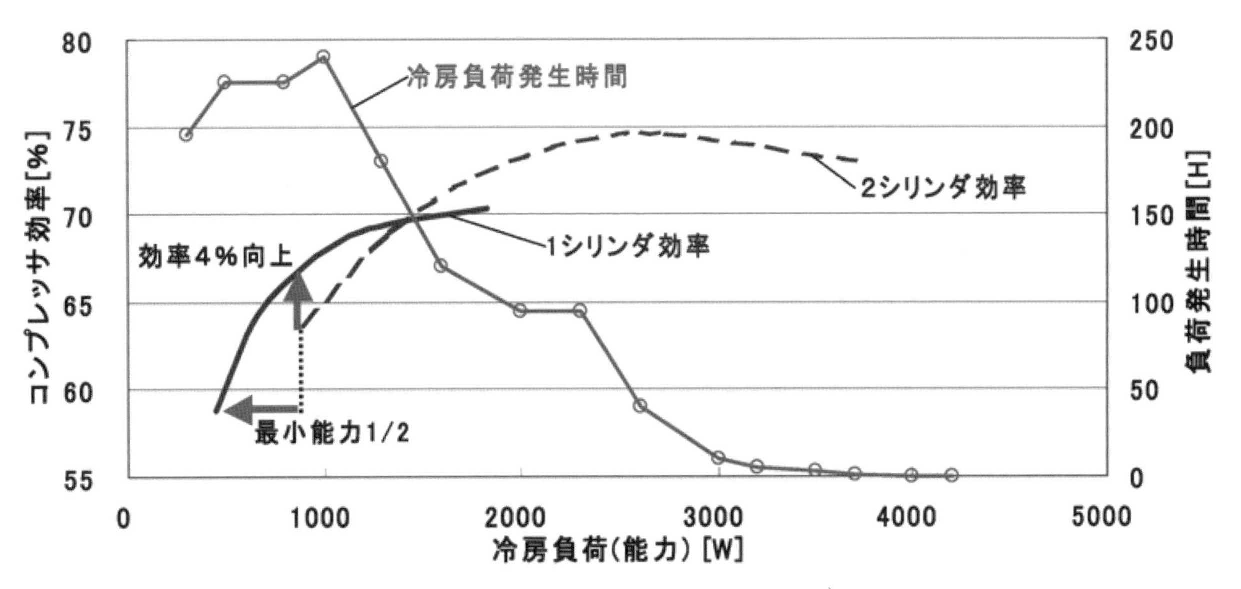

図4.1-19　可変気筒の省エネ効果例[3)]

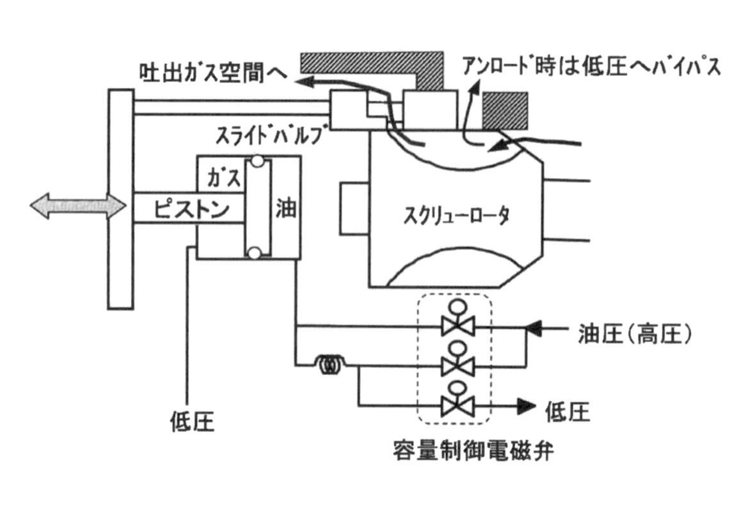

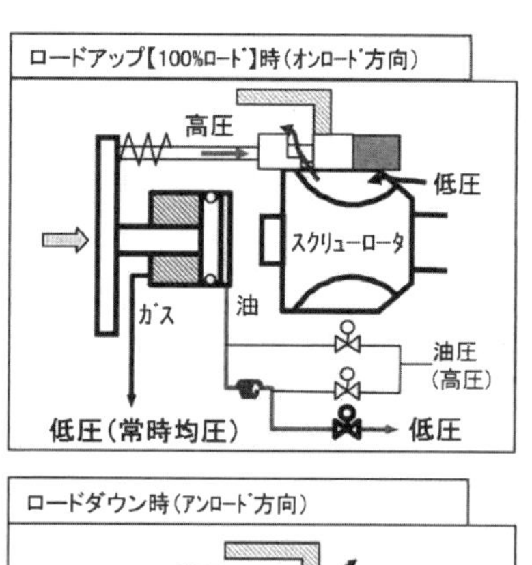

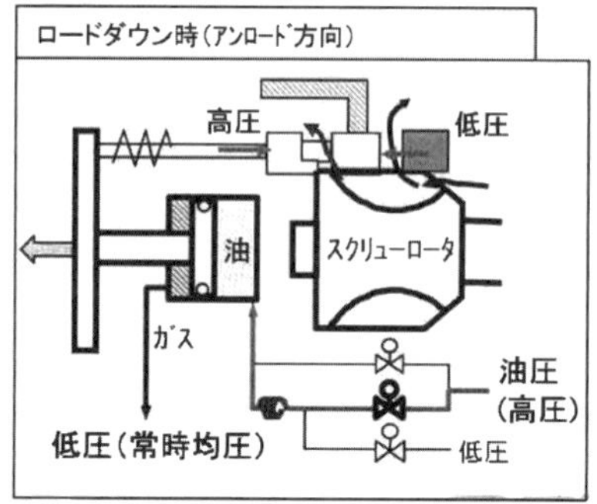

図 4.1-21　スライドバルブ駆動機構

引　用　文　献

1)　日本冷凍空調学会 :「冷媒圧縮機」, p.69, 東京（2012）.
2)　日本冷凍空調学会 :「冷媒圧縮機」, p.70, 東京（2012）.
3)　日本冷凍空調学会 :「冷媒圧縮機」, p.71, 東京（2012）.

参　考　文　献

*1)　日本冷凍空調学会 :「冷媒圧縮機」, pp.69-71, 東京（2012）.

（四十宮　正人）

4.1.3　電気式容量制御

(1)　圧縮機駆動用インバータ技術の変遷と概要

a)　圧縮機駆動用インバータシステム

図 4.1-22 にルームエアコン向け圧縮機駆動用インバータシステムの変遷を示す．1982 年に世界初のインバータエアコンが発売された．本システムの構成は，モータに誘導モータ（Induction Motor : IM と称す）を用い，インバータ主回路素子にトランジスタ，制御素子に 8 bit マイクロコンピュータ（マイコンと称す）を用いて正弦波駆動をおこなう方式であった．

翌 1983 年には，現在主流となっている永久磁石同期モータ（Permanent Magnet Synchronous Motor : PMSM と称す）を用いた世界初の位置センサレス方形波駆動（120 度通電）方式のインバータエアコン [*1)] が製品化された．

PMSM は IM に比べて効率が良い（当時での効率差約 10%）ため，製品の高効率化の要求に伴い，現在では，家電分野から産業分野まで適用範囲が拡大している．ただしし，PMSM は，回転子に埋め込まれた磁石の位置（磁極位置と称す）を検出する必要があり，圧縮機駆動に適用する場合には，磁極位置センサを用いずに検出する位置センサレス技術が必要である．

インバータ主回路素子は, トランジスタから IGBT（Insulated Gate Bipolar Transistor）へと切り替わり，現在は駆動回路や保護回路も一体化された IPM（Intelligent Power Module）が主流である．また，最近では IGBT に代わる新素子として SJ-MOSFET（Super Junction Metal-Oxide-Semiconductor Field Effect Transistor）や SiC-SBD（Silicon carbide Schottky Barrier Diode）を適用したインバータも製品化 [*21, *22] され，インバータ主回路の損失低減に大きく貢献している．

制御素子は，マイコンが使用されているが，マイコンの低価格・高性能化が進み 32 bit マイコンや DSP（Digital Signal Processor）が用いられている．

b)　制御技術

モータ制御方式は，1983 年以降 1990 年代までは，位置センサレス方形波駆動（120 度通電）方式が主流であったが，制御素子（マイコンなど）の低価格・高性能化に伴い，2000 年前半から正弦波ベクトル制御の適用が始まり，2002 年には，PMSM を用いたモータ電流センサレス・位置センサレス正弦波ベクトル制御 [*2)]（正弦波駆動（180 度通電）方式）を搭載したルームエアコンが発売された．

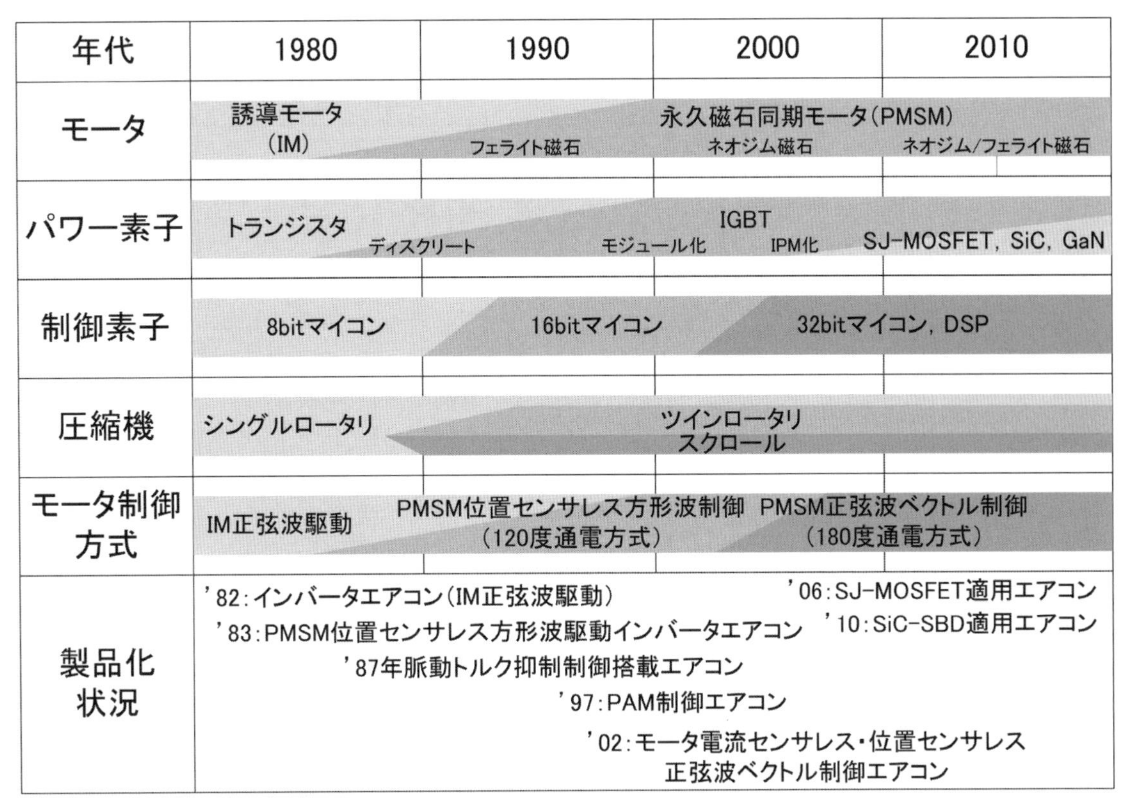

図 4.1-22　エアコン用インバータシステムの変遷

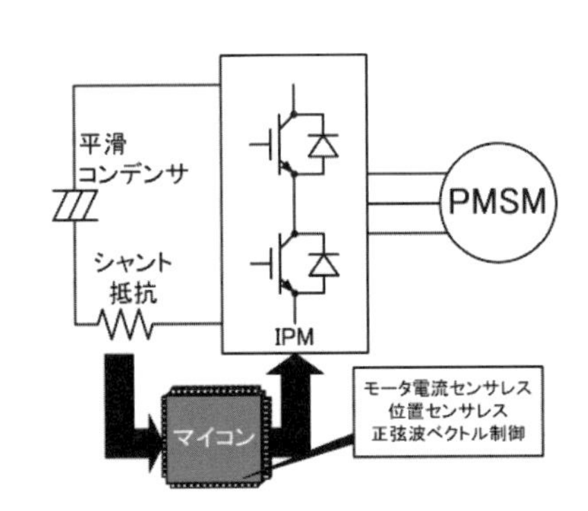

図 4.1-23　インバータ回路構成 [1]

本方式は，**図 4.1-23**[1] に示す通り，これまでの方形波駆動方式の回路構成をそのまま適用できる方式であり，インバータ素子の過電流保護を目的として設置されているシャント抵抗を用いてモータ電流を検出する方式を採用している．現在，センサレス正弦波ベクトル制御方式は各社から多数の方式が提案 [*3-5] されている．

また，圧縮機特有の制御技術として，1987 年にシングルロータリ圧縮機の振動抑制を目的にトルク制御 [*6] を搭載したルームエアコンが製品化された．本トルク制御は繰り返し学習制御を用いて，モータ出力トルクを圧縮機負荷トルクに一致させることで，モータ回転数変動を低減し，圧縮機の振動を抑える方式であった．

これに対して，圧縮機機構自体の開発も進められ，1988 年より，ツインロータリ圧縮機やスクロール圧縮機を搭載したルームエアコンが登場している．

一方，エアコンをはじめとするインバータ機器の普及に伴い高調波電流による電源系統への悪影響が懸念され始め，ルームエアコンの力率改善・高調波電流抑制も重要な課題となってきた．そこで，1997 年に PAM（Pulse Amplitude Modulation）制御エアコン [*7] が開発された．

本方式は，インバータエアコンの能力を最大限引き出す制御方式であり，これまでのインバータ装置の整流回路部分に昇圧チョッパ形の PFC（Power Factor Correction）コンバータ回路を追加し，力率改善・高調波電流抑制をおこなうと同時に，高出力化と高効率化を両立させる方式である．

(2)　駆動技術

a)　方形波駆動（120 度通電）方式

表 4.1-1[1] に方形波駆動（120 度通電）方式と正弦波駆動（180 度通電）方式の比較表 [*8] を示す．方形波駆動方式は，表 4.1-1 の回路構成の通り，120 度通電 PWM（Pulse Width Modulation）制御を用いて，モータに印加する電圧の制御とモータ巻線の通電相切替をおこなっている．モータの回転子の磁極位置は，モータ端子電圧（誘起電圧）から検出する位置センサレス方式である．

また，動作波形例の通り，電気角半周期（180 度）のうち 120 度期間のみ通電する方式であり，モータ印加電圧が方形波状になることから方形波駆動方式あるいは 120 度通電方式と呼ばれる．本方式は，電気角 60 度毎の磁極位置情報があれば制御可能であり，制御構成が簡単である点が特徴である．

表 4.1-1 の回路構成例の通り，モータ電流情報を基にベクトル制御を用いてモータに印加する電圧を決定している．位置センサを用いないでモータの磁極位置を検出する

表 4.1-1　駆動方式比較 [2)]

項目	方形波駆動方式 （120度通電）	正弦波駆動方式 （180度通電）
回路構成例	直流電源　U+　V+　W+　U−　V−　W−　N　S シャント抵抗　ドライブ回路　ドライブ信号 120度通電 PWM信号出力　U相　V相　W相　位置検出　端子電圧 位置検出信号	直流電源　U+　V+　W+　U−　V−　W−　N　S シャント抵抗　ドライブ回路　ドライブ信号 ベクトル制御　位相　位置推定　モータ印加電圧指令値 モータ電流　モータ電流検出　シャント電流値
動作波形例	U相　V相　W相 誘起電圧 位置検出信号　U相　V相　W相 60度　120度 ドライブ信号　U+　U−　V+　V−　W+　W− U相　V相　W相 モータ電流	U相　V相　W相 誘起電圧 位相信号 180度 ドライブ信号　U+　U−　V+　V−　W+　W− U相　V相　W相 モータ電流
トルク脈動	×	○
効率	×高調波大	○高調波小
制御素子	○ 8bitマイコンや専用ICでも可能	× 16-32bitマイコンやDSP必要
制御性能	× 簡易可変速用途向き	○ 高性能・高機能用途向き
開発性	○容易	×ノウハウ必要
汎用性	○モータ定数不要	×モータ定数必要
その他	低価格用途、小形機器向けに適用	静音、高効率機器向けに用途拡大

方式としては，インダクタンスの変化を利用する方式や誘起電圧情報を利用する方式など多数提案 [*8-10)] されている．エアコンをはじめとする圧縮機駆動システムでは，誘起電圧情報を利用する方式が主に用いられている．本方式は，駆動波形例の通り，電気角半周期（180 度）すべての期間で通電する方式であり，モータ電流が正弦波状となることから正弦波駆動方式あるいは 180 度通電方式と呼ばれている．

b)　正弦波駆動（180 度通電）方式

本方式は，ベクトル制御を採用している関係上，高性能な制御素子が必要であり，モータ定数も必要であるが，モータの静音化や高効率化が可能であり，近年はほとんどの製品に適用されている．

ここで，本方式をルームエアコンなど家電製品に適用する場合，高価なモータ電流センサを使用しないことが望まれる．そこで，高価なモータ電流センサを使用しないモータ電流センサレス技術が開発されている．

(3)　モータ電流センサレス技術

a)　1 シャント方式（直流母線電流検出方式）

表 4.1-2 にシャント抵抗を用いたモータ電流検出方式 [*2, *8, *11)] の比較表を示す．1 シャント方式（直流母線電流検出方式）は，前述の通り，インバータ素子の過電流保護を目的に設置されていたシャント抵抗（1 個）を利用してモータ電流を検出する方式である．回路構成は表 4.1-2 の通りである．

本方式のモータ電流検出原理は**図 4.1-24** に示す通りであり，インバータ主回路の上下アームのスイッチ素子がオンしている状態（モード 2 やモード 3 の状態）では，モータ電流がシャント抵抗に流れるため，このタイミングでシャント電流を検出することでモータ電流を検出している．

b)　3 シャント方式（アーム電流検出方式）

本方式は表 4.1-2 の回路構成例に示す通り，インバータ主回路の下アームにシャント抵抗を設置する構成であり，過電流検出用のシャント抵抗以外に 3 個のシャント抵抗が必要となる [*11)]．本方式の場合，下アームのオン時にモータ電流を検出するため，モータ電流センサと同様の電流が検出可能である．

上記どちらの方式もシャント抵抗を使用するため，大電流を流すシステムには使用できない．一般的には，モータ電流 30A 以下のシステム（ルームエアコン，冷蔵庫などの圧縮機駆動システムおよびファンモータ駆動）に適用されている．

表 4.1-2　シャント抵抗を用いたモータ電流方式比較[3)]

項目	1シャント方式（直流母線電流検出）	3シャント方式（アーム電流検出）
回路構成例	直流電源、U+、V+、W+、U−、V−、W−、シャント電流検出信号、マイコン、過電流信号	直流電源、U+、V+、W+、U−、V−、W−、W相電流検出信号、U相電流検出信号、過電流信号、マイコン
制約条件	△低電圧、高ｷｬﾘｱ周波数時検出困難	×高電圧時に検出不可
電流検出誤差	○1シャント抵抗誤差に依存（相毎のバラツキなし）	×相毎のシャント抵抗誤差影響（相毎のバラツキあり）
検出相の同時性	×（不可能）	○
検出回路の損失	△（消費電力に依存）	×（モータ電流に依存）
コスト（センサ）	○（シャント抵抗1個）	△（シャント抵抗3個）
コスト（マイコン）	△	○
適用用途	・低電流（～30A）インバータ装置（エアコン，冷蔵庫の圧縮機など） ・エアコンファンモータ駆動	

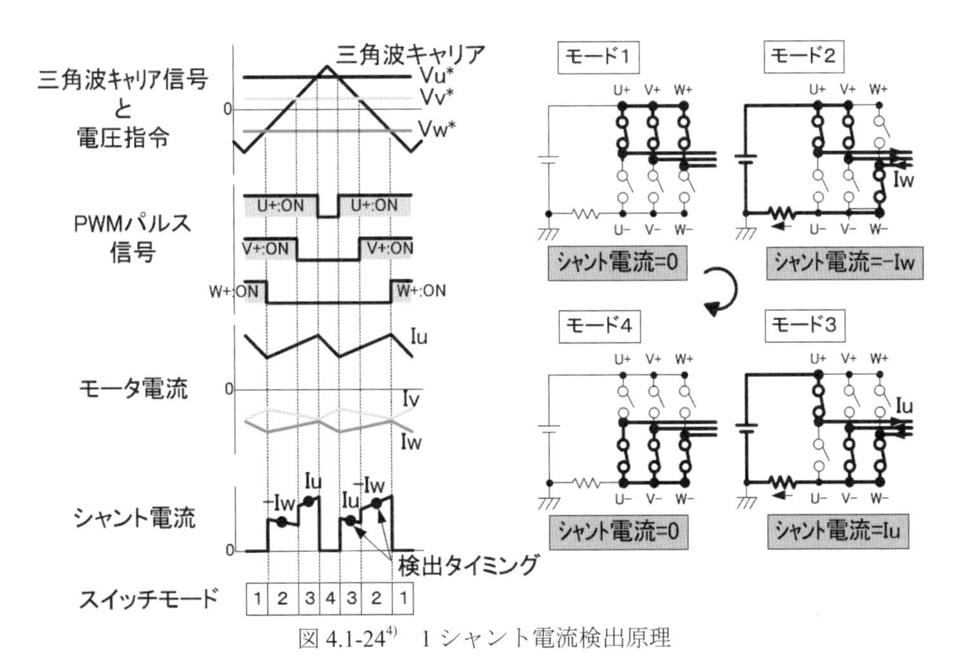

図 4.1-24[4)]　1 シャント電流検出原理

(4)　センサレス正弦波ベクトル制御

a)　全体構成

エアコンの圧縮機駆動用インバータに適用されているモータ電流センサレス・位置センサレス正弦波ベクトル制御の一例として，スマートベクトル制御[*12, *13]について紹介する．**図 4.1-25** に全体構成図を示す．

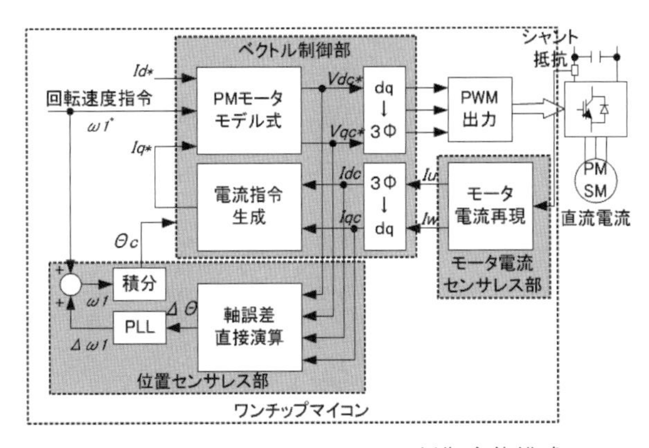

図 4.1-25　スマートベクトル制御全体構成

本方式は，モータへの印加電圧を決定するベクトル制御部，誘起電圧情報（拡張誘起電圧 [*10, *12, *13]）を用いて磁極位置を推定する位置センサレス部，1シャント（直流母線）電流からモータ電流を再現するモータ電流センサレス部から構成されている．本制御方式は，速度制御器や電流制御器が無く，簡単な制御構成であり，ワンチップマイコンで実現可能である．

b)　ベクトル制御部

モータへの印加電圧を決定するベクトル制御部は，式(4.1-7)に示すPMSMモータのモデル式を用いた電圧指令演算器と，観測電流値 *Iqc* から式(4.1-8)に従って電流指令値 *Iq** を算出する電流指令生成器から構成されている．

$$\begin{bmatrix} Vdc^* \\ Vqc^* \end{bmatrix} = r\begin{bmatrix} Id^* \\ Iq^* \end{bmatrix} + \omega 1^* \begin{bmatrix} -Lq \cdot Iq^* \\ Ld \cdot Id^* \end{bmatrix} + \begin{bmatrix} 0 \\ Ke \cdot \omega 1^* \end{bmatrix} \tag{4.1-7}$$

ここで，$\omega 1^*$　インバータ周波数指令
ke　発電定数
Ld　巻線インダクタンス
r　巻線抵抗
Vdc^*　d-q座標の電圧指令
Id^*　d-q座標の電流指令

$$Iq^* = \frac{1}{1+Tiq \cdot s} \cdot Iqc \tag{4.1-8}$$

ここで，Iqc　観測電流
Tiq　電流指令値用フィルタ時定数

上記の通り，簡単な構成でベクトル制御を実現している．

c)　位置センサレス部

磁極位置を推定する位置センサレス部は，式(4.1-9)に示す軸誤差推定式 [*10, *12, *13] を用いて，実軸と制御軸との軸誤差 $\Delta\theta$ を演算する軸誤差演算部と，軸誤差 $\Delta\theta$ が零になるように周波数調整分 $\Delta\omega 1$ を式(4.1-10)に従って算出するPLL制御器から構成されている．インバータ周波数 $\omega 1$ は回転速度指令 $\omega 1^*$ と周波数調整分 $\Delta\omega 1$ の和とする（式(4.1-11)）．

$$\Delta\theta = \tan^{-1}\left[\frac{Vdc^* - r \cdot Idc + \omega 1 \cdot Lq \cdot Iqc}{Vqc^* - r \cdot Iqc - \omega 1 \cdot Lq \cdot Idc}\right] \tag{4.1-9}$$

Idc　観測電流

$$\Delta\omega 1 = -Kps \cdot \Delta\theta \tag{4.1-10}$$

Kps　比例ゲイン

$$\omega 1 = \omega 1^* + \Delta\omega 1 \tag{4.1-11}$$

以上がスマートベクトル制御の構成である．また，モータ電流センサレス技術は前述の方式（1シャント方式）を採用することで，PMSMのモータ電流センサレス・位置センサレス正弦波ベクトル制御を実現している．

(5)　**トルク制御**

a)　トルク制御の原理

圧縮機は冷媒の吸引・圧縮工程により負荷トルクが大きく変動する．ツインロータリ圧縮機やスクロール圧縮機は機械的に負荷トルクの変動を抑制しているが，レシプロ圧縮機やシングルロータリ圧縮機は大きな負荷トルク変動が存在し，圧縮機駆動時の振動が大きい（特に低速駆動時）．

トルク制御は，上記のような負荷トルク変動の大きな圧縮機に対してモータ制御で振動低減を実現する手法である．

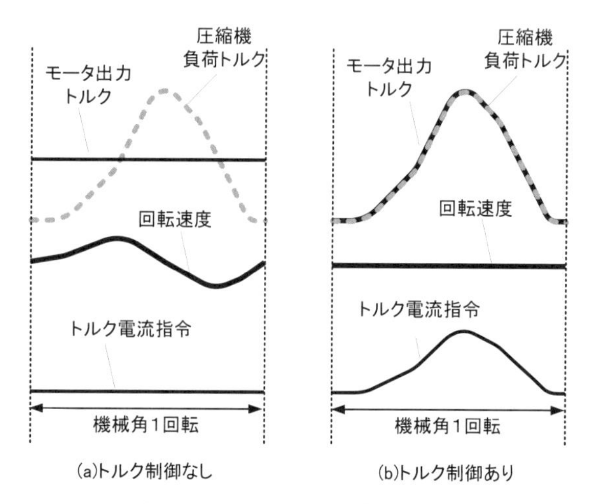

図4.1-26　トルク制御の原理

図4.1-26は圧縮機の機械角1回転分の負荷トルクとモータ出力トルクとモータ回転速度の関係を示しており，(a)がトルク制御をおこなわない場合，(b)がトルク制御をおこなった場合の波形である．エアコンなど圧縮機駆動システムに適用されているモータ制御は，一般的に平均回転速度を一定にする制御をおこなっており，瞬時回転速度までは制御していない．そのため，(a)に示す通り，圧縮機負荷トルクとモータ出力トルクの差に応じて，回転速度が変動し，この速度変動が圧縮機を揺らして振動が発生する．

そこで，トルク制御は，圧縮機の負荷トルク脈動成分を検出し，モータ出力トルクを負荷トルクに一致させることにより，回転速度の変動を小さくし，圧縮機の振動を低減する制御である．

b)　正弦波ベクトル制御のトルク制御

圧縮機のトルク制御方法は，インバータの駆動方式（方形波駆動，正弦波駆動）ごとに多数提案 [*6, *14, *15] されている．ここでは，先に述べたスマートベクトル制御 [*12, *13] をベースとしたトルク制御 [*16] について紹介する．

図4.1-27に全体制御構成を示す．本制御は前述したスマートベクトル制御の構成に追加する形となっている．

本制御は，(1) 軸誤差 $\Delta\theta$ より脈動トルク成分 ΔTm を推定する推定器と，(2) 脈動トルク成分 ΔTm が零になるように脈動トルク電流指令 $Iqsin^*$ を算出する脈動トルク補償

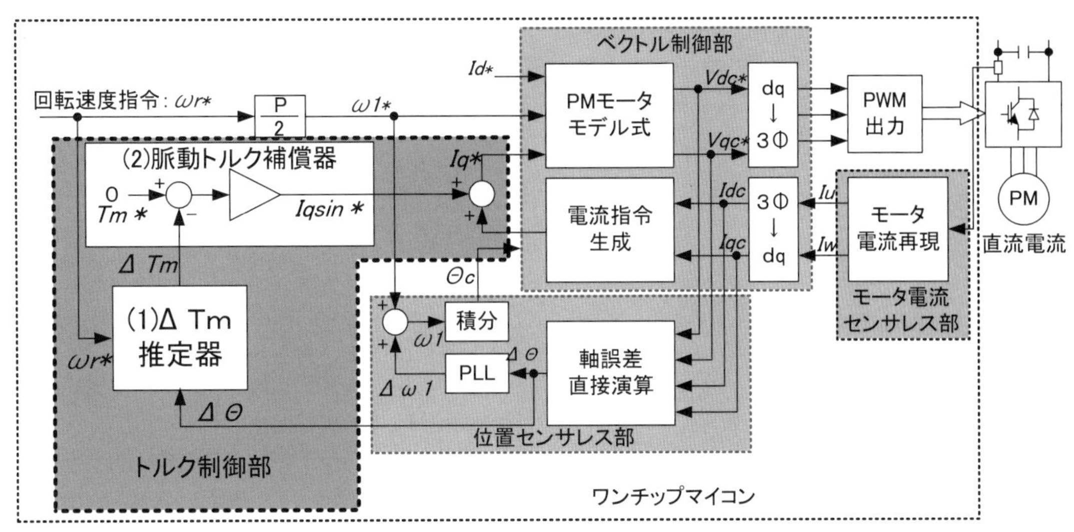

図 4.1-27　トルク制御全体構成

器から構成されている．

脈動トルク電流指令 $Iqsin^*$ は，スマートベクトル制御内の電流指令生成器から得られる値と加算されて電流指令 Iq^* として使用される．

脈動トルク成分推定器は，軸誤差演算値 $\Delta\theta$ からトルクの脈動成分 ΔTm を推定演算する点に大きな特徴がある．

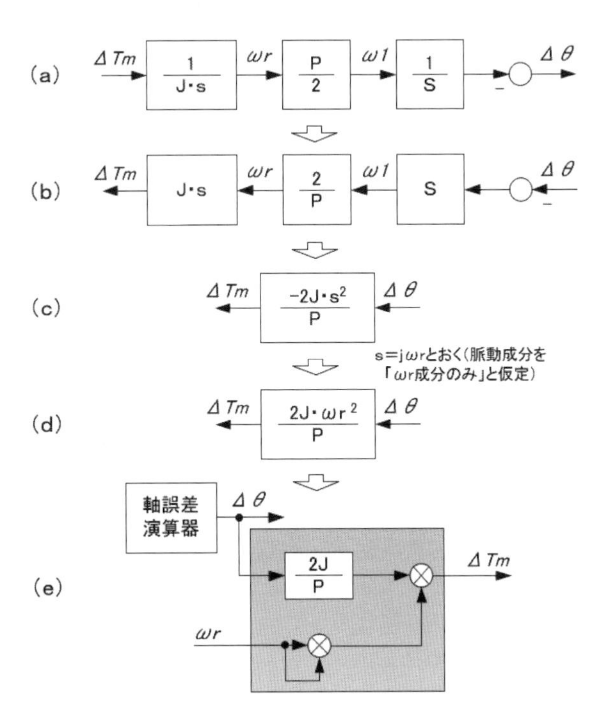

図 4.1-28　脈動トルク抑制制御の原理

図 4.1-28 に推定原理を示す．図 4.1-28（a）のように，ΔTm の変動は，速度変動，磁極位置変動へ影響し，最終的には軸誤差 $\Delta\theta$ の変動となる．

よって，$\Delta\theta$ に含まれる変動成分から逆算して ΔTm を求めることにする．しかしながら，単純な逆モデルでは，図 4.1-28(c)に示すように「$\Delta\theta$ の 2 階微分演算」が必要であり，実現は不可能である．そこで，脈動成分の周期性を考慮し，モータの回転速度 ωr に起因した成分のみに着目して，脈動成分を抽出することにする．具体的には，図 4.1-28（c）におけるラプラス演算子 s を $s = j\omega r$ として代入して解くことで ΔTm の推定演算をおこなう．脈動トルク成分推定器の構成は図 4.1-28（e）の通りとなる．

脈動トルク補償器は，周期変動のみを抑制することを目的としているため，通常の PI 制御は適用できない．また，制御系全体を安定化するため，脈動トルクの脈動周波数（ωr に一致）のみに感度を持たせ，他の周波数成分に関しては不感な補償器が必要である．

従来，この部分に繰返し制御[*6)]が用いられていたが，汎用性，簡便性を考慮して，簡易的なフーリエ変換，ならびに逆変換からなる方式とした．

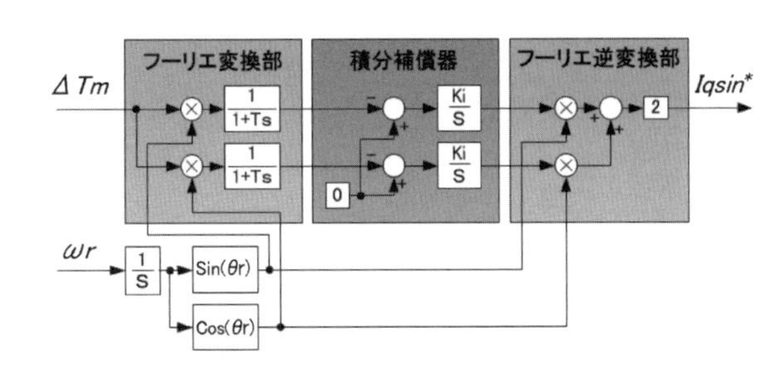

図 4.1-29　脈動トルク補償器構成

図 4.1-29 に脈動トルク補償器の構成を示す．フーリエ変換部では，ΔTm に sin 成分，cos 成分をそれぞれ掛算し，ΔTm をベクトル分解している．

ΔTm 自体が変動成分であるため，正弦波関数（sin，cos）との乗算結果は，直流量を持った脈動成分となる．この直流量が，すなわち，ΔTm に含まれる sin 成分，cos 成分であり，これらを積分補償器により補償することで，脈動成分は抑制できる．また，ωr 以外の周波数成分は，積分補償器のゲインを下げることで自然に排除される．以上の構成で，周期的な脈動トルクの制御が可能である．

(6)　力率改善・高調波電流抑制回路と PAM 制御

a)　力率改善・高調波電流抑制回路

表 4.1-3[1]に力率改善・高調波電流抑制回路の比較を示す．回路構成は多数提案[*7,*17]されているので，その一例を示している．受動フィルタ方式は，リアクトルとコンデンサの共振を利用した方式で，インバータエアコンの初期段階から適用されている方式である．本方式は，非スイッチング方式のため直流電圧の制御はできない．そのため，100V 受電の場合は，直流電圧を高くできる倍電圧整流回路が採用されている．

簡易スイッチング方式は，電源をリアクトルを介して一時的に短絡するスイッチ回路を追加し，電源半周期に 1 回もしくは複数回のスイッチング動作をさせて電源電流を正弦波状に制御する方式である．本方式は，スイッチング回数が少ないためスイッチング損失が少なく高効率化が容易である．また，スイッチング動作をおこなえるので，直流電圧の制御（昇圧）も可能であるが，高調波電流抑制と直流電圧の制御の両立は難しい．

全域スイッチング方式は，昇圧チョッパ回路を用いた方式で，電源電流の正弦波化および直流電圧の制御が可能である．ただし，スイッチング損失が増加する．

表 4.1-3　力率改善・高調波電流抑制回路比較[5]

	受動フィルタ方式	簡易ｽｲｯﾁﾝｸﾞ方式	全域ｽｲｯﾁﾝｸﾞ方式
	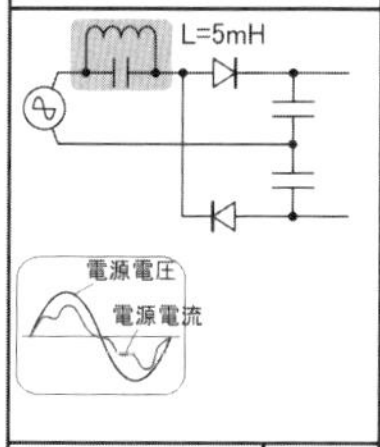 L=5mH 電源電圧 電源電流	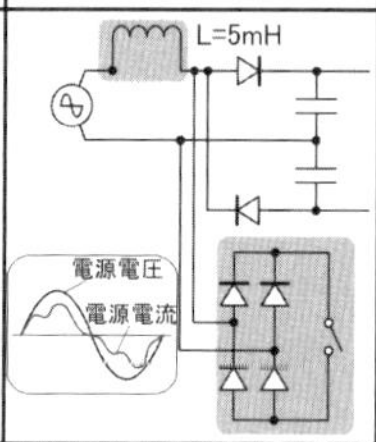 L=5mH 電源電圧 電源電流	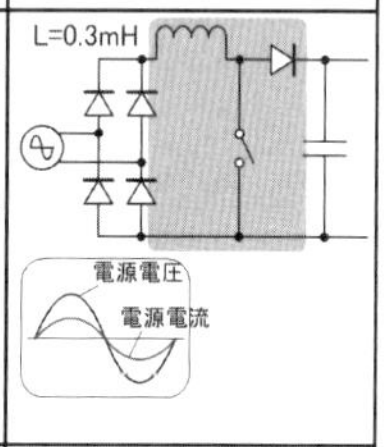 L=0.3mH 電源電圧 電源電流
高調波抑制	△	△	◎
直流電圧制御	×	△	○
効率	○	○	×
高周波ノイズ	○	○	△
コスト	○	△	×

b)　PAM 制御

PAM 制御[*7]は，PFC コンバータ制御に表 4.1-3 に示す全域スイッチング方式を採用し，PFC コンバータの直流電圧制御で PMSM の回転速度制御をおこなわせた方式である．**表 4.1-4** に PWM 制御と PAM 制御の比較を示す．

表 4.1-4　制御方式比較[6]

項目	PWM制御方式	PAM制御方式	
回路構成	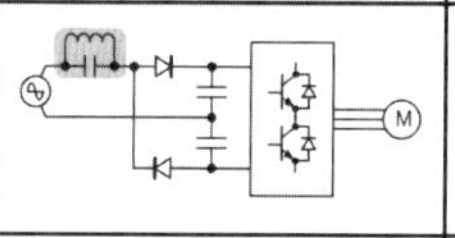 M	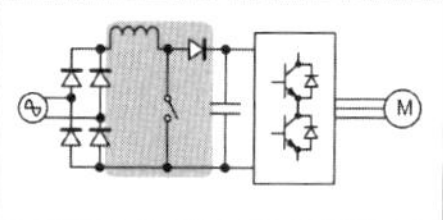 M	
モータ電圧 直流電圧	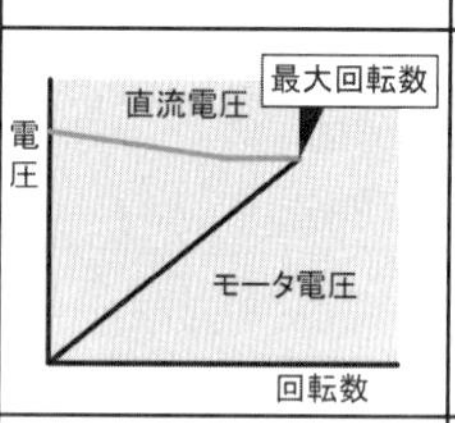 電圧 直流電圧 最大回転数 モータ電圧 回転数	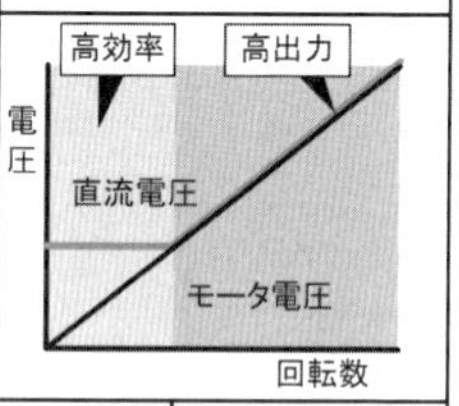 高効率 高出力 電圧 直流電圧 モータ電圧 回転数	
インバータ	PWM制御	PWM制御	100%通流率
コンバータ	非制御	定電圧	PAM制御

従来方式である PWM 制御方式では，受動フィルタを用いているため，直流電圧制御ができない．よって，モータの回転速度制御は，インバータの PWM 制御を用いる．このため，低速・軽負荷域では，直流電圧が必要以上に高い状態でスイッチング動作するため，インバータおよびモータの損失が大きい．また，高速・高負荷域では，直流電圧が低下するため，高出力化が困難である．

PAM 制御方式の場合は，PFC コンバータを用いているので，直流電圧制御が自由におこなえる．このため，低速・軽負荷域では，直流電圧を最低値に下げて運転することで，インバータおよびモータの損失を低減する．また，高速・高負荷域では，直流電圧を増加させることで，高出力化が容易となる．よって，PAM 制御方式を用いると，力率改善・高調波電流抑制と同時に，エアコンの高効率化と高出力化が可能となる．

(7)　さらなる高効率，高出力化への取組み

ルームエアコンは家電製品の中でも消費電力量の大きい製品であり，さらなる省エネルギー化（消費電力量低減）が望まれている．一方，暖房機としての需要も多くなっており，さらなる暖房能力の向上も必要である．

よって，圧縮機駆動用インバータシステムとしての課題は，さらなる高効率広範囲駆動化である．上記課題を達成するためにさまざまな取組みがおこなわれている．その代表的なものを以下に紹介する．

高速側の駆動範囲拡大としては，前述の PAM 制御のように直流電圧を昇圧する方式もあるが，直流電圧を最大限利用する方式として，印加電圧を台形波状に制御する過変調制御方式[*18]が製品適用されている．さらにスイッチング損失を低減できる新しい変調方式として PHM（Pulse Harmonic Modulation）[*19]制御も提案されている．

また，低速域の高効率化と高速駆動範囲の拡大を目的として，正弦波駆動と方形波駆動を切り替える方式[*20]が製品化されている．スイッチング素子に関しては，数年後に SiC-MOSFET や GaN-MOSFET（Gallium Nitride-MOSFET）の適用例も見られると推測する．

以上の通り，エアコン用インバータの基本技術と圧縮機

駆動向けの特徴的な技術について述べた．

今後も，地球温暖化防止の観点から省エネルギー化の動きは，ますます加速されていくと思われる．

引　用　文　献

1) パワーエレクトロニクスハンドブック編集委員会：「パワーエレクトロニクスハンドブック」，p. 581，オーム社，東京（2010）．
2) パワーエレクトロニクスハンドブック編集委員会：「パワーエレクトロニクスハンドブック」，p. 582，オーム社，東京（2010）．
3) パワーエレクトロニクスハンドブック編集委員会：「パワーエレクトロニクスハンドブック」，p. 584，オーム社，東京（2010）．
4) パワーエレクトロニクスハンドブック編集委員会：「パワーエレクトロニクスハンドブック」，p. 585，オーム社，東京（2010）．
5) パワーエレクトロニクスハンドブック編集委員会：「パワーエレクトロニクスハンドブック」，p. 588，オーム社，東京（2010）．
6) パワーエレクトロニクスハンドブック編集委員会：「パワーエレクトロニクスハンドブック」，p. 589，オーム社，東京（2010）．

参　考　文　献

*1) 遠藤常博：'84小形モータ技術シンポジウム，8-3，pp. 1-7，東京（1984）．
*2) 川端幸雄，遠藤常博，高倉雄八：平成14年電気学会産業応用部門全国大会，pp.665-668，鹿児島（2002）．
*3) 関原聡一，蛭間淳之：東芝レビュー，**57**（10），42（2002）．
*4) 松城英夫，松井敬三，河地光夫，小川正則：平成14年電気学会全国大会，pp.201，東京（2002）．
*5) 松下元士，亀山浩幸，池坊奏裕，森本茂雄：電気学会論文誌D，**129**（3），281（2009）．
*6) 遠藤常博：'89小形モータ技術シンポジウム，B4-3，pp.1-6，東京（1989）．
*7) 能登原保夫：'98モータ技術シンポジウム，B3-2，pp.1-10，東京（1998）．
*8) 岩路善尚，山本康弘，杉本英彦：平成16年電気学会産業応用部門大会，pp.95-100，高松（2004）．
*9) 松井信行：'93モータ技術シンポジウム，B4-3，pp.1-10，東京（1993）．
*10) 陳志謙，富田睦雄，道木慎二，大熊繁：平成11年電気学会全国大会，pp.480-481，山口（1999）．
*11) 金澤秀俊，田熊順一，福長英聡：東芝レビュー，**57**（7），59（2002）．
*12) 坂本潔，岩路善尚，遠藤常博：電気学会半導体電力変換／産業電力電気応用神門研究会資料，pp.73-77，東京（2000）．
*13) 坂本潔，岩路善尚，遠藤常博：平成13年電気学会産業応用部門大会，pp.1273-1278，松江（2001）．
*14) 池坊奏裕：シャープ技報，**82**，34（2002）．
*15) 山梨秦，遠藤隆久：2009モータ技術シンポジウム，E6-2，pp.1-11，東京（2009）．
*16) 能登原保夫，岩路善尚，吉田央，佐藤孝行，小倉洋寿：平成16年電気学会産業応用部門大会，pp.337-340，高松（2004）．
*17) 菅郁郎，木全政弘，打田良平：電気学会論文誌D，**116**（4），420（1996）．
*18) W.Hatsuse, Y.Notohara, K.Ohi, K.Tobari, K.Tamura, C.Unoko and Y.Funayama：The 2010 International Power Electronics Conference , pp.599-604，Sapporo，Japan（2010）．
*19) 古川公久，宮崎英樹，大山和人，三井利貞，神谷昭範，星野勝洋，西口慎吾，鈴木康介：平成22年電気学会産業応用部門大会，pp.627-632，東京（2010）．
*20) 松下元示：環境と新冷媒国際シンポジウム2010論文集，pp.79-84，神戸（2010）．
*21) 餅川宏，小山建夫：東芝レビュー，**61**（11），32（2006）．
*22) 三菱電機ニュースリリース，**1041**，三菱電機株式会社，（2010）．

（能登原　保夫）

4.1.4　台数制御

冷凍システムの冷凍能力が大きい場合，複数の圧縮機で冷凍システムを構成し，熱負荷に応じて圧縮機の運転台数を操作して容量制御する冷凍システムが採用されている．

従来は定速圧縮機の運転台数を操作する冷凍システムが一般的であったが，インバータ圧縮機の普及によりインバータによる回転数と定速圧縮機の運転台数を組み合わせた冷凍システムが普及している．

インバータ圧縮機と1台の定速圧縮機から構成される冷凍システムを**図4.1-30**に，その容量制御の概念図を**図4.1-31**に示す．インバータ圧縮機と複数台の定速機で構成される冷凍システムを，**図4.1-32**，**図4.1-33**に示す．圧縮機1号機（インバータ機）は，インバータに接続され，供給電源周波数を変化することで可変速運転し，ほかの圧縮機2号機，3号機（定速機）は，商用電源に接続され定速運転をする．

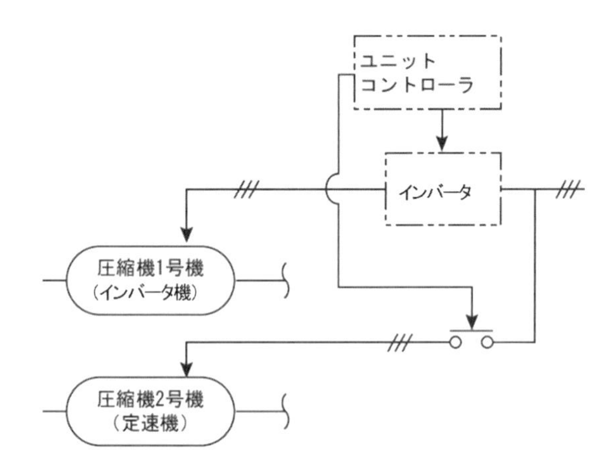

図 4.1-30　システム構成図 [1)]
(定速機 1 台の場合)

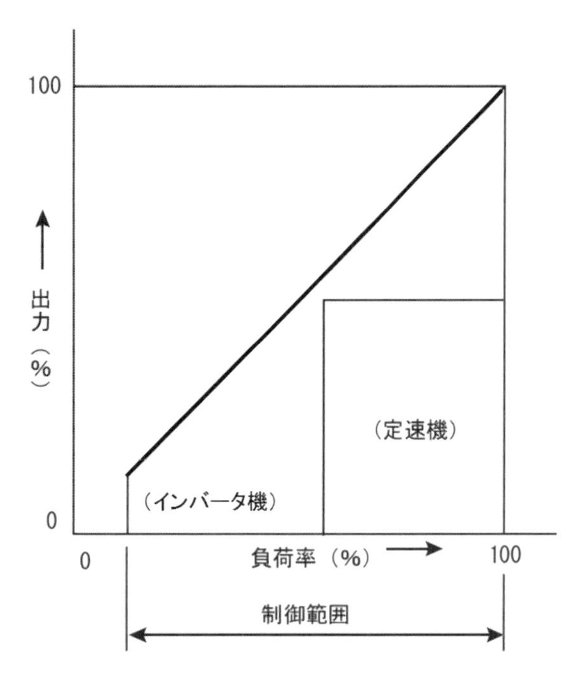

図 4.1-31　容量制御の概念図 [1)]
(定速機 1 台の場合)

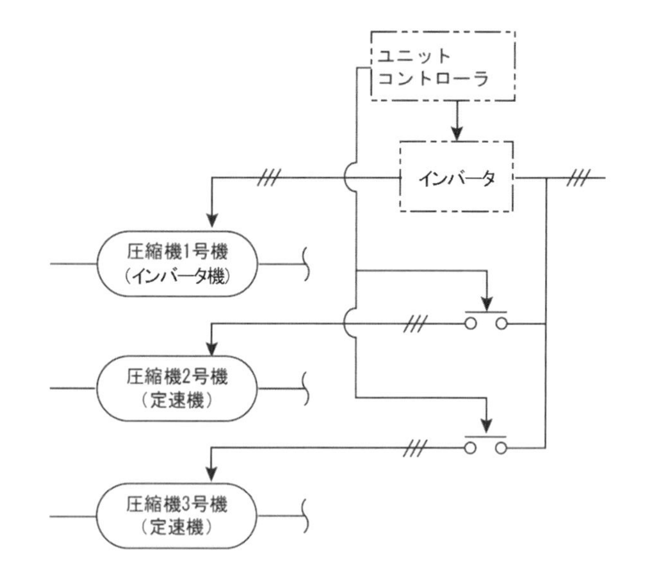

図 4.1-32　システム構成図 [1)]
(複数の定速機の場合)

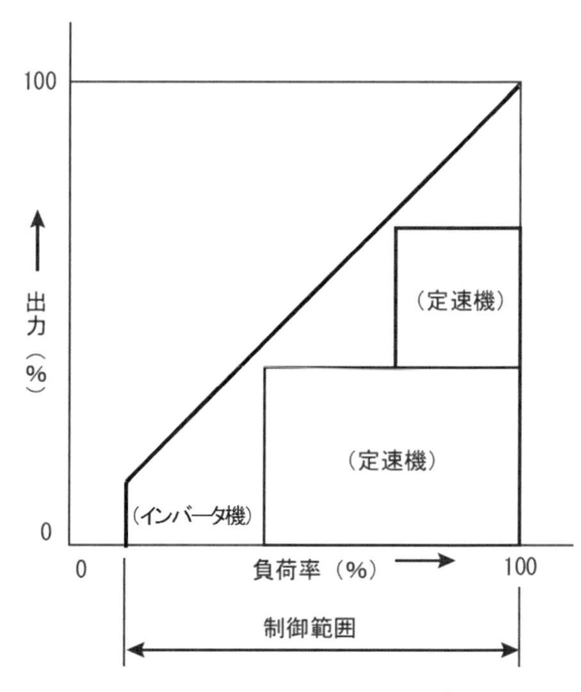

図 4.1-33　容量制御の概念図 [1)]
(複数の定速機の場合)

図 4.1-30，図 4.1.-31 を用いて，インバータ機と定速機の動作を説明する．圧縮機 1 号機（インバータ機）はインバータにより供給電源周波数が変化し，この周波数にほぼ比例して圧縮機の回転数が変化して容量制御する．このインバータ機による単独運転では熱負荷に対する容量が不足する場合，圧縮機 2 号機（定速機）を起動させ，インバータ機と定速機との 2 台運転で容量制御させる．ここで定速機を起動させるとき，容量が急増すると冷凍システムが不安定となるので，あらかじめインバータ機の回転数を落としてから定速機を起動させ，容量が連続的に変化するように制御するとよい．

逆に，インバータ機と定速機との 2 台運転時に，熱負荷が減少したとき，インバータ機の容量制御だけで熱負荷の減少に対応できない場合は，定速機を停止させる．この場合も同様に，容量が連続的に変化するようにインバータ機を制御する．これらインバータ機と定速機の動作は，複数台の定速機で構成される冷凍システムの場合も同じである．

熱負荷の検出方法の 1 つに，圧縮機の吸入圧力の変化を用いる方法があり，冷凍機などで採用されている．これは，熱負荷が大きくなると吸入圧力が高くなり，逆に熱負荷が小さいと吸入圧力が低くなるサイクル特性を利用したものである．

検出した吸入圧力が高い場合は，熱負荷が大きいと判断し，冷凍能力を上げるように冷凍システムを制御する．逆に吸入圧力が低く熱負荷が小さいと判断した場合は，冷凍能力を下げるように制御する．このように熱負荷に応じた圧縮機の台数制御により，冷凍システムを効率良く運転することが可能となる．

引　用　文　献

1) 三菱重工コンデンシングユニット取扱説明書：空冷式屋外設置型（インバータ），製品形式 HCSV120M, HCSV150M, HCSV210M.

（平尾　豊隆）

4.2　膨張機構

膨張機構は，冷凍システムにおいて冷媒流量の制御をおこなう重要な役割を持っている．それは冷凍システムにおいて蒸発器と凝縮器の熱交換量のバランスを冷媒流量の調整によって均衡を保つからである．膨張機構の種類には，キャピラリチューブ，温度膨張弁，電子膨張弁などがある．本節では，それぞれについて説明する．

4.2.1　キャピラリ [*1) *2)]

(1)　臨界圧力と流動特性

キャピラリチューブは，内径 0.4 mm から 2 mm 前後の細い銅チューブを凝縮器出口と蒸発器入口の間に設け，絞り作用をおこなわせるものである．内径の小さい管であるため冷媒の流れの抵抗体となり，冷媒がここを流れる場合の管内摩擦抵抗によって凝縮器側から流れ込む冷媒の圧力を下げ，蒸発器へ低圧の気液流を供給することができる．通常では，キャピラリの入口冷媒液は，過冷却されている．キャピラリに過冷却した冷媒液が流入する場合の圧力および温度変化の例を**図 4.2-1** に示す．0-1-2 の部分において，冷媒は完全に液体である．そして，2 の点で初期気泡が発生し始める．2 の点からチューブの終わりまでは．圧力降下は直線的ではなく．単位長さ当りの圧力降下はチューブの終りに近づくに従って増大する．2 の点以降では，飽和液体と飽和気体が共存し，流れ方向に冷媒の乾き度および体積は次第に増加する．最初に気泡が現われる 2 の点を発泡点（bubble point）と呼ぶ．この点より上流の部分を液長（liquid length），この点より下流の部分を二相長（two phase length）と呼ぶ．キャピラリを流れる冷媒の流量は，常にキャピラリ入口圧力および過冷却度の増加とともに増加する．また，冷媒の流量は，蒸発圧力低下に伴い増加するが，ある圧力以下になると，冷媒はキャピラリ出口で音速に達し，その流量が蒸発圧力の大きさにかかわらず一定となる臨界流量に達する．この場合，図 4.2-1 に示すようにキャピラリ出口内側の圧力は，臨界圧力（3 の点）に達し外側の蒸発圧力（4 の点）より高くなる．チューブの終りと蒸発器の間では，大きな圧力差が存在するキャピラリの選定においては，上述のような流動特性を考慮して選定する必要がある．

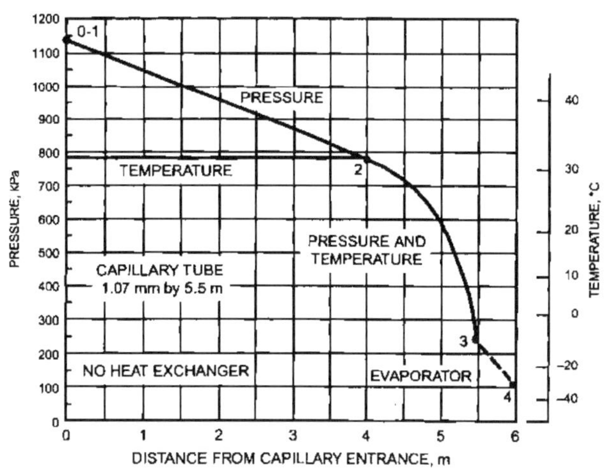

図 4.2-1　キャピラリ内の圧力および温度変化（R 12）[1)]

(2)　能力平衡特性

キャピラリチューブ内を通過する冷媒は同じ出入口の圧力差の条件で，ガス体より液体，さらに飽和液状態より過冷却状態のほうが流量が多くなる．またキャピラリチューブ入口の圧力が高くなっても流量が増大する．したがって，ある圧縮機，凝縮器および蒸発器を用いたサイクルにおいてキャピラリチューブの抵抗が大きい場合は凝縮器の圧力は高くなる方向へ働き，また凝縮器内の冷媒液の量も多くなる方向に働く．これらはいずれもキャピラリチューブでの冷媒流量を増大させる方向に作用し，ある平衡状態に達しようという自己調整機能が生じる．またキャピラリチューブの抵抗が小さい場合，これと逆の傾向が起き冷媒流量を少なくする作用を生じる．キャピラリチューブの抵抗が適当な値に定められ凝縮器に過剰な冷媒が滞留せず，かつキャピラリチューブの入口において 100% 冷媒液となる状態をその系の能力平衡状態といっている．このようなバランス点は圧縮機の吐出し圧力に対応して存在し，**図 4.2-2** に示すような能力平衡特性が描ける．この線図より下の領域で作動するときにはキャピラリチューブにおいて液とガスの混合状態が存在し，上の領域では凝縮器側に冷媒液がたまる状態が生じる．このようにある適当なサイズ（冷媒流量の流通抵抗）が選定された装置では上記に示した能力平衡点付近で自己調整作用が働き，負荷変動に対しある程度広範囲の良好な制御がおこなわれる．

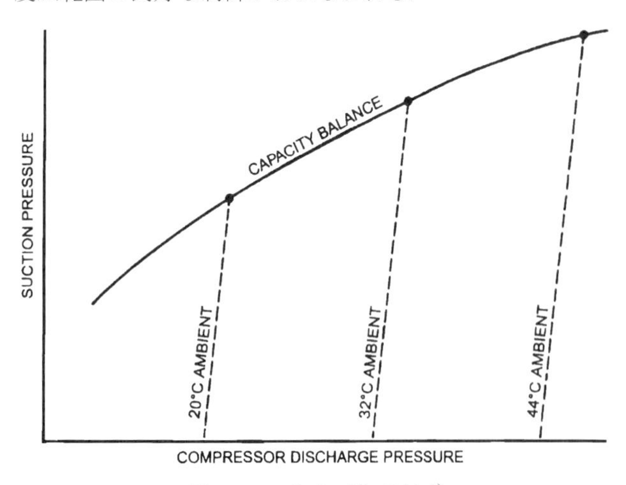

図 4.2-2　能力平衡特性[2)]

4. 2. 2　温度膨張弁[*1) *2)]

(1)　概説

温度膨張弁は，感温筒と均圧管により蒸発器のスーパーヒートを検出する構造となっており，均圧管で蒸発圧力を，感温筒で蒸発器出口温度相当の圧力を検出し，これらの差圧をスプリングで一定に調整することでスーパーヒートを適正に保つ．蒸発器の状態を最適に保つ方法は，蒸発器に流れ込んだ冷媒液が蒸発器の出口ですべて蒸発が完了した場合であるという考えに基づいている．均圧方式には，内部均圧式（**図 4.2-3**）と外部均圧式がある．外部均圧式は，蒸発器の圧力損失を補正するものであり，感温筒付近に設けた圧力取出し口から蒸発圧力を検出する．蒸発器の圧力損失が 1℃相当圧力以上ある場合に一般に使用される．

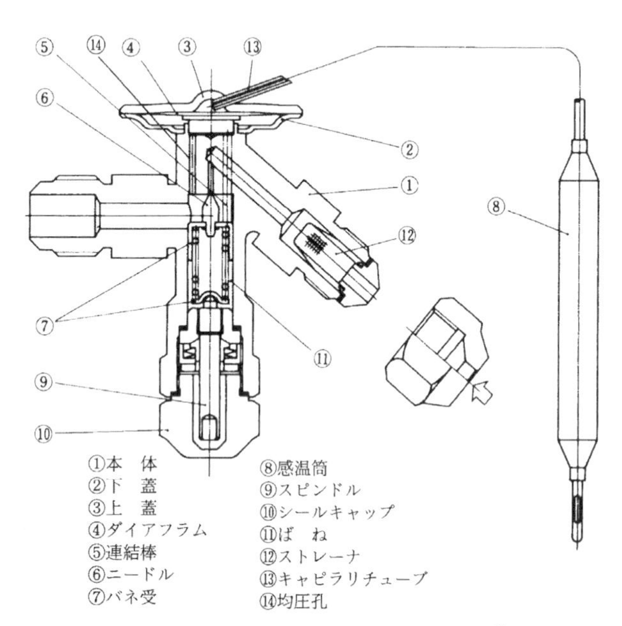

図 4.2-3　内部均圧式温度自動膨張弁[3)]

(2)　動作

図 4.2-4 は温度自動膨張弁がコントロールする原理を表したものである．温度自動膨張弁からの冷媒液が蒸発器の中を通過するに従って蒸発し，蒸発器の出口では完全に蒸発し過熱蒸気の状態で圧縮機へ吸入されることを表している．

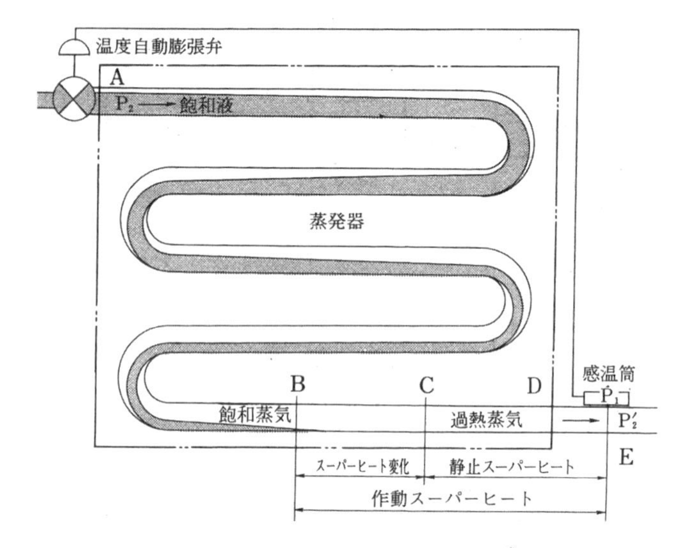

図 4.2-4　温度自動膨張弁の作用[4)]

A 点は蒸発器の入口，B 点は過熱度（スーパーヒート）変化が発生する最大位置，C 点は過熱度変化がゼロの位置（静止（過熱度変化が生じない）の位置）であり，B 点，C 点とも冷媒液がすべて飽和蒸気になる位置を示し，D 点は蒸発器出口，E 点は感温筒の取付け位置を示している．理想的な運転状態は冷媒液がすべて飽和ガスに変わった位置が B と C の間を非定常的に往復している場合である．このことから温度自動膨張弁は蒸発器の効率を最大に，かつ液バックを防止することをねらいとしていることがわかる．

4. 2. 3　電子膨張弁[*1) *3)]

(1)　概説

電子膨張弁はステッピングモータ駆動方式が主流であり，システムとしては，温度検出部（センサ），制御部（コントローラ）および操作部（電子膨張弁）から構成されている．制御部からの信号により正逆回転するステッピングモータ駆動方式を採用した比例制御弁であるので，冷却負荷の変化に対応した最適な冷媒流量制御が可能となる．**図 4.2-5** に電子膨張弁の一例を示す．ポイントは，**図 4.2-6** 左図に示すようにニードルが上下することにより，微小開口面積 S_b が，自由にコントロールできることである．ステッピングモータ駆動方式電子膨張弁では，図 4.2-6 右図のように指令パルス数に応じて，微小関口面積 S_b が自由に設定可能である．

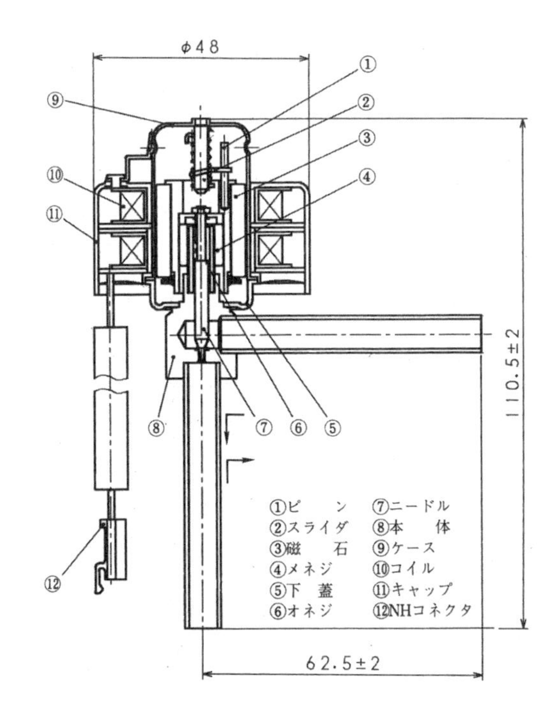

図 4.2-5　ステッピングモータ駆動方式電子膨張弁 5)

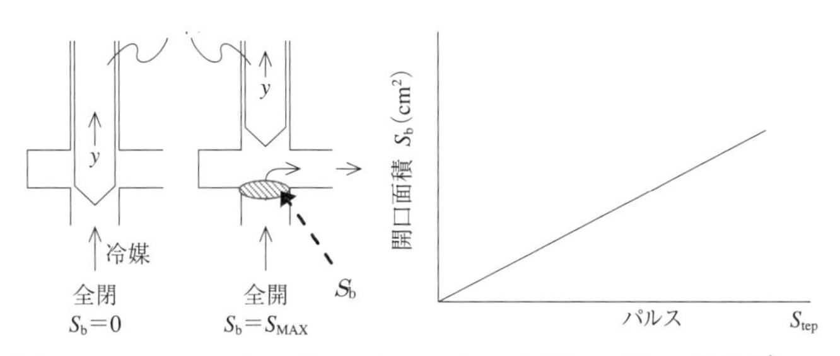

図 4.2-6　ステッピングモータニードルと開口面積の関係 *4)

(2)　制御

冷媒の流量制御をおこなうときの制御目的は，第１に性能確保であり，具体的には熱交換器を有効活用し能力を増加させ，圧縮機入力を減らして COP を上げることにある．実際におこなわれている過熱度制御と過冷却度制御と吐出過熱度制御の３種類について説明する．

a)　過熱度（スーパーヒート）制御

過熱度（スーパーヒート (*SH*)）とは，圧縮機吸入側冷媒過熱域でのガス冷媒温度と飽和温度との差を表す．**図 4.2-7** の丸数字各点の温度を *T*，圧力を *P* とすると，圧縮機の吸入ガスの過熱度 SH_{suc} は，$SH_{suc}=T_4-P_4$ の飽和温度にて表される．ここで実サイクルでは低圧側に圧力損失が存在するため，④から破線で結ばれる④’の温度が P_4 の飽和温度と等しくなる．このほか制御目的で用いられる *SH* として蒸発器出口過熱度 SH_{eva} がある．これは**図 4.2-8** に示すように，圧縮機と蒸発器の連絡配管が長い場合，その間で圧損と熱ロスが発生し，過熱度が SH_{eva} と SH_{suc} で異なる場合，どちらの制御信号を使った方が性能がよいかという判断が必要になる．さらに低圧の飽和温度をセンシングする方法として，蒸発器入口⑤の温度 T_3 を取る方法と，蒸発器中間⑥の温度 T_6 を取る方法と，低圧圧力 P_4 をセンシングして飽和温度に変換する方法がある．なお，蒸発器出口冷媒は SH_{eva} 正よりも０に近いほど，熱伝達率が高い冷媒二相域を有効に利用できるため，伝熱性能が良くなる．

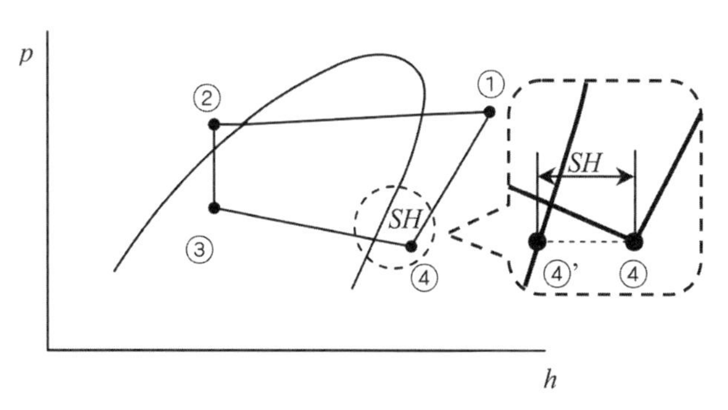

図 4.2-7　電子膨張弁の制御ポイント *5)

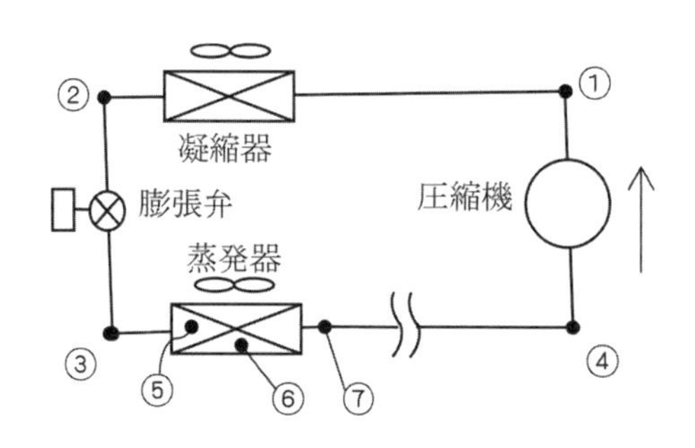

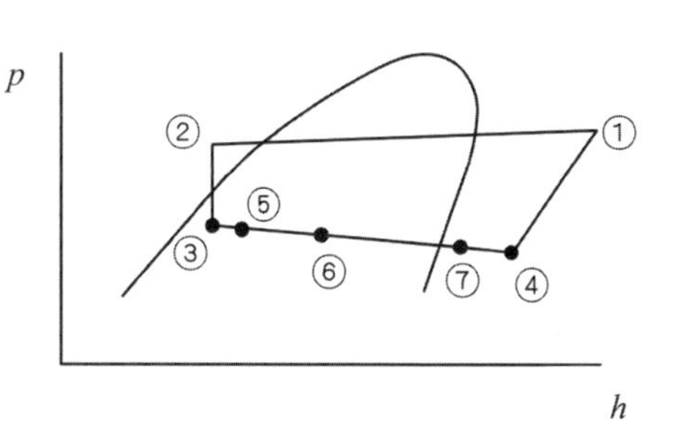

図 4.2-8　SH_{eva} と SH_{suc}（回路図と *p-h* 線図の関係）*5)

b)　過冷却度（サブクール）制御

過冷却度は，**図 4.2-9** の高圧飽和液温度 T_7 と凝縮器出口温度 T_2 の差 $SC=T_7-T_2$ を表わす．高圧液側では圧力損失が小さいため，ここでは圧損を無視する．飽和液温度 T_7 の測定ポイントは，凝縮器の中間の二相部の温度 T_6 を検知する方法と高圧圧力 P_2 を計測して飽和温度に換算する方法がある．通常目標過冷却度 *SC* は，４～５℃の時が性能ピークをとるが，以下の２点に注意が必要である．*SC* が少ないとき．電子膨張弁にかわき度の小さい気液二相が流入すると，狭い電子膨張弁の開口面積では正規の冷媒量を流すことができず高低圧のハンチングを引き起こしかつ冷媒音が発生する．一方 *SC* が大きいと凝縮器出口近辺冷媒配管内に液が溜まり，高圧圧力が上昇し伝熱性能が低下することになる．

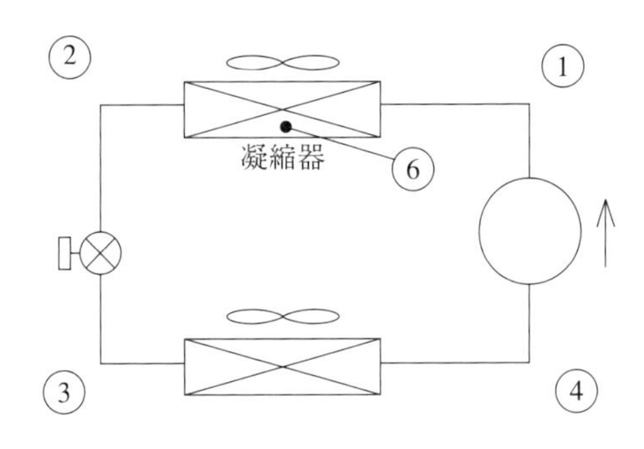

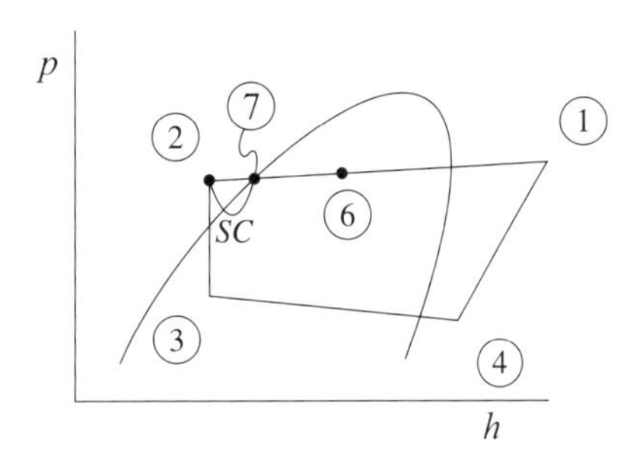

図 4.2-9　過冷却度制御（回路図と p-h 線図の関係）[*6)]

c)　吐出過熱度制御

吐出過熱度 SH_d は，圧縮機出口ガス冷媒温度 T_1 と，図 **4.2-10** の高圧飽和温度 T_5 の差 $SH_d = T_1 - T_5$ を表わしている（高圧側圧力損失を無視した場合）．高圧飽和温度 T_5 の検知方法は，前記過冷却度制御と同様に凝縮器中間の二相部の温度 T_6 を測定する方法と，高圧圧力を計測して飽和温度に換算する方法とがある．

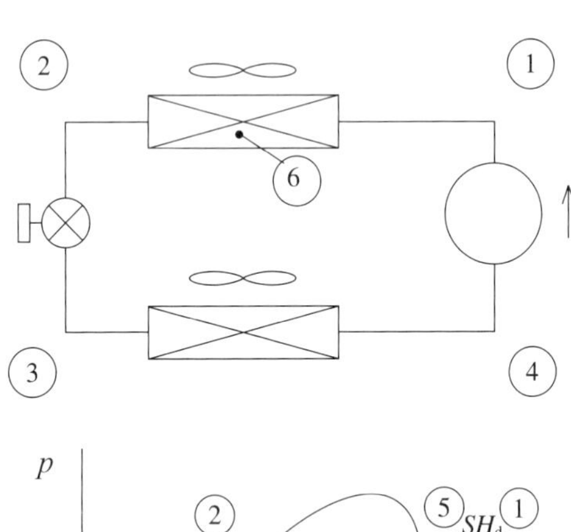

図 4.2-10　吐出過熱度制御（回路図と p-h 線図の関係）[*6)]

目標吐出過熱度 SH_d は 10 ℃～ 20 ℃程度で最大性能を発揮するが，以下の点に注意が必要である．SH_d が大きいと（④→①）吸入ガス比容積 v_4 が大となり，循環流量が減少する．逆に SH_d が小さいと（④’→①’）液圧縮になり性能が落ち，圧縮機故障の原因にもなる．

引　用　文　献

1)　日本冷凍空調学会：「冷凍用自動制御機器」，第 3 版，p. 25，東京（2006）.
2)　同上，p. 26.
3)　日本冷凍空調学会：「上級冷凍受験テキスト」，第 8 次改訂版，p.118，東京（2015）.
4)　日本冷凍空調学会：「冷凍空調便覧」，第 5 版，第 2 巻 機器編，p.130，東京（1993）.
5)　同上，p.137.

参　考　文　献

*1)　日本冷凍空調学会：「上級冷凍受験テキスト」，第 8 次改訂版，p.118，東京（2015）.
*2)　日本冷凍空調学会：「冷凍空調便覧」，第 5 版，第 2 巻 機器編，pp.127-140，東京（1993）.
*3)　日本冷凍空調学会：「冷凍サイクルの動特性と制御」，pp.6-10，東京（2009）.
*4)　同上，p.7.
*5)　同上，p.8.
*6)　同上，p.9.

（豊島　正樹）

4.3　空冷熱交換器

4.3.1　構成／種類

空冷式空調機に用いられる熱交換器は，管内を冷媒が，管外を空気が流れ，熱抵抗の大きい管外側に拡大伝熱面となるフィンを設けた形式のものが一般的に用いられている．サイクル中を流れる冷媒に対して，高圧側に設けられた熱交換器は周囲空気により冷媒を冷却する凝縮器として，低圧側に設けられた熱交換器は周囲空気により加熱される蒸発器として用いられる．また，ヒートポンプ式空調機ではこれらの過程が，冷房運転と暖房運転で切り替わるため，熱交換器には，蒸発器，凝縮器それぞれの使われ方に合わせバランスよく設計できることが要求される．たとえば，高圧側の凝縮器では管内側を流れる冷媒の圧力損失が飽和温度の変化に与える影響は小さいが，低圧側の蒸発器では大きいため，過大な圧力損失とならないよう適切な冷媒経路に分割する必要がある．また，蒸発器の場合は，熱交換器の外部を通過する空気が冷媒に冷却されて除湿される場合がある．その場合，フィン面で凝縮水や着霜の発生を伴うため，水はけ性や除霜性能にも優れた形式が必要とされる．

本節ではこれら凝縮器，蒸発器のそれぞれの要求を考慮して用いられている熱交換器の形式，および特徴について解説する．

(1)　フィンチューブ熱交換器

アルミ製フィンと銅製伝熱管より構成されるフィンチューブ熱交換器の概観を**図 4.3-1** に示す．この熱交換器は，伝熱管にフィンを多数貫通させた後，管内にマンドレルと呼ばれる治具を圧入して，伝熱管を機械的に拡大させることで伝熱管とフィンを密着して製作されている．同じ製造設備を用いて必要能力に応じたサイズの熱交換器を製作できること，設計的には伝熱管をベンド管で接続するため，冷媒経路を比較的自由に調節することが可能であることなどの特徴を持つ．工業的にはさまざまな形態の機器に搭載できるため，空冷式空調機では広く一般的に用いられている．空調機の省エネ化を実現するために，この熱交換器でもさまざまな改良や仕様変更による高性能化が図られてきた．

一例として室外熱交換器の性能トレンドを**図 4.3-2** に，それぞれの世代における熱交換器仕様を**表 4.3-1** に示す．図 4.3-2 のグラフに示すように，1990 年代ごろまでは，冷媒が流れる伝熱管を平滑管から内面溝付き管とすることで管内側の伝熱促進を，フィンにスリットやルーバといった切起こしを設けることで前縁効果の活用，乱流促進による空気側の伝熱促進をおこない，高性能化を図っている．その結果，熱交換器の性能を示す貫流率である *KA* は増加するものの，同時に空気側の通風抵抗である *dP* の値も増大している．空調機の省エネ化が進むと圧縮機の入力が低減されるため，熱交換器に空気を送る送風動力が相対的に大きくなってきている．そのため 1990 年代以降は，伝熱管の細径化や，切起こしのない抵抗が低いフィンを多数積層することで伝熱面積を増やし，熱交換器単位体積当たりの *KA*（$= KA / V$）通風抵抗を増加させることなく熱交換器の高性能化を実現している．加えて，暖房時にはフィン表面に着霜が発生し性能低下を起こす課題があるため，着霜の抑制や，ついた霜を落とす除霜運転を効率的におこなうために融けた凝縮水が滞留しづらいフィン形状やフィンピッチの選択，フィン表面の親水処理などを選択する工夫がなされている．

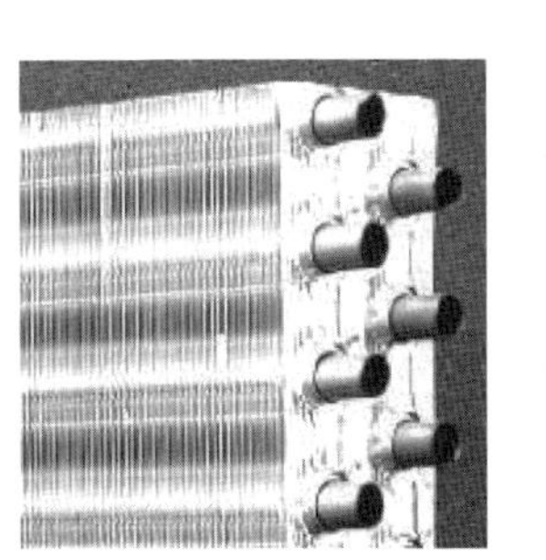
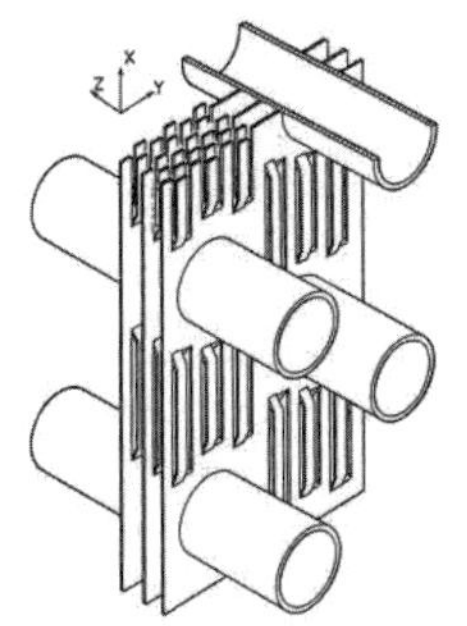

図 4.3-1　フィンチューブ式熱交換器

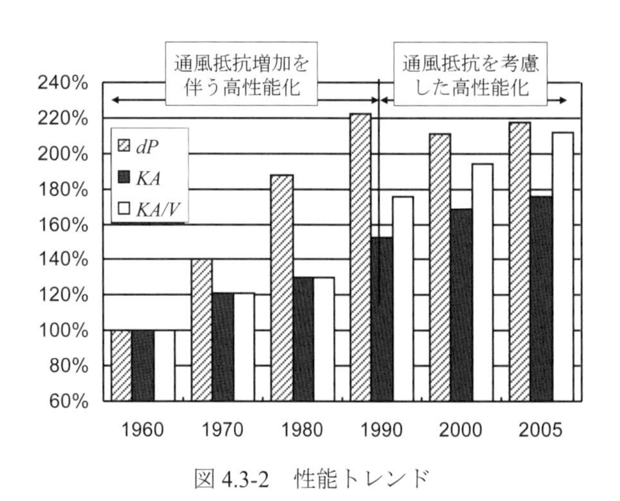

図 4.3-2　性能トレンド

表 4.3-1　熱交換器仕様

Years	1960	1970	1980	1990	2000	2005
管径 [mm]	9.52	9.52	9.52	8.00	8.00	7.00
管形状	平滑管	溝付管	溝付管	溝付管	溝付管	溝付管
フィン形状	プレート	ワッフル	ルーバ	ルーバ	ワッフル	ワッフル
フィンピッチ [mm]	2.00	2.00	2.50	2.00	1.40	1.31

他方，着霜の課題がない室内熱交換器においては，さらに細径の伝熱管を用いることで高集積化を図っている．最近では，通風抵抗の低減を目的とし，φ 4 mm 程度の伝熱管を用い集積度を上げるためにフィンピッチを 1.0 mm 程度まで狭くした熱交換器が実用化されている．ただし，フィンチューブ式熱交換器は，フィンとチューブを機械式拡管で接合するため，細径化には製造上の制約があり，従来の製造方法では，ほぼ限界に達しつつある．

(2)　マイクロチャネル熱交換器

扁平多穴管とコルゲートフィンから構成される熱交換器を**図 4.3-3** に示す [*1]．一般的に，扁平多穴管はアルミの押出し加工や内部にインナーフィンとなるコルゲート状の構造物を挿入してアルミの板で貼り合わせることで，フィンは歯車状の金型により波状の形とルーバ加工をおこなうことで形成される．また，扁平多穴管とコルゲートフィンはロウ付けにより接合されている．

このタイプの熱交換器は，カーエアコンなどに広く用いられており，冷媒が流れる流路が 1 mm 以下の細径流路となっていることからマイクロチャネル熱交換機と呼ばれている．扁平多穴管とフィンの接合面積が大きくフィン効率が高いこと，扁平多穴管とフィンをロウ付けにより接合するため接触部分の熱抵抗が存在しないことなどから，フィンチューブ熱交換器と比較して高い性能が期待できる．また，冷媒流路に扁平多穴管を用いていることから，空気流れ方向に対する管の投影面積が小さくなり通風抵抗が低く抑えられる．そのため，同じ送風動力ではより多くの風量を流すことができる，または，同じ風量ではフィンの積層枚数を増し，伝熱面積が拡大できるなどの利点がある．さらにマイクロチャネル熱交換器は，熱交換器の内容積が小さいため，熱容量の小ささによる応答性の向上も期待できる．

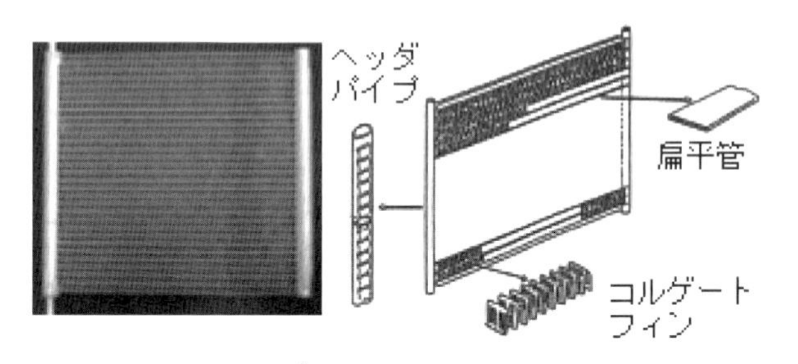

図 4.3-3　マイクロチャネル熱交換器の構成 [1)]

しかしながら，マイクロチャネル熱交換器は，蒸発器として用いる場合に，設置方向によってフィンの表面に生成する凝縮水が滞留しやすいことが課題であった．排水性は性能のみならず，除霜時間など制御性にも影響を及ぼすので重要である．カーエアコンに用いる場合，蒸発器，凝縮器は常に同じ熱交換器となる．そこで**図 4.3-4** の右下図に示すように，蒸発器は扁平多穴管の向きを鉛直方向とすることで水はけ性を改善して用いることができた [*1)]．しかしながら，ヒートポンプ式空調機では，冷房運転，暖房運転のそれぞれで同じ熱交換器を蒸発器，凝縮器として使用するため，フィン面で発生する凝縮水の処理や室外熱交換器で発生する着霜，除霜性能が課題となり，空調向けには実用化されていなかった．

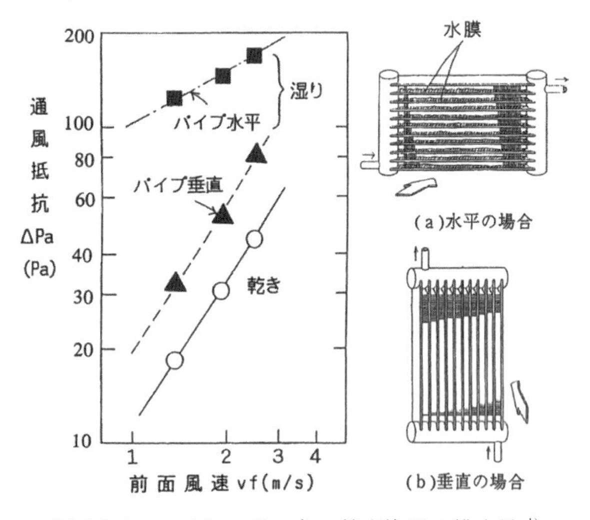

図 4.3-4　マイクロチャネル熱交換器の排水性 [1)]

ところが，近年上記の課題を克服しマイクロチャネル熱交換器を空調機に適用するための技術開発が盛んにおこなわれ，フィンの片端を鉛直方向に連続させることで凝縮水を排出しやすい構造としたフィンを用いた空調向けマイクロチャネル熱交換器が実用化されはじめている [*2-3)]．その概観を**図 4.3-5** に示す．図の左の写真 [2)] の例では，写真の右端に矢印で示したように，空気流れ方向下流側でフィンをつなげ，表面で生成される凝縮水が流下しやすい構造となっている．また右図 [3)] の例では，フィン右側からの切欠き部分に扁平多穴管を右側から差し込む構造となっていて，左端のフィン面が管で分断されておらず（図の Fin-Tube length と記載された部分），上下に連通しており，ここを凝縮水が流下する構造となっている．課題である着霜性能についても，フィン面温度が低くなり過ぎない扁平多穴管とフィン端の距離の最適化や，着霜，除霜運転に適した表面処理の選択などの工夫がなされている．

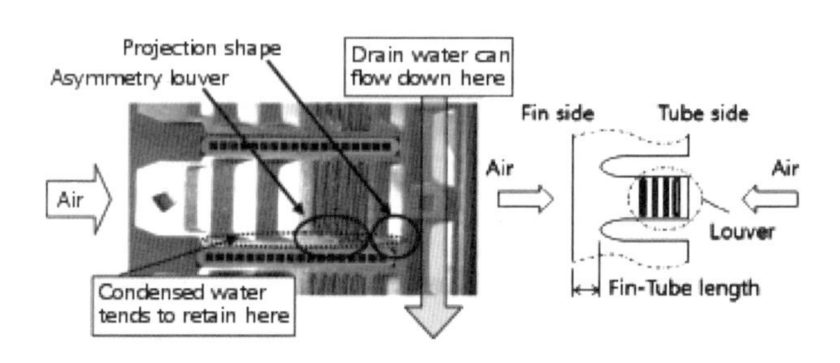

図 4.3-5　HP 向けマイクロチャネル熱交換器の
フィン形状 [2-3)]

また，マイクロチャネル熱交換器を空調機に用いる場合のもう一つの課題として，蒸発器における冷媒分流があげられる．マイクロチャネル熱交換器は，冷媒側流路が小径であり，冷媒側の圧力損失を抑制するために，複数の多穴管に分配することが必要となるので，通常，ヘッダと呼ばれる集合管により多数の扁平多穴管へ冷媒が分配される．理想的な冷媒の分配を実現するため，具体的には**図 4.3-6** に示すようなヘッダへの冷媒流入口の数や入口位置，仕切りの数や構造，扁平多穴管の挿入代などを調整することで適切な冷媒分流を実現している [*4)]．左の (a) の図が冷媒分配の数値分析モデル，右の (b) の図が解析結果である．

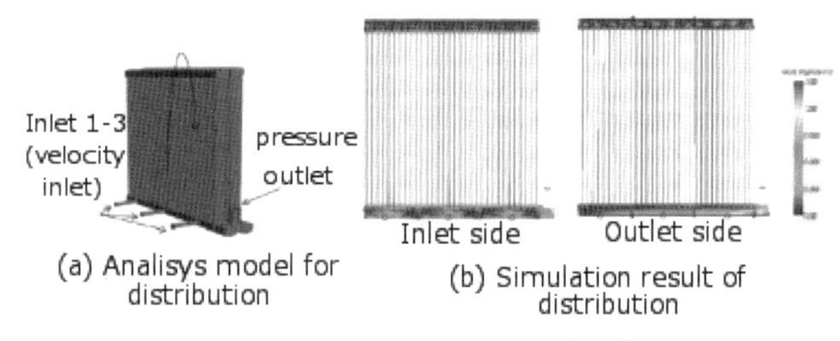

図 4.3-6　分流ヘッダの最適化 [4)]

これらの工夫をおこない，実用面での性能を確保することでマイクロチャネル熱交換器が空調用に実用化されつつあるが，空調機では定格運転時の性能のみならずインバータによる容量制御をおこなう部分負荷時の性能も求められるため分流性能の向上は今後の大きな課題であろう．

4.3.2　風量制御

空調機の能力制御を適切におこなうためには，室内機の風量制御が非常に重要である．これは熱交換器での蒸発温度や凝縮温度と熱交出口の冷媒状態が一定の場合，風量変化によって能力をリニアに可変でき，能力の調整範囲が大きくなるためである．このため蒸発温度や凝縮温度の調整と組み合わせれば，能力の調整範囲を十分に拡大でき，能力過多による室内機の断続運転（サーモON/OFFの繰返し）を防止して，効率よい運転をおこなうことが可能となる．

ただし，風量の可変範囲を拡大し過ぎると，特に低風量では，一度室内機から吹き出した風を再度吸い込んでしまうショートサーキットが発生し，頻繁なサーモON/OFFを誘発したり，逆に高風量域で風がユーザに直接あたることによるドラフト感や冷風感で，快適性の低下が発生したりするので注意が必要である．

最近では，特にルームエアコンなどの製品で，赤外線センサを利用した人検知機能が搭載され，人のいない方向に風を吹き出すよう制御するなど，風向制御も組み合わせておこなうものが増えてきている．

また，室外機でも風量制御をおこなうことで省エネを実現できる場合がある．たとえば中間期に冷房や暖房運転をおこなう場合に，風量を低下させてファン動力を抑えることで省エネにできる場合がある．風量を低下させると，熱交換器での空気側熱伝達率が低下し，冷房であれば高圧が上昇し，暖房であれば低圧が低下する．これは圧縮機動力の増加につながるが，冷暖房負荷の小さい中間期で熱交換器能力に余裕がある場合，風量を低下させることによるファン動力の低下が，圧縮機動力の上昇を上回る場合があるからである．

本項では，まず風量変化させた場合の基本的な熱交換器の挙動を説明する．またその結果，システム側にどのような影響が発生し，その対応のためにどのような冷凍サイクル制御をおこなうのかを説明する．また，室内機サーモOFF時の風量制御や風量自動運転なども説明する．

(1)　風量変化させた場合の基本的な熱交換器の挙動

熱交換器の風量を変化させることによって，空気側で処理できる熱量が変化する．熱交換器の空気側での熱交換量 Q_{hex} は以下の式(4.3-1)で表される．

$$Q_{\mathrm{hex}} = \rho_{\mathrm{a}} G_{\mathrm{a}} \left(h_{\mathrm{in}} - h_{\mathrm{out}}\right) \tag{4.3-1}$$

ここで ρ_a は吸込空気の密度、G_a は熱交換器を流れる空気の体積流量，h_{in}，h_{out} は吸込，吹出の空気エンタルピーである．入口空気条件が一定の場合，ρ_a，h_{in} は変化しないので，熱交換量は G_a と h_{out} の値によって変化することになる．

単位質量流量あたりの伝熱量を Q' とすると

$$Q' = h_{\mathrm{in}} - h_{\mathrm{out}} \tag{4.3-2}$$

となるが、その時の相当伝熱面積を A' とすれば，Q' は以下のようにも記述できる．

$$Q' = \alpha_{\mathrm{a}} A' \Delta T \tag{4.3-3}$$

ここで α_a は空気側の平均熱伝達率，ΔT は熱交換器の表面温度と空気バルク温度の代表温度差である．実際の熱交換器では伝熱管とフィンの温度に分布があるが，風量制御に用いるモデルでは，式(4.3-3)のような簡略化した式で検討することが一般的である．

また α_a は次のような熱交換器の通過風速 V をパラメータとする式(4.3-4)で記述されることが一般的である．

$$\alpha_{\mathrm{a}} = C_1 \ V^{C_2} \tag{4.3-4}$$

C_1，C_2 は熱交換器のフィン形状やフィンピッチなどによって決まる係数である．**図4.3-7**に代表的なフィンでの式(4.3-4)の関係を示す．

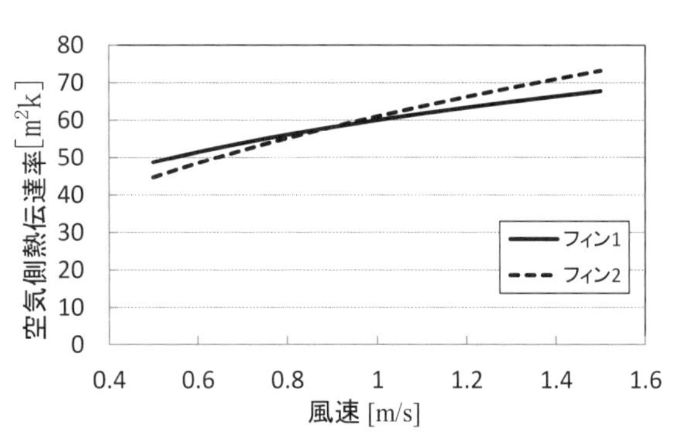

図4.3-7　空気側熱伝達率の例

ここでフィン1は風速変化による α_a への影響が小さいフィンであり，フィン2は逆に風速変化による α_a への影響が大きいフィンである．

これら式(4.3-2)～(4.3-4)から，熱交換器の出口側の空気エンタルピー h_{out} は通過風速 V の変化，すなわち風量 G_a の変化による熱伝達率 α_a の変化の影響を受けることがわかる．また G_a が変化すれば，空気と伝熱面の接触時間が変化し、熱交換器出口の空気温度に影響が発生する場合もある．また熱交換器内の冷媒温度は一定でも，冷媒側と空気側の温度差のバランスが変化し，熱交換器の表面温度が変化する場合もある．したがって ΔT にも影響が発生し，これも h_{out} に影響を及ぼす．

ここで一例として，冷房時の室内機の挙動を例にとり，風量を低下させた場合について考えてみる．

風量 G_a を低下させると，式(4.3-1)に示したように風量低下分による熱交換量の減少が生じる．また式(4.3-2)～(4.3-4)で示したように，風量の低下に伴い，通過風速も低下し，空気側の熱伝達率が低下する．このとき式(4.3-3)の ΔT は若干増加する場合もあるが，通常は熱伝達率低下の影響の方が大きく，式(4.3-1)の h_{in}，h_{out} の差が減少し，さらに熱交換量が低下する．このとき冷媒側の循環量や冷媒温度に変化がなければ，冷媒が熱交換器出口までに蒸発しきらず，熱交換器出口で二相状態のまま流出することになる．

風量の低下度合いが大きく急激な場合は，熱交換器出口の冷媒乾き度が大きく低下し，圧縮機に二相状態の冷媒が吸入され，圧縮機の損傷につながるおそれがある．このため，風量の低下に伴い，膨張弁を適切に絞ったり，圧縮機回転数を適切に低下させたりして，冷媒循環量を減らす必要がある．また，このとき膨張弁開度と圧縮機回転数の制御をうまく連動させないと，蒸発圧力が上昇して蒸発温度の上昇を招き，余計に熱交換器出口の冷媒乾き度が低下する．逆に蒸発圧力の低下を招いて蒸発温度が低くなり熱交換器出口の冷媒過熱度が大きくなり過ぎて，効率を低下させたりすることがあり，注意が必要である．たとえば熱交換器での蒸発温度 8 ℃，膨張弁入口温度 40 ℃，出口過熱度 5 K，風量 23 m^3/min で定格運転している容量 8.0 kW の室内機で，風量を 23 m^3/min の状態から 16 m^3/min まで落とした場合，熱交換器と空気の温度差に変化がなければ，空気側の熱交換量は約 70% 以下に低下する．冷媒循環量が同一であれば，冷媒側の熱交換器出入口エンタルピー差は約 70% 以下に低下することになる．冷媒が R 410A の場合，風量変化前のエンタルピー差は約 163 kJ/kg だが，風量変化によってエンタルピー差が 70% となり，熱交換器出口での冷媒乾き度は 0.73 まで低下することになる．このまま放置すれば，圧縮機に大量の冷媒液が吸入されてしまう．

実機では，ファンやモータの慣性により風量がステップ状には変化せず，完全に風量が変化するまで時間がかかり，また熱交換器の熱容量などによって，冷媒蒸発量もステップ状に変化するわけではないので，ここまで多くの冷媒液が吸入されることはないが，風量変化が頻繁におこなわれる場合は適切な制御をおこなわない限り，このような運転が繰り返され，圧縮機の寿命を縮めてしまうことにつながるので，制御設計が重要となる．

(2) 風量変化に対応する冷凍サイクル制御

（1）に記載した通り，風量変化時に適切な冷凍サイクル制御をおこなわないと，圧縮機の信頼性に悪い影響を及ぼす可能性が高くなる．特に連絡配管が長配管となる設置環境の場合，熱交換器やアキュムレータなどの容器類で保持できる冷媒量に比べ，総冷媒量がかなり多くなる店舗用エアコンやビル用マルチエアコンでは，その可能性が増大する．

そのため，製品にはさまざまな制御が搭載されている．たとえば，（1）に記載したように，風量が大きく変化した場合，通常のフィードバック制御だけで膨張弁開度や圧縮機回転数を制御すると，制御周期やゲインにもよるが，アクチュエータの動作が遅れて，圧縮機に二相冷媒が吸入される可能性があるので，熱交換器出口の過熱度がある値よりも小さくなるとフィードバック制御のゲインを大きくするなどの対策が取られている．

また，いくらゲインを増加させても，フィードバック制御だけではアクチュエータの動作に限界があり，またゲインをあまり大きくすると，システムが不安定化する可能性もあるので，かえって信頼性を損なう結果にもなりかねない．

そこでフィードバック制御に加え，フィードフォワード制御を併用する場合もある．たとえば風量変化によるフィードフォワード制御を併用する，または目標過熱度と過熱度の偏差によるフィードフォワード制御を併用するなどの制御がおこなわれている．

また，これらの設計をおこなうために，従来は実験による動特性の把握がおこなわれてきた．しかし，実験で全ての条件下での特性の把握をおこなうことは，現実的に困難であり，それに基づいて設計される制御も保守的にせざるを得なかった．そこで空調機の冷凍サイクルの動特性を予測する過渡シミュレータを利用する動きが近年高まってきている．これらは以前からメーカでは研究開発が進められてきた [*5-6] が，最近では大学が汎用ツールとしてそれらを構築し [*7-8]，制御の最適化や実際の運転状態での性能評価に使用する動きも出てきている．

(3) 室内機サーモ OFF 時の風量制御

室内負荷が室内機の能力可変範囲内に収まっており，かつ室内機の能力制御が十分に最適化されていれば，室温が設定温度に達した際に，室内機は能力を絞ってそのまま安定運転に移行する．しかし，中間期などで室内負荷が小さく，能力可変範囲よりも小さい場合や，能力制御の最適化が不十分で，設定温度に室温が近づいたときに能力が適切に絞り込めていない場合などは，室温が設定温度を超えてしまい，室内機の温調運転が停止される（冷媒の循環が停止される）場合がある．これを室内機のサーモ OFF と呼んでいる．また逆に室内機が停止したのちに，再起動し温調運転を開始することをサーモ ON と呼んでいる．

通常サーモ ON/OFF する室温は，設定温度の± 1 K または± 0.5 K で設定されることが多い．たとえば冷房の場合であれば，設定温度よりも室温が 1 K 低くなったときにサーモ OFF し，停止後室温が上昇してきて設定温度よりも 1 K 高くなったときにサーモ ON するということである．

このときの風量制御は空調機によってさまざまである．従来，ルームエアコンではサーモ OFF 時にファンを停止し，送風を止めるものが多かった．これは冷房時やドライ運転時に熱交換器に凝縮して付着した水滴の再蒸発を防ぐためである．また，暖房時の場合は冷風感を防止するためである．

一方，店舗用エアコンやビル用マルチエアコンでは，室内機がサーモ OFF しても，ファンを停止させないものが多かった．これは送風運転のサーキュレーション効果を期待したものである．ただし，暖房の場合はサーモ ON 時の風量よりも風量を下げて運転することが多い．これは冷風感を防止するためである．

また，サーモ OFF 時の冷凍サイクル側の制御は，基本的には膨張弁を全閉し，冷媒の流れを止めている．しかし，例外としてマルチ機の暖房運転においては，ほかにサーモ ON している室内機があるかぎり，膨張弁を全閉せず，ごく少量の冷媒を流す制御をおこなっている．これは，マルチ機の暖房運転でサーモ OFF 機の系統の膨張弁を閉じきってしまうと，その室内機に冷媒が凝縮してたまり込み，ほかの運転している室内機に必要な冷媒循環量を確保できなくなるおそれがあるからである．

(4) 風量自動制御

風量自動制御とは，目的に応じて室内機風量を自動調整し，最適な運転を保つ制御である．特に能力を負荷に合わせて自動調整する場合に大きな効果を発揮する．これは前述したように風量変化による能力調整範囲が大きいためである．

一般的には空調機のリモコンで風量設定を「自動」にすると，風量自動制御となる．

単純な風量自動制御では，室温が設定温度に近づくと風量を徐々に落として，能力を絞るものがある．しかし省エネ性と快適性を両立するためには，風量，熱交換器での冷媒飽和温度（冷房時であれば蒸発温度，暖房時であれば凝縮温度）や飽和温度と熱交換器出口との冷媒温度差（すなわち冷房時であれば過熱度, 暖房時であれば過冷却度）を，それぞれどのように調整するのが最も省エネかを十分考慮して設計をおこなう必要がある．

同一能力を発生させる場合，冷房，暖房ともほとんどの運転条件で室内機の風量を増加させた方が省エネになる．

風量を増加させると室内機ファンの消費電力は増加するが，熱交換器での冷媒温度が抑えられる（すなわち冷房時であれば蒸発温度を高く，暖房時であれば凝縮温度を低くできる）ため，冷凍サイクルの高低差圧が減少し，圧縮機の消費電力は減少する．ほとんどの運転条件ではこの圧縮機の消費電力の減少が室内機ファンの消費電力の増加よりも大きいため，風量を増加させた方が省エネになるからである．

ただし，ある限度以上に風量を増加させると冷房では除湿できなくなる．暖房では冷風感が発生するなどの問題が生じるので注意が必要である．

実際の製品に搭載された風量自動制御の例については，6.4 節ビル用マルチエアコンの中で説明する．

記　号

A	表面積	m^2
G	風量	m^3/min
h	比エンタルピー	kJ/kg
Q	能力または負荷	kW
ΔT	温度差	K
V	風速	m/s
ギリシャ記号		
α	熱伝達率	W/m^2K
ρ	密度	kg/m^3
添字		
a	空気側	
hex	熱交換器	
in	入口側	
out	出口側	

引　用　文　献

1) 伊藤正昭，小暮博志，吉永信也，星野良一，若林信弘，工藤光夫，楠本寛：冷講論，p.73，p.74．博多（1996）．
2) 早瀬岳：冷空講論，A143，p.37，札幌（2012）．
3) 早瀬岳：冷空講論，A121，p.12，札幌（2012）．
4) 早瀬岳, 趙洪琪, 徐康台：冷空講論, pp.405, 東京（2011）．

参　考　文　献

*1) 伊藤正昭，小暮博志，吉永信也，星野良一，若林信弘，工藤光夫，楠本寛：冷講論，pp.73-76，（1996）．
*2) 鎌田俊光，金鉉永，藤野宏和：冷空講論，A143，札幌（2012）．
*3) 早瀬岳：冷空講論，A144，pp.41-42，札幌（2012).
*4) 早瀬岳，趙洪琪，徐康台：冷空講論，pp.403-406，東京（2011）．
*5) 畝崎文武, 松岡文雄：冷空論, **18**(3), pp.321-330(2001)．
*6) 畝崎文武, 松岡文雄：冷空論, **18**(3), pp.331-339(2001)．
*7) 大野慶祐，齋藤潔，中村北斗，村田博道，神野幸宏，小西克浩，中曽康壽：冷空講論，E223，pp.447-450，金沢（2010）．
*8) 大野慶祐，齋藤潔，伊藤卓，三枝隆晴，中慎也：冷空講論，B132，佐賀，（2014）．

（藤野　宏和・笠原　伸一）

4.4　水冷 / ブライン熱交換器

4.4.1　構成 / 種類 [*1)*2)]

水またはブラインを用いて冷媒の加熱や冷却をおこなう熱交換器には，シェルアンドチューブ，二重管，プレート型があり，凝縮器や蒸発器として用いられている．凝縮器では，蒸気冷媒が，冷却水の顕熱によって冷却され，液化して凝縮する．蒸発器では，冷媒液が，冷媒よりも高温の水の顕熱によって加熱され，蒸気化する．

上記 3 種の水冷 / ブライン熱交換器について，構造と特徴を以下に示す．

(1)　シェルアンドチューブ式熱交換器

構造は鋼板製円胴内に多数の伝熱管を配置したもので，水は管内を流れ，冷媒は管外を通過する．

a)　横型シェルアンドチューブ式凝縮器（図 **4.4-1** 参照）

冷却水が流れる伝熱管はその両端を鋼板製の管板に固着させ，冷媒の気密を保っている．冷却水は，冷媒との温度差を確保するため，水室下部より流入し，管板の外面に取り付けた水蓋の内面に設けられた仕切りによって，下段の伝熱管から上段の伝熱管までの間を数回往復した後，上部出口より流出する．このような多通路式（マルチパス式）

にすることにより，必要な冷却水流速を確保し，熱伝達の向上と水あか堆積の防止を図っている．伝熱管はメンテナンスのために伝熱管の交換を可能とするものもある．冷却水流速は，熱伝達率を向上させるには大きい方が望ましいが，腐食への配慮とポンプ動力が過大にならないように，一般には 1 ～ 3 m/s の範囲になるよう設計されている．冷却水は一般的な水道水を補給水とする冷却塔から循環水などを用いる．

蒸気冷媒は胴の上部（冷媒蒸気入口）より流入し，伝熱管外表面で凝縮して胴の下部に溜まる．下部の冷媒出口（液出口）は冷媒液のみが流出するように胴の最低部に設けられている．また，底部に小さいくぼみを作って，そこに液出口を設けたものもある．

冷媒蒸気は凝縮後，いくらか過冷却された冷媒液となって流出する．これは流出した液が配管内を流れる間に圧力が降下し，液中に蒸気（フラッシュガス）を発生して装置の冷凍能力の低下や制御安定性を欠くなどを防止するためである．冷媒出口を冷媒液化させるためには，冷媒流量あるいは循環する冷却水流量をコントロールする必要がある．

凝縮器では，伝熱性能を向上させる場合には，冷媒側の伝熱管外表面に各種の加工を施した伝熱促進管が使用されている．

現在，伝熱管として一般に使用されているローフィン管（ローフィンチューブ）を**図 4.4-2** に示す．この管は主として伝熱面積の増大を図ったものである．これに対し，**図 4.4-3** のように管表面に先端のとがった微細フィンを設けることによって熱伝達率の向上を図るケースもある．

管の材質は，フルオロカーボン用では主として銅が使用されるが，アンモニア用では腐食性のため銅系材料が採用できないこと，冷媒側熱伝達率がフルオロカーボンに比べて大きいことなどにより，フィンのない裸鋼管が使用されている．

伝熱管内の水あか除去には，薬剤による化学洗浄か，ブラッシングによる機械的洗浄がおこなわれる．また，後者による洗浄と，管の交換が可能なように，水室は取外しが可能な構造となっている．

b)　満液式シェルアンドチューブ蒸発器（**図 4.4-4** 参照）

この形式，構造の蒸発器では，蒸発器内を流れる冷媒の大部分は液である．

主要部は円筒胴と伝熱管群により構成されており，冷媒液は胴の下部から供給され，伝熱管群が絶えず冷媒液に浸っているように次節（4.4.2）で示すフロートで冷媒液面は一定に保たれている．冷媒液の沸騰・蒸発によって伝熱管内の冷水やブラインを冷却し，発生した冷媒蒸気は上部からほぼ飽和の状態で圧縮機に吸い込まれる．

この方式の特徴は，冷媒側の熱伝達率が大きく，さらに蒸発器内での冷媒圧力降下が小さいことである．水を冷却する場合に冷媒の蒸発温度が氷点以下であると，伝熱管内の水が部分的に凍結し，伝熱管を閉塞破壊させる危険性がある．このため，冷水温度が凍結のおそれのある温度になると圧縮機を停止する凍結防止温度スイッチや冷却管の外面に冷水を膜状に滴下する「ボーデロ形蒸発器」などを用いて，凍結を防止している．

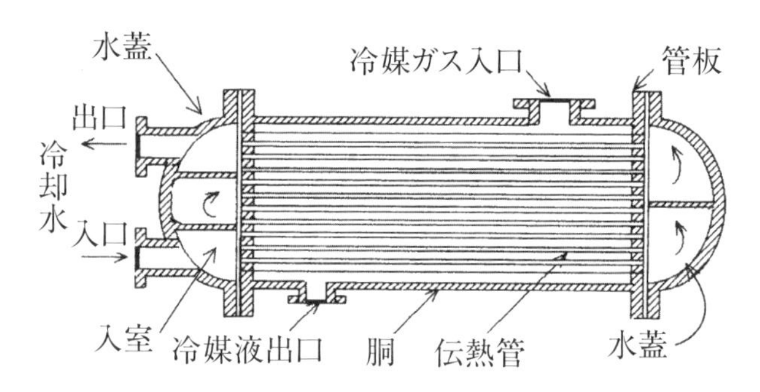

図 4.4-1　横型シェルアンドチューブ凝縮器 [1)]

図 4.4-2　ローフィン管（ローフィンチューブ）[3)]

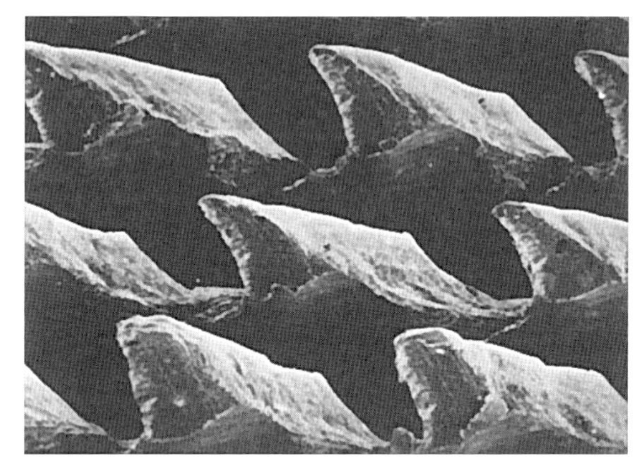
図 4.4-3　伝熱管表面拡大写真 [3)]

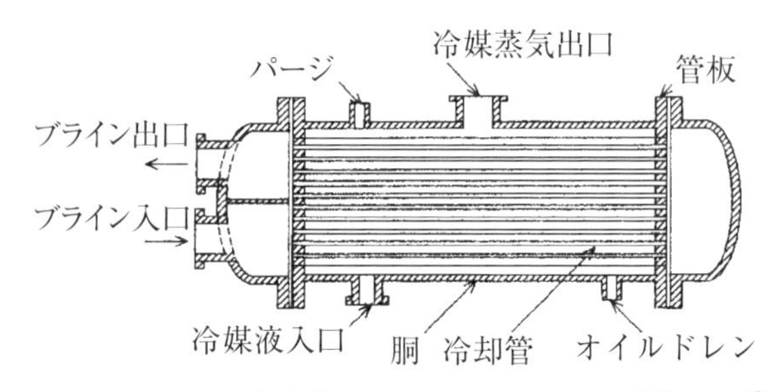

図 4.4-4　満液式シェルアンドチューブ蒸発器 [2)]

(2)　二重管式熱交換器

図4.4-5(a)に見られるように，凝縮器では冷媒蒸気が二重管の内管と外管との間で形成される環状部を上部から下部へ流れ，冷却水が内管内を下部から上部へと対向流で流れて，熱交換をおこなう．

冷媒蒸気は内管と外管との間に形成される環状部を流れるので，シェルアンドチューブ式凝縮器に比べて蒸気流速は大きく，圧力降下も大きい．このため，冷媒出口の飽和温度は低下するが，冷媒と冷却水を対向流としているので，凝縮器出口付近では，冷媒は温度の低い入口の冷却水との熱交換となり，冷媒液の過冷却はシェルアンドチューブ式凝縮器よりもとりやすい．また，冷媒側の熱伝達の促進には，**図4.4-5(b)**に示すようなワイヤフィン付管が内管として使用されている．

構造は簡単であるが，容量を増すには複数の二重管を並列につないで使用する必要があり，構成が複雑になるので，小容量のものに採用されている．伝熱管には曲がり部があるため，水あか除去は化学洗浄によらなければならない．

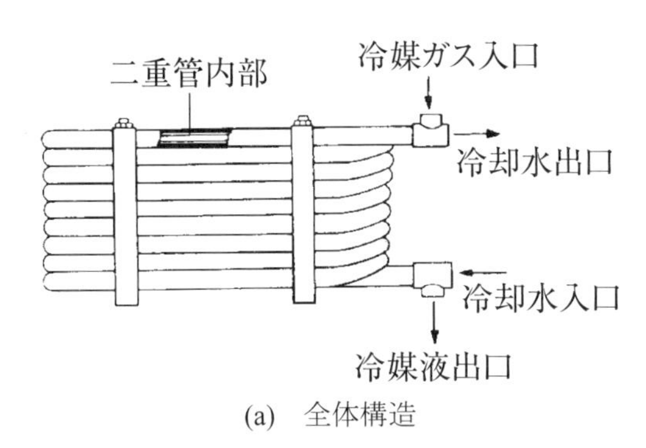

(a)　全体構造

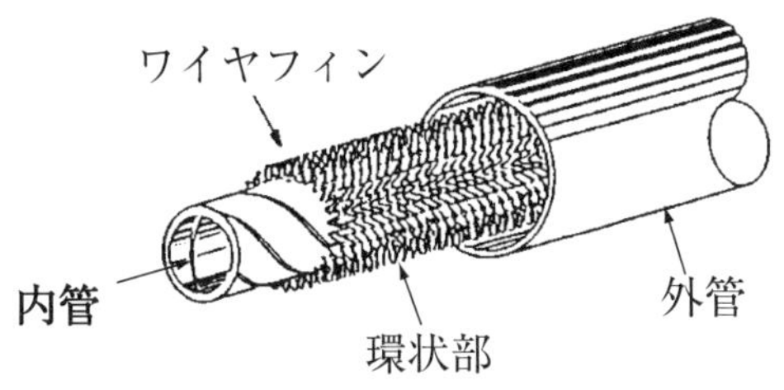

(b) ワイヤフィン付管

図4.4-5　二重管式熱交換器 *3)

(3)　プレート式熱交換器

この形式の熱交換器は化学工業，食品工業などで古くから広く使用されてきたもので，冷凍装置の凝縮器，蒸発器用としては1980年頃から日本でも使用されるようになった．

構造は厚さ0.3～1.2 mm程度の薄い金属板を波形やヘリンボーン形にプレス成型して伝熱板間にした伝熱板で，**図4.4-6**に示すように交換熱量に応じて数枚重ね合わせたものである．これらの伝熱面間に形成される隙間に高温と低温の2流体を交互に流し熱交換をおこなっている．

冷媒の漏れを防ぐため伝熱面にガスケットをはさみ，ボルト・ナットで連結したガスケットタイプと，高気密，高耐圧のため全構成部品をろう付けにより接合したブレージングタイプがある．

熱通過率が水－冷媒の場合，約1.5 kW/（m^2・K）と，シェルアンドチューブ式熱交換器の数倍になるため，伝熱面積を小さくできる．このことから，熱交換器の寸法が小さく，軽量で，構造も簡単であるため，冷凍装置の凝縮器，蒸発器（冷水，ブライン用）として普及している．

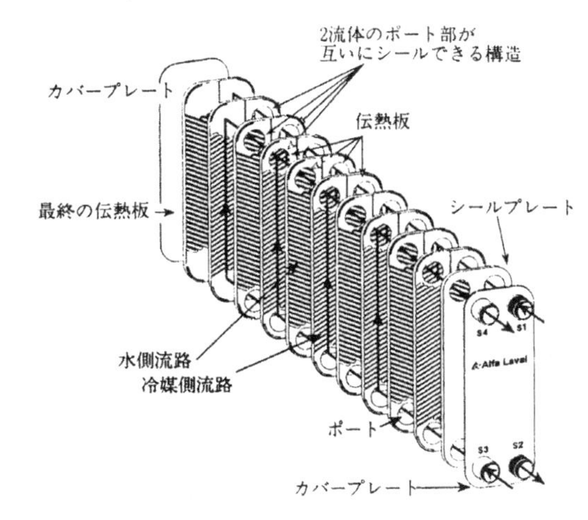

図4.4-6　ブレージングプレート式熱交換器の構造 4)

4.4.2　液面制御（フロートコントロール）*4)

大型の冷凍装置では，満液式蒸発器が比較的多く使用されてきたが，凝縮器，受液器または満液式蒸発器の冷媒液面を一定にすることを液面制御またはフロートコントロールと呼ぶ．この制御は直接冷媒液面の変動により弁を開閉させるため，応答速度が速く，負荷変動の大きな装置にも適し，安定した制御が得られる．この冷媒液面の制御は高圧側および低圧側で利用されている．

表4.4-1に代表的な液面制御方法およびその特徴を整理する．

表4.4-1　液面制御（フロートコントロール）

	メリット	デメリット
高圧側フロート弁制御	凝縮器側の冷媒液を制御することにより，必要冷媒量を抑制できる．	冷凍サイクル内に適正な冷媒量が入っていない場合（オーバーチャージ）圧縮機へ液バックして信頼性上問題が発生する可能性有．
低圧側フロート弁制御	低い吸入*SH*にて制御することが出来るため、蒸発器を活かしながら，液バックも回避できる．	液面が不安定なため、流量コントロール・制御性を確保するのが難しい．
吸入*SH*制御	吸入*SH*を直接コントロールすることにより液バックを回避することができる． ただし，蒸発器の効率は低圧側フロート弁制御より劣る．	蒸発器側の出口*SH*確保のための過熱域が必要となるため，低圧側フロート弁より蒸発器効率は低下．

(1) 高圧側フロート弁制御

高圧側フロート弁は凝縮器または高圧受液器の液面をフロートで検知し一定の高さに保持するよう制御をおこなう弁である．一定に保持するため，液面上に浮いているフロートの上下動作を利用してバルブを開閉する仕組みになっている．

高圧側フロート弁による液面制御のメリットは，冷媒封入量を適切に管理すれば，低圧側フロート弁制御などと比較して冷媒封入量が少なくできること，および付属機器類が常温側に配置され保守点検に便利なことである．しかし，低圧側満液式蒸発器の液面を制御していない場合が多く，供給する冷媒量を，過充填（オーバーチャージ）が発生しないように適正に把握する必要がある．もし過充填した場合は蒸発器から圧縮機に液バックが発生するおそれがあり，系内の冷媒量を適正封入する必要がある．

図 4.4-7 に高圧側フロート弁を示す．動作は凝縮器または高圧受液器の冷媒液が一定量に達すると，フロート⑧が浮き上がりオリフィスニードル⑤が引き上げられ弁が開く．液面が降下するとフロートが下がり弁を閉止させ液の供給を停止する．ベントチューブ⑦はフロート室内に不凝縮ガスがたまると液の流入が妨げられるため，室内にたまった不凝縮ガスを逃がして作動不良の発生を防いでいる．

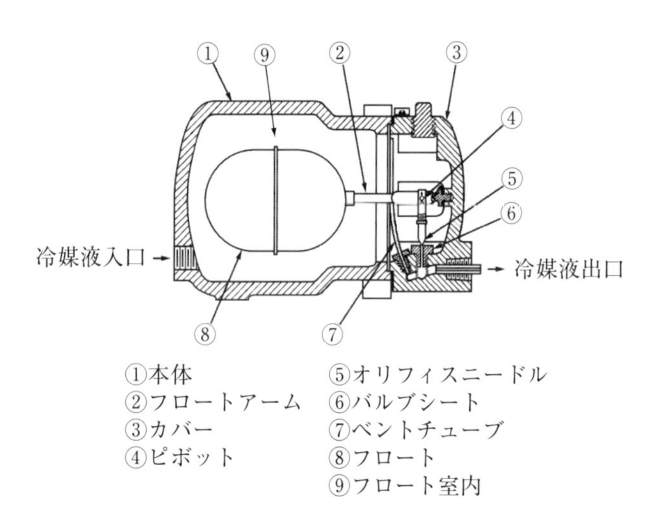

図 4.4-7　高圧側フロート弁 *5)

(2) 低圧側フロート弁制御

低圧側フロート弁は蒸発器において，液面をフロートで検知し一定の高さに保持するよう制御をおこなう弁である．

高圧側フロート弁と動作は同様だが，冷媒液面の検知を低圧側でおこなう点で異なる．一般的に使用されるのは満液式蒸発器の液面を制御するフロート弁である．**図 4.4-8** は低圧側フロートの弁機構を示したもので，サージドラムまたは蒸発器のチャンバに直接挿入して取り付けるタイプと，フロートチャンバをもち接続配管によって，サージドラムまたは蒸発器の液面を取り出して制御するタイプがある．直動式の作動はフロートの上下動作をリンク機構で機械的にニードル弁に伝え，オリフィスを開閉する簡単なもので主に小容量の装置に使用される．容量の大きな装置にはパイロットフロートにより液主弁を制御するパイロット式がある．**図 4.4-9** にパイロット式フロート弁の構造を示す．内部機構は高圧側パイロット式フロート弁とほぼ同じであるが動作は高圧側とは逆の動作をおこなうため，フロートおよび液主弁の構造が異なる．**図 4.4-10** に低圧側パイロット式フロート弁の使用例を示す．パイロット式の作動はフロートの上下動作によってパイロットフロートのオリフィスを開閉し，液主弁のサーボピストン上部の内圧をフロートオリフィスから低圧部に逃がし液主弁を開閉する．この場合のフロートと液主弁を接続するパイロット配管は，圧力降下が小さい配管サイズで，液ポケットのない配管施工と周囲温度によってパイロット配管内で，蒸発しないよう断熱が必要である．低圧側フロート弁は保冷が必要なため，保冷後の動作確認，調整が困難になる．このため設計時に十分な液面位置の検討，保冷前の作動確認をおこなう必要がある．また保冷後にも点検容易な保冷施工を考慮する必要がある．また，フロートチャンバの下部に接続する連絡管は冷凍機油およびスラッジなどの影響により，圧力降下が生じると実際の液面が検知できなくなるため，十分な太さで容器底部より少し傾斜をとる配管施工が望ましい．さらに，圧縮機停止中でも液面が降下しフロートが下がると，送液がおこなわれるため，送液電磁弁を取り付け連動して自動閉止させる必要がある．

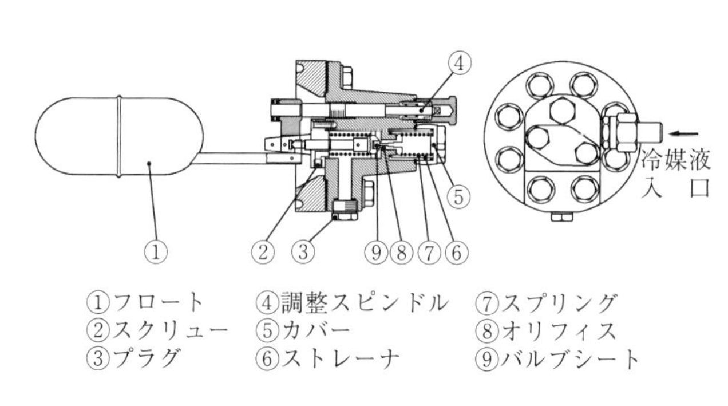

図 4.4-8　低圧側フロート弁 5)

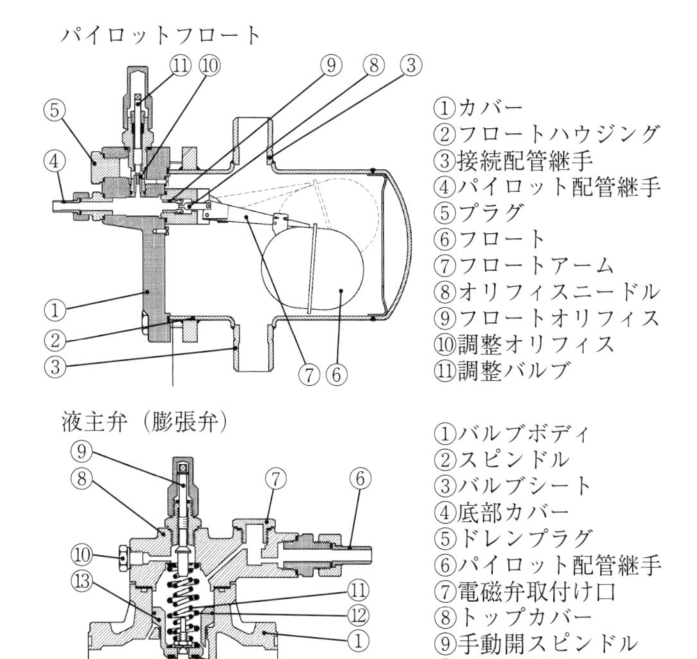

図 4.4-9　パイロット式低圧側フロート弁 [5)]

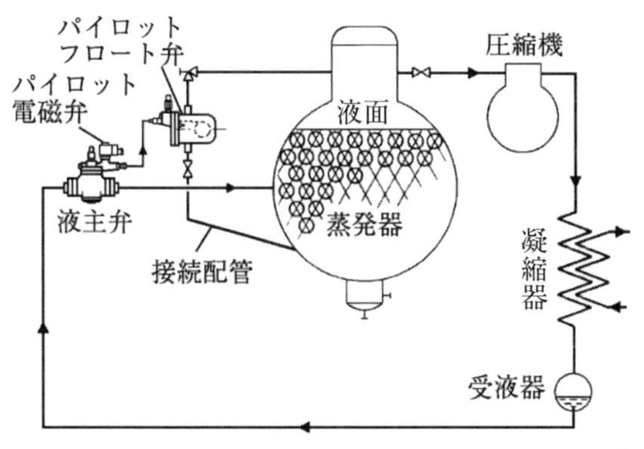

図 4.4-10　パイロット式低圧側フロート弁使用例 [*6)]

(3)　その他制御（過熱度制御，ほか）

フロート弁制御以外によく用いられる制御として蒸発器出口部での過熱度制御がある．蒸発器液部分の温度と圧縮機吸入直前での温度差などにより過熱度を求めて電子膨張弁などでコントロールする方法である．低圧側フロート弁による制御では液面高さを直接コントロールするため，蒸発器を有効利用しやすいのに対し，過熱度制御をおこなう場合には，過熱度を数 K つける必要があり，蒸発器上部にガス空間が出来やすく，低圧側フロート弁制御に対して，蒸発側の熱交換量が低下しやすい．ただし，低圧側のフロート弁制御に対して，出口状態はコントロールしやすく制御性が高いのが特徴である．

そのほか，冷媒液面を計測するレベルトランスミッタとコントローラおよび電子膨張弁で制御をおこなう電子式液面制御や温度式液面制御弁による温度式液面制御などがある．

引　用　文　献

1)　日本冷凍空調学会：「初級標準テキスト 冷凍空調技術」，pp.51，東京（2008）．
2)　同上，p.57．
3)　同上，p.52．
4)　同上，p.53．
5)　日本冷凍空調学会：「冷凍空調便覧」，第 6 版，第 2 巻 機器編，p.103，東京（2006）．

参　考　文　献

*1)　日本冷凍空調学会：「初級標準テキスト 冷凍空調技術」，pp.51-57，東京（2008）．
*2)　日本冷凍空調学会：「上級標準テキスト 冷凍空調技術冷凍編」第 4 次改訂版，p.139，東京（2011）．
*3)　同上，p.52．
*4)　日本冷凍空調学会：「冷凍空調便覧」，第 6 版，第 2 巻 機器編，pp.127-140，東京（2006）．
*5)　同上，p.102．
*6)　同上，p.104．

（前山　英明）

4.5　その他

4.5.1　受液器（レシーバ）[*1) *2)]

冷凍装置で一般的に用いられる受液器（レシーバ）には，高圧受液器，コンデンサ・レシーバ，低圧受液器がある．

受液器の役割を以下に示す．

①　運転条件の変化，たとえば空気熱源ヒートポンプ装置の場合，夏期と冬期で必要な冷媒量が異なるが，多い方を基準に充填量を決め，運転状態で余剰となる冷媒は受液器に吸収させる．

②　冷媒設備を修理する際，大気に開放する部分の冷媒を受液器に回収し，修理作業の容易化，安全化をはかる．

この目的で採用する場合は，修理の状況を考えて受液器に回収すべき冷媒液量の最大容積を定め，これより 25% 以上大きい内容積の受液器を設ける．

③　低圧受液器で冷媒液ポンプと連結して用いられる場合は，ポンプの最大運転状態において，必要な吸込み液レベルを確保することが大切である．

(1)　高圧受液器

高圧受液器は凝縮器で凝縮した液化冷媒（冷媒液）を一時貯える容器で，次の形式のものが使用される．

a)　横型受液器（**図 4.5-1**）

冷媒の種類によらずに使用できる最も一般的な形状である．アンモニア冷凍装置では潤滑油を保持し，低圧部への油流入を極力抑制する働きをする．このため，液体出口下部に油だめのポットを設けることがある．また，船舶用では胴下部の両端に太めの液取出し管を接続し，その中央から液送りだし配管を接続して動揺に対する液封保持を図る場合もある．

b) 立型受液器（**図 4.5-2**）

船舶用などでは動揺に対して受液器の液出口で冷媒蒸気の混入を防ぐ必要がある．そのため，受液器内の冷媒量が少なく，出口配管が常に液で満たされる必要がある場合，また設置場所が平面的に狭いような場合に使用する．一般に高さが胴径の 1.2 ～ 2 倍以下で選定される．

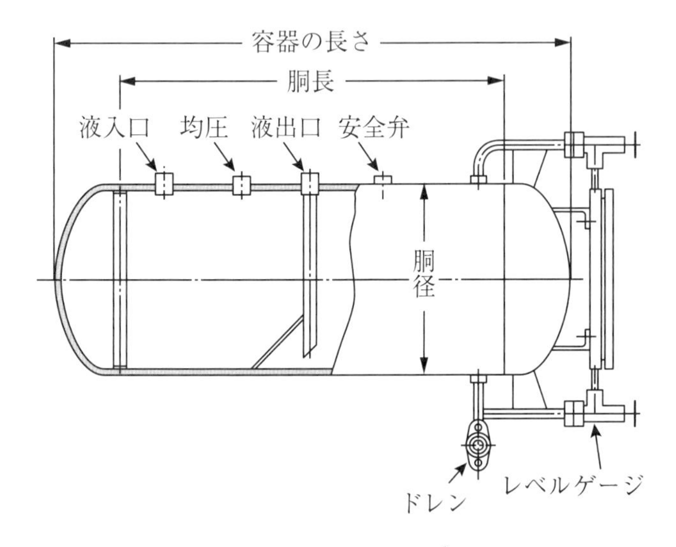

図 4.5-1 横型受液器 [1)]

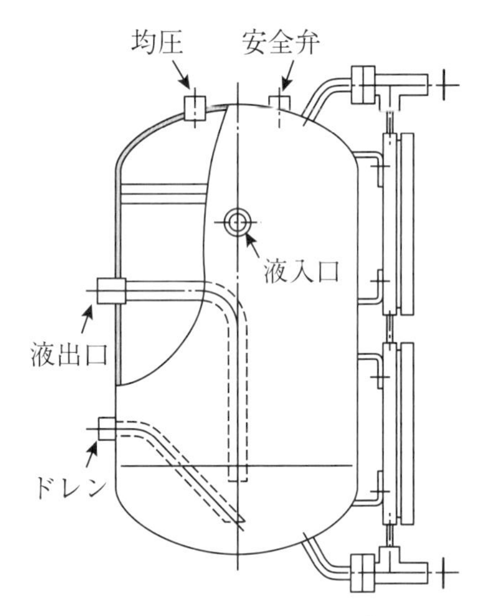

図 4.5-2 立型受液器 [1)]

(2) コンデンサ・レシーバ

水冷凝縮器の胴の下部空間の冷却管を削減し，この部分に液だめをつくり，凝縮器と受液器とを兼用する．この容器の主たる機能は凝縮器であり，小型コンデンシングユニットに用いられている．

なお，この構造では容器内の冷媒液面より上に配置された冷却管は，冷媒の凝縮作用に有効な伝熱面となり，冷媒液面より下に（液中に）配置されたものは，冷媒液の過冷却をおこなう伝熱面となる．

(3) 低圧受液器

冷媒液強制循環式の冷凍装置において，蒸発器に流入し，蒸発器から流出する冷媒液を一時的に貯える．また，冷媒液ポンプの蒸気吸込みを防止するために液面レベルを確保し，さらに冷凍負荷に応じて液面を制御する（**図 4.5-3**）．

アンモニア冷凍装置では満液式蒸発器に付属し，液面レベルの確保を目的とした液だめを液集中器と呼び，低圧受液器と区別している．

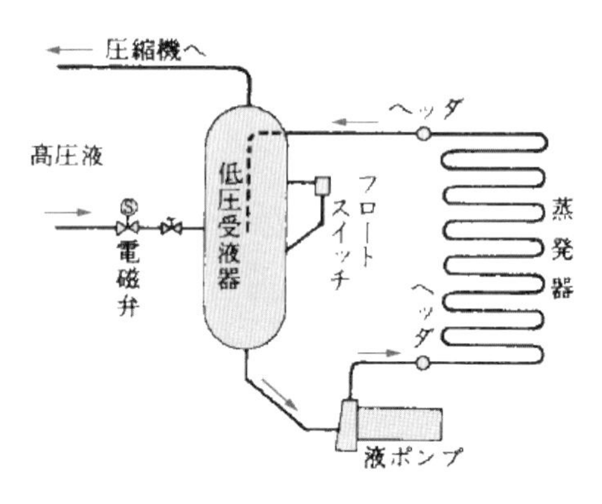

図 4.5-3 低圧受液器 [2)]

4.5.2 アキュムレータ [*3)]

(1) 用途

アキュムレータ（気液分離器とも呼ぶ）は，冷凍装置の蒸発器と圧縮機との間に設ける．これにより，装置の大きな負荷変動などで圧縮機吸込み蒸気に冷媒液または多量の液滴が混じる場合，液を分離して蒸気だけを圧縮機に吸い込ませ，液戻りによる圧縮機の損傷を防ぐことが可能となる．

また，四方弁により，冷房運転と暖房運転（冷水運転と温水運転）が切替可能な場合，延長配管や熱交換器での冷媒状態が異なり必要冷媒量が変化するため，余剰冷媒を定常的にアキュムレータに貯留することがある．

(2) 構造と作用

図 4.5-4 は小型のフルオロカーボン冷凍装置に用いられるアキュムレータ（気液分離器またはサクショントラップとも呼ぶ）の一例である．液滴を含んだ冷媒蒸気は入口管から入り，蒸気の流れの方向変化と流速の低下により，冷媒液と蒸気を分離する．冷媒液と同時に冷凍機油も分離されるため，圧縮機の油枯渇を防止するための注意が必要である．

分離され容器底部に溜まった冷媒液と油は，流出管であるＵ字管底部に開口する小孔から，霧吹きの原理で少量ずつ圧縮機に吸い込まれ，液圧縮を防止できる．油を同伴できるだけの蒸気の流速を確保するよう，Ｕ字管の曲がり部と立上がり部の管径を定める必要がある．この管径が太すぎると適切に少量ずつ油を戻すことができない．なお，この容器の下部に電気ヒータまたは液管を取り付け，冷媒液を積極的に加熱する構造のものもある．

図4.5-5に示すアキュムレータはアンモニア用である．簡単な構造であり，容器内に流入した液混じりの冷媒蒸気の流速を1 m/s以下に落とすことにより，液滴を重力によって分離し容器の下部に溜める．

図4.5-6に示すアキュムレータはアンモニア用であり，多気筒圧縮機用に多孔板を設けてある．液分離の原理は油分離器と同様で，流速1 m/s以下の蒸気の流れに乗った液滴が板に衝突して下方に落ち，蒸気は孔を通り抜けて流れることにより，液と蒸気が分離する．

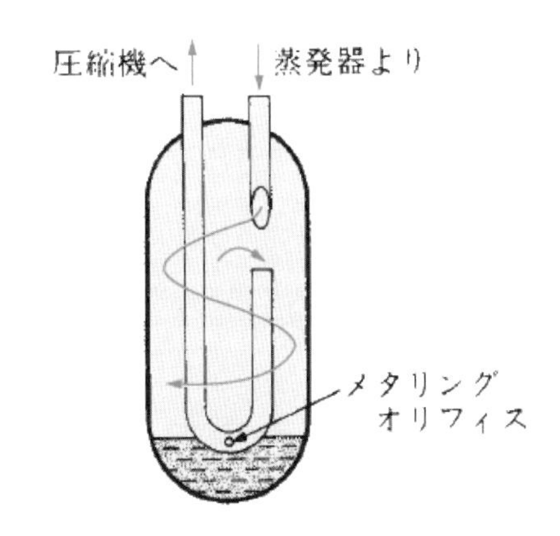

図4.5-4　フルオロカーボン用アキュムレータ[3)]

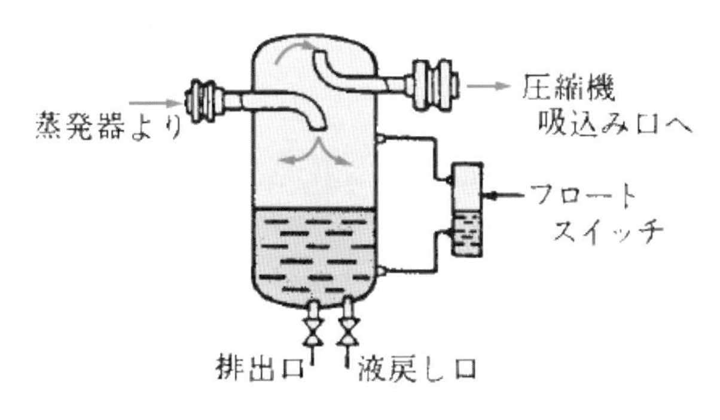

図4.5-5　アンモニア用アキュムレータ[4)]

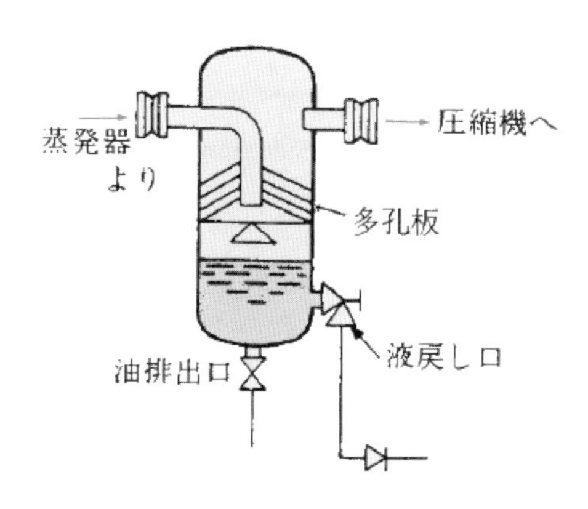

図4.5-6　アンモニア用アキュムレータ（多孔板式）[4)]

引　用　文　献

1) 日本冷凍空調学会：「冷凍空調便覧」，第6版，第2巻 機器編，p. 86，東京（2006）．
2) 日本冷凍空調学会：「上級標準テキスト 冷凍空調技術 冷凍編」，第5版，p.144，東京（2017）．
3) 同上，p.139．
4) 同上，p.134．

参　考　文　献

*1) 日本冷凍空調学会：「冷凍空調便覧」，第5版，第2巻 機器編，p. 119，東京（1993）．
*2) 日本冷凍空調学会：「上級標準テキスト 冷凍空調技術 冷凍編」，第5版，p.139，東京（2017）．
*3) 日本冷凍空調学会：「上級標準テキスト 冷凍空調技術 冷凍編」，第4版，p.138-139，東京（2011）．

（田中　航祐）

4.5.3　油分離器[*1) *2)]

(1)　概説

油分離器は，圧縮機と凝縮器の間に設置し，圧縮機から吐出される冷媒ガス中に微粒となって混入される冷凍機油を分離する容器である．冷凍装置およびスクリュー圧縮機（吐出ガスは潤滑油で冷やされる）では吐出ガス温度が低いため，分離回収された油は自動返油機構（フロート式，差圧式またはポンプ）によって圧縮機に戻すのが一般的である．吐出ガス温度が高い空調機などでは，油分離器で回収した油を，キャピラリチューブを経由して圧縮機低圧側へ戻す場合が多い．

(2)　油分離器を必要とする冷凍装置

油分離器が必要となる機器として下記が挙げられる．

a)　油上がりの多い圧縮機を用いた場合や装置全体の配管距離が長い場合，冷凍機油が系統内を循環して圧縮機に戻ってくるまでに，圧縮機内の油がなくなってしまうことがあるので，これを防ぐために油分離器を設置する．

b)　フルオロカーボン冷凍装置で油がすぐに圧縮機に戻りにくい満液式蒸発器などを用いた場合．

c)　－20 ℃程度以下の低温冷凍装置や超低温用2元冷凍装置．少量の冷凍機油でも低温の蒸発器に入ると粘度が高くなり油が戻りにくくなるうえ，油膜が伝熱作用を阻害し冷却能力を著しく低下させるため．

(3)　形式

以下，油分離器の代表的な形式を説明する．近年は，油分離効率の高いサイクロン式が採用されることが多い．

a)　バッフル式（**図4.5-7**参照）

容器内に小穴の多数ある数枚のバッフル板を重ね，小穴を冷媒が通る際に油滴を分離する．胴体断面積基準のガス通過速度が0.5～1 m/sとなるように設計する．重力によってガスに含まれる油滴を容器下部に落として溜める．胴長は胴径の 2.5 ～ 3 倍が一般的である．冷凍能力から吐出管径を決め，この管径に見合った形番を使用することが多い．

b)　金網式（**図 4.5-8** 参照）

容器内に金網を設置し，冷媒ガス中の油滴を金網で補足する方式．細かなミスト状の油が金網で捕捉されることで凝集し滴下分離される．

c)　デミスタ式（**図 4.5-9** 参照）

デミスタ（繊維状の金属線を編み込んだ金属製ネット）で油滴を捕捉する方式．

d)　サイクロン式 [*2)]（**図 4.5-10** 参照）

サイクロン式は，固気分離の分野で古くから発展してきた技術であり，メッシュなどの分離構造を設けることなく，重力の数百から数千倍程度の遠心加速度を用いて粉体や油滴を分離することができる．このため，比較的安価に製作することができるとともに，目詰まりによる信頼性の低下を生じないという特徴がある．油分離性能は，適切に設計されれば，遠心力分離の効果が大きくなる高流量域では 99%以上の高分離効率となる．低流速になると遠心分離効果が小さくなり重力分離となるが，一般的に広流量範囲にて分離効率 90%程度以上の確保が可能である．

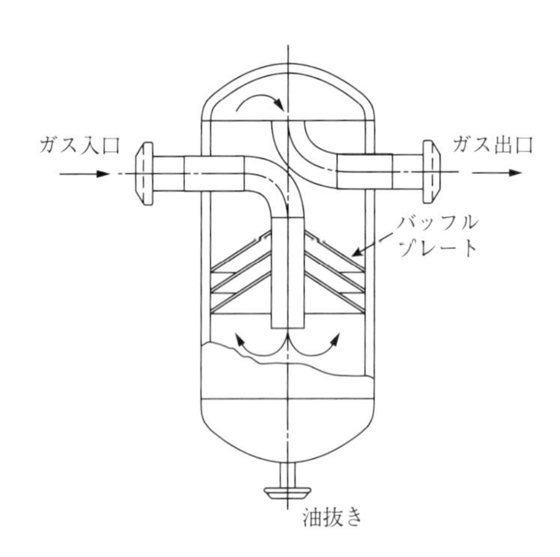

図 4.5-7　バッフル式油分離器 [1)]

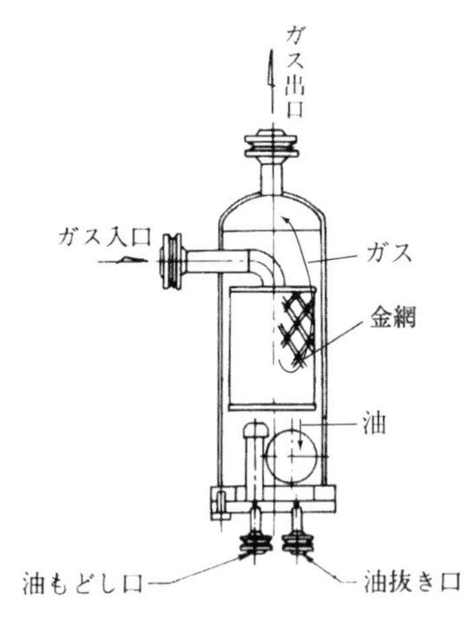

図 4.5-8　金網式油分離器 [*3)]

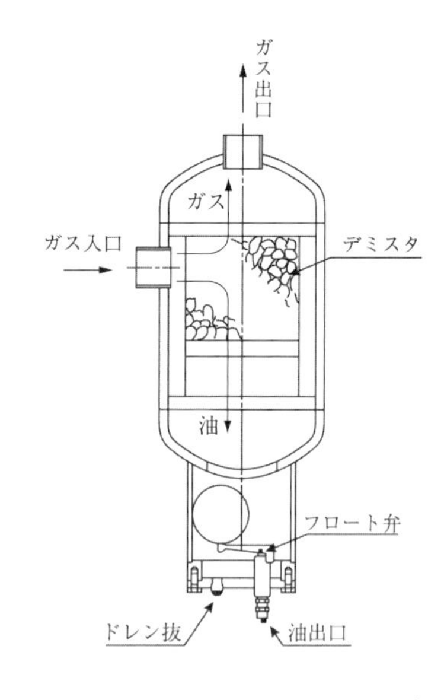

図 4.5-9　デミスタ式油分離器 [*4)]

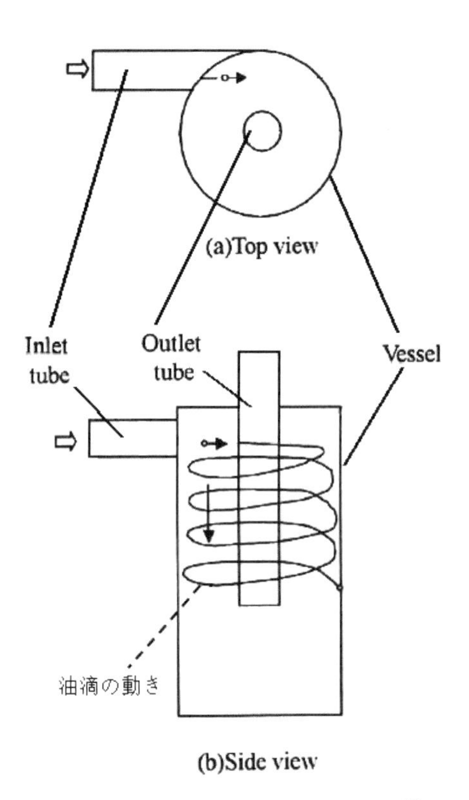

図 4.5-10　サイクロン式油分離器 [*5)]

4.5.4　電磁弁 [*6)]

(1)　概説

電磁弁は，ソレノイドコイルを励磁もしくは非励磁とすることにより開閉をおこなう弁である．ほかの電動バルブ類に比べて比較的安価であり，電気信号のみで開閉できるため操作が容易であり，動作遅れもない．開閉電気信号を圧力スイッチやサーモスタットなどと組み合わせることにより，自動制御に利用されている．適用流体としては，冷媒（ガス，液），水，ブライン，油などがある．

(2) 構造

電磁弁は直動式とパイロット式に大別される．直動式は小容量や開閉に要する差圧が小さい場合に用いられる．パイロット式は大容量または大差圧の場合に用いられるのが一般的である．直動式の例を**図4.5-11**に示す．電磁弁には，ソレノイドコイルに通電することにより開弁するものと閉弁するものがあり，それぞれ通電開形，通電閉形と呼ばれる．使用目的に応じて使い分けるが，通電開形が一般的である．

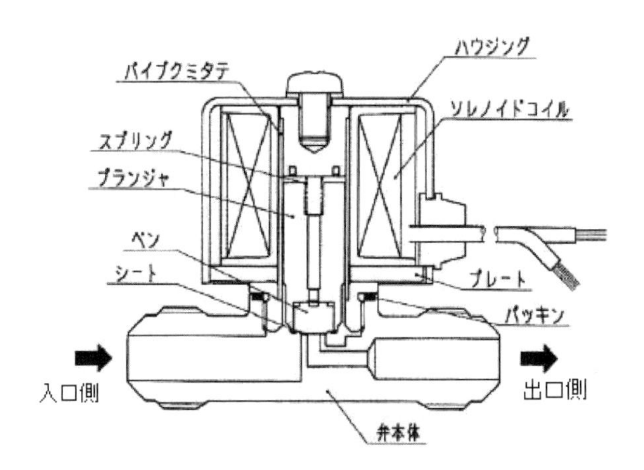

図4.5-11　電磁弁（直動式電磁弁）[2)]

(3) 選定上の注意

電磁弁は容量選定に加え，低温用や高温用など流体の特性や周囲温度に適したものを用いる必要があり，材質やソレノイドコイルの絶縁階級を決定する．また，周囲環境に応じて防水・防湿に対応したソレノイドコイルや，コネクタ，ケースを選定する．振動する場所に取り付ける場合には耐振動性のものを爆発性ガスなどの環境下では防爆形電磁弁を使用しなければならない．

(4) 冷凍サイクルでの適用

フルオロカーボン用電磁弁として用いる場合には，高温のガス回路に使用される場合の弁内部品の耐熱性や，ソレノイドコイルの絶縁階級に注意する必要がある．フルオロカーボン系冷媒用には銅合金やステンレスなどが主に用いられ，アンモニア冷媒用には鋳鉄やステンレスなどが主に用いられている．低温流体に用いる場合には結露や着霜するので，耐水耐湿のソレノイドコイルを使用する必要がある．容量は小さすぎても大き過ぎてもトラブルとなる．小さ過ぎる場合には流量不足となり，大き過ぎる場合には，パイロット式では弁前後差圧がとれず弁開閉が不安定になる可能性がある．近年では，電磁弁メーカのホームページで適切な容量の選定が可能となっている．

4.5.5 四方弁[*7)]

(1) 概説

流路を4つもち，流れを変更できる弁を四方切換弁と称し，四方弁と略す．ソレノイドコイルを利用しており，駆動方式としては直動式とパイロット式があり，パイロット式が一般的である．用途としては，ヒートポンプの冷暖運転切換え，暖房時の霜取りなどがある．

(2) 構造

図4.5-12は四方弁の一般的な構造である．弁本体の内部に流路を切り換えるバルブスライドが組み込まれており，両側のピストンと一体的に摺動することで4つの配管を選択的に導通することができる．ピストンのA側とB側は，パイロット部の切替え動作により，片方を高圧，他方を低圧にすることが可能である．このピストンに加わる高低差圧を駆動力として，バルブスライドを動かすことができる．

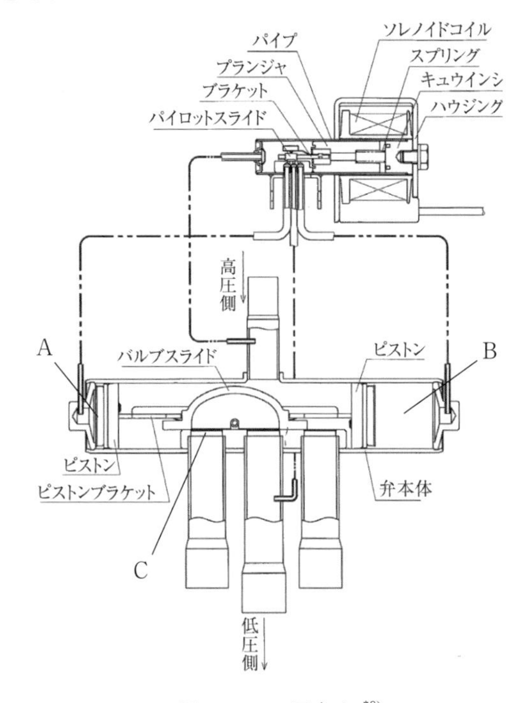

図4.5-12　四方弁[*8)]

(3) 冷暖房サイクルへの適用

四方弁を使用した冷暖房サイクルを**図4.5-13**（冷房時），**図4.5-14**（暖房時）に示す．四方弁によってサイクル内の冷媒の流れ方向を切り換えることにより，冷房運転と暖房運転を1つの装置で運転可能にしている．

(4) 選定上の注意

四方弁を使用する際の注意点としては以下が挙げられる．

a) 容量選定

四方弁は切換時に，高圧側から低圧側に極短時間ではあるが冷媒が流れる特性があり，これをバイパス流量またはバルブスライドがほぼ中間位置で最大となるため中間流量という．圧縮機の吐出容量（流量）がこのバイパス流量より少ないと，切換に必要な圧力差が保持できなくなり，バルブスライドが途中で止まり，切換不能となる．逆に圧縮機の吐出容量に比べ．四方弁の容量（サイズ）が小さすぎると，切換には十分であるが四方弁を通過するときの圧力低下（圧力損失）が大きく，十分な冷暖房能力を発揮できず不経済となる．

b)　最低作動圧力差確保

四方弁の切換動作に必要な圧力差を最低作動圧力差という．この圧力差は冷媒回路の高圧側と低圧側との圧力差から得ており，この圧力差を切換動作が完了するまで保持しなければならない．図 4.5-12 において，ピストン A 側が高圧，B 側が低圧の状態となり，バルブスライドが動き始めると，1 つのポート C は前に低圧であった熱交換器に開放され，高圧冷媒は大きな開口部 C を通って流出する．同時にパイロット弁を通りピストン室 A にも流入するが，これも確保しなければならない．これは切換動作が開始されるときに冷媒回路の吐出側と吸入側との間に適当な流量があると同時に適当な圧力差が必要であることを示している．よって前述のバイパス流量との関連を踏まえ，選定する必要がある．

c)　材質

四方弁を冷凍装置の回路中に入れたために容量が低下する要因として，漏れ，熱交換，圧力損失の 3 つがある．四方弁特有なものとして，熱交換が挙げられる．これは弁体内に高圧の流れと低圧の流れの両方があるためといえる．四方弁も使用している部品の材質や形状にて，上記 3 つのロスの低減を図っているが，使用するシステムとのマッチングを十分に確認する必要がある．

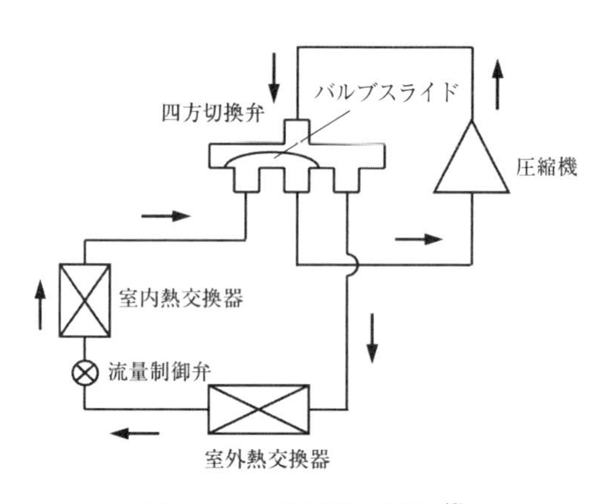

図 4.5-13　冷房時の流れ [*9)]

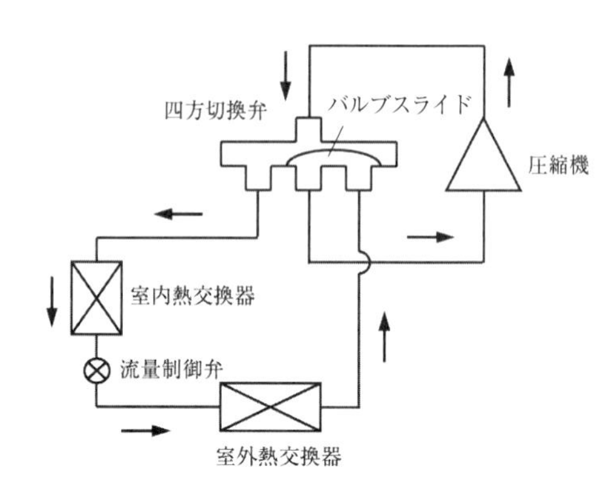

図 4.5-14　暖房時の流れ [*9)]

4.5.6　蒸発圧力調整弁（EPR）[*10)]

(1)　概説

蒸発圧力調整弁（Evaporating Pressure Regulator）は，冷凍サイクルの蒸発圧力を制御する圧力調整弁である．負荷側蒸発器が複数ある場合で設定温度が異なる場合にも用いられる．

(2)　直動式

a)　構造

図 4.5-15 は直動型蒸発圧力調整弁を表す．冷媒は A → B に流れる．蒸発圧力は，図中の A から入り，C の下面を含む空間にかかる．調整スピンドル E によって設定された圧力となるように蒸発圧力が調整される（圧力が高まると B から解放される）．

このように弁が動作することで，冷凍サイクルの蒸発器側の圧力制御が自動的におこなわれる．

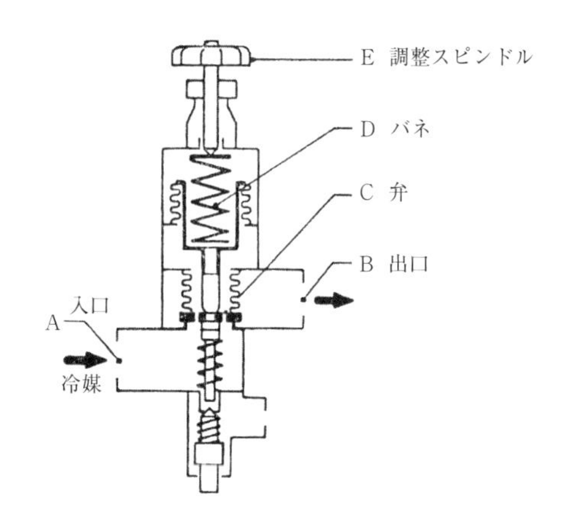

図 4.5-15　蒸発圧力調整弁（直動型）[*11)]

b)　使用例と選定上の注意

図 4.5-16 は冷凍機と蒸発器が 1 対 1 の場合で．蒸発圧力を一定に保つためにパイロット式蒸発圧力調整弁を使用した例である．蒸発圧力調整弁は，蒸発圧力を所定値に維持するものであり，蒸発器の着霜防止，冷却対象の冷やし過ぎおよび過乾燥防止が可能となる．図中の *p-h* 線図において P_0 が一定となるように点 E から A に至る圧力抵抗を調整することでこの機能を実現している．蒸発圧力調整弁は，容量・圧力調整範囲，冷媒の種類，耐圧などの条件から選定する．また，負荷変動幅が大きい場合には，小容量の蒸発圧力調整弁を複数並列設置し，使い分ける方法もある．また圧縮機の吸入圧力の状態は負荷の変動によって E-A 間（*p-h* 線図上）つまり $P_0 - P_s$ 間で変動し，このとき A 点における冷媒ガスの比体積 V_A は E 点における比体積 V_E より大きくなり，圧縮機の能力は減少する．この A 点は，蒸発器から圧縮機間の吸入配管の圧力損失によって決まり，蒸発圧力制御をおこなわない場合と比べ，蒸発圧力調整弁を設置した分だけ圧力損失が増加する．したがって．設計段階で蒸発圧力調整弁の圧力損失による能力の減少を考慮し冷凍機の余力を十分に吟味しておく必要がある．

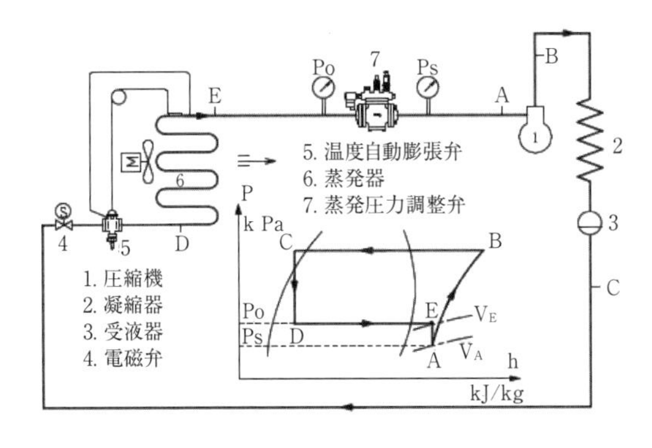

図 4.5-16　温度式蒸発圧力調整弁使用例（パイロット式）[*12)]

(3)　電動式

圧力制御方式（コントロールバルブ）として，電動式蒸発圧力調整弁の例を**図 4.5-17** に示す．圧力センサで検出した蒸発圧力と設定値との差分に基づき電動式モータのバルブ開度で蒸発圧力を調整する．蒸発温度を制御できるので，過冷却度および除湿量制御が可能となる．注意点としては，システム全体での安定運転のほかに，圧力制御方式，蒸発圧力調整弁自体の負荷変動に対する追従性についても考慮が必要である．

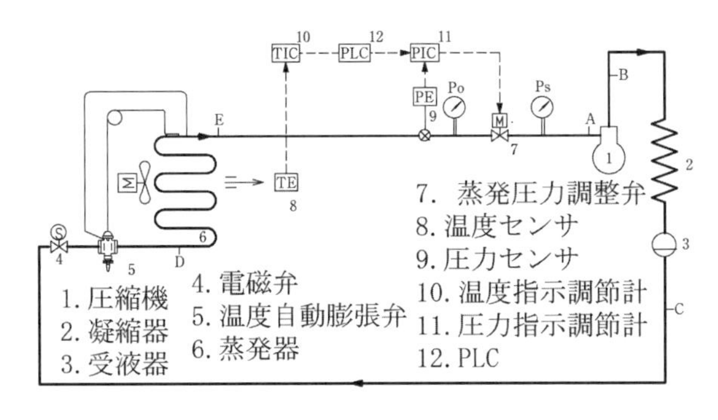

図 4.5-17　電動式圧力制御方式の使用例 [3)]

4. 5. 7　凝縮圧力調整弁（CPR）[*13)]

(1)　概説

冬期および寒冷地において凝縮圧力が上がらず運転に支障をきたすことがある．この対策用に使用されるのが凝縮圧力調整弁（Condensing Pressure Regulator）で，冷凍装置の高圧を一定に維持することができる．

(2)　構造

図 4.5-18 に凝縮圧力調整弁の例を示す．構造は，基本的に直動型蒸発圧力調整弁と同様であり，耐圧強度とスプリング強さが異なる．継手Cは凝縮器出口に，継手Bは凝縮器入口側に接続され，継手Rは受液器に接続される．通常はC→Rの流れだが，外気温度が低下し，凝縮圧力が設定値以下になるとB→Rのバイパス流れへ切り替わる．②ダイアフラム内室にかかる凝縮圧力が設定値以上の場合にB→Rの流れとなる．バイパス流れになると凝縮器に液が溜り，凝縮面積を小さくするため高圧圧力が上昇し，設定値に達するとバルブが切り換えられる．こうして高圧圧力が目標値に保たれる．なお，このバルブは高圧側リリーフ弁としても使用できる．限界圧力に設定し危険圧力に達した場合，低圧側にリリーフさせることができる．

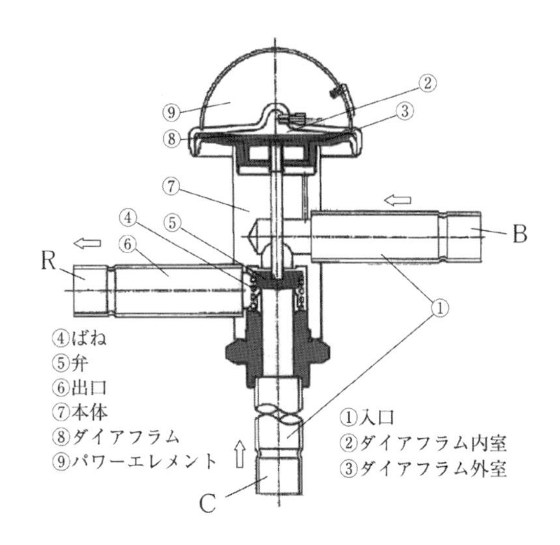

図 4.5-18　凝縮圧力調整弁 [*14)]

(3)　使用例と選定上の注意

図 4.5-19 は高圧圧力調整弁の使用例である．冬期は外気温が下がるので，凝縮圧力が設定値以下になると圧力調整弁は閉じ始める．圧力調整弁が絞られると，凝縮器内に冷媒液が溜り，有効伝熱面積が小さくなるので凝縮能力が減少し，凝縮圧力は一定値に保持される．寒冷地でなくてもホットガスデフロストサイクルなど凝縮圧力を一定値以上に保持したい場合に有効である．なお，夏期は凝縮圧力が高く圧力調整弁は全開にし，冷媒液の圧力降下をなくす．なお，この凝縮圧力調整弁を使用する場合の注意として次の点が挙げられる．冬期の高圧圧力低下を防止するため圧力調整弁を使用している装置では，この圧力調整弁が閉じている間，膨張弁への冷媒供給は受液器からのみとなる．したがって，冷媒量，受液器とも充分な容量を必要とする．

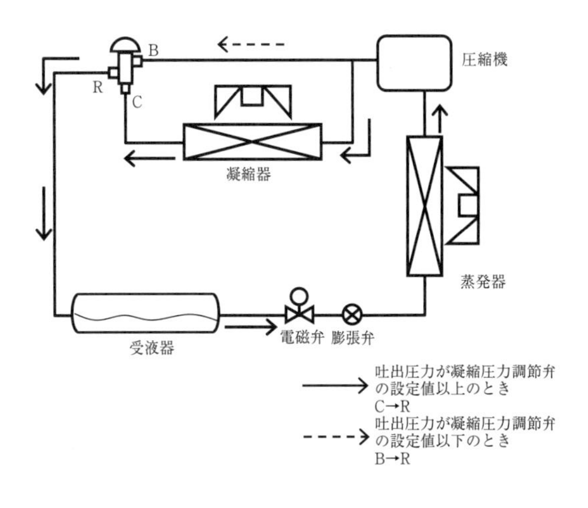

図 4.5-19　高圧圧力調整弁の使用例 [4)]

引　用　文　献

1) 日本冷凍空調学会：「冷凍空調便覧」，第 6 版，第 2 巻 機器編 , p. 79，東京（2006）.
2) 日本冷凍空調学会：「冷凍用自動制御機器」，第 3 版，p. 92，東京（2013）.
3) 同上，p. 130.
4) 同上，p. 133.

参　考　文　献

*1) 日本冷凍空調学会：「冷凍空調便覧」，第 5 版，第 2 巻 機器編，pp. 109-110，東京（1993）.
*2) 村上泰城，若本慎一，森本修：冷空論，**22**（3），315-324（2005）.
*3) 日本冷凍空調学会：「上級標準テキスト 冷凍空調技術 冷凍編」，第 5 版，p.139，東京（2017）.
*4) 日本冷凍空調学会：「冷凍空調便覧」，第 6 版，第 2 巻 機器編，p. 80，東京（2006）.
*5) 村上泰城，若本慎一，森本修：冷空論，**22**（3），320（2005）.
*6) 日本冷凍空調学会：「冷凍用自動制御機器」，第 3 版，pp. 91-98，東京（2013）.
*7) 同上，pp. 109-112.
*8) 同上，p. 109.
*9) 同上，p. 111.
*10) 同上，pp. 116-131，東京（2013）.
*11) 同上，p. 118.
*12) 同上，p. 128.
*13) 同上，pp.125-134，東京（2013）.
*14) 同上，p. 125.

（豊島　正樹）

4.5.8 温度センサ / 温度スイッチ [*1), *2)]

冷凍・冷蔵および空調装置の制御では，温度と圧力が非常に多く使用される．この項では温度制御をおこなうために必要となる温度センサについて説明する．冷媒，水，空気，油などいろいろなものがあり，最適な制御機器を選択し温度制御をおこなう必要がある．たとえば，冷媒の温度を利用し，品物を所定の温度に保持するものである．温度制御の代表的なものとしてサーモスタットがあげられる．

サーモスタットの種類を大別すると機械式サーモスタットと電子式サーモスタットに分けられる．機械式サーモスタットは古くから使用され，現在でも非常に多く使用されている．電子式サーモスタットは温度制御の精密化，高精度の要求などにより，年々進化している．そしてシステム全体の制御が電子化に伴い，温度のセンシングしたデータを基に総合的にコントロールするものも増加している．以下では各種サーモスタットの構造と温度検出方式について記す．

(1) バイメタル式サーモスタット

異種金属を融着またはロール加工した二重金属の温度膨張係数の差により，バイメタルは機械的に湾曲する．この特性を利用して電気接点の開閉をおこなうものである．

(2) 蒸気圧式サーモスタット

一般の空調冷凍装置に数多く使用されているサーモスタットである．**図 4.5-20** のように，感温部の温度により蒸気圧が変化する媒体を感温筒に封入し，キャピラリチューブを経てその圧力をベローズキャップに伝える．ベローズの伸縮により電気接点の開閉をおこなう．使用温度範囲，用途によって下記の 3 方式に分けられる．

a) ガスチャージ方式

使用最高温度で感温筒内の媒体が，すべて乾き飽和蒸気となるようにチャージ量を制限したものである．使用温度範囲では，感温筒内の冷媒は常に湿り蒸気の状態となり，感温筒の温度に相当した飽和圧力でベローズの受圧が変化し，電気接点の開閉をおこなう．この方式では媒体のチャージ量が少ないため，応答速度が速く主に低温用で使用される．感温部よりもベローズ部の温度が高くないと正常に動作しないため，使用時には注意が必要である．

b) 吸着チャージ方式

感温筒内に吸着剤を入れて，ガスを封入してある．吸着剤のガス脱着特性はガスの圧力影響は小さく，ガスの温度によって大きく変化する．吸着剤温度の上昇によって，ガスが吸着剤から放出され感温部の圧力が上昇し，設定温度で電気接点の開閉をおこなう．この方式ではベローズの温度に影響を受けないが，吸着剤を用いるので応答速度は遅い．

c) 液チャージ方式

感温筒内に常に封入媒体の飽和液が存在するようにしたもので封入媒体量が多くなっている．ダイアフラムを用いた温度自動膨張弁と異なり，感温部の温度がベローズの温度より低くなると正常に動作しない．したがって，一般に高温用で使用される．

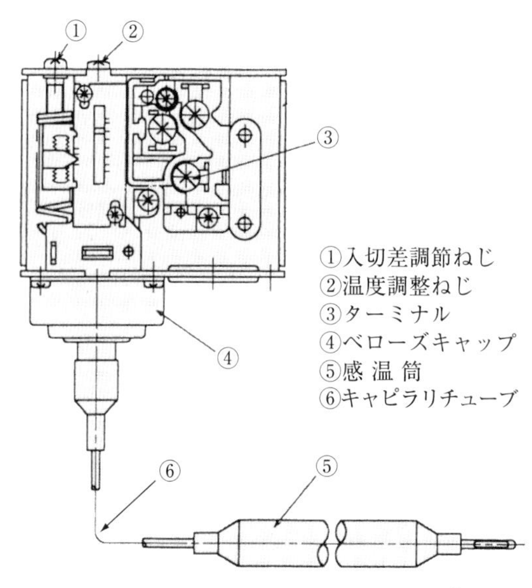

図 4.5-20　蒸気式サーモスタット [*3)]

(3) 電子式サーモスタット

金属，半導体は温度変化を受けることにより抵抗値が変化する．その特性を利用し温度センサを構成する．電子式サーモスタットの基本構造を**図 4.5-21** に示す．ブリッジ回路の一辺を温度センサ（サーミスタなど）として回路を構成し，電気信号に変換する．白金，ニッケルまたはサーミスタによる抵抗体をセンサとし，電子回路設計によりいろいろな制御，操作が可能となる．電子式の特徴として，応答性がよく，*P*（比例）・*PI*（比例積分）・*PID*（比例積分微分）制御が容易に構成できる．また，温度表示をつけることも可能であり，さらに，遠隔操作も容易で，通信機能の要求に対しても対応しやすい．

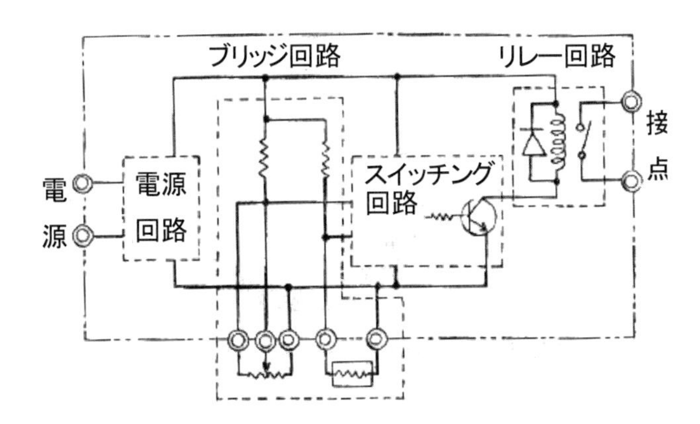

図 4.5-21　電子式サーモスタットの基本構造 [1)]

4.5.9 圧力センサ / 圧力スイッチ [*4)] [*5)]

圧力センサとは，圧力変化を歪などの機械量に変換し，さらに，この機械量を電気信号として出力する計測機器である．圧力センサは，冷凍・冷蔵および空調装置の中でインバータによる圧縮機の回転数制御，電子膨張弁による冷媒流量制御，熱交換器のファンの回転数制御などきめ細かな制御を実現可能にし，速応・高効率・省エネルギー化を図る上で必要不可欠な制御機器である．代表的な圧力センサを**図 4.5-22** に示す．

これは，下記（1）圧力センサの種類 d) であり，図中の受圧面が冷媒により加圧され変形する．その変形量の変化を電気記号としてセンサ部で出力する．

圧力スイッチとは，冷凍・冷蔵および空調装置の中で冷媒・油・水などの圧力変化を検出し，その圧力変化を圧力スイッチ内の機構に伝え，圧縮機の電動機や電子膨張弁などの電気回路に対して ON-OFF 信号を出力する制御機器である．圧力スイッチは用途として，スムーズな運転をおこなうため，保護または安全装置として異常時にシステムの保護をおこなうために圧力状態により ON-OFF 信号を出力する．

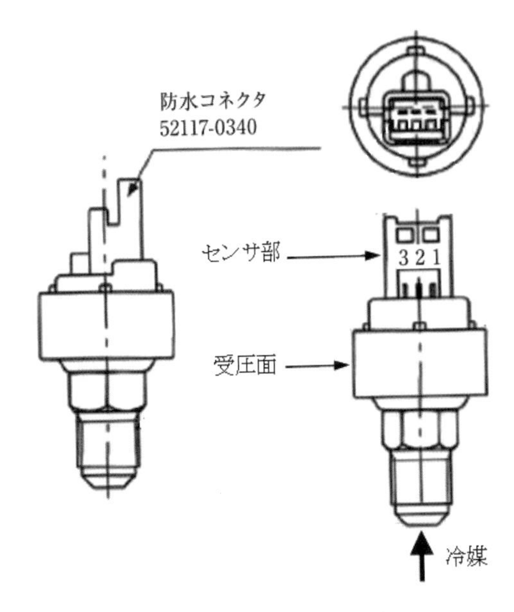

図 4.5-22　圧力センサ [*6)]

(1) 圧力センサの種類

圧力センサの種類を以下に示す．

a) 半導体式圧力センサ

ピエゾ抵抗拡散形，バルク形，薄膜形，容量計などの半導体素子をエレメントとして検出する方式

b) 静電容量式圧力センサ

セラミックなどの絶縁体に電極を配置し，圧力変化によるキャパシタ容量の変化を検出する方式

c) 圧電式圧力センサ

圧電素子をエレメントとして圧力を検出する方式

d) ダイアフラム式圧力センサ

リアクタンス形，作動変圧形，可変容量形などのメカ式の構造の圧力センサ

(2) 圧力スイッチの種類

圧力スイッチの種類を以下に示す．

a) 低圧圧力スイッチ（**図 4.5-23** 参照）

低圧の限界を制御するスイッチ．低圧側圧力が許容値を超えた際に圧力スイッチ内部の電気回路を遮断する圧縮機は圧力スイッチの ON-OFF 信号の出力をともに停止させる．

b) 高圧圧力スイッチ（**図 4.5-24** 参照）

高圧の限界を制御するスイッチ．用途は低圧圧力スイッチと同様で，高圧側圧力が許容値を超えた際に電気回路を遮断し，圧縮機を停止させる．

c) 高低圧圧力スイッチ（**図 4.5-25** 参照）

低圧圧力スイッチと高圧圧力スイッチを一体にまとめ，小型化したスイッチ．

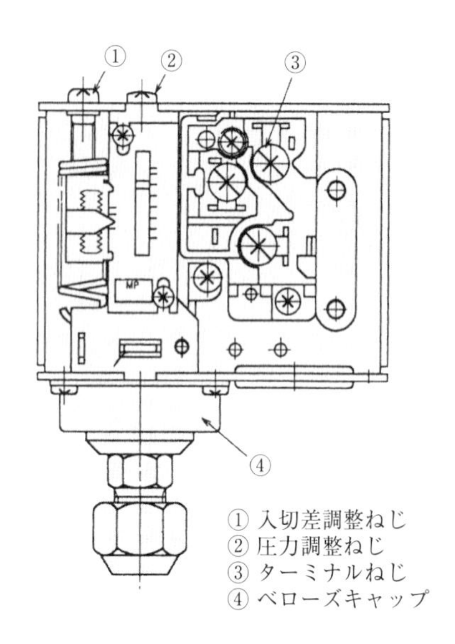

図 4.5-23　低圧圧力スイッチ[2)]

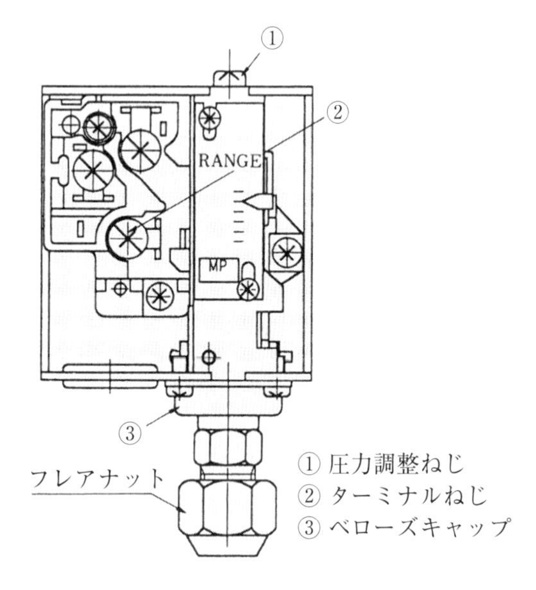

図 4.5-24　高圧圧力スイッチ[3)]

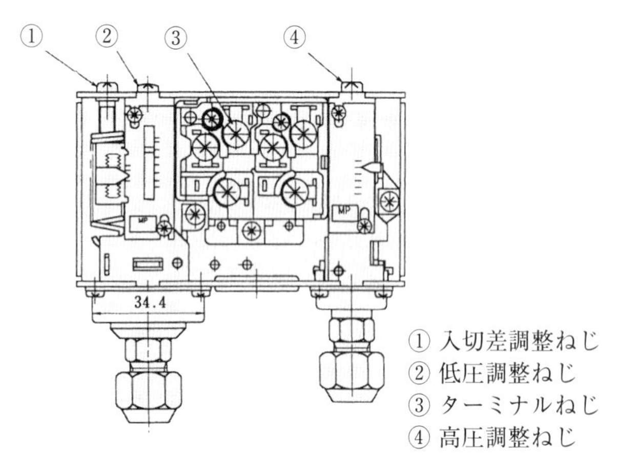

図 4.5-25　高低圧圧力スイッチ[3)]

引　用　文　献

1)　日本冷凍空調学会：「冷凍用自動制御機器」，第 3 版，p. 191，東京（2013）.

2)　日本冷凍空調学会：「上級標準テキスト 冷凍空調技術 冷凍編」，第 5 版，p.176，東京（2017）.

3)　同上，p.171.

参　考　文　献

*1)　日本冷凍空調学会：「上級標準テキスト 冷凍空調技術 冷凍編」，第 4 版，p.172，東京（2011）.

*2)　日本冷凍空調学会：「冷凍用自動制御機器」，第 3 版，p. 191，東京（2013）.

*3)　日本冷凍空調学会：「上級標準テキスト 冷凍空調技術 冷凍編」，第 5 版，p.178，東京（2017）.

*4)　上記 *2)，p.165-166.

*5)　上記 *1)，p.170-171.

*6)　上記 *2)，p. 165.

（田中　航祐）

第5章．冷媒回路

5.1　二段圧縮冷凍サイクル

単段の圧縮機をたとえば蒸発温度－30 ℃程度より低くして使用する場合，圧縮機の吸込みガスの圧力が低くなる．

そうした場合，モリエル線図（*p-h* 線図）から分かるように，冷凍効果は小さくなり，圧縮仕事は大きくなるため，冷凍サイクルとしての成績係数は低下する．

また，吸込みガス圧力が，低いところから吐出圧力まで一気に圧縮するため，圧縮機の吐出ガス温度が高くなり，潤滑油や冷媒の分解の恐れがある．

容積型圧縮機においては，高圧側から低圧側への漏れが避けられないが，その漏れ量は圧力差に比例するため，高低圧の差圧が大きいほど，漏れによる体積効率の低下が大きくなる．

このため，－30 ℃以下の低温を得るシステム（冷凍サイクル）には，低圧（吸込）から高圧（吐出）までの圧縮過程を二段階に分割するサイクルが用いられる．

こうすることにより，各圧縮過程における圧縮比（高圧 / 低圧）を単段圧縮に比べて小さくすることにより，性能（効率）低下を防ぐと共に，一段目（低段とも呼ぶ）の吐出ガスを冷却して過熱度をほぼゼロにして，二段目（高段とも呼ぶ）に吸い込ませることにより，高段の吐出温度（正確には過熱度）を低く抑えることが出来るため，冷凍機油の劣化ならびに冷媒の分解を防ぐことが出来る．

図 5.1-1 に代表的な二段圧縮冷凍サイクルの系統図を示す．

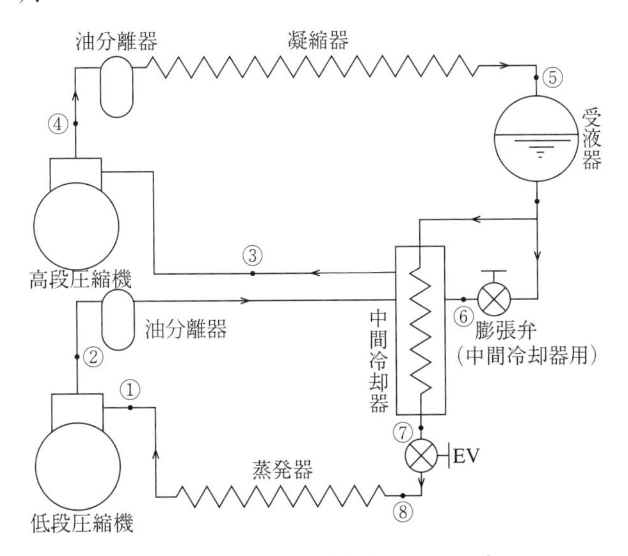

図 5.1-1　二段圧縮冷凍サイクル [1)]

二段圧縮冷凍サイクルについて簡単に工程を記す．

(1)　低温度で蒸発した冷媒ガス①は低段圧縮機に吸い込まれて圧縮され吐出される（②）．

(2)　吐出された過熱ガスは中間冷却器に入り，ほぼ飽和ガス温度まで冷却され（③），高段圧縮機に吸い込まれる．

(3)　高段圧縮機を出たガス（④）は油分離器を経て凝縮器に入り凝縮し液化する（⑤）．

(4)　凝縮した冷媒液の一部を取り出し膨張弁を通して減圧し，中間冷却器に入る（⑥）

(5)　中間冷却器内で，凝縮器を出た冷媒液を冷却すると共に低段圧縮機から吐出したガスを冷却する．冷却に使用しガス化した冷媒は高段圧縮機に吸い込まれる．

(6)　中間冷却器で過冷却された凝縮液（⑦）は，膨張弁で減圧され，蒸発器に入り低温で蒸発する（⑧→①）．

中間冷却の代表的な手法として，エコノマイザやインジェクションがあり，これらについては，次節以降にて後述する．

上記サイクルを**図 5.1-2** の *p-h* 線図上で表す．
前述の①～⑧は，*p-h* 線図上のポイントと符合する．

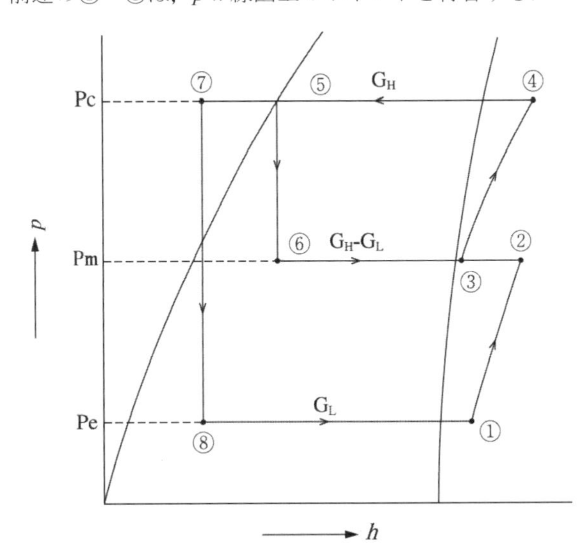

図 5.1-2　二段圧縮冷凍サイクルの *p-h* 線図 [*1)]

二段圧縮サイクルの効率は，上記図 5.1-2 の *p-h* 線図における「Pm」の値に支配される．この「Pm」は高圧（Pc）と低圧（Pe）の中間にあることから「中間圧（力）」と呼ばれる．二段圧縮の場合，その圧縮仕事は低段側圧縮比（Pm/Pe）と，高段側圧縮比（Pc/Pm）が等しいときに最小となる．すなわち，理想的な中間圧 Pm は次式（式 5.1-1）で表される [*1)]．

Pm / Pe = Pc / Pm であり，

$$Pm = \sqrt{Pc \cdot Pe} \qquad (5.1\text{-}1)$$

となる．

図 5.1-1 では，低段側と高段側にそれぞれ単段圧縮機を用いシステムとしては二台の圧縮機で構成したものを示したが，実際の冷凍装置においては，一台の圧縮機の中に，低段側と高段側と区別された圧縮機機構を持ついわゆる「二段圧縮機」が用いられることが多い．**図 5.1-3** にシングルスクリュー二段圧縮機の内部構造例を示す．低段と高段の気筒数比（レシプロ）あるいは押しのけ量比（スクリュー）は，「2」または「3」のものが多い．

レシプロの場合，ケーシングにおける気筒の配置と全体構造上，「低段 3 気筒 + 高段 1 気筒」という構成で，気筒数は「3 + 1 = 4 気筒」のものがある．

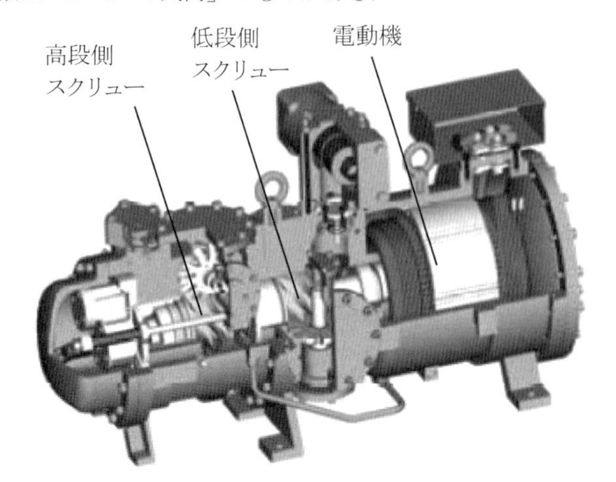

図 5.1-3　シングルスクリュー二段圧縮機の内部構造

二段圧縮サイクルでの冷媒制御における注意事項（ポイント）をスクリュー圧縮機を使用する場合を例に示す．

二段圧縮サイクルにおける中間圧の理想値は式（5.1-1）で示した値，すなわち，$Pm = \sqrt{Pc \cdot Pe}$ である．低段と高段の押しのけ量比を 2 対 1 にすることで，理屈上は実現可能であるが，実際の二段機においては，それほど簡単なことではない．

外乱要因としては下記が挙げられる．

(1)　中間冷却器からの戻りガス冷媒

(2)　電動機の冷却に供したガス冷媒（モータ室から低段吐出と合流）

(3)　油冷却に供したガス冷媒（油を冷却したガスが低段吐出と合流）

これらのガス量によって，中間圧 Pm は変動するため，それぞれ系統において冷媒流量の調整が必要である．また，ユニットの始動時において，空冷の場合，外気温度，水冷の場合冷却水温度が低く，凝縮圧力が低い状態では，吸込圧力が高ければ中間圧の方が凝縮圧力より高くなる場合が起こり得る．そうすると，高圧から中間圧の差圧を駆動力としている冷媒回路，すなわち中間冷却，電動機冷却，油冷却ラインに流れる冷媒量が不足し，異常停止に繋がる恐れがある．そのため，始動時においては，低段と高段の運転容量比を段階的に変化させて，中間圧＞高圧となることを防ぐ制御をしている．

その始動時の容量制御の例を，**図 5.1-4** に示す．

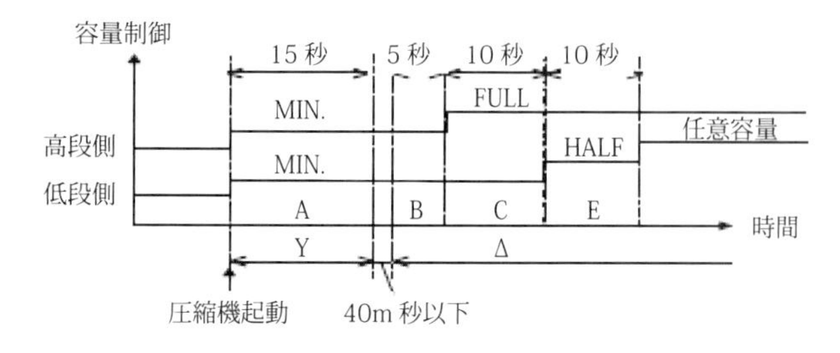

図 5.1-4　二段スクリュー圧縮機起動容量制御パターン[2)]

具体的には，低段と高段の運転容量を最低容量で保持し，一定時間後に運転容量を，最低容量から最大容量にアップする．そうすることにより，低段は最低容量で運転しているため，中間圧の上昇を抑制でき，高圧と中間圧の必要差圧は確保できる．その状態で一定時間運転した後に，低段側を最低容量から中間容量にアップし，その後，温度あるいは圧力制御に従い，任意容量での運転に移行させるというのが一般的な始動制御である．運転容量や容量保持時間は圧縮機の形式や運転限界などの仕様により決定される．

引　用　文　献

1)　日本冷凍空調学会 :「冷凍空調便覧」，第 6 版，第 2 巻 機器編，p.232，東京（2006）．

2)　三菱電機スクリュー二段コンデンシングユニット　テクニカルマニュアル（2004）．

参　考　文　献

*1) 日本冷凍空調学会 :「冷凍空調便覧」，第 6 版，第 2 巻 機器編，p.232，東京（2006）．

（橋本　公秀）

5.2　エコノマイザ

5.2.1　エコノマイザサイクルについて

冷凍サイクルは，成績係数（COP）向上手段として，基準サイクルに過冷却コイルやインタークーラなどの追加機器を付加した各種のサイクルが存在するが，代表的なものにエコノマイザサイクルがある . また圧縮機の吐出ガス温度を抑える中間冷却手段としても効果がある .

図 5.2-1 にサイクル構成と *p-h* 線図上の熱サイクルを，基準サイクルとエコノマイザサイクルを比較して示す[1)]．図 5.2-1 は二段圧縮機を採用したエコノマイザサイクルの一例で，1 段目の圧縮機と 2 段目の圧縮機の間にエコノマイザ（中間冷却器）からの冷媒ガス管が結合される .

図 5.2-1 は二段圧縮機で説明したが，単段圧縮機の中間圧力にインジェクションする方式のエコノマイザサイクルも存在する .

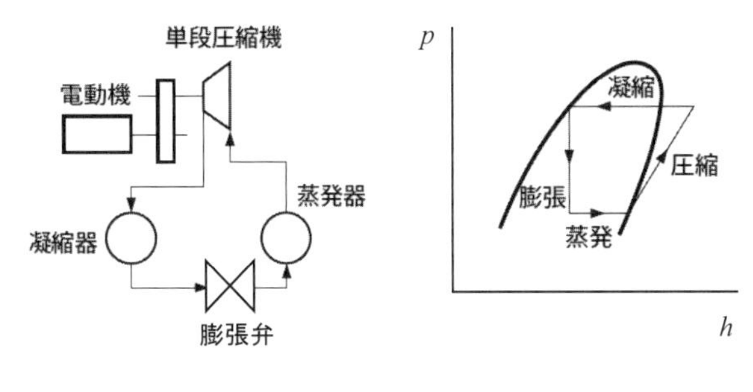

(1)　基準サイクル

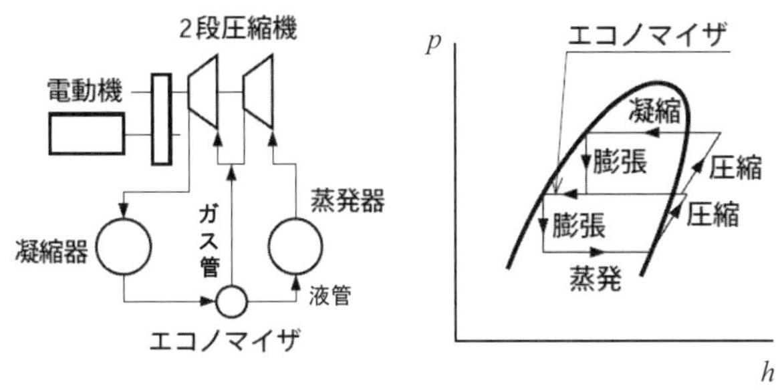

(2)　エコノマイザサイクル

図 5.2-1　基準サイクルとエコノマイザサイクルの比較[1)]

エコノマイザサイクルの特徴を，**図 5.2-2** に示す概略図と，**図 5.2-3** に示す *p-h* 線図上の冷凍サイクルで説明する．

エコノマイザ室の圧力は，1 段目の圧縮機の出口圧力（中間圧力）に保たれており，凝縮器から流入する冷媒液の一部が蒸発して，残りの冷媒液を中間圧力に相当する飽和温度まで冷却する．

エコノマイザ室で蒸発した飽和冷媒ガスは，1 段目の圧縮機の出口流量に加わり，2 段目の圧縮機に吸入される．2 段目の圧縮機はエコノマイザからの中間圧力で蒸発した冷媒ガスを，余分に吸い込むため圧縮仕事が増加する．しかし，2 段目の圧縮機は，1 段目の圧縮機から流出する過熱蒸気冷媒ガスとエコノマイザ室で蒸発した飽和冷媒ガスを吸引するので，2 段目圧縮機に吸引される冷媒ガスの温度は，1 段目の圧縮機から流出する過熱蒸気冷媒ガス温度より低下する．圧縮機で所定の圧力を得ようとする場合，吸引する気体の温度が低いほど，圧縮に要するエネルギーが少なくてすむ．

一方，エコノマイザ室の飽和冷媒液は，減圧装置で絞り膨張した後，蒸発器に流入する．凝縮器で凝縮した比エンタルピー *h*3 の冷媒液は，エコノマイザ内でその一部の冷媒液が，中間圧力で蒸発した冷媒の蒸発潜熱に相当する熱量を奪われ，比エンタルピー *h*4 の状態の冷媒液となり蒸発器に入る．このため，冷凍効果 *q* は，基準冷凍サイクルより，*h*4 − *h*3 に相当する値分が大きな値となる．また，別の表現として成績係数（COP）は，(*h*1 − *h*4) / (*h*1 − *h*3) の値を動力の増加率で除した分だけ大きな値となる[2)]．

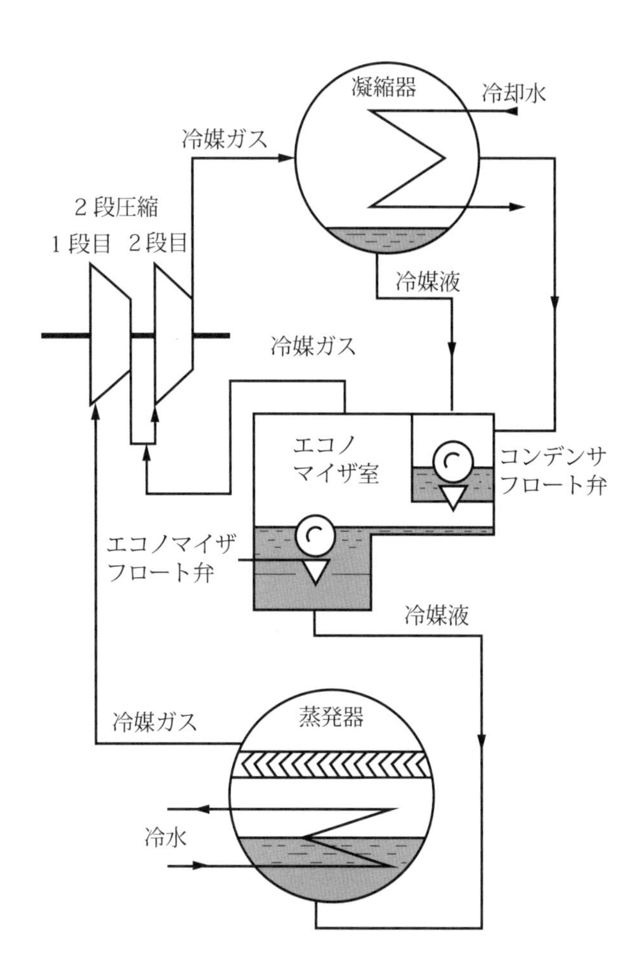

図 5.2-2　エコノマイザサイクルの概略図

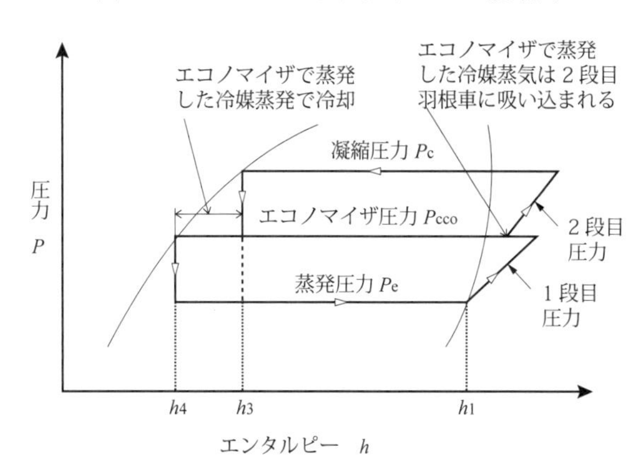

図 5.2-3　*p-h* 線図上のエコノマイザサイクル[2)]

ここで，圧縮機の段数を 3 段にしてエコノマイザサイクルを 2 段にすると，蒸発器に入る冷媒液の比エンタルピー *h*4 は，さらに小さな値となることが容易に理解されるので，さらに冷却効果 *q* と成績係数（COP）は良くなることがわかる．このように圧縮機の段数を増やしてエコノマイザサイクルを増加すればするほど理想のサイクルに近づき，成績係数（COP）を高くすることができるが，冷媒の特性，機器のコンパクト化，低コスト化の観点から圧縮機の段数は限定される．

エコノマイザサイクルを効率良く運転するには，エコノマイザ圧力（中間圧力）の設計運転点が重要であり，1 段目と2段目の圧縮機押しのけ容積を適切に設計する必要がある．

5.2.2　エコノマイザサイクルの事例

エコノマイザサイクルにより冷凍サイクルの成績係数（COP）は向上するが，初期コストが高くなるので，ランニングコストを重視する場合などに採用されている．以下に主な適用事例を示す．

(1)　ターボ冷凍機

ターボ冷凍機は地域冷暖房，蓄熱用途，工場プロセス冷却用途など特に大規模空調設備において広範囲にわたる熱源機として採用されている．**図 5.2-4** にターボ冷凍機の外観を示す．

世界的な省エネルギー要請を背景に，近年のターボ冷凍機は飛躍的に性能が向上しており，インバータ技術で駆動する可変速ターボ冷凍機では部分負荷の成績係数（COP）が 20 を超えるなど，高効率なターボ冷凍機が開発されている．その高効率化手段として，圧縮機空力性能の向上，熱交換器性能の向上，最適運転を可能とする制御システムに加え，エコノマイザサイクルが採用されている．

図 5.2-4　ターボ冷凍機の外観

(2)　保冷車用冷凍空調機

物流業界もトラックの排ガス規制強化など環境負荷低減ニーズが求められ，特に大量の積荷を長距離輸送するエンジン駆動圧縮機を搭載するサブエンジン式保冷車用冷凍空調機に対する高性能化，小型・軽量化の要求が高まってきた．

このような状況をふまえ，エコノマイザサイクルを採用したサブエンジン式保冷車用冷凍空調機が開発されている．**図 5.2-5** にそのサブエンジン式保冷車用冷凍空調機の外観を示す．

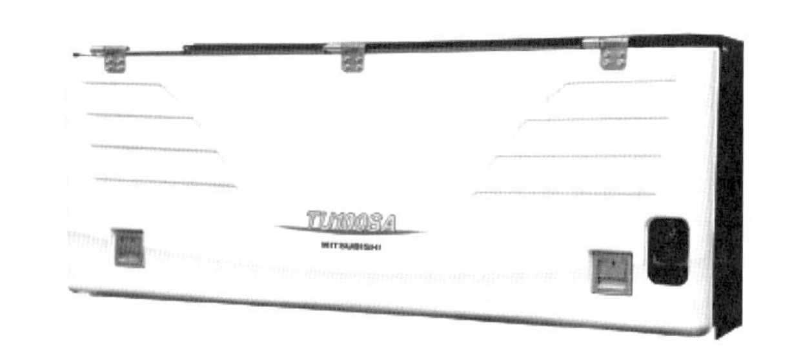

図 5.2-5　サブエンジン式保冷車用冷凍空調機の外観

(3)　業務用 CO_2 ヒートポンプ給湯機

地球温暖化対策として自然冷媒の二酸化炭素（CO_2）を用いたヒートポンプ給湯機が，家庭用を中心として市場に普及しつつあるが，従来のヒートポンプ給湯機は外気温度が低下すると加熱能力が低下するため寒冷地域への普及に課題があった．

この課題に対してエコノマイザサイクルを採用することで，低外気温時のガスクーラ冷媒循環量の低下を抑える CO_2 ヒートポンプ給湯機が開発されている．**図 5.2-6** に業務用 CO_2 ヒートポンプ給湯機の外観を示す．

図 5.2-6　業務用 CO_2 ヒートポンプ給湯機の外観

図 5.2-7 に *p-h* 線図上の冷凍サイクルを，**図 5.2-8** に CO_2 二段圧縮機の構造を示す．低段側圧縮機構には構造が簡易で低圧縮比・低負荷での圧縮効率が優れたロータリが採用され，高段側圧縮機構には高圧縮比・高負荷の運転で圧縮効率に優れるスクロール式が採用されている．この2つの圧縮機構を1つのハウジング内に収納したことを特徴とした圧縮機が用いられている．

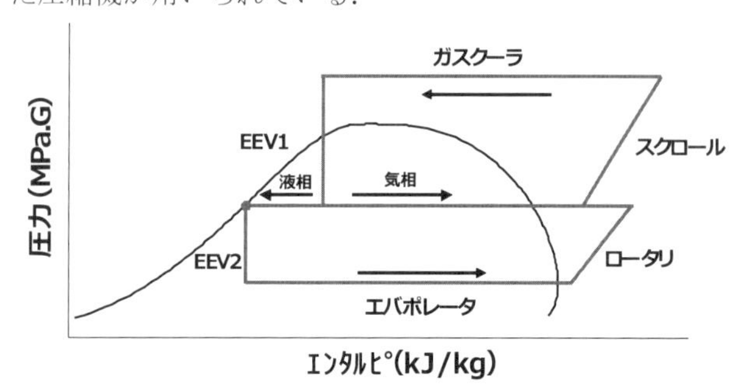

図 5.2-7　CO_2 超臨界サイクル図

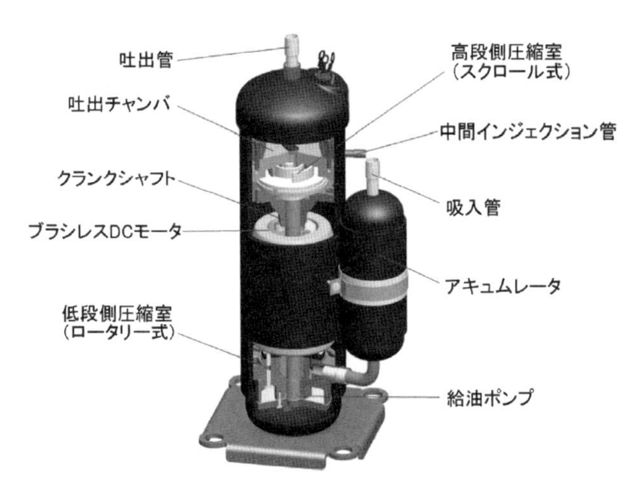

図 5.2-8 CO_2 二段スクロータリ圧縮機

インバータ圧縮機のため，低外気温時には設定範囲内で高速運転が可能で，エコノマイザ効果と合わせてガスクーラ冷媒循環量を増加させ，加熱能力の維持を可能にしている．

引 用 文 献

1) 関 亘他 : 高効率ターボ冷凍機（NART シリーズ），三菱重工技報，Vol.**39**，No.2（2002）.
2) 日本冷凍空調学会 :「冷凍空調便覧」，第6版，第2巻 機器編 p.196，東京（2006）.

参 考 文 献

*1) 日本冷凍空調学会 :「初級標準テキスト冷凍空調技術」，p.262，東京（2012）.
*2) 小型軽量・低騒音・省エネを実現したサブエンジン式陸上レフユニット TU100SA，三菱重工技報，Vol.**47**，No.2（2010）.
*3) 平尾 豊隆：高効率業務用 CO_2 ヒートポンプ給湯機，日本冷凍空調学会主催セミナー「最新の冷媒問題への対応と展望」(2011).
*4) 佐藤 創 : CO_2 ヒートポンプ給湯機用 スクロータリー二段圧縮機の開発，三菱重工技報，Vol.**49**，No.1（2012）.

（平尾 豊隆）

5.3 インジェクション

圧縮機の吸込から吐出の圧縮過程の途中に噴射口を設け，液あるいはガス状の冷媒を圧縮機内にインジェクションする方式として液インジェクションとガスインジェクションがある．インジェクションの目的は，能力向上，効率向上および圧縮機の冷却・保護をおこなうことである．低温用途では，能力向上，効率向上および圧縮機から排出される吐出ガスによる圧縮機シリンダ内部の温度上昇および油の劣化を抑制するため，液インジェクション冷却方式が採用されている．**図 5.3-1** に示すように吐出ガス温度に応じて電磁弁を制御している．吐出温度が高い場合は，電磁弁を開き，冷媒液をインジェクションすることで，圧縮機モータ巻線の温度上昇を抑え，R 404A などの冷媒を用いて蒸発温度−45 ℃までの運転を可能としている．また，ルームエアコンやパッケージエアコンでは，ガス状の冷媒を圧縮機内にインジェクションすることにより，冷媒循環量を増加させ，エコノマイザサイクルを形成して暖房能力増加や性能向上を図っている機種もある．インジェクション量の調整は電磁弁以外にもリニアに調整可能な調整弁を設け，空調負荷に応じて制御をおこなっている製品もある．

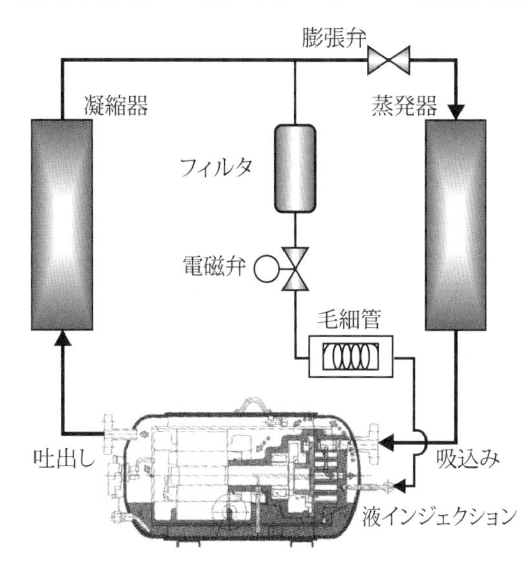

図 5.3-1 液インジェクション [1)]

5.3.1 液インジェクション

液インジェクション圧縮機の冷媒回路図と *p-h* 線図を**図 5.3-2** に示す．凝縮器を通過した冷媒液は，凝縮器出口に接続された減圧手段（毛細管）のインジェクション回路を通過することで中間圧力に減圧される．インジェクション回路を通過した冷媒は圧縮行程途中のシリンダ内を冷却して吐出ガス温度，モータ巻線温度の上昇を抑制している．

この方式は，低温用圧縮機や寒冷地対応の空調用圧縮機などの低蒸発温度で高圧縮比運転される場合や，中近東地域や南アジアにおいて高凝縮温度で高圧縮比運転される場合は，吐出ガス温度やモータ巻線温度が信頼性上の許容範囲を超えることが想定される場合の冷却を目的として適用される．

液インジェクションについて図 5.3-2 の *p-h* 線図上で説明する．液インジェクション前の圧縮機吸入部の冷媒流量 G は，圧縮機の押しのけ量，吸入ガスの密度，容積効率および圧縮機の回転数の積で表される．液インジェクションにより，圧縮過程の冷媒（エンタルピー h_3，冷媒流量 G）とインジェクション冷媒（エンタルピー h_2，冷媒流量 Gi）が混合される．混合後のエンタルピー h_4 は式（5.3-1）で表される．液インジェクションがない場合は，圧縮機吸入での冷媒流量 G が冷媒回路全体を循環することになる．

$$h_4 = \frac{G \cdot h_3 + Gi \cdot h_2}{G + Gi} \qquad (5.3\text{-}1)$$

圧縮機吸入冷媒と液インジェクション冷媒が合流し混合されることにより，冷媒流量は $G + Gi$ となり，その後吐出圧力まで圧縮され，エンタルピー h_5 に達する．$h_5 < h_1$ であるため，吐出ガス温度は，インジェクションしない場合に比べて低下する．

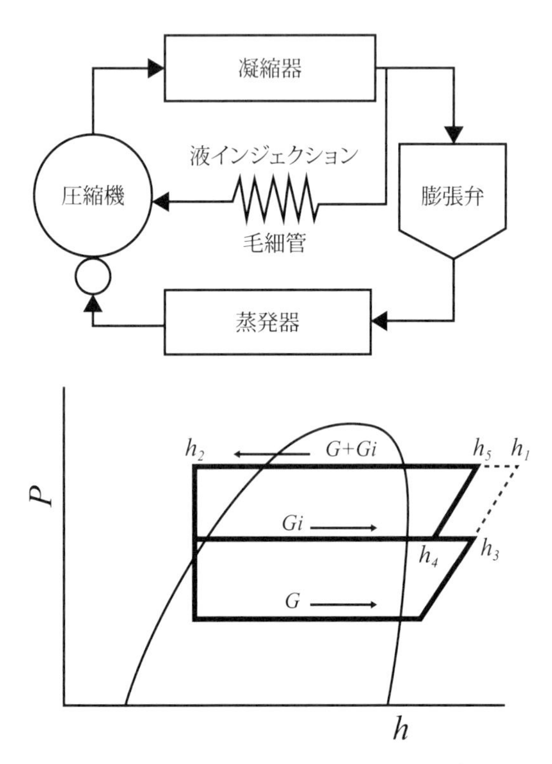

図 5.3-2　液インジェクション回路 [2)]

次に液インジェクション有無による加熱能力を比較する．液インジェクションのない場合の加熱能力 Q_0，液インジェクションした場合の加熱能力 Q_1 は，それぞれ式（5.3-2），式（5.3-3）で表される．

$$Q_0 = G \cdot (h_1 - h_2) \qquad (5.3\text{-}2)$$

$$Q_1 = (G + Gi) \cdot (h_5 - h_2) \qquad (5.3\text{-}3)$$

ここで（$G + Gi$）$> G$，（$h_5 - h_2$）$<$（$h_1 - h_2$）であるため，液インジェクションにより冷媒流量は増加するが，加熱エンタルピー差は低減する傾向となる．結果として $Q_0 \fallingdotseq Q_1$ となり，加熱能力はほとんど変化しない（冷媒物性により，微増する場合と微減する場合がある）．

吐出ガス温度の低下量は，インジェクションされる冷媒液流量 Gi によって決まり，これは，インジェクション回路の絞りとシリンダ圧縮室におけるインジェクション・ポート位置などにより決まる中間圧に依存する．よって，液インジェクション圧縮機の設計においては，インジェクション・ポートの位置と大きさの検討が重要となる．

ロータリ圧縮機ではインジェクション・ポートは通常，シリンダもしくは主軸受，副軸受に設けられ，シリンダ圧縮室内に開孔する．圧縮行程における開孔タイミングは中間圧力に影響し，これは，インジェクション・ポートを設ける位置や大きさによりローリングピストンの通過するタイミングで決まる．

5.3.2　ガスインジェクション

ガスインジェクション圧縮機は，**図 5.3-3** に示すように冷凍サイクルの減圧手段を第一膨張弁と第二膨張弁の二段階に構成し，その中間に気液分離器を設けることでガス冷媒と冷媒液に分離し，ガス冷媒のみを中間圧力で圧縮行程途中のシリンダ内に直接導くインジェクション回路を設けた方式である．これにより，*p-h* 線図に示されるように，蒸発器側でエンタルピー差（冷凍効果）を増加させることができ，冷房能力が同一の場合，蒸発器を流れる冷媒を減少させることができる．また，蒸発器で吸熱能力に寄与しないガス冷媒をバイパスして圧縮機に戻すことができるため，蒸発器の熱交換性能が向上する．さらにインジェクションされる分だけ，蒸発器と圧縮室の低圧側を流れる冷媒が減少するので，蒸発器の冷媒圧力損失と圧縮機の圧縮動力も低減できる．

また，凝縮器側でも，インジェクション回路より圧縮行程途中に中間圧力で注入されるガス冷媒の質量分の冷媒循環量が増加することになり，暖房能力を増加させることができる．さらに，ガスインジェクション回路を開閉することにより冷房・暖房能力を変化させることが可能となる．

能力変化幅はインジェクション流量に依存するため，液インジェクションの場合と同様に圧縮機室内への戻し孔の位置や大きさを，運転条件と圧力損失を考慮して適切に設計することが重要となる．冷房・暖房・低温暖房など幅広い運転条件で高効率化を実現するために，インジェクション量を調節する調節弁を設け制御している製品もある．しかしながら，圧縮室内への戻し孔や配管は，圧縮過程において無効容積となるため，再圧縮仕事の増加や容積効率の低下など，圧縮機効率の悪化への影響を十分に考慮する必要がある．

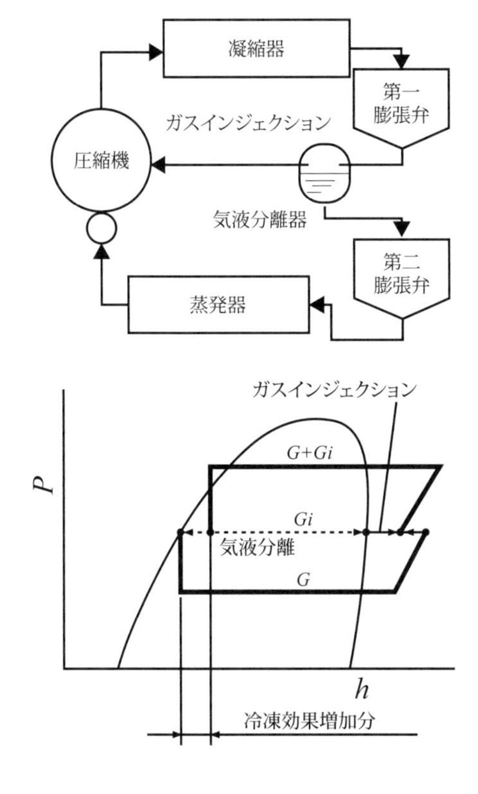

図 5.3-3 ガスインジェクション回路 [3)]

引 用 文 献

1) 日本冷凍空調学会：日本冷凍空調学会専門書シリーズ「冷媒圧縮機」, p.94, 東京 (2013).
2) 日本冷凍空調学会：日本冷凍空調学会専門書シリーズ「冷媒圧縮機」, p.68, 東京 (2013).
3) 日本冷凍空調学会：日本冷凍空調学会専門書シリーズ「冷媒圧縮機」, p.70, 東京 (2013).

参 考 文 献

*1) 日本冷凍空調学会：日本冷凍空調学会専門書シリーズ「冷媒圧縮機」, p.68-70, 東京 (2013).

(田中 航祐)

5.4 二元冷凍サイクル

5.4.1 特徴と冷凍サイクル構成

二元冷凍サイクルは, 低温用冷凍機や高温用加温機など, 基準サイクルでは運転が困難な高圧縮比領域での高効率運転を実現する冷凍サイクルである.

図 5.4-1 は二元冷凍サイクルの系統図を, **図 5.4-2** はその二元冷凍サイクルの温度-比エンタルピー線図をそれぞれ示したものである. 二元冷凍サイクルは, 低温側, 高温側の2つの冷凍サイクルを, カスケード熱交換器で接続して構成される. カスケード熱交換器は低温側冷凍サイクルの凝縮器と高温側冷凍サイクルの蒸発器とを一体化したものであり, シェルアンドチューブ熱交換器のほか, 二重管式熱交換器, プレート熱交換器が使用されている例もある. 図 5.4-1 において, カスケード熱交換器は低温側冷凍サイクルの凝縮熱を, 高温側冷凍サイクルの蒸発器で吸熱する構成となっている.

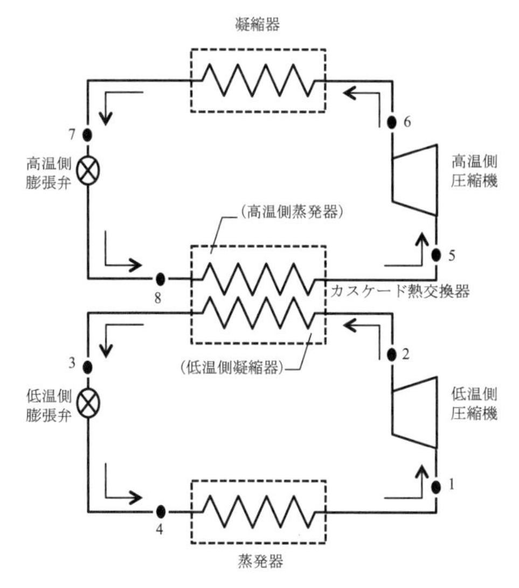

図 5.4-1 二元冷凍サイクル

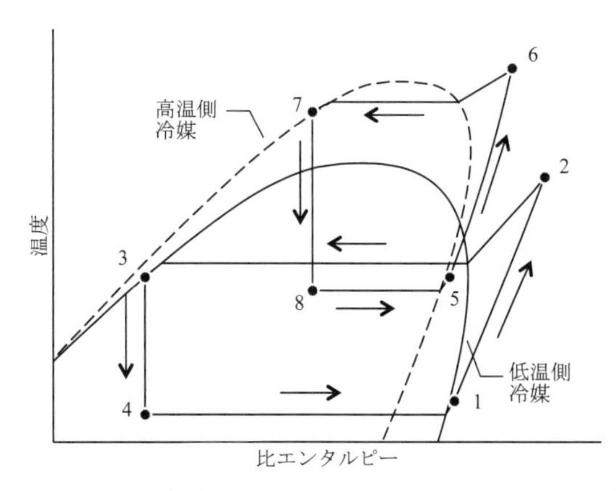

図 5.4-2 二元冷凍サイクルの温度 - 比エンタルピー線図

表 5.4-1 二元冷凍サイクルの用途と代表冷媒

用途	生成温度	低温側冷媒	高温側冷媒
冷凍 *1)	−100 ℃〜	エチレン	プロパン
冷凍 *2)	−80 ℃以下	R 508	R 407D
温水加熱 *3),*4)	〜 90 ℃	R 410A	R 134a

二元冷凍サイクルは, 低温側, 高温側の冷凍サイクルがそれぞれ独立しているため, 使用する冷媒も低温側, 高温側でそれぞれ異なる種類を組み合せることが可能であるという特徴を有する. **表 5.4-1** に二元冷凍サイクル機器の代表的な低温側, 高温側冷媒の組合せの一例を示す.

5.4.2 二元冷凍サイクルの制御方法

(1) 起動制御

図 5.4-3 は一般的な二元冷凍サイクルの起動時の制御フローと同制御時の高温側, 低温側冷凍サイクルの圧力変化

を示したものである．図 5.4-3（a）に示すよう，起動運転では先に高温側冷凍サイクルを起動することであらかじめカスケード熱交換器を冷却し，その後，所定時間経過して低温側冷凍サイクルを起動する．このような起動制御をおこなうことで，図 5.4-3（b）に示すように低温側冷凍サイクル系統の圧力，温度の過度な上昇を防止することが可能となる．

このほか，冷凍機での冷却対象が所定の温度に達したため停止し，その後，再起動するような状況においては，カスケード熱交換器がすでに冷却されている．このような状態で前述のタイマによる低温側冷凍サイクルの遅延起動を実施した場合には，高温側冷凍サイクルの吸込みラインの低圧が極端に低下，保護停止するといった問題が生じる．再起動時の問題を回避するために，たとえば高温側吸込みラインに圧力センサを設置し，高温側冷凍サイクル起動後，経過時間に依らず圧力センサの検出値が所定の圧力以下になった場合に低温側冷凍サイクルを起動するといった制御を実装する事例もある．

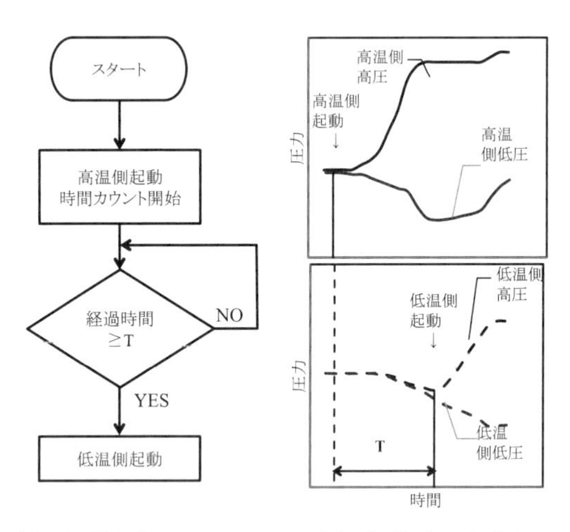

（a）起動制御フロー　（b）起動時圧力変化

図 5.4-3　起動時の制御フローと冷媒圧力変化

(2)　能力制御（冷凍機の事例）

独立した 2 つの冷凍サイクルで構成される二元冷凍サイクルが，負荷変動に対しても安定した運転を実現するためには，カスケード熱交換器内の冷媒制御がポイントとなる．カスケード熱交換器にシェルアンドチューブ熱交換器を採用する冷凍機の事例 [*1] では，**図 5.4-4** に示すように満液式蒸発器の冷媒制御同様，負荷変動によらず液面が一定になるよう液供給ラインの弁を制御する系統となる．この場合，負荷が減少すると高温側冷凍サイクルの蒸発量が減少，液面が増加するので，バルブの開度を絞る．逆に負荷が増加した場合はバルブの開度を開ける．このようにカスケード熱交換器の通過冷媒量を調整することで，液戻りによる圧縮機の破損や，過熱ガス戻りによる異常過熱を防止できる．

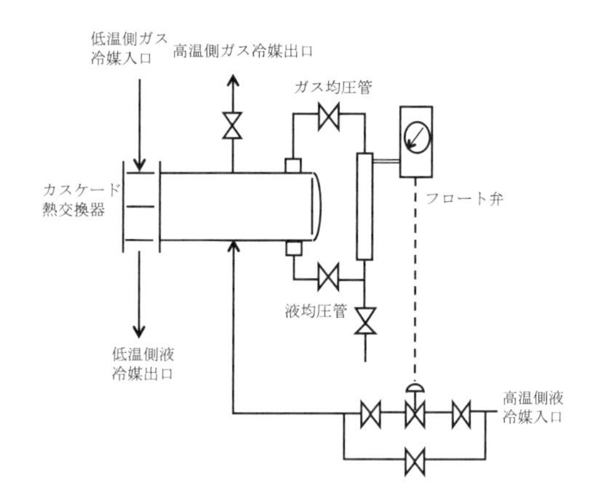

図 5.4-4　カスケード熱交換器（満液式）の冷媒調整系統

(3)　高効率制御（加温機の事例）

近年，ヒートポンプ機器の高効率化が進む中で，圧縮機は従来の一定速機から，回転数の制御が可能なインバータ機への転換が進んでいる．インバータ圧縮機は利用側負荷に応じて回転数を制御することで機器の冷凍能力をコントロールすることが可能である．

二元冷凍サイクルにおいても圧縮機のインバータ化が進んでいる．二元冷凍サイクルで高温側と低温側冷凍サイクルにインバータ圧縮機を搭載する場合，利用側負荷や周囲環境に応じてそれぞれの圧縮機が効率の良い状態で運転するようにカスケード熱交換器内の冷媒状態を制御することで，機器の高効率化が図れる．ここでは R 410A 冷媒と R 134a 冷媒の二元冷凍サイクルを採用した温水加熱用ヒートポンプを対象にカスケード熱交換器内の冷媒状態が機器効率に与える影響を説明する．**図 5.4-5** はヒートポンプの冷凍サイクル構成を示したものである．冷凍サイクルは熱源，供給それぞれのユニットを渡り配管で接続して使用する構成となっている．供給ユニットは，プレート式カスケード熱交換器のほか，R 134a 用圧縮機，温水加熱用熱交換器，膨張弁から構成され，熱源ユニットは R 410A 用圧縮機，膨張弁，空気熱交換器から構成される．熱源および供給ユニットの圧縮機はともにインバータ圧縮機である．**図 5.4-6** は，同一の加熱能力，周囲温度での運転において，カスケード熱交換器内 R 410A 冷媒の凝縮温度と，高温側冷凍サイクルの水熱交換器での温水出口温度が機器効率（COP）に与える影響を示したものである．図より，温水出口温度の変化により機器効率が最大となる R 410A 冷媒の凝縮温度が変化することがわかる．図示されていないが，周囲温度変化時も同様に機器効率が最大となる R 410A 冷媒の凝縮温度は変化する [*4]．

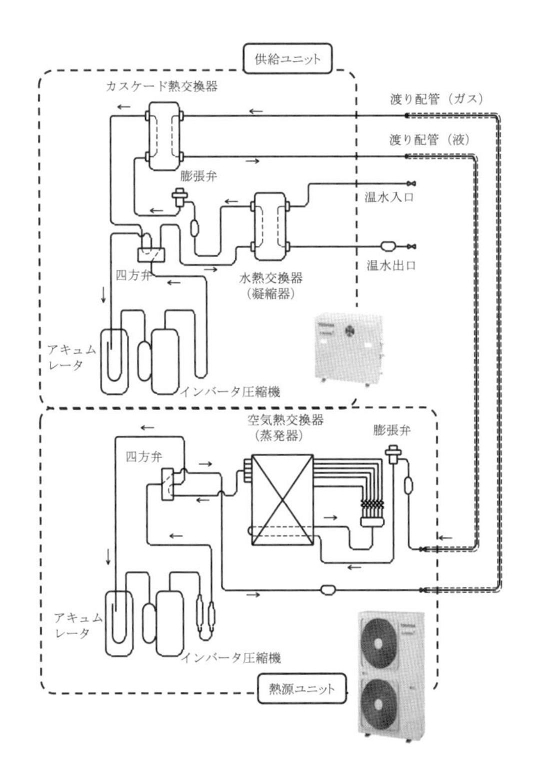

図 5.4-5　温水加熱用ヒートポンプ冷凍サイクル構成

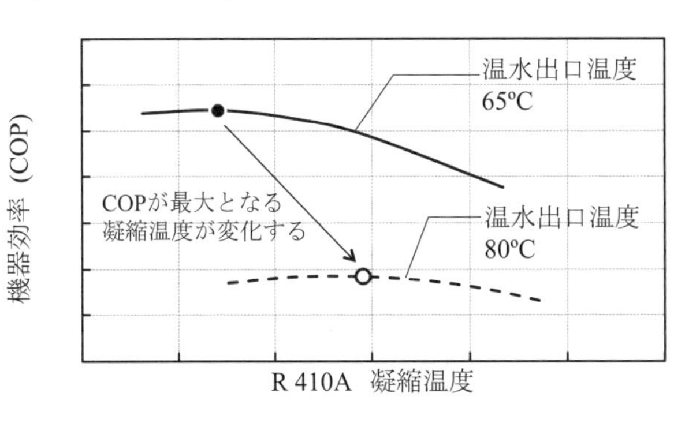

図 5.4-6　R 410A 凝縮温度と機器効率（COP）
（同一加熱能力，同一周囲温度条件）

参　考　文　献

*1)　松本丘:「日立造船技報」, **43** 巻, 10 号, pp.69-75,（1961）.

*2)　「冷凍空調便覧」，第 6 版，第 2 巻，pp.387-388，日本冷凍空調学会（2006）.

*3)　冨士剛志：「冷凍」，**89**（1039），19-22（2014）.

*4)　高山　他：「冷空講論」，pp.271-274，札幌（2012）.

（高山　司）

5.5　エジェクタ

5.5.1　エジェクタサイクルの概要

(1)　膨張損失エネルギー

従来の冷凍サイクルでは**図 5.5-1** に示すように膨張弁などの減圧機構を使うためエネルギーを損失している．このエネルギーを膨張損失エネルギーと称する．膨張損失エネルギーは，高圧から低圧へ減圧したときの，等エンタルピー減圧した場合と，等エントロピー減圧した際のエンタルピー差で表わされる．エジェクタサイクルは，この膨張損失エネルギーをエジェクタと呼ばれる流体ポンプで圧縮仕事として回収することで，圧縮機の圧縮仕事を軽減させる省動力冷凍サイクルである．エジェクタの作動原理は（3）で詳しく説明するが，以下に，まずエジェクタサイクルの構成を示す．

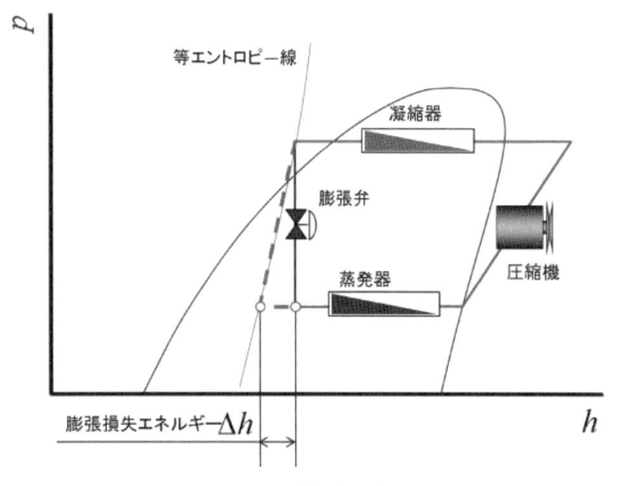

図 5.5-1　膨張損失エネルギー

(2)　エジェクタサイクルの構成

現在知られているエジェクタサイクルの構成を**図 5.5-2** に示す．図中の *Gn* は駆動流，*Ge* は吸引流を示す．また，この 2 つのエジェクタサイクルを *p-h* 線図上で表わすと**図 5.5-3** のようになる．図中のノズル，混合部・ディフューザはエジェクタの構成部品である（*Gn*, *Ge*, ノズル，混合・ディフューザについては，（3）にて詳細説明する）.

以下に，サイクル挙動の詳細を説明する．

エジェクタ方式 I は，従来より知られているエジェクタサイクルである．凝縮器を出た駆動流 *Gn* はエジェクタのノズルにて減圧したのち，吸引流 *Ge* と合流し混合・ディフューザ部で昇圧する．混合・ディフューザ部から出た冷媒は気液分離器にて気相と液相に分離される．気相冷媒は駆動流 *Gn* として，圧縮機へと流れていく．一方，液相冷媒は吸引流 *Ge* として蒸発器に流れ，空気と熱交換したのち，エジェクタに吸引される．

エジェクタ方式Ⅱは，改良型のエジェクタサイクルである．凝縮器を出た冷媒は，風下蒸発器に流れる吸引流 *Ge* と，エジェクタのノズルに流れる駆動流 *Gn* に分岐される．風下蒸発器にて空気と熱交換した吸引流 *Ge* は，エジェクタに吸引され駆動流 *Gn* と合流する．合流した冷媒 *Gr*（＝ *Gn* ＋ *Ge*）は，エジェクタの混合・ディフューザ部で昇圧し，風上蒸発器に流れる．この冷媒は空気と熱交換し圧縮機へと流れる．

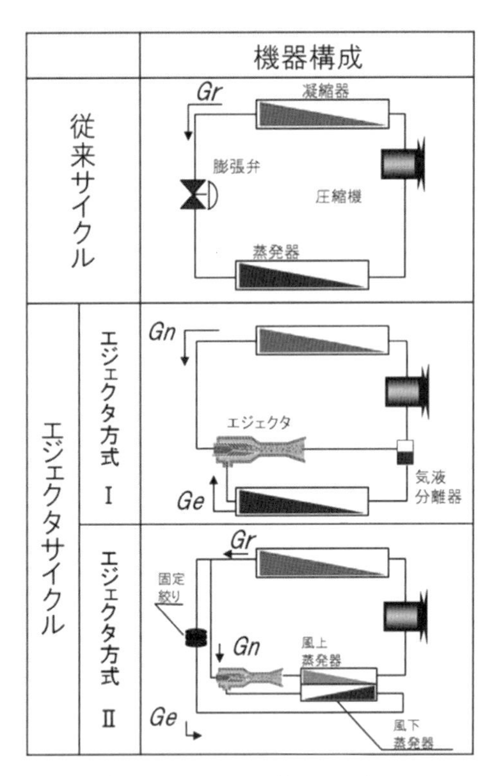

図 5.5-2　従来サイクルとエジェクタサイクルの比較

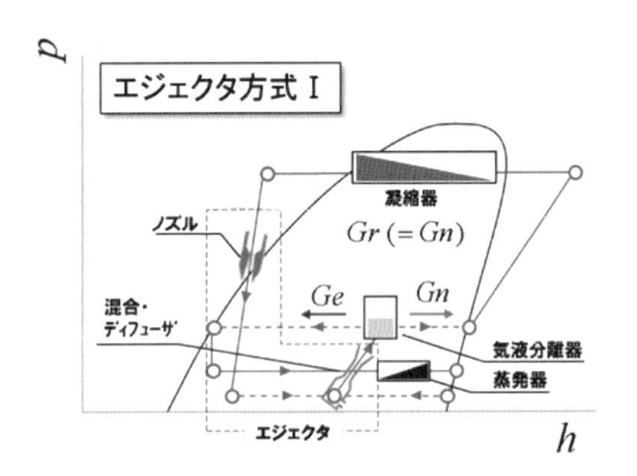

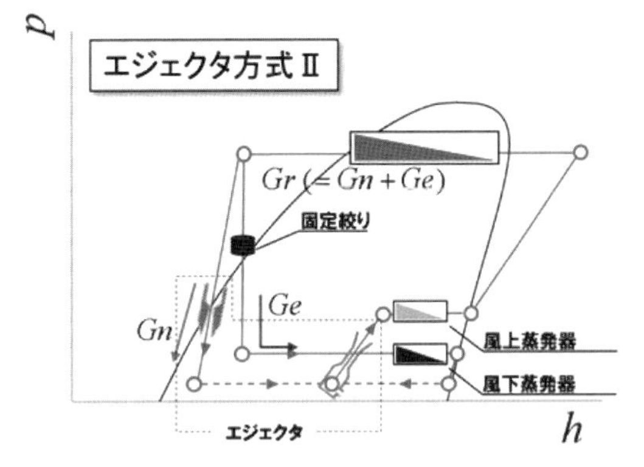

図 5.5-3　エジェクタ方式 I，II の *p*-*h* 線図上の挙動

(3)　エジェクタ作動原理

エジェクタは，**図 5.5-4** に示すように駆動ノズル，混合部・ディフューザ，吸引ノズルより構成される．ノズルに流入する高圧冷媒（駆動流 *Gn*）は，駆動ノズル内で蒸発器出口圧力 P_L 以下（エジェクタ方式 II では風下蒸発器出口圧力）まで減圧・加速する（図 5.5-4 中①）．これにより吸引流 *Ge* が発生する．駆動ノズルで超音速まで加速した駆動流 *Gn* が，混合部・ディフューザにおいて亜音速の吸引流 *Ge* と混合し，徐々に減速し圧力が上昇する．

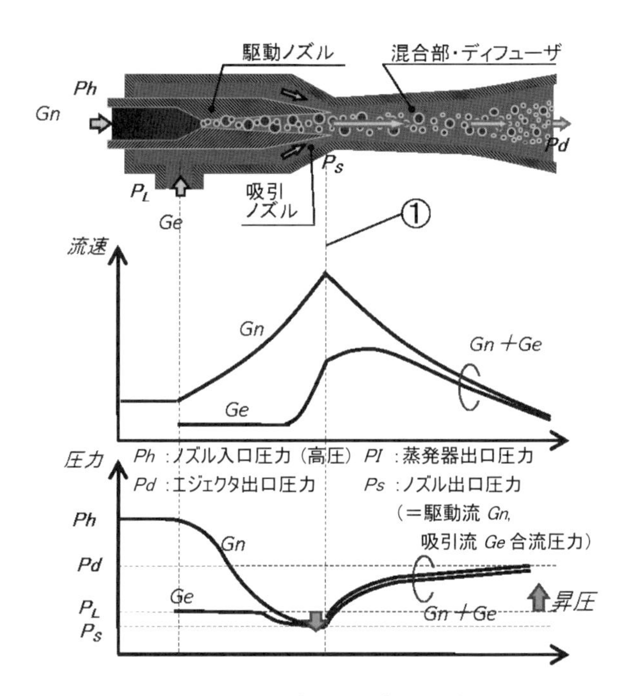

図 5.5-4　エジェクタ内の挙動

このエジェクタ単体のエネルギー変換効率を示す指標として，エジェクタ効率 η_{eje} がある（**図 5.5-5**）．これはノズルに流入する駆動流 *Gn* が持つ圧力エネルギーを，どれだけ昇圧の圧力エネルギーに変換できたかを示すものである．また，エジェクタ効率 η_{eje} は，ノズル効率を η_{noz}，混合部・ディフューザ効率を η_{dif} とすると

$$\eta_{eje} = \eta_{noz} \cdot \eta_{dif} \tag{5.5-1}$$

と表せる．ノズル効率 η_{noz} は，圧力エネルギーをどれだけ運動エネルギーに変換することができたかを表し，

$$\eta_{eje} = \frac{\int_1^2 d\left(\frac{v^2}{2}\right)}{\int_1^2 \frac{dP}{\rho}\left(= \Delta h_{\max}\right)} \quad \left(= \frac{速度}{圧力}\right) \tag{5.5-2}$$

となる（添え字 1 はノズル入口，添え字 2 はノズル出口 ,*v* は流速，*P* は圧力，*ρ* は密度）．

一方，混合部・ディフューザ効率 η_{dif} は，

$$\eta_{dif} = \frac{\int_3^4 \frac{dP}{\rho_s}}{\int_3^4 d\left(\frac{v^2}{2}\right)} \tag{5.5-3}$$

と表せる（添え字 3 は混合部・ディフューザ入口，添え字 4 は混合部・ディフューザ出口）．

よって，エジェクタ効率 η_{eje} は，ノズル，混合部・ディ

フューザでのエネルギー変換効率を上げることで向上する．

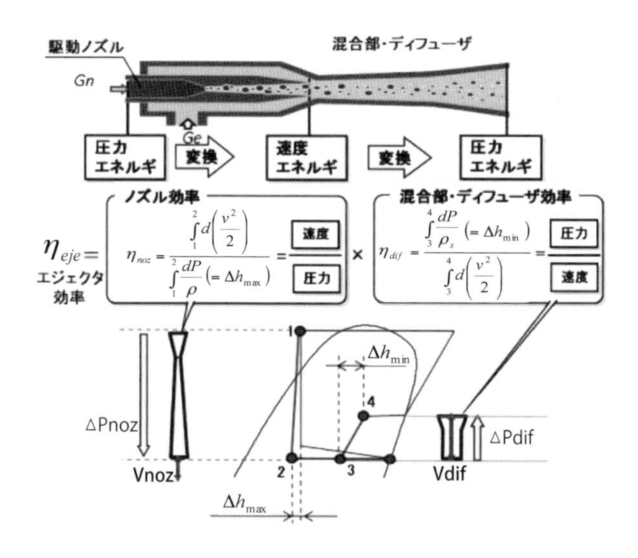

図 5.5-5　エジェクタ効率

(4)　COP 向上効果

冷凍サイクルの効率を表す指標として，成績係数 *COP*（Coefficient of Performance）がある．エジェクタ方式Ⅱを例に，*COP* の向上効果を説明する．以下に示す文字式は，**図 5.5-6** を参照されたい．

COP は冷房時においては，冷房能力 Q と冷凍サイクルを作動させるために必要な動力 L の比であり，従来サイクルでの冷凍能力 Q_{CONV} と動力 L_{CONV} はそれぞれ

$$Q_{\mathrm{CONV}} = G_r \cdot \Delta he \qquad (5.5\text{-}4)$$

$$L_{\mathrm{CONV}} = G_r \cdot \Delta L \qquad (5.5\text{-}5)$$

となるため，従来サイクルの COP_{CONV} は

$$COP_{\mathrm{CONV}} = \frac{\Delta he}{\Delta L} \qquad (5.5\text{-}6)$$

と表せる．

一方，エジェクタ方式Ⅱにおける冷房能力 $Q_{\mathrm{EJE II}}$，動力 $L_{\mathrm{EJE II}}$ はエジェクタの昇圧によって増える冷凍効果 Δhr，動力低減効果 Δhc などを用いて以下のように表せる（導出過程はここでは割愛する）．

$$Q_{\mathrm{EJE II}} = (G_n + G_e)\cdot(\Delta he + \Delta hr) \qquad (5.5\text{-}7)$$

$$L_{\mathrm{EJE II}} = (G_n + G_e)\cdot(\Delta L - \Delta hr - \Delta hc) \qquad (5.5\text{-}8)$$

したがって，エジェクタ方式Ⅱにおける $COP_{\mathrm{EJE II}}$ は

$$COP_{\mathrm{EJE II}} = \frac{\Delta he + \Delta hr}{\Delta L - \Delta hr - \Delta hc} \qquad (5.5\text{-}9)$$

と表すことができる．式（5.5-6），式（5.5-9）から従来サイクルに対するエジェクタ方式Ⅱの *COP* の向上効果は，

$$\frac{COP_{\mathrm{EJE II}}}{COP_{\mathrm{CONV}}} = \left(1 + \frac{\Delta hr}{\Delta he}\right)\cdot\left(\frac{1}{1 - \dfrac{\Delta hr + \Delta hc}{\Delta L}}\right) \qquad (5.5\text{-}10)$$

となる．エジェクタの昇圧量は，前述したエジェクタ効率 η_{eje} が向上するほど大きくなる．そして，エジェクタでの昇圧量が増えるほど Δhr，Δhc が増加する．式（5.5-10）からわかる通り，Δhr, Δhc が増加するほど *COP* が向上する．

すなわちエジェクタ効率 η_{eje} が大きいほど *COP* が向上する（エジェクタ方式Ⅰも同様である）．

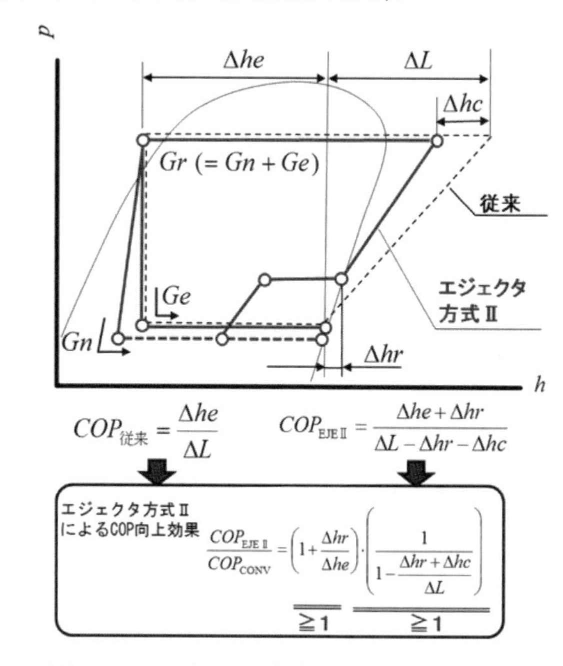

図 5.5-6　エジェクタ方式Ⅱでの *COP* 向上効果

（尾形　豪太）

5. 5. 2　エジェクタサイクルを使った製品

(1)　保冷車用冷凍空調機

エジェクタサイクルを採用する保冷車用冷凍空調機を**図 5.5-7** に示す．この冷凍機は，**図 5.5-8** の構造断面図に示すように，蒸発器ユニット（庫内ユニット）と凝縮器ユニット（庫外ユニット）を一体化したパッケージタイプとなっているため，コンパクトかつ高効率化を実現している．

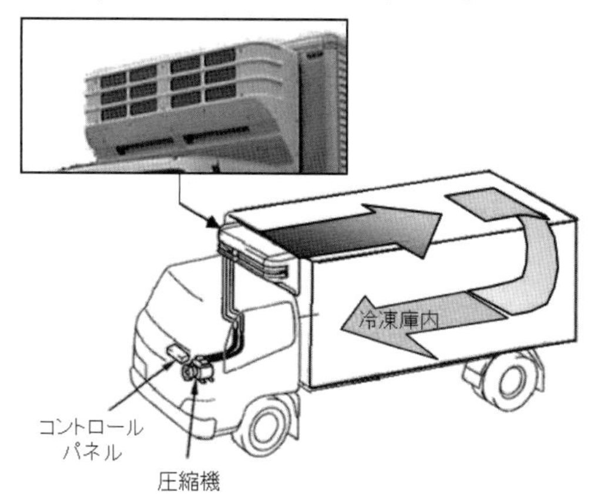

図 5.5-7　保冷車用冷凍空調機

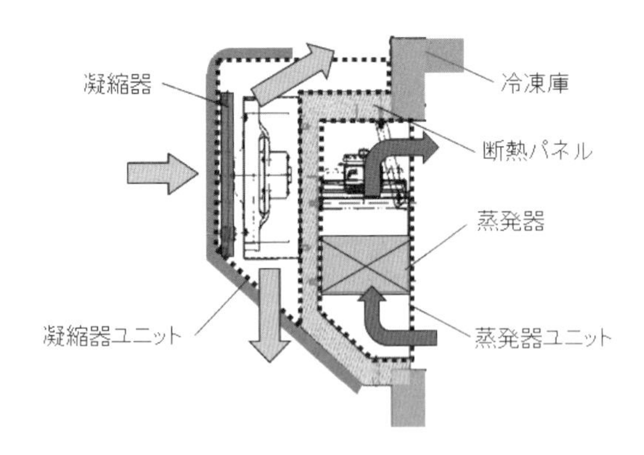

図 5.5-8　パッケージ形冷凍機の構造断面図

冷凍機に用いているフロン冷媒（R 404A）は，気液の密度比が大きいため，エジェクタ単体性能が低くなる課題がある．これは，エジェクタ内が二相流となることから，5.5.1 項（3）で示す圧力エネルギーから運動エネルギーへの変換において，気液の密度比が大きいほど，密度の大きな液滴が加速されにくく，エネルギーの変換効率が低くなるためである．そこで液滴を微細化して均質流に近づけ，ノズル効率を上げるために，二段膨張ノズルとしている（**図 5.5-9**）．二段膨張ノズルは，ノズル内での減圧膨張を効率良くおこなうため，一段目の絞りにて気泡核を生成させた後，二段目の絞りで減圧膨張による液滴の微細化および速度を増大させる構造を持つ．

保冷車用冷凍空調機ではカーエアコン，定置式空調・冷凍機器に比べて使用される庫内温度範囲が広いため，冷媒流量調整，能力制御手段が必要である．そこで，能力制御手段として，エジェクタのノズル一段目を可変絞りにすることで，気泡核の生成に加え流量調整機能を付加し，二段目は固定絞りにて膨張エネルギーの回収機能を持つ可変エジェクタを採用することで，使用範囲全域での効率向上を実現している（**図 5.5-10**）．

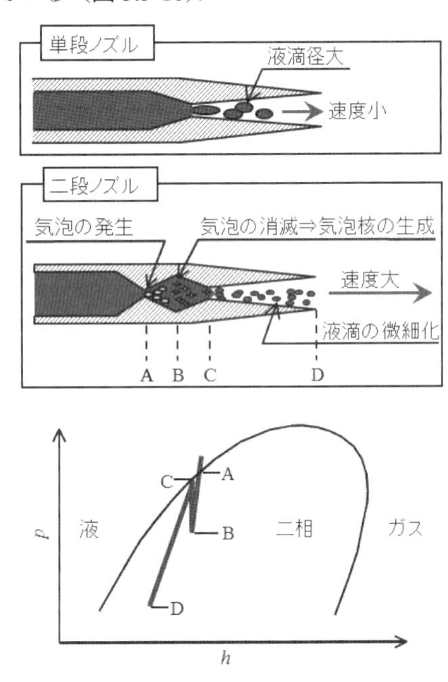

図 5.5-9　二段膨張ノズル

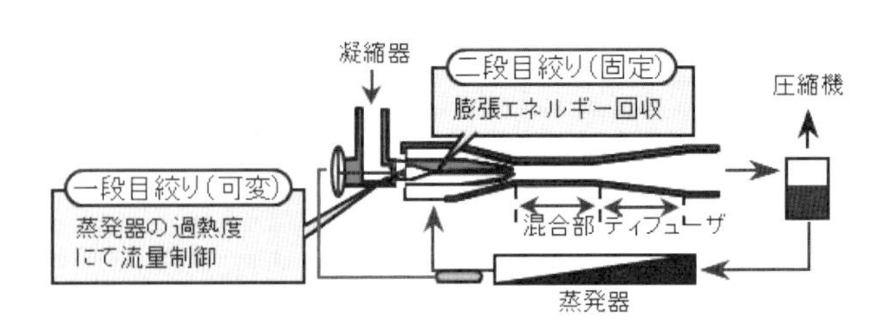

図 5.5-10　保冷車用冷凍空調機用可変エジェクタ

エジェクタによる高効率化は，5.5.1 項で示した *COP* 向上効果に加えて 2 つの波及効果がある．1 つ目としては，気液分離器により分離された冷媒液のみが蒸発器に流入することにより，蒸発器の圧力損失低減による冷凍能力向上が見込める．2 つ目としては，圧縮機の圧縮比低減により，圧縮機単体の効率向上効果が見込める [*1]．

(2)　自然冷媒 CO_2 ヒートポンプ給湯機

自然冷媒である CO_2 は，その冷媒特性より従来のフロン冷媒に比べ 5.5.1 項（1）に示す膨張損失エネルギーが高く，エジェクタによる回収効果が大きい．この CO_2 冷媒を用いたヒートポンプ給湯機において，エジェクタサイクルを採用するヒートポンプユニットを**図 5.5-11** に示す．

図 5.5-11　CO_2 ヒートポンプユニットの外観

給湯機用ヒートポンプは，季節による外気温度，給水温度など使用環境の負荷変動が幅広く，エジェクタ効果を十分に引き出すには冷媒流量，能力の可変機構が有効である．このため，ノズルの，のど部の流路を制御可能な構造としている（**図 5.5-12**）．大流量時は，ニードルを後方へ移動させ，ノズルのど部で流量を調整し，小流量時は，ニードルを前方へ移動させ，ノズルのど部を可変させ，流量を制御する．ノズル内部に絞り機構を構成することによって，駆動流は減圧加速される．これによりノズル効率を低下させることなく，流量の調整を可能とした．この新機構によって，従来比較的安定した狭い範囲でしか成立しなかったエジェクタを，給湯機で使われる負荷変動にも対応することが可能となった．

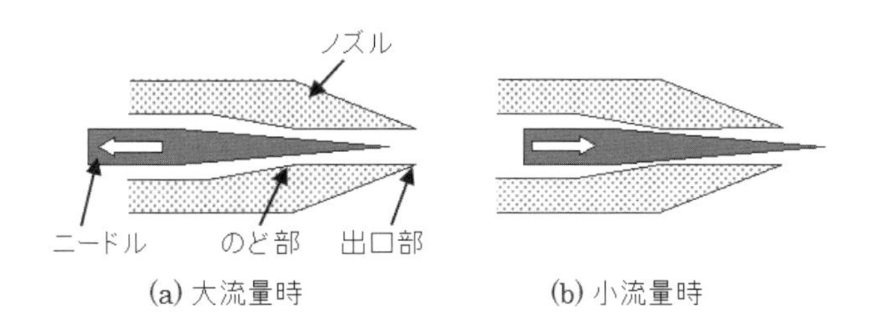

図 5.5-12　CO_2 給湯機用エジェクタ可変構造

また，家庭における給湯の高効率化を図るには，給湯量の増える冬期におけるヒートポンプの *COP* 向上が重要である．冬期における *COP* 低下の最も大きな原因のひとつは蒸発器への着霜である．そこで，エジェクタ方式Ⅱを採用することで着霜による蒸発器の閉塞を遅らせて，性能低下を最小限にすることを可能とし，着霜条件下における *COP* を向上している．

自然冷媒 CO_2 ヒートポンプ給湯機を例に，エジェクタ方式Ⅰとエジェクタ方式Ⅱの違いを以下に示す．構造の違いは，図 5.5-3 に記載のようにエジェクタ方式Ⅰではエジェクタ吸引前に蒸発器を配置するのに対し，エジェクタ方式Ⅱは蒸発器を2分割し，エジェクタ吸引前（風下蒸発器）とエジェクタ昇圧後（風上蒸発器）に配置する．つまり，エジェクタの前後に蒸発器を置くことで，異なる2つの蒸発温度を持たせることができる．以下に効果を示す．エジェクタ方式Ⅰは高湿度の空気と熱交換するため，比較的湿っている空気がつぎつぎに流入する風上側に着霜が集中し，蒸発器の閉塞が早期に起こり，性能低下が早まる．一方，エジェクタ方式Ⅱは，蒸発温度の高い風上蒸発器を風上側，低い風下蒸発器を風下側に配置し，風上側の冷媒と空気の温度差を小さくすることで，着霜を均一化し，風上側の着霜を遅らせている [*2) *3)]（**図 5.5-13**）．

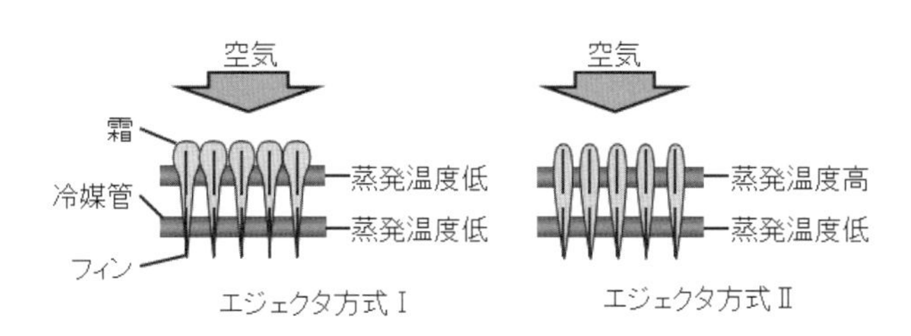

図 5.5-13　エバポレータの着霜概念図

(3)　カーエアコン

カーエアコンは，ルームエアコンの室外機にあたる各機能品（圧縮機など）がエンジンルームに設置されており，冷風を送り出す室内機に相当する部分は HVAC（Heating Ventilation & Air-Conditioning）と呼ばれ，蒸発器や膨張弁，送風機などが一つのユニットになっている．この HVAC がダッシュボードの奥に設置され，車室内に冷風を送り出している（**図 5.5-14**）．

なお，暖房についてはエンジン排熱を利用して循環水により温風をつくりだすのが一般的だが，近年の PHV，EV など排熱が少ない低熱源車ではルームエアコン同様ヒートポンプによる暖房をおこなう車両も出始めている．

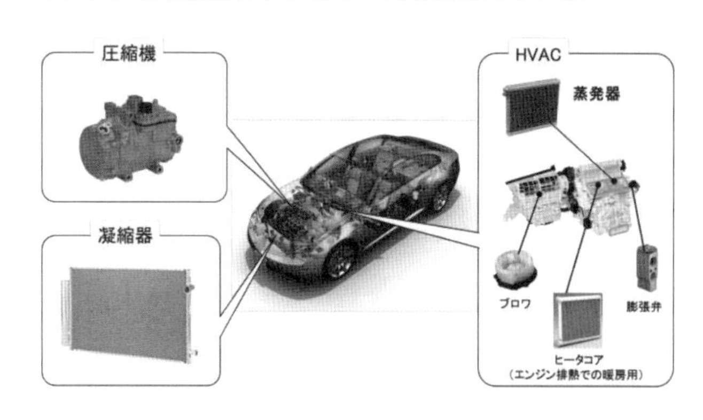

図 5.5-14　カーエアコンの構成

エジェクタ方式Ⅱを採用しているカーエアコンを例に，エジェクタの搭載性を向上させた構造を以下に示す．カーエアコンに使われる蒸発器は，風上側と風下側に2枚の蒸発器が重なった構造をしている．この構造を活用し，エジェクタを一体化し，従来同等の搭載性を確保しながら，エジェクタ方式Ⅱを成立させている（**図 5.5-15**）[*4)]．

図 5.5-15　カーエアコン用エジェクター体型蒸発器

参　考　文　献

*1)　武内裕嗣，西嶋春幸，池本徹，池上真，松永久嗣，神谷博：デンソーテクニカルレビュー，**14**（1），65（2009）．

*2)　大矢直弘，高津昌宏，加藤裕康，吉井桂一，森本正和：デンソーテクニカルレビュー，**19**（1），104（2014）．

*3)　川村進：エネルギー・資源，**30**（4），25（2009）．

*4)　尾形豪太，鈴木達博：冷空講論，E221，東京（2015）

（大矢　直弘）

5.6 Hi Re Li

約30年前に開発された，Sprit型ヒートポンプHi Re Liについて説明する[*1,*2]．本冷媒回路は米国では珍しい直膨型のR 22を冷媒とした冷暖切替方式のヒートポンプである．古いものではあるが，技術的に当時のグローバルNo.1の性能と設計思想と冷媒回路構成と新部品を満載していた．室内熱交換器と室外熱交換器の両熱交換器を共に対照的に同一視し，①スーパーヒートガス（過熱蒸気）や過冷却液を熱交換器内に持たないように気液二相で満たすこと，②圧縮機は3～5℃程度のスーパーヒートガスを吸入させることを設計仕様にしている．つまり冷房と暖房を等価回路とするための切替機能を実現させるべく，四方弁＋マニホールドチェック弁の切替セットを採用している．および冷媒量調整と圧縮機吸入冷媒ガスの過熱度（SH_{comp}）を確保しかつ凝縮器出口冷媒液の過冷却度（SC_{cond}）を同時に達成するために過冷却制御弁＋低圧アキュムレータ＋熱交換パイプのハード構成とそれへの同一冷媒方向流れを達成している．本節はこの冷媒回路の概略について説明する．

記　号

h	比エンタルピー	kJ/kg
P	圧力	MPa
T	温度	K
P_b	感温筒内圧力	MPa
P_{sci}	過冷却制御弁入口圧力	MPa
A_d	ダイアフラム受圧有効面積	cm^2
S_{bp}	ブリードポート断面積	0.00245cm^2
S_{bb}	バルブ穴の断面積	0.0791cm^2
S_{bd}	バルブピン棒部断面積	0.0491cm^2
2θ	バルブピン円錐部角度	38°
x	ダイアフラムの変位	cm
k_d	ダイアフラムのバネ定数	N/cm
k_r	スプリングのバネ定数	N/cm
F_{d0}	ダイアフラムによる初期力	N
F_{r0}	スプリングによる初期力	N
添字		
cond	凝縮器	
comp	圧縮機	

5.6.1 Hi Re Li 冷媒回路

図5.6-1に冷媒回路図とその構成要素を示す．**図5.6-2**はこの冷媒回路図のp-h線図上の動作点を示す．実線矢印が冷房運転時,破線矢印が暖房運転時の冷媒の流れを示す．なお両図において冷房運転時の同一動作点を同一番号で示す．

実線矢印に示す冷房運転時の冷媒回路について説明する．

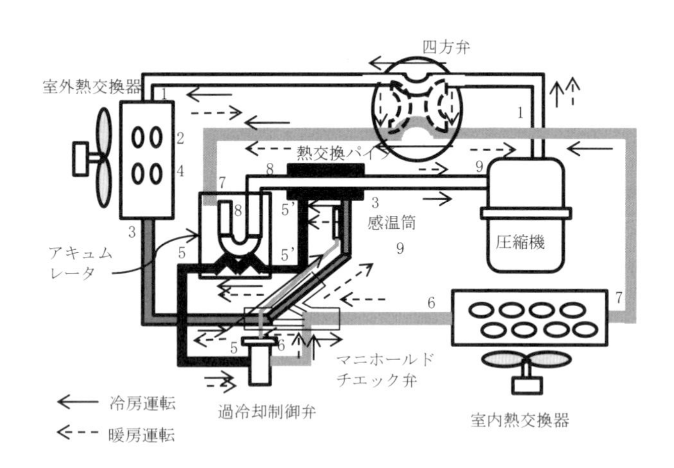

図5.6-1　冷媒回路

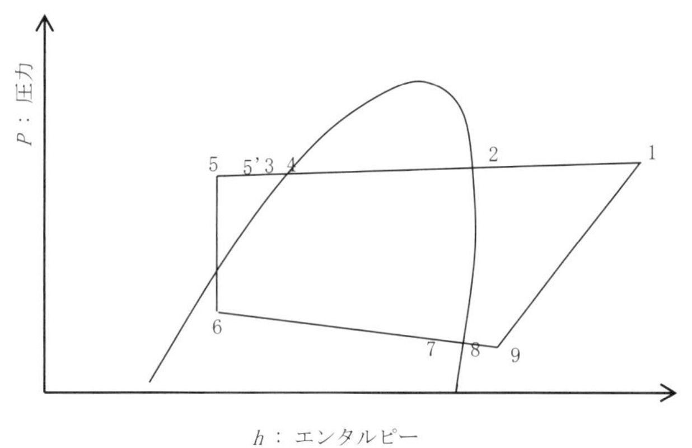

図5.6-2　冷媒回路のp-h線図上の動作点

圧縮機を出た高温高圧のガス冷媒1は四方弁を経由して凝縮器に至る．冷媒は凝縮器にて放熱することにより，飽和ガス状態2を経由して飽和冷媒液4に達し，凝縮器出口では過冷却された状態3で出る．過冷却凝縮した冷媒は，マニホールドチェック弁を経由して熱交換パイプにいたる．途中で管外壁に過冷却制御弁の感温筒が設けられていて，過冷却制御弁の温度信号となっている．熱交換パイプでは，高圧冷媒液は低圧吸入冷媒との熱交換で冷却されて3から5'へとエンタルピーを減少させて，さらにアキュムレータでも過冷却されて5'から5へとエンタルピーが減少する．

アキュムレータを出た高圧冷媒液5は，過冷却制御弁にて断熱膨張し，低圧低温の二相冷媒6となる．マニホールドチェック弁を経由して蒸発器に至る．蒸発器にて乾き度0.8程度まで蒸発した二相冷媒7は，四方弁を経由してアキュムレータに至る．アキュムレータで飽和ガスと飽和液に分離した二相冷媒のうち，飽和ガス8は，熱交換パイプを経由して高圧ガスにより少し加熱されて9，圧縮機に吸入されてサイクルを構成する．ここで高圧側冷媒と低圧側冷媒が2箇所で熱交換をおこなっており，熱交換パイプで熱交換量が等しいことから，3→5'のエンタルピ差と8→9のエンタルピー差は等しい．またアキュムレータでの熱交換量が等しいことから5'→5のエンタルピー差と7→8のエンタルピー差は等しい．

暖房運転時は破線矢印に示すような冷媒回路になっており，室内熱交換器が凝縮器になり，室外熱交換器が蒸発器になっている．四方弁とマニホールドチェック弁が両方切り替わり，凝縮器（室内熱交換器）を出た冷媒液はマニホールドチェック弁→熱交換パイプ→アキュムレータ→過冷却制御弁→蒸発器（室外熱交換器）→四方弁→アキュムレータ→熱交換パイプ→圧縮機と流れる．この流れは，機能的には冷房運転時と冷媒の流れは全く同じである．なおマニホールドチェック弁の機能と等価回路を，逆止弁を 4 個使ったブリッジ回路で脚注※1 に示す．

5.6.2 過冷却制御弁

図 5.6-3 に過冷却制御弁の構造例を示す．

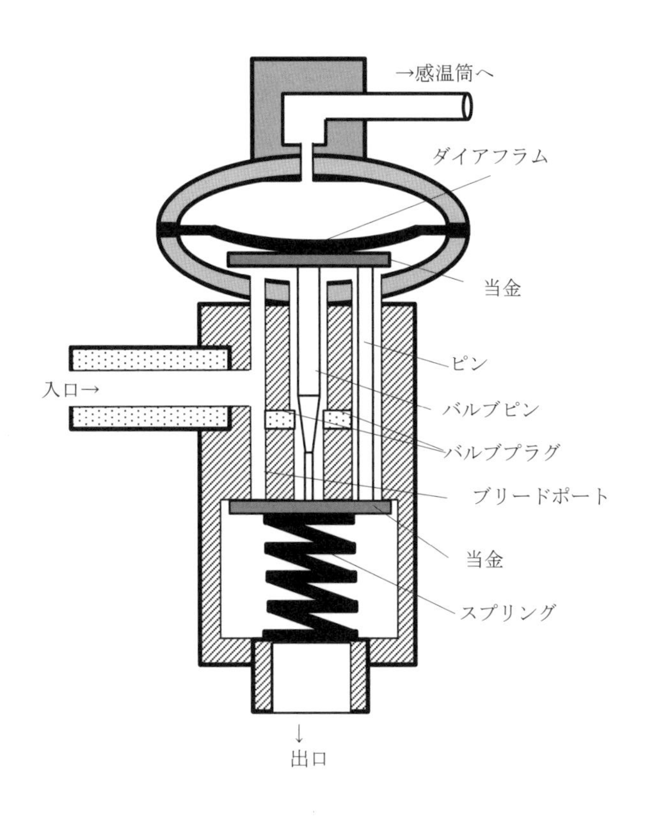

図 5.6-3　過冷却制御弁

弁開度を数式化するために圧力モデルを**図 5.6-4** のようにとらえ，流速の圧力に及ぼす影響は無視した．

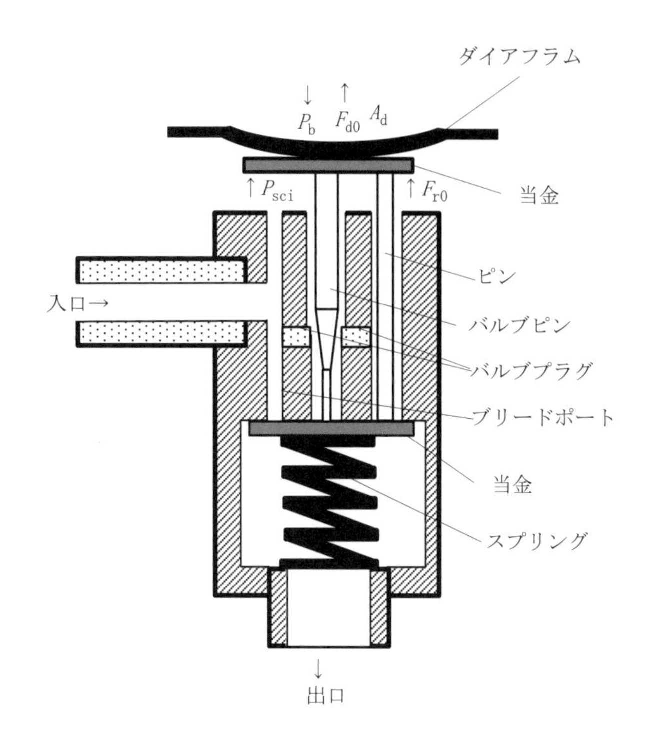

図 5.6-4　圧力モデル

ダイアフラムの感温筒内圧力 P_b が上部からダイアフラム受圧有効面積 A_d にかかり，過冷却制御弁入口圧力 P_{sci} が下部からダイアフラム受圧有効面積 A_d にかかり，スプリングの変形量 x とスプリングのバネ定数 k_r による力 $F_{r0}-xk_r$ が当金とピン 2 本を介してダイアフラムの下部にかかる．さらにダイアフラム自体の力 $F_{r0}-xk_d$ がかかっている．

過冷却制御弁の動作解析をおこなうにあたり，**図 5.6-5** の全閉状態（バルブピンがバルブ孔を塞ぐ状態）と**図 5.6-6** の全開状態（バルブピンの細い棒部のみがバルブプラグ孔に存在する状態）を想定した．

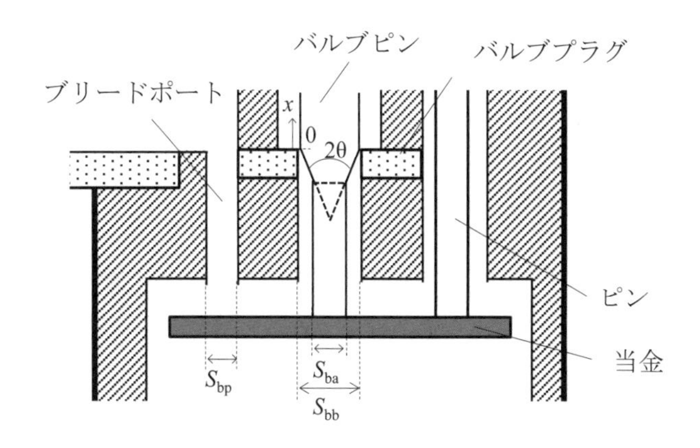

図 5.6-5　全閉時のバルブピン

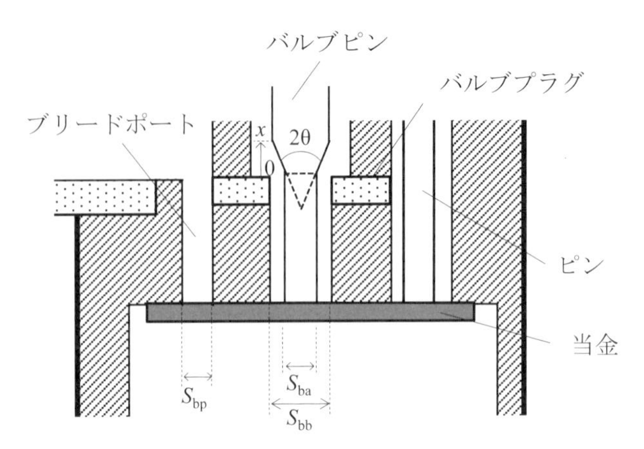

図 5.6-6　全閉時のバルブピン

全閉状態のバルブピンの位置を $x=0$ と定義し，上向きに x 軸の正とした．また，このときのダイアフラムの初期力を F_{d0}, スプリングによる初期力を F_{r0} とする．全開状態は図 5.6-6 の $x\cdot\tan\theta = r_b - r_d$ とした．(r_b = バルブ穴の半径，r_d = バルブピン棒部半径，ゆえに全開バルブピンの位置は $x=(r_b-r_d)/\tan\theta$ となる．)

ダイアフラムが x だけ上向きに変位して釣り合っているときの圧力バランスは次式になる．

$$-P_bA_d + F_{d0} - xk_d + P_{sci}A_d + F_{r0} - xk_r = 0 \tag{5.6-1}$$

式（5.6.-1）を変形してダイアフラムの変位（＝バルブピンの変位）x は次式になる．

$$x = \frac{A_d}{k_d + k_r}(P_{sci} - P_b) + \frac{F_{d0} + F_{r0}}{k_d + k_r} \tag{5.6-2}$$

式（5.6-2）のうち $A_d/(k_d+k_r)$ と $(F_{d0}+F_{r0})/(k_d+k_r)$ は定数であるためそれぞれ C_1，C_2 と置く．

$$x = C_1(P_{sci} - P_b) + C_2 \tag{5.6-3}$$

つまり，ダイアフラムの変位＝バルブピンの変位 x は，過冷却制御弁入口冷媒圧力 P_{sci} と感温筒内冷媒圧力 P_b の圧力差に比例する．

次にバルブピンの変位 x に対する膨張弁開度 SA（cm^2）を脚注※2 に示す．本過冷却制御弁は図 5.6-6 にあるようにブリードポートがあり，常にバイパス孔が空いており，圧縮機停止時には高圧から低圧に冷媒が流れ圧力バランスする仕組みになっている．

$$SA = S_{bp} + \frac{\pi r_b{}^2}{cos\theta}\left[\{1-(r_b - x\sin\theta\cos\theta)/r_b\}\right]^2 \tag{5.6-4}$$

なおバルブピンの変位 x の変域は図 5.6-6 より，次式で与えられる．

$$0 \leqq x \leqq (r_b - r_d)/\tan\theta \tag{5.6-5}$$

式（5.6-3）を式（5.6-5）に代入して圧力差 $P_{sci} - P_b = P_{dif}$ とすると，次式のように全閉と全開の圧力差 P_{dif} がわかる．

$$-C_2/C_1 \leqq P_{dif} \leqq (r_b - r_d)/\tan\theta - C_2/C_1 \tag{5.6-6}$$

さらに感温筒温度による膨張弁入口圧力実験データ[3)]の**図 5.6-7** と式（5.6-6）より C_1, C_2 を求め，過冷却制御弁の制御範囲を整理すると，**図 5.6-8** となる．図 5.6-7 の感温筒による膨張弁入口圧力データは，過冷却膨張弁オリフィス径 1.8 φ の出口を 0.3（MPa）一定に保ち，感温筒温度を上げていきながら膨張弁入口圧力を上げていくとどこまで膨張弁入口圧力を上げられるかを測定したものである．

式（5.6-6）の圧力差 $P_{dif} = P_{sci} - P_b$ が 0.122（MPa）以下で全閉になり圧力差 $P_{dif} = P_{sci} - P_b$ が 0.173（MPa）以上で全開になる．ただし感温筒内封入冷媒は R 22 とした．

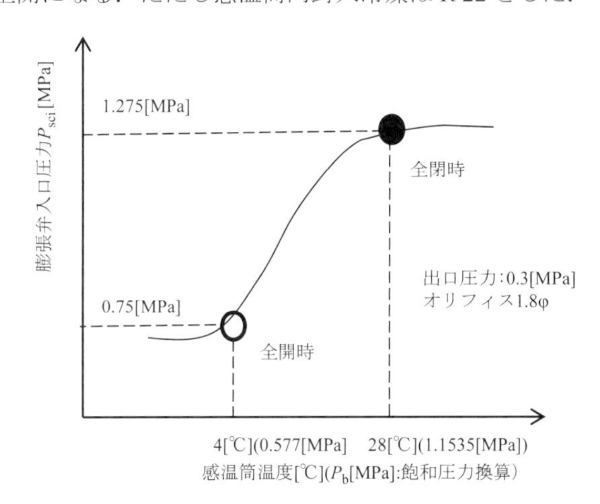

図 5.6-7　感温筒温度による膨張弁入口圧力

図 5.6-8 はこれまでの過冷却制御弁の制御特性を整理したものである．

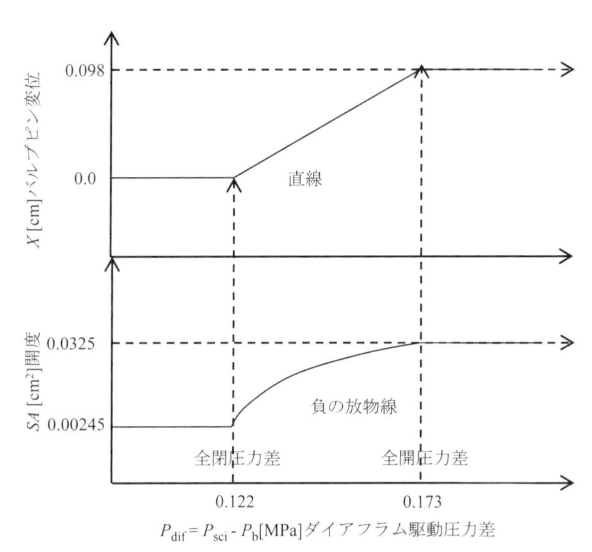

図 5.6-8　過冷却制御弁の制御範囲

横軸はダイアフラム（＝バルブピン）駆動圧力差であり，全閉圧力差は 0.122（MPa）であり，全開圧力差は 0.173（MPa）である．全閉圧力差の時のバルブピンの位置を $x=0$ とすると全開時のバルブピンの変位は 0.098 cm

である．全閉時でも開度はブリードポートがバイパス孔として空いているため 0.00245 cm^2 であり，全開時は開度が 0.0325 cm^2 である．

5.6.3　過冷却制御弁の冷凍サイクル制御におよぼす影響

(1)　過冷却度制御範囲

p-h 線図上の，凝縮器出口圧力（≒過冷却制御弁入口圧力 P_{sci}）と凝縮器出口温度（感温筒温度）から過冷却制御弁のバルブピンの変位 *x* などがわかる．**表 5.6-1** に一例を示す．

凝縮器出口圧力 P_{sci} = 1.5 MPa の時に過冷却度（*SC*）が 0 K，4 K，8 K の各場合の過冷却制御弁の状態を示す．*SC* = 0 K の時には全閉状態にあり，開度はブリードポートのみのバイパス開度となり全開開度の 7.53% に過ぎない．*SC* = 4 K では制御範囲内の 44.2% にあり，*SC* = 8 K では全開状態にある．

表 5.6-1　過冷却度制御範囲

P_{sci} = 1.5　[MPa]

過冷却度，*SC* (K)	0	4	8
感温筒温度，T_b (℃)	38.29	34.29	30.29
感温筒内圧，P_b (MPa)	1.50	1.36	1.22
$P_{dif} = P_{sci} - P_b$ 圧力差 (MPa)	0	0.143	0.275
弁位置	全閉	範囲内	全開
弁変，*x* (cm)	0	0.0405	0.0980
x / 全開変位 (%)	0	41.3	100
膨張弁開度，*SA* (cm^2)	0.00245	0.0157	0.0325
開度割合 (%)	7.53	44.2	100

さらに**表 5.6-2** には各凝縮圧力での制御範囲を示す．

表より過冷却制御弁は凝縮器出口冷媒の過冷却度が 4（K）という保証はどこにもなく，たとえば凝縮圧力が 1.5（MPa）のときには，過冷却制御弁の制御特性が，3.4（K）のサブクール（過冷却度）がつくと弁が開き始めて 4.9（K）のサブクールがつくと全開になるというのみである．この全開過冷却度と全閉過冷却度は凝縮圧力によって異なっており高圧になるほど，サブクールが取れなくなっている．また，全開と全閉のサブクール温度差は，高圧になるほど縮まり，凝縮圧力が 2.5（MPa）になると，2.3（K）のサブクールで全閉になり 3.3 (K) のサブクールで全開になる．全開と全閉の温度差はわずか 1（K）しかない．何らかの脈動により，凝縮温度に 1（K）程度の脈動波が生じれば，過冷却制御弁は，全開と全閉を繰り返すことになり，ハンチングの原因になりうる．たとえば，全開と全閉で開度は図 5.6-8 より 0.00245 cm^2 から 0.0325 cm^2 に断続的に変化し，冷媒循環量も開度に比例するため 1：13 の比率で大幅に変動を繰り返すことになる．もしこのようなことが起こっていれば，過冷却制御弁を含む本冷凍サイクルには，アキュムレータが必須であり，本冷凍サイクルにおけるアキュムレータの重要性がわかる．

表 5.6-2 各凝縮圧力における過冷却度制御範囲

凝縮器出口圧力，P_{sci} (MPa)	0.5	1.5	2.5
P_{sci} に対する飽和温度，T_{sl} (℃)	− 0.471	38.29	60.45
全閉感温筒圧力，P_{bmax} = P_{sci} − 0.122 (MPa)	0.379	1.379	2.379
全開感温筒圧力，P_{bmin} = P_{sci} − 0.173 (MPa)	0.327	1.327	2.327
全閉感温筒温度，T_{bmax} (℃)	− 8.71 (*SC* = 8.2 K)	34.9 (*SC* = 3.4 K)	58.2 (*SC* = 2.3 K)
全開感温筒温度，T_{bmin} (℃)	− 12.8 (*SC* = 12.3 K)	33.4 (*SC* = 4.9 K)	57.2 (*SC* = 3.3 K)
SC 温度幅，$T_{bmax} - T_{bmin}$ (K)	4.1	1.5	1

図 5.6-9 に過冷却膨張弁の全閉と全開になる過冷却度の制御範囲を表 5.6-2 に基づき示す．各凝縮圧力における過冷却制御弁の全閉点を▲で示し，▲より右が全閉ゾーンであり，○より左が全開のゾーンである．

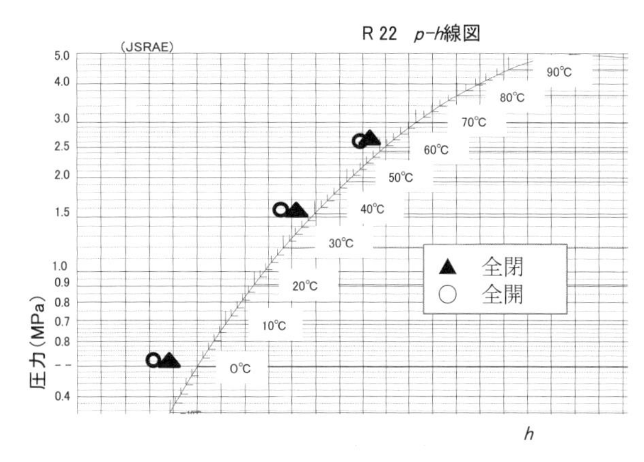

図 5.6-9 過冷却制御弁の全閉と全開

(2)　過冷却制御弁の制御特性変更

本過冷却制御弁の制御特性を変更するには，次のような方法がある．

a) P_b の変化：封入冷媒組成を変化させたり，感温筒内にヒータを入れて見せかけの凝縮器出口温度を作り上げる．

b)　A_d: ダイアフラム受圧有効面積の変化
c)　k_d: ダイアフラムのバネ定数の変化
d)　k_r: スプリングのバネ定数の変化
e)　S_{bp}: ブリードポート断面積の変化
f)　S_{bb}: バルブ穴の断面積の変化
g)　S_{bd}: バルブピンの棒部外径の変化
h)　θ: バルブピンの角度の変化

このうち本冷凍サイクル運転中に制御可能な a) P_b の変化について考察する.

凝縮圧力 $P_{sci}=1.5$（MPa）のときに，何もしなければ表 5.6-2 に示すように，全閉となる感温筒内圧力は 1.379（MPa）であり，全開となるための感温筒内圧力は 1.327（MPa）である．そのときの感温筒温度はそれぞれ 34.9（℃）（サブクール 3.4 K），33.4（℃）（サブクール 4.9 K）である．

ここで感温筒にヒータが入っていて，見せかけ上 5 K だけ感温筒温度が上昇しているとすると 5 K だけ実運転中の凝縮器出口冷媒温度のサブクールが 5 K だけ多く取れる．つまり図 5.6-9 の制御性能特性が左（低エンタルピー側）に平行移動することになる．サブクール度を任意に大きく取れることになる．ただし，この場合サブクール度を小さくとる右方向には制御できない．

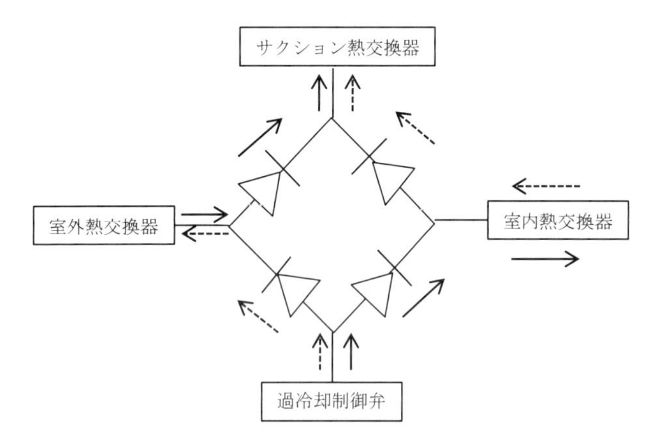

※1　逆止弁 4 個による等価ブリッジ回路

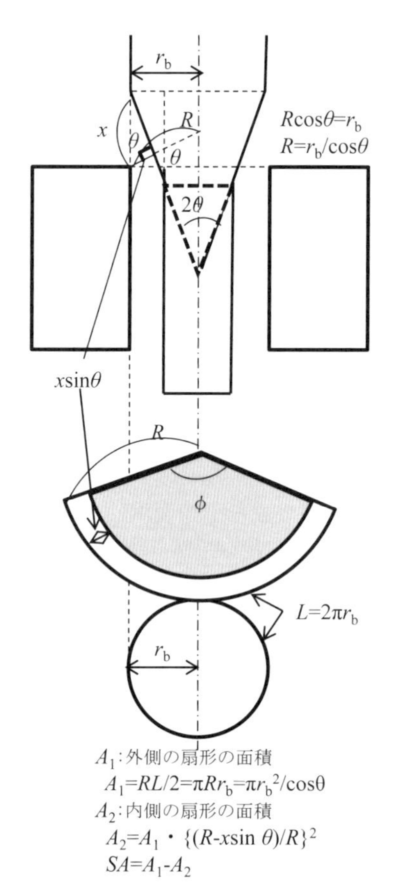

※2　オリフィス通過最小断面積 SA

参　考　文　献

*1)　http://hvac-talk.com/vbb/showthread.php?135184-Westinghouse-Hi-Re-Li（2017）.

*2)　http://btric.ornl.gov/eere_research_reports/electrically_driven_heat_pumps/advanced_cycle_development/variable_speed_heat_pumps/ornl_sub_79_24712_3/ornl_sub_79_24712_3.pdf（2017）.

*3)　松岡文雄：「蒸気圧縮式冷凍サイクルの適正化に関する研究」, 学位論文 , No.7820（1986）.

（松岡　文雄）

第6章．応用製品

6.1 ルームエアコン

本章では一般家庭に普及しているルームエアコンの動作について概説する．

第 3 章では，基本的な冷凍サイクルを対象としてある温度条件において冷凍サイクルの動作点がどのように定まるのかについて考え方を示した．本章では実際に冷凍サイクルを形成する上での課題と動作について示す．

6.1.1 ルームエアコンの構成

一般にルームエアコンは室外機と室内機に分かれたセパレートタイプと，室外機と室内機が一体型となっていて窓や壁などに取り付けられるウインドウタイプがある．いずれのタイプもルームエアコンの主な構成機器は，圧縮機，凝縮器，減圧弁，蒸発器の 4 つである（**図 6.1-1**）．

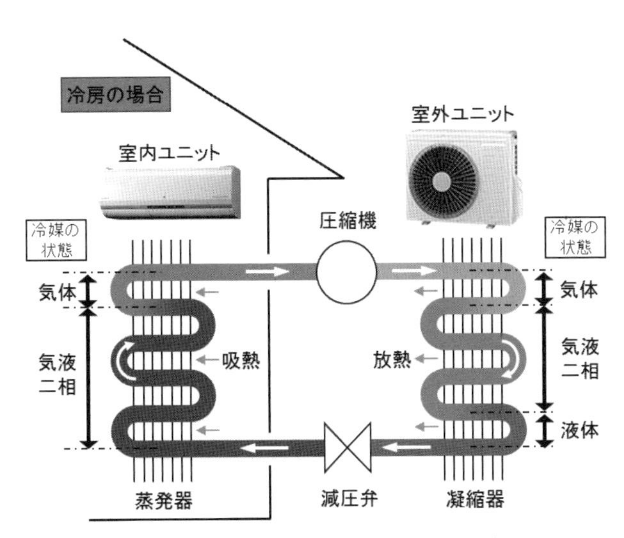

図 6.1-1 一般的なルームエアコンの例

6.1.2 冷媒充填量と動作点

第 3 章では冷凍サイクルに充填された冷媒量については触れなかったが，閉ループを構成する冷凍サイクル配管内に充填される冷媒の質量は一定であり，冷媒充填量に応じて冷凍サイクルの性能や動作が変化するので，信頼性の観点も含めて，冷凍サイクルを形成する上で冷媒の充填量は非常に重要である．

図 6.1-2 に冷凍サイクルを表した *p-h* 線図を示す．縦軸は圧力 *p*，横軸は比エンタルピー *h* である．図に示すように，一般に冷媒充填量が過多の場合 *p-h* 線図上で凝縮器出口となる点が左上方へ移動し過冷却度が増大する．逆に冷媒充填量が不足していると凝縮器出口となる点は右下へ移動し過冷却度は低下し，さらに減らすと凝縮器出口が二相状態となる．ここでは，このような冷媒充填量に応じてサイクルの動作点がどのように変わるかについて示す．

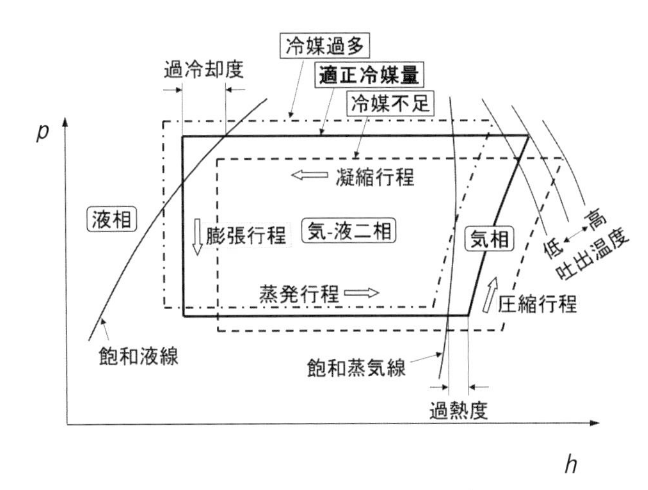

図 6.1-2 冷媒充填量と *p-h* 線図

(1) 冷媒充填量を増やす場合

ここでは冷凍サイクルとして正常に動作するだけの冷媒充填量がサイクルに入っている状態を前提とする．冷凍サイクルの動作圧力は前述のように熱交換器へ流れる空気の温度や風量，交換熱量などによって定まっており，冷凍サイクルへの冷媒充填量を増やした場合であっても，大きく変化することはない．また冷凍サイクル配管の内容積は変わらないので，同じ圧力条件で冷媒充填量を増大させると飽和域における液域割合が増大することになる．ただし蒸発器の能力は変わらないので，蒸発器における冷媒の保有量はほとんど変わらない．したがって，凝縮器における液域割合が増大することになり，凝縮器の冷媒液保有量が増大する．

この場合，冷媒液の領域が増える半面，気液二相域の領域が減る．このため液域では交換熱量が増大するという利点が得られ，逆に気液二相域では，領域が減るので同じ交換熱量を確保するために，空気との温度差を拡大しようと凝縮温度が上がることになる．このように凝縮出口となる点は *p-h* 線図上で左上の方へ移動することになる．

よって凝縮器出口の過冷却度が増大し，比エンタルピーが低下する．ここで単純に冷媒を増やしただけであれば蒸発器出口の比エンタルピーも**図 6.1-3** に示すように低下するが，風量や減圧器などの調整により蒸発器出口の比エンタルピーを同等にすると，冷房運転時の比エンタルピー差が拡大する（$\Delta h_c \rightarrow \Delta h_c'$）．したがって同じ冷媒循環量であっても冷房能力が増大することになるが，凝縮圧力の上昇により圧縮機の仕事量が増大する．冷凍サイクルの成績係数は冷暖房能力と圧縮機消費電力の比であり，成績係数を最大とするためには，両者の兼合いにより適切な冷媒充填量が存在することがわかる．

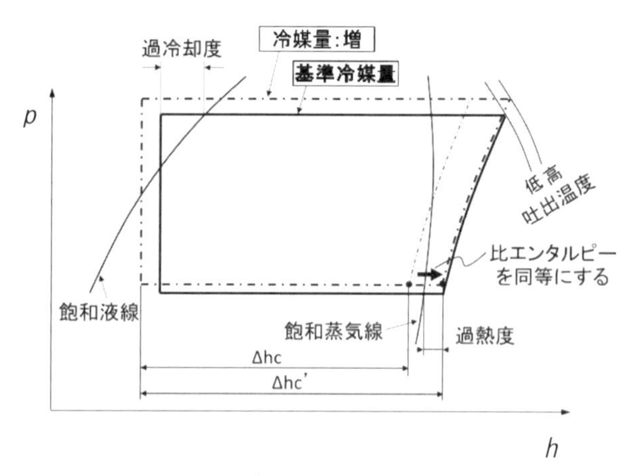

図 6.1-3　冷媒量とサイクル動作点

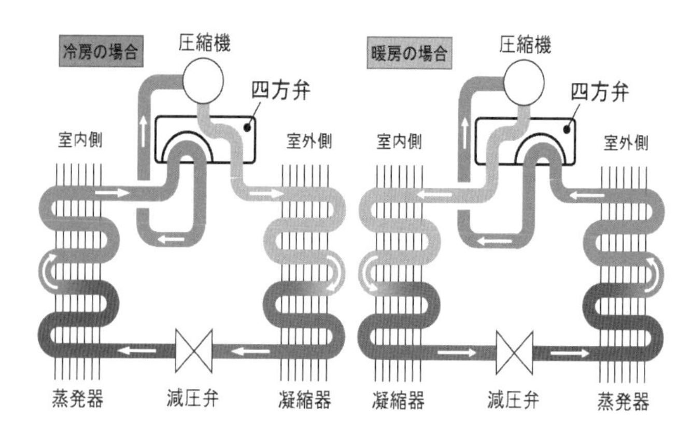

図 6.1-4　四方弁による冷暖房の切替

(2)　冷媒充填量を減らした場合

次に冷媒充填量を減らした場合について説明する．この場合は増やした場合とは逆に，液域が減少するので，過冷却度が減少し空調能力が低下すると同時に，気液二相域の領域が拡大するので凝縮温度が低くなる．

さらに冷媒を減らしていくと，過冷却度が 0 K すなわち凝縮器出口の冷媒が飽和状態となり，さらに減らすと気液二相状態となる．この場合も凝縮器出口における冷媒の比エンタルピーによって空調能力が定まるので空調能力が低下するのは同じであるが制御性への課題が生じるようになる．

凝縮器出口が気液二相状態になると，蒸発器との間に配置され冷媒液を減圧するための減圧弁に気泡が混入するようになる．このように減圧弁の開度を変えない状態で気泡が混入すると，ガス冷媒の比容積が冷媒液に対して大きいために減圧幅が過剰となる．したがって減圧弁の制御性が悪化するという問題を引き起こす．減圧弁は蒸発器で冷媒を確実に蒸発させて，圧縮機へガス冷媒を供給するために非常に重要な制御アクチュエータであり，減圧弁の制御性が悪いということは，圧縮機へ冷媒液を供給し，ひいては圧縮機の故障を引き起こしかねないことを意味しており，適正に制御することは信頼性の観点から非常に重要である．

(3)　冷暖房の切替と冷媒充填量

ルームエアコンの主な構成機器として，前述の圧縮機，凝縮器，減圧弁，蒸発器の 4 つがあるが，冷暖房を切り替えるためには四方弁という構成要素が必要となる．四方弁の切替により冷凍サイクル内の冷媒の流れ方向を逆にして凝縮器と蒸発器を入れ替え，冷房運転と暖房運転を可能にしている．**図 6.1-4** に四方弁による冷房運転時と暖房運転時の冷媒の流れ方向を示す．

凝縮器や蒸発器への適切な冷媒充填量を決める因子は幾つかあるが，最も大きな因子は各熱交換器の内容積である．したがって冷房運転時に凝縮器となる室外熱交換器と，蒸発器となる室内熱交換器の内容積が異なる場合，暖房運転時には室外熱交換器が蒸発器，室内熱交換器が凝縮器となるので，適切な冷媒充填量は，冷房運転時と暖房運転時で異なることがわかる．また室外熱交換器と室内熱交換器を結ぶ接続配管は細い液管と太いガス管の二本で一組であるが，ガス管には常にガス冷媒が通る一方，液管内の冷媒は気液二相冷媒の場合と冷媒液の場合の 2 ケースがある．これは減圧弁が室外機に 1 つだけあるルームエアコンの特徴であり，減圧した気液二相冷媒を室内機に送り込む冷房運転時には気液二相冷媒が流れ，室内機で放熱して凝縮した冷媒を室外機へ戻す暖房運転の際には**図 6.1-5** に示すように減圧弁の前までは冷媒液なので配管内が液で満たされる．このように冷媒の充填量は熱交換器の大きさだけでなく，接続配管内の密度変化により冷房運転と暖房運転で変わる．一般には室外熱交換器の方が，室内熱交換器よりも内容積が大きく暖房運転時に冷媒が余剰となりやすいので，接続配管の途中に小型のタンクを設けて冷媒量の冷暖差を吸収する手法がよく用いられる．これは，タンク内における気液二相冷媒と冷媒液の密度差を利用して適切な冷媒量の差異を吸収しようとするものである．

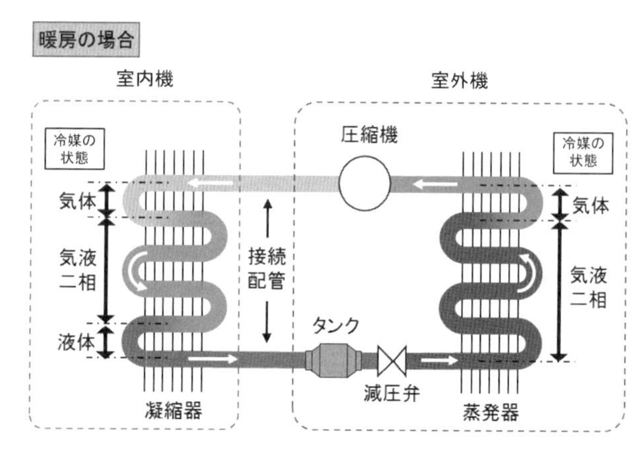

図 6.1-5　冷媒量の調整手法（一例）

6.1.3 温度制御

(1) 圧力制御

前述のように減圧弁は，蒸発器における冷媒の蒸発温度を制御して蒸発器で冷媒を適量蒸発させることが主な制御目的である．主な制御手法としては，蒸発器の出口における冷媒の過熱度が一定となるように制御する蒸発器出口過熱度制御，また過熱した冷媒が圧縮機に吸い込まれて圧縮された後の吐出温度が目標値となるように制御する吐出温度制御などが知られている．

内部の冷媒が沸騰を伴う気液二相状態にあるときに対して，単相のガス状態であるときの熱伝達率が悪いので，ガス域における熱交換器としての性能は悪い．また熱交換する対象の空気の温度が低下すると温度が上がりにくいという問題もある．このような理由により，熱交換器出口の過熱度を高く保つと性能が低下する．一般的には過熱度が0Kとなる状態が最も性能が良いと言われる．

ここで過熱度は同じ圧力での飽和温度に対する温度差なので蒸発器出口が過熱ガスの状態では容易に算出できるが，蒸発器出口が気液二相状態の場合には定義ができず，たとえば温度差を算出したとしても，その温度差は比エンタルピーによらず常に0Kとなる．

このように過熱度は不連続に変化し，かつ蒸発器出口が二相状態の場合には定義できないので，過熱度を0K近傍に制御するのは非常に難しい．そこで蒸発器出口がガス冷媒から気液二相冷媒になった場合であっても連続的に変化する吐出ガス温度を用いた制御が一般的によく使われている．ただし適切な吐出ガス温度は，室内外の空気温度や圧縮機の効率などさまざまな条件によって変わるので，運転条件に応じて目標となる吐出ガス温度を工夫して定めている．

(2) 能力制御

p-h 線図の横軸は比エンタルピーであり，冷媒単位質量当たりのエネルギーである．冷暖房能力は蒸発器もしくは凝縮器出入り口における冷媒の比エンタルピー差に，そこを流れる冷媒の循環流量を乗じた値となる．実際の冷凍サイクルの運転では，減圧弁や各熱交換器へ流れる空気の流量や温度などによってサイクル点が定まるが，冷暖房能力はそこへ流れる冷媒循環流量によって変化する．すなわち冷暖房能力を制御するには冷媒循環流量を制御すればよい．ルームエアコンに搭載される一般的な圧縮機はロータリ圧縮機やスクロール圧縮機といった容積形の圧縮機であり，これらの圧縮機から吐き出される冷媒循環流量は，圧縮機の回転数とほぼ比例する．

したがって圧縮機の回転数 N_{comp} を制御することによって，凝縮器や蒸発器を流れる冷媒循環流量を変えて，冷暖房能力を制御することができる．

一般的に，ルームエアコンはリモコンで設定された温度 T_{set} となるように室温 T_{room} をコントロールする．製品によっては温度だけでなく湿度や放射を考慮したものもあるが，ここでは室内機の吸込空気温度がリモコンで設定された温度となるように制御する場合について示す．

図 6.1-6 は，基本的な動作をブロック線図で示したものである．設定値 T_{set} に対する現在の室温 T_{room} との差分を用いて，圧縮機の回転数を演算するブロックがある．このブロックからの出力として圧縮機の回転数 N_{comp} が算出され，その指示に基づいて制御対象である冷凍サイクルおよび空調空間の動特性に応じて室温が出力として出てくる．この室温を現在の室温として再度フィードバックすることで，設定値との差異がなくなるように圧縮機の回転数が制御される．フィードバック制御の一例としては古典的なPID 制御があるが，室温の変化はユーザの快適性へ影響を与えるので，そのほかにもファジィ理論などを用いた回転数制御をおこなう製品も見られる．

ところで，通常，空調空間は熱容量が大きいため空調機の能力変化が室温に現れるまでの時定数が長い．このため制御周期もあまり短いと室温変化が捉えにくいので，数十秒から数分といった単位の周期で制御されることが多いようである．

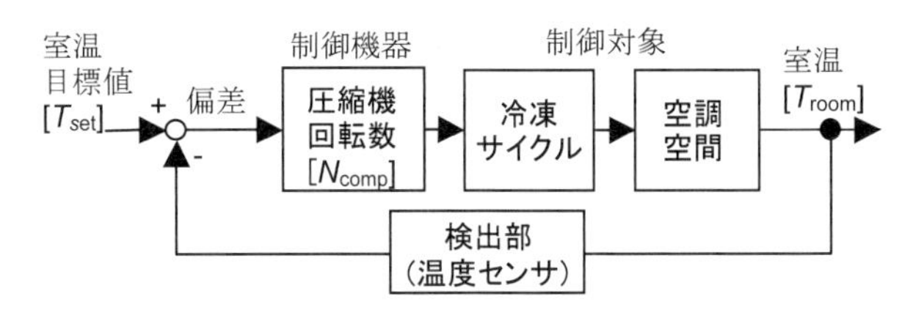

図 6.1-6　基本動作時の室温制御ブロック線図

6.1.4 除湿制御

冷房運転をおこなう際には，蒸発器で空気が冷却されることになる．このとき空気温度が露点温度よりも下がると空気中の水分が結露して蒸発器の表面に付着するので，室内機から吹き出す空気からは水分が除去されている．これが除湿運転ということになるが，このとき除去される水分量は，風が蒸発器を通過するまでに除去される熱量すなわち冷房能力と室内機を通過する風量に応じて変わる．

すなわち冷房能力が高いほど除去される熱量が増えるので除湿量は増加し，逆に冷房能力が低いと除湿量が低下することになる．また風量が多いと蒸発温度が上昇し，単位質量あたりの空気から除去される熱量が減少するので除湿量は低下し，逆に風量が少ないと蒸発温度が低下するため除湿量は増加する．

したがって除湿量を増大させるためには，冷房能力を高めて，かつ風量を抑制すれば良いことがわかる．このように冷房運転をすることで除湿動作が可能である．

ところで，一般に除湿運転には2種類の運転方法が存在する．一方は弱冷房による除湿運転であり，他方は再熱除湿といわれる運転方法である．

弱冷房による除湿運転は，名前の通り冷房能力を抑えた冷房運転である．前述の通り，冷房能力を高めることで除湿量を増大させることができるが，一方で室内の熱負荷に対して冷房能力が過剰となり，室温が低下する懸念がある．そこで，冷房能力を抑え，それに見合うように風量を抑制することで除湿量を確保しようとする運転が弱冷房による除湿運転である．

この運転は，冷房能力が小さい，すなわち圧縮機の仕事が小さく消費電力が小さいのが特徴である．しかし除湿量を高めると室温が低下してしまうのが課題であり，室温と湿度を個別に制御することはできない．

他方の再熱除湿とは，除湿される際に低温となった空気を再度加熱することで，除湿運転時の吹き出し空気温度の低下を抑制するとした運転方法である．空気を再度加熱する際に，ヒータなどの電力を用いるものや，運転時に室外へ捨てていた排熱を利用するものがある．このサイクルでは，冷房能力を高めても室温が下がらないというメリットがあるので，弱冷房による除湿運転に対して，より除湿量を増大させて低湿度な環境を実現できる．また高風量でも除湿運転ができるなどのメリットも得られる．一方で除湿量を増やす場合には，その分だけ仕事をすることになるので，消費電力が増大することになる．

ところで，冷房運転時の室内熱交換器は蒸発器となるが，再熱除湿運転をおこなうためには，室内熱交換器に除湿をおこなうための冷却器と，冷却された空気を加熱するための再熱器が必要となる．**図 6.1-7** は，一般的な家庭用のルームエアコンの断面図である．ルームエアコンの主要な構成要素は室内熱交換器とファンおよびケーシングである．上部から吸い込まれた空気は室内熱交換器を通過した後，ファンを通ってから室内空間へ吹き出される構成となっている．図に示した例では，冷却器が室内機の前面側に配置され，再熱器が前面上部から背面側に向かって配置されている．

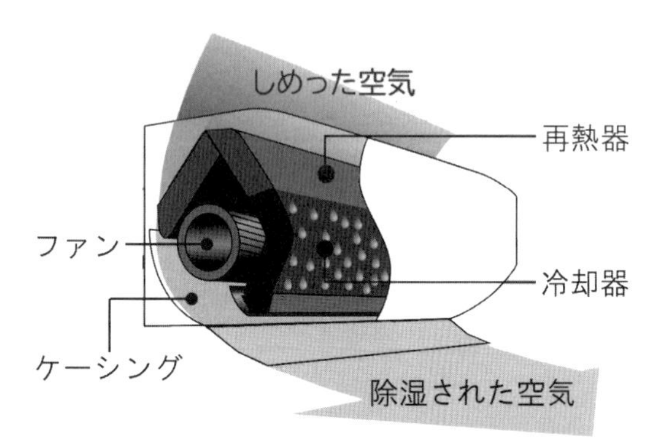

図 6.1-7　ルームエアコンの室内機断面図

冷房運転時，室外機に配置された減圧弁で減圧され，低温となった冷媒は再熱器を通ってから冷却器を通り，その過程で蒸発することになる．一方，再熱除湿運転の際には，室外機に配置した減圧弁を開放（全開）とする．このため室内機には高圧のまま，凝縮過程の冷媒がそのまま流入し，再熱器で凝縮することになる．凝縮する際に熱を外部に出すので空気を加熱する作用が生まれる．この作用により除湿された低温の空気を加熱することができる．そして再熱器から流出した冷媒を除湿弁と呼ばれる減圧弁で減圧して低温とし冷却器で蒸発させる（**図 6.1-8**）．

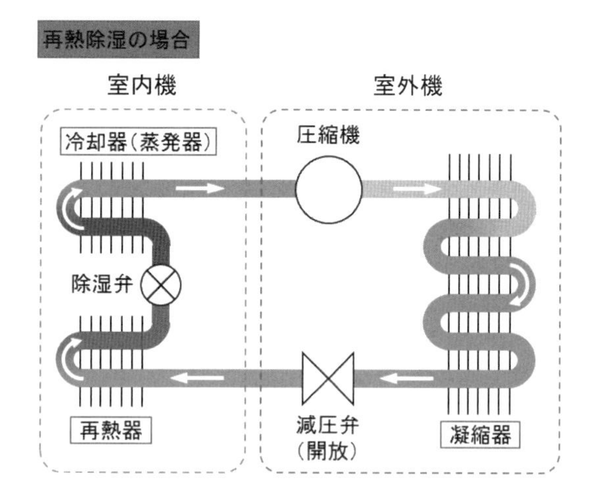

図 6.1-8　再熱除湿運転時のサイクル

このような再熱除湿運転では冷却器を流れる風量と圧縮機の回転数で除湿量が定まる．また再熱器からの放熱量は室温の設定値となるように制御すればよい．すなわち室温を下げたい場合には放熱量を抑制し，室温を上げたい場合には放熱量を増大させる．放熱量を制御するためには，室外ファンの回転数を制御すればよい．この考え方を *p-h* 線図を用いて**図 6.1-9** に示す．通常の冷房運転時には，圧縮機から吐出された高温の冷媒は，室外熱交換器で凝縮して液化し，減圧されたのち室内熱交換器で蒸発する．一方，再熱除湿運転では，室外熱交換器で完全には凝縮させずに，室内へ送り室内熱交換器の再熱器で凝縮・液化させる．そして除湿弁で減圧し冷却器で蒸発させて圧縮機へ戻す．このように，再熱器には凝縮過程の冷媒が流入することになるので，放熱させることで空気を加熱することができる．この加熱量は，再熱器における比エンタルピー差に比例するので，加熱量を増やすためには再熱器入口の比エンタルピーを上げればよく，具体的には室外ファンの回転数を抑制して室外熱交換器での交換熱量を抑制すればよい．逆に加熱量を減らすためには，室外熱交換器での交換熱量を増加させるために，室外ファンの回転数を増加させればよい．

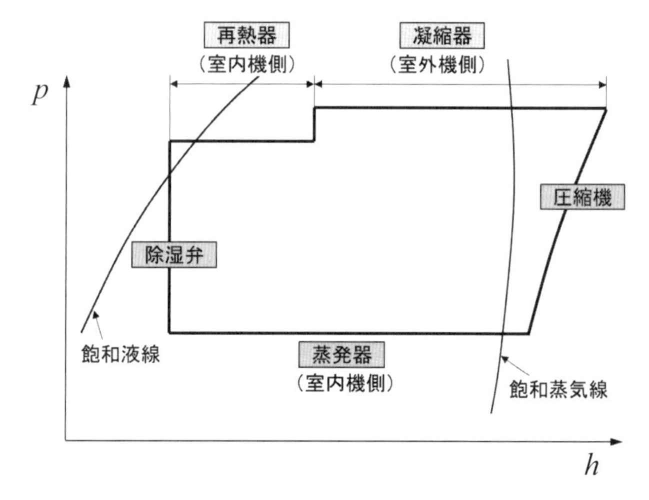

図 6.1-9　再熱除湿運転の *p-h* 線図

ブロック線図で示すと**図 6.1-10** のようになる．ここでは室外ファンの回転数算出ブロック N_{fan} と，圧縮機の回転数算出ブロック N_{comp} を並列に記載した．しかし室外ファンの回転数を制御すると室温変化に影響を与えるので，冷房能力にも影響が出る．すなわち室外ファン回転数制御と，圧縮機の回転数による能力制御はお互いに干渉するので，単純に並列に並べるだけではうまく動かない．サイクルの安定性と快適性に配慮しつつ適切なアルゴリズムとするように各社工夫を重ねている．また室温だけでなく湿度も制御対象に加えて，より快適となるように工夫している空調機もある．

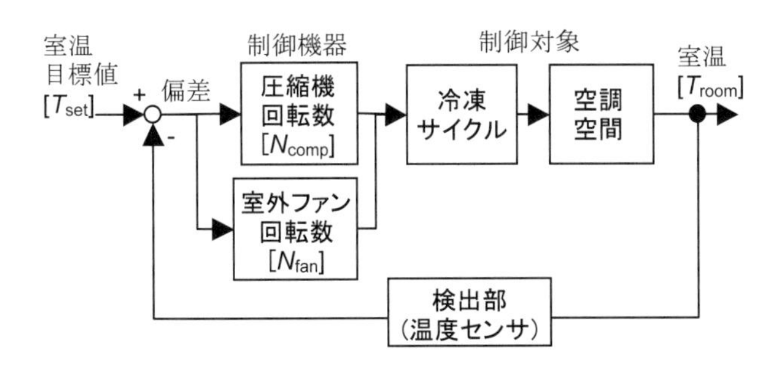

図 6.1-10　除湿運転時の室温制御ブロック線図

6.1.5　センサ制御および付加機能

(1)　センサによる快適制御

最近のルームエアコンはインバータ制御を搭載するものが多く，圧縮機の回転数を的確にコントロールすることで冷暖房の能力も室温に応じて細かく調節できる．エアコンには温度センサが搭載されており，その温度センサで測定した温度とリモコンで設定した設定温度とを比較しながら，圧縮機の回転数や風量などを調節する．温度差が大きいときは早く設定温度にするために冷暖房能力を大きくして，その差が小さくなると能力を抑えて消費電力にも配慮した制御をおこなう．ここで，温度センサで測定した温度というのはエアコンの吸込温度のことで，エアコンはこの吸込温度を設定温度に近づけるように制御する．

ルームエアコンには冷暖房だけでなく除湿機能も備わっているものが大半である．除湿運転時の制御についても温度センサと同様に室内機に湿度センサを搭載し，測定した吸込空気の湿度と設定湿度とを比較しながら，圧縮機の回転数や風量などを調節して湿度制御をおこなう．

また，最近では人感センサで人の居る場所や人の活動量を検知したり，放射温度センサで人の体表面温度を測定するなどの技術も導入され，無駄のない省エネ運転を実現するとともに，人の居る場所を検知することで気流をうまく制御し，より快適な空調を実現している．

(2)　空気清浄機能

ルームエアコンには集塵や脱臭といった空気清浄機能も要求される．一般にルームエアコンに搭載される空気清浄機能の方式としてはファン式（フィルタ式）と電気集塵式が挙げられる．

ファン式はファンの力で吸い込んだ汚れた空気を細かい繊維が寄り集まった特殊な構造をしたフィルタで吸着するような仕組みである．高性能なフィルタとして HEPA フィルタなどが代表的である．電気集塵式は高電圧ユニットを搭載しており高電圧の放電によりイオンを生成し，埃をマイナスに帯電させ集塵ユニットに設けたプラス電極にクーロン力で吸引させて吸着するような仕組みである．

現在の空気清浄機能付きルームエアコンにはどちらかの方式の空気清浄機能が搭載されている．

（井本　勉）

6.1.6　ルームエアコン応用

エアコンの消費電力は家庭内消費電力の約 25% とトップを占めており，エアコンの省電力化は地球環境保全の観点から極めて重要な課題となっている．

近年，省エネに配慮した高断熱・高気密の住宅が増加しており，設定温度付近での比較的小能力域での運転が増加する傾向にある．このような住宅ではその高断熱性ゆえにインバータ制御であっても，ときに，コンプレッサ要求出力は最小可変能力を下回り ON / OFF 運転となり，省エネ性や快適性を損ねてしまう可能性がある．このような高気密，高断熱住宅に対応するためにはエアコンの最小能力域の拡大が求められるが，一方では，素早い立上がり性能や既存木造住宅での運転など高能力に対するニーズも存在している．そこで近年では，必要とする能力に応じ運転シリンダ数を可変する機構を持つ，“ 可変容量コンプレッサ ” を搭載したエアコンが販売されている．そこで本項では，この “ 可変容量コンプレッサ ” を搭載したエアコンの制御について説明する．

(1)　可変容量コンプレッサ制御

既存のコンプレッサ効率は定格能力付近に効率のピークをもち，ほかの領域，特に小能力側（低回転側）の効率がモータ効率の悪化や圧縮室漏れ損失などの固定損失により大きく低下する傾向にある．小能力の発生頻度が高い省エネ住宅や大能力の発生頻度が高い既存木造住宅を含むあらゆる住宅で省エネ性を実現するには，能力可変幅全域での高効率特性が必要であり，**図 6.1-11** のように，小容量と大容量のコンプレッサを同一のエアコンに搭載し，効率のよいコンプレッサを選択して切り換えるシステムが理想である．そこで**図 6.1-12** のようにこの 2 つの圧縮室を独立する小さな 2 つのコンプレッサと考え，小能力域で 1 つの圧縮室（シングル運転），大能力域で 2 つの圧縮室（ツイン運転）の運転に切り換える．これが可変容量コンプレッサである．

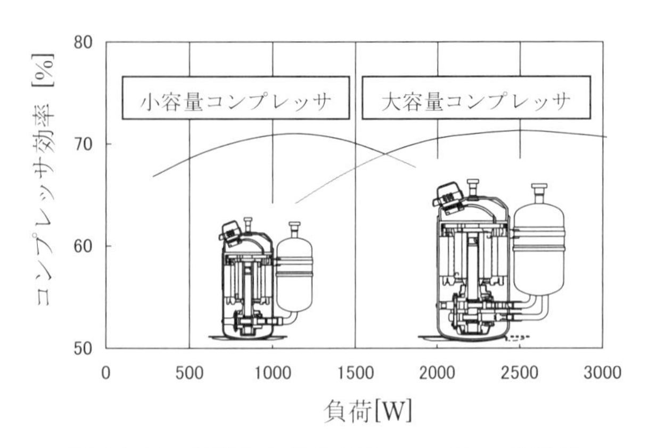

図 6.1-11　理想的な負荷毎のコンプレッサ効率

この可変容量コンプレッサの効率特性を**図 6.1-13** に示す．図 6.1-13 に示すように年間の冷房負荷の発生時間は冷房能力 1.0 kW 付近で最も多くなっているが，2 シリンダ運転の場合，冷房能力 2.0 kW 以下の小能力域では効率が大幅に低下している．そのため，大能力域では 2 シリンダで運転し，効率が大幅に低下する小能力域では 1 シリンダ運転に切り換え，回転数を 2 倍に高速化することで，同一能力時において高いモータ効率での運転とした．結果，全運転域で高効率な特性を実現でき，低負荷時にはツイン運転時と比較して約 4% 効率を向上できる．

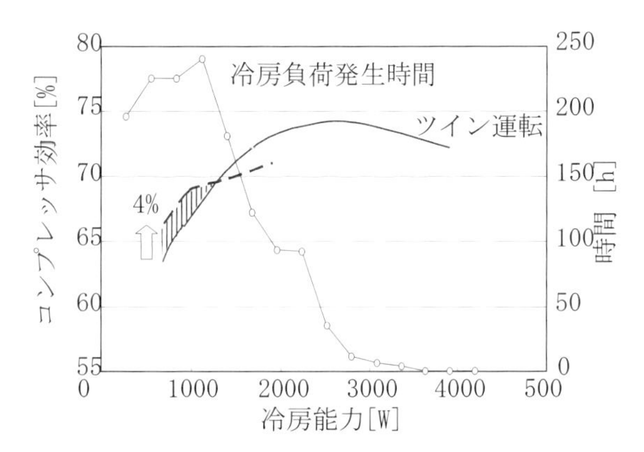

図 6.1-13　可変容量コンプレッサ特性

図 6.1-14 に可変容量コンプレッサ搭載の機種とシリンダ可変機構を持たない通常のツインロータリコンプレッサ搭載機種の消費電力比較を示す．環境試験室において室外温度 29 ℃にて冷房運転した安定時の結果である．通常のツインロータリコンプレッサ搭載機種の場合，室温センサが設定温度付近に達すると，コンプレッサの能力可変幅を下回り，ON / OFF を繰り返す断続運転となってしまい，それに伴い室温も上下に変動しており，快適性も損ねている．一方，可変容量コンプレッサを搭載した機種では，室温センサが設定温度付近に達し，空調負荷が減少すると 2 シリンダから 1 シリンダに切り替え，従来のコンプレッサでは運転できなかった低能力域で断続することなく連続運転している．これにより消費電力は通常のツインロータリコンプレッサと比較して約 44% 低減することができ，断続レスの安定運転をすることで室温も一定に保たれており，省エネ性の向上と快適性の両立を実現している．

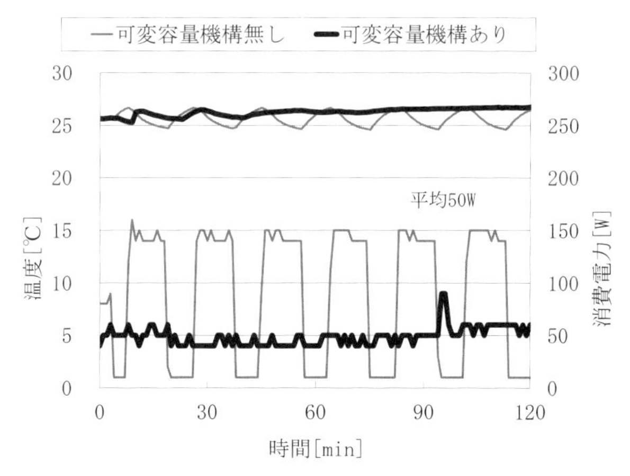

図 6.1-14　可変容量機構有無による消費電力比較

さらに最近の機種では，可変容量コンプレッサでの運転を応用し，扇風機並みのわずか 55 W の消費電力（1 時間あたりの電気代約 1 円※1）で冷房運転ができる機能を搭載した．この運転は，最小能力※2 に能力制限する冷房運転で，エアコン冷房の，冷えすぎる，電気代がかかるといったイ

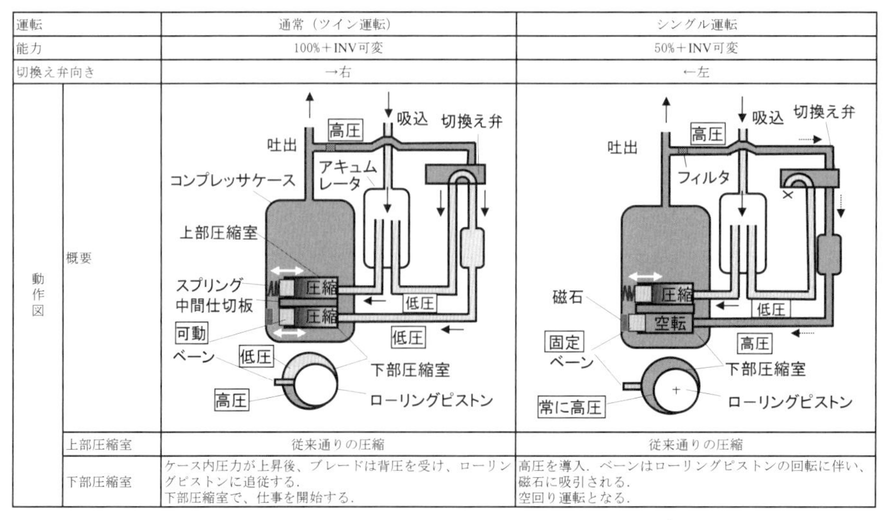

図 6.1-12　可変容量コンプレッサ動作原理 [*2)]

メージを心配することなく，夜間の長時間利用時の省エネ運転，また高齢者の熱中症防止などにも安心して利用できる低消費電力の冷房運転機能である（**図 6.1-15**）．

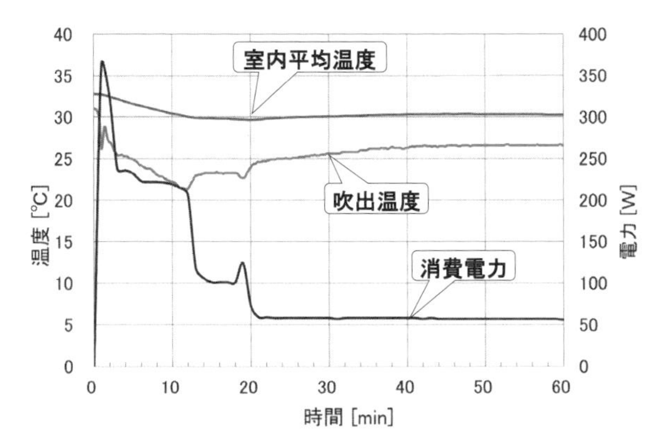

図 6.1-15　冷房時 55 W 消費電力運転の運転特性例
（冷房能力 4.0 kW，環境試験室で涼風運転，外気 33 ℃）

定格時の高能力の発揮と電気代約 1 円の運転を両立できたのは可変容量コンプレッサ実現によるところが大きいが，インバータによるコンプレッサの回転数制御において，最低可能回転数を低減する超低回転駆動制御の確立も大きく寄与している．特にシリンダの一つを休止させたときに，圧縮時のトルク脈動により回転位置検知が困難で回転を維持できないという難題に直面したが，トルク脈動の大きい点に合わせてトルク電流を重畳する駆動制御を新たに開発したことで，安定した回転数制御が実現できた．この制御は製品の振動を抑制する効果もあり，省エネでかつ静かな快適運転の実現に貢献している．

※1　電力料金目安単価 22 円/kWh

※2　運転時の室内/室外温度などによって能力最小制限時の消費電力は異なる

参　考　文　献

*1)　関　勇輔他：「低負荷域で高効率を発揮するコンパクトな省エネルームエアコンの開発」, 平成 21 年度 空冷連講論 , pp.159-162, 東京（2009）．

*2)　日本冷凍空調学会：「冷媒圧縮機」, p.70, 東京（2013）．

（岡田　覚）

6.2　ハウジングエアコン

壁掛形ルームエアコン（**図 6.2-1**）は，壁面上方に設置され，家具配置の邪魔になりにくく，比較的容易に追加設置が可能である．しかし壁からの突出し幅が大きく，屋内空間のデザイン性を損ないがちである．暖房運転時に暖気が床まで到達しにくいという弱点もある．

近年，住宅の高気密高断熱化による省エネ化が進む一方で，リビングの大型化に加え，吹抜けやリビング階段の採用など，住居構造は多様に変化しており，ライフスタイルに合わせた多様な空調形態への対応が求められている．

6.2.1　ハウジングエアコンの形態

図 6.2-2～**6.2-5** には，ハウジングエアコンの外観を示す．

天井埋込カセット形には，1 方向吹出タイプと，2 方向吹出タイプがあり，後者では一台で空調のゾーニング（吹分け）が可能である．

壁埋形は，壁掛形ルームエアコンをそのまま壁内に収めた構造となっている．いずれもクロスフローファン（横流ファン）を用いており，内部は同様の構造となっている．

ビルトイン形は，壁埋形と同様の使用も可能であるが，ダクトを接続することで，吸込口と吹出口を部屋の都合の良い場所に，配置することを可能としている．長いダクトでも風量の低下が起きにくいように，クロスフローファンではなく高静圧に強いシロッコファンが用いられている．

床置形は，壁面の足元に据え付ける形態となっており，暖房時には前面上部の吹出口だけでなく，下部の吹出口からも温風を出すことで，足元を暖めるのに適した形態となっている．ターボファンを用いて薄型とし，壁からの突出し幅を抑えた構造となっている．

ハウジングエアコンは，このようにさまざまな形態のエアコンを適材適所で配置することで，部屋のデザイン性を損なうことなく，効率の良い空調を可能としている．

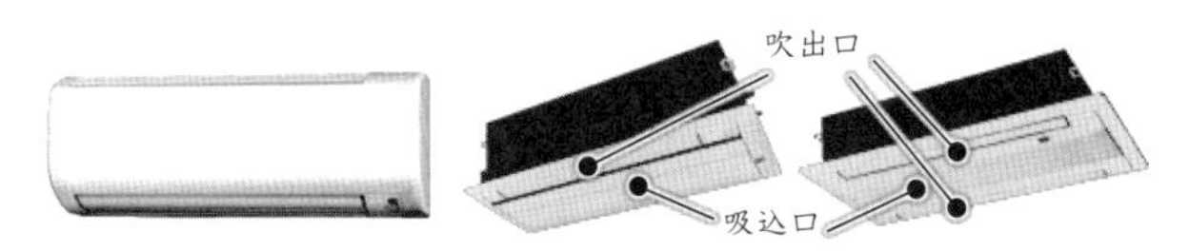

（a）1 方向吹出　（b）2 方向吹出

図 6.2-1 壁掛形　　図 6.2-2 天井埋込カセット形

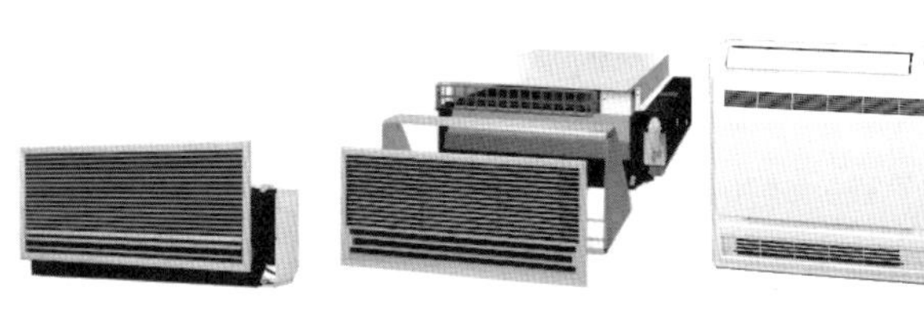

図 6.2-3 壁埋形　図 6.2-4 ビルトイン形　図 6.2-5 床置形

6.2.2　接続形態と冷凍サイクル回路

接続形態として，壁掛形を含むこれらの室内側機器に対し，室外機と一対一の接続であるペアタイプと，一台の室外機に複数台の室内機が繋がるマルチタイプがある．

ペアタイプは通常，単一の冷凍サイクルであり，ここでは説明は省略する．

図 6.2-6 にはマルチタイプハウジングエアコンの冷凍サイクルの一例を示す．図の左側が室外機で，右側が室内機 2 台接続の例であり，室内機の数に応じて連絡配管の接続も必要である．おおむね最大 5 台程度までの室内機と 1 台の室外機が接続され，室内機と同数の膨張弁が，室外機側に備えられている．膨張弁を室外機に持つため，絞り膨張による冷媒通過音を屋内から隔離でき，静音性に優れたシステムとしやすい．各膨張弁は，各室内機に対して，高圧

側と低圧側を隔てつつ，各室内機の冷媒流量を調節する役目を担っている．

次に冷媒の流れについて説明する．冷房時は圧縮機から出た高温高圧の過熱蒸気（点 1）は，室外側熱交換器（点 2 → 3）で凝縮されて液化する．適度に過冷却のついた冷媒液は 2 つに分岐したのちに（点 4, 7），それぞれの電子膨張弁で減圧されて，室内側熱交換器（点 5 → 6, 8 → 9）にて蒸発し，再び合流した後に（点 10），液分離器（気液分離器）を経て圧縮機に吸い込まれる（点 11）．

暖房時における冷媒の流れは図 6.2-6 の点線で示す通り，四方弁（四路切換弁）にて反対方向となり，室内側が凝縮器，室外側が蒸発器となる．

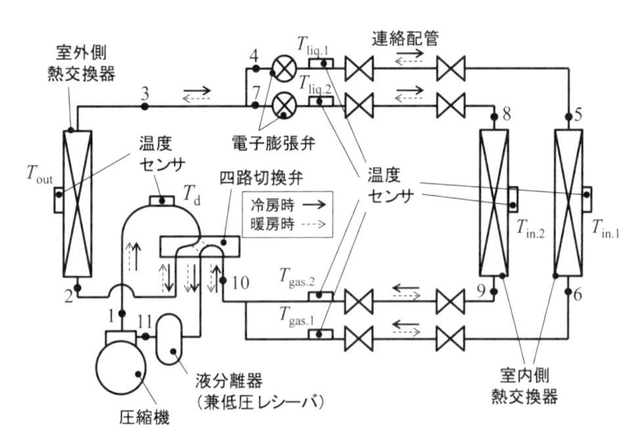

図 6.2-6　マルチタイプのハウジングエアコンの冷凍サイクル図（室内機 2 台の例）

6.2.3　冷房運転時の蒸発器過熱度制御

図 6.2-7 には，室内機 2 台接続時の冷房運転の *p-h* 線図を示す．通常，部屋ごとの冷房負荷 ϕ_i（i = 1,2,3,…）は各部屋で異なり，各室内側熱交換器に流れる風量や温度などにも違いがあるため，蒸発器入口の乾き度や循環量が同じであったとしても，各蒸発器出口（点 6, 9）の過熱度 SH_i（または乾き度 x_i）が異なる結果となる．

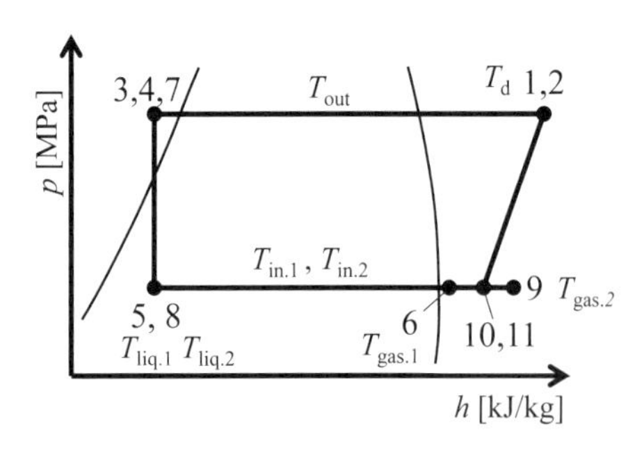

図 6.2-7　*p-h* 線図（室内機 2 台の例，冷房運転）

圧縮機はこれら異なる乾き度 x_i の冷媒を混合した状態で吸い込むため，たとえ圧縮機吸込蒸気（点 11）が湿っていた（乾き度 $x_i < 1.0$）としても，ほかの蒸発器の出口（点 6 または 9）が過度に過熱し，システム性能が悪化している可能性がある．そこで効率的な運転のためには，各蒸発器の出口過熱度 SH_i を検査し，各膨張弁を調節する必要がある．蒸発器ごとの出口過熱度 SH_i は，各温度センサの値を用いて下式で求められる．

$$SH_i = T_{gas.i} - T_{in.i} \ [K] \qquad (6.2\text{-}1)$$

6.2.4　暖房運転時の凝縮器過冷却度制御

図 6.2-8 に暖房運転の場合の *p-h* 線図を示す．暖房時，室内側熱交換器はいずれも凝縮器として作用するが，効率のよい運転のためには，各凝縮器の出口付近に滞留する冷媒液量の過不足は避けるべきである．過剰の場合は凝縮温度の上昇により COP は悪化し，不足するとシステム能力や COP が低下するだけでなく，フラッシュガス発生が膨張弁の流量制御に支障をきたす可能性もある．

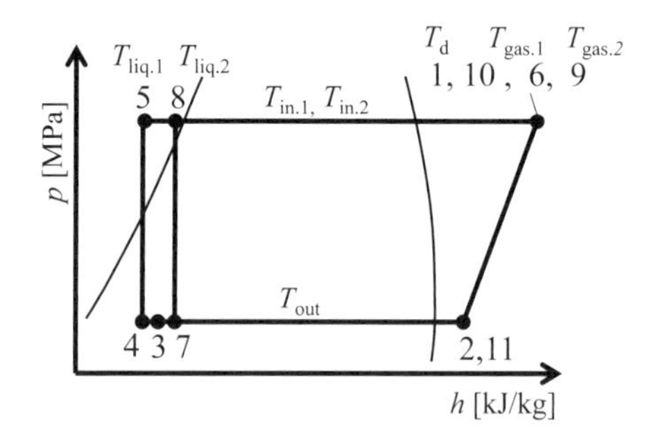

図 6.2-8　*p-h* 線図（室内機 2 台の例，暖房運転）

そこで，各凝縮器出口の過冷却度 SC_i を適切な範囲に収めるように膨張弁を制御している．それぞれの過冷却度 SC_i は下式で計算可能である．

$$SC_i = T_{in.i} - T_{liq.i} \ [K] \qquad (6.2\text{-}2)$$

6.2.5　冷媒の過不足を考慮した室内機運転台数制御

以上の制御によって，各室内機の過熱度 SH_i または過冷却度 SC_i は最適になり，理想的には効率のよい冷凍サイクルとなるが，実際の運転では冷媒液の過不足の影響もあるため，それに配慮した運転が必要である．

マルチエアコンでは複数の室内機が接続されるが，常に全ての室内機が運転されるわけではなく，室内機の一部が運転を停止する場合もあり，必要な冷媒量が都度変化する．

さらに，全ての室内側熱交換器の冷媒側の総内容積が，室外側熱交換器の内容積に比して大きくなりやすい．よって室内側熱交換器が凝縮器となる暖房運転時に，より多くの冷媒量が必要となる．逆に冷房運転時には，冷媒が過剰となりやすい．

まず冷房運転においては，運転を停止する室内機のファンを止め，同室内機に対応する膨張弁を閉じると，室内側熱交換器内の冷媒が全て蒸発し，室外側熱交換器内に滞留する．その結果，凝縮温度が上昇し，システム全体の効率は低下する．これを回避するためには，各膨張弁を少しずつ開いて，各蒸発器の出口過熱度を小さくし，または若干の湿りとすることで，蒸発器内の冷媒液量が増加し，凝縮器内の余剰冷媒を減らせる．しかし過度に膨張弁を開くと，過度な湿り運転をする結果となり，システムの信頼性を損なう可能性があるため注意を要する．

次に，暖房運転における台数制御について説明する．冷房と同様に室内機のファンを止め，該当する膨張弁を全閉すると，室内側熱交換器内が高圧であるため，冷媒がつぎつぎに凝縮し，多量の冷媒液が滞留する．一方で運転中の室内側熱交換器においては，冷媒が不足する結果となる．

これを回避するためには，停止中の室内側熱交換器に繋がる膨張弁の開度を少し増して，同熱交換器に少量の冷媒蒸気を流すことで，冷媒液の滞留を防ぎ，運転中の室内側熱交換器に冷媒を渡すようにするとよい．

このとき，膨張弁を開き過ぎると，停止中の室内側熱交換器内が冷媒蒸気で満たされ，ほかの運転中の室内側熱交換器に冷媒液が溜まりやすくなる．加えて，停止中の室内側熱交換器に多量の過熱蒸気を送ることは，無駄である．

以上のように冷媒の過不足を考慮した制御をおこなうことで，冷房，暖房ともに，運転する室内機の台数が変化しても，回路内での適切な冷媒分布が実現され，高い成績係数も期待できるようになる．

6.2.6 マルチエアコンの利点について

室内機の数だけ室外機を持つペアタイプに対し，マルチエアコンは 1 台の室外機であるため，屋外設置スペースや合計の冷媒量が少なくて済むという利点があるが，全ての室内機が稼働するような状況では，効率や能力が低くなりがちな面がある．

一方で，たとえばリビングでの負荷が主で，ほかの個室の負荷が小さい場合などは，ほぼリビングだけの負荷に対する運転を，比較的大きい室外熱交換器でまかなうため，冷房であれば凝縮温度を抑えやすく高効率であるとともに，高外気でも能力を出しやすいというメリットがある．また暖房においては，蒸発温度が下がりにくいため，室外熱交換器への着霜量が減り，除霜運転の頻度が減るため，快適性や省エネ性向上に寄与するような実用シーンも多くなる．

以上のように，マルチエアコンは部屋のデザインも含め，ペアタイプとは異なる価値を提供できるエアコン形態であり，今後も活躍の場は広がるものと考えられる．

記　号

T	温度	℃
SH，SC	過熱度，過冷却度	K
p	圧力	Pa
h	比エンタルピ	kJ/kg
x	乾き度	-
COP	成績係数	-
ϕ	冷房負荷能力	W
添字		
i	室内機番号 (i = 1,2,3,…)	-
liq, gas	液側，ガス側	-
in, out	室内側，室外側	-

（配川　知之）

6.3 店舗用エアコン

店舗用エアコンは一般的にパッケージエアコンと呼ばれており，主に事務所や店舗などに使うように設計されており，**表 6.3-1** に示される機能を持つものを指す．

表 6.3-1　パッケージエアコン

能力 (定格)	冷房：1 ～ 28 kW，暖房：1 ～ 33.5 kW
機能	冷房専用，ヒートポンプ
ユニット	一体形，分離形

6.3.1 店舗用エアコンの特徴

店舗用エアコンは，家庭用ルームエアコンなどと比べてさまざまな部屋構造・設置位置に対応するため，接続される室内機の種類が多い．またビルなどに取り付けられることが多いことから配管長が長いという特徴がある．現在一般的に流通しているパッケージエアコンは，配管施工性を重視して冷媒プレチャージ式が取られており，冷媒量が多めに入っている．冷媒制御においては，これらの余剰冷媒分をどうコントロールするかが一つの課題となってくる．

6.3.2 店舗用エアコンの種類

(1)　室内機種類

店舗用エアコンの主な室内機例を**図 6.3-1** に，特徴を**表 6.3-2** に示す．室内機には床置き形，壁掛け形，天井面に取り付け，パネルに吸込み口と吹出し口があり吹出し方向が 1 方向，2 方向，4 方向のカセット形，吹出し口がダクトを介して自由に配置できる埋込形，吸込み口もダクトで自由に配置できるビルトイン形など設置場所に合わせて選べる豊富な種類がある．

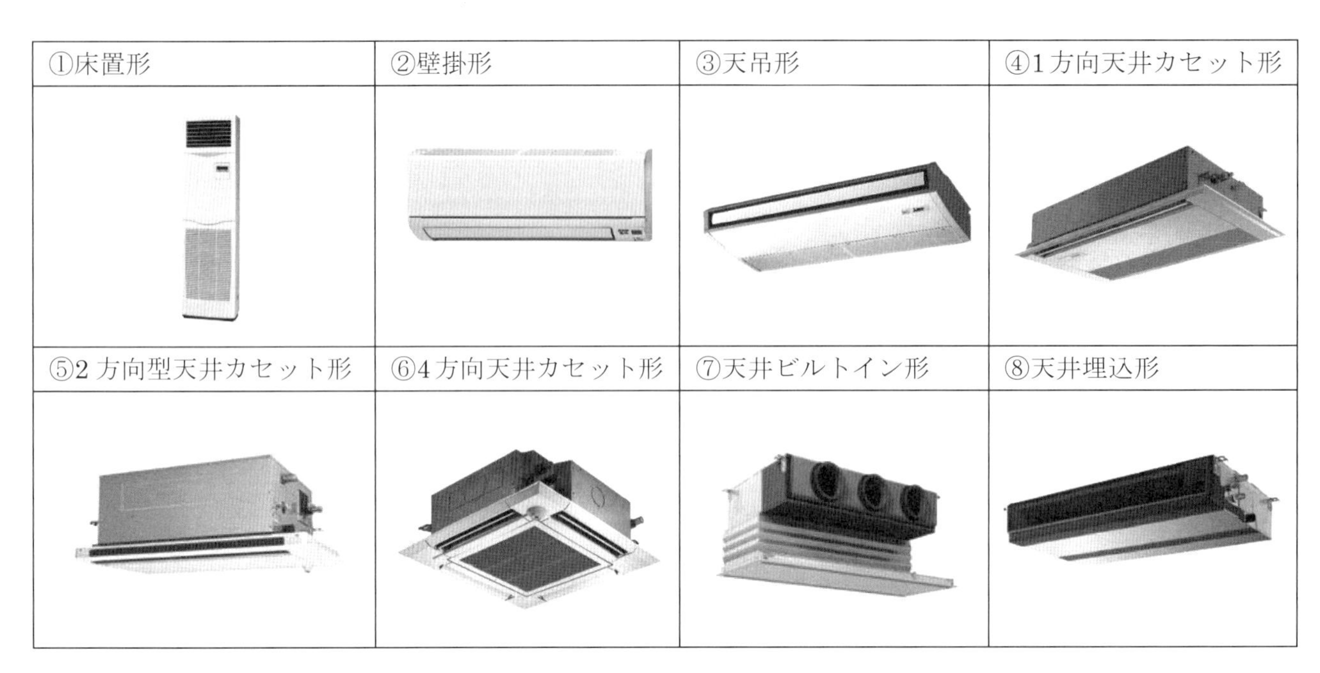

図 6.3-1　パッケージエアコン室内機 *1)

表 6.3-2　室内機種類

	種類	ファン	特徴
①	床置形	シロッコ	設置が容易でリニューアルに便利．壁際に設置する．
②	壁掛形	ラインフロー	ルームエアコン用室内機と構造は類似．
③	天吊形	シロッコ	天井から吊り下げるタイプ．下から吸込み前面吹出し．
④	1方向天井カセット形	シロッコ	本体は天井裏にあり，下がり天井などにフィット．ペリメータ空調などに適する．
⑤	2方向天井カセット形	シロッコ	本体は天井裏にあり，パネル面に吸込み口および吹出し口．2方向吹き分ける場合に使用．
⑥	4方向天井カセット形	ターボ	本体は天井裏にあり，パネル面に吸込み口および吹出し口．4方向吹き分ける場合に使用．現在天井カセット形の主流．
⑦	天井ビルトイン形	シロッコ	本体は天井裏．パネル面に吸込みがあり，吹出しはダクトを介して天井面に設置される．吹出し口設置自由度大．
⑧	天井埋込形	シロッコ	本体は天井裏．吸込み，吹出し口ともダクトを介して接続される．吸込弁，吹出し位置の自由度が高い．

(2)　室外機種類

店舗用エアコンは従来は一定速が主流であったが省エネ要求の高まりにより，現在国内ではほぼインバータ機のみとなってきている．室内機は1台～複数台接続可能なものがあるが，同時にON/OFFする同時運転タイプと，各室内機を個別に運転可能な個別マルチタイプの室外機がある．また，店舗用エアコンからの派生機種として インバータやインジェクションなどの特性を活かした寒冷地向けエアコンや夜間電力を有効に使うための氷蓄熱併用機器，食品加工などに使う中温用エアコンなどの室外機もある．

6.3.3　一般的な冷媒回路と制御

店舗用エアコンでは，プレチャージや種類の異なる室内機を取り付けることにより余剰冷媒が発生する場合が多い．

この余剰冷媒を吸入側ガスラインまたは二相液ラインに設置される液溜めに溜めるが，近年省エネ性を求めるタイプの機器では性能を重視し液ラインに冷媒を溜めるケースが主流である．アキュムレータについては，起動時の圧縮機への急激な液バックを防止する意味もあるため，これをつけない場合には，圧縮機の信頼性確保が重要となる．

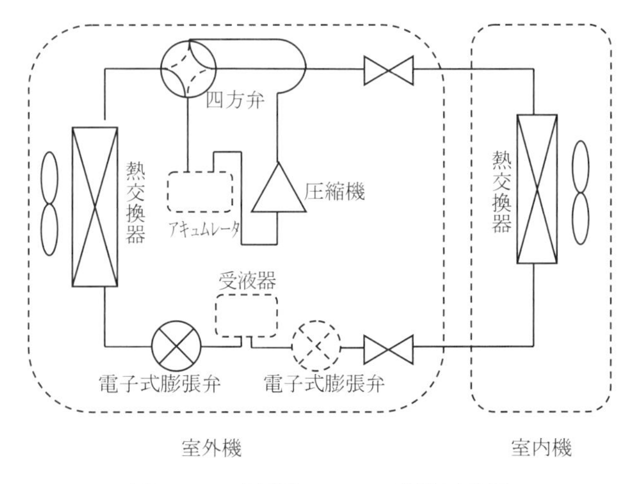

図 6.3-2　店舗用エアコン冷媒回路例

図 6.3-2 に一般的な店舗用の冷媒回路図を示す．前記プレチャージなどにより発生する余剰冷媒は，圧縮機吸入側に設けられるアキュムレータまたは液ラインにある受液器などに溜められる．膨張弁については，現在インバータ圧縮機が主流であるため，電子膨張弁が用いられ，吸入側にアキュムレータを持つ回路では 1 つ液ラインに受液器を持つ冷媒回路では 2 つの電子膨張弁が用いられるのが普通である．制御対象となるアクチュエータは，圧縮機回転数，電子膨張弁開度，室外ファンの回転数，四方弁などであり，室内機のファン回転数については通常ユーザの設定により決まる場合が多く，暖房の立上り時や霜取り運転時の冷風感を防止するための制御を除いては特に制御しないケースがほとんどである．室外ファン回転数の制御については，低外気温度での冷房や外気が比較的高い条件での暖房など室外機の熱交換性能が過剰となる運転を抑制する目的で使われる．圧縮機回転数の制御についてはルームエアコンなどと同等の考え方であるためここでは省略し，余剰冷媒の処理の考え方を中心に記述する．

吸入側にアキュムレータを持つ冷媒回路では，凝縮器出口のサブクール（過冷却度・*SC*）をコントロールするのが通常である．この結果，凝縮器，蒸発器，延長配管に溜めきれない冷媒がアキュムレータに溜まる形となり，必ず圧縮機吸入状態が気液二相状態になる．この冷媒回路（**図 6.3-3**）においては，余剰冷媒がある場合には吸入スーパーヒート（過熱度・*SH*）が付けられないことから，冷凍効果が取りにくく，またガス配管が気液二相ガスになるため吸入圧損も付きやすくなる．一方で，蒸発器出口が二相状態になるため，パッケージエアコンのように室内機が多様で，熱交換器が多パスであるケースでは，熱交換器分配を安定させるには適した冷媒回路とも言える．

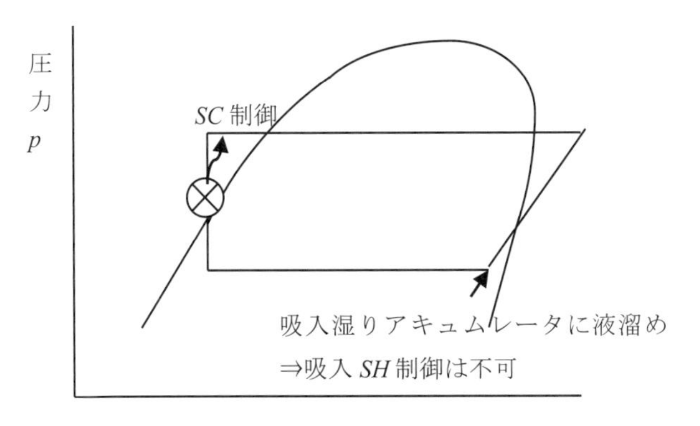

図 6.3-3　*p-h* 線図（アキュムレータ回路）

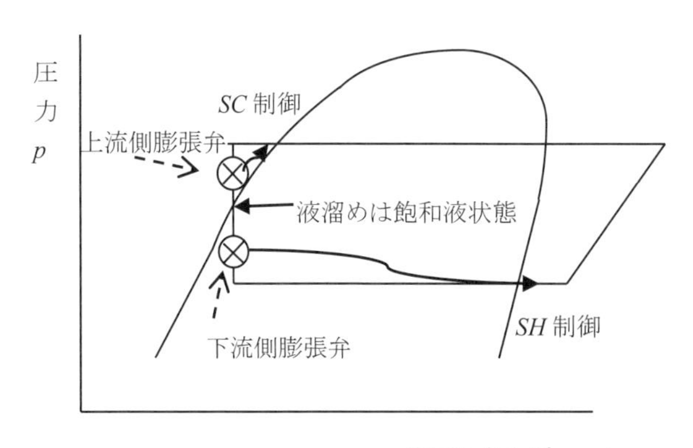

図 6.3-4　*p-h* 線図（液管受液器回路）

図 6.3-4 に液管に液溜めを持つ回路の *p-h* 線図を示す．この回路では，上流側膨張弁にて *SC* を，下流側膨張弁にて *SH* などを一定にコントロールすることにより，余剰冷媒は，液管に設けられた液溜めに蓄えられることになる．この際の液溜めは必ず飽和液となっている．この冷媒回路では *SC*，*SH* 双方をコントロールすることにより凝縮器，蒸発器を効率良く利用でき，圧縮機吸入も過熱ガス状態となるため，冷凍サイクル上は効率の良い運転が可能である．ただし，蒸発器出口 *SH* をつける場合は熱交換器の分配の悪化などに注意する必要がある．

6.3.4 寒冷地向けエアコン

寒冷地においては 従来のパッケージエアコンでは，ヒートポンプのみで暖房をおこなうことは難しいことから，室内機に補助ヒータを入れたり，バーナで蒸発器熱交換をアシストしたりして暖房機器として使うケースが多かった．しかしながら，インバータ技術の発達やインジェクション技術，センシング技術の発達，小型大容量圧縮機の開発などにより近年ではヒートポンプの原理のみを使って外気温度−15 ℃あたりまで定格能力を出すことが出来る機器が出てきている．**図 6.3-5** に寒冷地向けエアコンの冷媒回路例を示す．また，**図 6.3-6** に *p-h* 線図を示す．

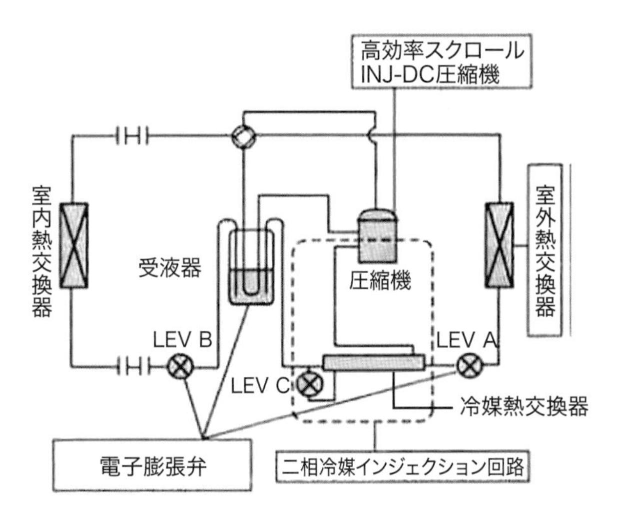

図 6.3-5　寒冷地向けエアコン冷媒回路例

この冷媒回路では，インジェクション付きの圧縮機を用い，液ラインからバイパスした冷媒を冷媒－冷媒熱交換器を使って熱交換したのち気液二相状態で圧縮機にインジェクションをおこなう．また，液溜めにおいても熱交換をおこない，圧縮機吸入状態を過熱ガスまで持っていくことが可能である．液ラインからバイパスした冷媒を直接圧縮機にインジェクションする液インジェクションサイクルに対して，熱回収してからインジェクションすることにより，冷凍効果を高め，性能ロスを無くした状態で，吐出温度をコントロールするメリットがある．バイパスライン，液溜め上流側，液溜め下流側に3つの電子膨張弁（LEV）を持ち，LEVAでは蒸発器のSHを，LEVBでは凝縮器SCを，LEVCでは，バイパス量を調整することにより，圧縮機の吐出温度を調整する．

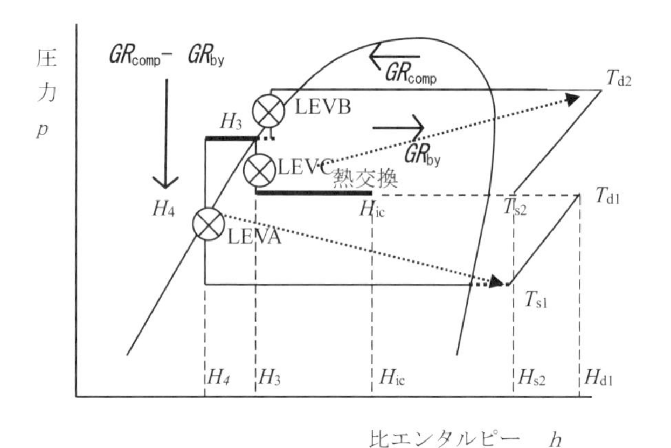

図 6.3-6　寒冷地向け p-h 線図

この際，圧縮機冷媒流量 GR_{comp}，バイパス流量 GR_{by}，LEVC入口エンタルピーを H_3，LEVA入口エンタルピーを H_4 とすると，熱交換終了後の冷媒エンタルピー H_{ic} はインジェクション前後の圧力 P_{d1}，P_{s1} から

$$H_{ic} = H_3 + (H_3 - H_4) \times (GR_{comp} - GR_{by}) / GR_{by} \quad (6.3\text{-}1)$$

インジェクション前の圧縮機内冷媒温度 T_{d1} は

$$T_{d1} = T_{s1} \times (P_{d1} / P_{s1})^{n-1/n} \quad (6.3\text{-}2)$$

n　　ポリトロープ指数

冷媒物性より

$$H_{d1} = fH (T_{d1}, P_{d1}) \quad (6.3\text{-}3)$$

$$H_{s2} = \{(GR_{comp} - GR_{by}) \times H_{d1} + GR_{by} \times H_{ic}\} / GR_{comp} \quad (6.3\text{-}4)$$

吸入温度 T_{s2}，吐出温度 T_{d2} とすると，冷媒物性より

$$T_{s2} = fT (P_{s2}, H_{s2}) \quad (6.3\text{-}5)$$

$$T_{d2} = T_{s2} \times (P_{d2} / P_{s2})^{n-1/n} \quad (6.3\text{-}6)$$

P_{s2}　　吸入圧力

H_{s2}　　吸入比エンタルピー

という関係になる．

LEVCを開きバイパス流量 GR_{by} が大きくなると，H_{ic}，H_{s2} が小さくなり，T_{d2} は低下する．

参　考　文　献

*1) http://www.mitsubishielectric.co.jp/ldg/ja/products/air/lineup/slim/er/advantage_02.html（2017）.

（四十宮　正人）

6.4 ビル用マルチエアコン

6.4.1　ビル用マルチエアコンの概要

ビル用マルチエアコンは，複数の室内機を利用形態に応じた容量，台数で組み合わせて同一系統に接続することが可能な個別分散空調であり，必要な室内機のみ運転することができるため，必要な空調環境を実現しながら容易に省エネを実現できることを特徴としている．

このような利点から，過去15年間で国内のビル用マルチエアコンの出荷台数[*1]は2倍以上に増加しており，2014年度で約13万台となっている．これは国内パッケージエアコンの出荷台数の約16%である．

また顧客のニーズに応じて，通常のヒートポンプ機のほか，冷房専用，更新用，水熱源用，氷蓄熱用，寒冷地向け高暖房用，冷暖房同時運転用などの種々のビル用マルチエアコンがこれまでに開発され，商品化されてきている．代表的な室外機の外観[*2]を**図 6.4-1** に示す．

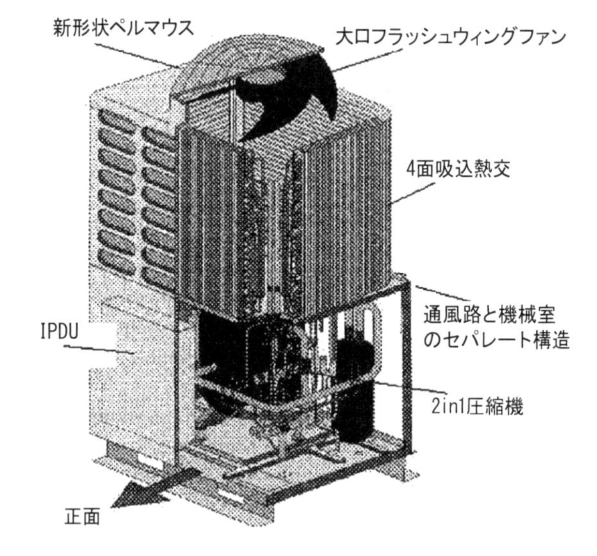

図 6.4-1　ビル用マルチエアコンの室外機[1)]

図中のIPDUはインバータのドライブユニットを示す．この図に示すように，室外機は側面に熱交換器を配し，ファンを上向きに取り付け，熱交換器を通過した風を上方に吹き出す形態のものが主流である．また本図は1台の室外機であるが，これを複数台同一冷媒系統に接続して室外マルチ機とし，大容量化に対応しているものが主流である．

室外機の容量は冷房能力で 14 ～ 150 kW 程度である．

また室内機形態についても，顧客のニーズに応じてさまざまな種類の室内機が用意されている．たとえば天井埋込カセット形（四方吹き，二方吹きなど），天井埋込ダクト形，天井吊形，壁掛形，壁埋込形，床置形などがある（6.3 参照）．また特殊用途として，厨房用，病院用や外気処理用などの室内機もある．

これらの室内外機は，基本的な冷媒回路や制御動作については共通であるが，用途に応じて，いろいろな付加回路や制御を追加することで目的に応じた動作を実現している．以下，その詳細について説明する．

6.4.2　冷媒回路

先述したように，ビル用マルチエアコンの基本的な冷媒回路はタイプによらず共通である．まず住宅用のマルチエアコンと大きく異なる特徴として，各室内機または室内機近傍に流量制御や減圧用の膨張弁などを備える点が挙げられる（住宅用では膨張弁などのアクチュエータは室外機に集約されている．ただし例外もある）．これは，ビル用マルチエアコンでは室内外機間の連絡配管が長く，また途中での分岐もあるため，冷房時に室外側で減圧して二相状態で冷媒を送ると，連絡配管分岐部での冷媒液の偏流によって，室内機間で冷房能力に偏りが生じたり，また連絡配管での熱損失によって冷房能力が低下したりする問題が発生するからである．

さらに顧客ニーズから室内機の接続容量が室外機容量の 50 ～ 200% 程度まで許容されているものが多く，また接続台数も 28 kW クラスの室外機で上限が 15 台程度と多いため，1 台の室内機での最少容量運転から全台数の最大容量運転までをカバーしなければならないので，圧縮機の容量可変範囲の広さも重要となる．そのため，圧縮機を小容量の複数台搭載として，最低運転容量を小さくするなどの対策を実施する場合がある．

また連絡配管の総延長を 1000 m 程度まで許容している製品が多く，接続される室内機形態も多種多様なため，冷房／暖房，室内機運転台数や負荷容量などの運転条件の違いによる余剰冷媒の処理が問題となることがある．したがって余剰冷媒を吸収するための回路設計，特にアキュムレータやレシーバなどの容器の設計が重要となる．

加えて連絡配管に圧縮機潤滑のための冷凍機油が滞留すると，油切れによる圧縮機の摺動部の損傷を引き起こす可能性が高くなるので，連絡配管に冷凍機油が出ていかないようにするための油分離器を圧縮機の吐出側に設けて，分離した油を圧縮機の吸入側に戻すようにしているものが多い．

(1)　冷暖切替運転機の冷媒回路

代表的な冷暖切替運転型のヒートポンプ機の冷媒回路を**図 6.4-2** に示す．

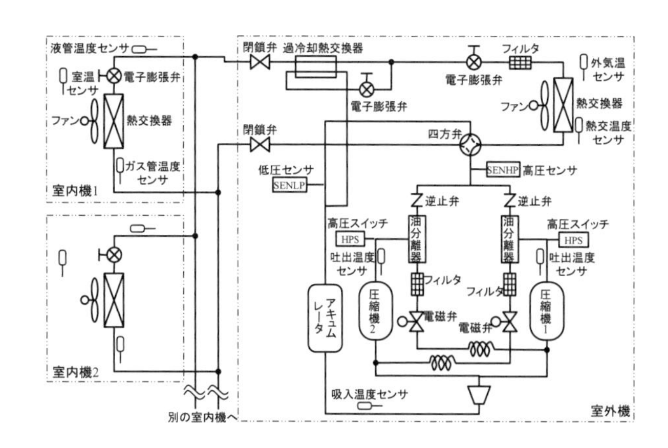

図 6.4-2　冷暖切替型のビル用マルチエアコン回路

図に示すように，圧縮機，油分離器，四方弁，熱交換器，膨張弁，アキュムレータなど主要部品のほかに逆止弁や電磁弁が使用されている．また後述する冷媒制御のための各種センサが設置されている．具体的には圧縮機吐出配管部，熱交換器，外気，室内吸込空気などの温度センサが設置されている．これら以外に圧縮機の吸入側配管や室内機の液管，ガス管に温度センサを設置したり，圧縮機の吸入側に圧力センサを設置したりしているものもある．これらのセンサの違いは，後述する冷媒制御方法の違いによるものである．

次に冷房専用機では冷暖切替のための四方弁を省くなど，より簡単な回路となっている．また更新用のビル用マルチエアコンは，費用と工期短縮のため，それまで使用していた古いビル用マルチエアコンの既設配管を利用する．このため，その配管に残っている不純物の除去が必要である．これは古いビル用マルチエアコンと更新用では冷媒種類が異なっていたり，冷凍機油が異なっていたりするので，配管に古いエアコンのそれら残存物があると，更新したビル用マルチエアコンの故障を引き起こす可能性があるからである．このため，各メーカーでは不純物の洗浄方法を工夫し開発している．たとえば更新したエアコンの試運転時に液，二相またはガスの冷媒を勢いよく流すことによって，不純物を冷媒によって回収し，それをフィルタで分離したり，不純物容器に溜めこむことで除去し，更新されたエアコンの冷媒回路に残らないようにしている．

水熱源用の場合は，室外機の外気に放熱・吸熱する空気熱交部分が，水熱交となっている．このためサイズがコンパクトになることや，高外気温での冷房や，低外気温での暖房時に外気温に左右されず能力を発生できるメリットがある．しかし送水ポンプやクーリングタワー，温水ボイラが必要となるため，主にセントラル方式の更新や室外機の設置スペースが少ない場合に利用されている．

また氷蓄熱用であるが，**図 6.4-3** に示すように回路の一部を分岐し，氷蓄熱タンクに冷媒を導く構造[*3)]となっている．夏期の夜間に氷蓄熱タンクのみに蒸発圧力を通常の空調時よりも低下させた冷媒を供給して氷を生成し，昼間その氷を用いて冷媒を冷却し，室外機の負担を減少させることで電力ピークカットをおこなったり，室内機の能力を増強したりすることが可能である．また冬期は夜間に温水を溜めることで，昼間の暖房能力の増強などをおこなう．

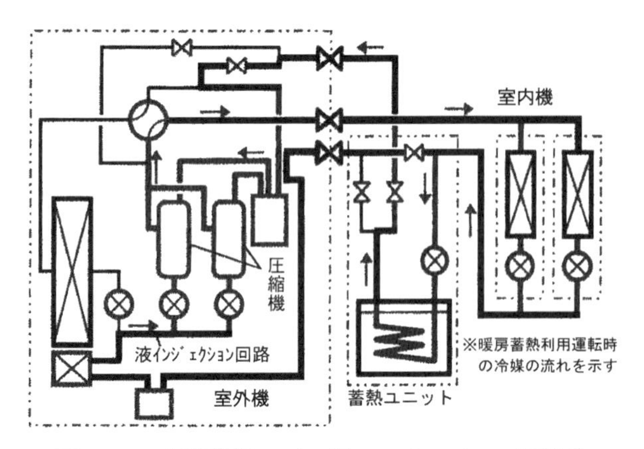

図 6.4-3　氷蓄熱用のビル用マルチエアコン回路 [2)]

また寒冷地向け高暖房用では，圧縮機インジェクションや二段圧縮の回路となっているものが多い．これは寒冷地での暖房時は低外気温によって，室外熱交換器（蒸発器）での蒸発圧力が低くなるため，単純な一段圧縮サイクルでは圧縮機の効率が大きく低下し，また冷媒循環量も低くなるため，暖房能力を高くしつつ，省エネとすることが困難だからである．さらに一段圧縮では，冷媒によっては圧縮機の吐出温度が非常に高温になり，信頼性を低下させる問題もあるためである．インジェクション回路の一例を**図 6.4-4** に示す．

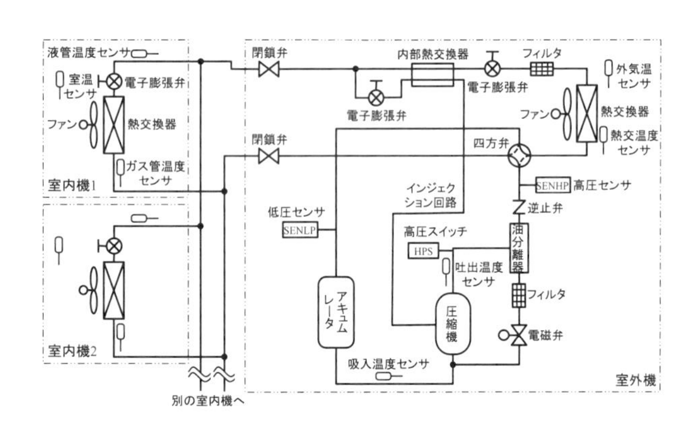

図 6.4-4　高暖房用のビル用マルチエアコン回路
（インジェクション回路）

インジェクション回路では，冷媒液の一部を分岐して膨張弁で減圧して二相化し圧縮機にインジェクションするもの，膨張弁後段の熱交換器で完全にガス化し，冷媒蒸気だけをインジェクションするもの，また吐出温度を低下させるために冷媒液だけをインジェクションするものなどがある．

(2)　冷暖同時運転機の冷媒回路

冷暖同時運転機とは，同系統につながる各室内機で，個別に冷房と暖房を選択可能な空調機のことである．たとえば春・秋の中間期において，事務所の南側の部屋では日射による冷房負荷があるが，北側の部屋では寒く，暖房を入れたい場合などに便利である．このような運転状態では冷房部屋でくみ上げた熱を，暖房側の部屋の熱源として利用できるので，その熱収支が取れていれば，室外機での排熱・吸熱が不要となるため，理論的には省エネにもなる．

冷媒回路は，連絡配管が液・ガス管の 2 管式のものと，液・高圧ガス・低圧ガス管の 3 管式のものがある．代表的な 2 管式の冷媒回路を**図 6.4-5** に，3 管式の冷媒回路を**図 6.4-6** に示す [*4)]．

2 管式のものは，連絡配管数が少なくなるので，コスト的なメリットがある．一方，3 管式のものは高低圧ガス管を別々に備えるので，自由度が高く，暖房能力が大きくできる，全冷房時に両ガス管を低圧ガス管とすることで圧力損失を下げ，成績係数 COP を向上させることができるなどのメリットがある．

なお製品によっては，室外機の熱交換器を 2 分割し，それぞれ独立して蒸発器と凝縮器に切り替えられるようにしたものもある．これは冷暖同時運転時の室外機での排熱，吸熱の微調整をやりやすくし，冷凍サイクルの安定性を高めるための対策である．

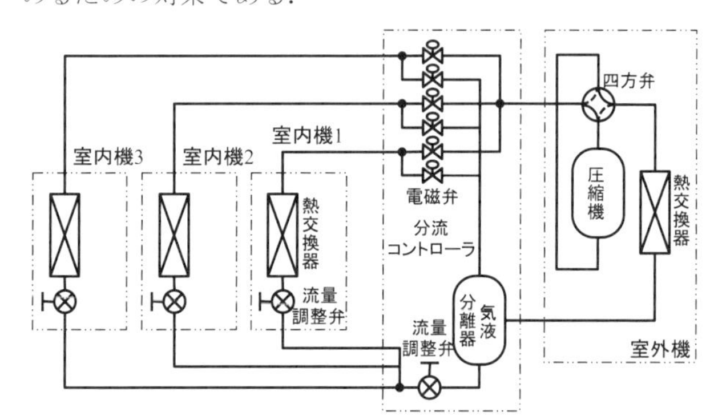

図 6.4-5　冷暖同時運転機の回路（2 管式）[3)]

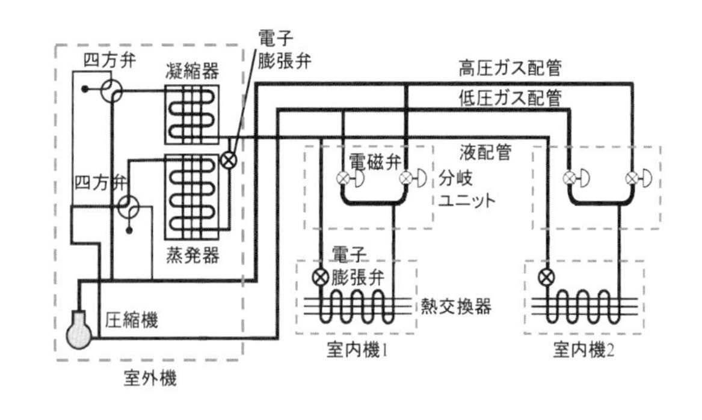

図 6.4-6　冷暖同時運転機の回路（3 管式）

次に 2 管式，3 管式での各運転モードでの冷媒の流し方を説明する．まず**図 6.4-7**，**図 6.4-8** に 2 管式での暖房主体運転，冷房主体運転時の冷媒の流れを矢印で示す．冷媒の流れていない管は細線で示している [*4)]．

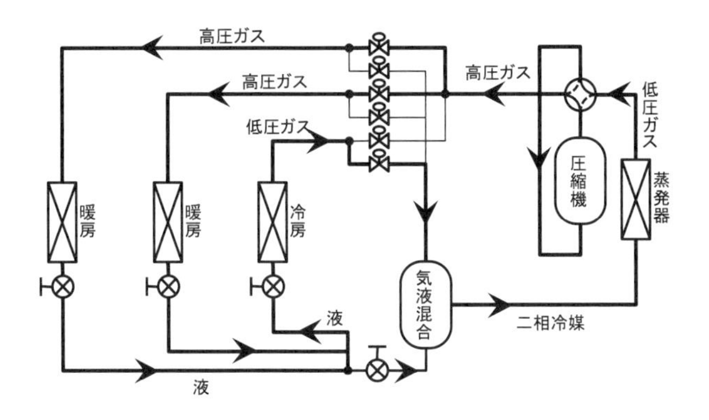

図 6.4-7　2 管式の冷暖同時機の暖房主体運転 [*4)]

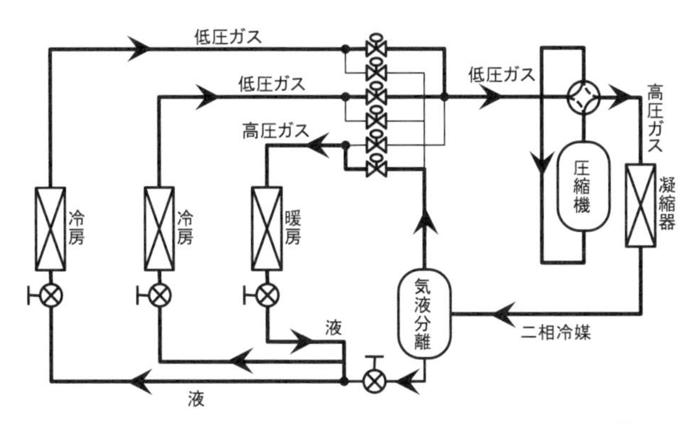

図 6.4-8　2 管式の冷暖同時機の冷房主体運転 [3)]

まず暖房主体運転であるが，この 2 管式では，圧縮機から吐出した高温高圧の冷媒蒸気は，暖房室内機に流入し，熱交換して液化する．この冷媒液の一部は冷房室内機に流入し，流量制御弁で減圧され熱交換して蒸発ガス化し気液分離器に流入する．一方，ほかの冷媒液は流量制御弁により減圧され気液二相状態となって気液分離器に流入し，冷房室内機からのガスと合流する．合流冷媒は室外機で熱交換して低圧ガスとなり，圧縮機に吸入される．

次に冷房主体運転では，圧縮機から吐出したガスは室外熱交換器気液二相状態まで冷却され，気液分離器に流入する．分離されたガスは暖房室内機に流入し熱交換して液化する．分離液は暖房室内機からの液と合流し，冷房室内機に流入する．そして流量制御弁により減圧され熱交換し，低圧ガスとなって室外機に戻る．

次に**図 6.4-9** に 3 管式での暖房主体運転の冷媒の流れを矢印で示す．冷媒の流れていない管は細線で示している．この図では室外熱交換器を 2 分割している形式を示している．各室内機への冷媒の流れは分岐ユニットで制御されている．室内機間での放熱量・吸熱量がバランスしていない場合は，室外機での放熱・吸熱が発生する．その状態に応じて室外機の蒸発器または凝縮器を働かせてサイクルの熱収支をとり，運転を安定化している．

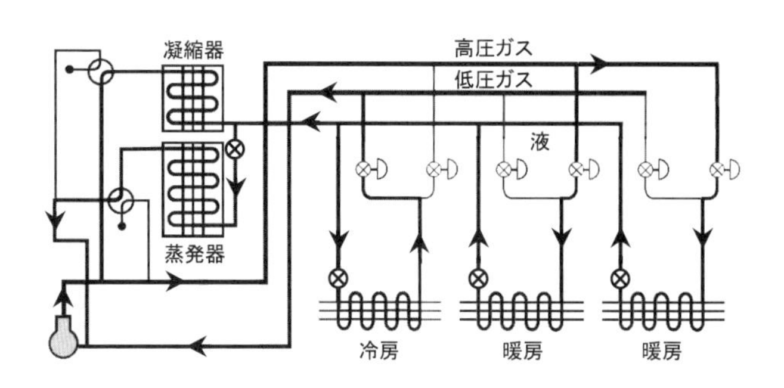

図 6.4-9　3 管式の冷暖同時機の暖房主体運転

6.4.3　通常制御（基本制御）

冷暖切替運転機，冷暖同時運転機を問わず，ビル用マルチエアコンの通常制御は，制御対象という視点から見ると，各室内機での室温制御，室内外機での冷媒の温度や圧力の制御がある．一方，アクチュエータ側から見ると，圧縮機，膨張弁，四方弁，電磁弁，室内外ファンなどの操作量を決定する制御がある．

制御は階層構造となっており，上位側の室温制御で必要能力を得るための目標値を設定し，それを下位側の冷媒温度・圧力制御に伝達して制御する構造となっている．ルームエアコンや店舗用エアコンのペア機では，室内外機が 1 対 1 なので，室温の変化に応じ，直接圧縮機回転数などを決めて制御することが可能であるが，マルチ機では全ての室内機の要求を統合して圧縮機回転数などを決定する必要があるため，このような構造をとるものが多い．ただし各室内機で決定する目標値は，能力そのものではなく，各メーカによりいろいろな形態をとっている．代表的なものは以下の通りである．

(1)　目標値が相当するアクチュエータ操作量になっているもの

(2)　目標値が冷凍サイクルを決定するためのパラメータ（冷房時は蒸発温度・過熱度，暖房時は凝縮温度・過冷却度）になっており，その値からアクチュエータ操作量を算出するもの

(1) では，たとえば室温と設定温度の偏差，その偏差の変化率などを考慮し，さらに室内機の容量も考慮して，必要能力に相当する圧縮機回転数を算出して，各室内機から送られたそれらの合計値から最終的な圧縮機回転数を決定している．(2) ではデフォルトの蒸発・凝縮温度の目標値に対し，必要能力に応じて加える補正量を各室内機で算出し，蒸発・凝縮温度の目標値を上下させ，その目標値に冷媒温度が収束するように圧縮機回転数を決定している．

また，いずれの場合も各室内機での能力調整範囲を広げるために，各室内熱交換器出口での過熱度や過冷却度の目標値を設定して膨張弁の制御をおこなっていることが多い．

従来，各室内機の風量はユーザがニーズに合わせて決定する場合が多く，数段階の固定風量設定の室内機が主流であった．しかし，固定風量で冷媒側だけで能力調整をおこなうと，能力が絞り切れずに室内機が断続運転となる場合

があり，その結果サイクルの安定性が失われ，省エネ性を低下させることがあった．そのため近年の省エネ性追求により，風量の調整段階を増加または連続可変として，さらに風量を自動的に可変して能力調整をおこなうものも増えてきている．

さらにビル用マルチエアコンの大きな特徴として，室外機が屋上または地上に設置されることが多く，また同一系統の室内機でも異なる階に設置されることが多くあるため，高低差を考慮した冷媒圧力の制御が重要となる．高低差は製品によるが室内外機間で最大 90 m，室内機間で最大 30 m 程度を許容しており，高圧の制御が重要となる．特に近年のビルでは冷房負荷が大きくなっており，比較的外気が低温の時も冷房をおこなうことが多く，高圧が低くなるため注意が必要である．また暖房時は室内膨張弁と室外膨張弁の 2 段階で減圧されるため，それらの間の中間圧の制御も重要となる．高圧と中間圧の差圧が小さいと各室内機間の冷媒分流の調整幅が小さくなるため，所望の能力制御ができなくなる恐れがあるからである．

6.4.4 通常運転以外の制御

通常運転以外の制御としては，起動制御，ポンプダウン制御，デフロスト制御，油戻し制御，暖房時の停止室内機制御，デマンド制御，冷媒自動充填制御，ローテーション制御，圧縮機への冷媒凝縮抑止制御などがある．以下それぞれについて説明する．

(1) 起動制御

起動時は高低差圧が大きいと圧縮機の起動不良を起こすおそれがあるため，膨張弁などを開いて圧力を均圧させてから起動するものが多い．また起動時は熱交換器の能力が低いため，冷媒液が十分に蒸発せず，特に冷媒量の多いビル用マルチエアコンでは，圧縮機への冷媒液戻りによって冷凍機油が希釈し，潤滑性能の低下によって軸受けの損傷につながることがあるため，圧縮機回転数と膨張弁開度の制御が非常に重要となる．また起動時の冷媒挙動は複雑で，冷媒状態も安定していないためフィードバック制御ではなく，シーケンス制御が用いられることが多い．

(2) ポンプダウン制御

停止後に，再起動時の圧縮機への冷媒液戻りを防ぐため，蒸発器から冷媒を回収する運転をおこなう場合がある．回収した冷媒は凝縮器，連絡配管またはレシーバなどに溜め込まれる．

(3) デフロスト制御

デフロスト制御はほかの空調機同様であるが，冷媒量が多いため，起動制御と同様に圧縮機への冷媒液戻りを防止するための圧縮機回転数と膨張弁開度の制御が重要となる．また室外マルチ機の場合，快適性を落とさないようにするため，複数の室外機で交互にデフロスト運転をおこなう制御が実施されている．

(4) 油戻し制御

油分離器を備えていても，冷凍機油は徐々に連絡配管などに溜まっていくため，定期的に油を回収する制御を実行する必要がある．圧縮機回転数や運転条件により，油分離器から回路内に流出する油量と冷媒の流れで圧縮機に戻ってくる油量は推定できるので，圧縮機内の油量変化をそれらの推定量から計算し，油量が所定値を下回ったときに回収運転をおこなう．回収方法としては，冷媒ガスの流速を高めて回収する方法や，膨張弁を通常運転時よりも開いて湿り運転をおこない，油を冷媒に溶解させて回収する方法などがある．

(5) 暖房時の停止室内機制御

暖房時に停止している室内機では，膨張弁を全閉してしまうと，熱交換器の自然対流により熱交換器内に冷媒が凝縮して溜まりこみ，運転室内機で必要な冷媒循環量を確保できなくなる場合がある．これを避けるために，膨張弁をごく少量開けて，冷媒の滞留を防止する制御がおこなわれている．

(6) デマンド制御

空調機の消費電力は運転条件により増減するが，ピーク消費電力が契約電力を超えてしまうと，無駄なコストが発生してしまうため，あらかじめ上限消費電力の目標値を設定し，その電力を超えないように制御することが求められる．また，近年，電力需要のピーク時などに需要家側で電力消費量を抑制・調整するデマンドレスポンスがおこなわれるようになり，それに対応した制御をすることも求められてきている．

これらに対応するためビル用マルチエアコンでは外部信号に応じて圧縮機回転数の上限を設定したり，室内機の強制サーモオフをおこなうための制御が組み込まれている．サーモオフとは設定温度に室温が到達したときに，冷暖房を停止することであるが，これを強制的におこなうことで室外機を停止させ，消費電力を大幅にカットしている．

(7) 冷媒自動充填制御

連絡配管の長さや分岐形状などは設置環境に応じて異なるので，連絡配管の総容積も物件ごとに異なる．したがってそれに応じた最適な冷媒量を充填する必要があるが，配管容積の計算は面倒で，それに基づく追加冷媒量の計算も複雑である．

これを受けて施工業者の利便性を図るために，自動的に最適な冷媒量を充填するための運転をおこなう制御が開発されている．具体的には，高圧，低圧を適切な値に制御しつつ凝縮器の過冷却度や蒸発器の過熱度，液管の温度などを適切な値になるまで冷媒を充填し，停止する制御などがある．

(8) ローテーション制御

室外マルチ機では，起動する室外機の優先順が決まっているが，いつも同じ順番で起動していると，特定の室外機の劣化が早くなり，その室外機の故障が早まったり，システム全体の効率が悪くなったりする問題がある．これを防止するため，定期的に起動する室外機の優先順位を変更する制御をおこなっている．

(9) 圧縮機への冷媒凝縮抑止制御

ビル用マルチエアコンは冷媒量が多いことから，冷媒が圧縮機内に凝縮して溜まり，冷凍機油を希釈して潤滑性能を低下させ，起動時に軸受けの損傷を引き起こすことがある．これを防止するために，圧縮機にヒータなどを装着して加熱し，必要以上の冷媒が凝縮しないようにしている．

6.4.5 保護制御

ビル用マルチエアコンでは，物件によって種々の設置環境やシステム構成となるため，回路内の冷媒や冷凍機油の状態も複雑に変化する．

そのため，各種の保護制御を実装し，圧縮機などのアクチュエータが故障しないようにしている．具体的には高圧保護制御，低圧保護制御，吐出温度保護制御，ガス欠検知制御などがある．以下簡単に説明する．

高圧，低圧，吐出温度保護制御は，運転時に高圧が上昇し過ぎたり，低圧が低下し過ぎたり，吐出温度が上昇し過ぎた場合に，圧縮機回転数を低下させる垂下制御をおこなったり，膨張弁を開いて高低差圧や吐出過熱度を抑え，圧縮機を保護するためのものである．

ガス欠検知制御は，吐出温度，高低圧の状態から，冷媒が漏えいなどで減少していることを検知し，圧縮機回転数を低下させたり，運転を停止させる制御である．

また能動的な制御ではないが，複数の圧縮機を搭載した室外機では，圧縮機の摺動部損傷を防ぐ目的で，圧縮機間での冷凍機油の偏在を防止するため，各圧縮機の油溜めをつなぐ均油管を設けているものもある．

6.4.6 実省エネ制御

従来，空調機の性能は COP や通年エネルギー消費効率 APF で評価されてきたが，近年，実際の設置環境で，実運用時の省エネ性を高める研究 [*5-10] がなされ，一部は製品にも搭載されている．これらは主にビル用マルチエアコンの運転の大きな割合を占める低負荷での運転の省エネ性を改善する制御で，冷房時の蒸発温度，暖房時の凝縮温度を最適化したり，室内外機のファン風量を最適化して，大幅な省エネを達成する制御である．

また停止時の待機電力削減も取り組まれている．これは前述した圧縮機への冷媒凝縮抑止制御で，従来は凝縮量の予測ができていないため過剰にヒータ加熱しており，待機電力が多く，問題となっていたが，凝縮量の予測ロジックを開発することで，必要最小限のヒータ加熱に抑える制御を実現したものである．

以下それぞれの概要を紹介する．

(1) 低負荷時の最適運転制御

図 6.4-10 に実際の建物でのビル用マルチエアコンの運転状態と従来制御および新制御での COP 比（定格能力での COP との比）[*10] を示す．

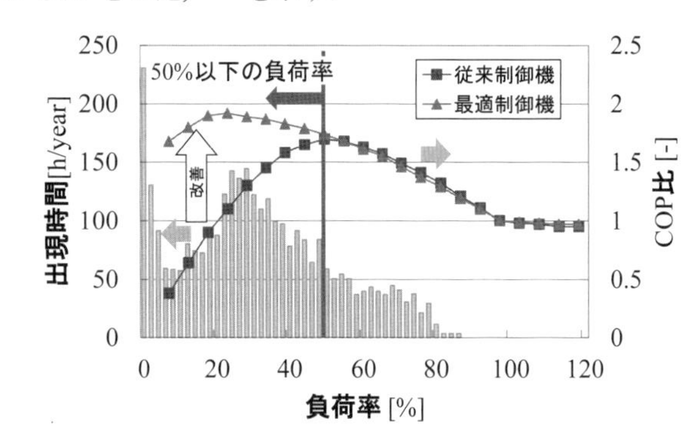

図 6.4-10　実際の物件での運転状態と COP 比

この図に示したように，実際の建物に設置されるビル用マルチエアコンは，ピーク負荷に合わせた容量とする必要があり，負荷率 50% 以下の運転が大部分を占める．一方従来制御機では負荷率 50% 以下の領域において COP の低下が大きい．この性能低下の原因は，主に負荷に見合った最適な能力の調整ができず，能力過多になって発生する断続運転による平均 COP の低下であった．そこで，負荷に合わせて**図 6.4-11** のようなロジック [*10] により，積極的に蒸発温度や凝縮温度を調整し，圧縮機の高低差圧を減らして，圧縮機動力を最小化するとともに，室内機の風量も自動制御して能力過多を防止し，断続運転の発生を抑止している．

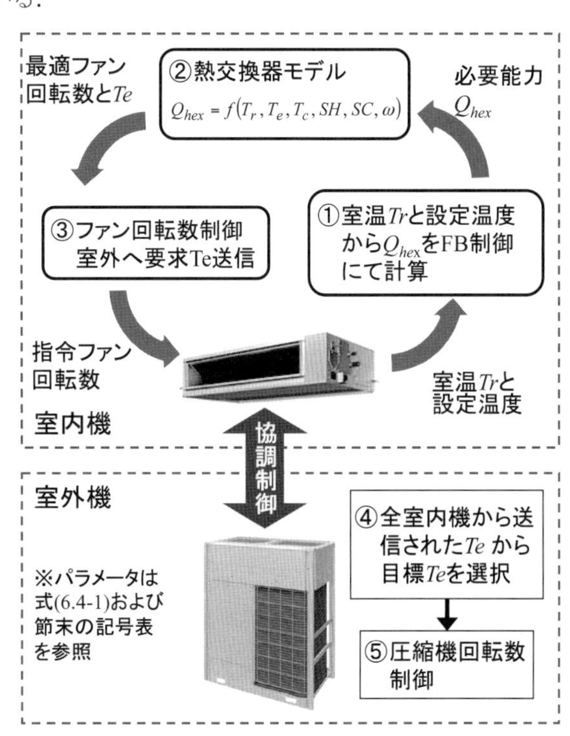

図 6.4-11　最適運転制御のロジック（冷房の場合）

この図の①～③をおこなうために，各室内機は以下の式 (6.4-1) に示す室内熱交換器の能力特性モデルを組み込んだ制御を実装している．

$$Q_{hex} = f(T_r, T_e, T_c, SH, SC, \omega) \quad (6.4\text{-}1)$$

具体的には，まず設定温度と室温変化からフィードバック制御計算により必要な空調能力を算出し，式(6.4-1)に代入し消費エネルギーを最小化させることを条件にファン風量と熱交出口冷媒温度目標値，および室外機に送る蒸発温度 T_e，凝縮温度 T_c の目標値を決定している．

図6.4-12 に，冷房時，能力を一定に保ちながら蒸発温度 Te を変化させた場合の必要風量と，そのときの圧縮機と室内ファンの消費電力の関係を示す．ここで，そのほかの運転条件は同一になるようにしている．

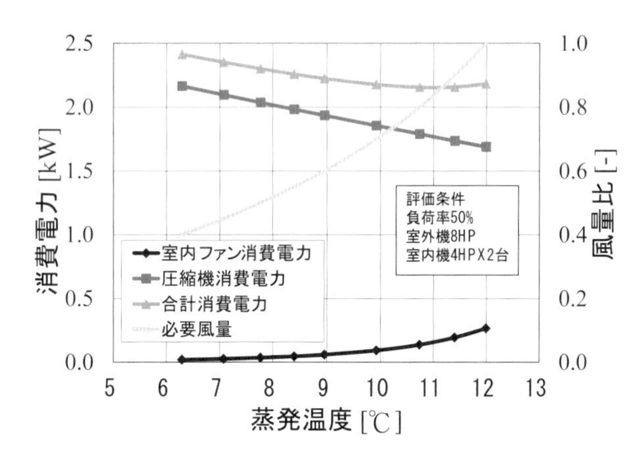

図6.4-12　蒸発温度変化時の消費電力変化

図に示したように，同一能力を発生させる場合，冷房，暖房とも室内機の風量を増加させた方がほとんどの領域で省エネとなるので，各室内機ではそのように制御がおこなわれる．ただし，冷房では T_e 目標値を上げ過ぎると除湿できなくなり不快となるため上限を設けている．暖房では T_c を下げ過ぎた場合，ドラフト感で不快になるため，これも下限を設けている．

このような制御によって，従来機比で約40%の消費電力の低減が可能となった．

(2)　待機電力削減制御

従来は圧縮機容器内の油濃度が急激に低下する圧縮機起動直後の冷媒凝縮量を予測するモデルがなく，信頼性を確保できる油濃度を維持するには圧縮機底部のヒータ加熱をどの程度にすればよいのか予測ができなかった．

そこで，種々の運転条件での油濃度測定結果から，式(6.4-2)の各パラメータを決定し，冷媒凝縮量の計算から油濃度変化を予測できるようにした[*10]．このモデルから起動時に必要な油温度を条件ごとに計算することで，ヒータ加熱量を最小にしつつ信頼性を確保することが可能となり，待機電力を従来機に比べ15%削減できた．

$$M_{cond} = Q_{cond}(T_a, T_{oil}, \kappa, A)/\Delta h \quad (6.4\text{-}2)$$

記　号

A	表面積	m^2
h	比エンタルピー	kJ/kg
M	質量	kg
Q	能力または負荷	kW
SH	過熱度	K
SC	過冷却度	K
T	温度	℃
ギリシャ記号		
ω	回転数	–
κ	熱貫流率	W/(m·K)
添字		
a	室外空気	
c	凝縮器	
$cond$	凝縮	
e	蒸発器	
hex	熱交換器	
oil	冷凍機油	
r	室内	

引　用　文　献

1)　山本敏浩，服部仁司，上野聖隆，久保田剛志，山口清，熊沢英之：平成12年度空冷連講論，p. 86，東京（2000）．

2)　遠藤剛，石岡充章，松田賢：平成12年度冷空講論，p. 86，札幌（2000）．

参　考　文　献

*1)　日本冷凍空調工業会，製品ごとの国内出荷台数（2014）．

*2)　山本敏浩，服部仁司，上野聖隆，久保田剛志，山口清，熊沢英之：平成12年度空冷連講論，pp. 85-88，東京（2000）．

*3)　遠藤剛，石岡充章，松田賢：平成12年度冷空講論，pp. 197-200，札幌（2000）．

*4)　隅田嘉弘，田中直樹，飯島等，中村節：平成2年度冷講論，pp. 157-160，東京（1990）．

*5)　濱田守，田村直道，荒井秀元：2013年度冷空講論，E323，東京（2013）．

*6)　笠原伸一，木保康介，岡昌弘，薮知宏，岩田美成，櫻場一郎，永松克明：2012年度冷空講論，C311，札幌（2012）．

*7)　永松克明，櫻場一郎，岩田美成，廣田真史，笠原伸一：2012年度冷空講論，C312，札幌（2012）．

*8)　永松克明，櫻場一郎，岩田美成，廣田真史，笠原伸一，薮知宏：2013年度空衛講論，G60，長野（2013）．

*9)　廣田真史，品川浩一，桂木宏昌，笠原伸一，岩田美成，永松克明：2013年度空衛講論，G61，長野（2013）．

*10)　笠原伸一，小谷拓也，廣田真史，寺西勇太，宮岡洋一，永松克明，浪尾隆：2015年度冷空講論，B112，東京（2015）．

（岡　昌弘・笠原　伸一）

6.5　GHP（ガスヒートポンプ冷暖房機）

6.5.1　GHP（ガスヒートポンプ冷暖房機）の概要

GHP は，ガスエンジンにより圧縮機を駆動し多数の室内機を冷暖房するガス空調ビル用マルチシステムである．電気式のマルチエアコンと同等の冷暖房をおこなうが，エンジン駆動により大きな能力帯に適しており，8（22.4）～ 30 馬力（85 kW）を 1 台の室外機で賄うことができる．加えて一部のメーカでは店舗用としては 5 馬力（14 kW）7.5 馬力（18 kW）がある．また暖房時にエンジン排熱を利用できることから暖房立上りおよび暖房能力に優れている．さらにエンジンで発電させることも可能であり，自己消費する電力分をこの発電により対応することもできる．クリーンな天然ガスを主な燃料としており，省電力，電力平準化に貢献できる空調システムである．外観を**図 6.5-1** に示す．

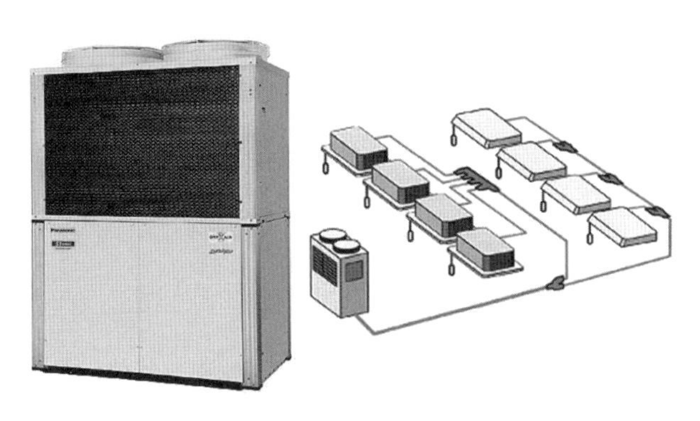

図 6.5-1　GHP の外観

一般的内部構造を，**図 6.5-2** に示す．上下二段に分かれており，上部には冷凍サイクルにおける空気熱交換器とエンジン排熱用放熱器（ラジエータ）を表裏に備えている．天井側には，熱交換用のファン，エンジン排気をおこなう排気筒が配置されている．下部には，エンジンを中心に補器部品として，オイルタンク，排気ガス熱交換器，エンジン燃焼に必要な空気の吸気ボックス，排気が凝縮した際に発生するドレン水を中和する装置がある．また，冷凍サイクルに必要な圧縮機などの部品類もここに置かれる．

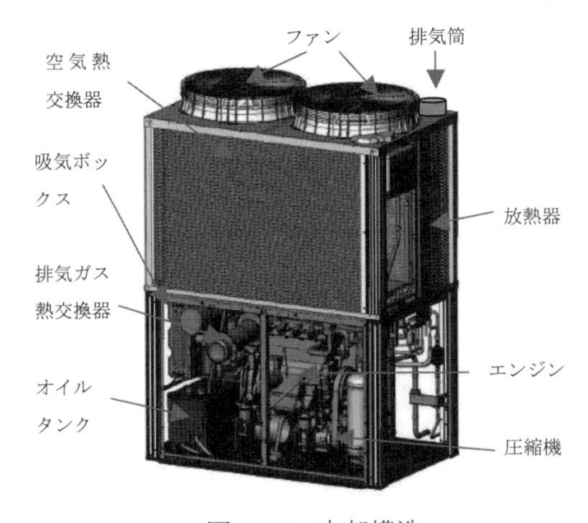

図 6.5-2　内部構造

6.5.2　GHP の特徴

(1)　低温時の暖房立上りスピードが速く，能力が大きい

エンジン駆動であるため，運転時に排熱が常時発生する．これを暖房時に冷媒加熱に用いることで暖房立上り，能力を向上させることができる．暖房時の電気式（EHP）との動作の違いを**図 6.5-3** に示す．

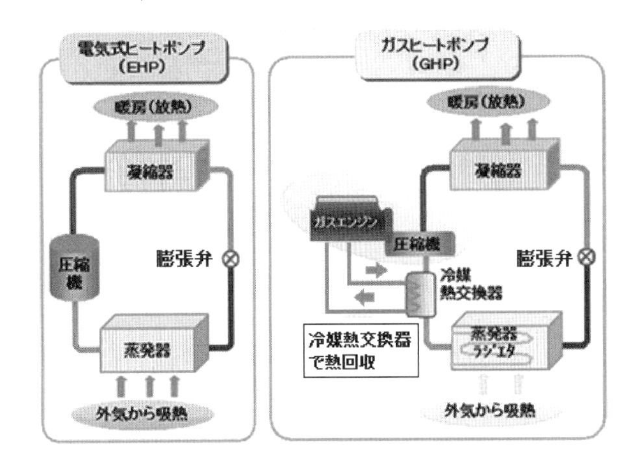

図 6.5-3　電気式との暖房運転の違い

(2)　1 台で大きな馬力の空調機まで対応可能である

エンジン駆動であるため，大きな圧縮機を駆動することができる．現在，最大 30 馬力（85 kW）の定格冷房能力の機器があり，今後も拡大する傾向である．エンジンは定格冷房能力に応じて，通常 2 ～ 3 種類の排気量を使い分け，おおむね 1000 ～ 2500 cc のエンジンが使用される．回転数は，500 ～ 3000 rpm の範囲内で使用される．

(3)　消費電力が少ない

ガス燃料のため電気式と比較すると，おおむね 10 分の 1 程度の消費電力となる．主な電力負荷は，ファンモータおよびエンジンを冷却するポンプである．

(4)　エンジン排熱を外部利用できる

運転時に排熱利用の需要がある場合に，熱交換器を追加し外部ポンプで，熱を取り出すことが可能である．この場合，エンジン冷却水と外部からの水との間で熱交換させる．

(5)　空調と同時に発電ができる

発電機を搭載した製品では，空調運転中にエンジンで発電することが可能であり，発電電力で自己消費電力の大部分を省電力化でき，さらに大きな発電機を搭載した場合は電力の外部供給が可能となる．

(6)　定期点検（定期メンテナンス）

エンジンを搭載していることから，自動車と同様な定期点検が必要となる．ただし，法定定期点検の義務はなく定期メンテナンスの一種である．エンジン運転時間で 10000 時間または 5 年毎に点検および消耗部品を交換する．主な交換部品は，①オイルフィルタ　②エアフィルタ　③エンジンオイル　④スパークプラグ　⑤圧縮機駆動ベルトである．エンジンオイルについては，長寿命化が進んでおり全量交換ではなく，運転による減少分を追加補充するものもある．点検や部品交換は，GHP の専門教育を受けたサービスマンによりおこなわれる．

6.5.3　エンジンと動力伝達について

圧縮機は開放式のスクロールまたはマルチベーン型が搭載されエンジンと連結することにより回転する．エンジンは，自動車エンジンと比較し，高耐久性を要求されるため，産業用エンジンの分野に属し，さらに磨耗部分の材料を強化したものが使用される．同時にエンジンオイルの耐久性も上げており，専用オイルを用いる．主な燃料ガスは都市ガス（13A）または液化石油ガス（い号プロパン）であり，3 または 4 気筒，4 サイクルエンジンが一般的である．燃焼方式はリーンバーンが主流であり，ガスに対して空気の量を多くし，高効率化および NOx（窒素酸化物）を低減する運転方式を採用している．最近では排気の浄化を目的に酸化触媒を排気側に搭載しているものが多い．エンジンと圧縮機の動力伝達方法は，**図 6.5-4** の通り双方の回転軸に円盤上の回転体（プーリ）を取りつけ，これをベルトで連結し，エンジン側のプーリの回転で圧縮機側のプーリを回転させ動力伝達をおこなう．つまり，電気式圧縮機のモータ部分がエンジンとなる．

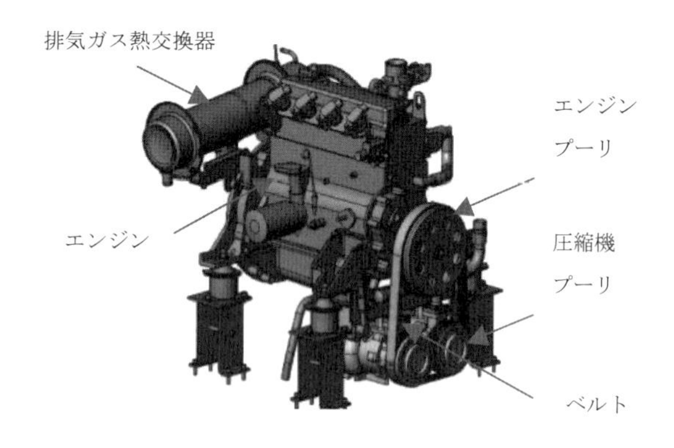

図 6.5-4　圧縮機の実装

圧縮機は，**図 6.5-5** のように，比較的馬力の大きい空調機では二つ搭載されているものが多い．常に二つの圧縮機が機能しているわけではなく，切替えがおこなわれる．これにより同じ圧縮機回転数でも圧縮機排除容積を可変にできるので容量制御が可能となる．さらに異容量とすることで圧縮機排除容積の組合わせを 3 種類（大，小，大＋小）にすることができ，部分負荷時の運転に，より自由度をもたせることができる．この実現のために電磁クラッチを圧縮機ごとに搭載し，エンジン駆動軸と切離し，使わない圧縮機本体は回らず，圧縮機プーリを空回りさせている．

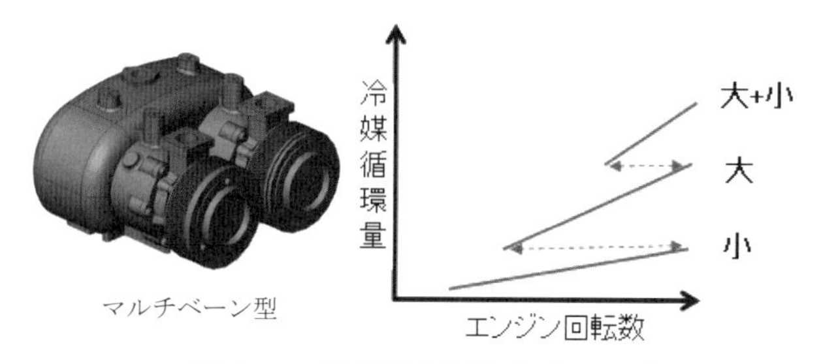

図 6.5-5　圧縮機と切替えイメージ

6.5.4　能力制御と冷凍サイクル

能力制御はエンジンで駆動される圧縮機の回転数でおこなう．また，前述のとおり，圧縮機の切替えにより圧縮機排除容積を変化させ冷媒循環量を調節する．**図 6.5-6** は，GHP の一般的冷媒回路である．圧縮機の吸込み側とエンジンの冷却水回路との熱交換をおこなう回路構成であり，冷媒加熱は空気熱交換器に対して直列経路でおこなう場合と並列経路の場合がある．ほかにサイクル内の部品があるが，電気式と特段の違いはないので，説明は省略する．

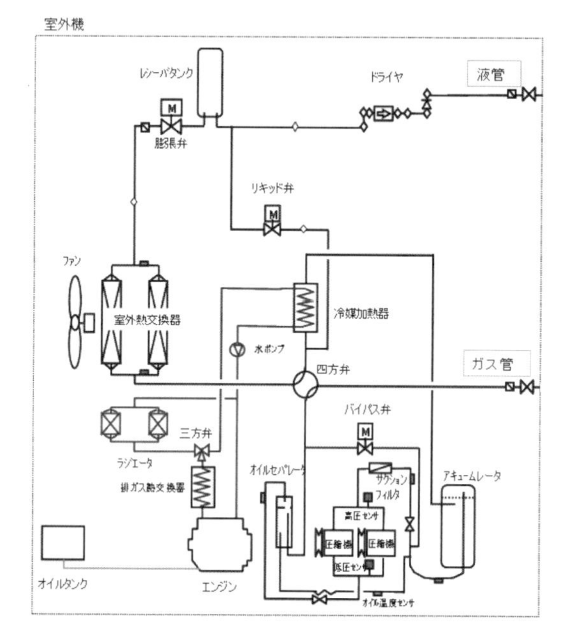

図 6.5-6　GHP の室外機

6.5.5　性能指標と規制 *1)

成績係数：定格空調能力／（定格ガス消費量＋定格消費電力）が，2005 年までの指標であったが，近年の建築物の高気密・高断熱化により空調機は部分負荷運転が多くなり，それに伴い指標も変化している．2015 年 10 月現在では，期間成績係数（一次エネルギー換算）であり，年間の気温変化を考慮した部分負荷重視となってきている．また，騒音値は，音圧レベル（SPL）から音響パワーレベル（PWL）に定義変更された．従来の音圧レベルが聞く側を表すのに対し，音響パワーレベルは音源側（機器本体）騒音値を表す．これらの詳細内容については，JIS B8627:2015 に詳細が記述されており参考にされたい．性能を支配する要因としては，エンジン熱効率，圧縮機動力効率（体積効率を含む)，冷凍サイクル効率が主であり，システム全体の効率は，これらの掛け算となる．

次に規制について述べる．エンジンの排気ガスは，自動車同様の規制がある．NOx はモード法という冷房 6 点，暖房 6 点を測定し総合的に数値化する手法をとる．この基準値は，環境省の「小規模燃焼機器の窒素酸化物排出ガイドライン」による（**表 6.5-1**）．一方，CO 濃度は年間を通じて標準的な運転をした場合に供試機が排出する燃焼ガス中の最高濃度と規定されており，基準値を 0.28% 以下としている．

表 6.5-1 の基準は，都市ガス（13A）および液化石油ガス（い号プロパン）の二つのガス種に適用される．また東京都など，独自基準での推奨制度を設けている都市もある．

表 6.5-1　NOx，CO 算出方法と基準 [1)]

計測項目	算出方法	基準	備考
NOx（窒素酸化物）	モード12点からの計算による	100 ppm 以下	環境省「小規模燃焼機器の窒素酸化物排出ガイドライン」掲載
CO（一酸化炭素）	モード内の最高濃度	0.28% 以下	JIS-B8627 の規定
O_2（酸素）			上記測定値補正に使用

6.5.6　性能測定

電気空調とガス空調の最も大きな違いは，ガス空調は，空気を必要とし，既燃ガスを排気をすることである．このため，能力測定は密閉された室外機室ではできず，常にフレッシュな空気を入れながら，排気をおこない，恒温条件とする．運転時，試験室内および排気部，ファン上部は大気圧に合わせる必要がある．特に機器上部に排出されるファンからの風量が多いため正圧が発生する場合もある．この場合はダクトなどにて風を吸い込ませるなどの工夫を要する．概略図を**図 6.5-7** に示す．

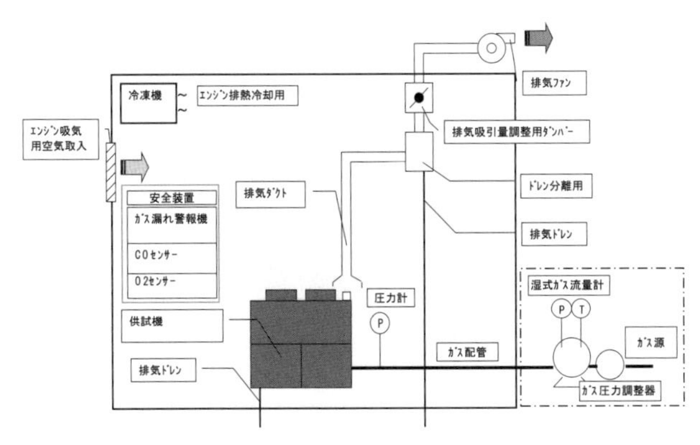

図 6.5-7　性能試験室概略図 [2)]

6.5.7　保護協調と制御動作

エンジンは電気式と最も異なる部品であり，空調にはなじみが少なく独特である．運転開始は，DC12V で動作するスタータにより，エンジンを強制的に回転させる．同時にガスが供給され電子点火をおこなう．回転が一定以上になると，燃焼が安定し自立的に回転運動をおこなう．運転時の保護として代表的なものは，①油圧，②冷却水温度である．油圧は圧力スイッチがエンジンに内蔵されており，運転中に圧力が低下すると摺動部分の磨耗を起こすため，スイッチ動作時はエンジンを停止させる．また，冷却水温度は，エンジン内を冷却するために一定温度以下を基準としている．温度が沸点を超えるとエンジン内で気化し冷却に支障がでる（オーバーヒート）ため，目安としては 90℃以下が望ましい．エンジンの回転により圧縮機を通じて空調能力が決まるが，エンジンは圧縮機の切替，冷媒循環量，冷凍サイクルの高低圧による負荷の過渡変化に追従する必要がある．これらはエンジン側にはトルク変化として現れる．電気式の誘導電動機では供給側の電力制御は必要ない．直流電動機では，電子的におこなわれるため圧縮機を安定的に回転させることが容易である．エンジンはガスと空気を最適に混合させつつ，その混合気の供給する量をエンジン回転数と必要トルクに常に合わせないと，エンジンストール（エンスト）あるいは過回転となる．この制御が電気式と大きく異なる点である．また，サーモ OFF（要求空調能力よりも最低回転数でも能力過多の場合は一時停止させる）などでもエンジンは同期して停止させる必要がある．通常エンジンでは 3 ～ 5 分程度の ON,OFF サイクルは可能である．これに耐えうる特殊設計のスタータを搭載している．

6.5.8　エンジンの燃焼と仕事

図 6.5-8 の通り，エンジンは燃焼により仕事をおこないつつ，多くの排熱を出す．自動車同様に排気ガスを放出するが，クリーンな天然ガスを燃料としているため，CO（一酸化炭素）および NOx（窒素酸化物）の排出は非常に少ない．

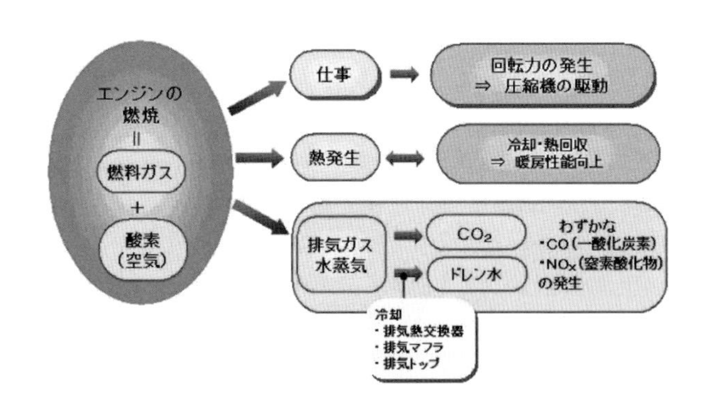

図 6.5-8　エンジンでの燃焼

6.5.9　安全性

GHP はガス機器の一種であり，（一財）ガス機器検査協会の製品安全認証を取得する必要がある．また，吸気および排気の必要性から室外設置でありガス経路は室内側と隔離されている．ガスの開閉弁は直列に二つ接続され，機器外からの圧力を直接受けないよう圧力調整器が備わっており安全面に配慮されている．

6.5.10 GHP製品の種類

基本的に標準的なシステムは，圧縮機を駆動し，冷暖房を切り替え複数台の室内機を季節に応じて空調するビル用マルチである．ここから派生したシステムとして，電気式ビル用マルチと同様，同時に室内機毎に冷房・暖房が可能である冷暖房同時運転機，一つの冷媒系統に複数の室外機をつなげることができる室外機マルチ，冷水および温水を作るチラーシステムがある．また，GHP独自のモデルとしては，エンジンを利用し空調と発電を同時におこなう形態がある．

よって，機能展開としては，(1) 室外機マルチ　(2) 冷房暖房同時運転　(3) チラーシステム，次に空調と発電を両立させた製品として，(4) 内部消費タイプ　(5) 外部供給タイプ　(6) 電源自立型　の6種類となる．それぞれの概要を説明する．

(1) 室外機マルチ

同一冷媒配管系統に複数台の室外機が接続されることで，施工費用の低減を図ることができ，大きな馬力を得ることができる．また，GHPに不可欠な定期メンテナンスの時期をそれぞれずらすことで，空調を止めずに点検をおこなうことが可能である．複数台の圧縮機に距離があるため，圧縮機の冷凍機オイルの偏りを適正化する必要が生ずる．このため室外機間に専用のオイル受渡し管を備えるものが多い．**図6.5-9**に接続形態を示す．

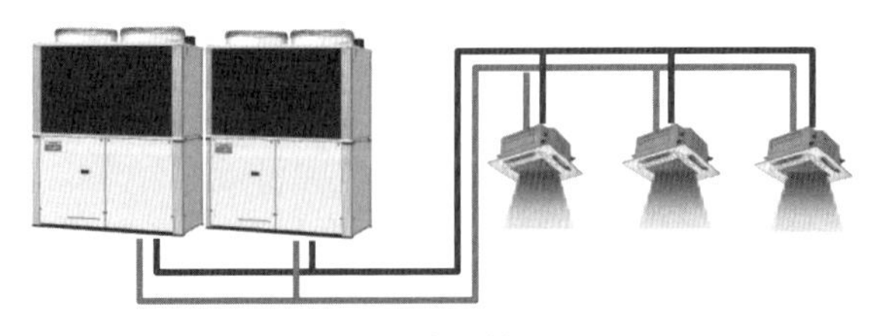

図6.5-9　室外機マルチ

(2) 冷暖房同時運転機

冷房と暖房を同時におこなうことが可能な空調機．**図6.5-10**では冷媒配管が3管式であるが，2管式もある．室内機個別に冷房・暖房の運転モードを変えられる．このため室内機側に切替弁を搭載した専用キットを必要とする．用途としては，人のいない電算機室など常に冷房したい部屋がある場合に，人のいる部屋の冷房・暖房を切り替えて使用するケースが多い．

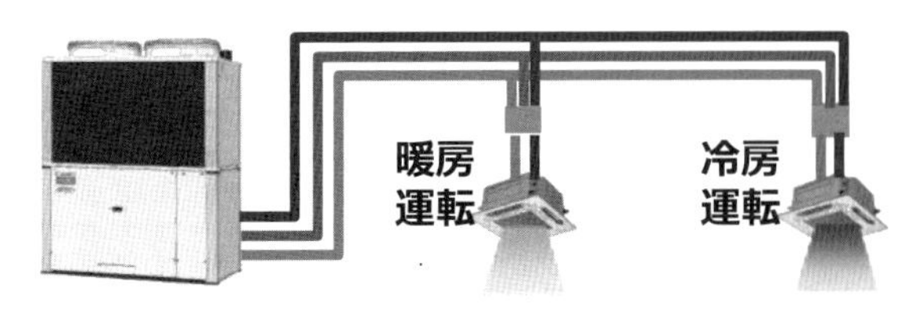

図6.5-10　冷暖房同時運転機

(3) チラーシステム

冷媒と水を熱交換させることで，冷水や温水を作るシステム．ファンコイルやAHU（エアハンドリングユニット）に外部ポンプで循環させる．冷媒と水の熱交換器（水熱交ユニット）は，GHP本体に内蔵している場合もある．ナチュラルチラー（ガス吸収冷温水機）のリプレース需要が多いが，馬力が非常に大きいため，複数台のGHPチラーが配置される場合が多い．**図6.5-11**に接続図を示す．

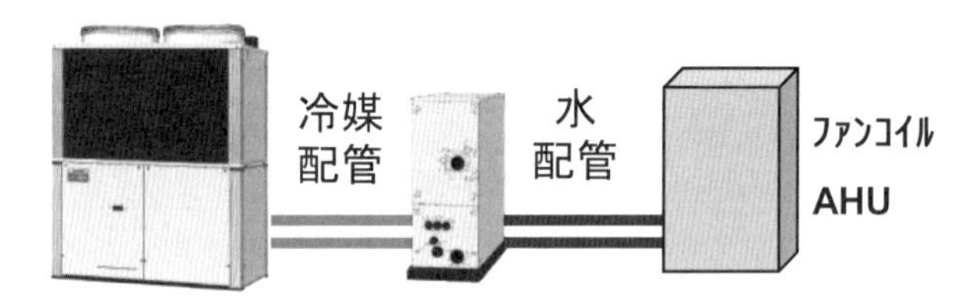

図6.5-11　チラーシステム

以上は，電気式の空調機でも製品化されているものであり，GHPの製品として特有な部分は少ない．次に，発電と空調を同時におこなうエンジンにしか実現できないシステムを説明する．

(4) 発電機搭載型（内部消費タイプ）

エンジンの圧縮機駆動側と逆側の回転軸に，ベルトまたは直動で発電機を駆動する．発電電力は，室外機内で電力消費の大きい直流駆動のファンモータおよび冷却水ポンプに利用される．電力変換は，発電機からの三相交流がコンバータで直流変換される．したがって，直流モータ駆動部品の電力を賄うことができる．電気式空調機の約100分の1の消費電力であり，標準機よりさらに省電力に貢献できる．**図6.5-12**に内部概略を示す．

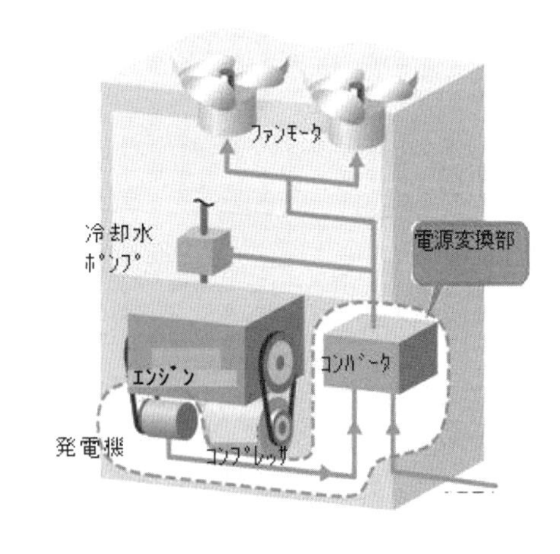

図6.5-12　発電機搭載型（内部消費タイプ）GHPの内部 [3)]

発電機の電力は三相交流としてコンバータに入力され，直流変換され昇圧される．一方，商用電源からの交流も直流化されるが，コンバータ電圧を高く設定しているため，商用電源はドライバに流れ込むことができず，発電電力のみでファン，ポンプが駆動される仕組みである．**図6.5-13**に原理図を示す．

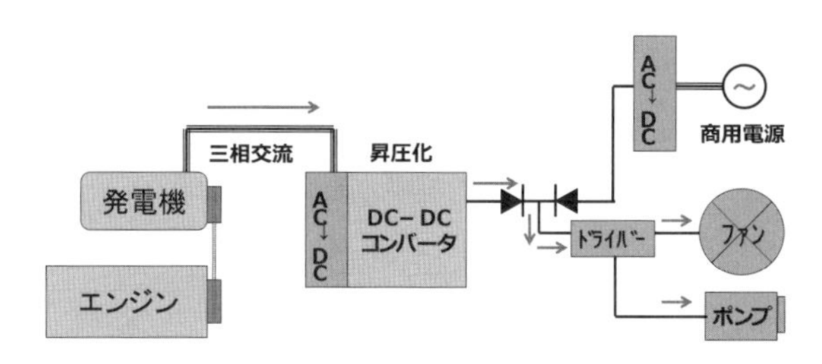

図 6.5-13　発電による内部消費の原理図

(5)　発電機搭載型（外部供給タイプ）

発電電力は室外機内の消費電力よりも大きいため，外部の商用電力と連系し，電力を系統に流し込む．電力変換は，発電機からの三相交流をインバータで直流変換されたあと，商用電圧に同期した波形に変換され，系統連系をおこなう．

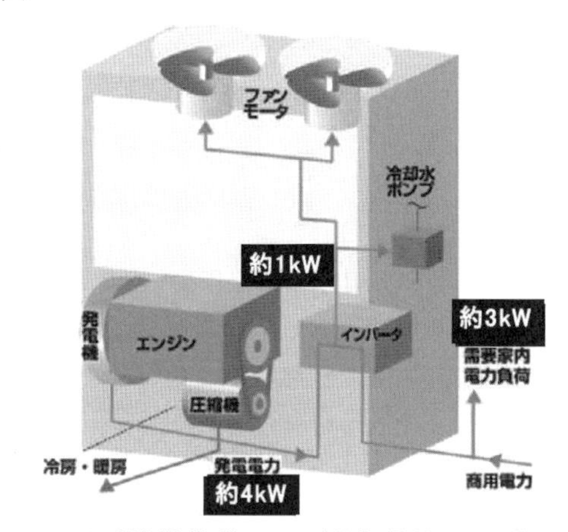

図 6.5-14　発電機搭載型 GHP（外部供給タイプ）の内部 [3)]

図 6.5-14 は，空調しながらエンジンの余力を利用し，最大 4 kW まで発電する外部供給タイプである．約 1 kW は室外機内で必要な電力となり，約 3 kW は外部供給可能となる．外部負荷(電力需要)が大きい場合に有効利用できる．また，電力デマンド（電力ピークカット要求）に対応する機能を有しており，デマンドが入ると発電量を増加させ，外部の消費電力を低減させる．本機が多く設置されている場合に効果が発揮できる．図 6.5-15 にイメージを示す．

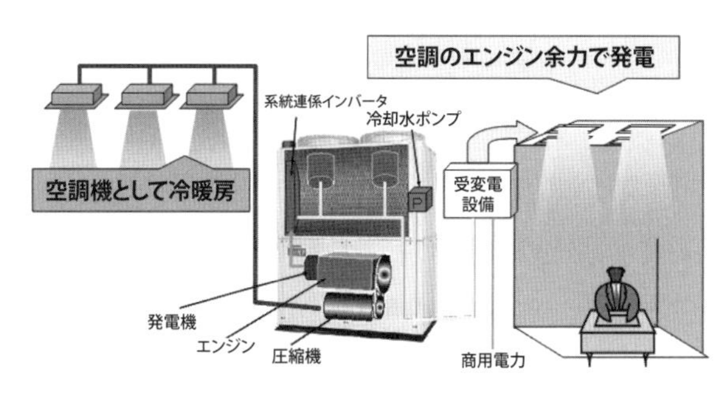

図 6.5-15　発電機搭載型（外部供給タイプ）
電力利用のイメージ

(6)　発電機搭載型（電源自立型）

本機は，前述の発電機搭載型（内部消費タイプ，外部供給タイプ）を BCP（事業継続計画）に応用したものである．機能は，停電時でも空調をおこない，かつ照明やコンセントの電力にも活用できる．ここでは，発電機搭載型（外部供給タイプ）を説明する．停電時は，自立運転スイッチを入れると内蔵バッテリーによりエンジンが起動，発電を開始し，これを受けて電源切替盤が商用電源側から GHP 系統の自立回路側に自動で切り替わり，室内機と照明へ電力供給を開始する．このとき，圧縮機はクラッチを外した状態，エンジンとしてはアイドリングであり空調運転は開始しない状態である．室内機に電力が供給されることでリモコンにも通電されユーザがリモコンスイッチを押すことで空調が可能となる．復電時は，系統電流もしくは電圧を監視し GHP 本体で復電を検知し自立運転を停止する．これにより発電が停止するため電源切替盤が自動で系統側へ切り替わる．ここで，自立運転スイッチを戻すことで，通常状態に復帰する．図 6.5-16 にシステム概要を示す．CP は電流プロテクタであり，電流制限部品である．

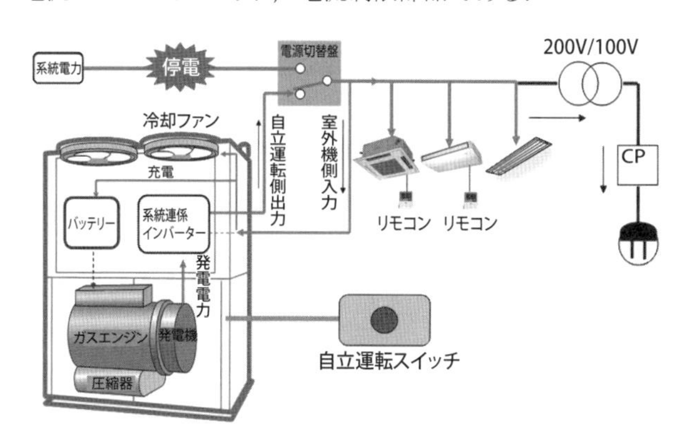

図 6.5-16　電源自立型の概略

6.5.11　GHP の遠隔システム

GHP は，メンテナンスが必要な機器であり通常，遠隔監視システムを装備する．このシステムは GHP 本体に取り付けられたアダプタと管理側のホストコンピュータ間で，携帯電話回線により情報の授受がおこなわれる．主な機能は，ホスト側がメンテナンスの信号を GHP 側から受信し，迅速なサービス対応をおこなうこと，また逆にホスト側から指令を出し，省エネサービスを機器に提供することである．また，最近では消費したエネルギーおよび空調能力を機器側で算定する機能があり，この情報をホスト側に送り，個別機器のエネルギーを算定し物件の事情にあった省エネ提案も可能となっている．図 6.5-17 に接続例とアダプタ内部を示す．

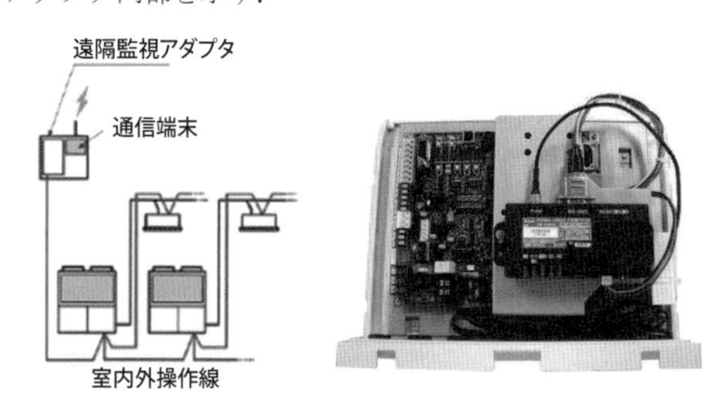

図 6.5-17　遠隔監視接続例とアダプタ内部

6.5.12 今後の展望

2011 年 3 月 11 日の東日本大震災は，関東でも深刻な電力不足を招き計画停電が実施された．また最近では，ゲリラ豪雨，竜巻などの自然災害により，大規模停電も増えている．このような電力供給の不安は今後も続くと予想される．ここではさまざまな製品展開を示したが，特に電源自立型は BCP 対応唯一の空調機であり今後の伸長が見込まれる．

一方，今後の電気・ガスの自由化が進む中，エネルギー会社が 2 種類のエネルギーを双方供給することが可能となる．電気・ガスをエネルギーサービスとして使い分けられるシステム製品が今後必要となると考えられる．

また，冷媒に関して地球温暖化を抑制する法律がフロン排出抑制法として施行された．低 GWP（温暖化係数）冷媒が推奨される中，現在の冷媒 R 410A よりも R 32 の GWP 値が低いため，電気式を含めたビル用マルチもこの流れになると予想される．

引　用　文　献

1)　金井弘：「冷凍」，**84**（976），19（2009）．

2)　金井弘：「冷凍」，**84**（976），20（2009）．

3)　金井弘：「冷凍」，**84**（976），20（2009）．

参　考　文　献

*1)　JIS B8627：2015 ガスヒートポンプ冷暖房機．

（金井　弘）

6.6 デシカント利用外調機

近年，建築物・住宅の省エネを推進する目的で低炭素認定建築物の普及促進，ネット・ゼロ・エネルギーの実現を目指す取組みが実施されている．

このような中，**図 6.6-1** に示すように業務用建築物のエネルギー消費量の冷暖房熱源，空調搬送用熱源が占める割合は 40% を越えており，業務用建築物のエネルギー消費量削減には空調消費エネルギー削減に大きな期待が寄せられている [*1)]．

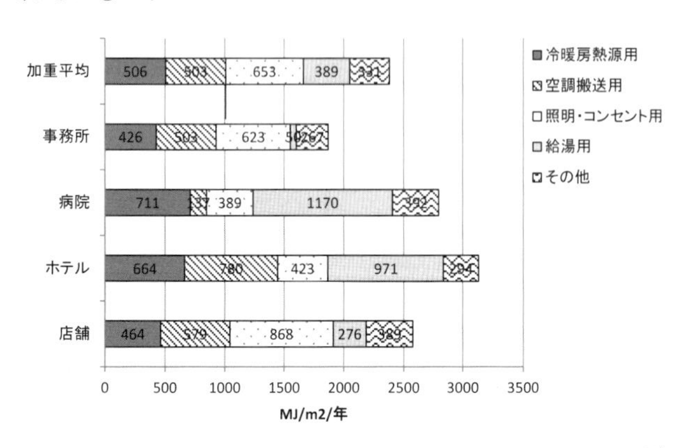

図 6.6-1　業務用建築物におけるエネルギー消費量内訳 [*1)]

こうした状況の中，ヒートポンプ空調機のエネルギー効率は，トップランナ方式での省エネ規制の下で飛躍的に向上してきた．このエネルギー効率の向上は，**図 6.6-2** に示すように主に二つの手段で実現されている．

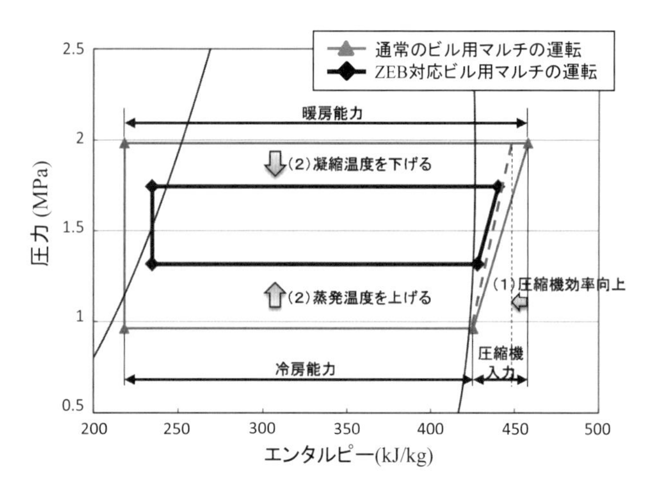

図 6.6-2　空調機の省エネ手法

（1）　圧縮機の効率を高くすることによって，冷媒圧縮に必要な動力を低減する．

（2）　冷熱・温熱を取り出すところである熱交換器の効率を高め，冷媒と空気の温度差を小さくすることによって圧縮機の必要仕事量を低減する．

一方，**図 6.6-3** に示すように，（2）の手段で冷房運転時におけるエネルギー効率を高めていくと冷媒の蒸発温度が高くなることによって，省エネではあるが除湿されないといった，快適性の観点からは問題のある空調機になっていくことが懸念される．つまり，除湿量とエネルギー効率はトレードオフの関係にあり，必要除湿量確保による快適性の維持を大前提とすると，エネルギー効率の向上には限界がある [*2-6)]．

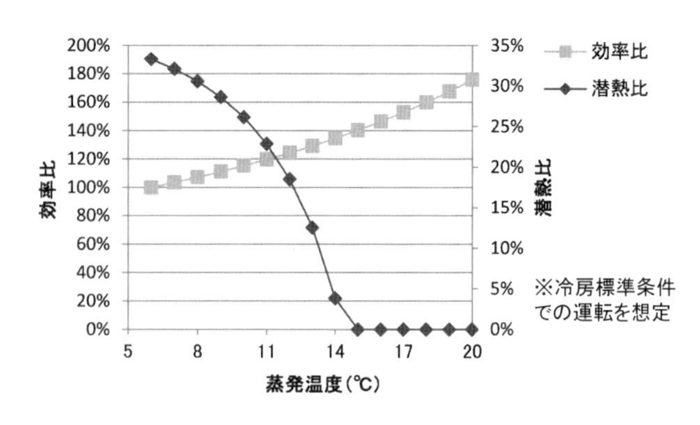

図 6.6-3　冷媒蒸発温度と効率，潜熱処理能力の関係 [*6)]

この課題を解決するために，1 台の機器で湿度と温度を同時にコントロールする現行の空調システムから，湿度と温度を別々の機器で制御する潜熱・顕熱分離空調システムへの移行が期待されている．潜熱・顕熱分離空調を実現するためには，高効率に湿度を処理する機器が必要となる．

このような中，吸着現象を利用して湿度処理をおこなうデシカント技術を用いた外調機が注目されている.

図 6.6-4 に業務用空調機の出荷総冷房能力比を示す．図に示すように，ビル用マルチエアコンの出荷総冷房能力割合は 4 割強と業務用空調機の中で大きな割合を占めている．したがって，業務用空調全体のエネルギー消費量削減を実現するためには，ビル用マルチエアコンのエネルギー消費量削減の実現が必須である.

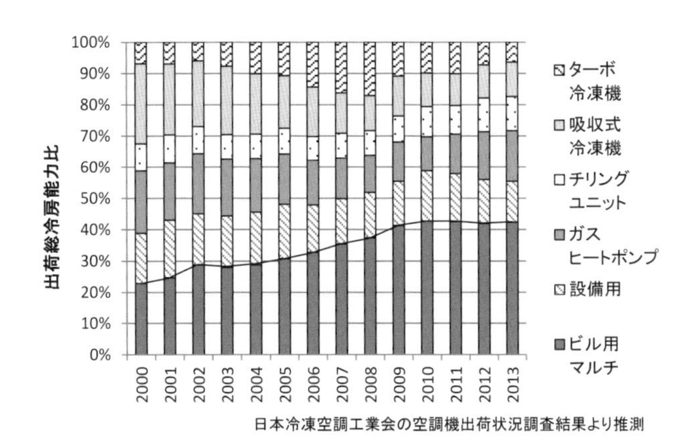

図 6.6-4 業務用空調機における出荷総冷房能力比 *7)

図 6.6-5 にビル用マルチエアコンを用いた潜熱・顕熱分離空調システムを示す．主として潜熱を処理するヒートポンプを用いた調湿機能付外気処理機と，顕熱処理に特化したビル用マルチエアコンを組み合せて構成されている *5-6).

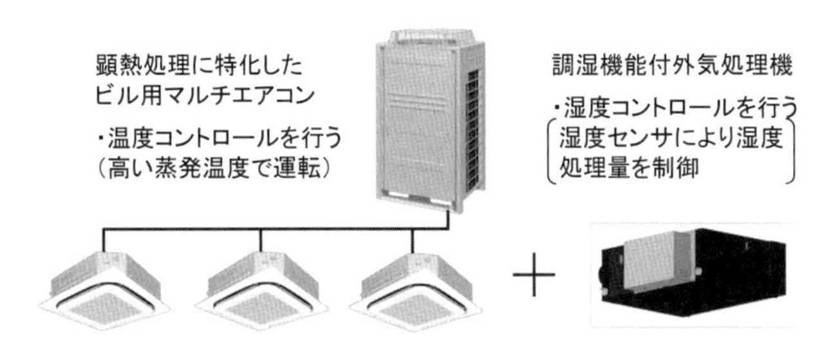

図 6.6-5 潜熱・顕熱分離空調システム *5-6)

本節においては，デシカント技術を用いた外調機について説明をおこなう．またビル用マルチエアコンを用いた潜熱・顕熱分離空調システムの従来空調システムに対する性能向上結果，実在の建築物における実証試験結果および省エネ建築物（グリーンビルディング）に本システムが採用された際の性能予測結果について説明する.

6. 6. 1 従来のデシカント除湿機の課題

図 6.6-6 に一般的な 2 ロータタイプのデシカント除湿機の構成図を示す.

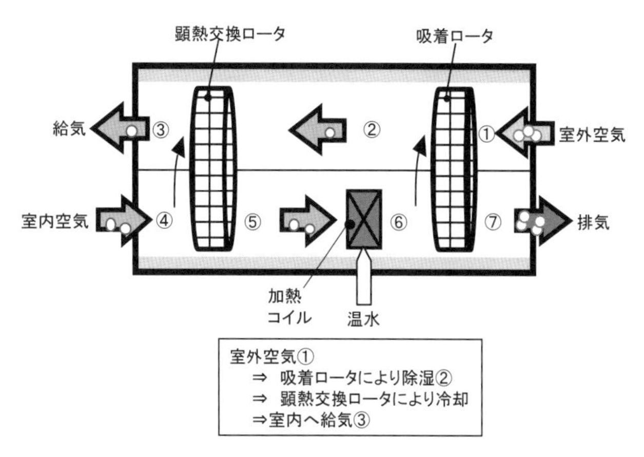

図 6.6-6 従来のデシカント除湿機（2 ロータ）*5-6)

従来のデシカント方式は，湿度を含んだ高湿度の空気を回転している吸着材を塗布したロータに流通させて除湿し（①→②），熱源で温めた空気（⑤→⑥）によって水分を含んだロータを再生する（⑥→⑦）ことで乾燥させ，調湿（除湿）運転を実現している．運転時の各操作ポイントにおける空気線図を**図 6.6-7** に示す.

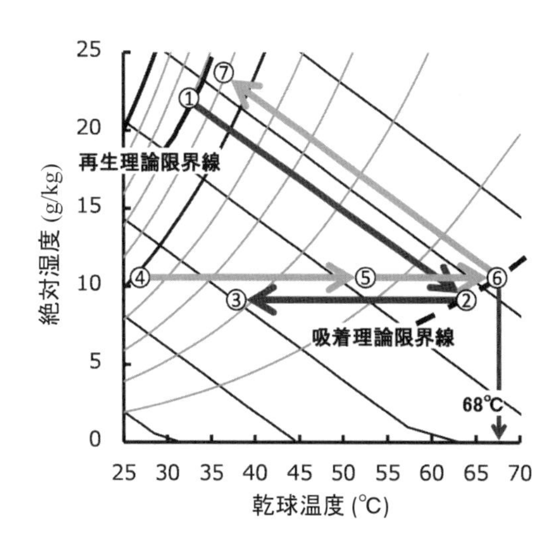

図 6.6-7 従来のデシカント除湿機空気線図（2 ロータ）*5-6)

暑く湿った空気①が吸着ロータを流通し，水分が吸着されることによって乾燥するとともに，吸着時に吸着熱が発生するために温度が上昇し，熱い乾燥した空気②が得られる．このとき，空気②は吸着ロータを再生する空気⑥の相対湿度で理論的な吸着限界線が存在し，33 ℃，22.0 g/kg の空気を 9.0 g/kg まで除湿するためには 68 ℃の理論再生温度が必要となる．実際の装置上では熱伝達ロス（熱交換器－空気，空気－ロータ），ロータの熱容量のロスなどが積み重なるため 80 ～ 100 ℃の高い再生温度が必要となり，電気ヒータなどの低効率な熱源での再生が必要となるため，ガスエンジンの排熱など高温の排熱発生源が存在する場所や冷却吸着では得られない超低湿度な空気を必要とする特殊用途のみで普及するにとどまっていた *6).

6.6.2　直接冷却吸着，直接加熱再生

デシカント除湿機を，一般的な空調機として普及させるためには大幅な効率向上が必要であった．効率を向上させるために吸着材の再生をヒートポンプの凝縮熱（約 40 ℃）程度の低温で実現可能とする必要があった．そこで，吸着理論限界の低温度化を実現するために，直接冷却しながら吸着，直接加熱をしながら再生をした際の理論再生温度の試算をおこなった．

直接冷却吸着および直接加熱再生を実施した際の各操作ポイントにおける空気線図を**図 6.6-8** に示す．図に示すように，吸着しながら吸着熱を直接除熱することによって図 6.6-7 と同じ空気条件において理論再生温度が 36 ℃に低減した．これによって，直接冷却吸着，直接加熱脱着が実現できれば，ヒートポンプの凝縮熱による吸着材再生が実現可能となる[*6)]．

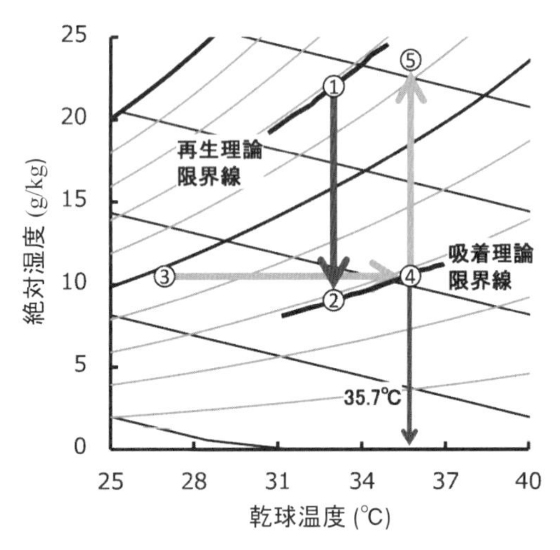

図 6.6-8　直接冷却吸着，直接加熱再生空気線図 [*6)]

実際に直接冷却吸着，直接加熱再生を実現するために空調機の熱交換器のフィン上に吸着材をコーティングしたデバイスが採用された．

その熱交換器一体型デシカントデバイスの外観図を**図 6.6-9** に示す．

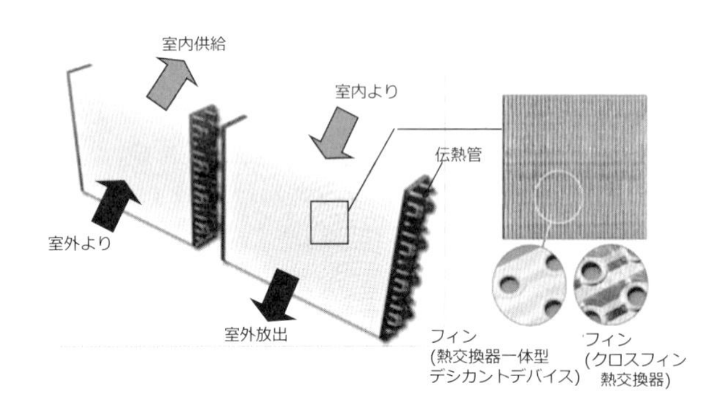

図 6.6-9　熱交換器一体型デシカントデバイス [*4-6)]

図に示す通り熱交換器一体型デシカントデバイスは，通常の空調機に使用されるクロスフィン熱交換器の表面上に吸着材の塗膜を形成したものである．アルミと吸着材の線膨張率の違いによる剥離の防止，狭いフィンピッチの間に水分を吸着するのに十分な吸着材を付着するため厚く均一な塗膜を形成することが性能向上・維持のために重要である．

6.6.3　熱交換器一体型デシカント外調機の作動原理

熱交換器一体型デシカントデバイスをヒートポンプサイクルに組み込んだ機器について**図 6.6-10** に冷媒回路図を示す．

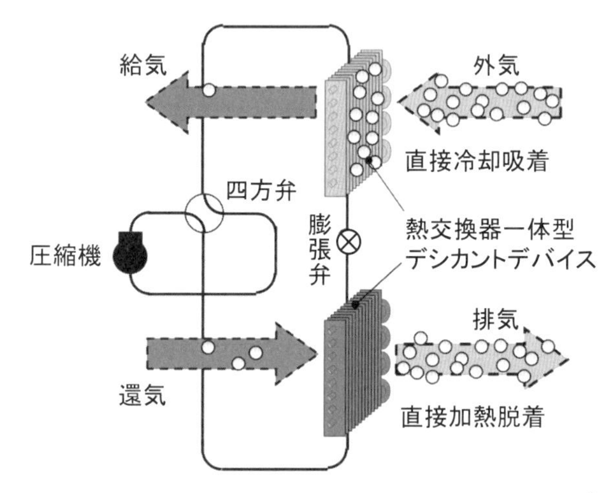

図 6.6-10　熱交換器一体型デシカント外調機回路図 [*6)]

図に示す通り，二つの熱交換器一体型デバイスがヒートポンプ空調機の冷媒回路に接続されている．このヒートポンプとデシカントのハイブリッドシステムにおいて，再生をおこなう熱交換器一体型デバイスは凝縮器として動作し，吸着をおこなう熱交換器一体型デバイスは除湿器として動作する．したがって，直接冷却吸着によって吸着熱を除熱することにより暑く湿った空気を冷たい乾燥した空気にすると同時に，発生する凝縮排熱を利用して吸着材の再生をおこなうことが出来る．

図 6.6-11 に熱交換器一体型ヒートポンプデシカント外調機の外観図を示す．熱交換器一体型ヒートポンプデシカント外調機は，圧縮機，二つの熱交換器一体型デシカントデバイス，電動弁，四方弁（四路切換弁），給気ファン，排気ファン，八つの空気通路切換えダンパから構成される．外気の湿度を調整した後に室内に供給すると同時に，室内空気を室外に排気している．したがって，換気機能と調湿機能を同時に実現している．

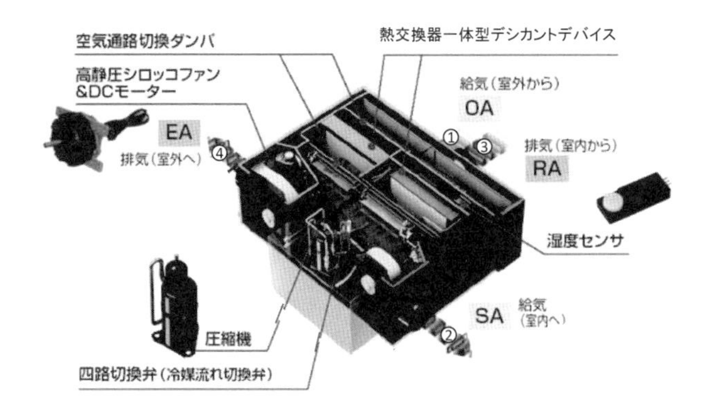

図 6.6-11　熱交換器一体型デシカント外調機外観図 [*3)]

運転時の各操作ポイントにおける空気線図を**図 6.6-12** に示す．図に示す通り直接冷却，直接加熱をおこなうことによって再生理論限界線，吸着理論限界線に制約を受けないため，低い再生（凝縮）温度，高い吸着（蒸発）温度でも高い除湿性能を得ることが可能である．

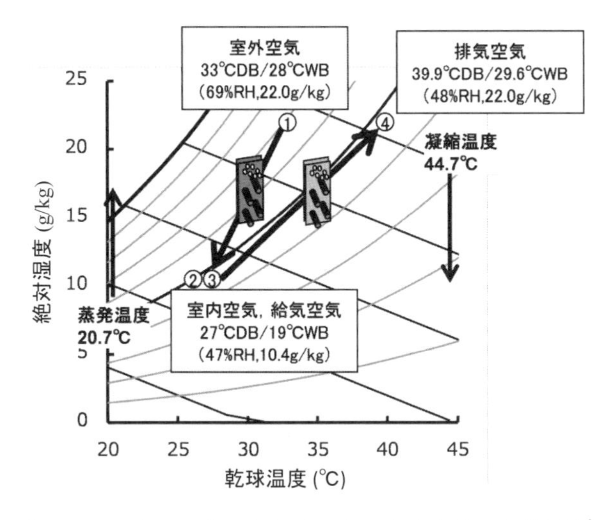

図 6.6-12　熱交換器一体型デシカント外調機空気線図 [*5)]

熱交換器一体型ヒートポンプデシカント外調機の動作原理を**図 6.6-13** に示す．

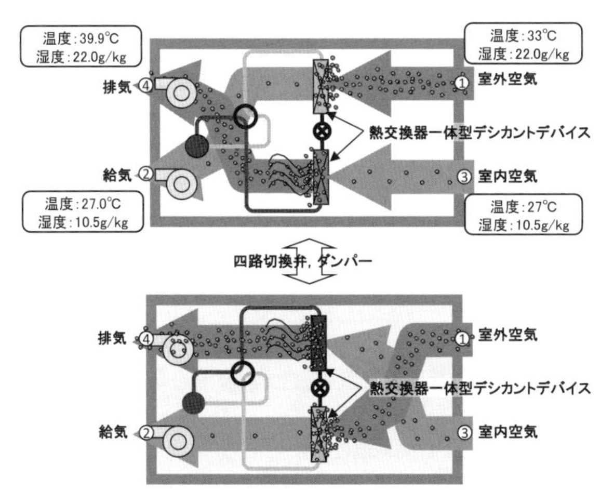

図 6.6-13　熱交換器一体型デシカント外調機動作原理 [*3)]

室外空気が熱交換器一体型デシカントデバイスの吸着側に導かれ，冷媒の蒸発熱によって直接吸着材が冷却されながら水分を吸着し，冷たく乾燥した空気が室内に供給される．同時に室内空気が熱交換器一体型デシカントデバイスの再生側に導かれ，冷媒の凝縮熱によって直接吸着材が加熱されながら水分を脱着し，室外に排気される．そして，熱交換器一体型デシカントデバイスに水分が一杯に吸着，または完全に脱着すると，冷媒の流れ方向を四方弁（四路切換弁）による冷凍サイクル切換で，空気通路の風の流れ方向をダンパで切り換える．冷媒回路と空気通路を切り換えることによって，先ほどまで再生をおこなっていた乾燥した熱交換器一体型デシカントデバイスを吸着側に，先ほどまで吸着をおこなって水を大量に含有した熱交換器一体型デシカントデバイスを再生側に変化させる．冷媒の流れ方向と空気の流れ方向を周期的に切り換えることで連続した除湿をおこなうことを可能としている [*3)]．

次に熱交換器一体型ヒートポンプデシカント外調機の仕様の一例を**表 6.6-1** に示す．

表 6.6-1　熱交換器一体型デシカント外調機仕様の一例

風量		m3/h	500
除湿冷房性能★1	全熱能力 ★5	kW	5.5(5.9)
	顕熱能力 ★5	kW	0.9(0.9)
	消費電力(全熱)	W	1100
加湿暖房性能★2	全熱能力 ★5	kW	7.1(7.3)
	顕熱能力 ★5	kW	4.4(4.5)
	消費電力(全熱)	W	1540
加湿量 ★2		kg/h	3.78
空調定格点冷房性能★3	全熱能力 ★5	kW	2.4(4.7)
	顕熱能力 ★5	kW	0.9(1.2)
	消費電力(全熱)	W	390
空調定格点暖房性能★4	全熱能力 ★5	kW	3.1(6.6)
	顕熱能力 ★5	kW	1.3(4.0)
	消費電力(全熱)	W	360
外形寸法	高さX幅X奥行	mm	450X1300X1000
機外静圧		Pa	150
運転音		dB	39

注）★1.室内側27℃DB/19℃WB、室外側33℃DB/28℃WB時の値
★2.室内側22℃DB/50%RH、室外側0℃DB/50%RH時の値
★3.室内側27℃DB/19℃WB、室外側35℃DB/24℃WB時の値
★4.室内側20℃DB/13.8℃WB、室外側7℃DB/6℃WB時の値
★5.表中()内の数値は、最大値

吸着材を直接冷却，加熱することで得られる高い吸脱着特性と圧縮式ヒートポンプの高い効率を融合させたハイブリッド方式によって強力な調湿性能を有するとともに，前述の再生温度の大幅な低減によって，図 6.6-6 のような従来型のデシカント除湿機比で約 2.5 倍の効率向上を得ることができる [*5-6)]．

また，吸着材と熱交換器を一体化した熱交換器一体型デシカントデバイスを使用することで部品点数を少なくしたこと，吸着材に熱をダイレクトに伝えることで熱ロスを無くし熱交換効率を高めたことからコンパクト化を実現し，機器容積を図 6.6-6 のような従来型のデシカント除湿機比で約 1/3 に低減することが可能となる [*5-6)]．

また，無給水，無排水のデシカント方式で除加湿運転を可能としたことにより，

(1) 省施工性：除加湿に必要な給排水配管が不要となり，配管レスシステムで高い施工性を確保
(2) 省メンテナンス：除加湿に伴う給排水が無く，ドレンパンの清掃費や加湿エレメントの交換費が不要
となる．

6.6.4 潜熱顕熱分離空調システム

ビル用マルチエアコンは，冷媒を直接室内に搬送することによって冷暖房をおこなう直膨空調システムである．直膨空調システムの利点として，大きく以下の三つが考えられる．一つ目は，エネルギー密度が高い冷媒を搬送して空調に必要な熱量を供給するため，搬送に必要な動力が小さいこと，二つ目に直膨式でないシステム（二次冷媒を利用するシステム）と異なり，冷媒から空気に直接熱交換がなされ，熱交換をおこなう回数が少ないため，潜熱・顕熱分離空調システムのように冷媒と空気の温度差を小さくすることによってエネルギー効率を高める方式に適していること，三つ目に，冷媒の膨張機構を室内側に有するため，オフィスビルの空調負荷の大半を占める冷房運転時に搬送途上の配管における熱損が発生しないという特徴を持っている．

図 6.6-14 に典型的なオフィスビルにおける，空調機の運転負荷率と年間の空調負荷積算値の関係を示す．図に示す通り，負荷率 30 ～ 50% 程度の比較的低い負荷率が年間での空調負荷に占める割合が大きい [*8)]．

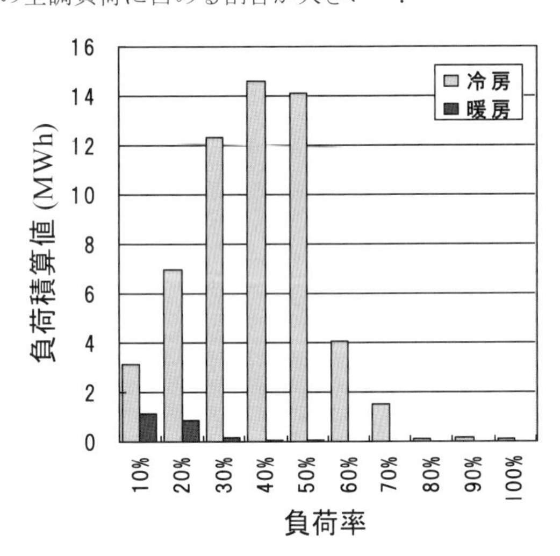

図 6.6-14 典型的オフィスビルの負荷率／積算値の関係 [*8)]

よって，直膨空調システムの利点を生かしながら，必要な空調負荷に応じて冷媒圧力を制御することにより，なかでも特に部分負荷時の効率を向上させることによって，年間での空調由来のエネルギー消費量削減を狙うことができる．

この新しいビル用マルチエアコンの特性を，**図 6.6-15** に示す．縦軸は冷房標準条件での負荷率における従来のビル用マルチエアコンの効率を 100% としたときの効率比である．図に示すように必要な空調能力に応じて，冷媒圧力を可変にする制御 [*9)] を採用することによって，従来のビル用マルチエアコンと比較して，部分負荷時における効率を大幅に向上させることが可能となる [*8)]．

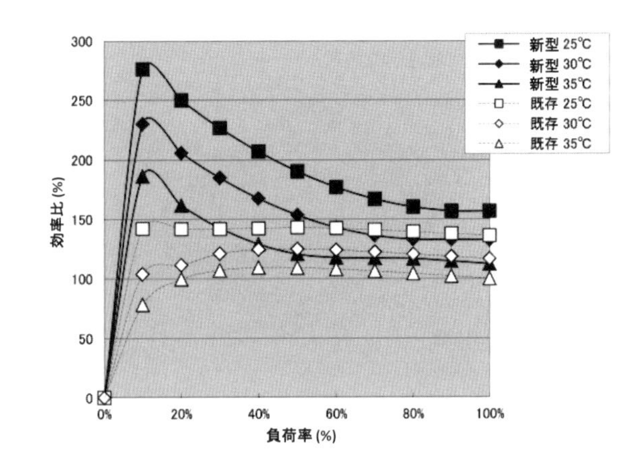

図 6.6-15 新型のビル用マルチエアコンの特性 [*8)]

このシステムの特徴の一つ目は，潜熱・顕熱分離空調を採用し，除湿をヒートポンプデシカントに任せることによって蒸発温度の上限を大幅に高くすることが可能となったことである．

二つ目は，顕熱制御処理に特化したビル用マルチエアコンに適した圧縮機を利用することである．ビル用マルチエアコンに広く用いられているスクロール形圧縮機は，固定スクロールと作動スクロールを差圧で押し付けあうことで，圧縮室を形成しているため，差圧が低下する（圧縮機の圧縮比が低下する）と，冷媒の漏れを発生し運転効率が大幅に低下するという特性をもっていた．したがって，高低差圧をある程度以下にすることが出来ないため，蒸発温度の上限を大幅に高くすることが出来なかった．そこで低差圧，低回転の領域で運転効率が低下しにくいスクロール圧縮機を搭載することで，より低い高低差圧（部分負荷運転）での高効率運転を可能とした [*9)]．

三つ目は，目標温度に対して制御をおこなう従来の空調システムと異なり，顕熱（温度）と潜熱（湿度）を分離して別々に制御をおこなうことである．これにより **図 6.6-16** の実線の矢印で示すように，従来システムの点線の矢印に比べて潜熱を過剰処理することがなくなるため，空調処理熱量を低下させることができ，エネルギー消費量の削減が可能となった．

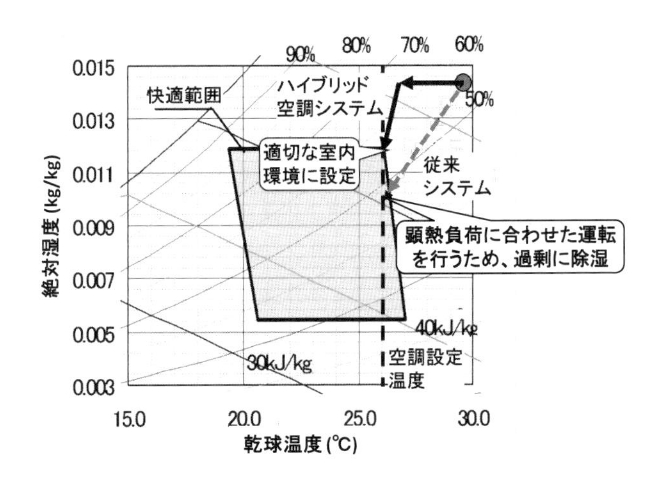

図 6.6-16 ハイブリッド空調システムの運転目標 [*8)]

6.6.5 夏期の室内環境とエネルギー消費量

このシステム（ハイブリッド空調システム）の効果を実証した結果 [*10-15] について説明する．

実証は，オフィス用途の建物でおこなった．**図 6.6-17** に示すように，一つの部屋を実証試験のために二つに分割して従来型の空調システムとハイブリッド空調システムを併設し，同時運転可能として比較検証をおこなっている．従来空調システム側は，一般的な組合せとして通常のビル用マルチエアコンと加湿機能＋加熱コイル付全熱交を用い，ハイブリッド空調システム側は前述のシステムとした．

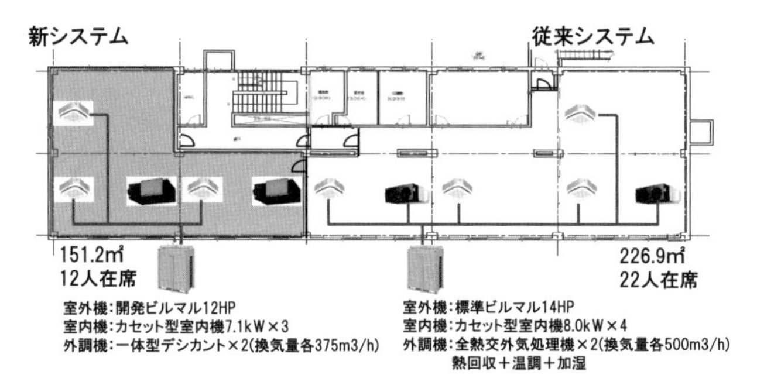

図 6.6-17　実証試験サイトの設備据付け概要 [*10,*12]

試験スペースの広さを完全に同一にはできないため，以後のエネルギー消費量の数値は全てエネルギー消費量を床面積で割った数値で比較検証をおこなっている．また床面積で割っても厳密に考えると使用条件や方位によって空調負荷に差が出る可能性があるため，実運転状態を模擬可能とするエネルギーシミュレーション [*10,*13-15] により比較検証をおこなっている．

夏期試験では 6 ～ 9 月の間運転を実施し，室内環境と消費電力量の計測をおこなっている．従来空調システムとハイブリッド空調システムの運転期間中の室外温湿度，室内温湿度の 1 時間毎の平均値を空気線図上に記した図を，**図 6.6-18**，**図 6.6-19** に示す．

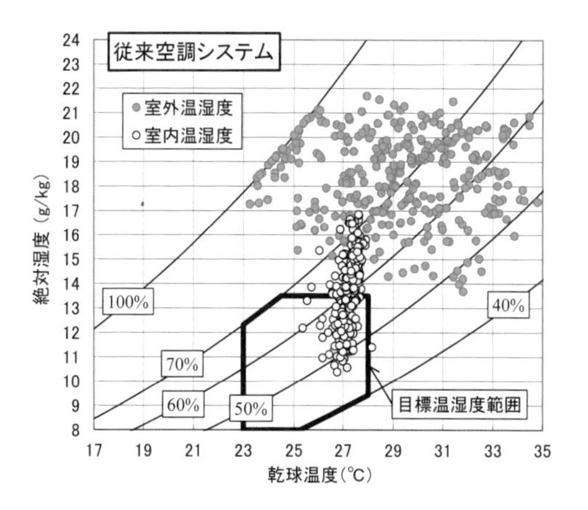

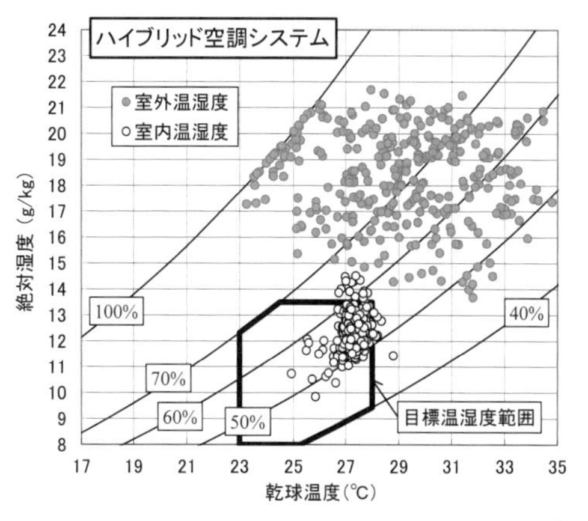

図 6.6-18　28 ℃設定時の室内温湿度環境 [*12]

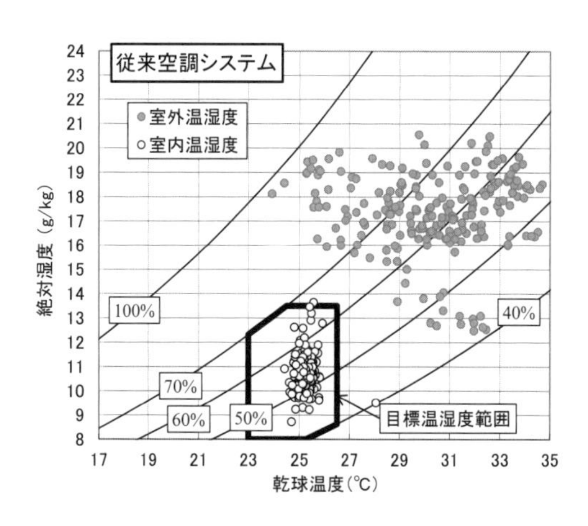

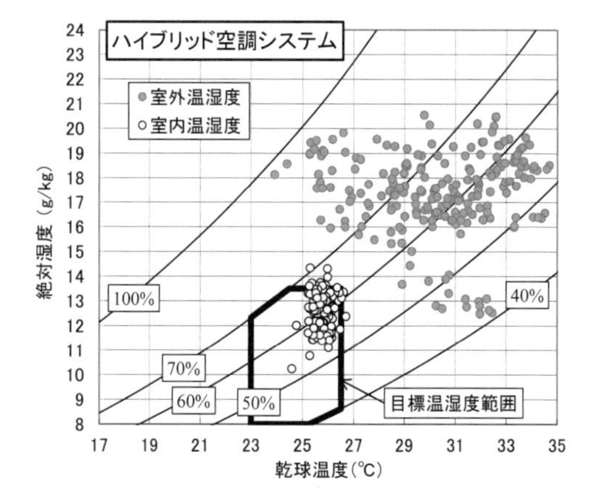

図 6.6-19　26 ℃設定時の室内温湿度環境 [*12]

図に示す通り設定温度が 28 ℃の条件において，ハイブリッド空調システムの運転データは，太線枠で示した目標温湿度範囲（相対湿度が 40 ～ 70%，絶対湿度が 8 ～ 13.5 g/kg の範囲，絶対湿度の上限は PMV 値が 1.0 以下となる範囲で設定）の範囲内に約 94% が分布しているが，従来システムでは湿度が目標温湿度範囲よりも高い部分に分布しているデータが 49% と多く，除湿不足を発生していることがわかる．また，26 ℃設定において，ハイブリッド空調システムの運転データは 28 ℃設定時と同様に目標温湿度範囲（湿度条件は 28 ℃設定時と同等）内の省エネ側に約 93% が分布しているのに対し，従来システムでは相対湿度が 60% を下回る領域に約 95% も分布しており，過除湿を発生していることがわかる．

東日本大震災以後，社会的な電力不足を背景に，夏期の設定温度をクールビズ設定（28 ℃設定）で運用されていることが多い．しかしこの結果から，日本のように夏期の湿度の高い気候で調湿機能を持たない空調システムを 28 ℃設定で運用すると，除湿不足を発生して快適な室内環境を維持できないことがわかる．

室内の執務者に対するアンケート結果 [*12)] を**図 6.6-20** に示す．執務者の体感においてもハイブリッド空調システムの方がより快適であるとの結果が得られている．

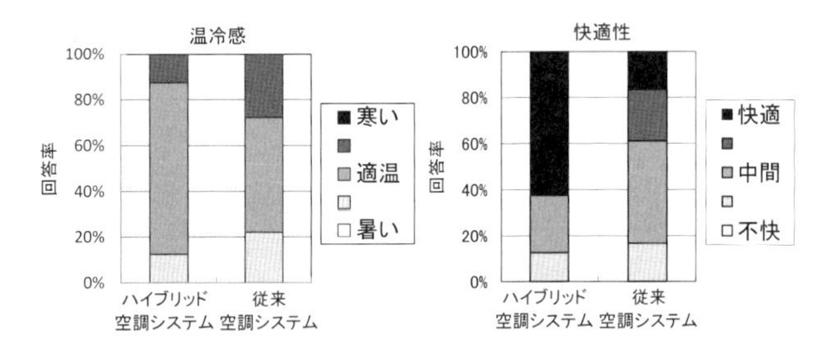

図 6.6-20　夏期運転時における在室者のアンケート結果 [*12)]

また夏期試験中の空調消費電力（換気装置，空調機室内機，空調機室外機）の積算値から，運転時間を 1 日 12 時間として 1 日の消費電力量に換算した値 [*12)] を**図 6.6-21**（28 ℃設定時），**図 6.6-22**（26 ℃設定時）に示す．

図に示す通り，28 ℃の設定条件では消費電力量を約 47%，また 26 ℃の設定条件では約 46% 削減可能なことが確認できる．

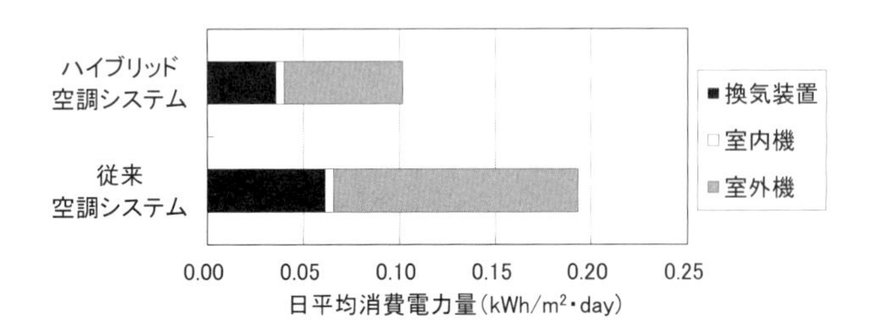

図 6.6-21　28 ℃設定時の日平均消費電力量

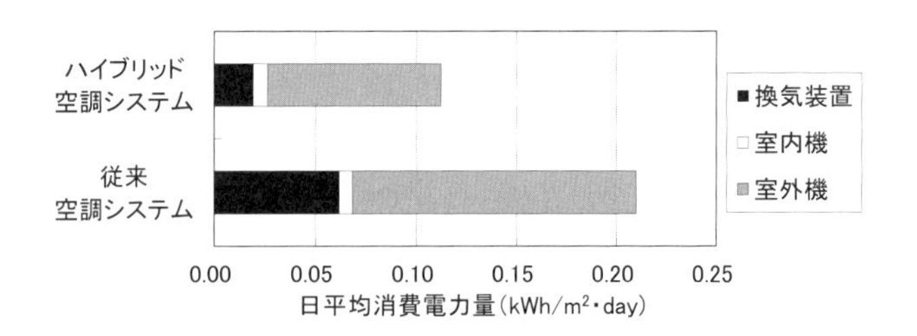

図 6.6-22　26 ℃設定時の日平均消費電力量

6.6.6　冬期の室内環境とエネルギー消費量

冬期試験として，12 ～ 2 月の間運転を実施し，室内環境と消費電力量の計測をおこなっている．従来空調システムとハイブリッド空調システムの運転期間中の室外温湿度，室内温湿度の 1 時間ごとの平均値を空気線図上に記した図を，**図 6.6-23** に示す．

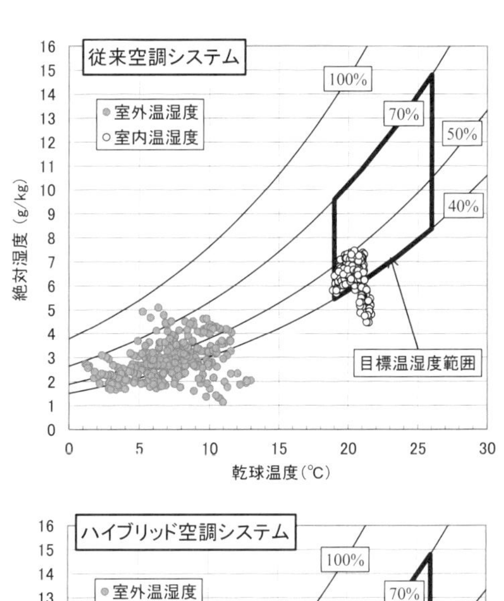

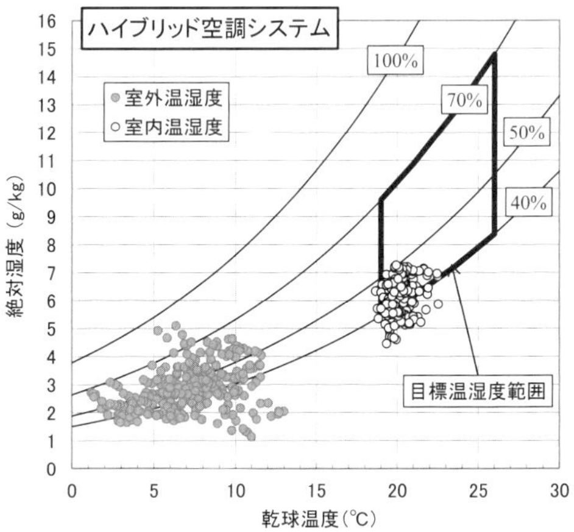

図 6.6-23　冬期運転時室内温湿度環境 [*12)]

図に示す通り，夏期の試験結果と異なり，従来空調システムでは加湿機能付全熱交が加湿をおこなうため，ハイブリッド空調システム，従来空調システム共に，太線枠で示した目標温湿度範囲（設定温度は 20 ℃，相対湿度が 40 ～ 70%，絶対湿度が 15 g/kg 以下の範囲）近傍に温湿度共に制御することが出来ている．具体的には，ハイブリッド空調システムの運転データが目標範囲内に約 73% 分布し，従来空調システムでは約 79% が範囲内に分布している．

また夏期同様に，室内の執務者に対するアンケート[12]をおこなった結果を**図 6.6-24** に示す．温冷感ではハイブリッド空調システムで寒いと感じた割合は約 10% であったが，従来型空調システムでは約 26% とやや高かった．

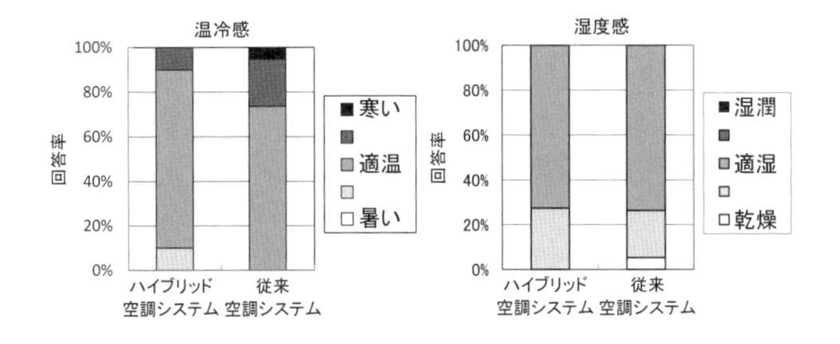

図 6.6-24　冬期運転時における在室者のアンケート結果[12]

次に冬期試験中の空調消費電力（換気装置，空調機室内機，空調機室外機）の積算値から，運転時間を 1 日 12 時間として 1 日の消費電力量に換算した値[12]を**図 6.6-25** に示す．

図に示す通り，消費電力量を約 26% 削減できることが確認できる．

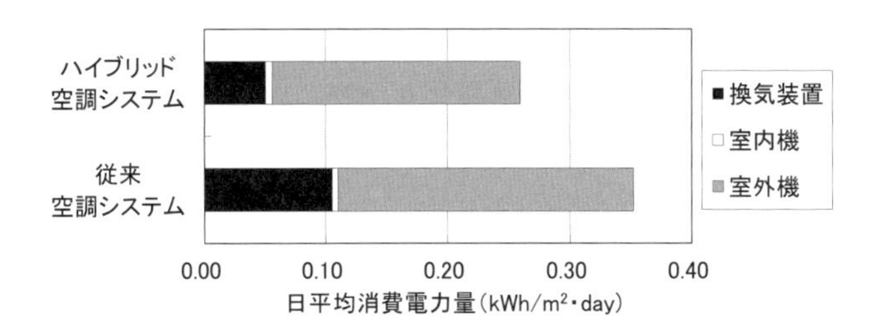

図 6.6-25　冬期運転時の日平均消費電力量

6.6.7　省エネ建築物設置時の性能予測

実証試験により，ハイブリッド空調システムと従来空調システムの性能比較をおこなったが，実際には建物の方位や在室人数の違いなどの使われ方の違いがあるため厳密には同一条件での比較とならない．また，ハイブリッド空調システムは特に低負荷，低外気の空調負荷率の少ない条件である中間期に特に高い効率を示す特性を持つ．したがって，夏期，冬期だけの評価でなく，通年で運用すればより従来システムとの消費電力差は大きくなるものと考えられる．

あわせて，ハイブリッド空調システムを用いて，今後普及促進が図られる ZEB（Net Zero Energy Building）に対応するためには，実証試験をおこなった建物と比較してより気密・断熱性に優れた省エネ建築物（グリーンビルディング）における性能評価結果が重要である．

そこで，6.6.5 項で述べたシミュレーションを用いて，グリーンビルディングに導入して通年で運転した場合のエネルギー消費量の試算をおこない，ハイブリッド空調システムと従来空調システムの省エネ性能の比較をおこなっている[14]．

空調システムのエネルギーシミュレーションは国交省官庁営繕部が作成した Life Cycle Energy Management Simulation Tool（LCEM シミュレーション）を元に EXCEL 上で作成し，別途建物負荷計算をした結果を入力して通年計算をおこなっている．

このシミュレーションモデルを用いて，実証試験における負荷を入力し，消費電力を 1 時間ごとに計算した結果と，実測値を比較した結果[15]を**図 6.6-26**，**図 6.6-27** に示す．

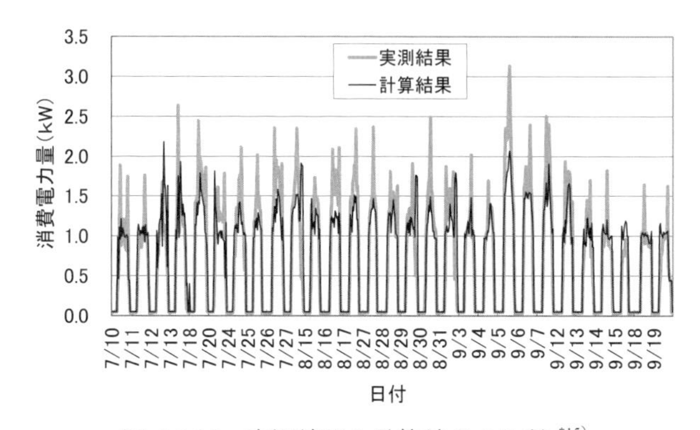

図 6.6-26　実測結果と計算結果の比較[15]

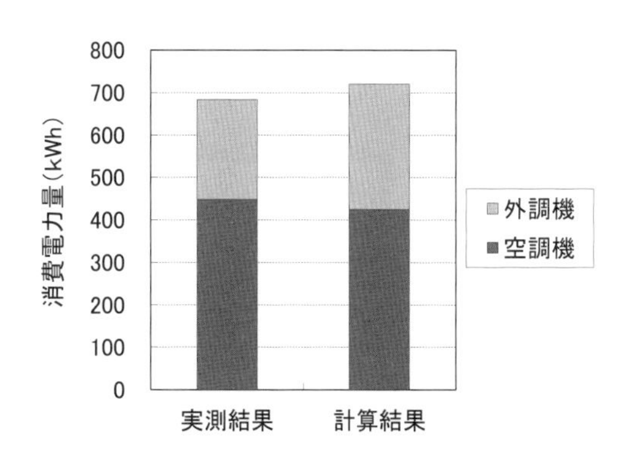

図 6.6-27　夏期消費電力量の積算値[15]

季節中の電力消費量の積算値における誤差で約 5%，また 1 時間ごとのトレンドについても，ピーク点は若干異なるが実測値と計算値の傾向はよく合致している．

さらにこのシミュレーションを用いて，**表 6.6-2** の条件で年間消費電力量の試算をおこなった．ここで従来空調システムとハイブリッド空調システムで設定温度が異なっているのは，同等の快適性での省エネ性を比較するためである．6.6.5 項で述べた通り，冷房で従来システムの設定温度を 28 ℃とすると，除湿不足となり，ハイブリッド空調システムと同等レベルの快適性を確保できないためである[12]．

また暖房についても，6.6.6 項のアンケート結果に基づき，快適性が同等となるよう設定温度を決定している．その結果を**図 6.6-28** に示す．通年で 74% 程度の省エネ効果が得られるという試算結果が得られた．月ごとの電力消費量を比較した結果，特に中間期（4 ～ 5 月，10 ～ 11 月）の消費電力量に大きな差があることがわかった[14]．

表 6.6-2　計算条件 [11,14]

	建物概要	内部発熱	設定温湿度	
			冷房	暖房
従来空調システム	高断熱	10 W/m^2	26 ℃ 50% RH	22 ℃ 40% RH
ハイブリッド空調システム	高断熱	10 W/m^2	28 ℃ 60% RH	20 ℃ 40% RH

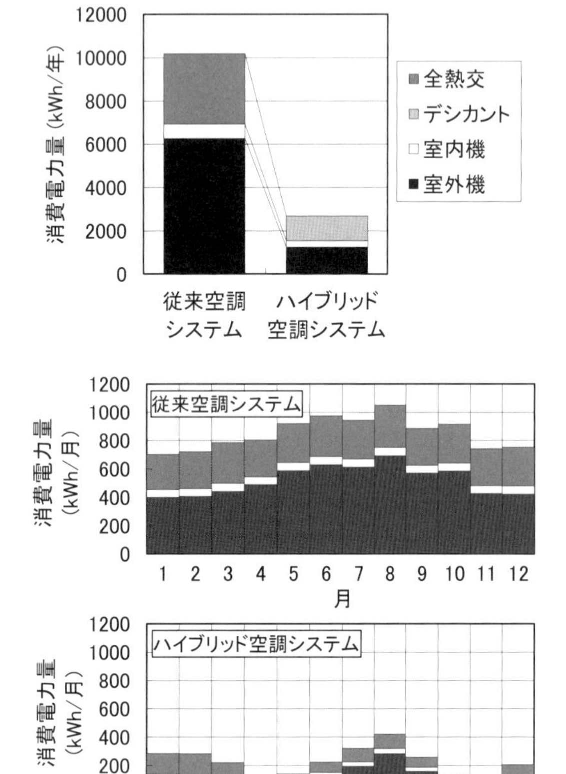

図 6.6-28　グリーンビルディングの電力消費量比較 [14]

このように潜熱，顕熱の分離処理によって湿度調節が可能となることによる処理負荷の削減，潜熱処理性能の高いヒートポンプデシカント，顕熱処理に特化することで部分負荷性能を大幅に向上させた高顕熱運転特化型ビル用マルチエアコンの三つを組み合わせることによって，大幅な省エネルギー性能が実現可能となる．

このようなシステムによって，2020 年以降義務化が進む ZEB の実現可能性が高まるものと考えられる．

参　考　文　献

*1)　ZEB（ネット・ゼロ・エネルギー・ビル）の実現と展開について，経済産業省，http://www.meti.go.jp/committee/materials2/downloadfiles/g91224b09j.pdf（2009）.

*2)　池上周司，松井伸樹，藪知宏：空気調和衛生工学，**82**（8），pp.661-666（2008）.

*3)　池上周司，松井伸樹，小林正博，高橋隆，藪知宏：空気調和衛生工学，**83**（7），pp.527-531（2009）.

*4)　松井伸樹，藪知宏，池上周司，高橋隆，成川嘉則：日本機械学会誌，**113**（1098），p326（2010）.

*5)　松井伸樹，稲塚徹，藪知宏：冷凍，**85**（992），pp.472-473（2010）.

*6)　松井伸樹，池上周司，西村忠史：冷凍，**86**（1003），pp.420-424（2011）.

*7)　日本冷凍空調工業会：年次データ，http://jraia.or.jp/statistic/003.html（製品ごとの出荷実績，2014 年）（http://jraia.or.jp/statistic/s_com_aircon.html, http://jraia.or.jp/statistic/s_unit01.html, http://jraia.or.jp/statistic/s_g_heatpump.html），（2017）.

*8)　松井伸樹，西村忠史，林立也，奥宮正哉，丹羽英治：平成 24 年度空衛講論，pp.2729-2732，北海道（2012）.

*9)　笠原伸一，小谷拓也，廣田真史，寺西勇太，宮岡洋一，永松克明，浪尾隆：2015 年度冷空講論，B112，東京（2015）.

*10)　林立也，松井伸樹，西村忠史，奥宮正哉，丹羽英治，平成 24 年度空衛講論，pp.2733-2736，北海道（2012）.

*11)　西村忠史，松井伸樹，林立也，奥宮正哉，丹羽英治，平成 24 年度空衛講論，pp.2737-2740，北海道（2012）.

*12)　西村忠史，松井伸樹，奥宮正哉，林立也，佐藤孝輔，丹羽英治，平成 25 年度空衛講論，pp.317-320，長野（2013）.

*13)　林立也，佐藤孝輔，西村忠史，松井伸樹，奥宮正哉，丹羽英治，平成 25 年度空衛講論，pp.321-324，長野（2013）.

*14)　佐藤孝輔，林立也，西村忠史，松井伸樹，奥宮正哉，丹羽英治，平成 25 年度空衛講論，pp.325-328，長野（2013）.

*15)　西村忠史，松井伸樹，丹羽英治，佐藤孝輔，平成 26 年度空衛講論，pp.97-100，秋田（2014）.

（松井　伸樹）

6.7　カーエアコン

自動車空気調和（カーエアコン）は，完全に閉ざされた車室内空間にいる乗員が快適な環境で安全に運転したり，乗車したりできる状態を作り出すことを目的としている．また近年，地球環境保護の観点から，電気自動車やハイブリッド車などの次世代車が普及しつつあり，カーエアコンでも今まで以上にエネルギー消費の少ない効率的な空調手段が求められている．本節ではカーエアコンの特徴と基本構成を示すとともに，カーエアコンならではの快適で安全な環境を作り出す温度・風量・除湿・除霜の各制御や搭載システム，高効率化や能力制御方法について説明する．さらに，次世代車対応の技術についても紹介する．

6.7.1　基本構成

ここではカーエアコンの基本構成とその構成要素を概説するとともに，特徴を家庭用エアコンと比して示す．

カーエアコンの基本構成を**図 6.7-1** に示す．カーエアコンとして，圧縮機（コンプレッサ），凝縮器（コンデンサ），膨張弁，蒸発器（エバポレータ）の 4 つの主たる構成機器がアルミパイプやゴムホースで接続され，4 つの機器内を循環する冷媒が封入されて，家庭用エアコンと同様に蒸気圧縮冷凍サイクルを形成している．家庭用エアコンの室外機にあたる圧縮機や凝縮器・冷却ファンなどはエンジンルーム内に設置され，室内機に相当する部分は HVAC（Heating Ventilation ＆ Air-Conditioning）と呼ばれ，蒸発器や膨張弁，ブロワ（送風機）などが一つのユニットになっているものが主流である．また，カーエアコンを制御するための入力装置であるコントロールパネルが車室内に設けられている．

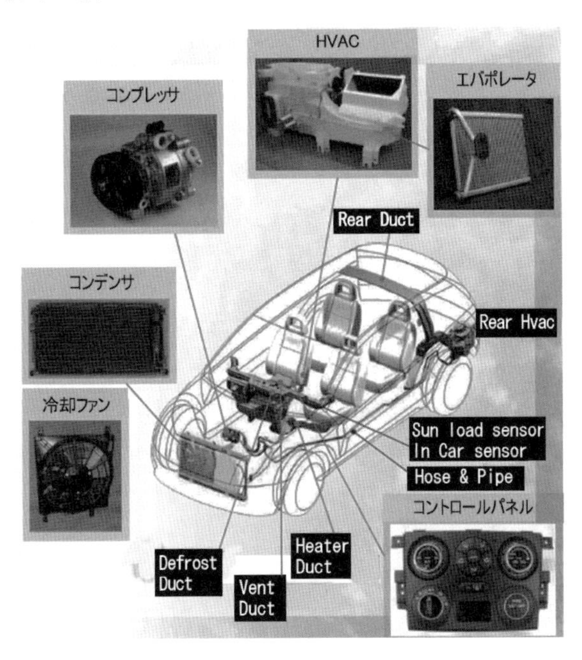

図 6.7-1　カーエアコンの基本構成

図 6.7-2 にカーエアコンシステムの全体図を示す．車室内側に設置される HVAC は，車室内を快適・安全に保つため，その温度，風量および湿度を調整し，乗員やフロントガラスへ直接風を供給する車載用空調システムの主要部品で，通常，車両のインストルメントパネル（以後インパネ）内に搭載されている．HVAC は，冷媒を通じ周囲の熱を奪って冷却する蒸発器，エンジンで暖められたクーラントを通じて暖気を得るヒータコア，冷気や暖気を車室内に送風するブロワなどから構成される．HVAC 内部で冷気と暖気とが混合割合を調整されたのち，各吹出口（FACE：頭部，FOOT：足部，DEF：フロントガラス部）から車室内に送風される．また，単純に冷却機能だけのものをクーラ（クーリング）ユニット，加熱機能だけのものをヒータユニットと呼ぶこともある．

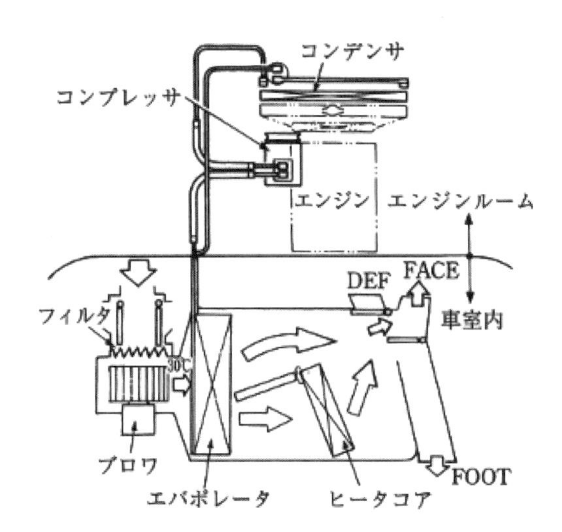

図 6.7-2　カーエアコンシステム全体図 [1)]

HVAC が家庭用エアコンの室内機に相当するとすれば，室外機にあたる部分は，凝縮器および圧縮機と冷却ファンになる．エアコン装着が一般的となった近年，凝縮器とラジエータの冷却を同時に考え，ライン装着も同時におこなおうとするクーリングモジュールという思想が普及する傾向がある．たとえば，凝縮器と冷却ファンを一体化するとともに，その凝縮器をラジエータに固定することでモジュール化したものを，CRFM（Condenser，Radiator，Fan，Module）とよぶ場合もある．

図 6.7-3 にカーエアコンと家庭用エアコンの冷暖房能力の比較を示す．その特徴として，『カーエアコンシステムは家庭用エアコンに比べ，容積が 3 m^3 と 8 畳の部屋の 1/10 であるのにもかかわらず，熱負荷は 2 倍以上ある．これは日射の影響やエンジンルームからの熱負荷および断熱性能の違いによるものである』[2)]．たとえば，カーエアコンでは，夏場の炎天下に放置されて高温となった車室内を，ある快適な温度まで急速に冷却することを求められる．また，カーエアコンが家庭用エアコンと大きく異なる点は，すべてエンジンよりエネルギーを受けていることである．冷房は，エンジンによりベルト駆動にて圧縮機を回して冷風を作り出しており，一方暖房はエンジンの排熱すなわちラジエータの冷却水（85 ～ 90 ℃）を熱源として活用し，温風として利用している．なお，冷房方式は，家庭用エアコンと同じ蒸気圧縮冷凍サイクルである．

		車載用空調システム	家庭用空調システム
概要		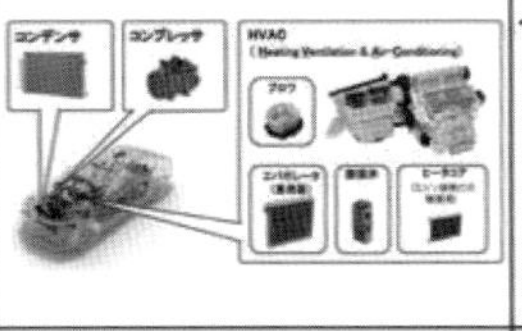	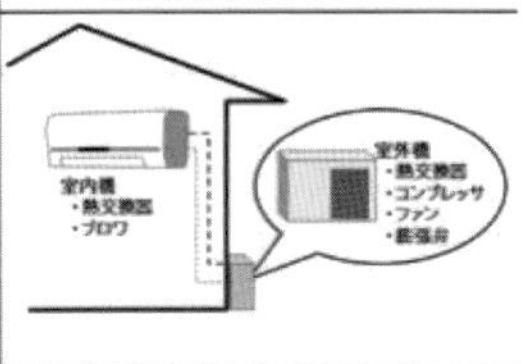
熱負荷	容積	約 3m³	約 30m³（≒8畳）
	冷房	約 5000 W	約 2400 W
	暖房	約 4000 W	約 1800 W
暖房方式		エンジン排熱を利用 （一部ヒートポンプあり）	ヒートポンプ

図 6.7-3　カーエアコンと家庭用エアコン [2)]

6.7.2 能力制御・風量制御

能力・風量制御は，カーエアコンがその機能を発揮し，車室内を快適で安全な状態に保つために，温度・湿度そして風の強さを調節すること，その風が心地よく感じられるように吹出口を切り替えることなどが必要になる．本項では，冷房における温度・風量制御を説明する．

(1) 能力（温度）制御

乗員の快適な温度は，ブロワで作り出された風を，蒸発器にて低温冷媒により冷風にして，ヒータコアでエンジンからの温水で再加熱することで作られる．この温度制御方式には，エアミックス方式とリヒート方式がある．エアミックス方式は，図 6.7-2 に示す蒸発器からの冷風と，ヒータコアからの温風をある割合で混合するものである．しかし，混合するためのダンパ可動部と温度を均一化するためのチャンバ部が必要なためにコンパクト化に不向き，ヒータコアには常時 100 ℃近い温水が流れるために，冷房時の熱ロスが発生するなどの課題がある．

一方で，温水流量を制御するリヒート方式は小型化，空気側圧損が小さい，熱ロスが少ないなどの利点を有するが，温水流量を制御するデバイスとその制御方法の確立が必要などの短所がある．以上の理由で，現在では多くはエアミックス方式が採用されている．

(2) 風量制御

風量制御は，カーエアコンのブロワにかける電圧変更によって制御される．一般に，オートエアコンでは冷暖房ともに負荷の高いクールダウン，ウォームアップ時に風量を多く，快適になるにつれてできるだけ少ない風量で維持されるように設定されている．また日射量，外気温および室温設定値が変化したときに必要があれば，その変化量に応じて風量を増減する制御をおこなっている．日射量の強さによって，運転席側または助手席側の風量比を変えるなどきめ細かな風量制御をおこなうものもある．

6.7.3 除湿制御

カーエアコンでは,車として乗員が安全に運転するため,特に窓曇り対策があり，除湿制御が重要な役目となっている．本項では,除湿制御と湿度制御に関連する内外気切替,配風制御に触れる．

(1) 除湿制御

カーエアコンを作動させれば，蒸発器出口温度はフロスト（0 ℃以下で表面に霜がつく現象）しない限界である 0 ℃近辺まで下がる．つまり，空気の露点以下の表面温度になっている蒸発器を通る空気は，蒸発器にて結露して除湿され車室内相対湿度は 30% 程度まで低くなる．最近では圧縮機省動力化や快適温度の観点から，窓ガラスの曇りが問題とならない範囲（相対湿度 40-60%）まで蒸発湿度を上げて，蒸発器で結露しにくくして蒸発器出口空気温湿度を制御している例もある．

(2) 内外気切替

ブロワ入口部分の内外気切替ドアにより，車室外の空気を取り入れる外気モードと室内空気を循環させる内気モード，あるいはその中間が選択できる．外気臭がするときや冷房負荷が大きいときに内気循環が選ばれる．

(3) 配風制御

温度・湿度調節された空気を FACE，FOOT，DEF および Bi-Level（FACE と FOOT），右サイド，左サイドなどの吹出口から適切な割合で送り出す制御である．車両ではこのようにさまざまな吹出口から風量を出せるようになっている（**図 6.7-4**）．吹出口はダクトで HVAC ユニットに繋がれており，そのユニット内の開閉ドアの開度をいろいろ組み合わせることにより乗員が必要とする配風が実現できる．一部高級車などには，左右上下独立に各吹出口別の温度・風量制御がおこなえる機能を有した HVAC ユニットもある．

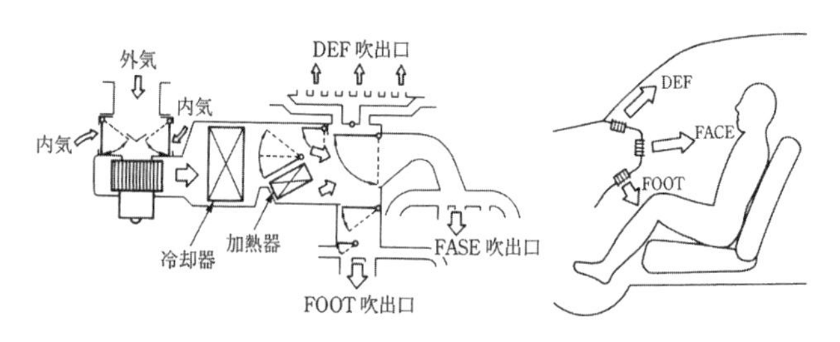

図 6.7-4　HVAC ユニットと車両吹出口 [3) 4)]

6.7.4 除霜制御

自動車は，安全に走行するために必要な機能を多く搭載している．そのなかで，フロントガラスの視界確保はカーエアコンに課せられた重要な安全機能でもある．除霜制御としては，フロントガラスに付いた霜を取り除く機能と霜を付着させない機能がある．いずれの機能も高温の風をフロントガラスに吹き付けるもので，車両ごとに異なるフロンドガラスの傾斜角度に合わせた,風の吹出方向や風量(重要なパラメータとしては風速になる）を車両開発時にシミュレーションや実車試験にて，機能が十分満足するかを確認して決めている．

6.7.5 冷媒量や保護回路について

カーエアコンの配管は，圧縮機，熱交換器や膨張弁など各機能品を結ぶ働きをもっており，主にアルミ製でエンジンルーム内に配管されている．また圧縮機の回転はエンジン駆動となるため，圧縮機周りの配管は，エンジンの振動を吸収・緩和する目的で，冷媒用ゴムホースが使われている．ゴムは高分子材料であり分子間の隙間が大きいことから，ガス漏れを防ぐようホースには積層材（外面ゴム，補強糸，内面ゴム，内面樹脂）が用いられている．それでも完全にシールはできないため，長年使用すると，水分や空気の侵入や，ガス漏れによる封入冷媒量の減少が起こることから，その分を見込んで余分の冷媒量を決めている．以上から，余剰冷媒を貯めておいたり，侵入した水分を除去したりする機能を持っているのがレシーバタンク（受液器あるいは気液分離器）である.

冷凍サイクルの保護としては，安全スイッチ（異常圧力を圧力スイッチで検出して圧縮機を停止させる）と安全弁（異常高圧になると安全弁を開き，冷媒を大気に放出させる）がある．近年では圧力センサが，高圧スイッチの代替品として高圧の液ラインに装着され，以下を目的として使われている.

①圧力の異常上昇（高圧保護）と異常低下（冷媒漏れ保護）時の保護

②エンジンとのエアコン協調制御（エアコンの負荷状態を検知してエンジンの燃焼状態を変える）

③省エネ制御時の負荷状態の判定

6.7.6 フロントサイドクーラとリアサイドクーラ

カーエアコンは，装着位置の違いによって，フロントサイドクーラ（エアコン）とリアサイドクーラ（エアコン）に分けられる．フロントとリアのエアコンを組み合わせたものを，デュアルエアコンと呼ぶこともある.

フロントサイドクーラは，カーエアコンの基本的なもので上述の通り HVAC がインパネ奥に取り付けられる．一方のリアクーラは，クーリングユニットをトランクルーム内や後部座席脇に装着したものである．2 席目や 3 席目の天井などに吹出口が設けられ，フロントエアコンと同時に装着することにより，車室内を効率的に空調することができ，車内温度分布も均一化されて，快適な空調環境を得ることができる．たとえば，大型の乗用車ではフロント HVAC，リアクーラ，リアヒータなどが組み合わされ，快適性向上例として紹介されている（**図 6.7-5**).

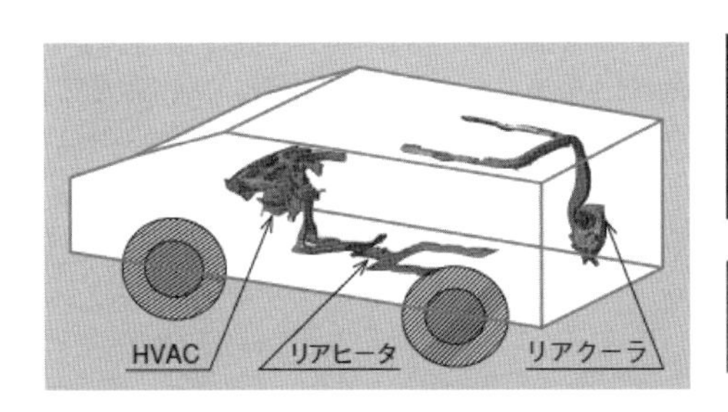

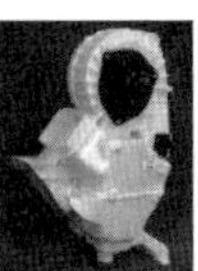

図 6.7-5　リアクーラ搭載車両イメージ図 [5]

6.7.7 カーエアコン制御

カーエアコンは制御方式から，マニュアルエアコンとオートエアコンに分類される．マニュアルエアコンは一般的な制御方式で，乗員の好みによって，乗員自らが調整する．吹出温度は，温度調整レバーによって調整される．さらに，風量，吹出口切替，内外気切替などをそれぞれのレバーやスイッチによって操作する．一方でオートエアコンは，乗員が希望の温度に設定器（コントロールパネル）を操作すると，外気温や日射の変化による影響を自動補正し，吹出温度，風量，配風を自動調節して，車室内を快適に保つように自動制御する.

オートエアコンの制御としては，(1) 温度調整，(2) 風量調整，(3) 吹出口調整があり，すべての機能をもったものをフルオートエアコン，どちらかあるいは両方の機能がマニュアル固定された状態をセミオートエアコンとして区別される．**図 6.7-6** にオートエアコンの制御システム概要を，**表 6.7-1** に主たる 4 つの構成機器を示す.

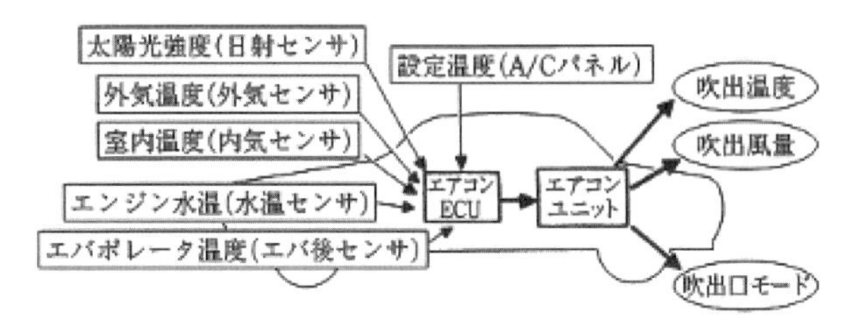

図 6.7-6　オートエアコン制御システム [6]

表 6.7-1　オートエアコン構成

①	外気，室内の温熱状況，空調システム作動状況を検出するセンサ類
②	希望する温度，作動状態を指示する設定器
③	各センサ信号，設定器信号から吹出す空気の温度，量，吹出口を算出する ECU※
④	ECU の指示により具体的作動を行うエアコンユニット

※ECU : Electronic Control Unit

カーエアコンを制御するための入力装置，または入力装置に制御回路を組み込んだものをコントロールパネル（またはパネル）と称し，主にインパネ中央部に配置されている．このパネルは，カーエアコン作動に関して，主に温度設定，吹出モード切替，内外気モード切替，風量切替，冷房運転 / 停止の 5 つの機能を有している.

6.7.8 次世代車対応

近年，オゾン層破壊をはじめとした地球環境問題に関する関心が高まるとともに，フロン規制が強まりつつある．カーエアコンに使用される冷媒はすでに HFC（ハイドロフルオロカーボン）系の代替フロン R 134a が使われているが，現在使われている HFC 系代替フロンは地球温暖化への寄与が高いことから，段階的削減計画が世界レベルで協議されており，欧州では MAC 指令による 2017 年から GWP 150 以下の冷媒搭載が義務付けられている．一方，日本でもフロン排出抑制法の施行により，2023 年以降の自動車用冷媒は加重平均で GWP 150 未満とすることになっている．R 134a の代替冷媒としては HFO－1234yf があるが，カーエアコンのヒートポンプ化も視野に入れて CO_2 冷媒を推奨する動きもある.

一方で, エンジンの直噴化やハイブリッド車の登場など，近年次世代車両，車両燃費向上技術の発展に伴い，暖房用の熱源を確保することが困難となり，これをいかに補うかが次世代車での重要な課題の一つになっている．これらニーズに対応するため，現在取り組まれている，ヒートポンプシステムや電気ヒータシステムなどを紹介する．

(1) ヒートポンプシステム

家庭用エアコンではふつうにヒートポンプシステムが導入されている．その方式をそのまま車輌に適用すると，冬の寒い時期には暖房運転するが霜がついてしまうために，着霜時は冷房運転をして除霜運転後に，再度暖房運転に切り替えている．先の説明の通り，車両ではきわめて狭い空間で熱負荷が高いために，除霜時の車室内温度変化が大きく，除霜運転時に高湿度の空気により窓曇りが発生してしまうなどの問題がある．

そこでカーエアコンでは，単純な逆サイクルではない，ヒートポンプシステムが開発されつつある（**図 6.7-7**）．さらには地球環境に配慮した，自然冷媒 CO_2 を用いたシステムも考案されている[*1]．しかしながら，長時間の継続運転や低外気で効率が十分ではないなどの解決すべき課題が残っており，本格的な普及にはいたっていない．

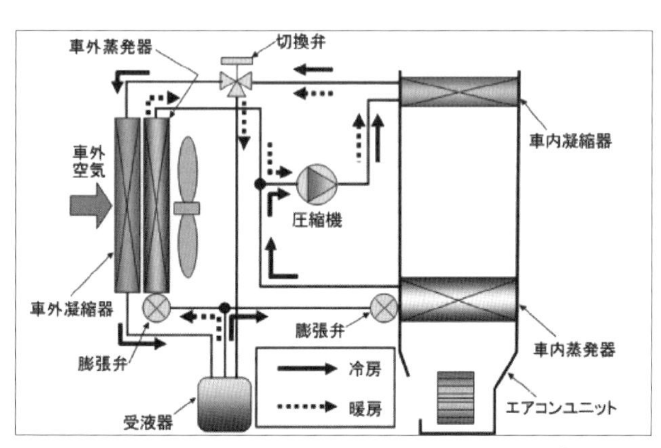

図 6.7-7 車載用ヒートポンプシステム事例[7]

(2) 電気ヒータシステム

これは従来のエンジンに代わり，文字通り電気で温水を暖める．ヒートポンプシステムよりもシステム効率は劣るが，電気自動車では現実的な手法として選択されている（**図 6.7-8**）．

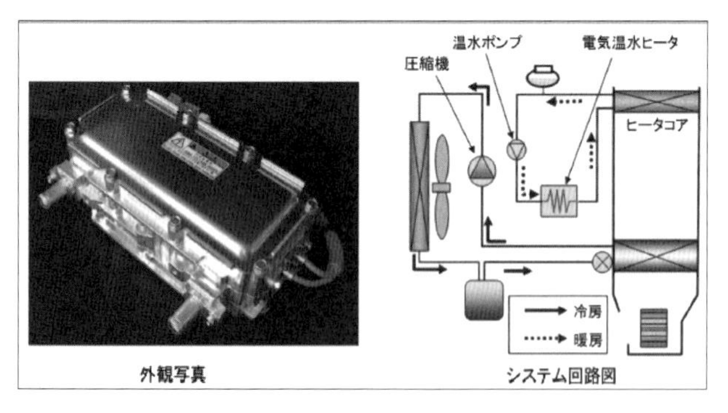

図 6.7-8　電気ヒータシステム[7]

引 用 文 献

1) 藤原健一監修，カーエアコン研究会編著：「カーエアコン」，東京電機大学出版局，p.46，東京（2009）．

2) 萩原康正，山口洋之，佐藤英明，中村真一：冷凍，**90**（1053），17（2015）．

3) 上記 1)，p.4.

4) 上記 1)，p.6.

5) 三菱自動車製デリカ D:5 用デュアルエアコン：三菱重工技報，**45**（2），29（2008）．

6) 上記 1)，p.89.

7) 近藤敏久，片山彰，末武秀樹，森下昌俊：三菱重工技報，**48**（2），26（2011）．

参 考 文 献

*1) 黒田泰孝，伊藤誠司，北村圭一，乾究：デンソーテクニカルレビュー，**10**（1），35（2005）．

（齊藤　克弘・松田　憲兒）

6.8　列車用空調機

6.8.1　鉄道車両空調の特殊性

鉄道車両の負荷特性は，主に市街地近郊を走行する通勤車両と新幹線に代表される特急車両に大別できる．

通勤車両は駅間距離が短く，数分間に一度はドアが開閉されるので，外界と車内との空気の入換えと乗客数の変動によって空調負荷が短時間に大きく変動するという特徴がある．一方，特急車両，特に新幹線車両は長時間ドアの開閉が無く，密閉性も高いため，空調負荷は比較的安定している．

空調負荷特性についてさらに付け加えると，通勤車両は乗車率が 200% を超える状態（定員 160 名に対して 320 人以上になる場合）を考慮して，床面積に対して大容量の空調能力を有している．たとえば，首都圏の通勤車両では床面積約 60 m^2（全長 20 m × 横幅 3 m）に対して，定格冷房能力にして約 58 kW の空調機が設置されている．この，単位床面積当たりにして約 1000 W の冷房能力選定は，一般事務所（想定負荷 100 ～ 200 W/m^2）の数倍に相当する．

新幹線では，その高い密閉性から，換気装置が常時外気導入をおこなっている．高速走行中のトンネル内すれ違いなどによる外界の気圧変動に起因して，耳にツンとくる不快感を生じることが懸念されるため，外界の気圧変動によらず一定の給排気量が維持される高静圧型の換気用送風機が採用されており，この送風機への電気入力が空調負荷（冷房負荷）を増加させている．トンネル内や地下空間，屋根のある商業空間内に駅があるケースなど，気象データとは大きく異なる環境を走行する場合もあり，鉄道車両用空調機は，このような空調負荷の特徴を考慮する必要がある．

6.8.2 空調機の配置

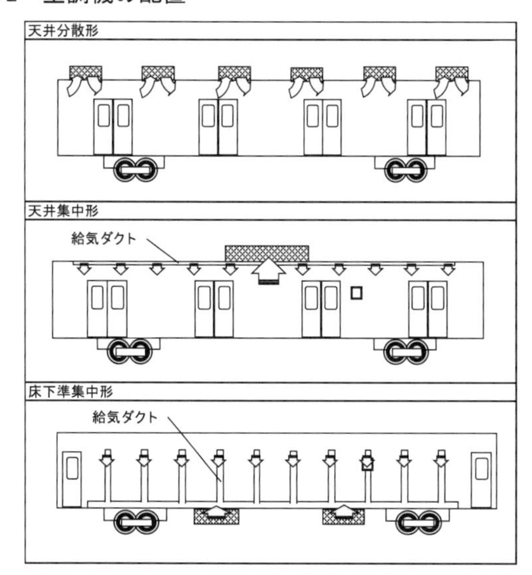

図 6.8-1　空調機の搭載方式

図 6.8-1 に示すように，鉄道車両の空調機配置は，天井設置と床下配置，分散形と集中形に分類される．天井分散形は空調機 1 台あたりの重量が軽く，車体側に給気用ダクトが不要あるいは簡易なもので対応できるので，設置することに対して障害が少なく，空調機導入当初は一般的であった．近年は，空調機自体の小型軽量化が進んだことやメンテナンス性を向上させる目的で，天井に 1 台あるいは 2 台の空調機が設置される集中形が主流となっている．

高速走行をおこなう新幹線では重心を極力低くするために床下準集中形が選択され，調和空気は各座席付近の吹出口から給気されている．

6.8.3 空調機の内部構造

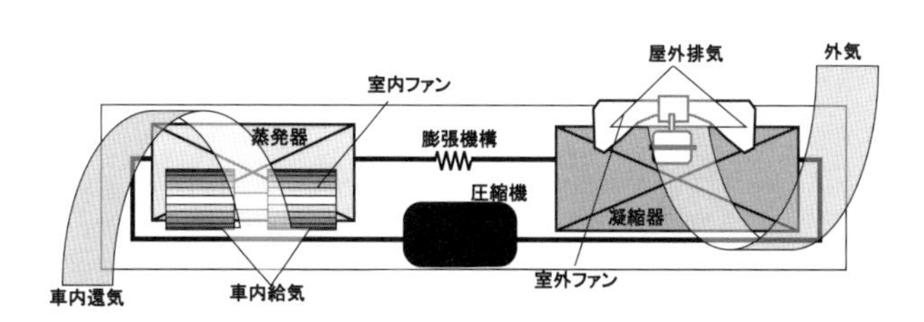

図 6.8-2　冷凍サイクル構成例（天井集中形）

図 6.8-2 に示すように，鉄道車両用空調機の冷凍サイクルは圧縮機，凝縮器，膨張機構（キャピラリチューブ），蒸発器で構成されており，極めてシンプルである．暖房も冷凍サイクルを使用する空調機では，この構成に四方弁が追加されることになるが，一般の通勤車両用空調機はほとんどが冷房専用であり，暖房は座席下に配置された電気ヒータでおこなわれている．

鉄道車両用空調機では，走行中の振動が要素部品，特に可動部のある機能部品への悪影響が懸念されるので．圧縮機は一定速形，膨張機構はキャピラリチューブが採用されることが多いが，将来的には，さらなる省エネを目指してインバータ駆動可変速圧縮機とステッピングモータ駆動の可変膨張弁が採用されるケースが増えていくと思われる．

6.8.4 温調制御方法

(1) 冷暖モード判定

鉄道車両の空調制御は，乗客数や外界環境が変化してもなお常に適切な室内環境を実現することが要求される．特に中間期や冬期においては，乗客数によって冷房負荷と暖房負荷が短周期で切り替わる場合もあるため，モード選択も自動化された方が望ましい．

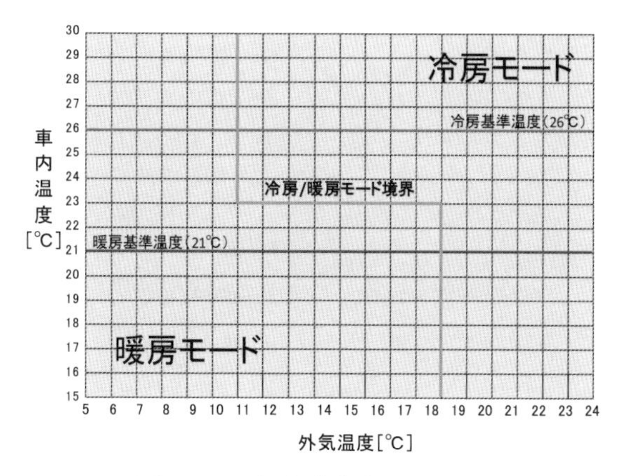

図 6.8-3　冷房／暖房モード選択例

冷暖モード選択は，車内温度と外気温度の 2 つの情報から決定される．**図 6.8-3** にその一例を示す．車内温度から決められる冷房と暖房とのモード境界は．それぞれの基準温度（冷房 26 ℃，暖房 21 ℃が標準的な値）の中間付近に設定される．外気温度については，高外気（たとえば 18 ℃以上）で暖房運転が稼働しないように，また，低外気（たとえば 10 ℃以下）で冷房運転が稼働しないように，それぞれ閾値を設定してモード境界を決定する例がある．

(2) 制御対象室温

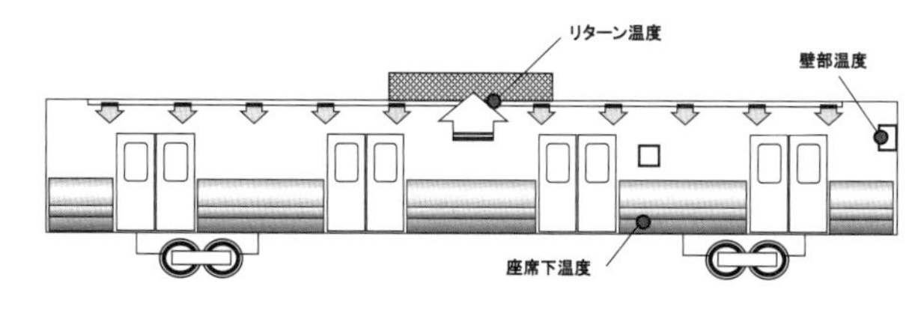

図 6.8-4　車内温度センサ配置例

空調機は，車内温度が目標値になるように容量制御されるのであるが，長手方向 20 m にもなる空調対象空間を代表する車内温度を乗客の邪魔にならないような位置で検知するのは難しい．現状は，乗客付近の空気温度を推定するため，**図 6.8-4** に示すように空調機リターン温度，妻壁に設置された壁部温度，座席付近に設置された座席下温度など複数箇所の空気温度を検知する．これらの情報から推定される乗客位置での空気温度を制御対象室温とすることで乗客の快適性を確保している．

(3) 温調制御

温調制御の制御量である空調能力は，車内温度が基準温度と一致するように調整されるものであるが，その調整方法には室温偏差（＝車内温度－基準温度）の大きさや変化方向によって現在の空調能力からどれだけ増減するかを決める積分型制御と，室温偏差に対応した空調能力を要求する比例型制御の考え方がある．

図 6.8-5 および**図 6.8-6** にはそれぞれの冷房運転を想定した制御量算出例を示している．積分型制御では制御タイミング 1 回あたり最大 20% の制御量変化となるので室温偏差が生じたときにいち早く空調能力が調整されるが，外乱や温度検知の時間遅れが要因で制御量のオーバーシュートやハンチングが発生する場合がある．一方，比例型制御は車内温度の上下に伴って空調能力も増減するので車内温度が変動しにくいという利点があるが，空調負荷によっては基準温度にならずに車内温度が安定するという課題があるため，空調機特性や路線の空調負荷特性によって適切な制御方法を選択する必要がある．

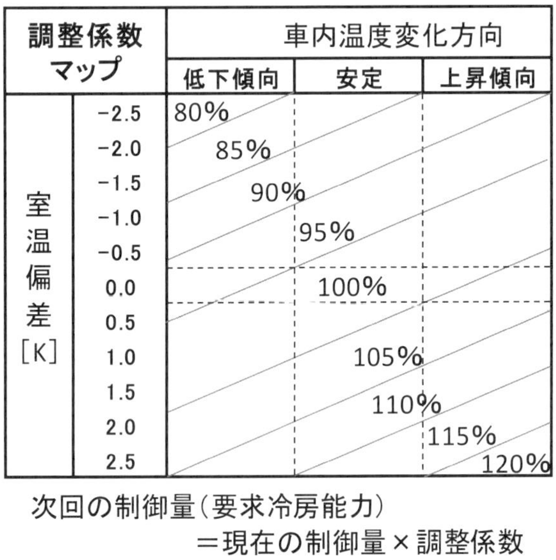

調整係数マップ		車内温度変化方向		
		低下傾向	安定	上昇傾向
室温偏差 [K]	-2.5	80%		
	-2.0	85%		
	-1.5	90%		
	-1.0		95%	
	-0.5			
	0.0		100%	
	0.5			
	1.0		105%	
	1.5		110%	
	2.0			115%
	2.5			120%

次回の制御量（要求冷房能力）
＝現在の制御量×調整係数

図 6.8-5　積分型制御の制御量算出例

		要求冷房能力（最大能力基準）
室温偏差 [K]	-2.5	0%
	-2.0	
	-1.5	
	-1.0	
	-0.5	20%
	0.0	40%
	0.5	60%
	1.0	80%
	1.5	100%
	2.0	
	2.5	

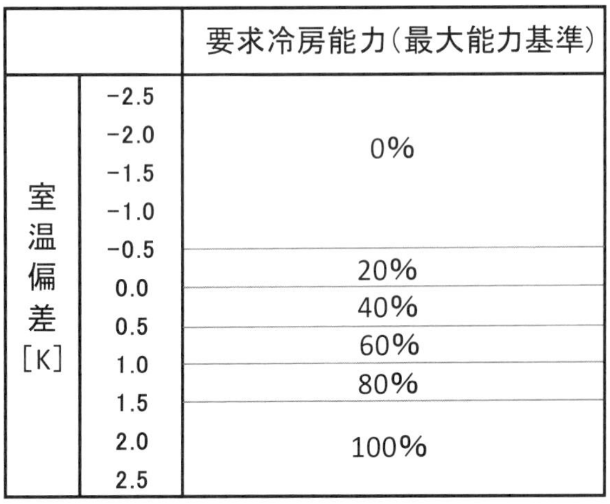

図 6.8-6　比例型制御の制御量算出例

6.8.5　車両用空調の将来

近年の通信インフラの高度化に伴い，空調機運転／車内環境情報もリアルタイムで遠隔監視がおこなわれるようになってきている．将来的には同一路線を走行する前後車両の運転状態，気象データや天気予報などの情報を用いた高度な空調制御が可能となり，より快適な車内環境を提供できるようになるだろう．

（齊藤　信）

6. 9　自動販売機

6.9.1　自動販売機の概要

我が国の自動販売機（以下, 自販機と略す）普及台数は，約 500 万台であり，そのうち飲料自販機が約 50% を占める．

飲料自販機は，缶自販機（**図 6.9-1** 参照），カップ自販機（**図 6.9-2** 参照），パック自販機（**図 6.9-3** 参照）に大別できるが，缶自販機が約 220 万台で約 90% を占める．

缶自販機は，**図 6.9-4** に示すよう商品を収納する商品室と冷凍ユニットを収納する機械室に分かれており，それらの周りを金属製の筐体が覆っている．

商品室は，断熱材の入った仕切板により複数の部屋に分かれており，それぞれ，ホット商品を収納するホット室とコールド商品を収納するコールド室に切り替えて使用される．商品室数は，2，3，4 室の 3 種類あるが，仕切板 2 枚で商品室を 3 つに分けた 3 室機が一般的である．

3 室機を例にとると，各商品室は，前面より見て左から「左室」,「中室」,「右室」と呼ばれ，断熱材で覆われた構造になっている．各室内には，商品を積載したラックと，**図 6.9-5** に示す冷凍サイクルを構成する室内熱交換器およびファン，ヒータが収納されており，室内熱交換器で発生する冷熱や温熱を，ファンを使って室内に循環させ商品を冷却／加熱している．各商品室の冷却／加熱の組合せは運転モードと呼ばれ，**図 6.9-6** に示すよう左の部屋から加熱－冷却－冷却で運転をおこなう「H－C－C モード」，冷却－加熱－冷却で運転をおこなう「C－H－C モード」などがある．

機械室には，冷凍ユニットを構成する圧縮機（1 台），室外熱交換器，ファン（1 台），電磁弁，膨張弁またはキャピラリチューブが収納されている（**図 6.9-9** 参照）．

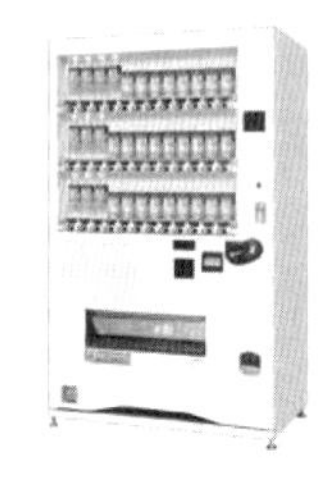

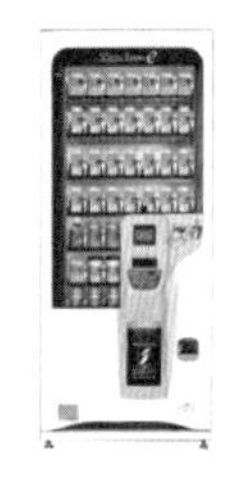

図 6.9-1 缶自販機　図 6.9-2 カップ自販機　図 6.9-3 パック自販機

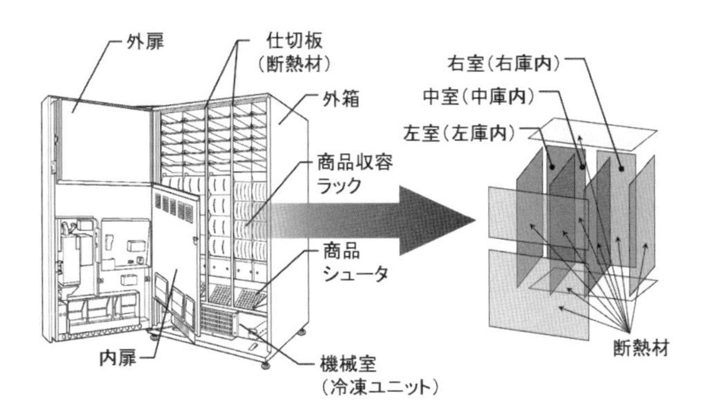

図 6.9-4　缶自販機の構造

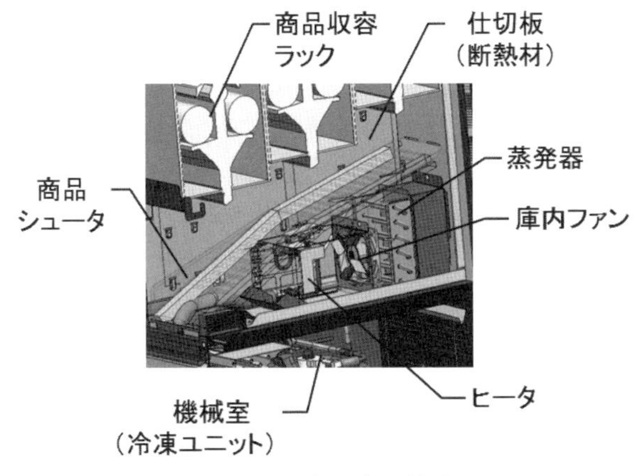

図 6.9-5　商品室の構造

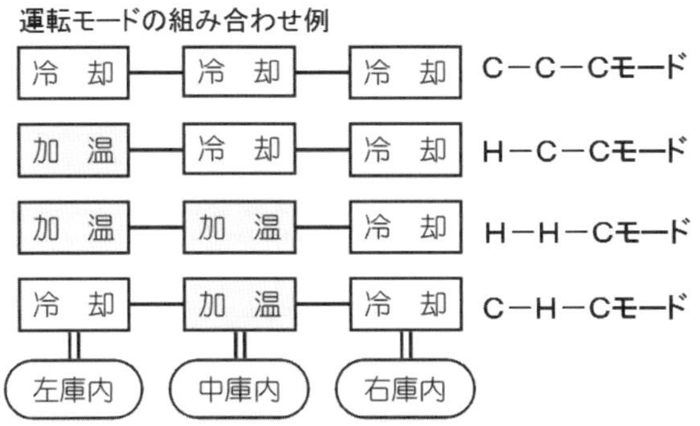

運転モードの組み合わせ例

左庫内	中庫内	右庫内	
冷却	冷却	冷却	C－C－Cモード
加温	冷却	冷却	H－C－Cモード
加温	加温	冷却	H－H－Cモード
冷却	加温	冷却	C－H－Cモード

図 6.9-6　運転モードの組合せ例

6. 9. 2　商品の加熱・冷却方法

缶自販機を例として商品の冷却／加熱方法について説明する．従来は，コールド商品は冷凍サイクルで冷却し，ホット商品はヒータで加熱していたが，2005 年に省エネルギー法で定められる特定省エネルギー対象機器に指定され，消費電力削減が求められるようになった．それに対応するため，消費電力が大きいヒータ使用を大幅に減らし，これまで大気へ排熱していた凝縮熱を用いて加熱するヒートポンプ自販機が開発され（**図 6.9-7** 参照），年間消費電力量はヒータ加熱自販機に比べて代表機種で約 40% 削減（約 1600 kWh / y ⇒ 1000 kWh / y）した．その後，2015 年までに室外熱交換器を蒸発器として利用した「ハイブリッドヒートポンプ自販機」や，ヒータを削除した「ヒータレス自販機」が開発され，年間消費電力量はヒータ方式と比較して代表機種で約 70% 削減（約 1600 kWh / y ⇒ 450 kWh / y）した（**図 6.9-8** 参照）．

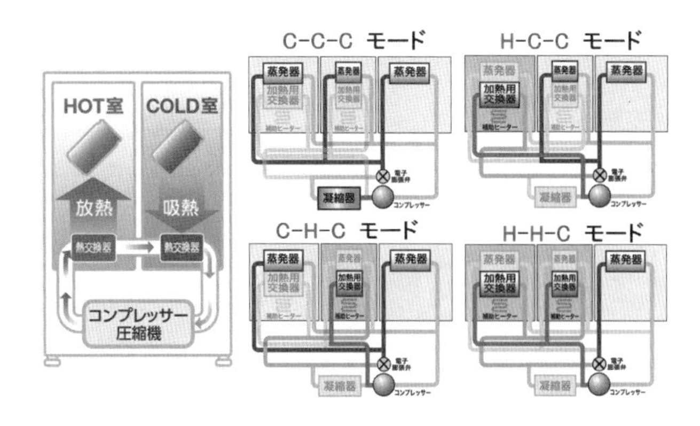

図 6.9-7　ヒートポンプ自販機の運転パターン

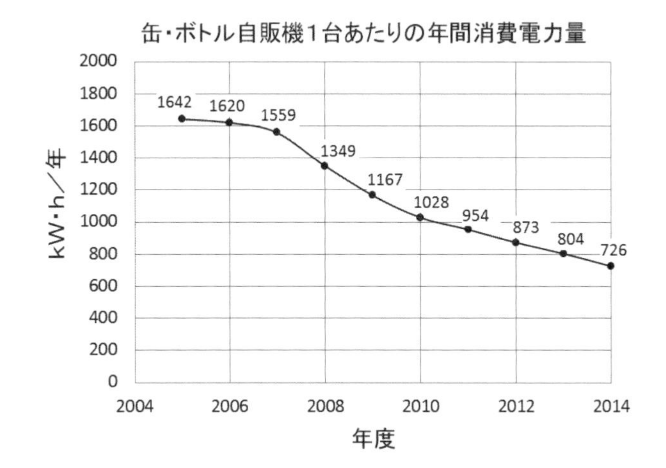

図 6.9-8　自販機の年間消費電力量推移

6. 9. 3　冷凍サイクル構造

冷凍サイクルの構成を，ハイブリッドヒートポンプ自販機を例として説明する．

冷凍ユニットは，**図 6.9-9** に示すよう圧縮機，室外熱交換器とファン，室内熱交換器とファン，各熱交換器に冷媒を分配するための電磁弁と電子膨張弁で構成される．圧縮機，室外熱交換器とファン，電磁弁，電子膨張弁は機械室に置かれ，室内熱交換器とファンは各商品室へ置かれる．冷媒は，代替フロン系冷媒では HFO-1234yf（R 1234yf），自然冷媒系では CO_2 冷媒（R 744）が主流である．一部でイソブタン冷媒（R 600a）も使用されている．

冷媒回路を，冷却運転時と冷却・加熱混在運転時と加熱運転時に分け，**図 6.9-10 ～ 6.9-12** を使って説明する．各商品室の冷却と加熱は，三方弁や四方弁を用いた冷媒流路の切替で対応する．冷却運転時は，機械室の熱交換器を凝縮器，商品室の熱交換器を蒸発器として使用する．冷却・加熱混在運転時と加熱運転時は，コールド商品の入った商品室や機械室の熱交換器を蒸発器，ホット商品の入った商品室の熱交換器を凝縮器として利用して，コールド商品の入った商品室空気や屋外空気から熱をくみ上げて（ヒートポンプして）運転をおこなっている．

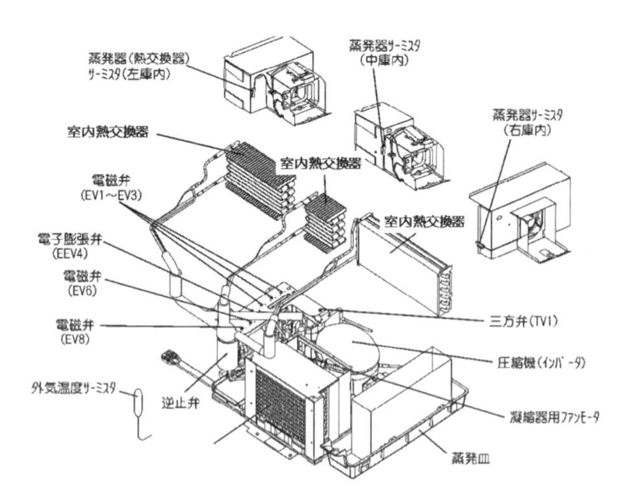

図 6.9-9　缶自販機の冷却ユニット構成例

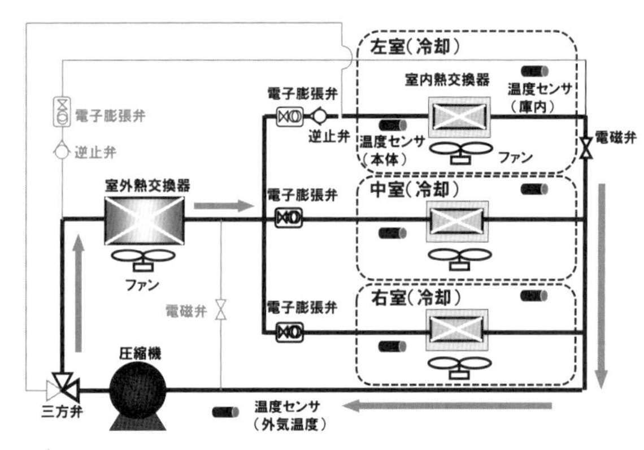

図 6.9-10　C － C － C モードの冷媒回路

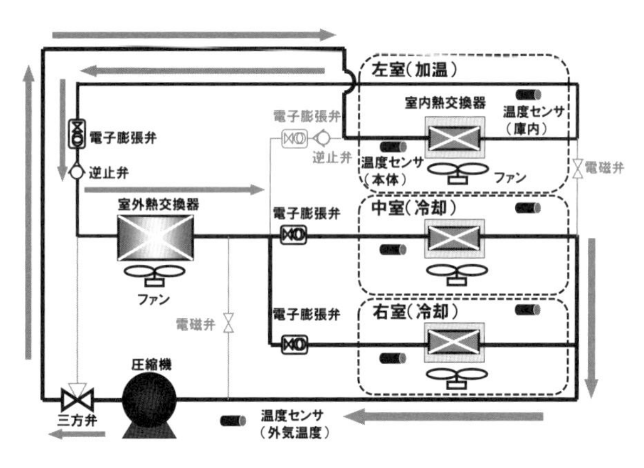

図 6.9-11　H － C － C モードの冷媒回路

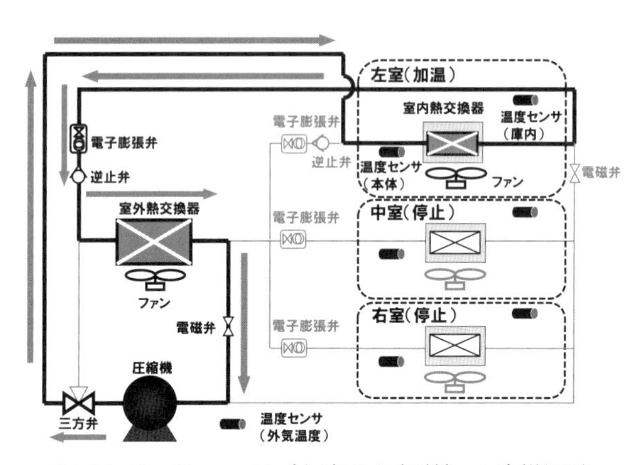

図 6.9-12　H モード（左室のみ加熱）の冷媒回路

6.9.4　自販機の制御

缶自販機の制御方法を，冷却運転する場合を例として説明する．なお，冷却／加熱混在運転や加熱運転のときも基本的に同様の制御をおこなっている．

(1)　商品室の温度制御

自販機は，各商品室に設置したサーミスタなどの温度センサを用いて，温度センサの信号および庫内の温度設定値に基づいて冷却／加熱の開始／停止を制御する．ここでは，2 つの商品室を冷却する場合を例として**図 6.9-13 ～ 6.9-14** を用いて説明する．自販機を制御で省エネするには，商品室の運転を同期させ，圧縮機の運転時間を最小化することが重要である．図 6.9-13 に示すように 2 つの商品室の空気温度制御を同期せずにおこなうと，圧縮機運転時間が長くなり消費電力は増加する．そこで，図 6.9-14 に示すよう各商品室の冷却開始のタイミングを合わせる同期制御をおこなっている．冷却開始後は，商品室の容積，商品収納量，熱交換器の大きさの違いで冷却速度に差が出るため，冷却速度が速い商品室の冷却を一時停止させ，冷却速度が遅い商品室への冷媒循環量を増加させて，冷凍能力を向上する差温制御を用いて冷却速度を平均化させ，圧縮機の運転率を下げている．

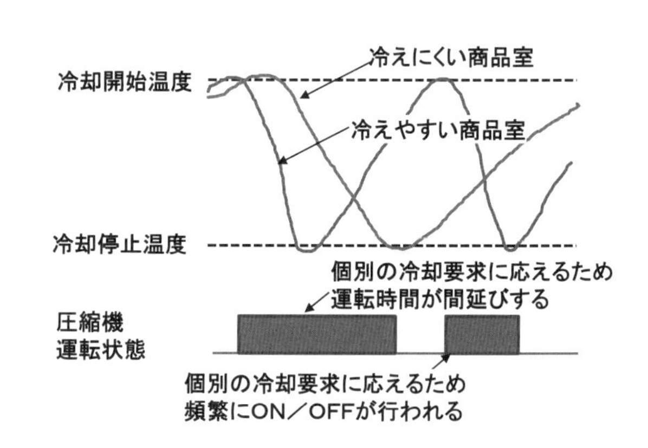

図 6.9-13　商品室間の同期を取らない場合の運転例

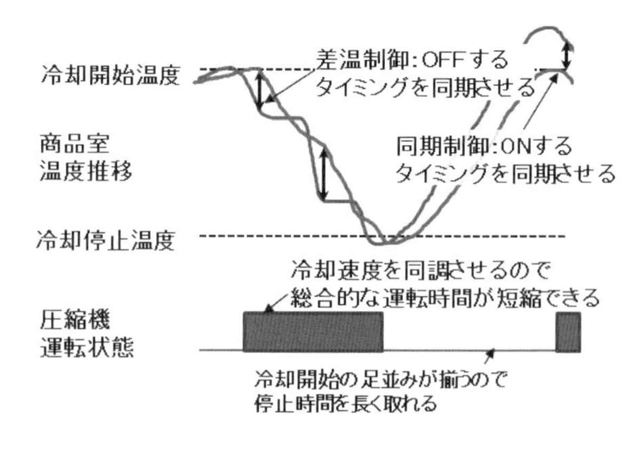

図 6.9-14　商品室間を同期させた場合の運転例

(2)　ゾーン制御

ゾーン制御は，省エネルギーを目的として各商品室のファン回転数を制御する．商品室には，商品を積載したラックが天井から吊るされており，最下部には圧縮機（1 台），室外熱交換器，ファン（1 台），電磁弁，膨張弁またはキャピラリチューブで構成される室外機部と直結された室内熱交換器が設置されている．この室内熱交換器は冷却ユニットの運転モードにより冷熱／温熱を発生することができる．室内熱交換器で発生する冷熱／温熱をファンにより循環させて商品の冷却／加熱をおこなう．缶自販機は一番下の商品から順次販売する構造になっている．一度に全商品が販売される訳ではないので，商品室全体を冷却／加熱する必要はなく，下部の商品のみが適温であればよい．

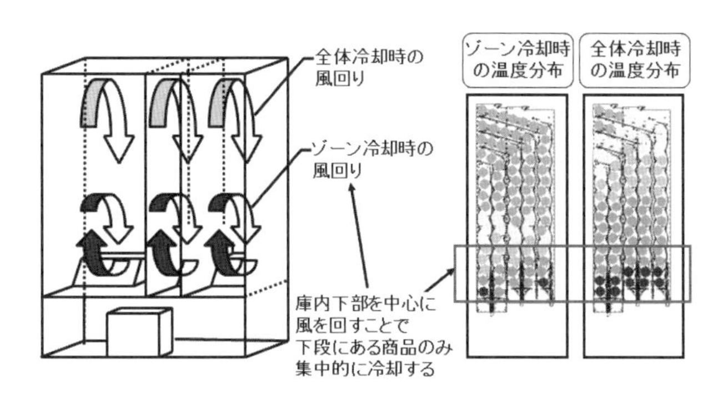

図 6.9-15　全体冷却時とゾーン冷却時の違い

そこで，ファン回転数を落として風量を下げ，**図 6.9-15** に示すよう風回りを冷却／加熱が必要なゾーンに絞り込むことにより，自販機外への熱ロスや商品室間での熱移動による熱ロスが減るため省エネルギー運転が可能となる．

(3)　学習省エネルギー制御

学習省エネルギー制御は，過去 1 ヶ月分の販売データに基づき，曜日／時間帯による販売傾向を学習予測し，傾向に合わせてファン風量を変えてゾーンの拡大・縮小などをおこなう制御である．

(4)　ピークシフト・ピークカット制御

ピークシフト・ピークカット制御は，電力平準化を目的とした制御である．具体的には，商品室外周の真空断熱材使用量を増やして断熱強化した上で，**図 6.9-16** に示すよう夜間に商品室全体を冷やし込んで商品に蓄冷し，日中は冷却運転をおこなわず保冷を維持する．日中の冷却のための消費電力をゼロとして，電力の負荷平準化に貢献している．

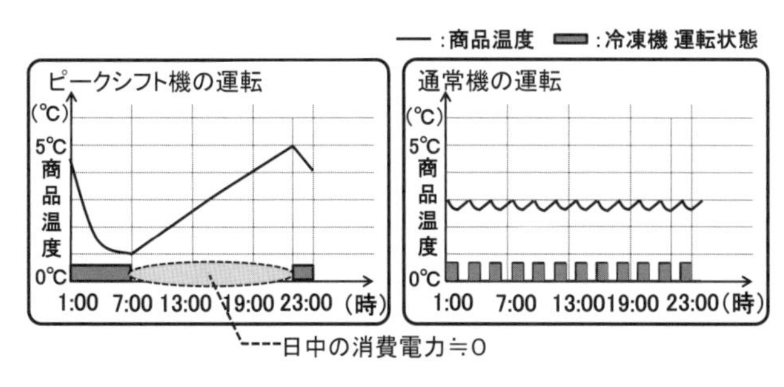

図 6.9-16　ピークシフト自販機の運転動作イメージ

(5)　除霜

自販機は商品室ごとに熱交換器を持っているが，夏場などの高湿度条件では，ドアを開けて商品を補充する度に湿った外気が商品室に流れ込み，水分が蒸発器として使われる室内熱交換器のフィンに霜として付着する（**図 6.9-17** 参照）．最悪の場合，蒸発器のフィンが閉塞して冷却不能となる．そこで，一定時間ごとに除霜制御をおこなう．除霜時は圧縮機の運転を停止して，商品室の冷却を止めた上でファンのみ運転し，商品室上部の比較的高い温度の空気を使って除霜する．除霜終了は，蒸発器の検出温度により判断し通常の冷却運転に復帰する．

冬期の寒冷地においては冷却の頻度も低く，機械室の熱交換器を凝縮器として使う機会が少ないため，風雪が侵入し**図 6.9-18** のように熱交換器が凍結する場合がある．その場合，圧縮機吐出の高温高圧冷媒を凝縮器にホットガスバイパスをおこなって除霜する．

図 6.9-17　着霜した蒸発機の実例

図 6.9-18　凍結した凝縮器の実例

(6)　凝縮器ファン逆転制御

機械室の熱交換器は吸入口に防塵フィルタを付けているが，それでも**図 6.9-19** に示すよう埃による目詰まりが発生して冷凍サイクルの効率が低下する．そこで，目詰まり防止を目的として，夜間に機械室ファンを逆転して埃を吹き飛ばす動作をおこなっている．

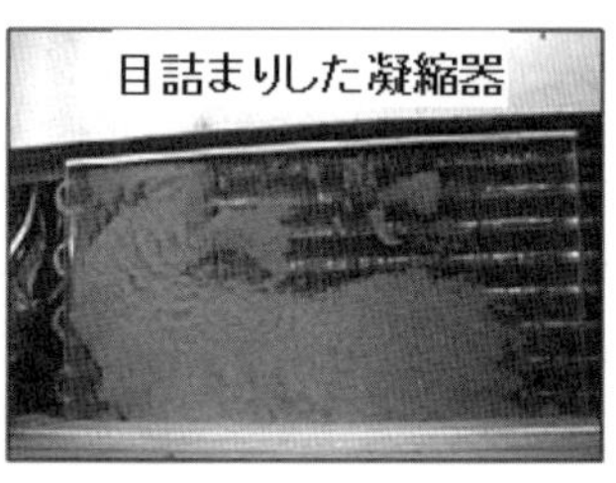

図 6.9-19　目詰まりした凝縮器の実例

(7) 負荷優先制御

自販機は，電源として AC 100V の一般向け商用電源に接続されることが多い．そのため，電気用品安全法ならびに日本工業規格（JIS）に従い，総電流を 15 A 以内に抑制している．具体的には，冷却／加熱などの電気負荷が同時に動作して 15 A を超えそうな場合は，超える前に負荷に優先順をつけて動作制限をおこなっている．

(8) 寒冷地制御・ヒータ優先制御

冬期の寒冷地では，設置環境と室内の温度差が大きく熱侵入量も大きくなり商品が凍結する場合がある．そこで，寒冷地では商品の凍結防止を目的として，補助的にヒータによりコールド商品の入った商品室の温度を上げ凍結を防止している．

(9) ヒートポンプ自販機固有の制御

これまで，冷却運転する場合を例として缶自販機共通の制御方法を説明してきたが，ヒートポンプ自販機のみでおこなう制御もあるので説明する．

a) ヒータ優先制御

ヒートポンプ機は，冬期の夜間などは加熱能力が低下する．その場合，ヒートポンプの加熱を一時的に休止し，ヒータでの加熱に切り替えて運転をおこなう．

b) 加熱サポート制御

ホット商品の販売数が多いロケーションや，冬期などにヒートポンプ加熱だけでは次に販売する商品の加熱が間に合わない場合がある．それに対応するため，省エネルギー重視モードから販売重視モードに切り替え，ヒートポンプとヒータを組み合わせて 2 つの熱源による加熱をおこなう．

6.9.5 最適運転制御

近年，周囲温度や前回運転時の圧縮機運転率や各商品室の熱負荷や商品室の容積比などに基づき，最適となる蒸発温度目標値，冷凍機回転数や冷媒分配比率を求め，それを目標値としてフィードバック制御し，自己調律運転をおこなう最適運転制御が開発された．具体的には，**図 6.9-20** に示すよう周囲温度，各商品室の所要冷凍能力などに基づき，最適な蒸発温度，凝縮温度や各室に必要な冷媒循環量などを計算し，計算結果を目標値として，インバータ圧縮機の回転数や電子膨張弁の弁開度をフィードバック制御させ，消費電力の最小化を図っている．

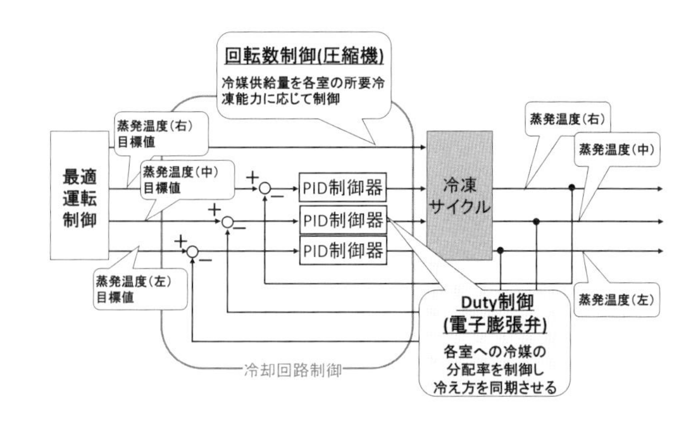

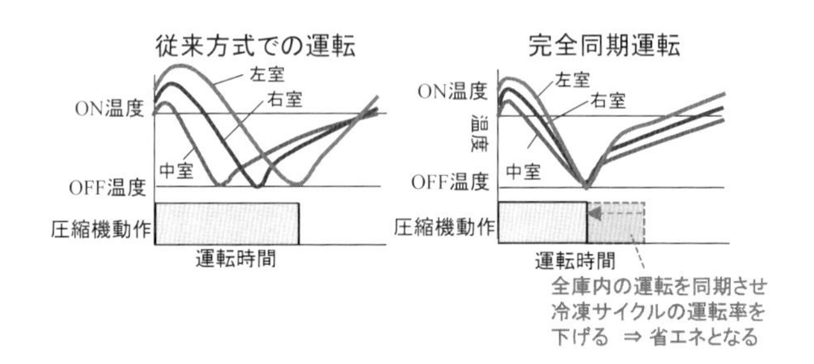

図 6.9-20 最適運転制御の概念と完全同期運転

6.9.6 安全機能

安全機能は，異常や故障の前兆を検知した場合，速やかに運転を停止させて，ユーザの保護と焼損・発火を未然に防止する機能である．

たとえば，温度センサ類に異常を検出した場合は温度が計測不能となるため，冷却／加熱に関する全ての運転動作を即時停止しアラームを発報する．ほかにも，センサ異常ではないものの，圧縮機の運転開始後に吐出ガス温度が上がらない場合は，冷媒量不足や吐出系故障が想定されるため，冷却／加熱運転を停止し故障を発呼する．

このように故障が疑われる状態を検出した場合は，保護のため一旦運転を停止させた上で，損壊に繋がらない範囲内でリトライを試みる．それでも故障が疑われる場合は，運転動作を停止しアラームを発報して，保守点検作業後に運転停止の解除操作されるまで動作を再開させない．

ほかにも，明確な故障の前兆は検出されていないものの，長時間連続して冷凍サイクルやヒータが運転状態を継続している場合は，異常の可能性があると判断して，冷却／加熱運転を停止し，アラーム発報して保守点検を促す仕組みも備えている．また，通常環境のみでなく，酷暑，長雨，暴風雨，寒冷地などの極端な環境下でも安定して稼働がおこなえるよう，FMEA※1 や FTA※2 を実施して故障の想定と異常時の対処をおこなっている．

※1 FMEA：Failure Mode and Effect Analysis
故障モード影響解析
システムの潜在的故障モードならびにそれらの原因および影響を明確にすることを目的としたシステムの解析のための系統的な手順
(JIS C 5750-4-3：2011 より引用)

※2　FTA：　Fault Tree Analysis
フォールトの木解析
設定した頂上事象の発生の原因，潜在的に発生の可能性がある原因または発生の要因を抽出し，頂上事象の発生条件および要因の識別および解析をおこなう手法
（JIS C 5750-4-4：2011より引用）

参考文献

1) 土屋敏章　他：平成18年度冷空講論，pp.77-80，東京（2006）.
2) 青木和夫，服部賢，伊藤武：機論，**B51**（469），3048（1985）.
3) 滝口浩司　他：富士電機技報，**85**（5），345（2012）.
4) 岩崎正道　他：富士電機技報，**7**，（3）（2005）.
5) 石田真　他：平成25年度冷空講論，D214-1，東京（2013）.
6) 石田真　他：冷凍，**87**（1012），30-36（2014）.
7) 土屋敏章　他：平成25年度冷空講論，pp.168-171，東京（2013）.

（守田　昌弘）

6.10　冷凍・冷蔵ショーケース

6.10.1　冷凍・冷蔵ショーケースの概要と課題

冷凍･冷蔵ショーケース（以下，ショーケースと略す）は，食品など収納商品の品質維持および販売するために重要な役割を担うツールである．

ショーケースには大形タイプと小形タイプがある．大形タイプは，長さ1800 mm以上または総容量500 L以上，小形タイプはそれ未満のものを指す．大形タイプは，冷凍機を屋外に別置きし，店舗内にショーケースを複数台連結して使用される．小形タイプは冷凍機を内蔵し，コンセント接続すれば使用できるため，主にコンビニエンスストアなどの小規模商業施設内のドリンクケースやアイスケースなどで使用される．

ショーケースを商品陳列部の形状別に分類すると，主に生鮮食料品用として店舗の壁面で複数台を連結して使用される**図6.10-1**に示す多段タイプ，**図6.10-2**に示す壁面以外の島部で冷凍食品やアイス用として複数台を連結して使用される平形タイプ，**図6.10-3**に示す多段と平型の両方を兼ね備えたデュアルタイプの3つに分かれる．

ショーケースを形状別に分類すると，商品陳列部がオープンタイプと透明なガラスで覆われたクローズドタイプがある．オープンタイプは，前述した多段タイプや平形タイプとして使用される．クローズドタイプは，**図6.10-4**に示すように商品陳列部が多段になっており，一般的にリーチインケースとして，飲料や冷凍食品用として使われる．

2009年4月に施行された改正省エネルギー法で，スーパーマーケットとコンビニエンスストアを含む小売店舗も特定事業者として規制対象に追加され，エネルギー使用効率を毎年1%以上改善する努力義務が定められた．一方，代表的なスーパーマーケットおよびコンビニエンスストアの年間消費電力量の内訳をみると，共にオープンショーケースなどのショーケース関連の冷凍設備の比率が大きい（**図6.10-5，6.10-6**参照）．ショーケース業界にとって，効果的な省エネルギーとCO_2排出量削減要求が課題である．

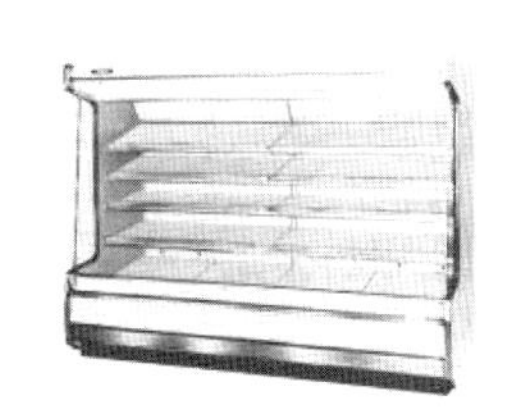

図6.10-1　多段ショーケース

図6.10-2　平型ショーケース

図6.10-3　デュアルショーケース

図6.10-4　リーチインショーケース

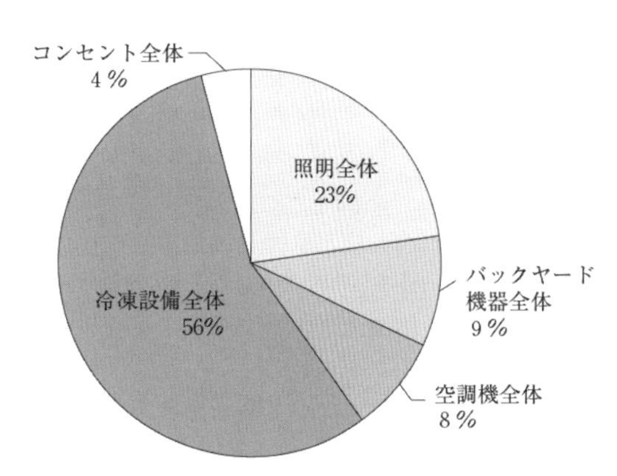

図6.10-5　スーパーマーケットの年間消費電力量の内訳[1)]

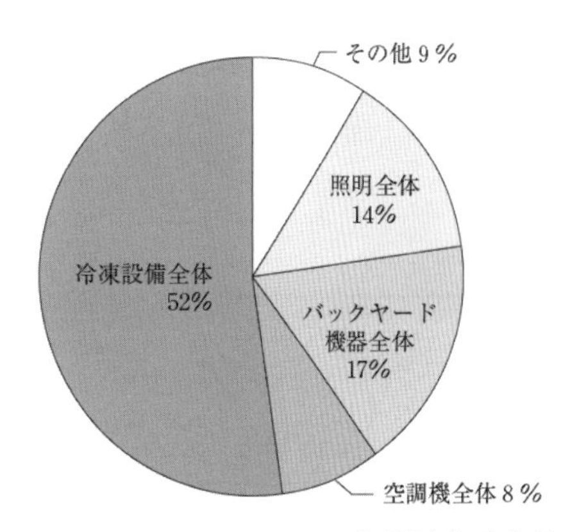

図6.10-6　コンビニエンスストアの年間消費電力量の内訳[2)]

6.10.2　冷凍サイクル構成

冷凍機別置きタイプを例に，ショーケース冷却システムの構成を示す（**図6.10-7**参照）．1台の冷凍機に複数台の

ショーケースが接続され，ショーケースと冷凍機は冷媒配管で接続される．冷凍機は，圧縮機，凝縮器，ファンと冷凍機コントローラで構成される．ショーケースは，蒸発器，電磁弁，膨張弁およびショーケース前面にエアカーテンを生成するファンとショーケースコントローラで構成される．冷凍サイクルは，冷凍機とショーケースで構成され，冷媒には R 404A と R 410A が一般的に用いられている．

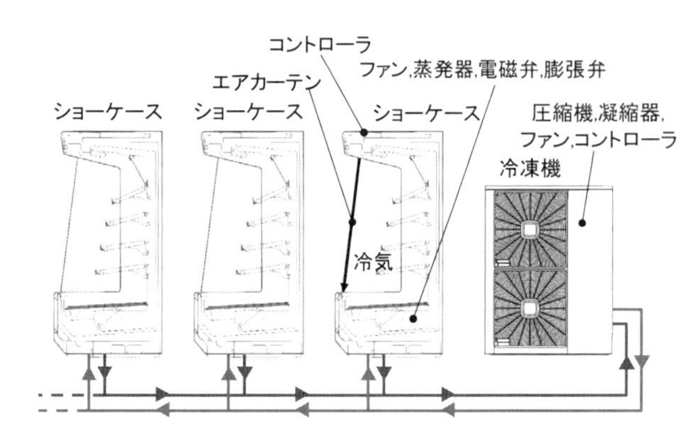

図 6.10-7　ショーケース冷却システムの構成例

6.10.3　冷凍サイクル制御

冷凍サイクルを構成するショーケースと冷凍機は，両方を製品ラインナップとして持つメーカもある一方，ショーケースのみ生産しているメーカや冷凍機のみ生産しているメーカもある．顧客の希望でショーケースと冷凍機が別メーカになる場合も多い．そのため，従来のショーケースにおける冷凍サイクル制御は，冷媒の温度・圧力やショーケース庫内温度のみで制御をおこなっていた．具体的には，ショーケースの庫内温度が目標を満足するようにショーケース内の電磁弁のオン・オフ制御により冷媒の流れを制御し，冷凍機は，圧縮機入口の冷媒圧力によりショーケース側の電磁弁オン・オフを判断して，圧縮機入切圧力に応じてオン・オフ制御をおこなう（**図 6.10-8** 参照）．

近年，省エネルギー要望に対応するため，冷凍機メーカとショーケースメーカとの連携が進み，コントローラ間の通信により，ショーケース側の熱負荷状態（冷凍機の冷凍能力に対する熱負荷の余裕度）に応じて蒸発圧力（圧力設定値）をオートチューニングして，必要最小限の冷凍能力でインバータ冷凍機を運転する方式が考案され普及してきている．

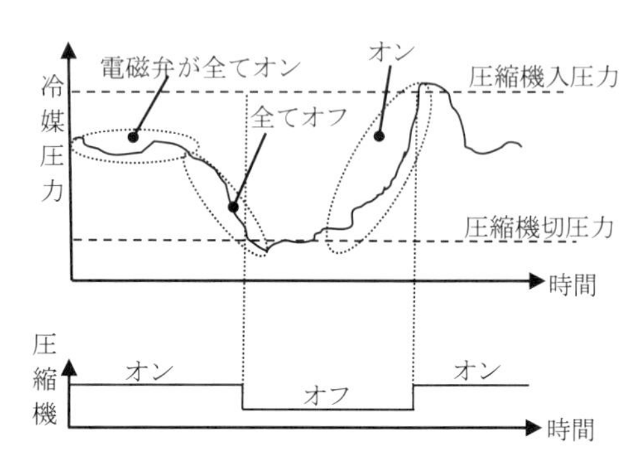

図 6.10-8　圧縮機入口冷媒圧力と冷凍機オン・オフの関係

6.10.4　ショーケース制御

ショーケースが受け持つ主要な制御は，（1）庫内温度制御，（2）過熱度制御，（3）除霜制御，（4）防露ヒータ制御，（5）異常警報発報の 5 つである．以下に詳細を説明する．

(1)　庫内温度制御（図 6.10-9 参照）

ショーケースは，庫内に付けたサーミスタなどの温度センサで検知した庫内温度に基づき，電磁弁をオン・オフして冷媒の流れを制御し，庫内温度を一定に保つ．具体的には，図 6.10-9 に示すように温度が上限値に達すると電磁弁をオンして，蒸発器に冷媒を流して庫内を冷却する．下限値に達すると電磁弁はオフし，蒸発器への冷媒の流入を遮断し，冷却を停止する．冷却停止中は，エアカーテンや筐体を通した侵入熱により庫内温度は上昇し，庫内温度が上限値に達すると，再び冷却を開始する．この動作を繰り返して，ショーケース庫内温度を一定に制御する．

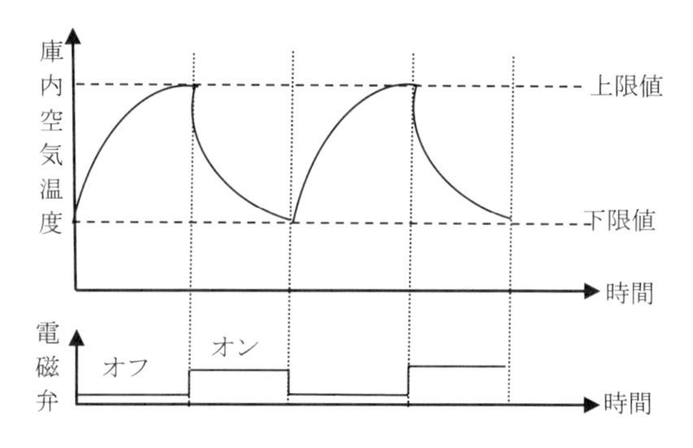

図 6.10-9　ショーケースの庫内空気温度制御

(2)　過熱度制御

ショーケースは蒸発器の伝熱面積を最大限に活用するため，一般的に過熱度制御（冷媒流量制御）をおこなう．ショーケースに用いる過熱度制御用の膨張弁は，機械的に流量を調整する温度膨張弁と，パルスモータを用いて流路面積を制御し冷媒流量を調整する電子膨張弁の 2 種類がある．これまで，安価で信頼性の高い温度膨張弁が主流であったが，電子膨張弁の信頼性向上および，昨今の省エネルギー要求により，きめ細かく過熱度を制御できる電子膨張弁を搭載したショーケースが増えている．過熱度は，蒸発器の出入口冷媒温度の差であり，蒸発器内の冷媒蒸発完了点の位置を間接的に判断する指標である．過熱度は，冷凍サイクルを安定運転させた上で圧縮機の冷凍能力を最大限に発揮するため，一般的に 5 ～ 10 K を目安に制御する．

(3)　除霜制御

ショーケースは，ドア開閉やエアカーテンを通して，周囲の水分を含んだ空気を吸い込む．ショーケースの蒸発温度は一般的に－10 ℃以下となるため，空気に含まれている水分は，蒸発器でフィンに着霜し，次第に風路を塞いでいく．霜により風路が狭くなると循環風量が減り冷凍能力が低減する．最悪の場合は完全に風路が閉塞して冷風を循環できなくなり，冷却不能となる．したがって，冷凍能力不足になる前に除霜する必要がある．

除霜制御は，一定時間ごとに除霜をおこなうタイマデフロスト方式が一般的である．タイマデフロスト方式は，設定時間がくると電磁弁をオフして蒸発器内の冷媒の流れを遮断し，除霜を開始する．除霜時は冷却を停止する．その間，エアカーテンからの外気侵入熱で温度上昇した空気を蒸発器へ送り込み霜を融かす．除霜制御の終了は，蒸発器風下側の空気温度で判定する．具体的には，蒸発器風下側の温度が上昇し，一定温度に達すると終了する．除霜制御が終了すると，冷却を再開する．

上記以外に，庫内商品の高鮮度維持を狙って除霜時に蒸発器風上側のヒータをオンし，除霜時間を短縮するヒータデフロスト方式もある．

(4) 防露ヒータ制御

ショーケースは，庫内空気により筐体も冷やされる．周囲空気湿度が高いと，ショーケース外側の外気と接触する付近が露点温度以下となり，結露が発生する．この対策として，結露発生部位にシート状ヒータを貼り連続通電し，温度を上昇させて結露対策をおこなっている．最近は，省エネルギーを目的に，周囲温湿度に基づき間接的に結露を検知して，結露時にのみ防露ヒータを通電する制御もおこなわれている．

(5) 異常警報

ショーケースは収納商品の品質維持が重要な機能であるが，故障などで庫内温度が異常に高くなる場合がある．このような状況では収納商品の品質が維持できないため，速やかに店舗オーナに表示やブザーで知らせる温度異常警報機能や，センサの断線と短絡を検知するセンサ異常警報機能などを持っている．

6.10.5 ショーケースと冷凍機の連携制御

先にも述べたが，省エネルギー要求に対応するため，冷凍機メーカとショーケースメーカとの連携が進み連携制御がおこなわれている．ここでは，その一例を説明する．

(1) 圧力設定値オートチューニング

冷凍機コントローラとショーケースコントローラの両方と通信可能なコントローラ（以下，統合コントローラと略す）を用いて，商品が置かれているショーケース側の熱負荷状態（冷凍機が発揮する冷凍能力に対する熱負荷の余裕度）をインバータ冷凍機に伝送し，必要最小限の冷凍能力で冷凍機を運転するよう蒸発圧力（圧力設定値）をオートチューニングして圧縮機を運転するようになってきている．以下，システム構成例を**図 6.10-10** としたときのオートチューニングについて示す．

ショーケース冷凍サイクルは空調機と異なり年間を通して冷却運転をおこなうため熱負荷変動が大きい（夏期昼間を 100% とすると冬期夜間は 20% 程度）．冷凍機は外気温度が高く（凝縮温度が高く）熱負荷が大きい（店内外温度差が大きい）夏期の最大負荷時を基準に選定される．外気温度が低く（凝縮温度が低く）熱負荷が小さい（店内外温度差が小さい）冬期には，冷凍能力が過度な状態での運転となる．統合コントローラは，ショーケースコントローラから個々のショーケース運転状態（負荷状態）を確認し，必要な冷凍能力（需要）を判断した上で，圧縮機を冷凍機コントローラによりインバータで容量制御し（供給），適正な冷凍能力を維持して省エネルギー運転をおこなう（需給連携制御）．

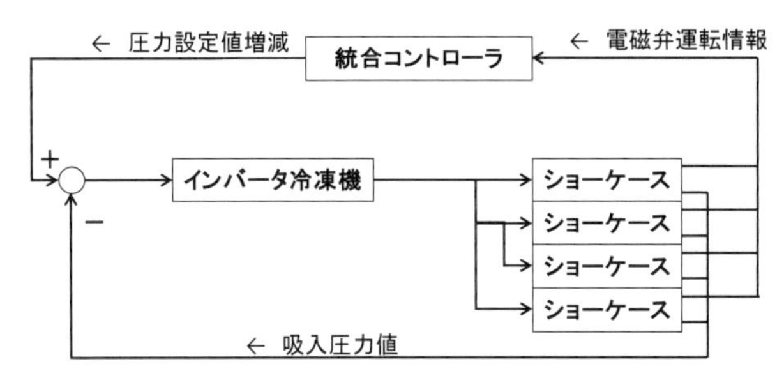

図 6.10-10　システム構成図

アルゴリズムを以下に示す．個々のショーケース熱負荷と冷凍能力のバランスは，ショーケースの庫内温度制御をおこなっている電磁弁のオン・オフ情報（電磁弁運転情報）から判断する．電磁弁運転率が高い場合（オン時間が長い場合）は「ショーケース熱負荷>冷凍能力」，電磁弁運転率が適正な場合（オン時間，オフ時間ともに適正な場合）は「ショーケース熱負荷＝冷凍能力」，電磁弁運転率が低い場合（オフ時間が長い場合）は「ショーケース熱負荷<冷凍能力」と判断する．一方，インバータ冷凍機は，**図 6.10-11** に示すように冷凍機コントローラにより冷媒の圧縮機吸入圧力が圧力設定値となるよう圧縮機の回転数制御（容量制御）をしており，圧力設定値を上げると圧縮機回転数が下がり冷凍能力と消費電力が減少し，圧力設定値を下げると圧縮機回転数が上がり冷凍能力と消費電力が増加する．

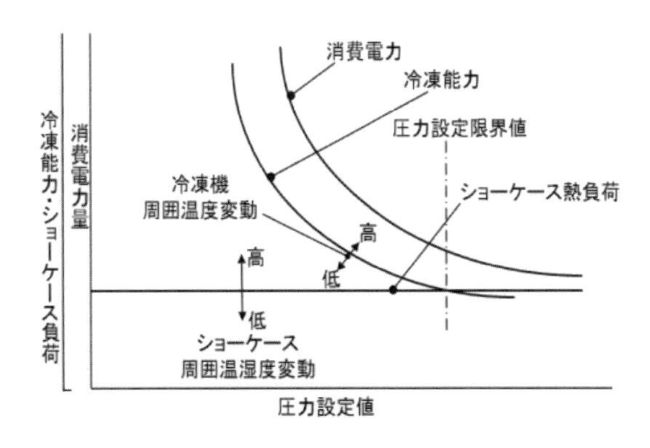

図 6.10-11　冷凍能力とショーケース熱負荷の関係

これまでに述べたショーケースの電磁弁運転率，熱負荷バランスおよび圧力設定値と冷凍能力の関係に基づき，**表 6.10-1** に示すように冷凍機の冷凍能力の過不足を判断して，圧力設定値（冷凍能力）をオートチューニングする．具体的には，1 台でもあらかじめ設定した電磁弁運転率より高いときは冷凍能力不足と判断し，圧力設定値を下げて冷凍能力を増加させる．一方，1台でもあらかじめ設定した電磁弁運転率より小さく，ほかのショーケースの電磁弁運転率が適正な場合は，冷凍能力過剰と判断して，圧力設定値を上げて冷凍能力を減少させる．それ以外の場合は，圧力設定値を維持する．このアルゴリズムにより，複数のショーケース熱負荷に対する冷凍能力を最適に保ち，省エネルギーを図れる．**図 6.10-12** は省エネルギー効果を計測した実測結果である．店舗内の 4 つの系統で検証をおこなった．冬期，中間期，夏期のそれぞれ 1 週間程度，固定運転（圧縮機回転数を 50 Hz 固定とする運転）と連携制御運転をおこない比較した．

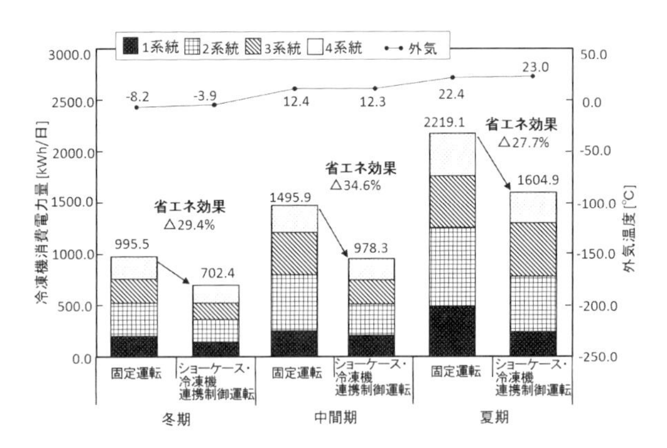

図 6.10-12　実店舗での連携制御による実証結果

表 6.10-1　電磁弁運転率に基づく冷凍能力判断

	ショーケース電磁弁運転率		
	少なくとも1台が90%以上	全てが90%以下	
冷凍能力判断	不足	全てが40～90%	少なくとも1台が40%以下
圧力設定値	下げる	維持	上げる

その結果，この店舗では年間 30.7% の省エネルギー効果を確認した．

圧力設定値は上記アルゴリズムにより季節，昼夜，天候によらず，常に最適な圧力設定値にオートチューニングできるため複雑なエンジニアリング作業も不要となる．

(2)　連携制御

(1) で示したシステムは，ショーケースの冷媒流量を機械式に流量制御する従来の温度膨張弁を用いている．それに対して，新たに能動的に冷媒流量制御をおこなえる電子膨張弁を用いて，冷凍機と連携して冷凍サイクル全体を制御する連携制御が導入されている．**図 6.10-13** にショーケースのシステム構成を示す．蒸発器配管につけた T1,T2,T3 と冷気吹出口につけた Tb の 4 つの温度センサ構成となっている．

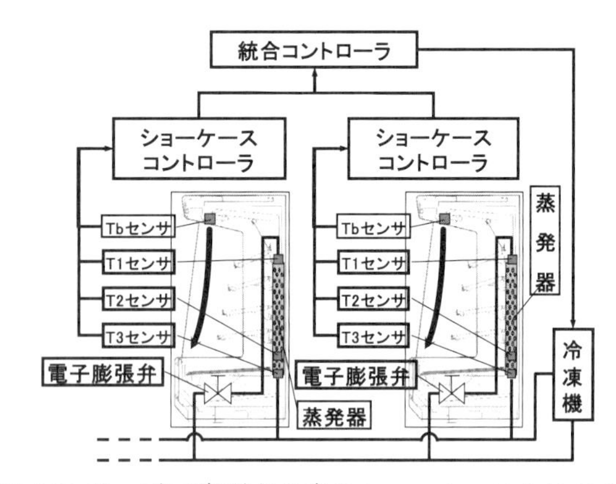

図 6.10-13　電子膨張弁対応のショーケースシステム構成

次に制御方法を説明する．4 つの温度センサの温度変化に基づき庫内温度が設定温度となるよう電子膨張弁で冷媒流量制御をおこなう．さらに冷媒流量制御だけでは庫内温度が設定温度以上となるショーケースが発生する場合には，圧力設定値を下げて冷凍機の冷凍能力を増やす．全てのショーケースの庫内温度が設定温度の場合には，可能な限り圧力設定値を上げて冷凍能力を減らして蒸発器伝熱面積を有効に使う．以上により，ショーケースの蒸発器伝熱面積を最大限有効に使った上で蒸発温度を高く圧縮機を運転でき，ショーケースと冷凍機を連携した省エネルギー運転が可能となる．また，ショーケース熱負荷と冷凍能力のバランスがとれ，電磁弁のオン・オフをなくせるため，空気温度変動が従来システムに対して 80% 改善して連続安定運転が可能となり，ショーケース内商品を高鮮度管理できるメリットもある（**図 6.10-14** 参照）．

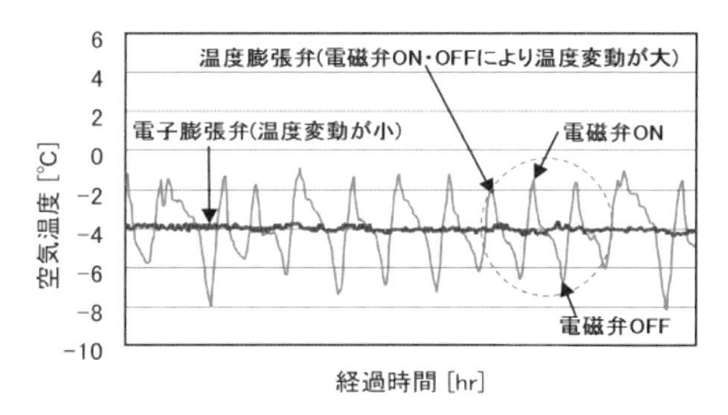

図 6.10-14　連携制御の効果

次に液バック抑制制御について述べる．上記した制御をおこなうと蒸発器伝熱面積を有効に使える反面，冷媒が気液二相状態で圧縮機に流入する液バック現象により圧縮機を破損する恐れがある．そこで，液バック防止のため，蒸発器に付けた 3 つの温度センサ（入口 1 点，出口近傍 1 点，出口 1 点）で蒸発完了点の位置変化を推定し，蒸発完了点が蒸発器出口より下流に位置しないよう電子膨張弁で冷媒流量をフィードフォワード制御する．

6.10.6　最適運転制御

店舗の消費電力の約 60% は，ショーケースを冷やす冷凍機と空調機で占められる．一方，ショーケースを冷やす冷凍機と比べて空調機は温度帯が高く運転効率（COP）がよい．したがって，ある庫内温度と店内温度を実現する場合，夏期を例にとると，空調機の室温設定値を寒くない程度低めにして，ショーケースへの熱負荷を減らした方が合計消費電力を減らせる．年間を通してそれを実現するのが最適運転制御である．

図 6.10-15 に示すよう，冷凍機の消費電力は店外温湿度が一定の場合，室温設定値が低いほど，ショーケースに侵入する熱量が低下するので小さい．一方，空調機は室温設定値が低い方が外気温度との温度差が大きくなり，消費電力は増大する．室温に対する傾向が異なる 2 つの機器を合わせた消費電力は室温設定値に対して下に凸の関係となり，極小部が省エネルギーにとって最適な室温設定値となる．最適室温設定値は，店外温湿度により異なる．そこで，年間の外気条件における冷熱機器や発熱機器の特性と，人からの発熱などを考慮した熱の出入りを計算した快適性の指標である PMV 値（Predicted Mean Vote：予想平均申告）に基づく最適設定温度（目標の室温設定値）へ、最も速く到達するよう，Particle Swarm Optimization（鳥の群れの振舞いを模擬して最適化する手法）※1 により室温設定値を最適化している．

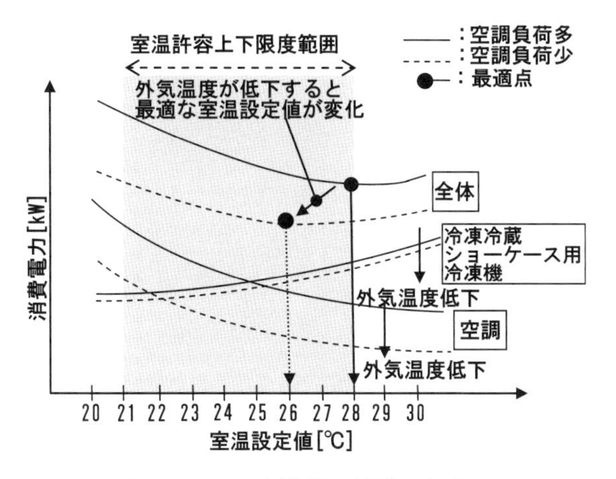

図 6.10-15　各機器の最適運転点

6.10.7　デマンド制御

デマンド制御は，夏場の消費電力ピークカットや売場ごとの省エネルギーを目的として，消費電力が目標値を超えないよう制御する機能である．以下に一例を示す．消費電力は 30 分ごとの消費電力量として監視し，消費電力量が目標値を超えないよう制御する．たとえば，夏期午前中から日中にかけて消費電力が増え，次の 30 分で目標値を超えそうなときは，事前に設定した優先順位に従い「照明を暗くする」,「空調設定温度を上げる」など対象機器をデマンド制御して消費電力を抑制する．夕方から夜間にかけて外気温度が低下して消費電力が減り，目標を下回り余裕が確保されてくると，優先順位に従い機器のデマンド制御を解除して通常に戻す．スーパーマーケットにおける制御結果の例を**図 6.10-16** に示す．図はある 30 分間における 1 分毎の積算電力量を示しているが，目標の消費電力量を超えないように制御できている（図 6.10-16 の A 部参照）.

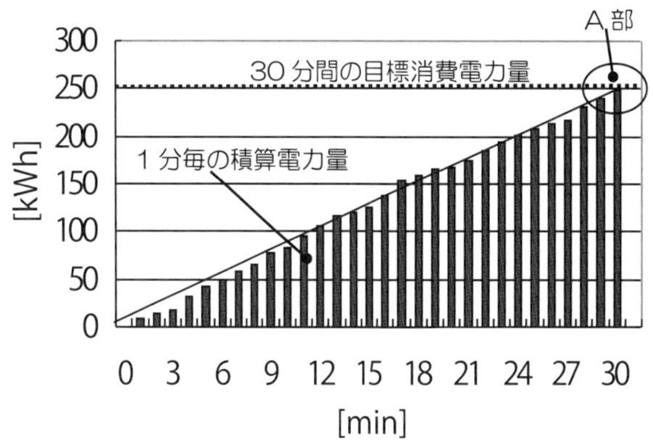

図 6.10-16　デマンド制御の評価結果

6.10.8　監視システム

監視システムは，Web 機能を有する店舗に置かれた端末（店舗ターミナル）を通してセンタサーバとデータ通信をおこない，ショーケースをはじめ，店舗内に設置される照明，空調機，各種センサなどの状態を収集して，総合的な監視・制御をおこなうためのシステムである．

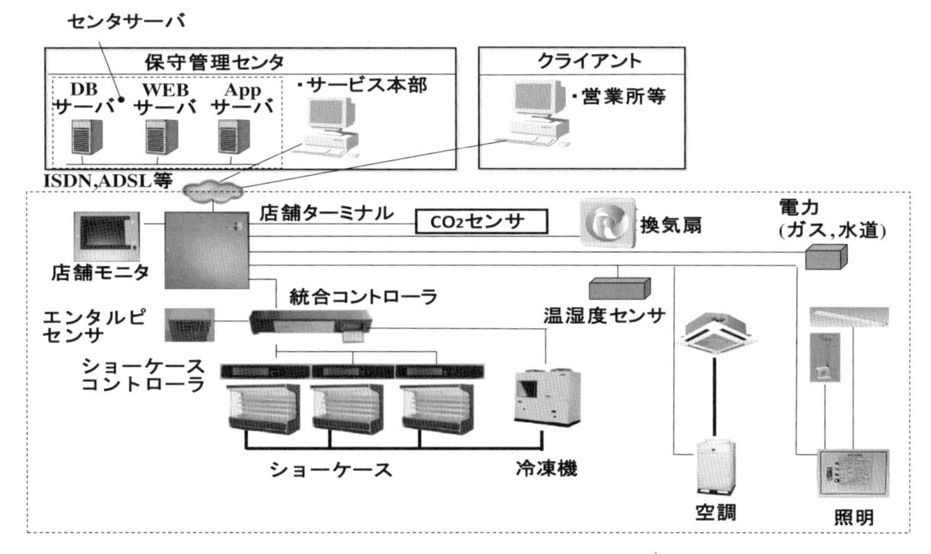

図 6.10-17　監視システムの構成例 [4)]

監視システムの構成例を**図 6.10-17** に示す．店舗内の遠隔監視システムは，店舗単独で監視制御をおこなう店舗側のローカルシステムおよび，ローカルシステムと連携し複数の店舗の監視を集中的におこなうセンタサーバを持つ保守管理センタで構成される．

ショーケースコントローラは 1 台に 1 個搭載され, 温度, 設定値表示機能，設定機能，庫内温度制御機能，除霜制御機能，警報出力機能などをもつショーケース単体の基本的な運転制御をおこなうコントローラである. 最近の機種は, データ通信機能を持ちショーケース別のデータ収集，各種設定を可能としているほか，前述したように防露ヒータ制御機能も搭載し，省エネルギー制御をおこなっている．

統合コントローラは冷凍機ごとに設置され，1 台の冷凍機に複数台のショーケースが接続され，ショーケースと冷凍機との連携制御などをおこなう．

店舗ターミナルは 1 店舗に 1 台設置され，店舗内の統合コントローラや店内の空調機や照明と接続され，冷凍機と空調機との連携やデマンド制御などをおこなうとともに保守管理センタとの通信をおこなう．

保守管理センタは複数の店舗の監視を集中的におこなう．

※1　鳥の群れや魚の群れの行動をモデル化することで与えられた目的関数の最適解近傍を効率的に探索する方法

引　用　文　献

1)　省エネルギー：省エネルギーセンター, **64** (10), 41 (2012).

2)　省エネルギー：省エネルギーセンター, **64** (10), 41 (2012).

3)　省エネルギー：省エネルギーセンター, **64** (10), 42 (2012).

4)　省エネルギー：省エネルギーセンター, **64** (10), 41 (2012).

参　考　文　献

*1)　松岡文雄 他：冷論，**5**（1），43-54 (1988).

*2)　松岡文雄 他：冷論，**5**（3），15-（1988).

*3)　畝崎史武 他：冷凍，**79**（11），23-31（2004).

*4)　冷凍と空調：日本冷凍空調工業会，**3**（2009).

*5)　冷凍空調設備：日本冷凍空調設備工業連合会，**8** (2004).

*6)　三洋電機技報：三洋電機株式会社，**36**（2），86-92 (2004).

*7)　三洋電機技報：三洋電機株式会社，**36**（2），93-103 (2004).

*8)　富士電機技報：富士電機株式会社，**80**（4），280-283 (2007).

*9)　富士電機技報：富士電機株式会社，**80**（4），289-292 (2007).

*10)　富士電機技報：富士電機株式会社，**78**（3），220-223 (2005).

*11)　富士電機技報：富士電機株式会社，**78**（3），215-219 (2005).

*12)　富士電機技報：富士電機株式会社，**73**（3），173-175 (2000).

*13)　富士電機技報：富士電機株式会社，**54**（2），109-126 (1981).

*14)　大隅和男：「わかりやすい冷凍の理論」，pp.28-29, オーム社，東京（1999).

*15)　浅田規：冷凍，**84**（981），43-48（2009).

*16)　I. Gray,P. Luscombe,L. McLean,C.S.P. Sarathy, P. Sheahen,K. Srinivasan：Int. J. Refrigeration ,**31**（5), 902-910（2008).

*17)　浅田規：冷凍，**88**（1024），39-42（2013).

*18)　省エネルギー：省エネルギーセンター，**64**（10), 40-43（2012).

*19)　浅田規 他：平成 25 年度冷空講論, C114, 東京（2013).

（中山　伸一）

6.11　保冷車用冷凍空調機

保冷車とは，荷物を一定の温度でトラック輸送するための機構を備えた車両で，荷室を一定温度に保つために，荷室には高断熱や高気密の壁およびドアを用いて外部との熱の授受を抑制し，外部と授受した熱量に見合う冷却または加熱をおこなうため蒸気圧縮式輸送用冷凍機（以下，輸送用冷凍機または冷凍機）や，これに内蔵されたヒータを稼働させている．輸送用冷凍機の代わりに蓄冷材や液体窒素などを用いる場合もあるが，ここでは，これらの手段および構成機器のうち, 輸送用冷凍機の制御を中心に解説する．

6.11.1　基本構成 *1)

輸送用冷凍機は駆動方式の観点から（1）～（3）の 3 つ，搭載形態の観点から（4）～（6）の 3 つのタイプに大別できる．

(1)　走行用エンジン直結駆動式

一般に「直結式」と呼ばれ，比較的小さな冷凍能力に適用される方式である．冷凍機の主要構成要素としては，ベルトによる外部駆動式圧縮機，凝縮器，温度自動膨張弁，蒸発器であり，車両からベルト駆動力と，直流電力を得て稼働する．車両停止中に商用電源で稼働する際に用いる 2 つ目の圧縮機（点線）を搭載したものもある（**図 6.11-1**）. 冷凍機の構成要素がほかの駆動方式と比べて少ないため，安価で軽量としやすいが，反面，冷凍機の駆動力を車両の走行エンジンに頼るため，冷凍能力制御などが自由にコントロールしにくいなどの難点もある．

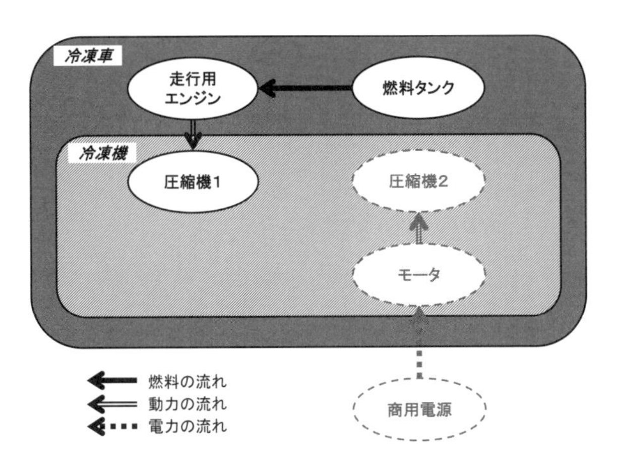

図 6.11-1　直結式のエネルギーの流れ

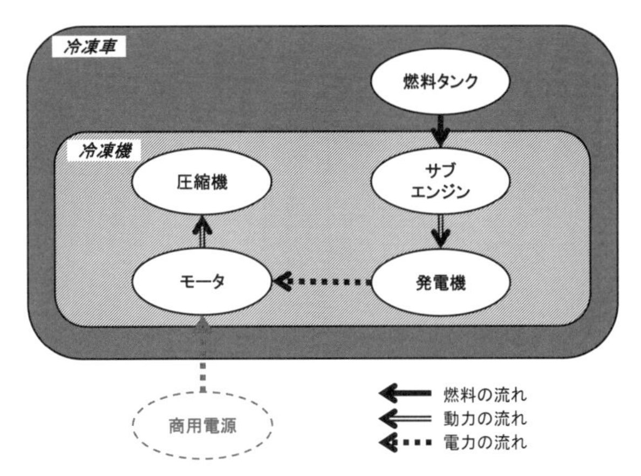

図 6.11-3　発電機を介して駆動する
サブエンジン式のエネルギーの流れ

(2)　サブエンジン駆動式

一般に「サブエンジン式」と呼ばれ，比較的大きな冷凍能力に適用される方式である．冷凍機の主要構成要素としては，冷凍機専用エンジン（サブエンジン），オルタネータ，圧縮機，凝縮器，膨張弁，蒸発器であり，燃料タンクから供給される軽油などで冷凍機専用エンジンを稼働させて圧縮機やオルタネータを駆動する．車両停止中に商用電源で稼働する際にエンジンに代わって圧縮機などを駆動するモータ（点線）を搭載したものもある．（**図 6.11-2**）．大型のシステムでは，冷凍機専用エンジンで発電機を駆動し，発電した電気でモータを介して圧縮機などを駆動する場合もある．この場合は，エンジンで発電する際と商用電源を用いる際でモータを兼用する構成が多い．（**図 6.11-3**）．専用エンジンにより冷凍能力を必要に応じて過不足なく提供することが可能で，輸送品の温度安定性や急速な温度の変更がしやすい利点があるが，エンジンなどの重量部品を内蔵するため，高価になりやすい難点がある．

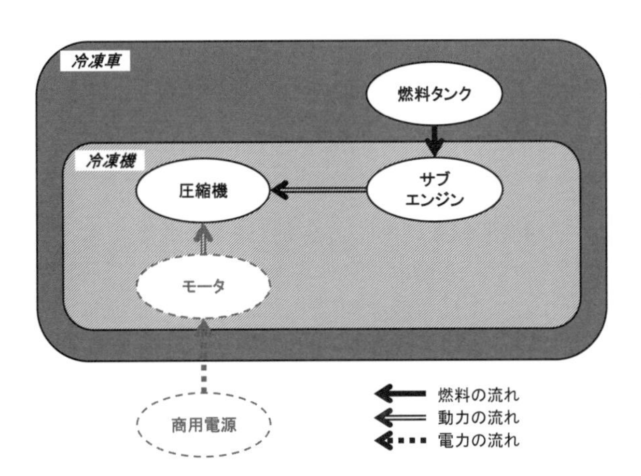

図 6.11-2　サブエンジン式のエネルギーの流れ

(3)　電気駆動式

一般に「電動式」と呼ばれ，直結式，サブエンジン式と比べると，歴史が浅く，市場への浸透途上であるが，小能力から大能力までの適用可能性が検討されている．冷凍機の主要構成要素は電気駆動のモータ内蔵圧縮機，凝縮器，膨張弁，蒸発器であり，電力を得て稼働する．電力は車両エンジンで発電されたものや，駐車中に商用電源で充電されたものを用い，多くは蓄電池を介して電力発生と消費の時間差を解消する．これらの電力供給に関わる構成要素は，冷凍機に含まれる場合と，車両があらかじめ搭載している電力供給機構を共用もしくは流用する場合がある（**図 6.11-4**）．

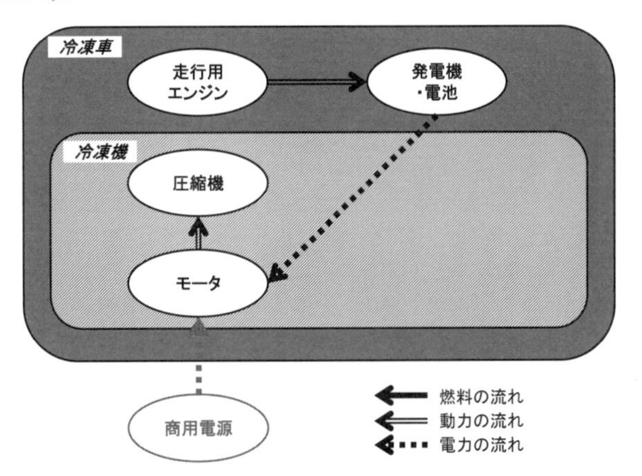

図 6.11-4　電動式のエネルギーの流れ

(4)　ノーズマウント

冷凍機の主要部品を，荷室から前方に張り出して設置し，キャビンの上部空間を活用した搭載形態で，**図 6.11-5** の着色部分が冷凍機の庫外ユニットである．欧州他海外では多くがこの形態で，国内でも直結式を中心に用いられている．冷凍機配管の大半を工場で完成させることができ，車両への架装が容易であることや，荷室内への熱交換器の張り出しをなくすことができるなどの利点がある一方，車両の重心や許容スペースの制約が厳しく，部品レイアウトが難しいなどの難点がある．

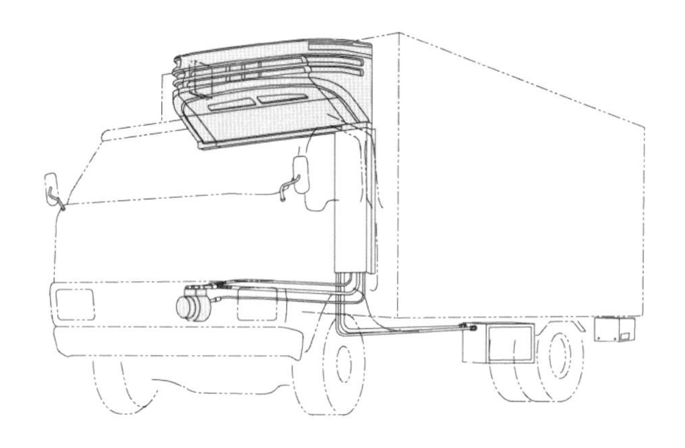

図 6.11-5　ノーズマウントタイプの車両搭載状況 *2)

(5)　アンダーマウント

冷凍機の主要部品を，荷室下の前輪と後輪の間に設置して，床下スペースを活用した形態で，**図 6.11-6** の着色部分が冷凍機の庫外ユニットである．日本国内で多く見られる形態で，重量や寸法の自由度が比較的高いため，部品の配置や選定，防音処置などが実施しやすい利点があるが，タイヤが巻き上げる泥水などへの対処や架装時に多くの配管を施工する必要があることから，高い架装技術が求められるなどの難点がある．

図 6.11-6　アンダーマウントタイプの車両搭載状況 *3)

(6)　フラッシュマウント

冷凍機の主要部品を，荷室の前面に配置した形態で，**図 6.11-7** の着色部分が冷凍機の庫外ユニットである．トレーラ用の輸送用冷凍機に多く見られ，ノーズマウントと同様に配管の大半を工場で完成させて架装を容易にすることができる．キャビンやトレーラヘッドと荷室の隙間に割り込むような形で設置するため，車両前後方向の寸法は非常に薄くしなくてはならない制約があるが，正面面積は比較的大きく取ることができる．

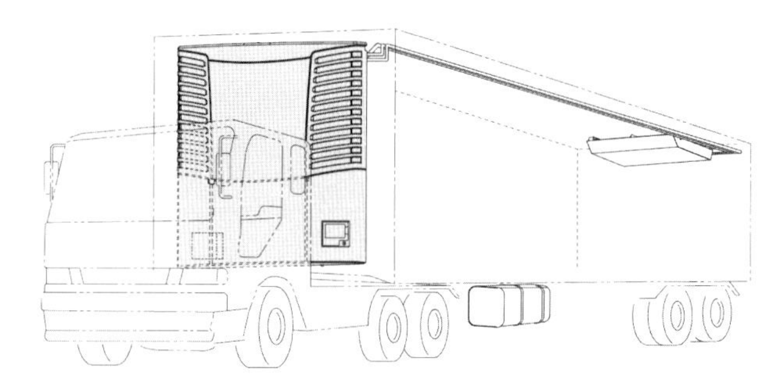

図 6.11-7　フラッシュマウントタイプの車両搭載状況 *4)

6. 11. 2　温度制御 *5)

保冷車の主たる役割は輸送品を低温に保つことだが，輸送品の種類や外気温度によって一部は高温に保つことも求められる．設定される温度は，輸送品によって異なり，たとえばアイスクリーム類の− 25 ℃から, 冷凍食品の− 18 ℃, 魚介肉類の 0 ℃，野菜類の +10 ℃，米飯類の +20 ℃まで幅広い．ここでは低温に保つ温度制御を中心に紹介する．

輸送品を設定された温度に保つためには，荷室内を一定温度にしたときの外部からの侵入熱と同じだけの冷凍能力を過不足なく冷凍機が発揮する必要がある．

冷凍機が最大冷凍能力を出し続けていては能力過剰である場合が多く，荷室内は設定温度よりも低い温度になってしまう．そこで，次のような方法で冷凍能力を抑制して設定温度を保つよう制御する．

(1)　サーモスタットによる断続運転

最も広く用いられている方法は，庫内温度が設定温度に到達したら，圧縮機の運転を停止して冷媒循環をやめ，設定温度から一定温度差まで逸脱したら圧縮機運転を再開して冷却をおこなうものである．結果的に圧縮機の運転と停止の時間比で冷凍能力を 0 ～ 100% まで調整していることになる．比較的単純な制御で安価にシステム構築可能である利点があるが，圧縮機の運転／停止に伴う荷室内の温度変動が発生する難点がある．直結式ではほとんどがこの方法を採用し，ほかの駆動方式の冷凍機でも多く採用またはほかの温度制御方法と併用されている．

(2)　圧縮機回転数制御による冷媒循環量調整

サブエンジン式や電気駆動式の一部のように圧縮機の回転数を任意に変更可能な輸送用冷凍機では，圧縮機回転数の調整により冷媒循環量を増減させ，冷凍能力を変化させる．圧縮機の運転／停止の時間比で能力調整をおこなうのに比べ，能力変動が小さいために荷室内の温度変動も小さく抑えることが可能であるという利点がある．しかし，この方法では 0% に近い能力率の実現は難しく，ほかの方法と併用することが多い．

(3)　絞り機構による冷媒循環量調整

圧縮機回転数を変更するのが難しい場合や，回転数調整範囲が狭い場合などに，圧縮機吸入圧力をバルブにより低下させ，圧縮機吸入冷媒密度を下げることで冷媒循環量を調整する場合もある．圧縮機吸入圧力を低下させる手段としては，専用の吸入圧力調節弁を設置する場合や，電子膨張弁を用いて蒸発圧力も含めて低下させる場合がある．吸入圧力調整弁を用いた場合の *p-h* 線図は**図 6.11-8** の点線から実線のように変化する．電子膨張弁を用いた場合は同様に**図 6.11-9** のように変化する．複雑な制御をおこないやすい利点があるが，冷媒循環量が低下しても，圧縮機の圧縮比が大きくなってしまうため，圧縮機回転数を下げた場合に比べて，圧縮機動力が低減されず，冷凍サイクル効率が悪化してしまう難点がある．

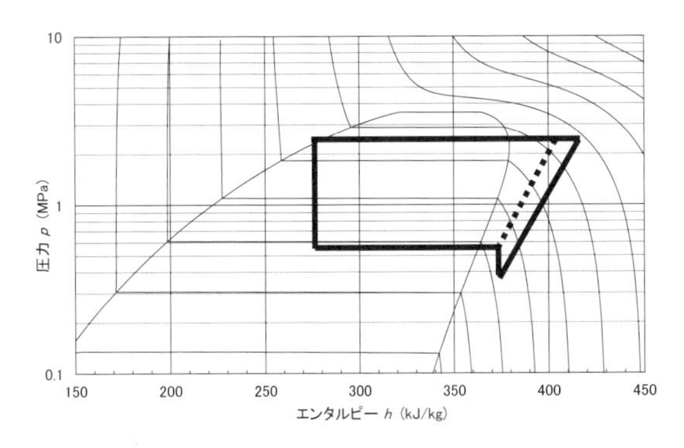

図 6.11-8　冷凍能力制御に吸入圧力調整弁を用いた場合の *p-h* 線図

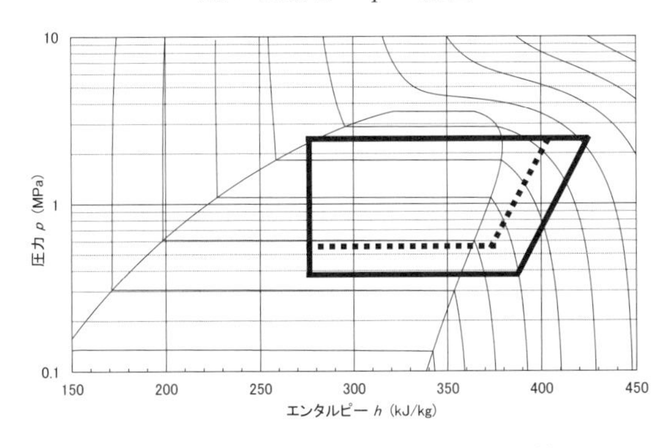

図 6.11-9　冷凍能力制御に電子膨張調整弁を用いた場合の *p-h* 線図

(4)　ホットガスによる冷媒エンタルピー調整

圧縮機回転数に依らず連続的に能力調整を可能にする方法としてほかに，**図 6.11-10** に示すような冷媒回路で，蒸発器入口の二相冷媒に圧縮機吐出ガス冷媒（ホットガス）を減圧しながら注入することにより蒸発器入口エンタルピーを大きくすることで冷凍能力を抑制する方法がある．この方法の利点は，ホットガス調整弁による高いエンタルピーのホットガス流量調整とメイン回路の膨張弁による低いエンタルピーの二相冷媒流量調整を組み合わせることにより冷凍能力を最大からほぼゼロまで無段階に制御可能で，同じ回路でホットガス流量を増加させることにより，庫内を暖める加温運転に移行することができることである．難点は冷凍能力を抑制しても圧縮機の動力はほとんど減少せず小能力運転でのエネルギー効率が悪いことである．

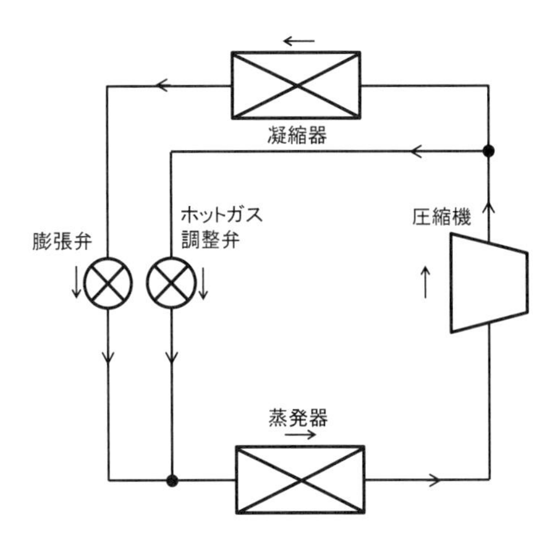

図 6.11-10　冷凍能力制御にホットガスを用いる冷媒回路

6.11.3　デフロスト制御

輸送用冷凍機は氷点下の蒸発温度を必要とすることが多く，この場合には蒸発器への着霜が発生する．着霜による空気流路の閉塞や熱交換器の表面熱伝達阻害により冷凍機は本来の性能を発揮できなくなるため，デフロスト動作により蒸発器表面の霜を除去する必要がある．

(1)　蒸発器内側からの加熱によるデフロスト方法

現在主流のデフロスト方式はホットガスデフロストと呼ばれる．**図 6.11-11** に示すような冷媒回路において，膨張弁から蒸発器に供給される冷媒を電磁弁や電子膨張弁で遮断し，ホットガス回路開閉弁を開放して蒸発器入口に圧縮機吐出ガス冷媒（ホットガス）を供給することで点線のような回路を構成する．ホットガスにより蒸発器を内側から温め，表面の霜を除去する．図 6.11-11 は減圧したホットガスを用いる低圧ホットガスデフロストの回路であるが，減圧していない高圧ホットガスを用いる場合もあり，その場合，放熱済みの冷媒を圧縮機吸入にそのまま戻す場合（図 6.11-11 からホットガス絞りを除いた回路）と，**図 6.11-12** の点線矢印方向に冷媒を流すリバースサイクルとし，放熱済みの冷媒を蒸発させてから戻すヒートポンプ方式の場合の 2 種類に分類できる．これらの蒸発器内側から温める方法においては，霜がすべて融けたことを，蒸発器から出てくる冷媒の温度が上昇することにより判断し，デフロストを終了することが多い．

ホットガスを用いたデフロストでは，デフロスト中に蒸発器のファンを稼働させると，ホットガスで温められた暖かい空気が吹き出してしまうことと，ホットガスの熱量が空気に放熱され持ち去られて融霜に使われる熱量が少なくなり，デフロストが進まないことから，通常，デフロスト中はファンを停止する．

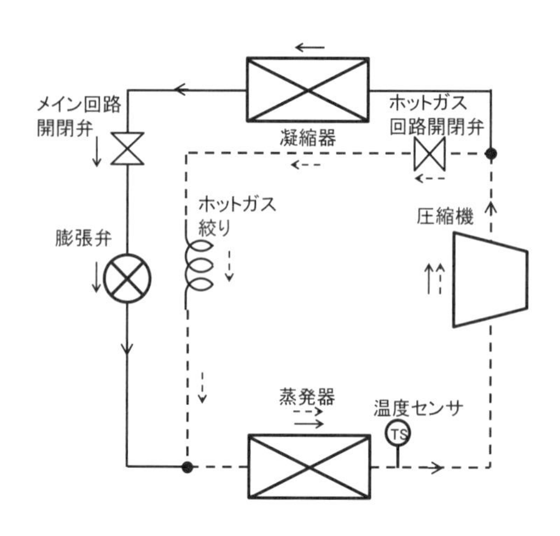

図 6.11-11　低圧ホットガスを用いた
デフロスト冷媒回路

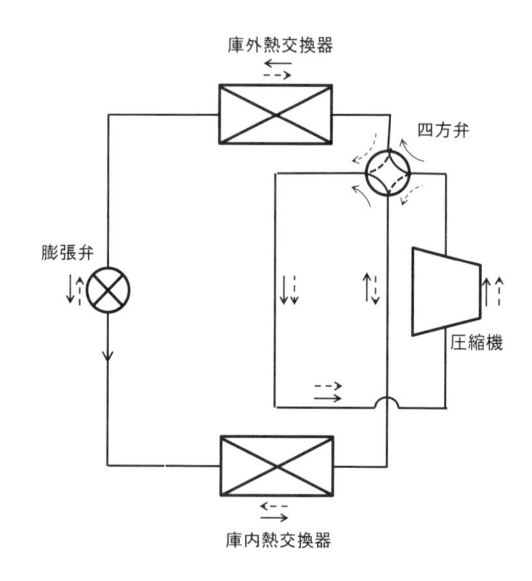

図 6.11-12　高圧ホットガスリバースサイクルを
用いたデフロスト冷媒回路

(2)　蒸発器外側からの加熱によるデフロスト方法

蒸発器を外側から加熱する方法としては，オフサイクルデフロストや電気ヒータによるデフロストが用いられる．オフサイクルデフロストは蒸発器のファンを稼働させたまま，冷媒供給を休止し，荷室内の空気で蒸発器を温めることで除霜する．この方法は荷室内空気温度が概ね 5 ℃以上でないと用いることができないが，デフロスト中に積極加熱しないため，荷室内の温度上昇が緩やかでかつ，蒸発器のファンを稼働させ続けられることと，デフロストのために必要な追加冷媒回路や電気回路が少なく制御も簡単であるという利点がある．

電気ヒータによるデフロストは，蒸発器に近接設置した電気ヒータに通電し外側から蒸発器を加熱する．安定的に大きな加熱能力が得られるが，ヒータの温度が高温になりがちで，霜が溶けて発生した水分が蒸気になって荷室内に放出される場合がある．また，ホットガスを用いる場合と同様の理由でデフロスト中の蒸発器ファンは通常，停止する．これら蒸発器を外側から加熱するデフロスト方法の多くは，熱交換器の温度を把握しにくいため，霜がすべて融けると推定される時間でタイマによりデフロストを終了することが多い．

(3)　デフロスト制御法

デフロストを開始するきっかけとして，従来から最も広く用いられているのは冷凍機の運転時間が一定時間に達するとデフロストを開始するタイマーデフロストである．そのほかに，蒸発器の風上～風下の圧力差増加から，熱交換器の空気圧力損失が着霜により増加したことを検知してデフロストを開始する方法や，蒸発圧力の低下から蒸発器の熱交換能力が着霜により低下したことを検知してデフロストを開始する方法もあり，これらの方法のいずれかまたは併用により，着霜による不具合が発生する前にデフロストをおこなう制御を実施している．

6.11.4　冷温自在２室同時制御

輸送対象の多様化と輸送効率向上のニーズにより，一台の冷凍車で管理したい温度の異なる商品を運搬することが多くなっており，温度の組み合わせや温度管理の要求精度などに応じてさまざまな方法で異温度荷室の実現がされている．

最も簡素な方法は，**図 6.11-13** のように，2 つ以上の荷室のうち最も温度を低く保ちたい部屋に蒸発器を設置し，そのほかの部屋との仕切部には導風ファンとガラリを設置する．これにより冷気の一部を 2 番目，3 番目に低い温度の荷室に導風することで冷凍能力を分配する．2 番目，3 番目に低い温度の荷室の温度制御は，多くの場合サーモスタットによる導風ファンの断続運転で実施している．安価で軽量なシステムにできるが，蒸発器を設置した荷室は必ず最も設定温度を低くする必要がある上に，ほかの荷室だけを運用する場合にも必ず運転しなくてはならないなどの運用上の制約が生じる．

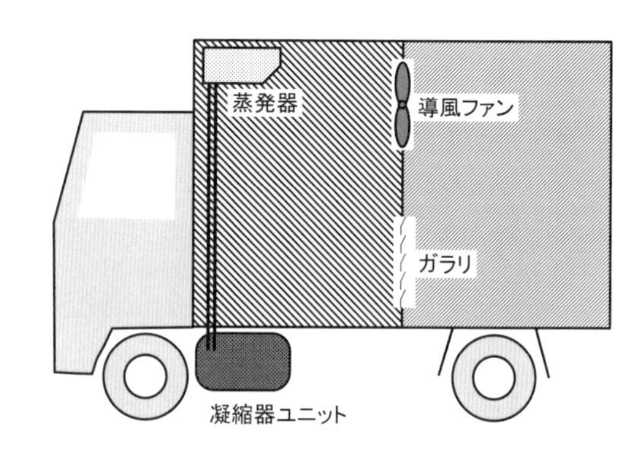

図 6.11-13　導風ファンを用いた 2 室構成

比較的古くから用いられている方法は，**図 6.11-14** のように，温度帯を分けた複数の荷室それぞれに 1 台ずつの冷凍機を搭載し，独立した温度調節をおこなう方法で，搭載スペースや重量に余裕のある大型の車両によく用いられる．必要な部屋の冷凍機だけを運転すればよく，温度制御も荷室ごとに冷凍能力を調整することができるために，高精度を実現しやすい利点がある．反面，重量が重く，価格が高くなりがちで，運転席の操作パネルは冷凍機ごとに複数設置されるなど，操作が煩雑になる難点がある．

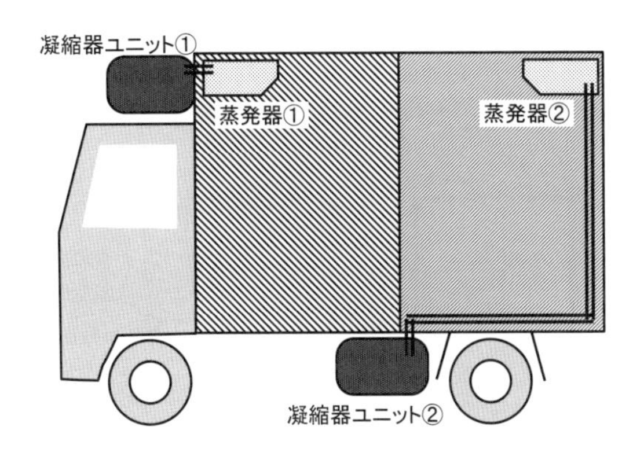

図 6.11-14　各荷室 1 台ずつの冷凍機を搭載した 2 室構成

最近は，**図 6.11-15** のように，荷室内の蒸発器のみ荷室の数だけ設置し，荷室外の圧縮機や凝縮器ユニットは 1 台で複数の蒸発器に対応するシステムを構築したものが大半を占めるようになった．庫外側ユニットが省スペースとなることや，少ない台数の蒸発器で運転する際も庫外ユニットの凝縮器全体を使うため，凝縮圧力を低く抑えることができ，サイクル効率の高い運転ができる利点がある．反面，電磁弁や膨張弁の制御が考慮不十分であると，能力分配が熱負荷と合致せず特定の部屋がなかなか冷えないなどの問題が発生する難点がある．複数台の蒸発器への冷凍能力分配には，各荷室への冷媒供給を電磁弁などにより交互におこなうことが多い．各荷室に冷媒を供給する時間配分は，あらかじめ設定した一定時間である場合や，設定温度や庫内温度などから随時荷室ごとに必要能力を算出して自動的に決定する場合などがある．電子膨張弁を装備した冷凍機では複数の電子膨張弁の開度を必要能力に応じて個々にコントロールし，冷媒分配制御をおこなう場合もある．さらに，複数ある各蒸発器出口に可変絞りを設置すれば蒸発器ごとに異なる吹出温度を安定的に実現しやすいが，コストや効率面から実際に採用されることは少ない．

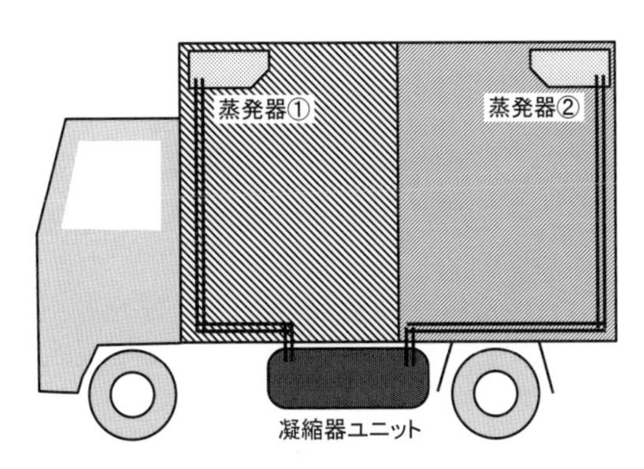

図 6.11-15　各荷室 1 台ずつの蒸発器と凝縮ユニット 1 台を搭載した 2 室構成

複数荷室を持つ場合には，荷室が外気温度よりも高い設定温度となり，加温が必要とされることも多い．そのため，**図 6.11-16** のように加温時にエネルギー効率が高くなるヒートポンプが採用されるようになってきた．ヒートポンプを採用する際に冷凍能力を必要とする荷室で吸熱し，加温能力を必要とされる荷室に放熱する冷凍サイクルを構成し，荷室間の熱需要バランスが合っていないときには庫外側ユニットを凝縮器にも蒸発器にも使用できるよう，冷却加温自在ヒートポンプとした冷凍機もある．冷却加温同時運転時には非常に高いエネルギー効率が得られる利点があるが，配管や制御が複雑になるのと，庫外側ユニットを蒸発器として使用した場合に熱交換器に着霜するためにデフロストなどの対応が必要となる難点がある．

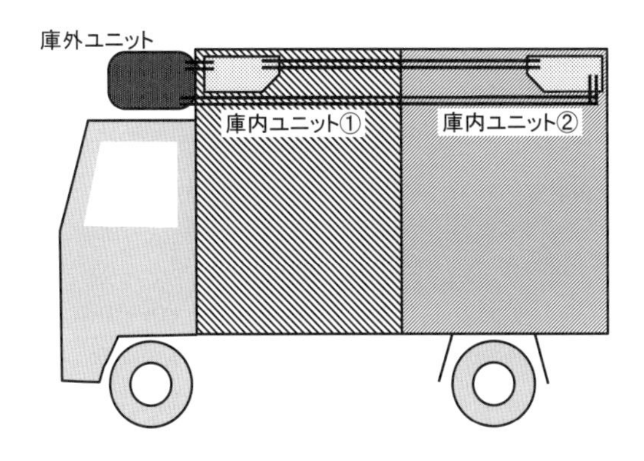

図 6.11-16　ヒートポンプを採用した 2 室構成

6. 11. 5　次世代車対応 [*6, *7]

冷凍車にも，ハイブリッド車やアイドルストップ機能付車が採用されるようになり，また，それ以外の車であっても，環境問題への配慮から停車中には多くの場合，車両のエンジンを止める運用がされるようになった．そのため，車両のエンジンが停止していても輸送用冷凍機が運転可能なシステムや，車両が回生などで得た電力や夜間に商用電源から得た電力を活用できる冷凍機が増加している．これらの車両とは 6.11.1 項（3）の電気駆動式を組み合わせることで，省エネ性，環境適合性，温度制御性などの面でさまざまなメリットを出しやすい．ただし，これらのメリットを出すためには，従来のように完成した車両に冷凍機を後架装するだけでは十分ではなく，車両のエネルギーマネジメントと冷凍機のエネルギーマネジメントを協調して制御するために，きめ細かな通信を車両と冷凍機が相互におこなうことや，開発時点で車両と冷凍機相互の特性を把握して制御を構築する必要がある．

参　考　文　献

*1)　日本冷凍空調学会「冷凍空調便覧」，第 6 版，第 4 巻 食品・生物編，pp.419-425，東京（2013）．

*2)　取扱説明書（TDJS シリーズ）：三菱重工業（株），(2014).

*3)　取扱説明書（TU100SA）：三菱重工業（株），(2013).

*4) 取扱説明書（TFV2000D）：三菱重工業（株），(2015).
*5) 石渡憲治：「フロン冷凍装置とその制御」，改訂増補版，pp.74-84，（社）日本冷凍協会，東京（1980）.
*6) 渡辺泰：日本機械学会誌，**116**（1132），44-46（2013）.
*7) 渡辺泰：環境と新冷媒国際シンポジウム 2014 テクニカルセッション論文集，pp311-312，神戸（2014）.

（渡辺　泰）

6.12 冷蔵庫

6.12.1 家庭用冷蔵庫の変遷

図 6.12-1 に家庭用冷蔵庫の変遷の一例を示す．1932 年に発売した冷蔵庫第 1 号機は，1 ドアで内容積は 112 L だったものが，1971 年には冷凍室を分離した 2 ドアタイプで，内容積は 165 L となり，のちに内容積は 260 L に拡大した．ライフスタイルの変化に合わせ，内容積拡大と共にドアの複数化が進んできた．冷凍食品の消費量増大に応えて，2005 年には冷蔵庫の中段に冷凍室を配置した冷蔵庫を発売し，冷凍室容量の拡大と使い勝手の向上を図っている[1]．

内容積の拡大とドア複数化の流れは，国内の家庭用冷蔵庫の大きな特徴のひとつで，内容積が大きいクラスでは，冷蔵室のドアが両開きの 6 ドア冷蔵庫の割合が増えている．狭いキッチンスペースでも使いやすい両開きタイプの冷蔵室，自動製氷や急速冷凍に代表される新機能の追加によることが，ドア複数化を進める要因となっている．

また，国内では冷蔵庫の設置スペースが限られてくる場合が多いので，外形寸法は従来並みとし，内容積拡大と省エネルギー性能も同時に向上させた冷蔵庫の技術開発が大きなポイントになる．

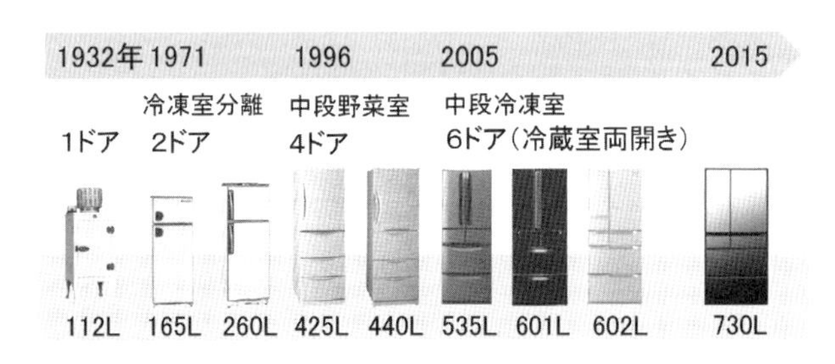

図 6.12-1　家庭用冷蔵庫の変遷

6.12.2 冷蔵庫の基本構造

図 6.12-2 は冷蔵庫の概略構造で左側に冷蔵庫の正面図，右側に A－A 断面図の一例を示している．**図 6.12-3** は冷気風路の模式図である．

この例では，各冷却室の構成は上から冷蔵室，冷凍室，野菜室の順番で，冷蔵室と冷凍室，および冷凍室と野菜室はそれぞれ仕切壁によって区画されている．また，冷蔵室は左右両開きの観音ドアで，冷凍室は製氷室を含めて 3 つのドアで分割され，合計で 6 枚のドアで構成されている．冷凍室の背面側に蒸発器（冷却器）を設け，その上部に備えた庫内ファンによって冷蔵室冷気風路，および冷凍室冷気風路を介して，それぞれ冷蔵室と冷凍室に冷気が供給される．

冷蔵室と冷凍室に設けた温度センサによって，冷気風路の途中に設けた冷蔵室ダンパと冷凍室ダンパを用いて冷気の供給量を調整し，それぞれの温度を制御している．野菜室も同様に，野菜室の温度センサと野菜室ダンパ（図示なし）を設けて，野菜室の温度調整をおこなっている．なお，冷蔵室，冷凍室，野菜室を冷却した冷気は，それぞれの冷気戻り風路によって再び蒸発器に戻されて庫内を循環している．

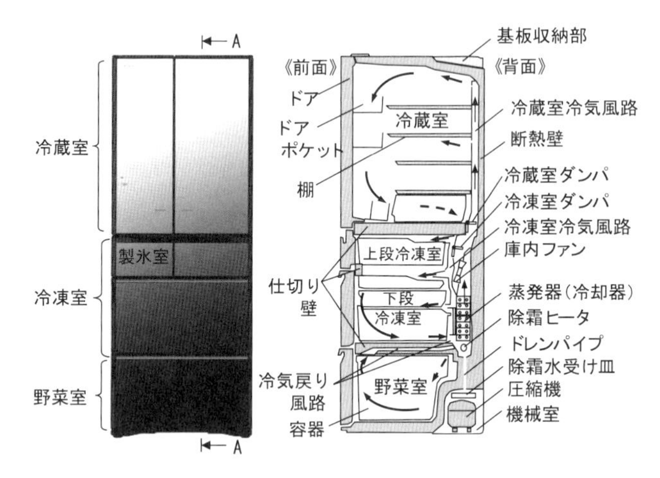

図 6.12-2　冷蔵庫の概略構造

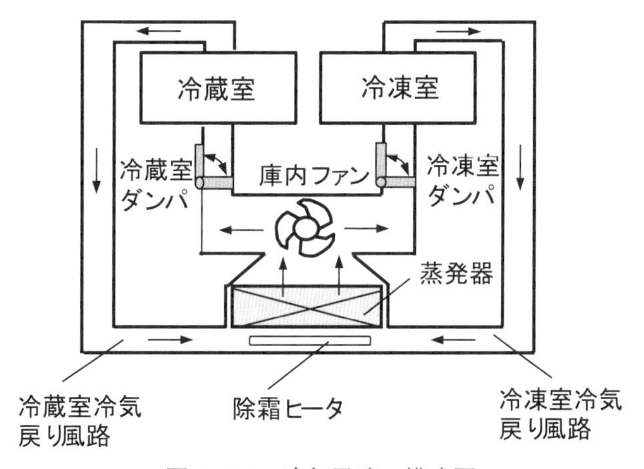

図 6.12-3　冷気風路の模式図

冷蔵庫の蒸発器は，冷凍室を冷却できるように－20 ～－25 ℃程度の蒸発温度にしているため，蒸発器に霜が成長する．成長した霜は冷却性能を悪化させるため，定期的に蒸発器下部に設けた除霜ヒータを用いて霜を融かしている．

除霜運転中に生じた除霜水は，ドレンパイプを介して圧縮機上部に設けた除霜水受け皿に排出され，圧縮機などの熱によって加熱されて大気中に蒸発する．

図 6.12-4 は冷蔵庫の真空断熱材の配置例である．冷蔵庫の庫内と庫外を区画する断熱壁は，少ない投入エネルギーで庫内の設定温度を維持するために重要である．冷蔵庫の断熱性能を飛躍的に向上させた真空断熱材と，ウレタンフォームを組み合せることで，省エネルギー性能の向上と設置スペースをコンパクトにした省スペース大容量化を実

現している．また，真空断熱材の芯材を熱プレスせずに内袋に入れて保持する方式を進化させ，曲げ加工が比較的自由におこなえる立体成形真空断熱材を採用することによって，冷蔵庫筐体の断熱壁形状に合わせた真空断熱材の設置ができるようになった [*1) *2)]．

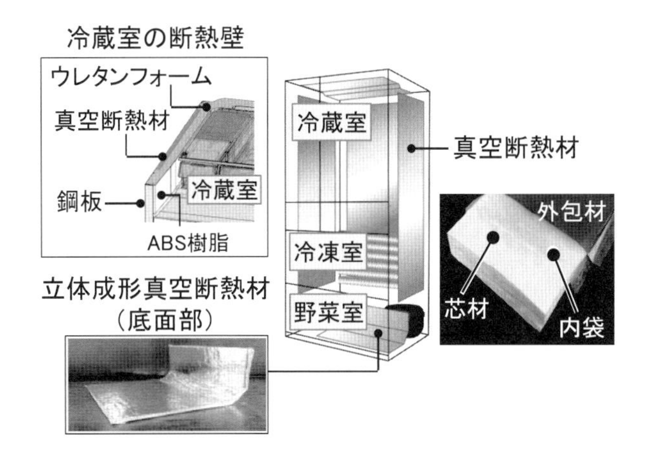

図 6.12-4　冷蔵庫の真空断熱材の配置例

6.12.3　冷凍サイクルの構成

図 6.12-5 は冷蔵庫用の四方弁を採用した場合の冷凍サイクルの概略，**図 6.12-6** は各凝縮器の概略配置，**図 6.12-7** は結露防止パイプ周辺部の概略である．冷蔵庫の凝縮器（放熱器）は，複数に分割されていることが特徴の一つである．圧縮機によって圧縮された冷媒は，機械室に設けたフィンチューブ式の凝縮器 1 で機械室ファンによって送風される外気と熱交換する．次に凝縮器 2，凝縮器 3 は冷蔵庫の側壁の内部に沿って配置しているので，側壁を放熱面に利用して周囲の外気と熱交換する．

図 6.12-2 の A－A 断面図に示すように，上段冷凍室と下段冷凍室が連通しており，前方には上段冷凍室のドアと，下段冷凍室のドアとそれぞれ当接する仕切壁が設けられている．図 6.12-7 に示すように，仕切壁の前面には鋼板が配設されている [3)]．鋼板表面は，上段冷凍室ドアと下段冷凍室ドアの間の隙間を介して外気と接する外壁の一部となり，冷凍室内から熱伝導で冷却されるために，加熱をおこなわない場合には結露が生じやすい箇所となる．したがって，結露を抑制するために凝縮冷媒が流れる放熱パイプ，すなわち結露防止パイプが配設される場合が多い．結露防止パイプから庫内への熱侵入を抑えるためには，外気温湿度に基づいて仕切壁前面の鋼板温度を可変させることが有効となる．したがって，図 6.12-5 では外気温湿度に基づいて仕切壁の加熱度合いを可変のため，（A）結露防止パイプ接続と，（B）結露防止パイプバイパスを四方弁によって切替えることで，仕切壁の加熱度合いを制御する．結露防止パイプ内を凝縮冷媒が流れる（A）結露防止パイプ接続では，仕切壁前面の鋼板温度は上昇し，一方，（B）結露防止パイプバイパスに冷媒を流す状態では，仕切壁前面の鋼板温度は下降する（図 6.12-12 参照）．なお，結露防止パイプを通過した冷媒は，キャピラリチューブで減圧された後，蒸発器で庫内を循環する冷気と熱交換する．蒸発器と圧縮機を接続するパイプとキャピラリチューブを熱的に接触させた熱交換部を設け，蒸発器を通過する冷媒のエンタルピー差を大きくして冷却性能を高めている．

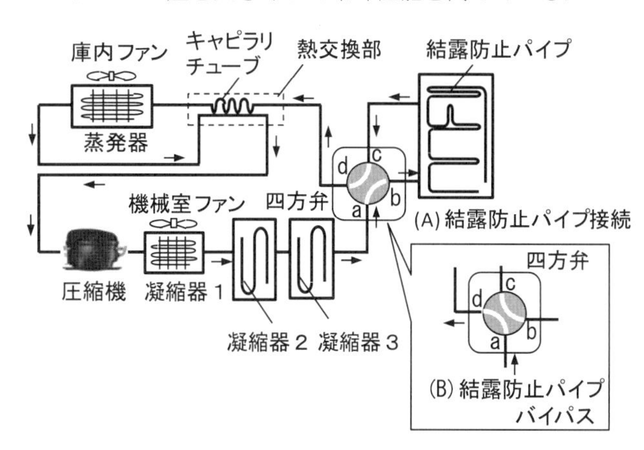

図 6.12-5　冷凍サイクルの概略

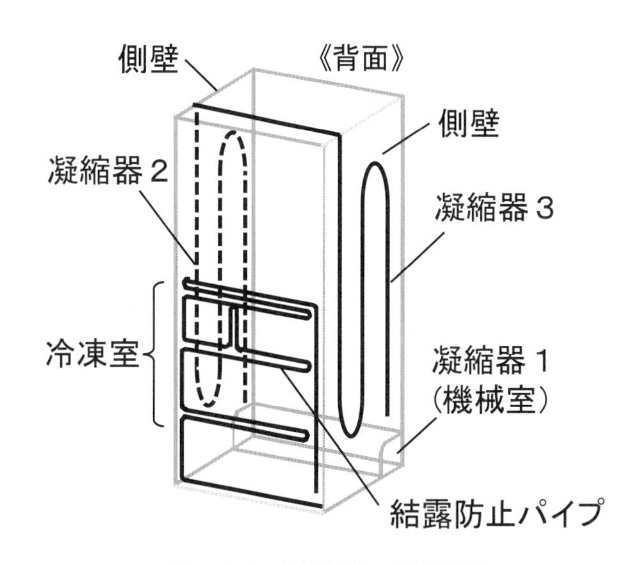

図 6.12-6　各凝縮器の概略配置

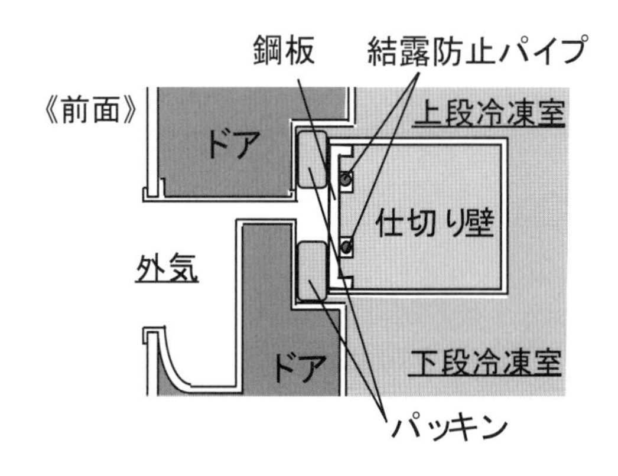

図 6.12-7　結露防止パイプ周辺部の概略

6.12.4　冷却運転

次に冷蔵庫の冷却運転の一例を挙げて説明する．**図 6.12-8** はドアの開閉などの負荷変動がない安定運転時の，冷蔵室温度，冷凍室温度，蒸発器温度の変化のイメージ図である [*4)]．また，それぞれの運転のときの庫内ファン，冷蔵室ダンパ，冷凍室ダンパ，圧縮機，除霜ヒータの動作も合わせて示している．

庫内ファンON，冷蔵室ダンパ開，冷凍室ダンパ閉，圧縮機OFFで蒸発器，および霜の蓄冷熱によって冷蔵室のみ冷却する「霜蓄冷熱運転」，庫内ファンON，冷蔵室ダンパ開，冷凍室ダンパ閉，圧縮機ONで冷蔵室のみ冷却する「冷蔵運転」，庫内ファンON，冷蔵室ダンパ閉，冷凍室ダンパ開，圧縮機ONで冷凍室のみ冷却する「冷凍運転」を1サイクルとする運転によって庫内が冷却される．また，冷蔵室ダンパ開，冷凍室ダンパ閉，圧縮機OFFで，除霜ヒータに通電しながら庫内ファンをONさせる「庫内熱負荷併用除霜」が定期的に実施される．

冷凍室ダンパを設けることによって，冷蔵室を単独で冷却することができるので，蒸発温度を高めることによる冷却効率の向上が期待できる．すなわち，蒸発温度を高めると冷媒循環量が増加して冷却能力が増えるので，圧縮機を低速にして運転することができる．

「霜蓄冷熱運転」とは，霜を有効利用した冷却運転で，霜を蓄熱体として利用（霜を冷熱源として利用）することによる，省エネルギー性能の向上を目的とした冷却運転である．

図6.12-9は霜蓄冷熱運転を実施した場合の，熱の移動を模式的に表した図である[*4]．冷凍運転→霜蓄冷熱運転→冷蔵運転の順に説明する．冷凍室，冷蔵室それぞれを所定温度に維持するために必要な吸熱量をそれぞれQ_F，Q_Rとする．冷凍運転では，冷凍室熱負荷Q_Fが冷却面（蒸発器）から吸熱される．冷凍運転終了時点の霜は，冷凍運転時の蒸発器温度に近い温度まで冷却された状態となっている．次に，霜蓄冷熱運転を実施する．冷蔵室熱負荷Q_Rの一部Q_{R1}が霜によって吸熱される．これは，冷蔵室の熱負荷の一部Q_{R1}を移動させて霜に蓄熱させたことになるので，霜はQ_{R1}の熱を蓄えた分だけ温度が上昇する．続いて，冷蔵運転を実施する．概念的には，まず，冷却面は温度が高くなっている霜から熱Q_{R1}を吸熱する．このときQ_{R1}は霜の温度が高い状態であるため，冷却面に熱が移動しやすい．したがって蒸発温度が高くなり，その結果Q_{R1}を吸熱する際の冷却効率COPは高くなる．霜からの吸熱を終えた後には，冷蔵室熱負荷QRのうち，残りのQ_{R2}が吸熱される．

以上のように，冷蔵室熱負荷Q_Rの一部Q_{R1}を，霜を蓄熱体として利用してシフトさせることで，Q_{R1}を吸熱する際のCOPを向上させることができる．

霜蓄冷熱運転を実施しない場合の電力量（圧縮機の消費電力量）を$E_{comp}(0)$，冷凍運転と冷蔵運転時のCOPをそれぞれCOP_F，COP_R，霜運転を実施した場合の電力量を$E_{comp}(1)$，霜蓄冷熱運転によってシフトされた冷蔵室熱負荷Q_{R1}を冷却する際のCOPをCOP_{R1}としてまとめると式(6.12-1)～(6.12-3)となり，$E_{comp}(1) < E_{comp}(0)$となる．なお，正確には霜蓄冷熱運転実施のために新たに庫内ファンの消費電力量が増えるが，圧縮機の消費電力量に比べて十分小さいためここでは無視している．

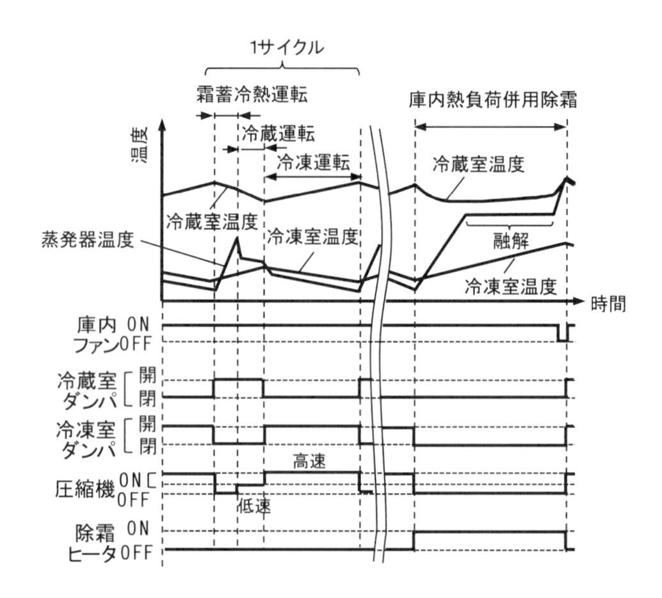

図6.12-8　冷蔵庫の冷却運転の一例

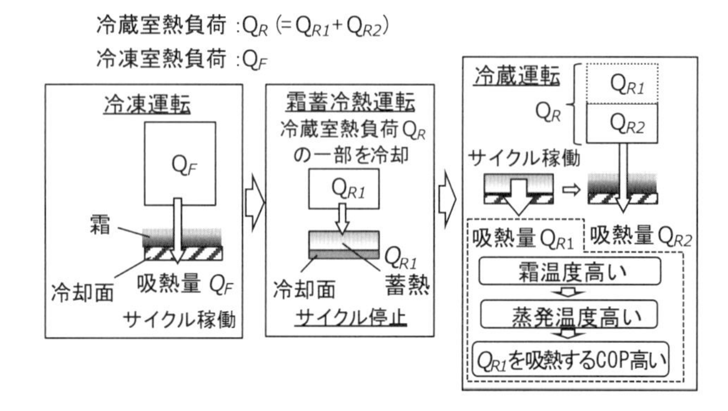

図6.12-9　霜蓄冷熱運転による省エネルギー性能向上

$$E_{comp}(0) = \frac{Q_F}{COP_F} + \frac{Q_R}{COP_R} \tag{6.12-1}$$

$$E_{comp}(1) = \frac{Q_F}{COP_F} + \frac{Q_{R1}}{COP_{R1}} + \frac{Q_{R2}}{COP_R} \tag{6.12-2}$$

$$E_{comp}(1) < E_{comp}(0) \\ \left[\because COP_{R1} > COP_R,\ Q_{R1} + Q_{R2} = Q_R\right] \tag{6.12-3}$$

6.12.5　除霜運転

図6.12-10は，庫内熱負荷併用除霜を実施した模式図である[*4]．「庫内熱負荷併用除霜」とは，庫内ファンON，冷蔵室ダンパ開，冷凍室ダンパ閉，圧縮機OFF，除霜ヒータONで冷蔵室を冷却しながら除霜を実施する除霜運転である．図中のQ_{frost}は霜，およびその周辺を加熱するために必要な熱量，Q_Rは冷蔵室熱負荷，E_{heater}は除霜ヒータの電力量を表す．庫内熱負荷併用除霜は，庫内ファンを稼働することで，霜の加熱に，Q_Rを使うことによって省エネルギー性能を高めるものである．この除霜のエネルギー収支を式で表せば式(6.12-4)となる．なお，庫内ファン

電力量は除霜ヒータ電力量に比べて十分小さいため，ここでは無視している．

$$E_{heater} + Q_R = Q_{frost} \quad (6.12\text{-}4)$$

ヒータ除霜（従来除霜）が，$E_{heater} = Q_{frost}$ であるのに対して，庫内熱負荷併用除霜では Q_R を利用する分だけ E_{heater} を低減できるので省エネルギー性能が高くなる．

図 6.12-11 は庫内熱負荷併用除霜時の，除霜開始から終了に至るまでの蒸発器温度，冷蔵室吐出空気温度，冷蔵室温度の経時変化を表す図である [*4]．時間軸は，除霜時間を除霜完了時間で除した無次元数で，（除霜時間 / 除霜完了時間）= 1 のとき，除霜運転が完了している．除霜ヒータ通電と合わせて冷蔵室への送風をおこなう庫内熱負荷併用除霜では，冷蔵室温度に対して冷蔵室吐出空気温度が低く，冷蔵室を冷却できていることがわかる．これは，霜の加熱に冷蔵室の熱負荷 Q_R が利用できている状態であり，その分，省エネルギー性が向上する．

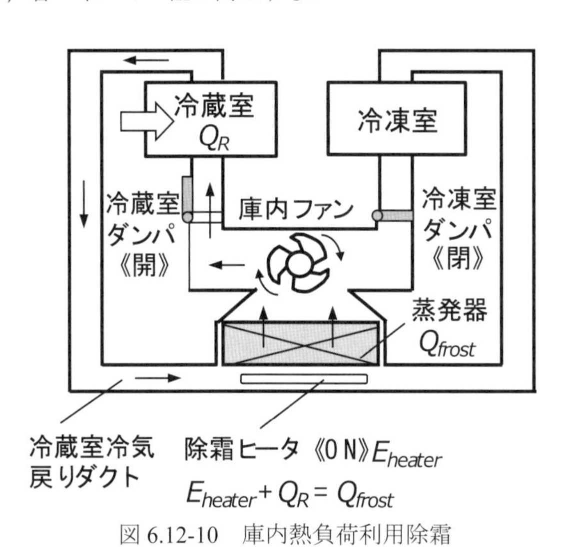

図 6.12-10　庫内熱負荷利用除霜

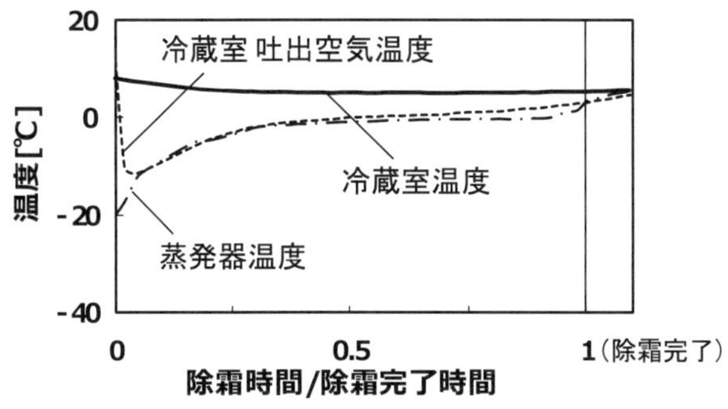

図 6.12-11　庫内熱負荷併用除霜の一例

6.12.6　冷媒流路制御

図 6.12-5 に示した冷凍サイクルでは，凝縮器 3 と結露防止パイプの間に四方弁を設け，結露防止パイプへの冷媒の流れを制御している．四方弁は流入口 a, c と，流出口 b, d を備え，各流入口と流出口を連通，または閉塞することができる．ここで四方弁の各モードにおける冷媒の流れは，以下の通りである．

(1) モード 1

結露防止パイプに冷媒を流して，仕切壁前面の鋼板（図 6.12-7 参照）を加熱する場合である．凝縮器 3 を通過した冷媒は，流入口 a から四方弁に流入し，流出口 b から流出して結露防止パイプに流れる．たとえば外気 30 ℃の場合，結露防止パイプに約 32 ℃の凝縮冷媒を流し，仕切壁前面を加熱して結露を抑制する．結露防止パイプを流れた冷媒は，再び流入口 c から四方弁に流入し，弁体内に設けた流路を通って流出口 d から流出し，キャピラリチューブに流れる．

(2) モード 2

結露防止パイプをバイパスさせる場合である．凝縮器 3 を通過した冷媒は，流入口 a から四方弁に流入し，流出口 d から流出してキャピラリチューブに流れる．結露防止パイプによる仕切壁前面の加熱がおこなわれないので，仕切壁を介した冷凍室への熱の侵入が抑えられる．

以上のように冷媒流路制御システムでは，四方弁によってモード 1 とモード 2 を適宜切り換えることで，結露防止パイプを用いた仕切壁前面の加熱量を制御している．

(3) モード 3

圧縮機停止時にモード 3 として，四方弁の出口となる流出口 d を弁体で閉塞する．四方弁よりも上流側の凝縮冷媒が蒸発器に流入しないようにすることで，高温の凝縮冷媒による蒸発器の加熱を抑制している．

以上，冷媒流路制御システムでは，四方弁のモード 1, 2 の切換えによる結露防止パイプの加熱量制御と，モード 3 による圧縮機停止時の蒸発器への凝縮冷媒の流入抑制により，省エネルギー性能を向上させている．以下では，このうち，結露防止パイプの加熱量制御について述べる．

図 6.12-12 は仕切壁前面（鋼板部の表面）温度の経時変化の一例である [*3]．モード 1 では結露防止パイプに冷媒を流しているので，仕切壁前面は加熱されて約 29 ℃まで温度が上昇する．所定の時刻が経過した後，四方弁をモード 2 にして結露防止パイプをバイパスさせる．この間，結露防止パイプによる加熱はおこなわれないので，仕切壁前面の温度は，冷凍室の影響を受けて約 14 ℃まで低下する．

過去の検討により，狭い隙間を介して外気と接する伝熱面の結露成長は，伝熱面に温度変動を与えると，時間平均温度が露点以下であっても結露成長が抑制されることを確認している [*3]．この現象を応用し，四方弁のモード 1 とモード 2 を切り換えて仕切壁前面の温度を変動させ，結露を抑制している．

なお，モード 1 とモード 2 の切換間隔は，周囲の外気温度や湿度によって変化する．たとえば，周囲が高湿で露点温度が高い場合は，モード 1 の時間を長くし，モード 2 の時間を短くする．これにより，結露防止パイプによって仕切壁前面を加熱する時間の割合が増えるので，結露の成長を抑制することができる．

このように，四方弁のモード 1, 2 により冷媒流路を切り換え，周囲の外気温度と湿度に応じて結露防止パイプからの加熱量を制御することで，仕切壁前面への結露を抑制しながら，冷蔵庫内への熱侵入を抑えて省エネルギー性能を向上させている．

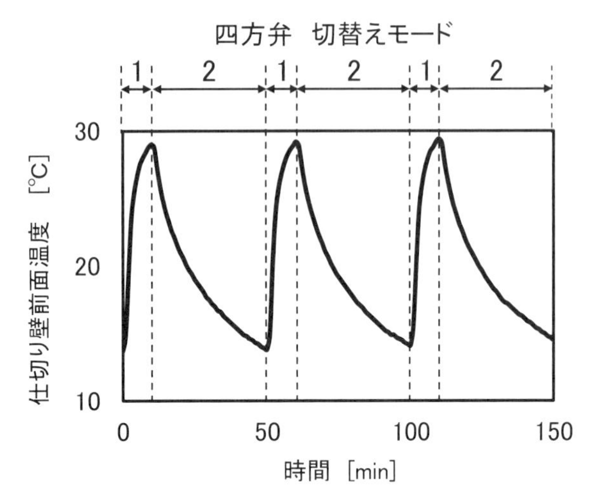

図 6.12-12　仕切壁前面温度の経時変化の一例

記　号

COP	冷却効率
E	電力量
Q	熱負荷
添字	
comp	圧縮機
F	冷凍室
frost	霜及び周辺部
heater	除霜ヒータ
R	冷蔵室
R1	冷蔵室の熱負荷の一部
R2	冷蔵室の残りの熱負荷

参　考　文　献

*1)　大平昭義，船山敦子：冷凍，**87**（1014），253（2012）.

*2)　井関崇，荒木邦成，越後屋恒：冷凍，**85**（994），646（2010）.

*3)　岡留慎一郎，大平昭義，永盛敏彦，鈴木遵自：空冷連講論，No.49，東京（2015）.

*4)　河井良二，大平昭義，中村浩和，芦田誠，石渡寛人：空冷連講論，No.13，東京（2010）.

*5)　河井良二，大平昭義，岡留慎一郎，中村浩和，板倉大：冷空講論，E321，北海道（2012）.

（大平　昭義）

6.13　給湯機

この節では，「エコキュート」※1 の愛称で親しまれているヒートポンプ給湯機について紹介する．ヒートポンプ給湯機は，電気エネルギーで冷凍サイクルを駆動して，家庭などで給湯に使用されるお湯を作る電気式の給湯機であり，火気を使用しないため，省エネで環境にやさしい給湯機となっている．

6.13.1　ヒートポンプ給湯機の構成

図 6.13-1 に一般的なヒートポンプ給湯機の構成を示す．一般的に普及しているヒートポンプ給湯機は，冷凍サイクルを搭載したヒートポンプユニットと，貯湯タンクや水サイクルを搭載した貯湯ユニットに分かれており，それぞれのユニットを施工時に水配管で接続する構成となっている．またヒートポンプ給湯機は蓄熱式の給湯機となっており，夜間に高温のお湯を貯湯ユニット内の貯湯タンクに蓄え，蓄えた貯湯タンク内のお湯を家庭などの給湯で使用するシステムとなっている．貯湯タンクへのお湯の貯湯は，タンク内の水をヒートポンプユニットに導き，ヒートポンプユニットに搭載している冷凍サイクルを使用して高温のお湯へと沸き上げし，沸き上げた高温のお湯を貯湯ユニットへ戻すことでおこなう．家庭などへの給湯は，貯湯タンク内に蓄えたお湯と水道水から供給される水を混合し，利用者の所望の温度のお湯を供給するシステムが一般的とな

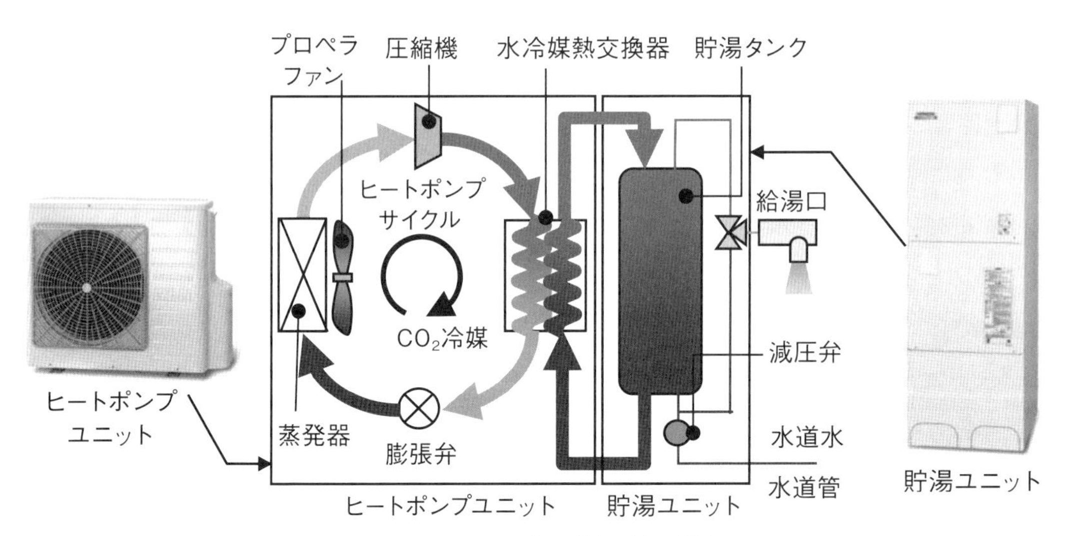

図 6.13-1　ヒートポンプ給湯機の構成

っている．また貯湯タンクでの蓄熱量は，家庭での給湯使用量を学習し，最適な蓄熱量となる様に蓄熱温度を可変（約 65 ～ 90 ℃）させており，無駄な蓄熱を抑える工夫がなされている．

6.13.2　ヒートポンプ給湯機の冷凍サイクル

お湯を沸き上げる仕事をおこなうヒートポンプユニットには，図 6.13-1 に示す通り，圧縮機，水冷媒熱交換器，膨張弁，蒸発器を環状に接続した冷凍サイクルが搭載されている．ヒートポンプ給湯機では，蓄熱量を多くするために高温（90 ℃）のお湯を作る必要があるため，使用する冷媒には二酸化炭素（CO_2）を用いた製品が多数を占めているが，フロン系冷媒（R 410A，R 32）を用いた製品も一部で製品化されている．**図 6.13-2** に CO_2 冷媒を使用した冷凍サイクルの冷凍サイクル線図を示す．図に示す通り，CO_2 冷媒の場合，圧縮機からの吐出冷媒温度を高く制御することで，高温での沸き上げを可能としている．また CO_2 冷媒はその物性上，冷凍サイクル作動時の高圧側の圧力がフロン系冷媒よりも非常に高くなる（10 MPa 以上）ので，作動時に高圧側となる水冷媒熱交換器内は，凝縮域を持たない超臨界状態となるため，水冷媒熱交換器はガスクーラとして機能している．水冷媒熱交換器内は凝縮域を持たないため，理想サイクルにおいても図中に示す通り，水冷媒熱交換器内の水温度と冷媒温度が近接するエリアが存在し，このエリアでは熱交換がほとんどなされないこととなる．このように超臨界状態で作動する CO_2 冷媒の場合，冷凍サイクル線図には，フロン系冷媒で一般的となっている *p-h* 線図よりも図に示す *t-h* 線図の方が，ガスクーラの状態の把握がしやすくなる特徴がある．

また図中に示す通り，現状の製品では理想サイクルに対して圧縮機効率や熱交換器での熱交換効率などによる乖離があるため，各メーカでは，圧縮機，水冷媒熱交換器，蒸発器といった冷凍サイクル部品の性能向上をおこない，ヒートポンプ給湯機のさらなる高効率化を図っている．

以降，CO_2 冷媒の冷凍サイクルで使用されている構成部品について紹介する．

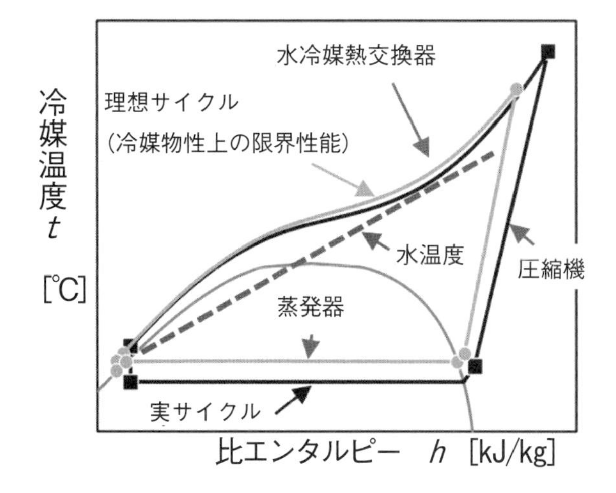

図 6.13-2　冷凍サイクル線図（CO_2 冷媒）

(1)　圧縮機

CO_2 冷媒を使用したヒートポンプ給湯機に採用されている圧縮機は，スクロール型，ロータリ型圧縮機が多い．ただし CO_2 冷媒用の圧縮機としては，レシプロ型の圧縮機も製品化されている．CO_2 冷媒は物性上，前述の通り動作時の圧力が非常に高く（10 MPa 以上）なるため，各メーカとも，高圧力に耐える設計を実施している．

(2)　水冷媒熱交換器

CO_2 冷媒の冷凍サイクルで使用される水冷媒熱交換器は，前述の通り熱交換器内の冷媒が超臨界状態となるため，ガスクーラとして機能しており，高温出湯，性能向上を考慮して，水と冷媒を対向流として流す構成が一般的となっている．**図 6.13-3** に水冷媒熱交換器の一例を示す．図に示す水冷媒熱交換器は，水管と冷媒管をコイル状に巻いたコイル型熱交換器を 4 本接続した構造となっており，水管と冷媒管は，伝熱性能を向上するために溶接されている．この熱交換器の中を水と冷媒を対向流として流し，冷媒によるお湯の沸き上げをおこなっている．沸き上げ運転時には，高効率にお湯を沸き上げるように，水冷媒熱交換器入口の冷媒温度や冷媒圧力，また水の循環流量の制御をおこなっている．

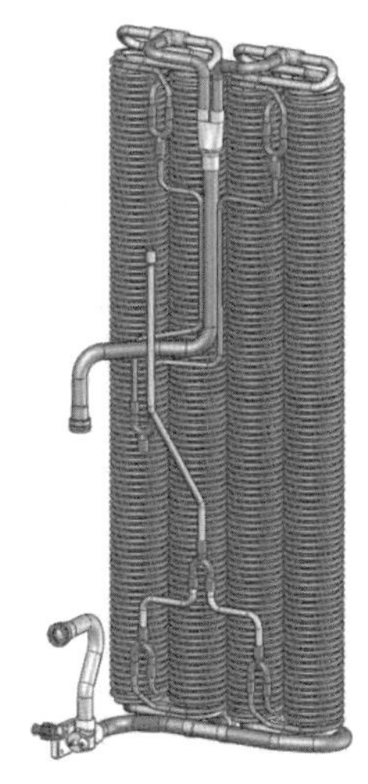

図 6.13-3　水冷媒熱交換器の一例

(3)　蒸発器

ヒートポンプ給湯機で使用している蒸発器は，**図 6.13-4** に示す通り，ルームエアコン用の室外熱交換器と同じフィンチューブ型熱交換器が採用されている．ただし，フロン系冷媒を採用しているルームエアコンに比べて，CO_2 冷媒を採用しているヒートポンプ式給湯機では，運転時の冷媒圧力がフロン系に比べて高くなるため，冷媒配管は耐圧性能を有した配管を使用している．またルームエアコンでは，冷房運転，暖房運転の相違により，室外熱交換器は凝縮器となったり蒸発器となったりするが，ヒートポンプ給湯機の場合，お湯の沸き上げ運転のみをおこなうため，ルームエアコンにおける暖房運転のサイクル構成しかないため常に蒸発器として使用されている．このため性能向上を考慮して，空気の流れに対して下流側の冷媒管に蒸発器冷媒入

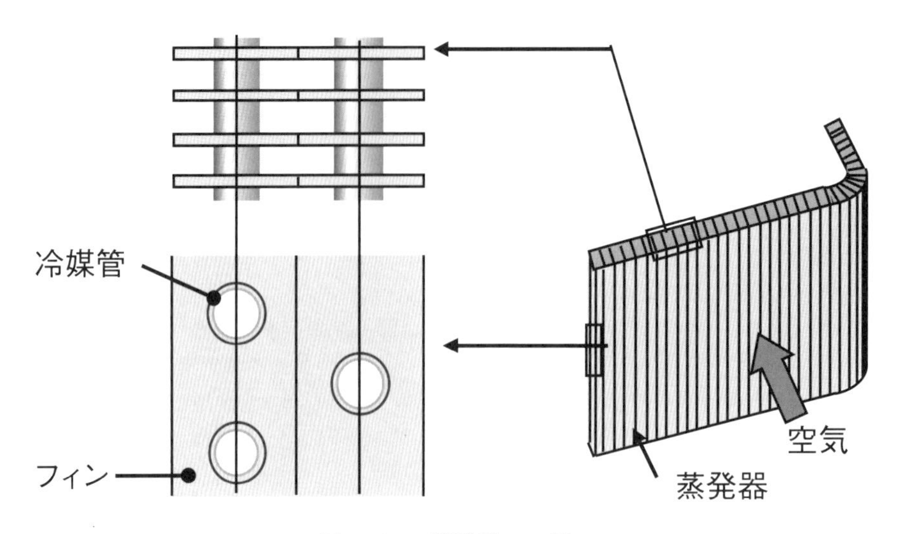

図 6.13-4　蒸発器の一例

口を設け，空気と冷媒が対向流として流れるような工夫が施されている．

6.13.3　冷凍サイクル制御

ヒートポンプユニットでは，必要とされる加熱能力を出力し，かつ水冷媒熱交換器に入水する水を所望の温度の湯に沸き上げる必要があるため，圧縮機回転数や水冷媒熱交換器を流れる水流量が最適値となるように制御をおこなっている．また膨張弁の制御は，水冷媒熱交換器の冷媒入口温度や圧力が所望の湯温に沸き上げるのに最適な条件となるように，膨張弁開度の制御をおこなっている．

CO_2 冷媒を使用した冷凍サイクルの場合，外気温度の変化や水冷媒熱交換器に流入する水温の変化により，沸き上げ運転をおこなうときの最適な冷媒量が変わるため，冷凍サイクル内に冷媒量調整容器を設けることで，運転時の冷凍サイクル内の冷媒量が最適となるように調整をおこなう技術が採用されている製品がある．

また，水冷媒熱交換器に流入する水温が上昇し，熱交換器での温度差が取れなくなった場合に発生する圧力上昇を抑えるために，冷凍サイクル内の高圧側と低圧側の冷媒を熱交換させる内部熱交換器（**図 6.13-5** 参照）を設ける技術などが採用されている．

さらに CO_2 冷媒を使用する場合，前述の通り運転時の動作圧力がフロン系冷媒よりも非常に高くなる（10 MPa 以上）ため，異常な圧力上昇に対する保護回路が設けられている．圧力保護の方式としては，圧力センサや圧力スイッチにより運転時の圧力を検出し，圧力が高くなりすぎた場合，運転停止や圧力を低下させる保護運転をおこなう技術や，圧力上昇による運転負荷を電流で検出して運転停止や保護運転をおこなう技術などが製品化されている．

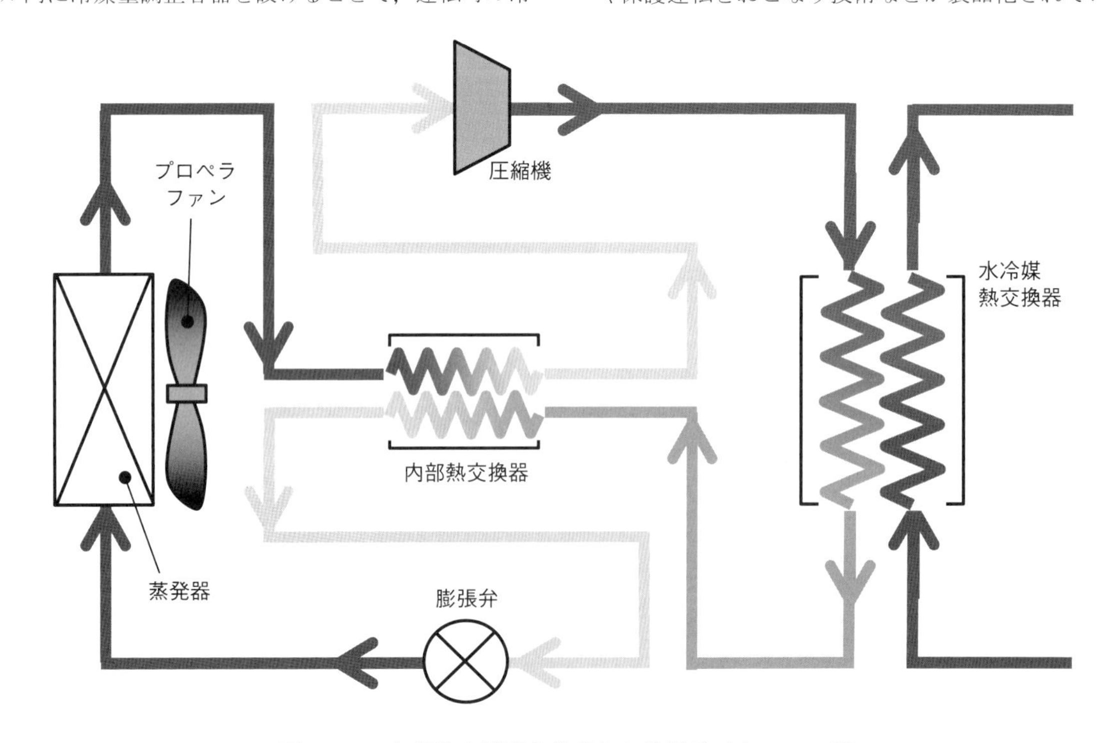

図 6.13-5　内部熱交換器を搭載した冷媒サイクルの一例

6.13.4 ヒートポンプ給湯機の水サイクル

夜間にヒートポンプユニットで沸き上げた高温のお湯を貯湯する貯湯タンクや，家庭への給湯をおこなうシステムを搭載している貯湯ユニットには，一般的に**図 6.13-6** に示すような水サイクルが搭載されている．貯湯ユニットへの水道水の供給は，お湯を貯湯する貯湯タンクの下部に水道管を接続しておこなうが，水道水圧からタンクや混合弁などの水回路部品を保護するために，水道水圧を減圧するための減圧弁が貯湯ユニット入口に取り付けられている．ヒートポンプユニットへの水の循環は，タンク下部にヒートポンプへの往き配管を設け，水循環ポンプを駆動することで水を循環させる．ヒートポンプユニットで沸き上げた高温のお湯を貯湯タンクへと戻す戻り配管をタンク上部に設けることで，ヒートポンプユニットと貯湯タンクを環状に接続した沸き上げ運転時の水サイクルを構成し，貯湯タンク内の水を全てお湯へと沸き上げることが可能となっている．またヒートポンプユニットによる沸き上げ運転の際，高温の湯を貯湯タンクへと戻すため，貯湯タンク内の圧力が上昇し，タンクが破損する恐れがある．このため，貯湯タンクを保護するために，タンク内の圧力が規定値以上となったときに作動し圧力を低下させる逃がし弁が設けられている．家庭内への給湯や風呂湯はりは，貯湯タンク上部から供給される高温のお湯と水道水を混合させる混合弁により，所望の給湯・風呂温度に調整しておこなう構造となっている．

以降，貯湯ユニット採用されている構成部品や技術について紹介する．

(1) 蓄熱方法

前述した通り，ヒートポンプ給湯機は夜間蓄熱式の給湯機である．このため，深夜電力を使用してヒートポンプユニットにより沸き上げたお湯を貯湯ユニット内の貯湯タンクに蓄熱している．貯湯タンクは蓄熱をおこなうため，タンクからの放熱を抑制する必要がある．このため貯湯タンクの周囲には，グラスウールや発泡スチロール，真空断熱材，ウレタンフォームなどで構成された断熱材を設けて放熱の低減をおこなっている．

給湯をおこなう際は貯湯タンク内に蓄熱したお湯を使用するが，タンク内のお湯を流出させるために，給湯のたびに貯湯タンク下部からは水道水からの水が給水される．このとき，タンク内へ水を配管からそのまま給水すると，**図 6.13-7** に示す通り，給水の流れがタンク内を攪拌してしまうため，上部にあるお湯と給水された水が混ざり合い，お湯の温度が低下して中温水が増えてしまい，給湯使用量の低下やヒートポンプユニットの効率低下が発生してしまう．このタンク内の攪拌を抑えてタンク内に温度成層を形成するために，タンク下部の給水管取付位置にバッフル板を設けるなどの技術が採用されている．またヒートポンプユニットによる沸き上げ運転のときは，タンク上部にあるヒートポンプユニット戻り配管から高温の湯がタンク内に流入してタンク内の攪拌が発生するため，戻り配管接続口には下部と同様にバッフル板などを設けて温度成層を形成する工夫もなされている．

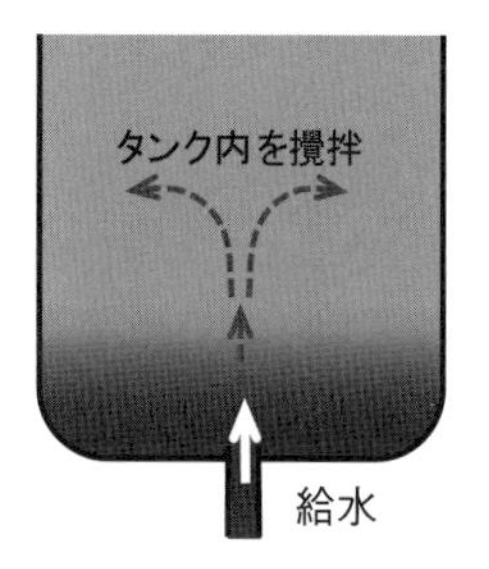

(a) バッフル板なし

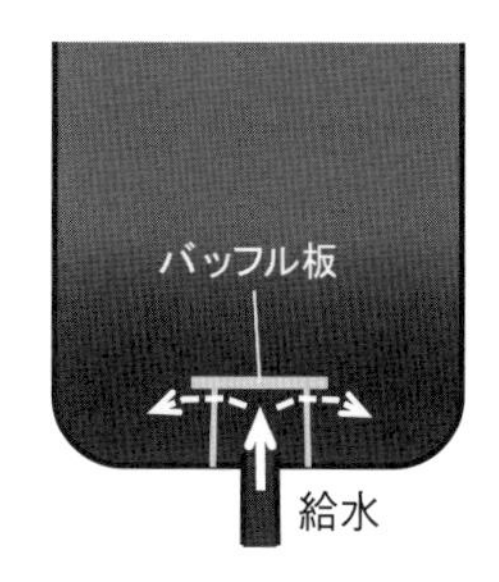

(b) バッフル板あり

図 6.13-7 貯湯タンク内の温度成層形成の工夫

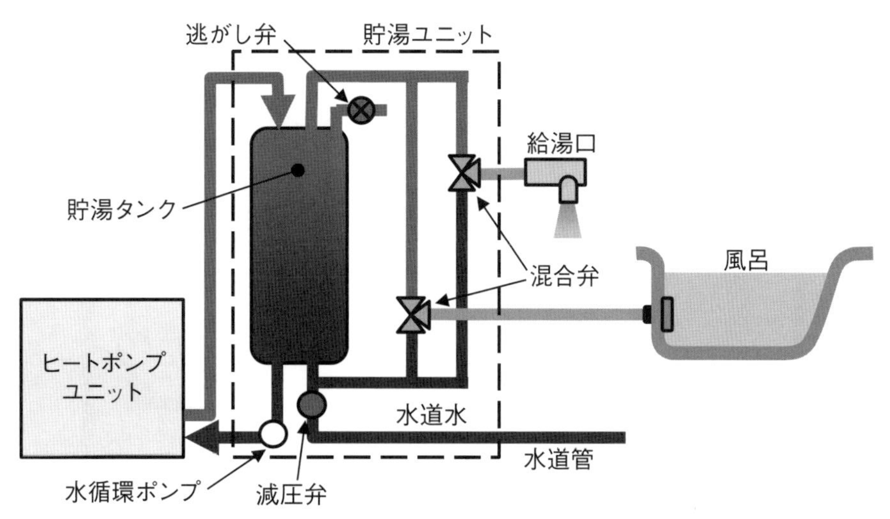

図 6.13-6 ヒートポンプ給湯機の水サイクル

(2) 給湯回路

ヒートポンプ給湯機からの給湯は，貯湯タンク内の高温の湯をそのまま給湯する製品もあるが，貯湯タンク内で使用者の所望の温度に調節して給湯をおこなう方式を採用している製品が一般的である．このとき，給湯温度の調整は**図 6.13-8** に示す通り，貯湯タンク内の高温の湯と水道水を混合弁で混ぜることによりおこなう．この場合，貯湯タンク保護のため，水道水圧を低下させる減圧弁を通った後の水を使用する．したがって使用者がお湯に触れる給湯口での給湯水圧が低くなる課題があるため，**図 6.13-9** に示すような，給湯の水圧を下げない工夫をした技術も製品化されている．図 6.13-9 に示す給湯方式の場合，給湯に使用する水は，水圧を低く抑えるための減圧弁などの部品を通らず，水道水を直接，水−水熱交換器へと導く構造とし，同じく水−水熱交換器へ導かれた貯湯タンク内の高温の湯により熱交換器内で加熱する構造となっている．給湯に使用する水は圧力の低下が少なくなり，給湯時の水圧を高い状態に維持することが可能となっている．この方式では，貯湯タンクと水−水熱交換器を接続する配管の途中に循環ポンプを設け，この循環ポンプによる貯湯タンク内のお湯の循環流量を調整することにより水道水を加熱するための熱量の調整をおこない，水−水熱交換器に流入する水道水を所望の給湯温度に調整して給湯をおこなっている．また水−水熱交換器の温度効率を高くするため，それぞれの水流路は対向流で構成されている．

また，貯湯タンク内には放熱や給水時の攪拌の影響により，中温水（約 40 ～ 60 ℃）が発生する．ヒートポンプ給湯機では，貯湯タンク内のお湯の沸き上げには冷凍サイクルを使用しているため，ヒートポンプユニットへ流入する水の温度が上昇すると，水冷媒熱交換器での冷媒の入口・出口温度差が取れなくなり，沸き上げ効率が低下してしまう．また給湯で使用できない中温水（40 ℃未満の温水）が増加すると，家庭で使用できる給湯量も低下してしまう．このような事象に対応するため，中温水を減らすことを目的に，給湯に使用するお湯をタンクから取り出す取出口をタンク上部に加えてタンク胴部に設け，貯湯タンク内に給湯やふろ湯はりに利用することができる中温水がある場合，取出口をタンク上部から胴部へと切り替えて，中温水を積極的に給湯で使用する技術も製品化されている．

(3) 風呂回路

近年の給湯器では，台所や洗面・浴室などへの給湯だけではなく，お風呂の湯はり機能や追い焚き機能を設けている製品が一般的になっており，ヒートポンプ給湯機でも同様の機能を設けている．ヒートポンプ給湯機で採用されている風呂回路の一例を**図 6.13-10** に示す．図 6.13-10 に示す通り，お風呂へ湯はりをおこなう場合は，貯湯タンクの湯と水道水から供給される水を混合弁で混合して所望の温度へ調整した後，ふろ電磁弁を開放することでお風呂への湯はりをおこなう．この湯温調整の方法は，図 6.13-8 で紹介した給湯温度の調整と同様の技術を用いており，図 6.13-9 で紹介した水−水熱交換器を用いた湯温調整技術を搭載したヒートポンプ給湯機も製品化されている．また，使用者が所有しているお風呂の大きさをマイコンに記憶し，使用者が指定した所定の風呂湯量の風呂湯はりが完了したら，ふろ電磁弁を封鎖して湯はりを完了させる技術を搭載している製品が一般的である．

お風呂の追い焚きは，貯湯タンク内の高温の湯を熱源として，ふろ追焚熱交換器にて浴槽水を加熱しておこなう．浴槽水の循環は，ふろ追焚ポンプを駆動しておこなう．図 6.13-10 には，ふろ追焚熱交換器を貯湯タンク内部に設け，貯湯タンク内の高温の湯と浴槽水が熱交換する構造を一例として示したが，ふろ追焚熱交換器を水−水熱交換器として貯湯タンクの外部に設け，水−水熱交換器に浴槽水と貯湯タンク内の高温の湯をそれぞれ導いて熱交換させることで浴槽水を加熱する技術も製品化されている．

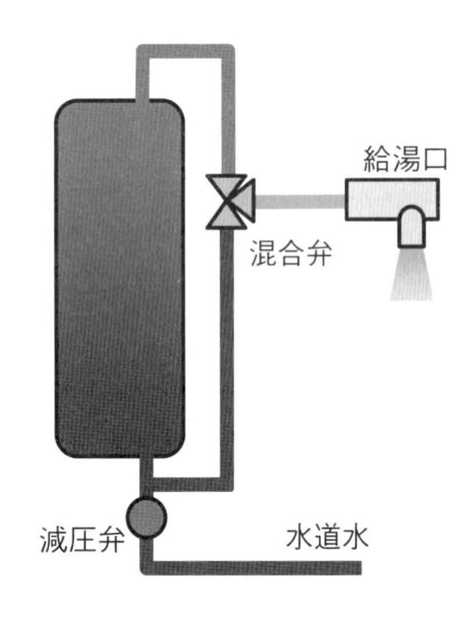

図 6.13-8　一般的な給湯方式

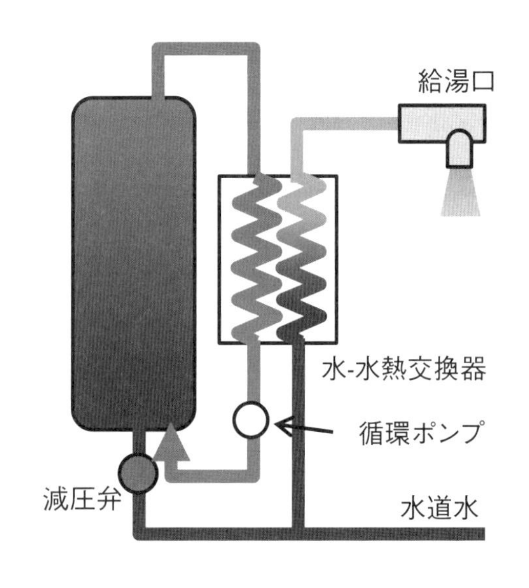

図 6.13-9　給湯水圧が高い給湯方式の一例

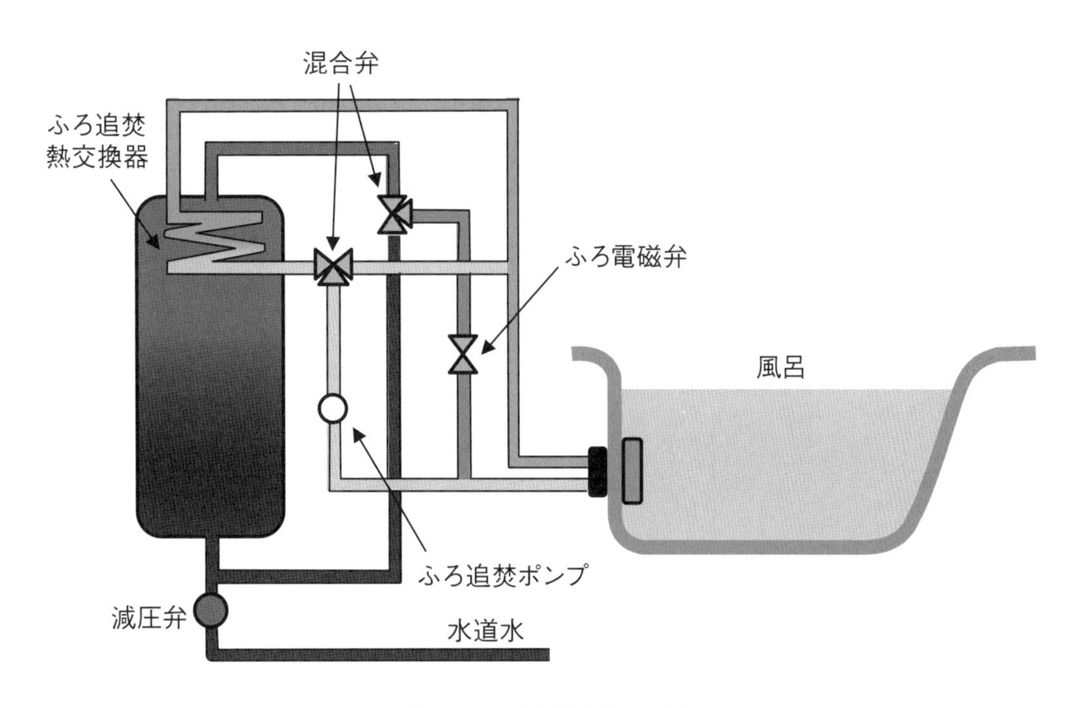

図 6.13-10　風呂回路の一例

6.13.5　ヒートポンプ給湯機の応用製品

ヒートポンプ給湯機の応用製品として，給湯機能に加え，温水床暖房機能を設けたヒートポンプ給湯機が製品化されている．また床暖房ではなく，温水パネルヒータが接続可能なモデルもある．この温水床暖房機能のみに特化した製品も商品化されており，フロン系冷媒を使用してエアコンと併用したモデルも商品化されている．

一般的なヒートポンプ給湯機は夜間蓄熱機器として製品化されているため，貯湯ユニット（約 300 ～ 600 L の貯湯タンク）に組み合わされるヒートポンプユニットの加熱能力は 4.5 ～ 7.5 kW で構成し，各電力会社が定めている深夜時間内でお湯を沸き上げているが，貯湯タンクのサイズが小さいモデルでも約 300 ～ 400 L となるために貯湯ユニットには相応のサイズが必要となる．このため，貯湯ユニットを設置するためにはスペースの確保が必要となるので，製品据付上の制約となってしまうことがある．この制約を解消するために，省スペースに貯湯ユニットを設置できる様に貯湯タンクを小型化し，不足する蓄熱量を補うために大加熱能力の冷凍サイクルを組み合わせた製品も商品化されている．さらに 23 kW の加熱能力を有する冷凍サイクルと小型タンクを組み合わせて，給湯時に冷凍サイクルにて所望の温度のお湯を作り，冷凍サイクルが所定の能力を発揮するまでの間，小型タンクからお湯を供給するシステムを搭載した，瞬間式ヒートポンプ給湯機も製品化されている．

※1　「エコキュート」の名称は関西電力㈱の登録商標で，自然冷媒ヒートポンプ式電気給湯機を総称する愛称．

（北村　哲也）

6.14　ターボ冷凍機

6.14.1　基本構成

ターボ冷凍機は冷温水を熱媒として熱を供給する熱源機で，冷凍能力 100 USRT（350 kW）から 5000 USRT（17.6 MW）を超える大容量の機器である（USRT：冷凍トン / 1 USRT = 3.52 kW）．冷却水を用いて大気に熱を排出しながら冷水を供給する冷専機，排熱など熱源を利用して温水を出力するヒートポンプ，冷水を出力しながら，相当する排熱量の範囲で温水を同時出力する熱回収式がある．本節では，主に冷専機について示す．ターボ冷凍機は，工場熱源や地域熱供給などの大規模空調熱源に多く用いられている．外観と冷凍サイクルの系統図を**図 6.14-1**, **図 6.14-2** に示す．

図 6.14-1　ターボ冷凍機の外観（R 134a 機の例）

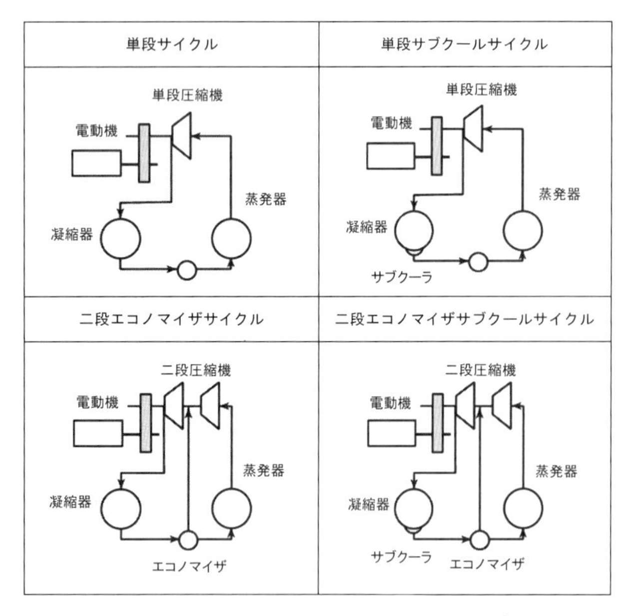

図 6.14-2　代表的なサイクル系統図 [1)]

ターボ冷凍機の主な構成要素は**図 6.14-2** の二段エコノマイザサイクルを見ると二段圧縮機，蒸発器，凝縮器，エコノマイザ，サブクーラ，図中には示されていないが膨張弁，ホットガスバイパス弁，潤滑油系，抽気装置（低圧冷媒に限る），制御装置，そして圧縮機を駆動する電動機起動盤またはインバータ盤であって，これらに加え冷媒，冷凍機油を用いる．外観は鋼管，鋼材を用いた溶接構造となっている．

汎用機種の場合，図 6.14-2 の単段サイクルが採用され単段圧縮機が用いられ，各熱交換器は相対的に小さく各種制御弁などが省略されることが多い．冷水温度制御はフィードバック制御である．一方，高性能機の場合，図 6.14-2 の二段エコノマイザ-サブクールサイクルが採用され，二段圧縮機が用いられ，熱交換器は相対的に大きく，エコノマイザに加えサブクーラも用いられる．より追従性のよい冷水温度制御を実現するために，各冷水 , 冷却水温度センサや簡易な流量計を備え高度な数値演算を適用することで膨張弁ホットガスバイパス弁を制御するものもある．

(1)　冷媒

ターボ冷凍機には 1990 年頃よりオゾン層破壊係数（以下 ODP）がゼロである HFC 冷媒 R 134a が広く使用されてきた．高圧冷媒である R 134a を冷凍機に使用する場合，設計圧力 1MPaG 程度となり高圧ガス保安法・冷凍保安規則の適用を受ける．また，同法の適用を受けない低圧冷媒 R 123 も使用されてきたが HCFC は 2020 年に全廃になることもあり転換が急がれている．地球温暖化係数（以下 GWP）が 1 である低圧冷媒 R 1233zd（E）を使用した機器が 2015 年より採用されている . さらに，高圧冷媒 R 1234ze（E）も有望である．一般的には高圧冷媒は大容量，低温用途に，低圧冷媒は小容量，高温用途に適している．各種冷媒の特徴を**表 6.14-1** に示す．理論 COP は二段圧縮二段膨張サイクル , 蒸発温度 6.2 ℃ , 凝縮温度 37.7 ℃ , サブクール温度 4 K, 圧縮機断熱効率 90% にて算定したものを示す．

表 6.14-1　ターボ冷凍機用冷媒の特徴

冷媒	HFC 134a	HFC 245fa	HCFC 123	HFO 1234ze (E)	HFO 1233zd (E)
GWP※1	1300	858	79	<1	1
ODP※2	0	0	0.012	0	0
燃焼性※3	不燃	不燃	不燃	微燃	不燃
安全性分類※3 毒性許容濃度 [ppm]	A1 1000	B1 300	B1 50	A2L 1000	A1 800
大気寿命	13.8年	7.6年	1.4年	20日	26日
高圧ガス保安法	要	不要	不要	要	不要
理論COP	7.33	7.49	7.61	7.33	7.57

※1：IPCC 5次レポート（2013）※2：UNEPハンドブック 2000年版　※3：ANSI/ASHRAE 34 Designation and Safety classification of Refrigerants A1（低毒性・不燃性），A2L（低毒性・微燃性），B1（高毒性・不燃性）

(2)　ターボ圧縮機

ユニットの性能特性は圧縮機の特性による．特にインバータにより可変速制御する場合，冷却水温度や冷水設定温度にあわせて圧縮機の回転数を追従させるため，それぞれの運転ポイントで性能は大きく異なってくる（詳細は後述する）．一方，固定速機は入口ベーン制御により負荷追従するが，各運転ポイントの性能は可変速機ほど性能差異はない．（構造詳細は 2.2 節を参照）

(3)　蒸発器

一般にシェルアンドチューブ型の満液式熱交換器が採用され，チューブ側にブライン（冷水）を通水しシェル側に満たした冷媒を沸騰させることで水を冷やす．冷媒充填量は多いが非常に性能が高い．チューブ材には安定した不動態被膜により高い耐腐食を有するリン脱酸銅が用いられ，伝熱面形状は核沸騰促進管が用いられる．高性能機器では冷水出口温度と蒸発温度の差は 0.8 K 以下である．

(4)　凝縮器

シェルアンドチューブ型でチューブ側に冷却水を通水しシェル側の冷媒ガスを冷却凝縮させることで冷却水に熱を捨てる．圧縮機から流れ込む過熱冷媒ガスによる流動損失や凝縮した冷媒の液膜抵抗に配慮した伝熱管配置や液切れのよい伝熱管表面形状が採用される．高性能機器では冷却水出口温度と凝縮温度との差は 0.8 K 以下であるが，部分負荷域ではさらに温度差が小さく高性能特性を示す．チューブ材は蒸発器同様リン脱酸銅が用いられ，排熱源として海水や下水処理水とする場合チタン材などを用いる．

ヒートポンプタイプや熱回収式の場合は循環水を加熱することで温水を出力する．熱回収機では，ユニットは冷水を温度制御し，設備側で過剰となる熱を冷却水に排熱することで温水の温度制御をする．

(5)　中間冷却器（エコノマイザ）

自己膨張型，間接熱交型の 2 種の方式があり，いずれも理論サイクル効率を向上させることができ，機器性能向上に有効である．自己膨張型にはフラッシュタンクが用いられ，凝縮器からの冷媒液を減圧膨張させ，ガスは圧縮機の中間段へ，冷却された冷媒液は蒸発器へ分離される．間接熱交型ではコンパクトなプレート熱交換器が用いられ，プレートを介して一方に減圧させてガス化する冷媒を，もう一方には過冷却される冷媒液をいずれも凝縮器から導く．

(6)　膨張機構

圧力の高い凝縮器と圧力の低い蒸発器の間の圧力を維持し，同時に負荷に見合った冷媒液を流す要素が膨張機構である．直接液面に浮かべるフロート機構や液位センサを用いた制御弁が知られているが，高性能機種では制御弁前後の冷媒状態を計測演算して電動弁必要開度を求める数値演算制御が採用されている．年間を通じて冷水を供給するなど低冷却水温度まで対応する場合は膨張弁は大口径となる．

凝縮器で凝縮せずに蒸発器へ冷媒ガスがリークすると性能低下となるが，R 123 や R 245fa，R 1233zd（E）など高圧ガス保安法の適用を受けない低圧冷媒は冷媒ガスの比体積が大きく，ガスがバイパスしてもサイクル効率低下が小さいため，簡易的にオリフィスを用いる場合もある．

(7)　ホットガスバイパス

空力機械であるターボ圧縮機は低風量域ではサージ，旋回失速など不安定になる領域がある．そこで負担が小さく蒸発器からの冷媒ガス量が不足する場合，圧縮機の吐出（凝縮器）から吸込（蒸発器）に冷媒ガスをバイパスして補う機構としてホットガスバイパスがある．バイパスされる冷媒ガスは損失であるが入口ベーン機構との組合せにより必要バイパスガスを最小限に抑えることができる．膨張機構と同様にホットガスバイパス量を数値演算する手法があり，バイパス量を最小化し省エネに有効である．

(8)　潤滑油系統

圧縮機の回転軸を支持する軸受や増速機に，冷媒と相溶性のある冷凍機油を用い，給油，冷却する系統をいう．油の温度が下がると冷媒が多く溶け込み著しく粘度が低下する．そこで停止時は油タンクの油を，60 ℃程度となるようヒータにより加熱する．また摺動部を持つ入口ベーン，電動弁などにも冷媒中に溶け込む僅かな油が不可欠である．高性能機では軸受や増速機の機械損失は 1% 以下であり，冷却に必要な冷媒量も小さい．

(9)　抽気装置

R 123 など低圧冷媒では運転時の蒸発器圧力は大気圧を下回る．また冬期の停止時では機内が大気圧以下となるため，何らかのエラーがあると空気侵入する場合があり，空気を取り除く抽気装置が必要となる．

(10)　起動盤またはインバータ盤

一般に固定速の電動機に直接電源を投入すると始動時に定格の 5 ～ 6 倍の電流が一時的に生じるため，電源設備の負担が大きい．そこでスターデルタ，リアクトル，コンドルファなどのオートトランス盤，また周波数制御するソフトスタータが用いられる．また可変速機ではインバータにより徐々に昇速されるため始動時であっても定格値以下である．通常，インバータは自立盤であるが，小容量のものでは冷凍機ユニット上に設置される．

最近では期間効率の高いインバータが一般的であって，高調波・高周波に配慮する必要があり，零相リアクトル，直流フィルタ，アクティブフィルタを組み合わせて導入する．

(11)　制御装置

高性能機の場合，1 段入口ベーン，2 段入口ベーン，回転数，2 つの膨張弁，ホットガスバイパス弁と , 最大で 6 要素を数値演算制御するため，演算能力の高い CPU を用いてフィードフォワード制御により安定化させている．ターボ冷凍機では 100% 負荷時であっても冷媒が冷凍機内を一巡するのに 60 秒以上かかる．低負荷時では , さらに時間がかかることから負荷変動，温度変動に遅れを考慮した演算となっている．

操作部はオペレータの操作をサポートするため大きなボタンやモニタが用いられ，表示部がタッチパネルになっているものがある．

(12)　設置面積・質量

大容量機器であるターボ冷凍機は，設置場所や建設コストに配慮し，よりコンパクトで軽量であることが重要である．日本国内で入手可能なカタログや技術データから能力毎に整理して**図 6.14-3** 示した．コンパクトであっても性能のよいものもあるが，高性能機の質量は大きいという傾向がある．

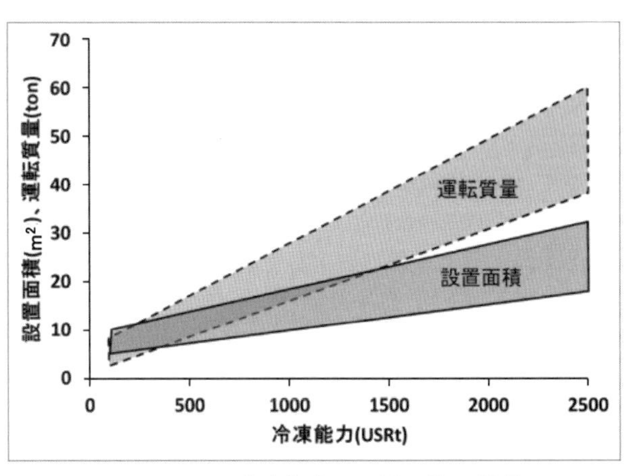

図 6.14-3　冷凍能力 - 設置面積，質量

6.14.2　性能向上制御

ターボ冷凍機の性能はCOP（JISB 8621遠心冷凍機標準性能条件：定格能力100%，冷水7℃，冷却水32℃）で表記され，高性能機は圧縮機の断熱効率，電動機の電磁気効率と熱交換器の効率がそれぞれ高い．同時に機械損失，リーク損失が小さい．一方，実際の冷房に用いられる場合の性能は，使用される地域の外気条件に見合った冷却水温度と出現頻度の高い部分負荷点に重みづけをした成績係数である期間効率（IPLV）で表記される．しかし期間効率も，一般的な空調負荷を想定したものであり，より正確に性能を把握するためには，一年を通した時間毎負荷と冷却水温度に合わせたエネルギー消費の計算を実施する必要がある．

高性能機は適用可能な最も高い技術を用いるため，製造メーカによらずCOPは近接している．一方，普及機は，比較的コンパクトな熱交換器とシンプルな圧縮機を組み合わせ，市場の価格に見合った性能となる．稼働時間や用途に合わせ適宜選択すると良い．

夏期だけではなく中間期・冬期に使用する場合にはインバータ機が，年間を通して気温の高い東南アジア・中東では固定速機が，また地域熱供給では大規模用途でありそれらを使ったシリーズカウンタフロー機が有効である（**表6.14-2**）．

表 6.14-2　性能レベル（高性能機）

	固定速機注1)	ｲﾝﾊﾞｰﾀ機注1)	ｼﾘｰｽﾞｶｳﾝﾀﾌﾛｰ機注2)
COP域	5.6～6.5	5.8～6.4	7.0
IPLV	6.0～7.2	8.9～11.7	7.19
最高COP	-	～25.4	29.1
冷却水下限	11 ℃	11 ℃	11 ℃

注1)JIS条件　冷水7out/12in℃，冷却水32in/37out℃
注2)提案条件冷水7out/14in℃，冷却水32in/37out℃，図6. 14-11参照

以下，**図6.14-4～図6.14-9**の性能特性は特徴を理解するために，市販されている機器のものを筆者が作成した．

(1)　固定速機の性能

冷水7℃，冷却水入口温度32～12℃，冷凍機負荷率100～20%の2例のCOP特性を示す．定格点性能を重視した製品の例（COP = 6.3，IPLV = 5.7）を図6.14-4に，期間効率を重視した製品の例（COP = 6.2，IPLV = 6.7）を図6.14-5に示す．いずれも冷凍能力50%付近を境界に，それ以上では圧縮機の入口ベーンにより，それ未満ではホットガスバイパス弁を併用して負荷制御する．2つのCOP特性を比較すると台数制御のしきい値となる80%付近の値が高い図6.14-5がIPLVが高いことは理解しやすい．期間効率重視の方が入口ベーンによる負荷制御域が広い．一般的には性能は定格点で示されるためCOP 6.3の仕様が選択される場合が多い．しかし前途の通り設計者はIPLVで熱源機を選ぶことが重要である．

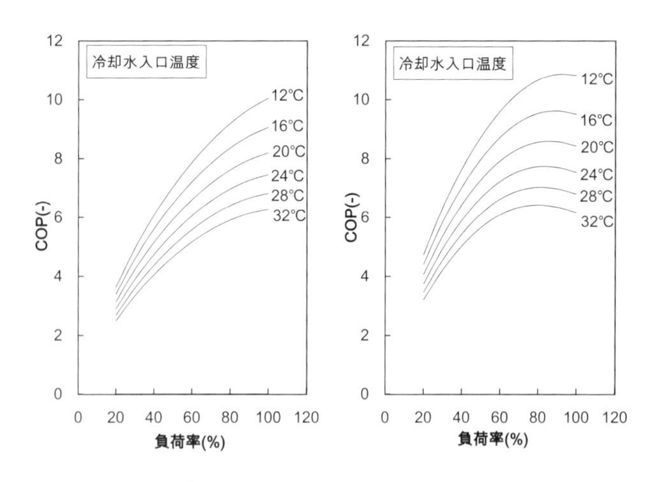

図 6.14-4　定格性能重視　　図 6.14-5　IPLV 性能重視

(2)　インバータ（可変速）機の性能

図6.14-6～図6.14-9に同一のインバータ機を異なる仕様点で用いた場合の性能特性を示す．**表6.14-3**に仕様点の一覧を示す．いずれにおいても，冷却水温度が重要であり，冷却水温度が高い条件では最大負荷域に，低い条件では低負荷領域にCOPピークがある．つまり，より高い性能でターボ冷凍機を運転するには，冷却水温度を考慮する必要がある．また，仕様点の冷水温度，定格能力が違ってくるとCOPピーク域も異なってくる．つまり性能の高い領域でターボ冷凍機を運転するには，仕様確定時にこれら特性を入手し台数制御に組み込んでおくか，または機器メーカの提供する制御機器を採用することが良い．

表 6.14-3　インバータ機の仕様

図番	6.14-6	6.14-7	6.14-8	6.14-9
能力USRT	600	700	700	700
冷水温度℃	7	7	9	15

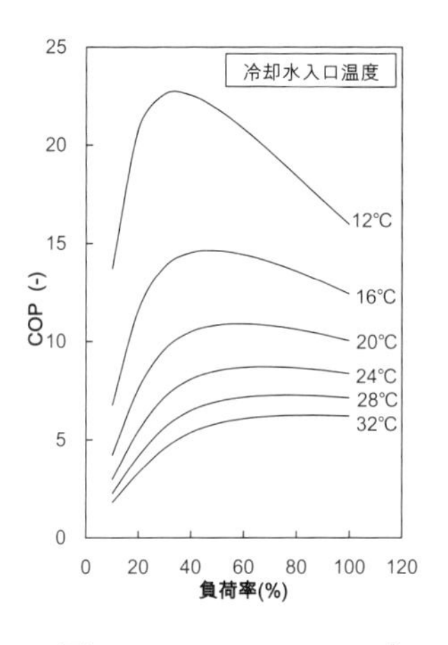

図 6.14-6　600 USRT-7 ℃

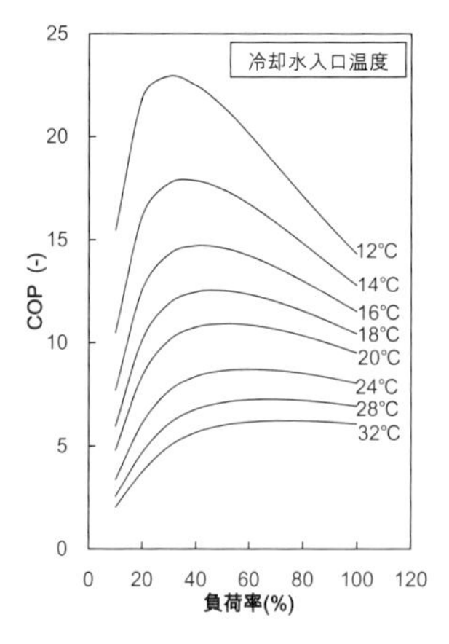

図 6.14-7　700 USRT-7 ℃

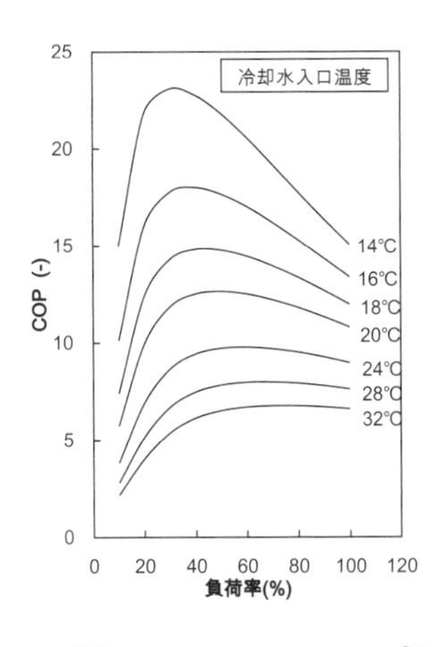

図 6.14-8　700 USRT-9 ℃

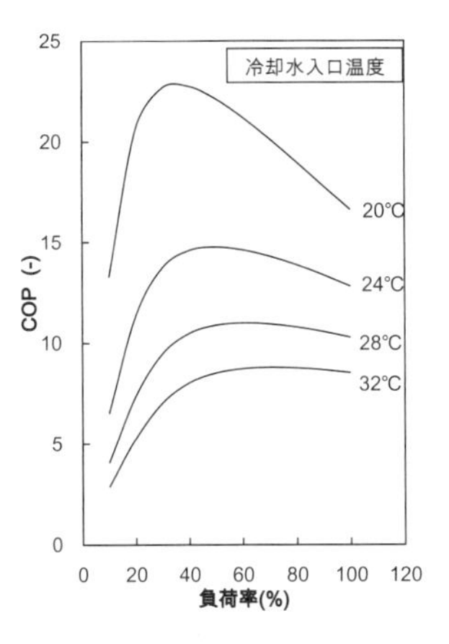

図 6.14-9　700 USRT-15 ℃

(3)　高性能領域

ターボ冷凍機が高性能で運転できる領域は，遠心圧縮機の工学的特性に依存するため，機器固有の特異な損失がなければ製造メーカに関わらず予測可能である．その手法に従って求めた高性能領域を**図 6.14-10** に示す [*1]．図中のハッチングした領域に運転点がくるよう台数制御することが望ましい．

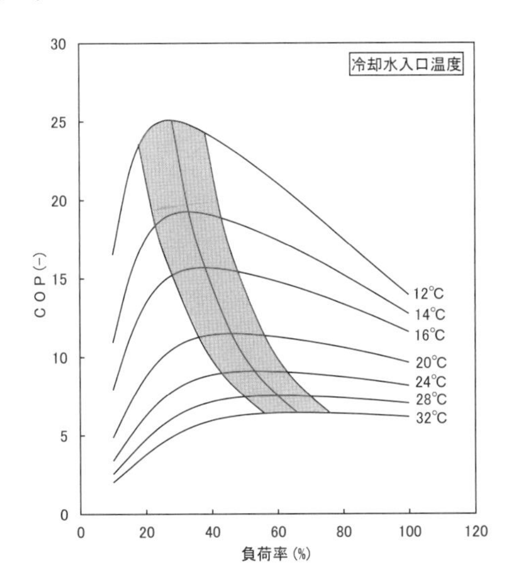

図 6.14-10　インバータ機の高性能域 [2)]

(4)　組合せによる高性能化

2 台のターボ冷凍機を水の接続方向から見て直列に配置し，一方向の冷凍機に冷水入口と冷却水出口を接続し，カウンタフローとすることで，**表 6.14-4** に示すように 1 台の場合より効率的に運用できる．特に，大規模地域熱供給の熱源システムに適している．**図 6.14-11** に接続構造を示す．

2 台のうち，冷水の下流側は 1 台運用と同じ冷水温度設定値で制御すればよく，上流側は 2 台に均等に負荷が配分されるよう冷水入口と出口温度の中間値で温調するとよい．

表 6.14-4　全シリーズカウンタフロー仕様（1 台との比較）

	1台	2台合計	(2台上流)	(2台下流)
能力 USRT	2000	2000	(1000)	(1000)
冷水温度 ℃	12/7	12/7	(12/9.5)	(9.5/7)
冷却水温度 ℃	32/37	32/37	(34.5/37)	(32/34.5)
消費電力 kW	1130	1092	(546)	(546)

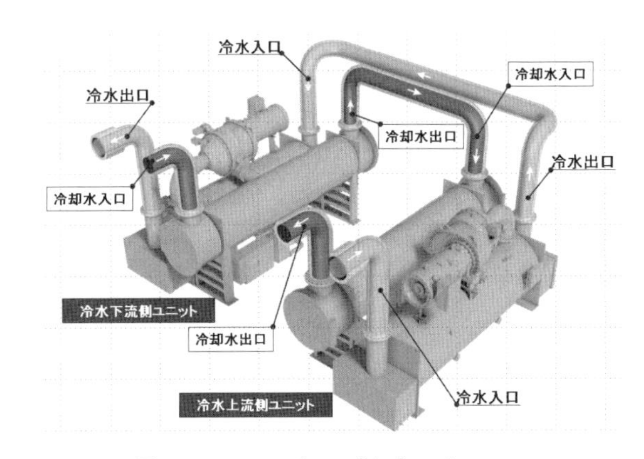

図 6.14-11　シリーズカウンタフロー

(5)　熱源システムとしてのエネルギー消費の低減

熱源システムは，冷凍機に，冷水ポンプ，冷却水ポンプ，冷却塔などの補機，バルブ，配管，そして制御システムを加えた基本構成となる（**図 6.14-12**）．つまり，冷凍機の消費電力だけでなく，これら補機の消費電力の低減が必要である．

近年の高層建築や熱供給事業では搬送距離や高さが大きく，冷水・冷却水ポンプなど補機動力が大きい．

そこで，同じ冷凍能力であっても冷水温度差を大きくし冷水流量を減らす補機動力低減が図られている．具体的には JIS で示される冷水温度差，12 ℃ / 7 ℃の 5 K に対して，実際に過半数が 14 ℃ / 7 ℃の 7 K 差である．さらに冷却水は後述する減流量制御が適用されている．

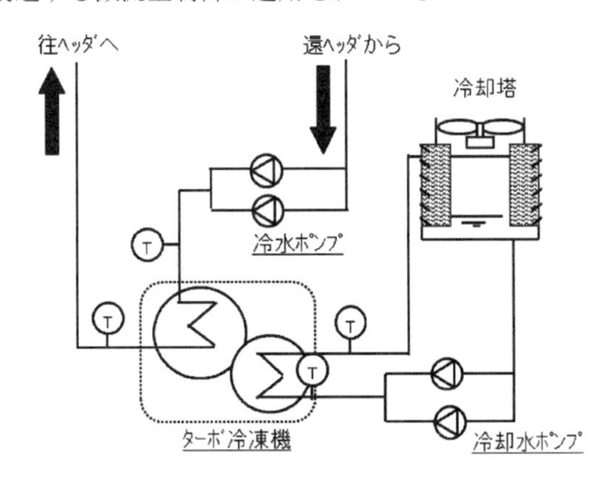

図 6.14-12　標準的な熱源システム [1)]

業務用熱源システムの年間冷房運転で消費動力を評価した場合，固定速機のみの構成よりインバータ機を含む構成の方がシステム消費電力で 19.9% の低減，ターボ冷凍機で比較すると 29.4% の低減が報告されている [*2)]．

a)　湿球温度基準性能特性

冷凍能力を冷凍機インバータ入力電力で割った前述までの COP を冷凍機 COP とし，さらに冷水ポンプ・冷却水ポンプ・冷却塔ファンの電力を加えた合計消費電力で割ったシステム COP として性能特性をみる．

部分負荷時と冷却塔性能をみるために外気湿球温度で整理した冷凍機 COP とシステム COP を**図 6.14-13** に示す．

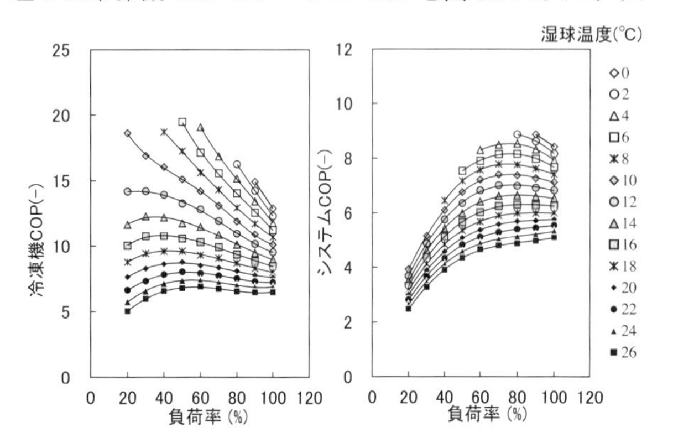

図 6.14-13　湿球温度基準性能特性 [4)]

まず，インバータ機と固定流量のポンプの構造を示す．

冷凍機 COP ではほぼ全領域で定格条件での性能を上回るが，システム COP では低負荷域で低くなっている．湿球温度・負荷率を 2 点で比較すると，26 ℃・100%，12 ℃・20% の冷凍機対補機のエネルギー消費割合が，79.4:20.6，27.4:72.6 であり，低負荷域で補機消費割合が大きく低負荷域の多い業務用空調では補機制御は重要である [1)]．

b)　補機制御

単純な熱源システムであっても，冷凍能力の負荷率に合わせた冷却水減流量制御，需要側流量要求に合わせた冷水減流量制御，外気温度や負荷率に合わせた冷却塔ファン減速制御は導入できる．複数台熱源機，冷却塔がある場合の冷却塔台数制御などがあげられる．冷却水減流量制御有／無の冷凍機 COP とシステム COP を示す．冷却流量を 100% から 5% 刻みで算定し，COP が最も高い値をプロットした（**図 6.14-14**）．冷却水流量を減じると冷却水出口温度が上昇するため冷凍機 COP は低下しているがシステム COP は良化する．

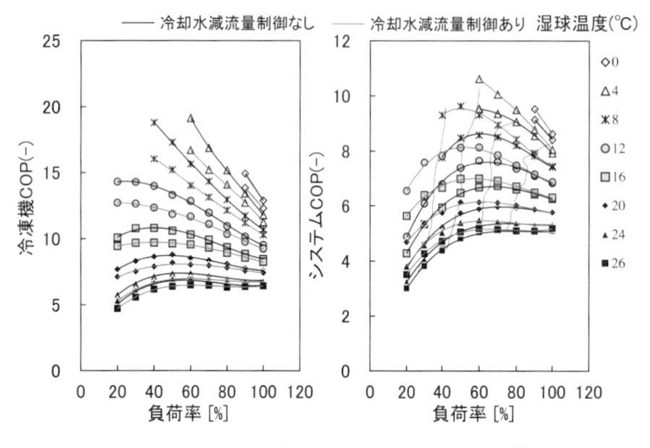

図 6.14-14　冷却水減流量時性能 [5)]

冷却水減流量割合は負荷 100% −流量 100% 〜負荷 20% −流量 50% の 2 点を線形に結んで負荷見合いで冷却水流量を減じるとよい．これらにより，前述した湿球温度 12 ℃負荷 20% 点でエネルギー消費 45.5% まで低減できる．このとき冷凍機対補機のエネルギー消費割合が 52:48 である．

複数の冷凍機にそれぞれ接続される冷却塔を連結することで 1 台の冷凍機に対して 2 倍，3 倍の熱処理量の冷却塔が運転可能となるが湿球温度 12 ℃以下では 2 〜 3 倍，それ以上で負荷が 50% を超える場合は 2 倍が，50% 未満では 1 倍の冷却塔が適当である [*3)]．ただし，多くの冷却塔に通水する場合，冷却水を均一に冷却塔内に散水するには工夫を要する．つまり冷却塔の分配器の水平設置，空気の偏流を防止など注意を払わなければ期待する性能が得られない．

6. 14. 3　ターボ冷凍機を用いたシステム構成

インバータ機は部分負担域，固定速機が最大負荷域となるよう台数制御をしながら，冷水・冷却水ポンプの減流量や冷却塔制御を組み合わせることでエネルギー消費を最小化できる．2 台のインバータ機が流量制御可能な冷水・冷却水ポンプに接続され，冷却塔が統合され，ファンがインバータ制御される熱源システム例を**図 6.14-15** に示す．

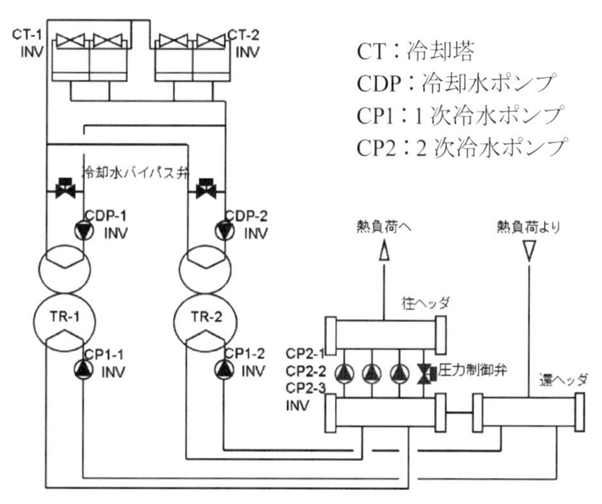

図 6.14-15　インバータ 2 台の熱源システム [6)]

冷水流量はヘッダ以降熱負荷側流量に合わせて流量を減流量させ，往還ヘッダ間のバイパスを最小化する．冷却水流量は負荷に見合った減流量とし，冷却塔は湿球温度に合わせた設定温度になるよう冷却塔台数とファン周波数が決定される．台数制御では熱負荷が上昇した場合，増台により高性能域に運転点が来る場合は増台し，そうでない場合は増台は保留される．

しきい値前後で頻繁な発停にならないように実際は温度が安定するまでの過渡域を考慮することで，期待されるエネルギー消費は期待される算定値より大きくなる．これら一般的に制御ロジックはプログラマブルロジックコントローラー（PLC）で記述されることが多いが，最近では冷凍製造メーカから供給される PLC 上に書き込まれるか，最大台数と補機を想定した最適制御を実装した専用コントローラを用いる．前者は設置後ロジックの変更が可能であるが，専門技術者が必要でプログラム費用を含めて比較的高価である．後者は工場で標準生産されたものであり，信頼性・品質が高く相対的に安価である．

熱源システムの省エネルギー改修は，CO_2 排出量抑制に非常に効果がある．その一方で，計画した運用方法と実情が合致していないことから期待値まで省エネが達成できないケースもあり，竣工後にデータを評価するいわゆるコミッショニングが重要となっている．

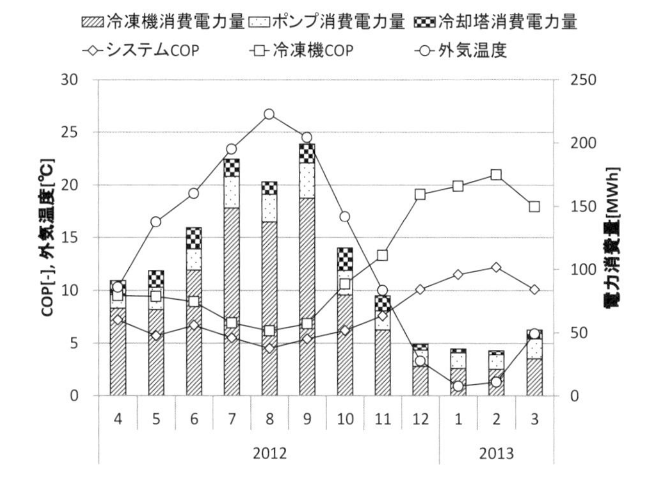

図 6.14-16　年間運転成績 [7]

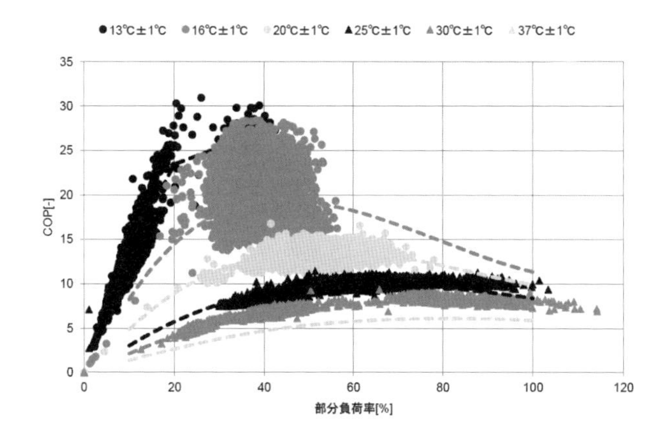

図 6.14-17　インバータ機運転ポイント [8]

図 6.14-15 に示すシステムの実測値を**図 6.14-16** に示す．消費電力量，外気温度，冷凍機 COP，システム COP を月平均で表示している．冷凍機 COP，システム COP は外気温度に反比例して遷移し，2 月にシステム COP は 12.2 を記録している．年平均で冷凍機 COP は 13.0，システム COP は 7.7 と非常に高い値である．外気温度は夏期（8 月）が 26.7 ℃，中間期（11 月）が 10.0 ℃，冬期（2 月）が 1.3 ℃であった．熱負荷は夏期を 100% とすると，中間期 82%，冬期 52% であった．システムとしての消費電力量の構成は夏期に冷凍機 : 補機 81:19，冬期に冷凍機 : 補機 58:42 となっており，6.14.2 項（5）で示した数値とほぼ同等である．各機器にインバータを適用することで，夏期に比べて冬期には冷凍機で 85%，ポンプで 46%，冷却塔で 66% 消費電力量が低減されている．また，冷凍機 COP は計画性能を達成しており，台数制御によりインバータ機は高性能域で運用されていることが確認できる（**図 6.14-17**）．本事例は事前の計画に沿って確実に運用されたよい事例である．

これ以外にも固定速機や吸収冷凍機とインバータ機を組み合わせたシステム構成も考えられるが，冷却水温度が高くインバータ機の性能優位性が小さくなる夏期に固定速機や吸収冷凍機を優先的にベースロード運転し，中間期・冬期はインバータ機を優先的に運転することで，先に示した最適制御が適用できるための省エネルギー効果が得られる．

引　用　文　献

1)　関，上田，枡谷，入谷：高効率ターボ冷凍機「NART シリーズ 2」，三菱重工技報，**39**（2），88（2002）．
2)　上田，長谷川，下田：民生業務用熱源システムにおける高効率ターボ冷凍機の使用法に関する研究　第 1 報 - インバータターボ冷凍機の全作動域での性能特性評価，空衛論，**33**（136），23（2008）．
3)　上田，栂野，長谷川，下田：民生業務用熱源システムにおける高効率ターボ冷凍機の使用法に関する研究 - 第 3 報 - インバータターボ冷凍機の理論特性に合致した熱源システムの最適運転手法，空冷連講論，p.115，東京（2009）．
4)　同上，p.116．
5)　同上，p.117．
6)　田井，赤司，住吉，桑原，上田，二階堂，立石，松尾，中村，佐藤：最適制御技術を用いた熱源システムの性能評価手法の開発（第 2 報）実績値の分析，空気調和・衛生工学会大会学術講演論文集，p.106，長野（2013）．
7)　同上，p.107．
8)　同上，p.107．

参　考　文　献

*1)　上田，長谷川，下田：民生業務用熱源システムにおける高効率ターボ冷凍機の使用法に関する研究　第 1 報 - インバータターボ冷凍機の全作動域での性能特性評価，空衛論，**33**（136），17-25（2008）．
*2)　K. Ueda, Y. Togano, Y. Shimoda. Energy Conservation Effects of Heat Source Systems for Business Use by Advanced Centrifugal Chillers: ASHRAE Transactions, Vol.115, Pt.2 pp.640-653, Louisville, USA（2009）．
*3)　上田，栂野，長谷川，下田：民生業務用熱源システムにおける高効率ターボ冷凍機の使用法に関する研究 - 第 3 報 - インバータターボ冷凍機の理論特性に合致した熱源システムの最適運転手法，空冷連講論，pp.115-118，東京（2009）．

*4) 関，上田，枡谷，入谷：高効率ターボ冷凍機「NARTシリーズ2」，三菱重工技報，**39**（2），89-31（2002）．

*5) 田井，赤司，住吉，桑原，上田，二階堂，立石，松尾，中村，佐藤：最適制御技術を用いた熱源システムの性能評価手法の開発（第2報）実績値の分析，空気調和・衛生工学会大会学術講演論文集，pp.105-108，長野（2013）．

（上田　憲治）

6.15　スクリューチラー

6.15.1　空調方式と熱源機

ルームエアコンのように冷媒と空気が直接熱交換をするいわゆる「直膨式」の空調方式に対して，水（冷水，温水）と空気が熱交換する空調方式を「水方式」あるいは「セントラル方式」と呼んで区別をしている．

その「水方式」に用いられる熱源機に搭載される圧縮機の形式は下記の種類がある．圧縮機形式と電動機容量範囲を示す[1]．（容量の記載には電動機の形式が「開放型」は除く．また，蒸気圧縮式に限定し，吸収式は除外した．）

(1)　往復動式（レシプロ）　0.75 ～ 45 kW
(2)　ロータリ式　0.1 ～ 5.5 kW
(3)　スクロール式　0.75 ～ 30 kW
(4)　スクリュー式　22 ～ 300 kW
(5)　遠心式（ターボ）　90 ～ 10000 kW

ここでは，この中の「スクリュー式」圧縮機を搭載したチラーについて述べる．

6.15.2　スクリュー圧縮機の形式

スクリュー圧縮機の形式には次の2種類がある．

(1)　ツインスクリュー型圧縮機

基本原理は1878年に発明され，最初の実用化は1937年にLST社でおこなわれた．日本においては1950年代にSRM社より技術導入をおこない空気圧縮機用，そして1960年代に入りオイルインジェクション方式の圧縮機が普及し始めた．

その圧縮原理を，**図6.15-1**に示す．

雄ロータと雌ロータ，２本のスクリューロータとケーシングによって形成される空間の容積がロータの回転と共に変化することにより，その空間に閉じ込められた冷媒ガスが圧縮される機構である．

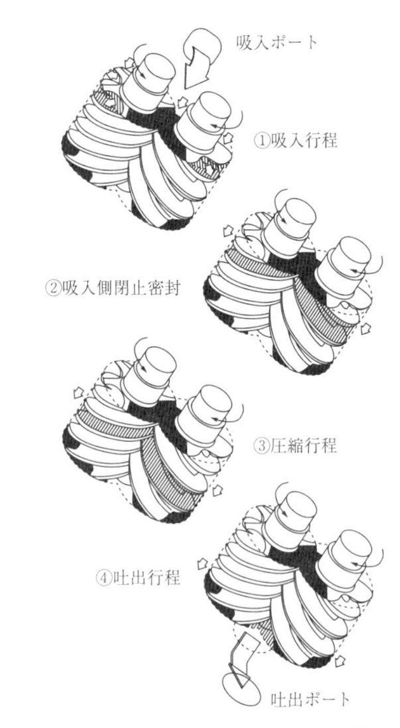

図6.15-1　ツインスクリューの圧縮原理[1]

圧縮機の形式としては，大きくは開放型と半密閉型があるが，ここでは主流である半密閉型の代表的内部構造を，**図6.15-2**に示す．

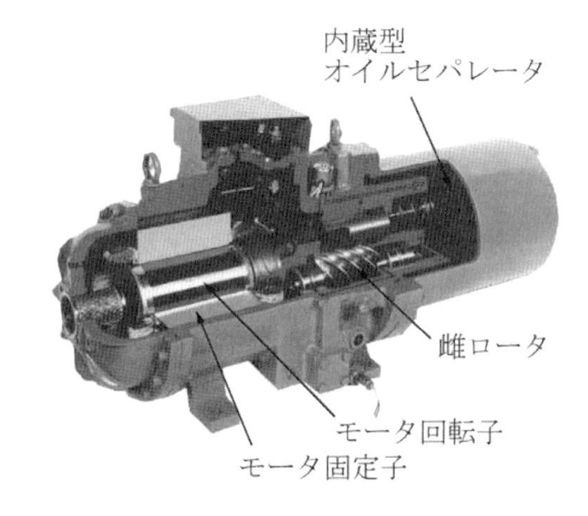

図6.15-2　半密閉型ツインスクリュー圧縮機 内部構造[2]

(2)　シングルスクリュー型圧縮機

基本原理（特許）はツインスクリューに比べて遅く，1960年にフランスのZimmernによって取得された．日本においては，1970年に空気圧縮機として製造が開始された．そして冷媒用として，1982年に開放型からスタートし，半密閉の冷媒圧縮機としての生産も始まった．

その圧縮原理を，**図6.15-3**に示す．

1本のスクリューロータとそれに噛みあう2つのロータ（ゲートロータ）により構成され，スクリューロータとゲートロータそしてケーシングで形成される空間がスクリューの回転に伴い容積変化することで冷媒ガスを圧縮する機構である．ツインスクリューと異なるのは，2本のゲートロータにより，2つの圧縮室を擁していることである．

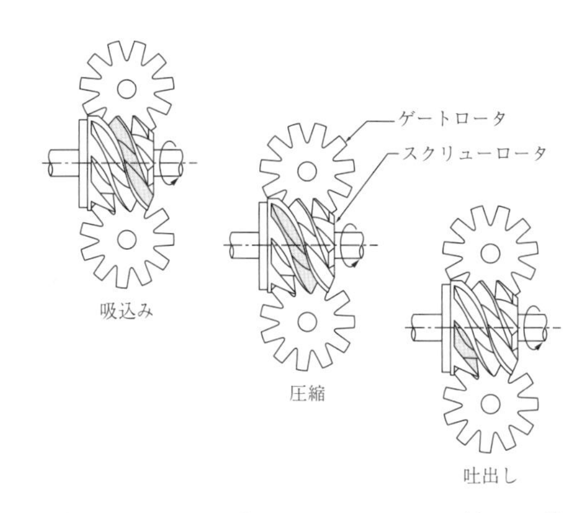

図 6.15-3　シングルスクリューの圧縮原理 [3)]

ツインスクリューと同様形式としては開放型もあるが，ここでは主流の半密閉型の内部構造を**図 6.15-4** に示す．

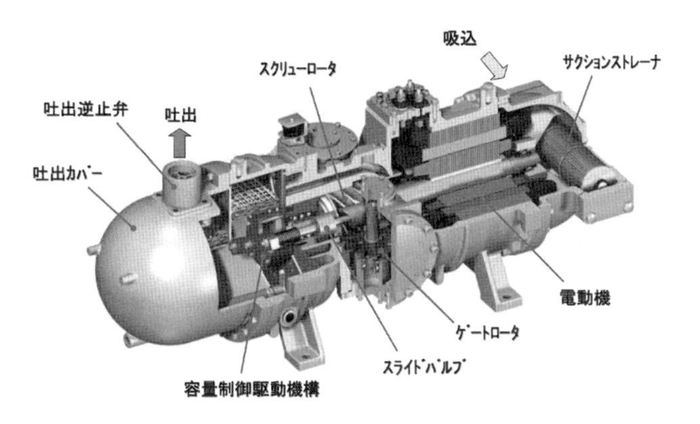

図 6.15-4 半密閉シングルスクリュー圧縮機 内部構造

6.15.3　スクリューチラーの特長と用途

(1)　特長

スクリュー圧縮機搭載のチラーは容量（能力）的には，小さい容量帯ではスクロール搭載のチラー，そして大きい容量帯では遠心式圧縮機（ターボ）搭載のチラーと容量的には守備範囲が重なる．

スクロール搭載のチラーは 1 台（ユニット）あたり，85 kW（30HP）～ 180 kW（60HP）の能力を持ったユニットを複数台組み合せた「モジュール型チラー」で，大きな容量帯まで伸びてきている．ただ，設置スペースや配管工事などの観点で，ある容量以上では単機容量の大きいスクリュー搭載のチラーが用いられることが多い．特に化学・薬品などの産業用途においては，保守メンテナンスが計画的におこなえる半密閉形のスクリュー圧縮機搭載ユニットが用いられる場合が多い．

また，遠心式圧縮機搭載のチラー（ターボチラー）においては，遠心式圧縮機の特性から，運転範囲が容積形のスクリュー圧縮機に比べて狭く，高低圧差の大きな運転は困難なため，ヒートポンプ用途（空気熱源の温水取出し）には多段の圧縮機や，ブースタ圧縮機が必要となり，コスト的にも相対的に高くなり容積型のスクリュー圧縮機が用いられる場合が多い．

(2)　用途

スクリュー圧縮機の広い運転範囲を利用して，さまざまな用途の熱源機として使用されている．その代表的な用途を下記に示す．

a)　一般空調（水方式-冷専，ヒートポンプ）
b)　工場空調（水方式-冷専）
c)　データセンタ（サーバルーム冷却-年間冷房）
d)　生産設備（化学工場，薬品工場，食品工場-プロセス冷却などの低温（－50 ～ 70 ℃）用途）
e)　恒温恒湿（熱回収）
f)　特殊用途（地中送電線冷却装置，融雪，駐機冷却装置など）
g)　高温出湯（給湯，生産プロセスなど）

熱源としては，「水熱源（水冷）」，「空気熱源（空冷）」に対応している．

代表的なスクリューチラーの外観を，**図 6.15-5**（水冷式）と**図 6.15-6**（空冷式）に示す．

図 6.15-5　水冷式スクリューチラー外観 [4)]

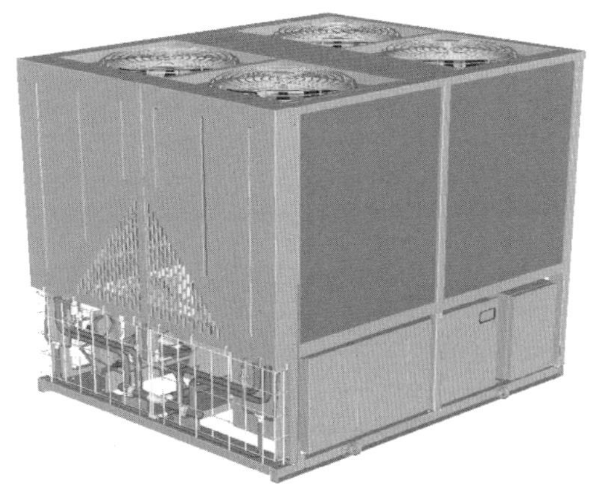

図 6.15-6　空冷式スクリューチラー外観 [5)]

6.15.4　冷媒サイクル制御

スクリューチラーの代表として，空冷スクリューヒートポンプチラーを対象ユニットとして，基本的な冷媒制御について説明する．

基本的な冷媒配管系統図を**図 6.15-7** に示す．

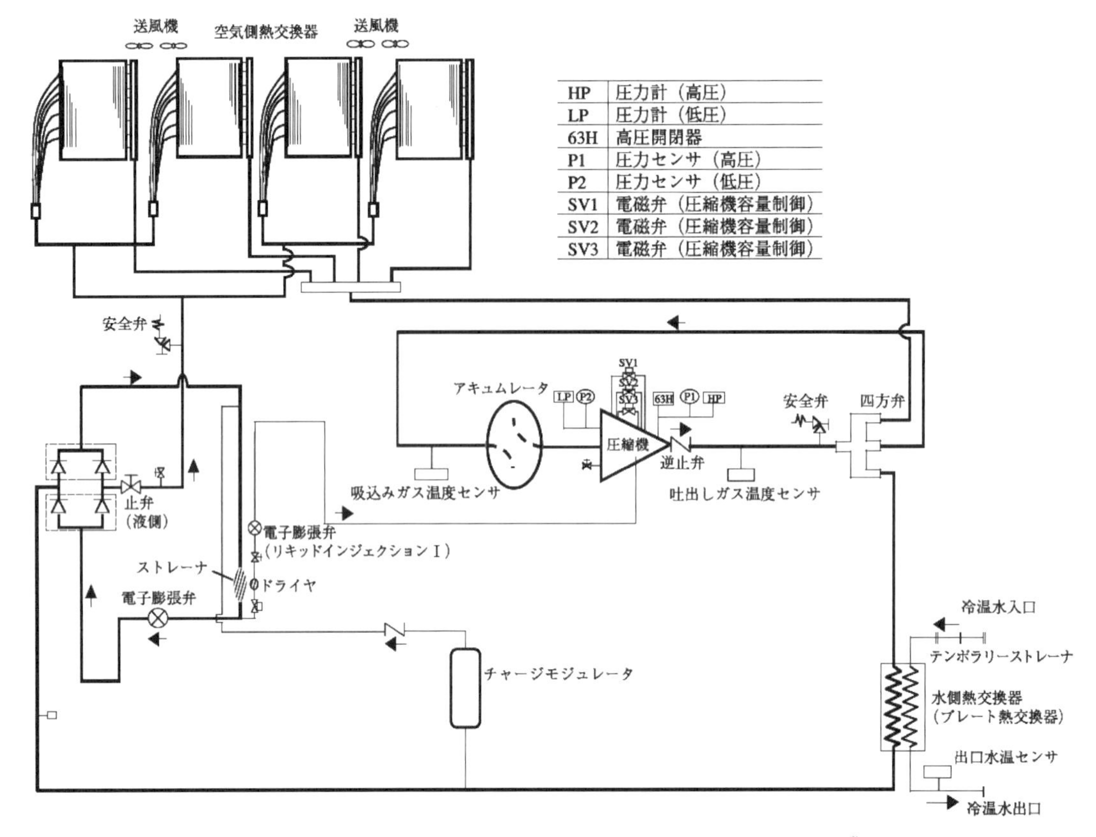

図 6.15-7　空冷スクリューヒートポンプチラー冷媒配管系統図 [6)]

(1)　温調制御　（冷房モード / 暖房モード）

制御目標は，冷房モードの場合，冷水出口温度（蒸発器出口），暖房モードの場合，温水出口温度（凝縮器出口）．

温度目標値（設定値）と実際の冷水（温水）出口温度の偏差に応じて，冷媒循環量を増減させる．

冷媒循環量の増減は，圧縮機の運転容量を増減させる．この方法としては，大きく 2 つの方式がある．

a)　機械式容量制御 : i) 段階式容量制御，ii) 連続容量制御

b)　回転数制御（VFD: Variable Frequency Drive）

部分負荷特性としては，インバータを用いた VFD 制御が効率的に優れている．ただし，スクリュー圧縮機クラスの容量になると，インバータのコストも高いため，製品コストが機械式容量制御に比べて高くなるというデメリットがある．

(2)　除霜制御　（暖房モード）

暖房モードで運転すると，外気温度条件にもよるが蒸発器である空気熱交換器のフィン上に霜が生成され，時間と共に成長する．この霜の成長により熱抵抗になると共に，空気の通路が狭くなり流速が低下することで空気熱交換器での熱交換効率が低下する．

そのために，定期的あるいは必要と判断した時点で，霜を除去するいわゆる「除霜」をおこなう必要がある．

その一般的な方法としては，製造している温水を熱源として除霜する「リバース方式」と呼ばれる方法で，冷媒サイクルを暖房モードから冷房モードへ切り替えて，空気熱交換器を凝縮器として運転することにより，空気熱交換器に着いた霜を溶かして除去する方法である．

除霜制御で重要なのは，「除霜運転（暖房⇒冷房）に入るタイミングの判定」と「除霜運転の終了（冷房⇒暖房）の判定」を決める制御ロジックである．

除霜運転を頻繁におこなうと空気熱交換器の着霜による性能低下が少ない状態を維持できるが，総運転時間の中で，除霜運転が占める割合が相対的に大きくなり，温水製造時間が少なくなり，総運転時間あたりの製造熱量が少なくなる．

また，除霜運転に入る頻度を少なくすると，温水製造の運転時間は多くなるが，着霜によるエネルギー消費効率（COP）の低下と，着霜量が多いため除霜に要する時間が長くなるというデメリットがある．

よって，除霜に入るタイミングは総合効率という観点から重要である．その制御ロジックはヒートポンプメーカによって異なり，ノウハウとなっている．一つの事例として，外気温度と蒸発器（空気熱交換器）出口冷媒温度との関係式で除霜を判定している場合がある．

空冷スクリューヒートポンプチラーの除霜運転の制御フローを**図 6.15-8** に示す．このフローでは除霜終了の条件が，冷水入口温度，高圧圧力ならびに除霜時間によって決められている．この除霜終了条件も運転効率は除霜不良による空気熱交換器の根氷発生という不具合にも繋がるため，重要な要素で実際はメーカが独自に工夫したタイミングを用いている．

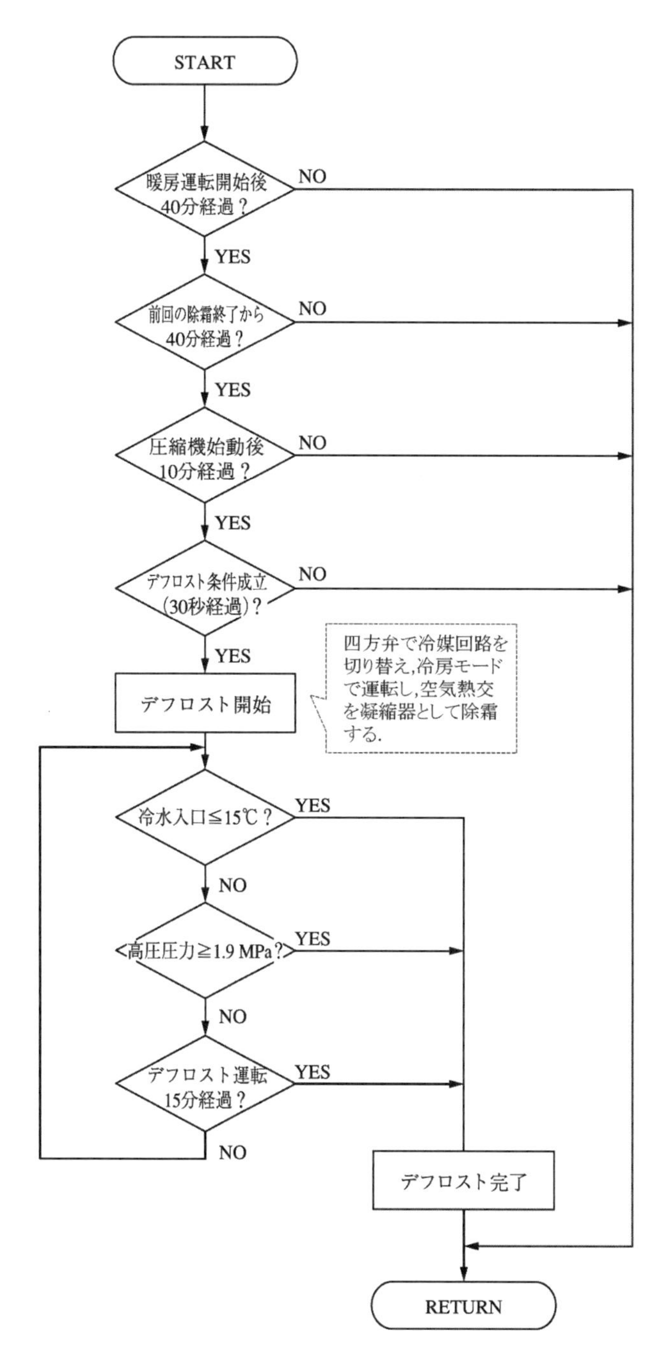

図 6.15-8　空冷スクリューヒートポンプチラー除霜フロー [7)]

(3)　保護制御 (凍結防止)

冷凍サイクルにおける保護制御には,「高圧保護」「低圧保護」「吐出温度保護」など一般的な保護制御以外, チラー独自のものとしては,「凍結保護」がある.

冷房モードにおいては冷水を製造するため, その温度が低下すると「凍結」という現象を招く. この現象は水熱交換器の損傷という重大不具合に直結するため, 運転制御に置いて回避することが必要である.

水-冷媒熱交換器の種類としては,

a)　シェルアンドチューブ型 (乾式, 満液式, 降膜式)

b)　プレート型

と大きく二つの種類に分けられる.

熱交換器の形式 (形態) により, 凍結現象に対する耐力は異なるため, 凍結保護の制御もさまざまである.

基本的に, 伝熱管表面の水の状態が, 動いているか, 停滞しているかでも異なるし, 冷媒回路が安定状態か始動時のように非定常な状態かによっても凍結条件は異なる.

一般的には,

①　冷水温度

②　冷媒の蒸発温度あるいは蒸発圧力

③　圧縮機始動からの経過時間

によって, 閾値を設定して保護制御をおこなう場合が多い.

直接的な保護制御としては下記をおこなう (代表例).

①　圧縮機の運転容量を落とし, 蒸発圧力を上昇させ凍結条件からの離脱を図る.

②　それでも一定時間凍結条件から離脱出来ない場合は, 圧縮機を一旦停止 (猶予停止) させる. そして, 始動条件が整えば「再始動」をおこなう.

③　こうした猶予制御をある規定回数継続した場合にシステム側の不具合(流量低下)も想定されるため,「異常」としてシステム側に発報すると共にユニットの運転を停止する.

これら保護制御のロジックと制御パラメータの項目や数値については, メーカ独自の制御仕様となっている.

引　用　文　献

1)　日本冷凍空調学会 :「冷凍空調便覧」, 第 6 版, 第 2 巻 機器編, p.25, 東京 (2006).

2)　日本冷凍空調学会 :「冷媒圧縮機」, p.103, 東京 (2013).

3)　日本冷凍空調学会 :「冷凍空調便覧」, 第 6 版, 第 2 巻 機器編, p.30, 東京 (2006).

4)　日本冷凍空調学会 :「冷凍空調便覧」, 第 6 版, 第 2 巻 機器編, p.239, 東京 (2006).

5)　日本冷凍空調学会 :「冷凍空調便覧」, 第 6 版, 第 2 巻 機器編, p.239, 東京 (2006).

6)　日本冷凍空調学会 :「冷凍空調便覧」, 第 6 版, 第 2 巻 機器編, p.241 (2006).

7)　日本冷凍空調学会 :「冷凍空調便覧」, 第 6 版, 第 2 巻 機器編, p.44 (2006).

参　考　文　献

*1)　日本冷凍空調学会 :「冷媒圧縮機」, p.5, 東京 (2013).

(橋本　公秀)

6.16 モジュールチラー

6.16.1 モジュールチラー

チラーとは，冷水または温水を供給して主に一般空調や生産設備に使用される熱源機のことである．モジュールチラーとは基本モジュールを複数台組み合わせ，①モジュール化による大容量化の対応と幅広い能力レンジの実現，②リニューアルに適した搬入および据付の容易化と設計自由度の向上，③部分負荷特性の向上による省エネと二酸化炭素排出量の削減，④モジュール設計による廉価化と高効率化の両立 などを主な特徴としている．

6.16.2 モジュールチラー冷凍サイクル

冷凍サイクルの考え方はいろいろあるが，本節ではリスク分散性向上を狙った「モジュール in モジュール」設計の冷凍サイクルを**図 6.16-1** に示す．1 台のモジュールを 4 つの独立した冷媒回路で構成している．「モジュール in モジュール」の特徴を以下に示す．

(1) 1 つの冷媒回路が故障停止した場合でもほかの冷媒回路が自動的に高出力バックアップ運転をおこない(**図 6.16-2**)，また冬期加熱運転時のデフロスト運転の分散による能力低下抑制（**図 6.16-3**）など，リスク分散と能力（水温）安定化を図った．

(2) 負荷減少時に圧縮機運転台数が減少しても冷媒と熱交換しないまま水が入口から出口へバイパスしない構成とし（**図 6.16-4**），水温安定化を図った．

(3) 定期点検や部品交換などの保守作業を冷媒回路単体で実施することができ，サービス性を向上した．

(4) 万が一の冷媒リークを伴なう故障時の冷媒漏洩量が少なく，地球温暖化防止に配慮した．また，部品交換時の冷媒回収量が少なく，冷媒破壊処理に伴なう CO_2 排出量低減を実現した．

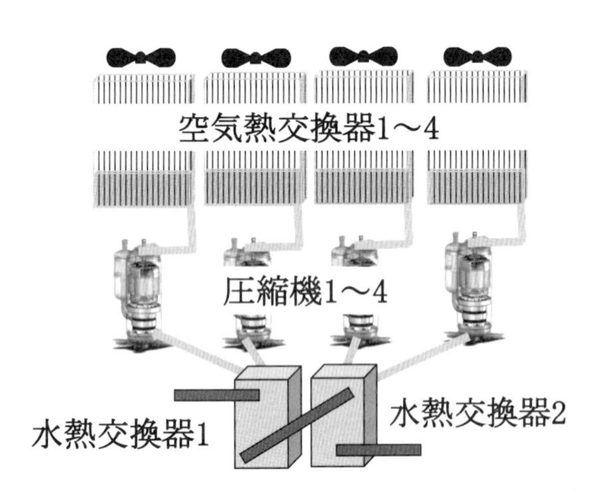

図 6.16-1 モジュール in モジュールの冷凍サイクル

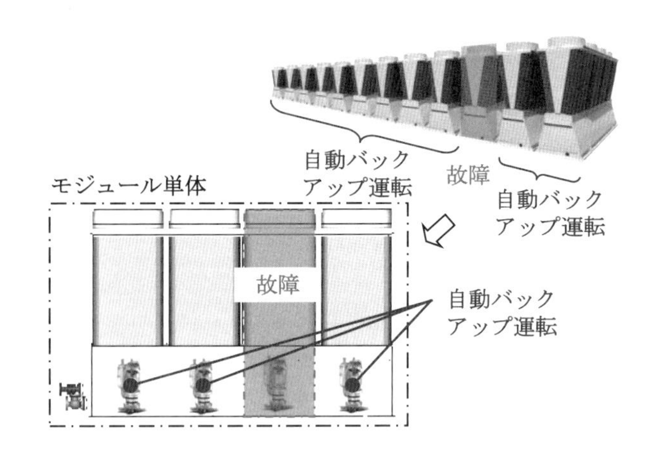

図 6.16-2 バックアップ運転の考え方

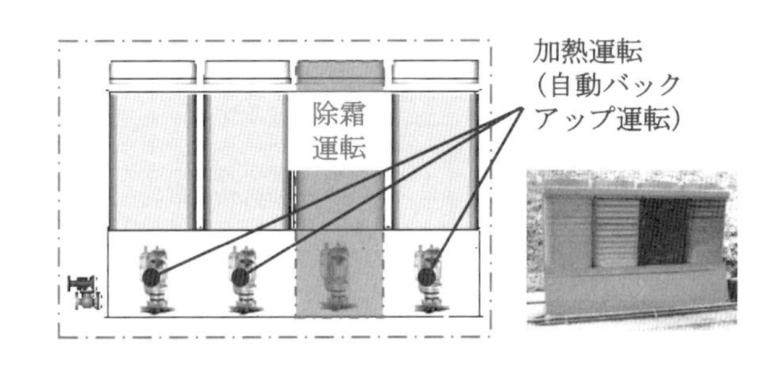

図 6.16-3 デフロスト時の分散運転の考え方

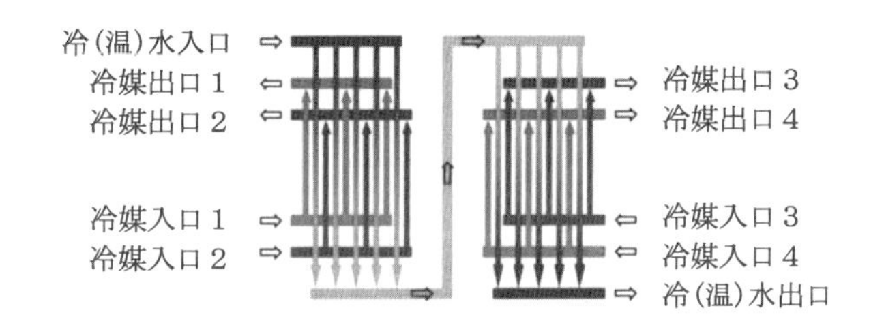

図 6.16-4 直列二段プレート熱交換器の構成

6.16.3 モジュールチラー各種制御

(1) 制御機器構成

図 6.16-5 に制御機器の構成を示す．モジュールは最大 12 台まで一つのモジュールコントローラ（MC）で群制御され，さらに 8 グループまでを一つのグループコントローラ（GC）で群制御することができる．したがって，最大 96 台（4800 馬力相当）を単一熱源機システムのように一括制御することが可能であり，大容量での最適な省エネ運転制御を実現した．なお，最近の機種は Web 接続機能が可能となっており，顧客の社内 LAN に接続することにより，運転状態のモニタなどを顧客のパソコン上で見ることを可能とし，省エネ管理に役立つ「見える化」も可能となる．

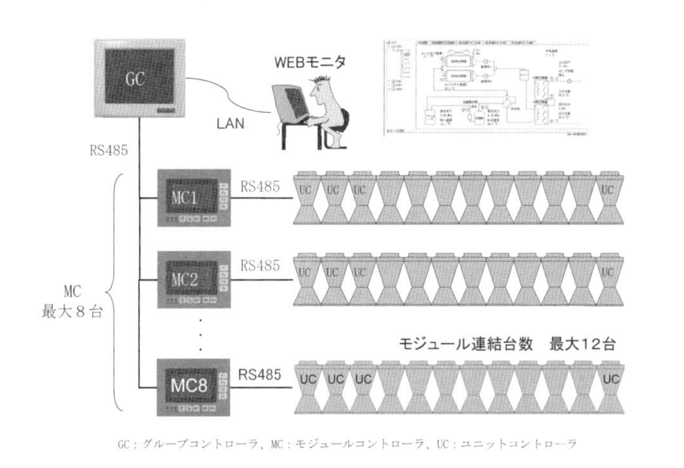

図 6.16-5　制御機器構成

図 6.16-6 にモジュール単体の機器構成とインバータの制御対象を示す．4 台の圧縮機には DC インバータ（DC-INV）を用いて冷温水の出口温度を一定に保つように制御される．4 台の送風機も DC-INV を用い，圧縮機と送風機の合計の消費電力が最小となるように運転効率の最適化制御をおこなう．ポンプには AC インバータ（AC-INV）を用い，負荷側（二次側）の流量と熱源側（一次側）の流量が一致するように変圧変流量制御をおこなう．

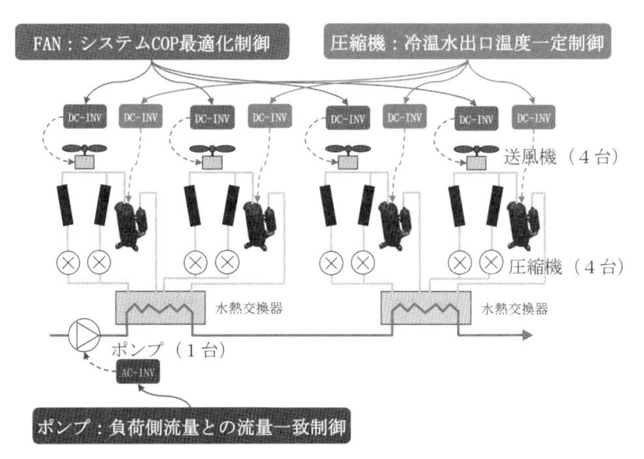

図 6.16-6　モジュール単体の機器構成

図 6.16-6 に示したように，各モジュールに搭載された 4 台の圧縮機は，おのおのがインバータ制御される．本製品の場合，圧縮機の回転数が低いほど運転効率が高くなるため，最小回転数 15 rps までインバータ制御され，それ以下の容量では台数制御と組み合わされる．圧縮機のインバータ制御には水温検知によるデジタル PID 制御を用いているが，流量検知による流量変化量を用いた予測制御もおこなっている．

(2)　モジュール群制御

図 6.16-7 に示すように，各モジュールの圧縮機制御だけでなく，全モジュールのグループ制御においても，できるだけ多くのモジュールと圧縮機を起動して低回転数で運転する部分負荷優先制御をおこなっている．

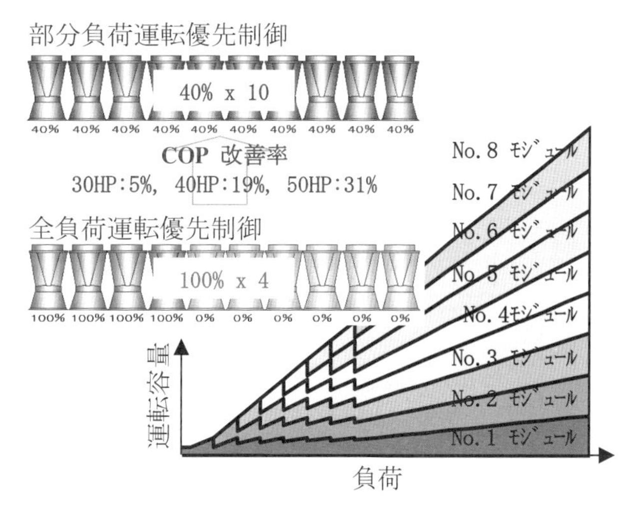

図 6.16-7　モジュール群制御の最適化

(3)　送風機のインバータ制御

送風機のインバータ制御には，空気熱交換器の圧力（飽和温度）を用いた比例制御が採用されてきた．圧縮機の消費電力を小さくするためには送風機を最大回転数で運転し，冷媒圧力を下げて圧縮機の負荷を軽くすべきであるが，負荷率が低下して圧縮機の消費電力が小さくなると，相対的に送風機の消費電力が大きくなってしまう．そこで，本製品では，外気温度と圧縮機の負荷率に応じて製品全体の運転効率が最大となるように送風機インバータ制御をおこなっている．

(4)　ポンプのインバータ制御

複式ポンプシステム・単式ポンプシステム，変流量・定流量といった一般的なシステムに対応するとともに，吸収式冷凍機やターボ冷凍機のような他熱源機や，複数グループの本製品と水配管システムを共有するなど，多様なシステムに対応している．単式ポンプシステムおよび複式ポンプシステムの例を**図 6.16-8**，**図 6.16-9** に示す．いずれの場合も負荷側の必要流量を検知した制御をおこなうため，従来の水温のみを検知した制御であるチラーに対し，大幅に制御性が向上した．冷温水ポンプは，負荷側の必要流量に近づくように運転台数および運転周波数を制御する．さらに，単式ポンプシステムにおいては，冷温水ポンプのみならず，差圧バイパス弁も本製品で制御することにより，負荷に合わせた変圧変流量制御を可能とし，より一層省エネに貢献できる．

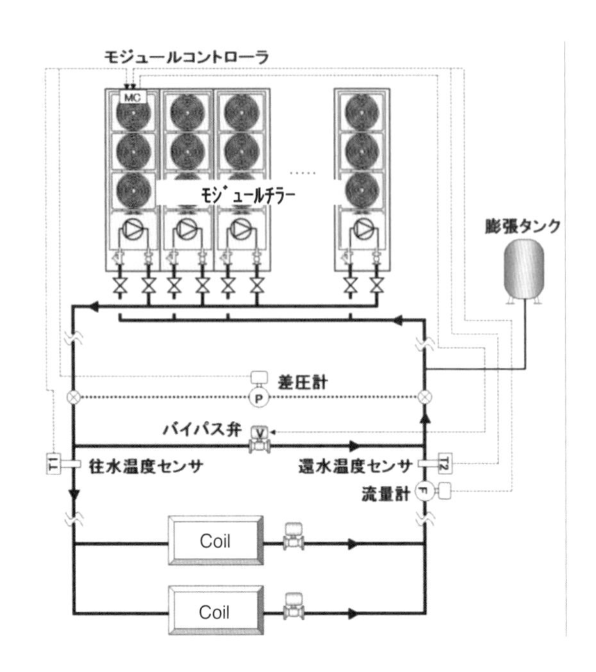

図 6.16-8　単式ポンプシステムの一例

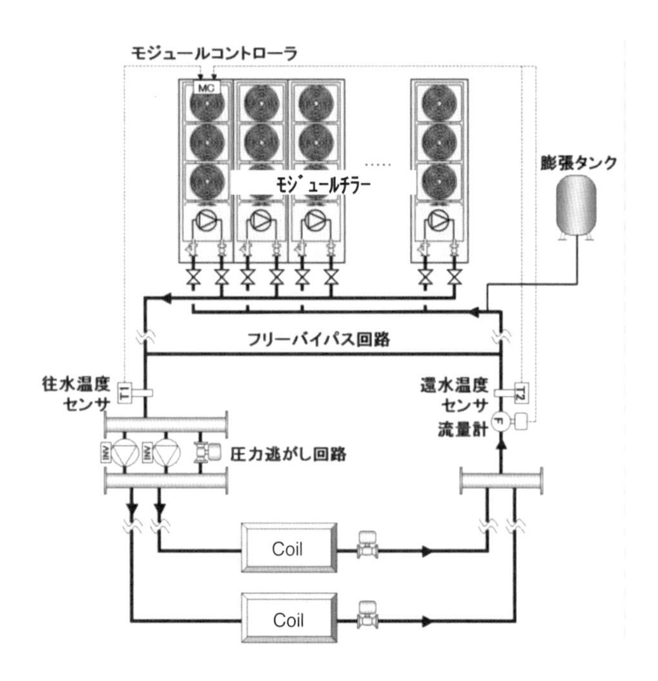

図 6.16-9　複式ポンプシステムの一例

いずれの場合も負荷側の必要流量を検知した制御をおこなうため，従来の水温のみを検知した制御であるチラーに対し，大幅に制御性が向上した．冷温水ポンプは，負荷側の必要流量に近づくように運転台数および運転周波数を制御する．さらに，単式ポンプシステムにおいては，冷温水ポンプのみならず，差圧バイパス弁も本製品で制御することにより，負荷に合わせた変圧変流量制御を可能とし，より一層省エネに貢献できる．

図 6.16-10 に各種制御方法によるポンプ動力の比較を示す．①の定速ポンプを用い，流量が減少したときに揚程が上昇するため揚程を一定に保つようにシステムに設けられたバイパス弁を開く方式では，ポンプ自体の流量は変わらないため，動力も変わらない．②のポンプにインバータを用いて揚程を一定に保つ場合，ポンプの送水量を減じることができるため，ポンプの動力は流量に比例して減じることができる．③の本製品に採用した制御では，流量が減少したときに減少する配管抵抗分の揚程を減じるように周波数制御をおこなうため，ポンプの動力は流量のおおむね 3 乗に比例して減じることができる．実測データを用いた年間消費電力量の試算では，③は①に対して 54% 削減，②に対して 39% 削減となる．

参　考　文　献

*1)　政本　努 他：「空冷ヒートポンプ式モジュール型熱源機の進化」，電気学会 第 18 回 山梨・沼津支社研究発表会（2011）．

（岡田　覚）

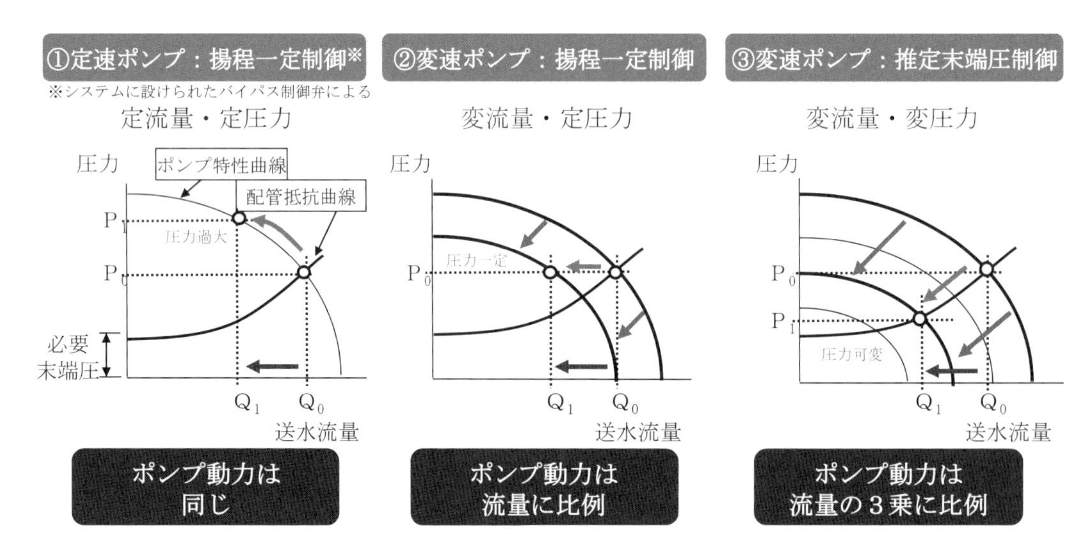

図 6.16-10 ポンプ制御の比較

第7章．空調システム

7.1　セントラル空調システム

7.1.1　水冷方式

(1)　システムフロー

a)　空調システムの概要

i)　空調システムによる空気の操作

空調設備の目的は，事務所ビルなどの居室では室内の温度や湿度，浮遊する塵埃，室内の二酸化炭素濃度を制御することで快適な室内環境を維持することである．工場などの特殊な環境では，温湿度以外に非常に微細な浮遊粒子や空気中の化学物質を制御することで，生産設備あるいは計測機器の安定した運転のための環境条件，保管される原材料や製品の環境条件を維持することなどである．

これらのために必要な設備としては，温度や湿度などの空気の状態を調整するための空調機と，これに熱を搬送する水や蒸気などの熱媒を供給するための配管と，熱媒に熱の授受をおこなう熱源機器と，熱量を調整するための制御機器などで構成される．湿度制御のうちで加湿については，熱源機器の制御以外に空調機内に個別に設置された機器を利用する場合がある．浮遊塵埃や化学物質の除去は空調機に設置されたフィルタによりおこなわれる．

ii)　空調システムの構成

事務所ビルなどのような，人体を対象とした空調システムの例を**図 7.1-1** に示す．この例では，空調機で建物の外壁や窓から伝わる熱や，人体，照明，OA 機器などの室内発熱を処理し，人体から発生した二酸化炭素や臭気の排出のための外気取入れに伴う外気負荷削減用に全熱交換器を設置している．空調機などで処理した負荷を熱源機器に搬送するための熱媒は水を使用しており，季節により冷水と温水を切り替えて通水する冷温水配管としている．熱源機器は建物が計画される地域の電力やガス，重油などのインフラの状況を考慮する必要があり，複数の種類を設置することがある．熱源機器の選定に当たっては年間の負荷の特性に配慮する．例では中間期の低負荷時の運転効率を重視したインバータターボ冷凍機と，夏期の高負荷時にインバータターボ冷凍機と併せて運転する定速ターボ冷凍機，電力需要が多くなる期間の電力デマンドを考慮したガス焚吸収式冷温水機を記載している．吸収式冷温水機は冬期に温水の加熱源としても使用する．

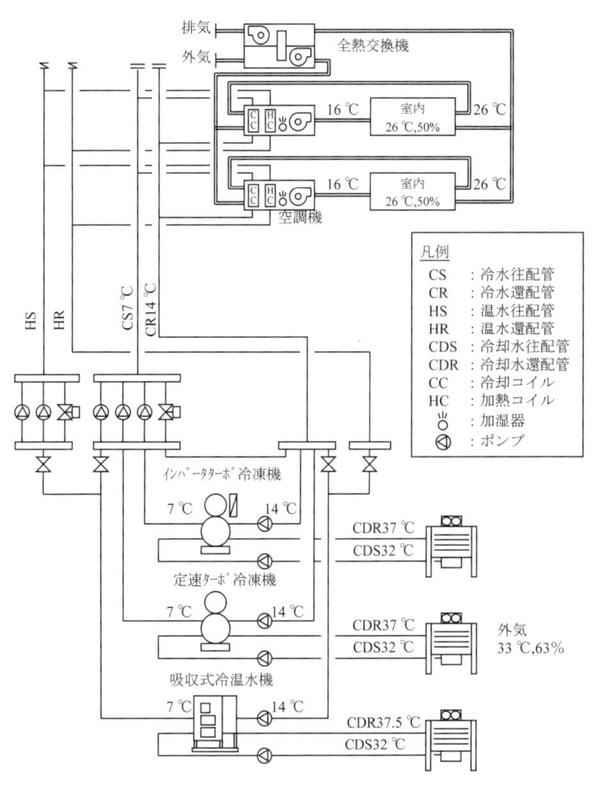

図 7.1-1　空調システム構成

iii)　システム設計における運転条件

事務所ビルの室内の夏期温湿度条件は乾球温度 26 ℃，相対湿度 50%で設計される場合が多く，近年はクールビズの観点から運用で 28 ℃の設定とする場合もある．室内負荷処理用の空調機の吹出し温度は，室内負荷と供給される冷水温度，室内の湿度条件と人体からの発湿量に基づく露点温度，外気量比率，空調機から室内へ空気を送るための搬送動力を考慮して決定する．一般的には空気の搬送動力をなるべく小さくするように空調機の吹出し温度はなるべく低く，つまり室内からの還気と室内への給気の温度差を大きくとるように設計する．**図 7.1-2** で示す空気線図では室内からの還気②を外気①と混合した後に③となり，空調機内冷水コイルで④まで冷却している．送風機の発熱により加熱されて⑤となり室内へ供給される．室内では人体からの発湿により絶対湿度が上昇しながら乾球温度が上昇する．

空調機などに供給される冷水の温度は，冷却除湿に必要な温度として決められる．図 7.1-1 の例では熱源からの供給温度を 7 ℃，還り温度を 14 ℃で温度差を 7 ℃としている．冷水温度条件の決定に当たっては，熱源機器の温度の安定性や空調機のコイル列数が過大にならないように配慮する必要がある．なお，全熱交換器の代わりに外気調和機を設け，冷却や加熱，除湿や加湿をおこなう場合もある．

冷凍機は冷水から熱を取得して冷却水に放熱する．冷却水温度は計画される地域の設計外気湿球温度により決定される．湿球温度 27 ℃の場合は，水の供給温度は 32 ℃とし，冷凍機から冷却塔へ還される冷却水の温度は 37 ℃として設計される．

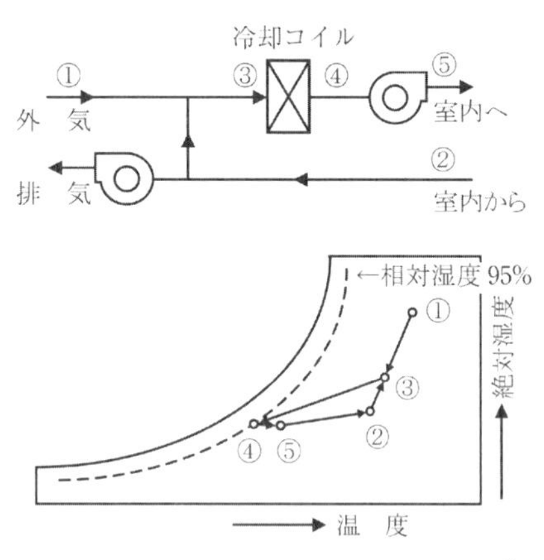

図 7.1-2　冷房時の室内空気の変化 [1)]

iv)　負荷処理と消費エネルギー

室内の空調負荷は空気を媒体として空調機で処理され，冷温水と熱交換された後は水を媒体として冷凍機または冷温水機に搬送される．冷房であれば冷却塔から外気へ放熱され，暖房であれば冷温水機の暖房運転で加熱される．このような負荷の移動と消費されるエネルギーの関係を**図 7.1-3** に示す．空調機やポンプ，冷凍機，冷却塔では電気エネルギーが消費され，冷温水機では主に燃焼で重油やガスなどの燃料を消費する．これら各機器で消費するエネルギーの合計が空調システム全体の効率を左右する．

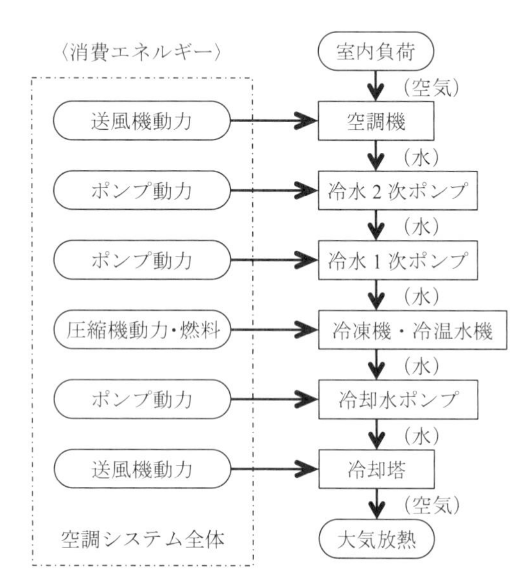

図 7.1-3　空調負荷の移動と消費エネルギー
（冷房の場合）

b)　配管システム

i)　ポンプの特性と選定

空調設備の配管システムでは，熱媒である水を搬送するために遠心ポンプが多く使用され，その運転特性は**図 7.1-4** の特性曲線で示される．吐出し量を横軸にとり，揚程曲線と軸動力曲線，効率曲線などを表示する．揚程曲線は一般的には吐出し量の増加とともに低くなり，軸動力曲線は吐出し量が増加すると大きくなる．ポンプの効率は，吐出し量と揚程の関係から得られる水動力と，入力である軸動力との比を百分率で表したもので，上に凸の曲線となる．ポンプの選定では効率が高くなるよう適切な運転点の機種選定をおこなう．また，ポンプで水を吸い上げる場合は NPSH 曲線で示される吸込性能を考慮する．

ポンプの吐出し量は，空調負荷と温度差，水の比熱から必要とされる冷水または温水の流量を計算して，計画するポンプ台数で除して求める．全揚程は，配管経路が大気に開放している場合の吸込み水面と吐出し水面との高低差である実揚程と，配管経路を水が流れるときの摩擦による損失水頭と，冷凍機などの機器の抵抗の合計として求める．**図 7.1-5** 中の r は配管の抵抗曲線で，配管経路の形状により決定される．H_f は吐出し量 Q の時の損失水頭である．抵抗曲線 r に実揚程を加えたものが，配管系全体の抵抗曲線 R となる．これと揚程曲線 AC の交点 B がポンプの運転点となる．異なる特性のポンプを使用した場合は，たとえば A'C' や A"C" などとすると運転点は B' や B" となり流量が変化する．

抵抗曲線が変わった場合は，**図 7.1-6** に示すようにそれぞれの抵抗曲線との交点で流量が決定される．また，このときにポンプの軸動力も変化する．抵抗曲線が変化する要因は，流量調整時の手動バルブの操作や，自動制御による制御弁の開度変化などがあげられる．抵抗曲線を変化させて流量を調整した場合は効率も変化する．このため過大なポンプを選定して流量調整をすると効率の悪い運転となることがある．

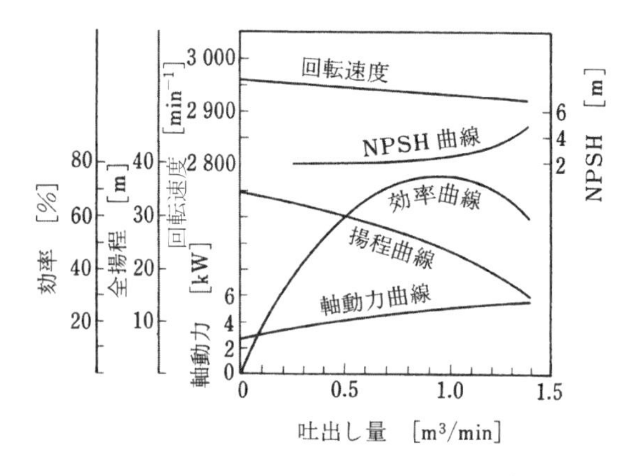

図 7.1-4　遠心ポンプの特性曲線 [2)]

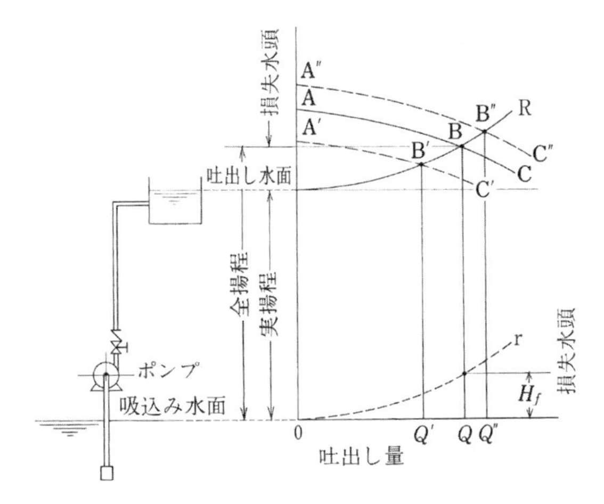

図 7.1-5　抵抗曲線とポンプの運転点 [3)]

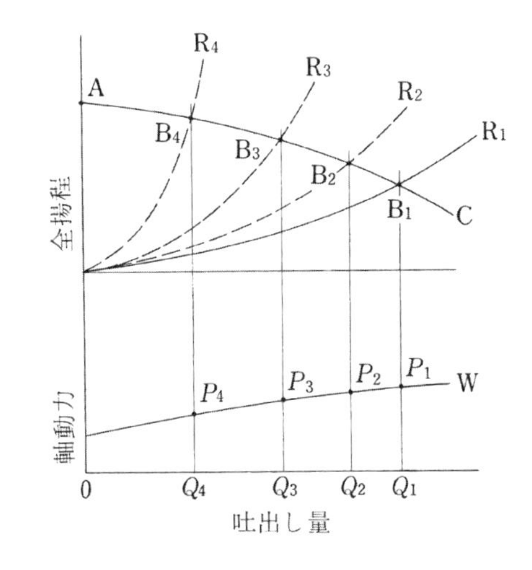

図 7.1-6　抵抗曲線の変化と運転点 [4)]

ii)　密閉回路と開放回路の特徴

セントラル空調では空調機または外調機で処理した熱は水を熱媒として建物の外へ放出させ，あるいは加熱源から熱を受け取る．井水を用いて冷却するような空調システムを除いて，ほとんどの場合で水は空調機または外調機と熱源機器との間で循環利用される．また，冷房時に使用する冷却水は冷凍機と冷却塔の間で循環利用される．

水を循環させる場合の配管システムは，密閉回路と開放回路があり，**図 7.1-7** に例を示す．密閉回路は配管内を流れる水が大気に開放されていない配管システムである．開放回路はたとえば冷却塔や蓄熱槽などで大気開放されている配管システムである．

配管システムに開放回路を使用する場合は以下に留意する．

- 水を循環させるポンプの揚程には，管路内の摩擦による損失水頭分に加えて，冷却塔であれば散水ノズルと水槽面の実揚程，蓄熱槽であれば蓄熱槽から最も高い配管までの実揚程を見込む必要がある．また，蓄熱槽を使用する場合は蓄熱槽の入口に落水防止弁も必要となる．
- 開放回路は循環水が常に空気に接しており，水中の酸素濃度が高くなり，配管の腐食が促進されることから水処理装置などが必要となる．
- 開放部分から管路内に不純物が混入する可能性がある．

密閉回路と開放回路の場合のポンプの運転特性の違いを**図 7.1-8** に示す．密閉回路では抵抗曲線は配管による損失水頭のみとなり原点を通る曲線となる．開放回路では，抵抗曲線は配管経路の損失水頭に加えて実揚程を考慮する必要がある．

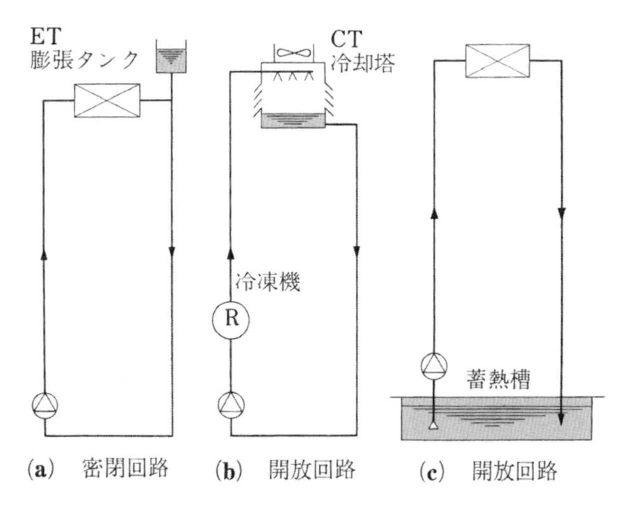

図 7.1-7　配管システム [5)]

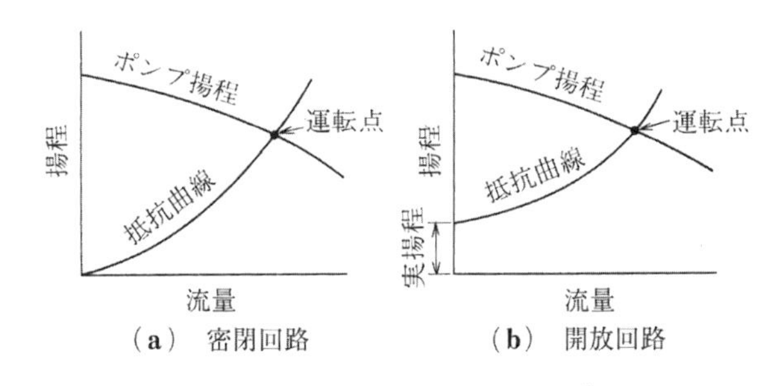

図 7.1-8　ポンプの運転特性 [6)]

iii)　一次ポンプ方式と二次ポンプ方式

冷温水の密閉回路には，冷凍機とポンプの配置関係から二種類の方式があり，それぞれのフローを**図 7.1-9** に示す．図中の R は熱源機器を，F は流量計を示す．一次ポンプ方式は，熱源機器と冷温水配管全体を一段のポンプで循環させる方式で，二次ポンプ方式は熱源機器の直近に設置される一次ポンプと，負荷（空調機など）へ冷温水を送るための二次ポンプとの二段のポンプで循環させる方程式である．

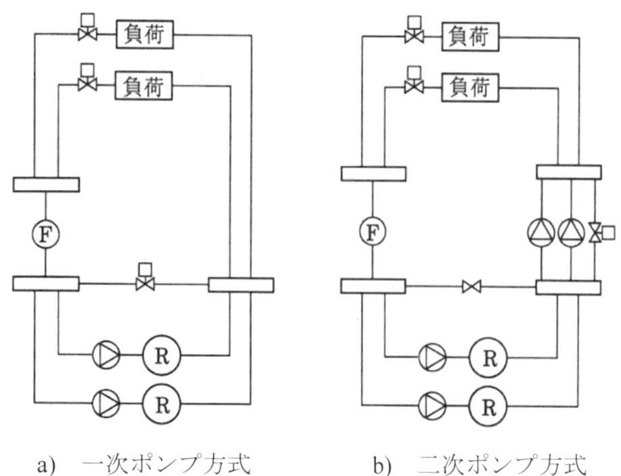

a)　一次ポンプ方式　　　b)　二次ポンプ方式

図 7.1-9　密閉系のポンプ方式[7)]

一次ポンプ方式では，ヘッダ間のバイパス流量も含めて，往きおよび還りのヘッダ間の流量と損失水頭が一定となり，空調負荷が低い場合でも大きな搬送動力が必要となる．ただし，負荷にあわせて熱源の運転台数を制御する場合は運転台数に応じた動力となる．

二次ポンプ方式では負荷に応じて空調機に送水する冷温水の流量を変化させることで動力を削減する．ヘッダから空調機に送水する二次ポンプの台数制御やインバータによる変流量制御をおこなう．二次ポンプ方式では空調機側の制御は，二方弁でコイルを通過する冷温水の流量を制御する．このためインバータを設置する場合も含めて，二次ポンプの前後にバイパスも設けて送水圧力が過大にならないようにする必要がある．バイパスには機械式圧力調整弁や自動制御による圧力調整弁を設置する．また，一次ポンプ方式，二次ポンプ方式いずれも熱源機器が変流量に対応可能である場合は一次ポンプの変流量制御もおこなうことが可能である．

c)　自動制御の役割

i)　空調設備のエネルギー消費と部分負荷運転制御

施設内で消費されるエネルギーのうち空調設備が消費する割合は大きく，**図 7.1-10** に示す事務所ビルの例では熱源機器およびポンプや送風機などで施設全体の 40％を超えるエネルギーが消費されている．このことから空調設備の運転を適切におこなうことが重要である．

また，空調システムで必要とされる能力は負荷に応じて年間で大きく変化する．**図 7.1-11** は一時間ごとの空調負荷を大きい順にプロットした年間負荷分布である．合計の機器容量は想定される最大負荷に対していくらかの余裕を持たせるが，中間期などの負荷が低い運転が多い場合は部分負荷効率の高い機器を選定することがシステム全体の省エネルギーに繋がる．また，低負荷時の搬送動力などを削減してエネルギー消費の少ないシステムとすることが重要である．これらの負荷変動に対応するために自動制御が必要である．以降では制御の概要について述べ，ロジックの詳細は 7.1.1 項（2）を参照されたい．

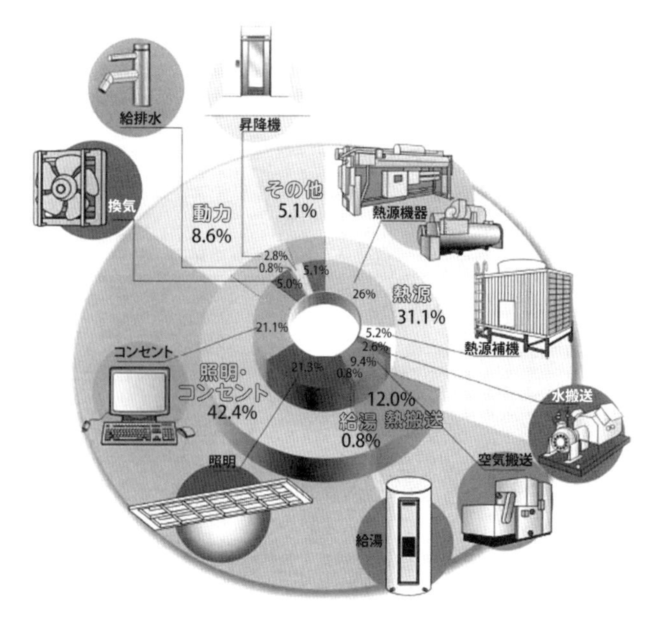

図 7.1-10　事務所ビルの用途別エネルギー消費[8)]

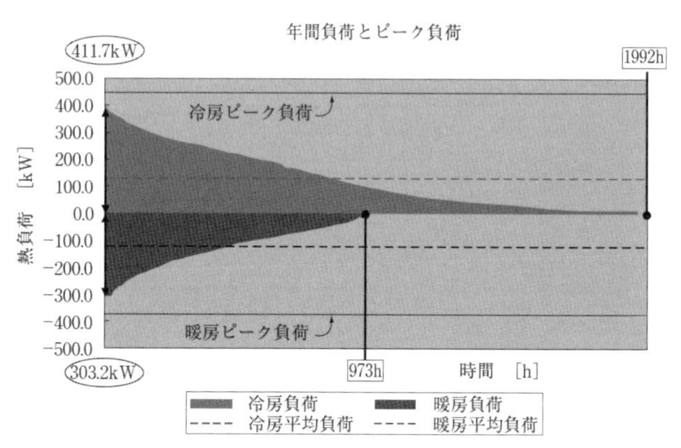

図 7.1-11　年間負荷分布の計算例[9)]

ii)　熱源機の特性と台数制御

冷凍機や冷温水機などの熱源機器は空調システムの中では最も大きなエネルギーを消費するものであり，図 7.1-10 に示すオフィスビルの年間のエネルギー消費量のうち 31％程度は熱源によるものである．また図 7.1-11 のように部分負荷の運転時間が多いため，高負荷時だけでなく低負荷時においても効率の良い熱源システムを構成することが望ましい．**図 7.1-12** の定速ターボ冷凍機は高負荷時における COP（成績係数）が最も高く，負荷率の低下とともに効率が低下する．一方，**図 7.1-13** のインバータターボ冷凍機は負荷率が低く，冷却水入口温度が低いほど効率が高く冷却水入口温度が 12℃の条件では COP が 20 を超える機器もある．

図 7.1-14 に空調負荷分布と対応する冷凍機の運転パターンのイメージを示す．夏期のピークを除く高負荷時は定速およびインバータターボ冷凍機を中心とした運転とし，ピーク時は電力デマンドを低くするために，燃料を主なエネルギーとする吸収式冷温水機を併用することが考えられる．高発熱機器を有する施設の中間期から冬期においては，負荷率が低く冷却水温度が低下するためにインバータター

ボ冷凍機を主体とする運転により熱源の消費エネルギーを低くすることが可能である．なお，近年では冷水を製造しながら温水を製造する熱回収型のチラーが複数のメーカで製品化されており，冬期に冷房負荷と暖房負荷が発生する施設や，夏期における給湯需要が大きな施設への採用で消費エネルギーの削減効果が得られる．

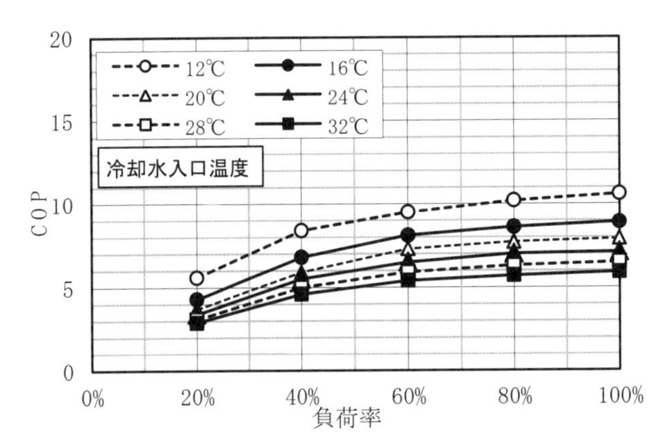

図 7.1-12　定速ターボ冷凍機の負荷特性

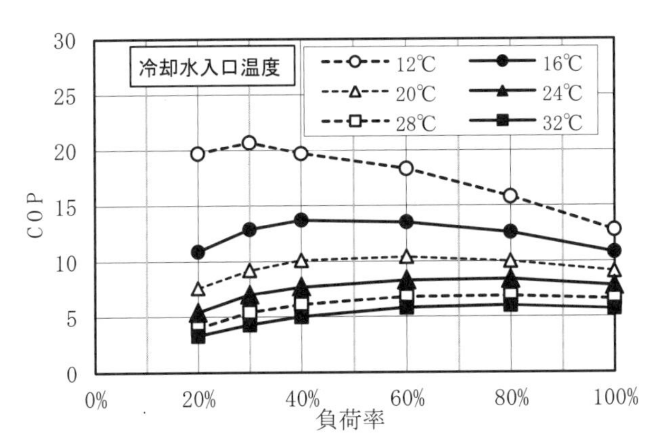

図 7.1-13　インバータターボ冷凍機の負荷特性

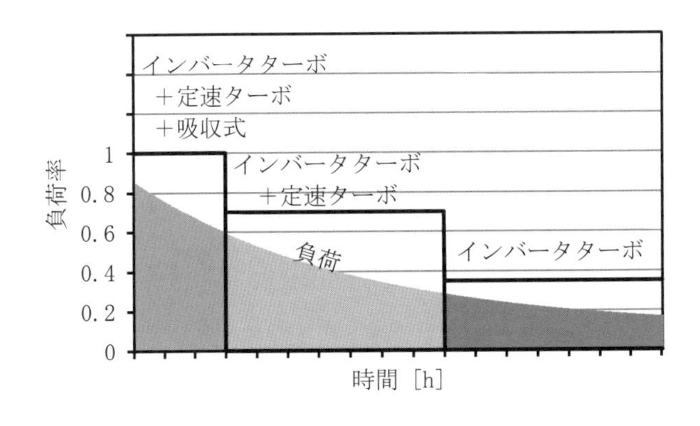

図 7.1-14　空調負荷と冷凍機運転のイメージ

iii)　水量制御

空調機などのコイルを流れる水量により能力が変化する．この水量を調整する制御弁にはコイル周りの接続方法の違いから三方弁と二方弁とがある．**図 7.1-15** に示す三方弁はたとえば室内温度などを検知して PID 演算の結果により弁の開度を変え，コイル側とバイパス管の流量比を変えるもので，配管経路全体を流れる水量はほぼ一定である．これは定流量方式といわれ，ポンプは同じ回転数で運転して低負荷時でも最大負荷と同じ動力となりエネルギー消費が大きい．システムは簡素であるが，採用されることが少なくなっている．

図 7.1-16 に示す二方弁は負荷に応じて弁の開度が変わりコイルを流れる水量が変化するもので，配管経路全体の流量は各二方弁の流量に応じて変化する．流量が少なくなれば，**図 7.1-17** のように二次ポンプの回転数を制御して運転点を変えることで，ポンプのエネルギー消費を少なくすることができる．三方弁の場合は流量と揚程が変化せず，負荷に関わらず運転点は①であるのに対して，二方弁制御の場合は流量が低下し，ポンプの制御の仕方により揚程が同じ場合（運転点②）と揚程が低下する場合（運転点③）とがある．

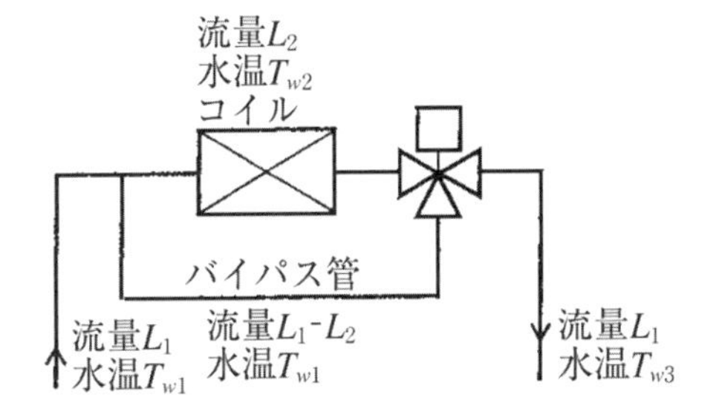

図 7.1-15 三方弁（分流型）による制御 [10)]

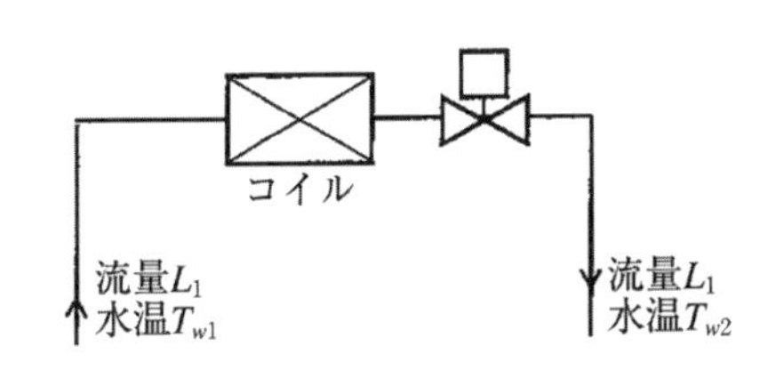

図 7.1-16　二方弁による制御 [11)]

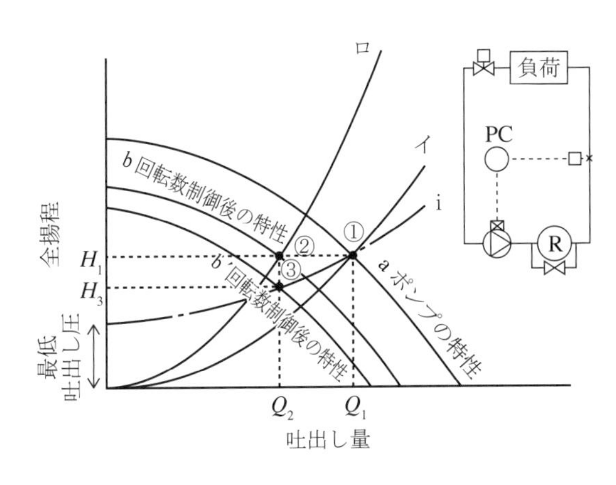

図 7.1-17　ポンプの回転数制御 [12)]

iv)　ポンプの回転数制御と特性変化

ポンプの回転数が変わると運転特性が変化する．吐出し量は回転数に比例し，全揚程は回転数の二乗に比例し，軸動力は回転数の三乗に比例する．それぞれ式（7.1-1）から式（7.1-3）で示される．

$$Q_1/Q_2 = n_1/n_2 \qquad (7.1\text{-}1)$$
$$H_1/H_2 = (n_1/n_2)^2 \qquad (7.1\text{-}2)$$
$$P_1/P_2 = (Q_1 H_1)/(Q_2 H_2) = (n_1/n_2)^3 \qquad (7.1\text{-}3)$$

n_1, n_2 ：変化前，変化後の回転速度
Q_1, Q_2 ：回転速度の変化前，変化後の吐出し量
H_1, H_2 ：回転速度の変化前，変化後の全揚程
P_1, P_2 ：回転速度の変化前，変化後の軸動力

ポンプの水量比と入力比の関係を**図 7.1-18** に示す．ポンプが 1 台または台数制御をおこなわない場合のポンプの入力は①のようになり最も大きい．運転する台数を水量比に応じて減らすことで②や③のように低水量時に入力比を小さくすることができるが，インバータによる回転数制御をおこなうことで④のように最も小さい入力比となる．

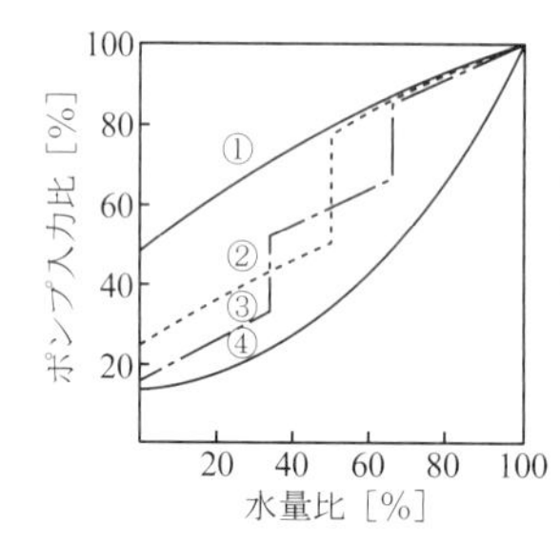

図 7.1-18　ポンプの水量比と入力比の関係 [13)]

v)　風量制御

空調システムにおいては送風機による空気の搬送も大きな電力消費を伴う．**図 7.1-19** は VAV（変風量）ユニットによる室内への給気風量を制御する空調システムの例である．必要となる風量を制御するには**図 7.1-20** のものがあり，ダンパによる制御は最も入力が大きく，送風機の吸込み側の扇状の羽根（サクションベーン）による制御がやや小さく，インバータによる回転数制御が最も入力比が小さい．可変ピッチ制御は軸流送風機の羽根の角度を変えるもので，空調機での使用は少ない．

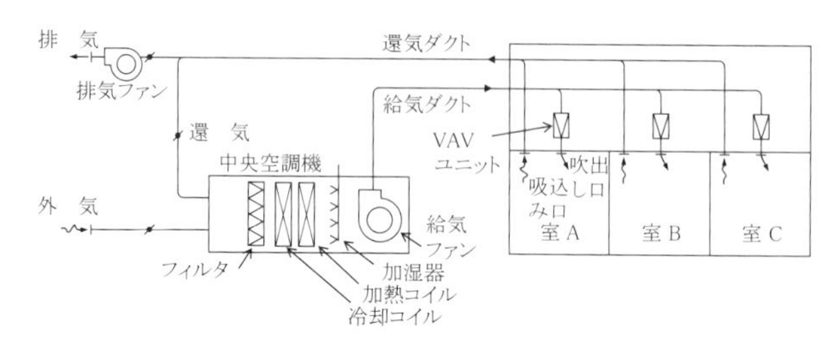

図 7.1-19　変風量単一ダクト方式 [14)]

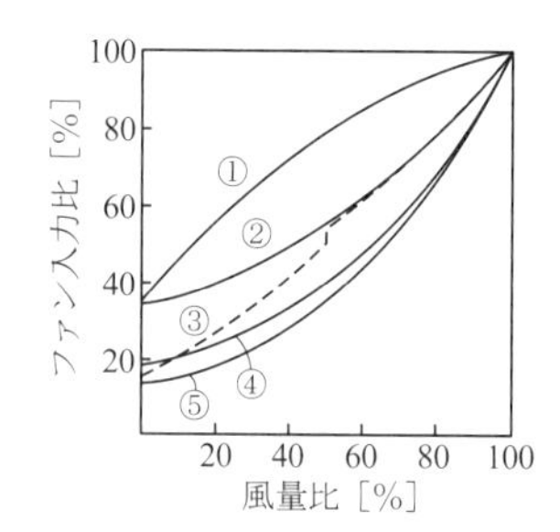

図 7.1-20　送風機の風量比と入力比の関係 [15)]

引　用　文　献

1)　空気調和・衛生工学会：空気調和・衛生工学便覧，3 巻，第 14 版，p.20，東京（2010）．
2)　空気調和・衛生工学会：空気調和・衛生工学便覧，2 巻，第 14 版，p.6，東京（2010）．
3)　空気調和・衛生工学会：空気調和・衛生工学便覧，2 巻，第 14 版，p.7，東京（2010）．
4)　空気調和・衛生工学会：空気調和・衛生工学便覧，2 巻，第 14 版，p.7，東京（2010）．
5)　空気調和・衛生工学会：空気調和・衛生工学便覧，3 巻，第 14 版，p.224，東京（2010）．
6)　空気調和・衛生工学会：空気調和・衛生工学便覧，3 巻，第 14 版，p.228，東京（2010）．
7)　空気調和・衛生工学会：「空気調和設備計画設計の実務の知識」，改訂 2 版，p.235，オーム社，東京（1977）．
8)　省エネルギーセンター：「オフィスビルの省エネルギー」，p.3，http://www.eccj.or.jp/office_bldg/01.html（2018）．
9)　牧野貴仁，稲岡達夫：「日本建築学会大会梗概集」，p.30，近畿（2009）．
10)　空気調和・衛生工学会：「空気調和・衛生工学便覧」，3 巻，第 14 版，p.230，東京（2010）．
11)　空気調和・衛生工学会：空気調和・衛生工学便覧，3 巻，第 14 版，p.230，東京（2010）．
12)　空気調和・衛生工学会：空気調和設備計画設計の実務の知識，改訂 2 版，p.221，オーム社，東京（1977）．
13)　空気調和・衛生工学会：空気調和・衛生工学論文集，No.5，p.49（1977）．
14)　空気調和・衛生工学会：空気調和・衛生工学便覧，3 巻，第 14 版，p.18，東京（2010）．
15)　空気調和・衛生工学会：空気調和・衛生工学論文集，No.5，p.49（1977）．

（鈴木　康司）

(2)　制御

a)　熱源機の特性と熱源機台数制御

熱源制御の目的は，ランニングコストや電力デマンド，ガス契約などを踏まえて熱源機の組合せを決めるなどとともに，最小の搬送エネルギーで負荷設備に過不足のない熱量を供給することである．密閉配管二次ポンプシステム（**図 7.1-21**）の冷房動作を例に解説する．実線は配管，破線は

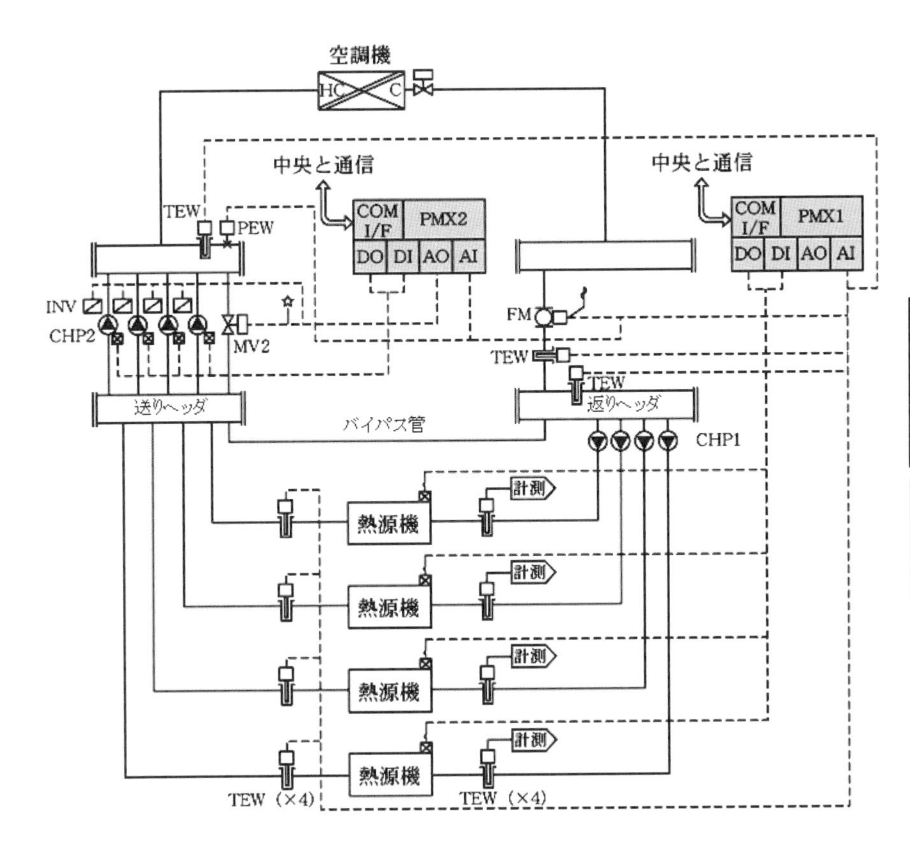

記号	名　称
PMX1	熱源機コントローラ
PMX2	ポンプコントローラ
TEW	配管挿入型温度センサ
FM	流量計
PEW	圧力センサ
MV2	電動二方弁
CHP1	冷温水一次ポンプ
CHP2	冷温水二次ポンプ
HC/C	冷温水コイル（空調機）
INV	インバータ

図 7.1-21　熱源システムの構成例

制御信号のラインを示している．熱源制御で主に使用される機器は，図中に PMX1 で示される熱源機コントローラと，PMX2 で示される二次ポンプコントローラである．

i)　増段・減段判断

定速冷凍機では**図 7.1-22** のように二次側負荷熱量と定格能力を比較して，負荷熱量が増加すると冷凍機を増段し，負荷熱量が低下すると冷凍機を減段する．負荷熱量は送り温度，返り温度，および負荷流量から計算する．冷凍機の頻繁な起動・停止を防ぐために起動・停止には動作隙間を設定する．

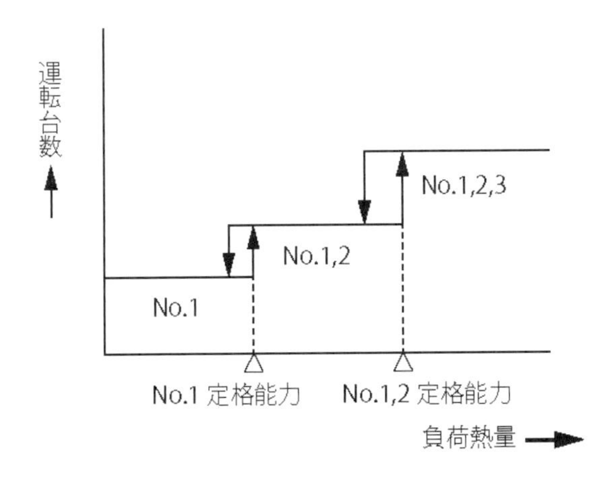

図 7.1-22　熱源機台数制御

ii)　送り・返り温度補償

二次ポンプシステムでは一次側と二次側の流量の差を送りヘッダと返りヘッダの間のバイパス配管でバランスを取っているが，負荷が急に減少すると送りヘッダから返りヘッダへの冷水のバイパスにより，冷凍機入口温度が低下する．このため保護回路により冷凍機が停止してしまう．そこで返りヘッダ温度が低下すると冷凍機をコントローラから減段する．逆に負荷が急に増加した場合は返りヘッダから送りヘッダにバイパスすることで送りヘッダ温度が上昇するので冷凍機を増段する．

iii)　起動・停止順序

冷凍機の起動・停止順序には以下の方式がある．

- シーケンシャル（順序）方式：最初に起動した号機を最後に停止する．ベース機を設定する場合に適している．
- ローテーション方式：最初に起動した号機を最初に停止する．等容量の冷凍機について運転時間を均等化する場合に適している．
- プログラム（組合せ）方式：負荷に等しい容量分の号機を起動する．駆動エネルギーが電気とガスなどの複数で構成される複合熱源や，異容量で冷凍機台数が多い場合に適している．高効率な機器の優先運転や，使用するエネルギーの消費量を調整する運転も可能である．

iv)　そのほかの台数制御を補完する機能

- 冷凍機起動・停止時は供給熱量が安定するまで一定時間は台数制御を停止する．

・冷凍機を頻繁に起動停止しないようにタイマを設ける.
・朝の立上り時はあらかじめ複数の起動号機を決めておき負荷に速く対応する．ただし，同時起動による過電流を防ぐために起動には時間差を設ける．また，終業時刻には負荷が急減するので継続運転の号機を決めてそれ以外の号機を停止する.

b) ポンプの回転数制御

i) 二次ポンプ回転数制御

空調機の水量制御が二方弁制御の場合，二方弁の開閉により二次側配管抵抗が変動するので，以下のように二次ポンプのインバータ制御により送水圧を負荷に合わせて調整して省エネルギーを図ることができる．ポンプの運転特性や共振などの理由からインバータには下限が設けられ，負荷流量がインバータの下限以下の場合は二次ポンプバイパス弁により，送水圧力を調整する．低負荷時には負荷熱量を計測して，二次ポンプの台数制御をおこなう．増段・減段には動作隙間を設ける.

・ 送水圧一定制御

図 7.1-23（a）で負荷が減少すると空調機二方弁開度が小さくなり，水量低下により配管抵抗 Ra が Rb に変化し，このとき送水圧力一定（A の状態）に保つために，ポンプの回転数を下げる.

インバータ出力が最小のとき，さらに負荷流量が少なくなり送水圧が上昇するとバイパス弁を開ける．（**図 7.1-23 (b)**）図では PID 制御の比例演算を図示しているが，実際の制御出力では積分演算や微分演算の結果が加算される.

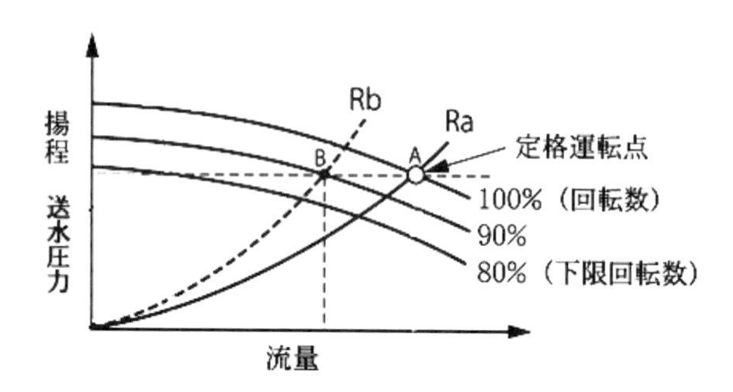

(a) ポンプの運転点

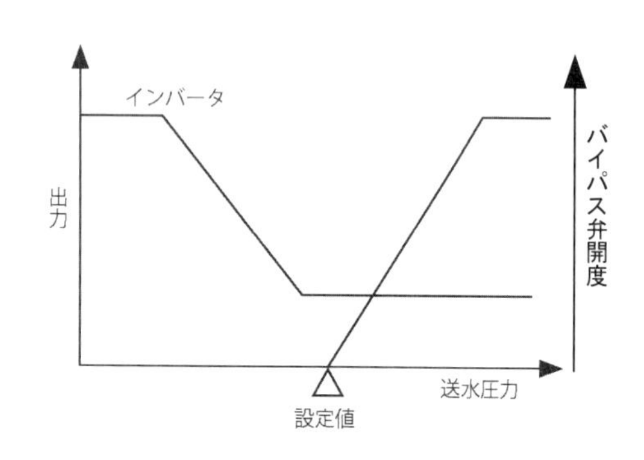

(b) 制御動作

図 7.1-23 回転数制御による送水圧一定制御

・ 末端差圧制御

末端差圧制御は配管系で最も圧力差が低下する末端の空調機とその制御弁との合計の前後差圧を一定値に維持するもので，この空調機の最大負荷時の冷温水流量に対応した差圧を設定値として二次ポンプをインバータ制御する．負荷流量が減少すると，ポンプと空調機の間の主配管での圧力損失が低下し，ポンプの送水圧力をさらに低くできる．一般的に，ポンプ動力は送水圧一定制御よりも小さくなる．**図 7.1-24** のように負荷減少時は空調機二方弁が閉じ，末端差圧が増加する．それに合わせて二次ポンプのインバータ出力を下げる．さらに末端差圧が増加するとバイパス弁を開ける.

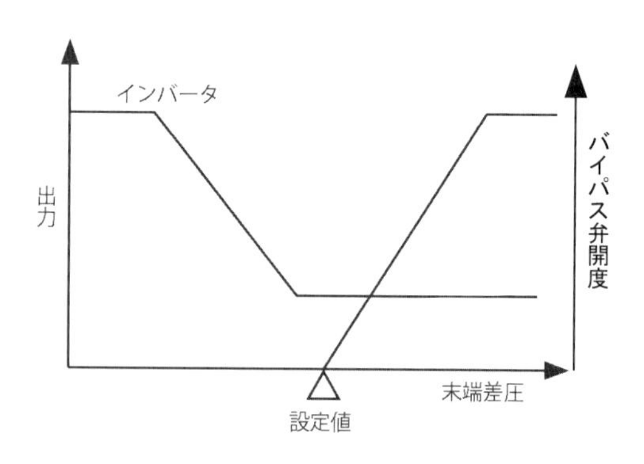

図 7.1-24 末端差圧制御

・ 推定末端圧制御

二次ポンプ以降の配管経路が複数ある場合は，時間帯により最大負荷の配管経路が異なることがある．このため送水圧制御で必要な末端空調機の特定が困難であることが多い．推定末端圧制御では，負荷流量から必要な二次ポンプの揚程を求め送水圧設定値を変更する．**図 7.1-25** は負荷流量が減少すると二次ポンプ送水圧を下げる制御動作を示している．運転制御の調整では，負荷流量最小時でも配管系の末端空調機での定格流量を保証するように送水圧を定める.

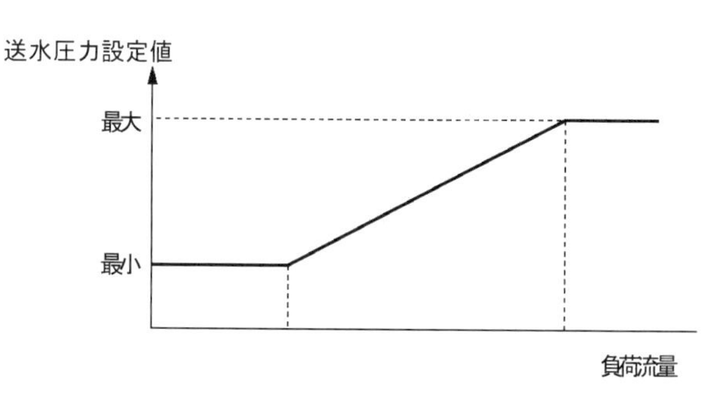

図 7.1-25 推定末端圧制御

ii) 一次ポンプ回転数制御

冷水一次ポンプは冷凍機の安定運転のために従来は定速運転が一般的であったが近年は冷凍機が変流量を許容するようになり，回転数制御により省エネルギーを図ることができるようになった.

二次ポンプシステムの一次ポンプ回転数制御は二次側の負荷流量と一次側運転機流量の合計が等しくなるようにインバータ出力を決める．

まず，運転中の熱源機の定格流量の合計と負荷流量の比から各ポンプの定格能力に対する負荷流量の比率(流量比)を演算する．次に流量比に見合うインバータ出力をテーブルにより変換し，インバータに出力する．**図 7.1-26** に制御動作を示す．

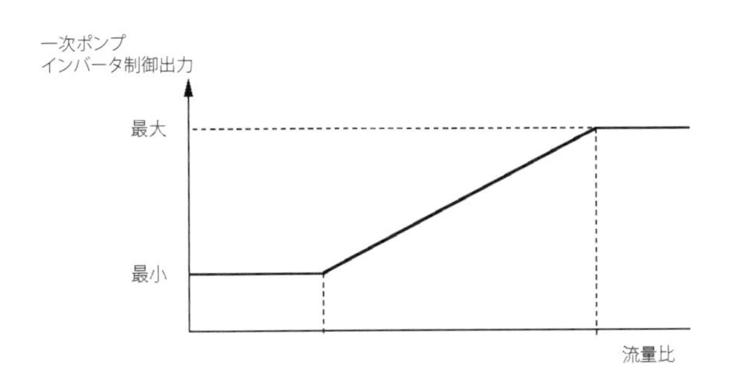

図 7.1-26　一次ポンプ回転数制御

iii)　冷却水温度制御

図 7.1-27 に冷却塔廻り制御システムを示す．

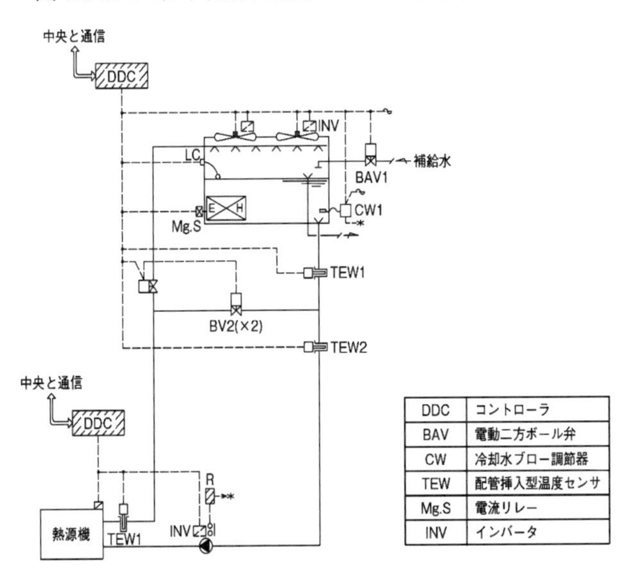

DDC	コントローラ
BAV	電動二方ボール弁
CW	冷却水ブロー調節器
TEW	配管挿入型温度センサ
Mg.S	電流リレー
INV	インバータ

図 7.1-27　冷却水廻りシステム [2)]

・　冷却塔ファン制御

一般的に冷却水温度が低いほど冷凍機の COP は向上し，機器によっては 12 ℃まで対応可能なものもある．冷却水温度を低くするためには中間期から冬期において冷却塔ファンを多く運転する．このため冷却塔ファンの年間消費電力は増加するが，冷却水温度低下による冷凍機の COP 向上効果のほうが大きいために，冷却水出口温度は冷凍機が許容するかぎりできるだけ低く設定する．**図 7.1-28** に制御動作を示す．冷却塔出口温度と設定値から演算した制御出力に応じて，2 台のインバータ出力の調整とインバータの最小値以下でのファン台数制御をおこなう．

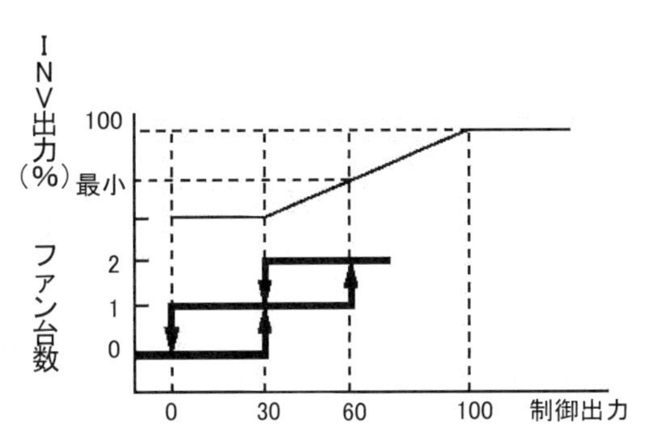

図 7.1-28　冷却塔ファン制御

・　冷凍機冷却水入口温度制御

冷却水入口温度（図 7.1-27 中 TEW2 による計測）が低下した場合は，冷凍機の低温停止を防止するためにバイパス側二方弁と冷却塔行き側二方弁（図 7.1-27 中 BV2）を操作して冷却塔に流れる冷却水をバイパスさせて，冷却水温度を維持する．**図 7.1-29** に制御動作を示す．バイパス側二方弁と冷却塔行き側二方弁は逆動作させる．

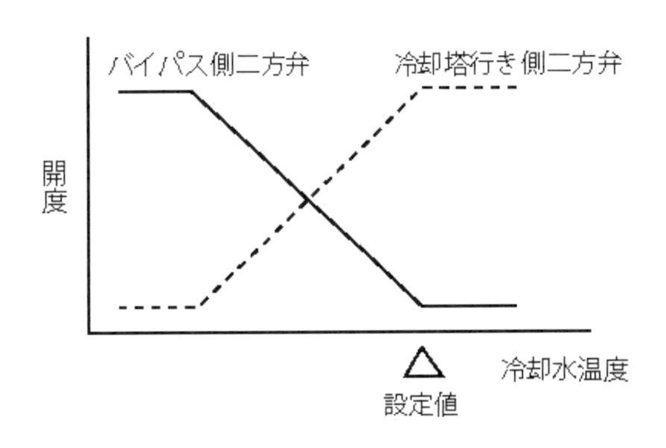

図 7.1-29　冷凍機冷却水入口温度制御

・　冷却水ポンプ回転数制御

近年の冷凍機では冷却水の変流量も可能になったものがある．冷却水ポンプ回転数制御は，冷凍機が部分負荷のとき冷却水ポンプの回転数を下げて，冷却水流量を減らし，運転動力を削減する．

冷凍機冷却水出口温度（図 7.1-27 中 TEW1 による計測）が低下すると負荷減少と判断してインバータ出力を下げる．

図 7.1-30 の例では，冷却水出口温度が 25 ℃以上の時は 100% 出力，20 ℃以下のときは下限出力となるように制御している．

このほかに冷凍機冷却水出入口温度差が一定になるように PID 制御する方法がある．

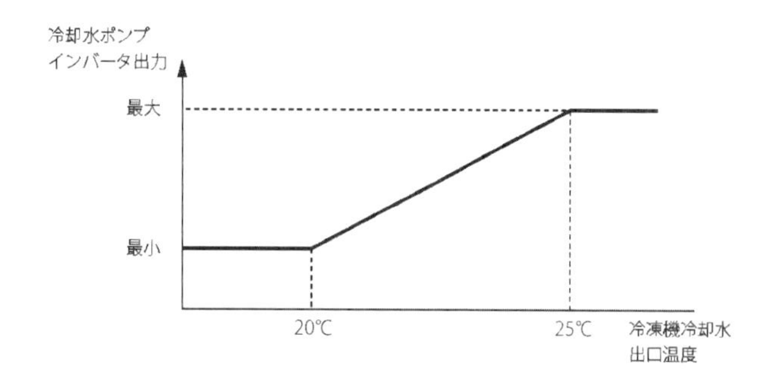

図 7.1-30　冷却水ポンプ回転数制御

c)　空調機廻りの制御

事務所建物で最も一般的な**図 7.1-31** の変風量空調機システムについて解説する．室内温度は室内天井内に設置した VAV（Variable Air Volume，可変風量）ユニットが風量を変更して設定値になるように制御する．その空調機系統に属する複数の VAV ユニットの開度や供給風量をもとに，空調機の給気風量と給気温度を快適性と省エネルギーの観点で最適になるように決定する．

まず，空調機単体の制御について，次に VAV ユニットと空調機の連携による制御について説明する．

i)　給気温度制御

給気温度を設定値に維持するように冷水二方弁，温水二方弁を操作する．外気冷房が可能なときは外気ダンパを冷水弁より優先して開ける．（**図 7.1-32**）

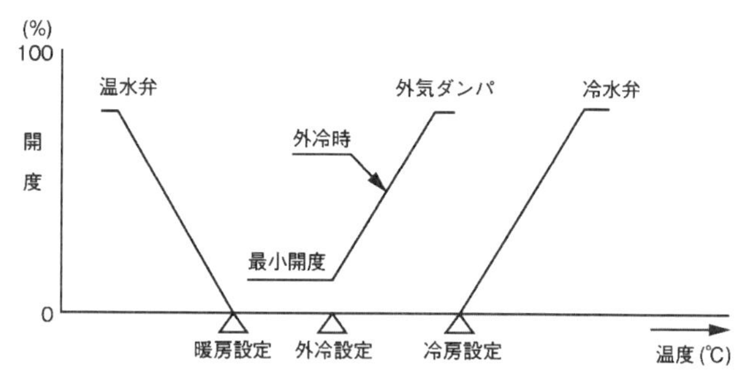

図 7.1-32　給気温度制御

ii)　還気湿度制御

現在のオフィスビルで主流である気化式加湿器の制御方式について述べる．気化式加湿器は応答が遅く，応答が速い給気ダクトでは使用できないので還気相対湿度によりオン・オフ制御する．除湿は冷水弁を PID 制御する．（**図 7.1-33**）

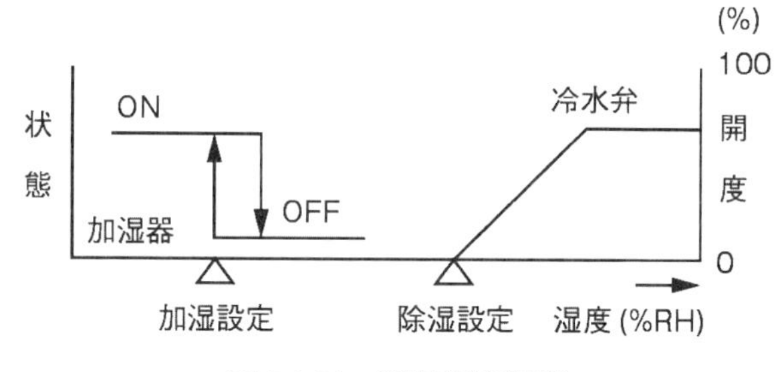

図 7.1-33　還気湿度制御

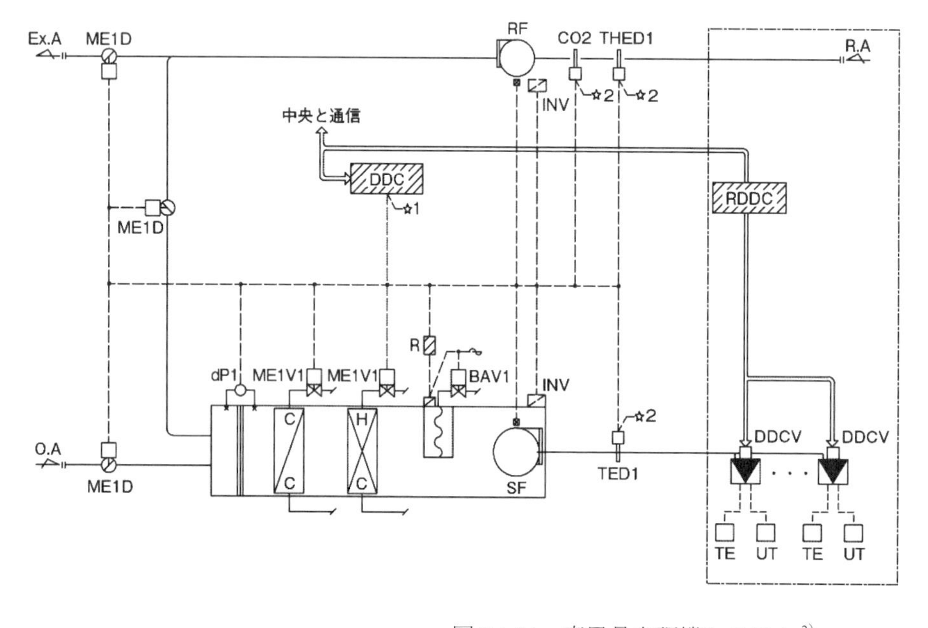

DDC	コントローラ
dP	差圧スイッチ
ME1V	電動二方弁
BAV	電動二方ボール弁
TE	室内型温湿度センサ
UT	設定器
DDCV	VAV コントローラ
THED	ダクト型温度センサ
CO2	CO2 センサ
ME1D	モータダンパ
TED	ダクト型温度センサ
INV	インバータ
VAV	VAV ユニット
SF	給気ファン
RF	還気ファン
C/C	冷水コイル
H/C	温水コイル
RDDC	連携 DDC

図 7.1-31　変風量空調機システム [2)]

iii)　外気冷房制御

外気が低温で，冷熱源として利用できる場合，つまり空気線図（**図 7.1-34**）の着色した領域に空気の状態があれば，外気取入れダンパを開けて外気を取り入れる．

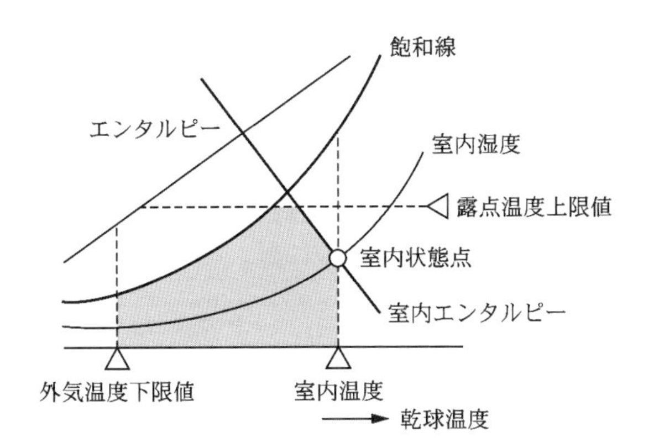

図 7.1-34　外気冷房判断

iv)　最小外気取入れ制御

室内の CO_2 濃度が建築物衛生法で定める 1000 ppm 以下のときに，取入れ外気量を設計外気量以下に削減し省エネルギーを図る．運用では設定値を 800 ppm 程度以下として，外気取入れダンパの制御をおこなう．また，外気取入れダンパの最小開度を設定する．（**図 7.1-35**）

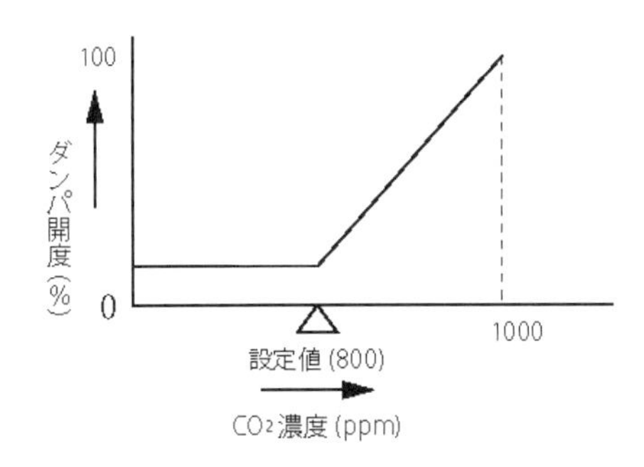

図 7.1-35　最小外気制御

d)　風量制御

i)　VAV ユニットの室温制御

VAV ユニットごとに設置されるコントローラ（DDCV）は冷房時，暖房時の室内温度の設定値からの偏差により要求風量を求める．次に内蔵する風速センサから求めた計測風量と要求風量との偏差によりダンパを調整して必要風量を供給する．このとき換気量を保証するために最小風量を設定する．冷房と暖房の設定値の間にはゼロエナジーバンドを持ち冷房と暖房のハンチングを防ぐ．（**図 7.1-36**）

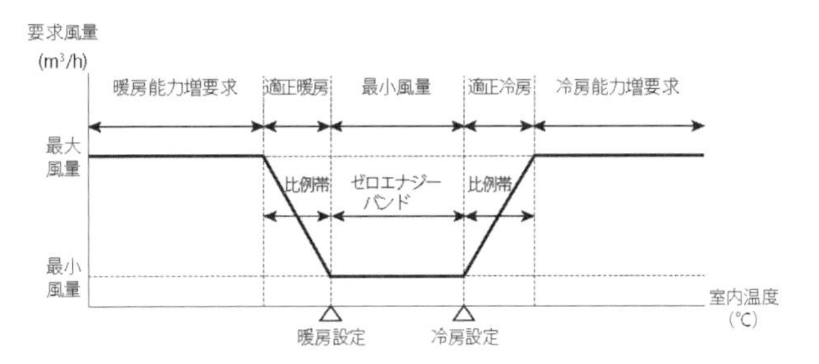

図 7.1-36　VAV ユニットの室内温度制御

ii)　給気ファン回転数制御

空調機に接続された VAV ユニットの要求風量の合計および，各 VAV ユニットのダンパ開度信号により給気ファンの回転速度を変更する．負荷減少時は各 VAV のダンパが極力全開に近い状態で運転するように空調機給気ファンの吐出圧を下げて省エネルギーを図る．

・　ファン回転数基準値の決定

各 VAV コントローラ（DDCV）は，VAV ユニットの温度制御の結果である要求風量（m^3/h）を出力し，連携コントローラ（RDDC）は各 VAV の要求風量を空調機系統ごとに合計し，トータル要求風量を求める．次に空調機コントローラは風量とファン回転数の関係に基づいて，トータル要求風量から給気ファン回転数を求める．

・　ファン回転数の調整

各 VAV の「全開」と「85%」の 2 つのダンパ開度状態信号を DDCV に取り込む．ダンパ開度が全開のときは静圧不足，85% 未満のときは静圧過剰，その間は静圧適正と判定する．

次に，RDDC は各 VAV の静圧過不足状態を空調機系統ごとにまとめ，空調機コントローラは系統全体の静圧過不足状態が「過剰」の場合，ファン回転数を減らす．「不足」の場合，ファン回転数を増やす．

e)　給気温度設定値最適化制御

VAV ユニットは換気のため，最小風量（設計風量の約 30 ～ 40%）を設定する．また，複数の VAV ユニットに対して給気温度は共通であるので，たとえば冷房時に最小風量でも冷房過剰状態になることがある．給気温度設定最適化制御は，その空調機系統の全ての VAV ゾーンの制御状態を総合的に判断して，供給エネルギーの過不足がないように，給気温度設定値を決定する．冷房時を例に制御内容を説明する．

i)　各 VAV の制御状態の判定

VAV の負荷状況を示す「制御状態」を判定する．（図 7.1-36，**表 7.1-1**）

表 7.1-1　VAV の制御状態（冷房時）

制御状態	定　義
最小風量	室内温度が冷房・暖房設定値の間にある．
適正冷房	室内温度が冷房制御比例帯にある．
冷房能力増要求	室内温度が冷房制御比例帯の外にある．

ii)　給気温度最適化

RDDCは各VAVユニットの「制御状態」から求めたトータル制御状態を求める．冷房能力増要求が1台でもあればトータルの制御状態は冷房能力増要求となり，冷房能力増要求が1台もなくて最小風量が1台でもあれば最小風量となる，最小風量も冷房能力増要求もない場合は適正冷房となる．このような判定を一定時間ごとにおこない，これに基づいて空調機コントローラは**表7.1-2**のように空調機給気温度設定値を変更する．

表7.1-2　給気温度設定値変更量（冷房時）

トータル制御状態	給気温度設定値変更量
最小風量	＋0.5℃
適正冷房	±0℃
冷房能力増要求	－1.0℃

参　考　文　献

*1)　松元・田崎：「環境共生世代のための建築設備の自動制御入門」，p.151，日本工業出版社，東京（2010）．

*2)　（公社）空気調和・衛生工学会：「BEMS　ビル管理システムの計画・設計と運用の知識」，p42,p45，東京（2016）．

（田崎　茂）

7.1.2　空冷方式

(1)　システムフロー

a)　空調システムの概要

i)　空冷方式と水冷方式の比較

水冷方式では夏期に建物内で処理した熱を冷却塔を用いて水の蒸発潜熱として屋外に排出するが，空冷方式では冷却塔を使用せずに空気の顕熱として排出する．水冷方式の場合は外気の湿球温度に能力が影響されるのに対して，空冷方式では乾球温度に左右される．空冷方式の熱源機は水冷方式に比べて小型のものが多く，凝縮器と蒸発器が一つの筐体に収められたものが一般的であるが，用途やメーカによっては別置きとしたものも製作されている．空冷方式では冷却塔を使用しないために，冷却水の水質管理の必要がなく，保守が簡便という利点がある．

ii)　空調システムの構成

空冷方式の空調システムの例を**図7.1-37**に示す．空冷の熱源機は家庭用のエアコンと同様に冷房と暖房を切り替えて使用できるため，冷房専用機に加えて冷暖兼用機が用意されている．暖房時は屋外機熱交換器のフィンに霜が付着し，これを溶かすためのデフロスト運転が必要となるため，機器選定時の余裕度や，運転方法の計画に配慮が必要である．

近年の空冷方式の熱源機では，1台当たりの能力が30 kW程度の小型の熱源機を4台程度連結してモジュールを構成し，必要に応じた数のモジュールを連系動作させるモジュール型熱源機が各メーカより提供されている．モジュールの台数は最大100モジュール近くまで設置可能なものもある．このような熱源機は，圧縮機が小型であるために高圧ガス保安法の届出が不要となり，またレイアウトの自由度が高まることで需要が増えている．製品によってはモジュール内の一つの系統のみをデフロスト運転し，ほかの系統は通常運転とすることで能力低下を抑えているものもある．以降ではモジュール型熱源機を主として取り上げて説明する．

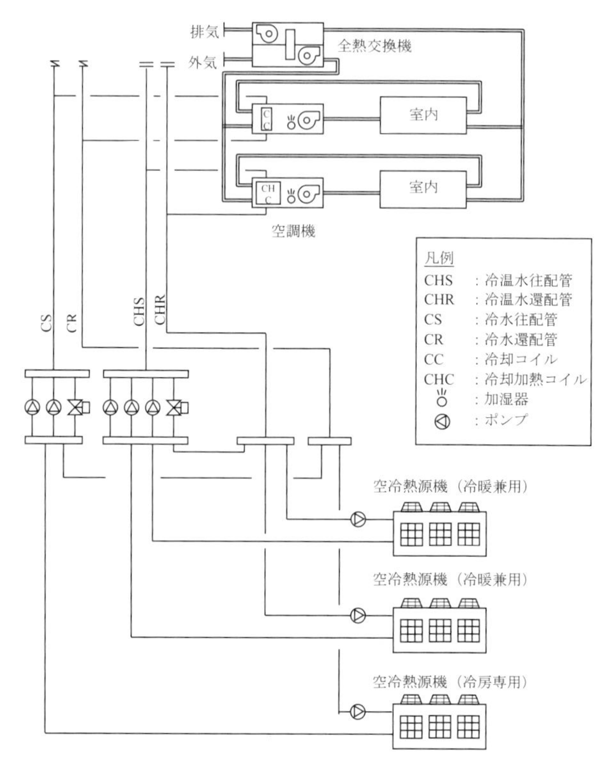

図7.1-37　空調システム構成

b)　配管システム

空冷方式の熱源廻りの配管は，水冷方式から冷却水配管を除いたものとなるが，モジュール型熱源機についてはポンプを内蔵したものもあり，図面上の表記が異なるとともに配管ルートで留意すべきことがある．**図7.1-38**にモジュール型熱源機の配管システム例を示す．

一次ポンプ定流量方式では，空調機の水量制御に三方弁を使用する以外にも図のように，空調機廻りを二方弁とし，熱源機の近傍にバイパス用の二方弁を設けることも可能である．熱源機の内蔵ポンプは定速運転である．モジュール型熱源機は複数台が並列に設置されるため，各モジュールへの流量配分を均等にする必要があり，各モジュールのポンプが受け持つ配管抵抗が同じになるように配管施行をおこなう．

二次ポンプ変流量方式の場合は，熱源機の台数制御と空調機の二方弁の制御により流量の差が生じるため，バイパス配管を設置して熱源機の流量安定性を確保する必要がある．

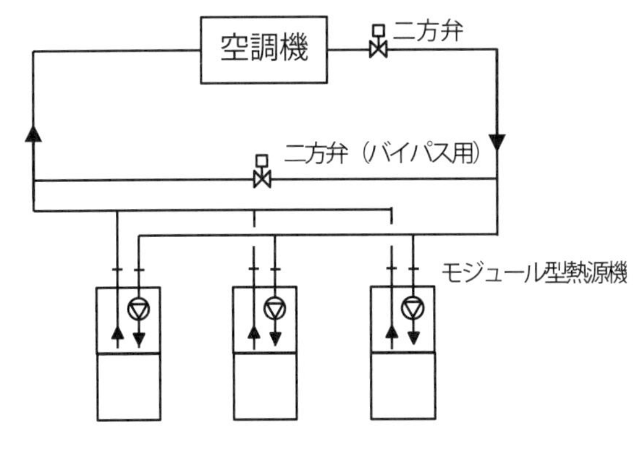

a)　一次ポンプ定流量式

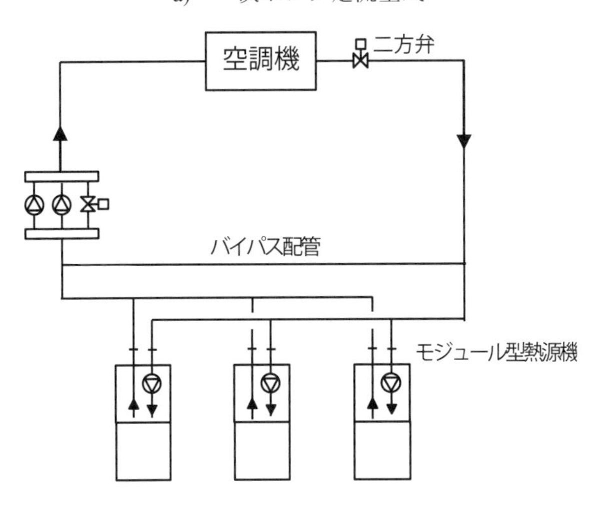

b)　二次ポンプ変流量方式

図 7.1-38　モジュール型熱源機の配管システム

(2)　制御

a)　一次ポンプ方式の制御

空調機の水量制御に二方弁を採用して変流量とし，熱源機内蔵のポンプで冷水や温水を循環させる一次ポンプ方式の場合の配管システムおよび制御内容を**図 7.1-39** に示す．モジュール型熱源機の内蔵ポンプはインバータ制御をおこない，熱源側も変流量である．空調機側の負荷熱量による熱源台数制御と，配管内の圧力バランスを確保するためのバイパス制御について示す．

i)　熱源台数制御

負荷熱量は，配管の往きと還りに設置した温度検出器による温度差と空調機側を流れる流量から演算する．このとき温度検出器と流量計はともにバイパスよりも空調機側に設置する．モジュール型熱源機の場合は本体に台数制御を組み込んでおり，温度検出器と流量計を熱源機のコントローラに直接接続することでモジュールの運転台数や各モジュール内の圧縮機の運転状態を制御する．

ii)　バイパス制御

熱源機のコントローラが演算したポンプの運転台数に基づく流量と，空調機側の二方弁制御で必要とする流量に差が生じた場合は，配管内の圧力が変動を起こす可能性があり，熱源機を流れる流量が不安定となる．このため，配管の往きと還りの間にバイパス管を設け，この差圧が一定となるように二方弁を制御する．

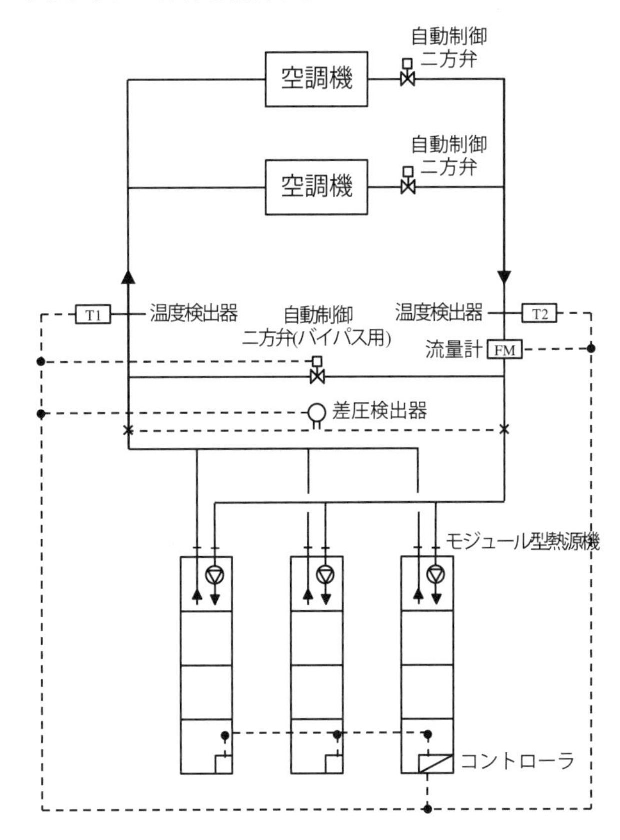

図 7.1-39　一次ポンプ方式の制御内容

b)　二次ポンプ方式の制御

空調機側を変流量とし，熱源機内蔵のポンプとフリーバイパスと空調機の間の二次ポンプで冷水や温水を循環させる二次ポンプ方式の場合の配管システムおよび制御内容を**図 7.1-40** に示す．熱源機側のポンプおよび負荷側のポンプも変流量である．

i)　熱源台数制御

熱源機の台数制御は一次ポンプ方式と同様にバイパスよりも空調機側に設置された温度検出器と流量計より演算される熱量をもとにモジュール台数および圧縮機の運転状態を制御する．

ii)　二次ポンプ制御

二次ポンプ廻りでは，ポンプの台数制御とインバータによる二次ポンプ送水圧力制御などをおこなう． 流量計および温度検出器の計測値は，モジュール型熱源機で使用している電気信号を変換器で分岐して使用する．

二次ポンプの制御内容については 7.1.1 項（2）を参照されたい．

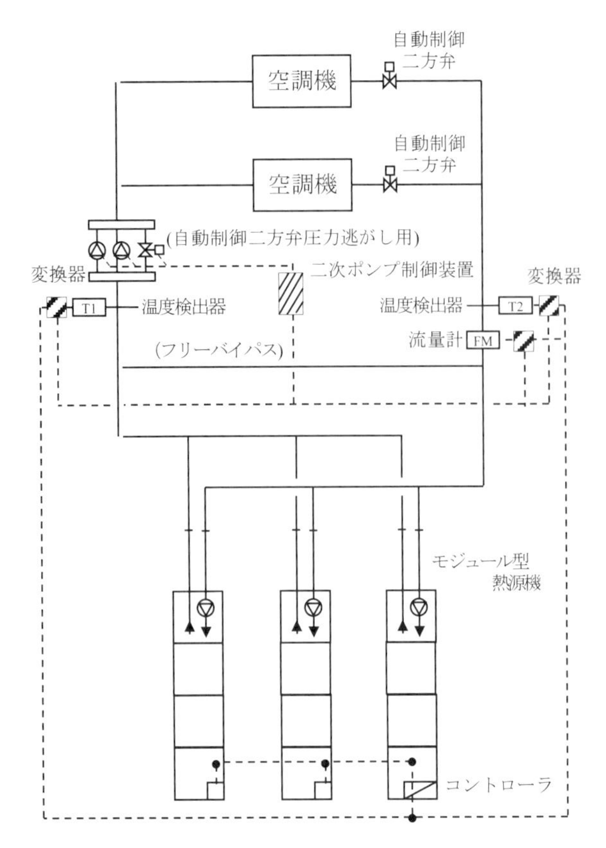

図 7.1-40　二次ポンプ方式の制御内容

（鈴木　康司）

7.2　ビル用マルチエアコンシステム

7.2.1　システムフロー

ビル用マルチエアコンは同一系統の冷媒配管に容量の異なる複数の室内機を接続でき，必要な室内機だけ運転させることができる個別分散空調機である．**図 7.2-1** のようにインバータ駆動の圧縮機，熱交換器，電子膨張弁，四方弁（四路切替弁），ファンなどを搭載した室外機と熱交換器，電子膨張弁，ファンなどを搭載した室内機で構成されており，両機間を冷媒配管で接続し冷媒を循環させることで空調をおこなっている．

室外機や室内機には各部分の冷媒や室温などを検出する温度センサや圧力センサ，電流センサ，マイコンを搭載した複数のプリント基板が組み込まれており，各機内のプリント基板間でセンサ情報，制御量情報などのやり取りをおこなっている．

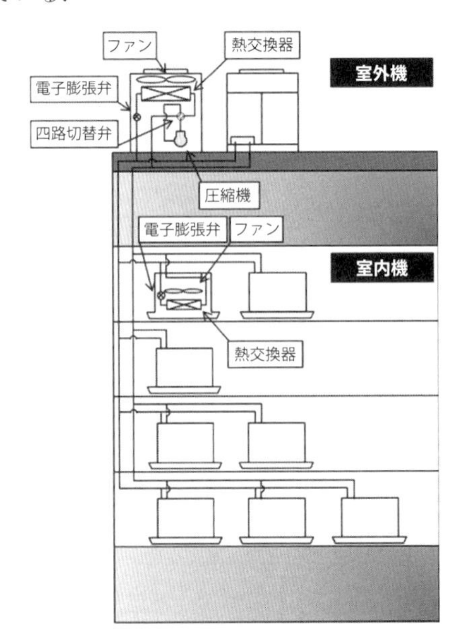

図 7.2-1　ビル用マルチエアコンの概要

通常，室内機には運転リモコンが設置されており，その運転リモコンを利用してユーザは好みに応じておのおのの室内機の運転・停止，設定温度の調整をおこなうことができる．

基本的には 1 台の室内機に運転リモコンが 1 台接続されているが，1 台の室内機に 2 つのリモコンを接続し，たとえば室内機が設置されている部屋と管理室の双方から自在に制御することもできる．また，運転リモコン 1 台で同じフロアにある複数の室内機を同時に制御する場合には，連絡配線を各室内機間で渡らせることで可能となる．接続の例を**図 7.2-2** に示す．

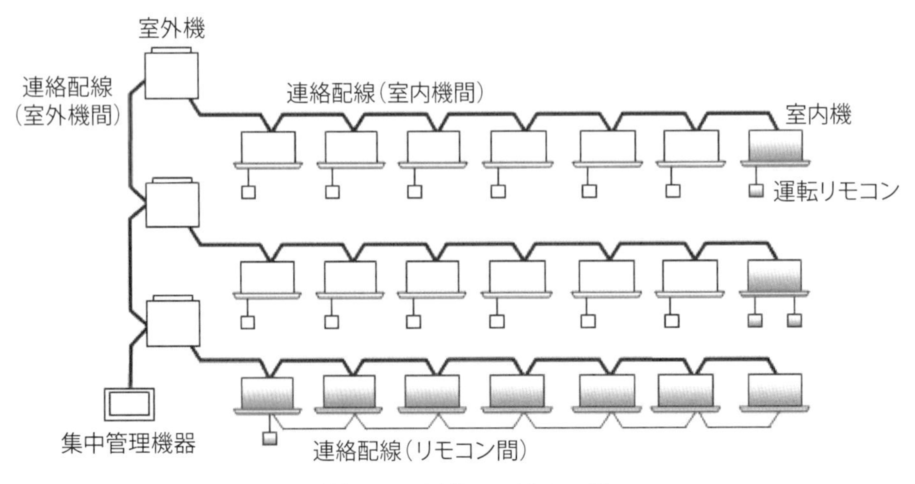

図 7.2-2　通信システムの例

室内機は，室内温度が設定温度付近になると能力を弱め，冷房運転であれば設定温度以下になると送風運転となり，室内温度が設定温度以上になると再び冷房運転をおこない，室内温度を常に一定に保つ制御をおこなっている．室内温度を検知するセンサは，室内機の吸込口付近に搭載されているが，運転リモコンにも搭載されているモデルであれば居住空間により近い所での室温検知も可能である．運転リモコンを別室に設置する場合には運転リモコン側のセンサを使用禁止に設定し，室内機の吸込口付近のセンサだけを使用したりする．そのほかに，温度検知を特定の場所で決めて制御したいときは，自由に設置できる後付のリモートセンサを取り付けて室温制御をおこなうこともある．

建物の規模が大きくなると接続している室内機が多くなり，管理室などで一括監視制御をする必要が出てくる．このような場合は運転リモコンをまとめて制御ができる集中管理機器を導入するのが一般的である．室外機と室内機間には空調機の運転を制御するためのデータを流す連絡配線があり，信号レベルや通信プロトコルは機器メーカごとに独自の方式をとっている．ほとんどの機器メーカが無極性 2 線式配線のため，誤配線も少なく配線工事の容易化が図られている．

集中管理機器を使って一括監視制御をおこなう場合には，この連絡配線を複数の室外機で渡らせて，その連絡配線上に集中管理機器を接続する．このように室外機間を連絡配線で接続すれば，異なった系統の複数の室内機も制御することができる．セントラル空調機器や設備用エアコン，換気機器であっても共通の通信プロトコルを利用していればビル用マルチエアコンと同一の連絡配線に接続することができ，1 つの集中管理機器でビル用マルチエアコン以外の空調機の監視や操作，連動制御も可能となる．

この集中管理機器を利用すれば運転リモコンがなくても空調機を制御することができるため，運転リモコンによるいたずらや誤作動を防止するためのリモコン不要のシステムも構築できる．

また，近年はインターネットが広く普及しており，パソコンを使った監視や操作もできるようになり，ウェブ対応の集中管理機器も出ている．離れた場所から誰でも操作ができるため利便性が高く，今後はますます普及していくことが予想される．

7.2.2 制御

(1) 運転リモコン

図 7.2-3 のような運転リモコンは運転・停止，運転モードの切換（冷房・暖房・送風），温度設定，風量設定，風向設定などの基本的な操作だけでなく，最近では使用目的に応じた機器メーカの独自機能が搭載されている．

タイマ機能としては，設定した時間が経過すると運転を開始または停止する「入切タイマ」や時刻や曜日を利用した「スケジュールタイマ」，さらには指定した時間を経過すると自動で停止させる「消し忘れ防止用のタイマ」などがある．

また，省エネルギー機能として，設定温度を変更しても一定時間後にあらかじめ設定した温度に自動で復帰する「設定温度自動復帰」，設定温度を調整できる範囲を制限する「設定温度範囲制限」，人検知センサと連動した「自動運転・自動停止」といった機能があり，不特定多数の人がリモコンを操作するところでも，冷やしすぎや暖めすぎを防いで電気のムダ使いを防止できる．さらには，換気機器と室内機をリモコン連絡配線で接続することで室内機と換気機器の同時制御がおこなえる．**表 7.2-1** に運転リモコンの主な機能を示す．

ユーザの使い方に合わせて，工場出荷時に設定している機能を変更することも可能で，たとえばカセットタイプの室内機の吹出し方向選択，風向調節範囲設定，フィルタサインの表示間隔時間の設定などがおこなえる．

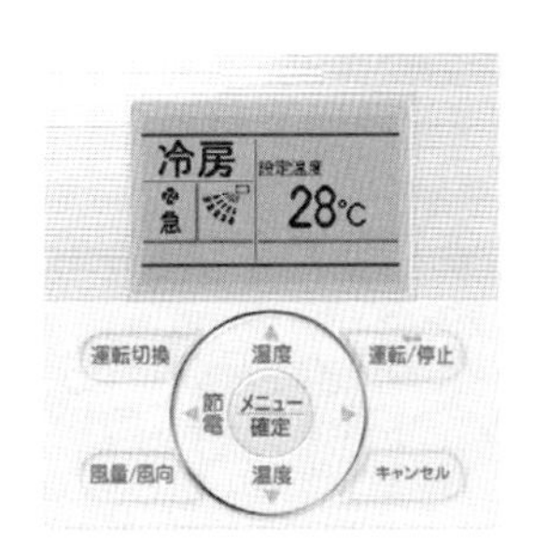

図 7.2-3　運転リモコン

表 7.2-1　運転リモコンの主な機能

機能	内容
基本機能	運転・停止，運転モード切換，温度設定 風量・風向設定
タイマ機能	入切タイマ，スケジュールタイマ 消し忘れ防止タイマ
省エネルギー機能	設定温度自動復帰，設定温度範囲制限 自動運転・自動停止

(2) 集中管理機器

集中管理機器はその目的と用途に応じ，さまざまなコントローラが各機器メーカで用意されている．複数の室内機を一括または個別で運転・停止できるオン・オフ専用のものや室内機の運転リモコン並みに制御・監視できるものがある．最近では，空調機の一括制御・監視はもとより空調機周辺設備，各種エネルギー情報を検出して，ビル全体の空調機の監視や制御をおこなえるものやデマンド制御や電気料金課金をはじめ機器メーカならではの省エネルギー制御機能を搭載している集中管理機器も出ている．**図 7.2-4** は集中管理機器の例である．

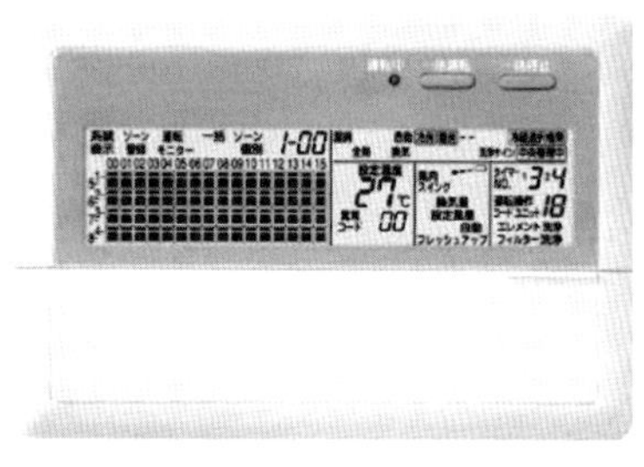

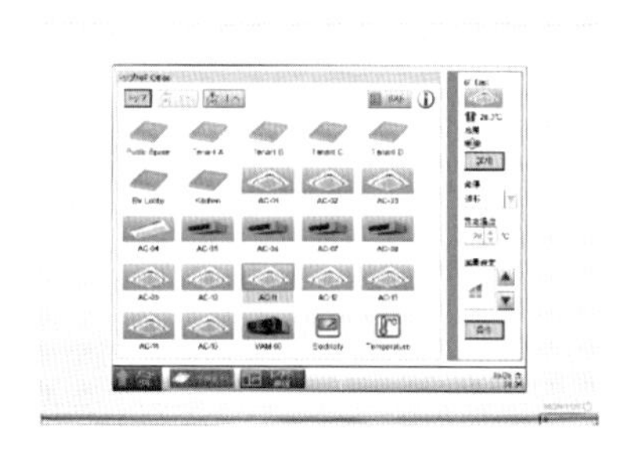

図 7.2-4　集中管理機器の例

これら集中管理機器の主な機能として以下のものがある．

a)　集中管理機能

空調機の表示をアイコンで表示したり，**図 7.2-5** のようなリスト表示やフロアの間取り図を取り込んで実際の機器配置に応じたレイアウト表示をおこなうことができる．操作性を向上するために，現在では液晶タッチパネル方式の画面が主流となっている．

b)　自動制御機能

カレンダ上での休日などの特定日設定，任意の空調機やそのグループの週間スケジュールなどの設定ができ，年間のスケジュール管理機能で日々の運転管理を自動化できる．スケジュール設定の表示例を**図 7.2-6** に示す．

また，センサ情報をもとにした外気冷房や換気の連動など空調機と周辺機器の連動制御による省エネルギー制御，空調機の予熱・予冷制御など快適性を向上するための機能もある．

c)　エネルギー管理機能

電力メータやガスメータなどのパルス信号を読み込みグラフ化させ，エネルギー消費の実態把握やエネルギー削減の検討や検証がおこなえる見える化機能がある．

d)　遠隔制御機能

インターネットを利用して離れた場所のパソコンからでも，現地の集中機器の操作ができ，複数の建物の空調機を集中監視することができる．遠隔地からの操作だけでなく，複数のユーザが利用することも想定されており，管理者だけでなく機能や操作できる空調機を限定してビルに入居しているテナントもパソコンのウェブブラウザを使って操作ができる．また，異常が発生した場合に電子メールで知らせるなどの機能を提供することもできる．

リスト表示　　　　レイアウト表示

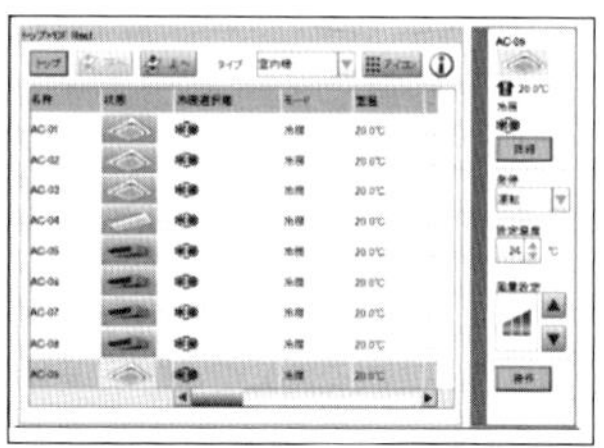

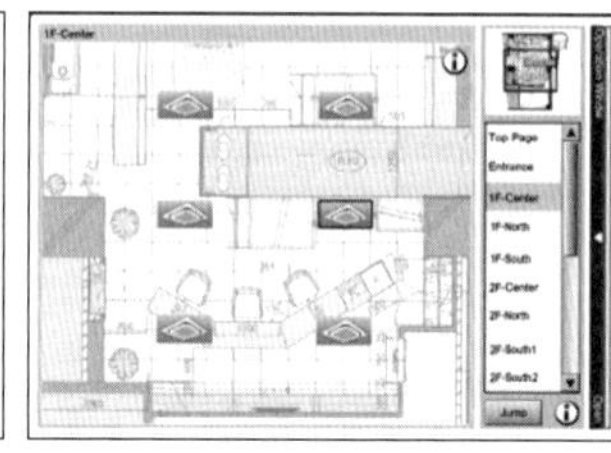

図 7.2-5　空調機の表示

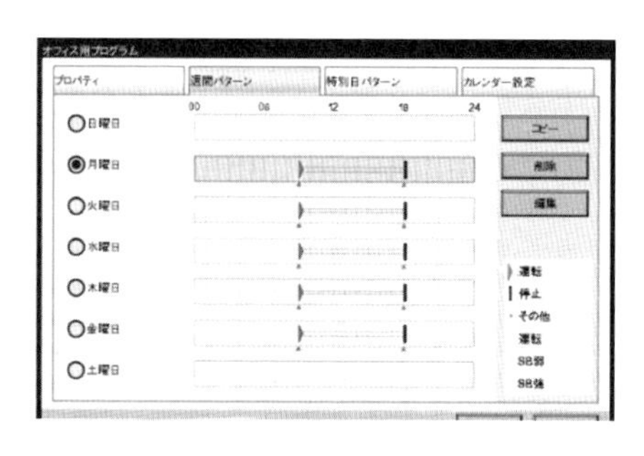

図 7.2-6　スケジュール設定の例

（北出　幸生）

7.3　直膨空調機システム

7.3.1　システムフロー

(1)　直膨空調機

セントラル空調の熱源機は，圧縮機，凝縮器，膨張弁，蒸発器などが一体となり，熱媒である水を凝縮器で加熱，または蒸発器で冷却した後に空調機へ送り，空調機内の冷温水コイルで室内の空気を加熱または冷却処理する．これに対し，直膨空調機は熱媒として水を使用せず，冷媒コイルで直接空気を加熱，冷却する空調機のことをいう．**図 7.3-1** に直膨空調機の冷房時，暖房時の全体システムを示す．

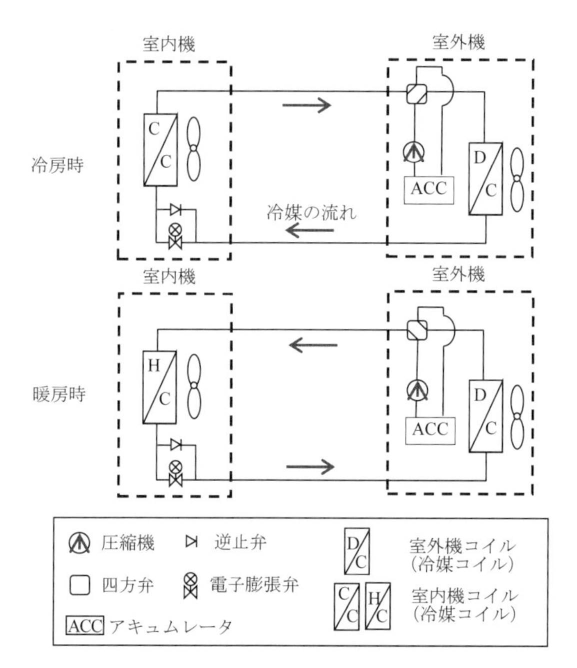

図 7.3-1　直膨空調機の全体システム

直膨空調機における冷房，暖房がおこなわれる原理としては，エアコンと同じであり，室外機に内蔵された四方弁で冷房時と暖房時で冷媒の流れる方向を切り替えることで，冷却，加熱それぞれの運転をおこなう．

セントラル空調の場合，冷熱や温熱を製造する熱源設備のほかに，水を搬送する搬送機器（ポンプなど）が必要となる．一方，直膨空調機の場合は，ポンプを使用しないため，搬送動力が少なくてすみ，熱源設備全体のスペースも小さくてすむ．また，システム自体が簡素であるといった利点がある．しかし，直膨コイルの制御精度の面から温湿度条件が厳しく設定されている用途には注意を要する．

直膨システムの空調機は，フィルタ，冷媒コイル，送風機，加湿器などで構成される．場合によっては，全熱交換器内蔵とする場合や，別途加湿器や加熱器が設置される場合もある．全熱交換器がない場合の直膨空調機の構成例を**図 7.3-2** に，全熱交換器がある場合の直膨空調機の構成例を**図 7.3-3** に示す．直膨空調機の中には，室内機と室外機が分かれておらず，室外機に相当する熱交換器を排気側に設置して一体型とした直膨空調機も存在する．この空調機の場合は，室外機でおこなっている放熱や吸熱の動作を室内からの排気を用いておこなうこととなる．このように，室内と同じ条件の空気で放熱や吸熱をおこなうため効率が高く，室外機を設置するスペースを削減できる．ただし，そのぶん空調機は大きくなる．**図 7.3-4** に一体型の直膨空調機の構成例を示す．

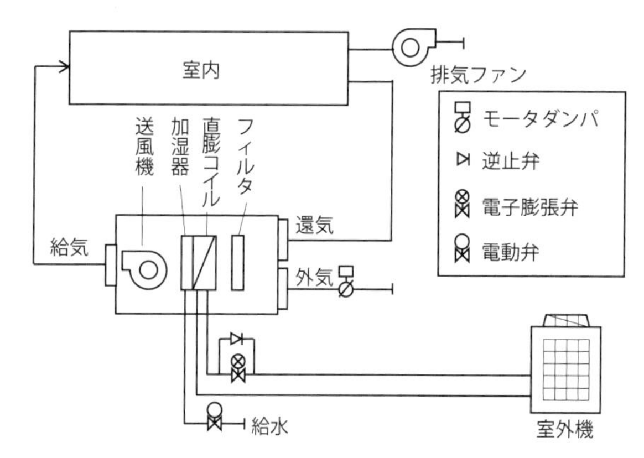

図 7.3-2　直膨空調機の構成例（全熱交換器なしの場合）

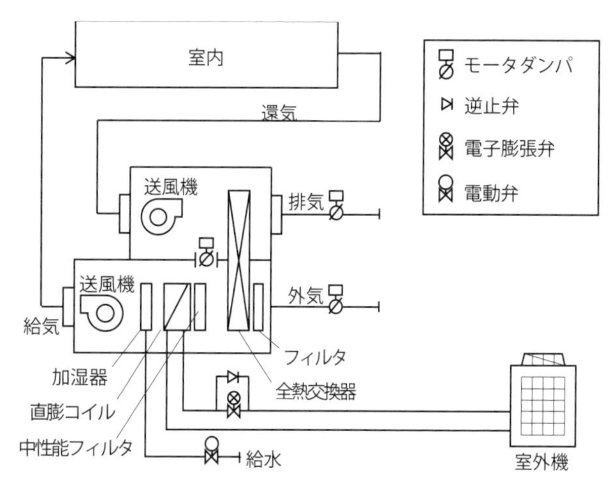

図 7.3-3　直膨空調機の構成例（全熱交換器ありの場合）

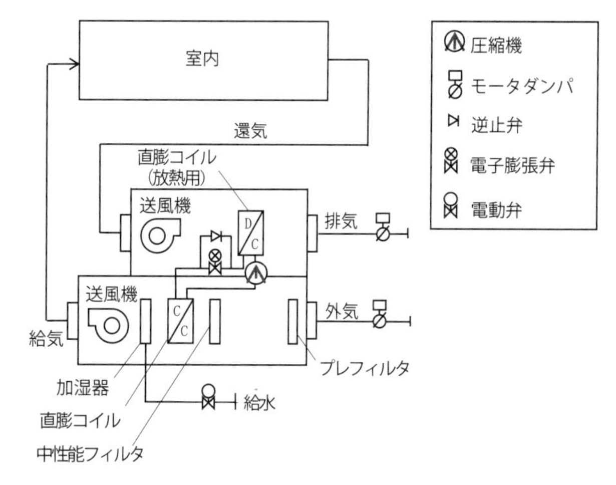

図 7.3-4　直膨空調機の構成例（一体型の場合）

(2)　ダクトシステム

直膨空調機は，空調システムにより，さまざまな役割で使用される．たとえば，①単独構成として直膨空調機を設置し，外気処理と室内の負荷処理の両方を担う場合（図 7.3-2，図 7.3-3，図 7.3-4），②直膨空調機で外気処理をおこない，室内の負荷処理用には直膨空調機とは別に個別のパッケージエアコンなどを設置する場合（**図 7.3-5**），③直膨空調機で外気処理と室内の負荷処理を担う場合で変風量方式とし，複数室の空調を担う場合（**図 7.3-6**）などが挙げられる．

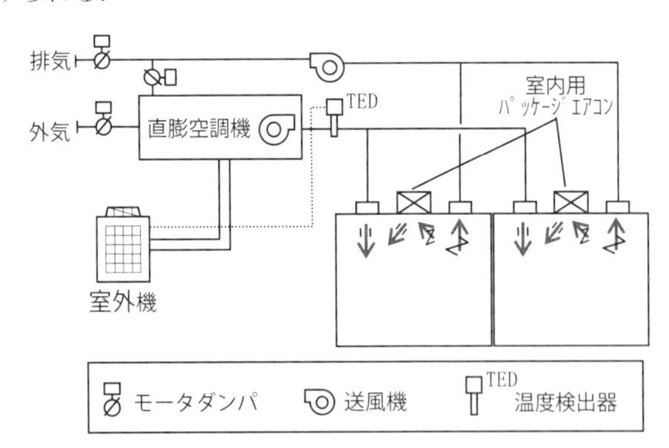

図 7.3-5　直膨空調機を外調機として使用した空調システムの例

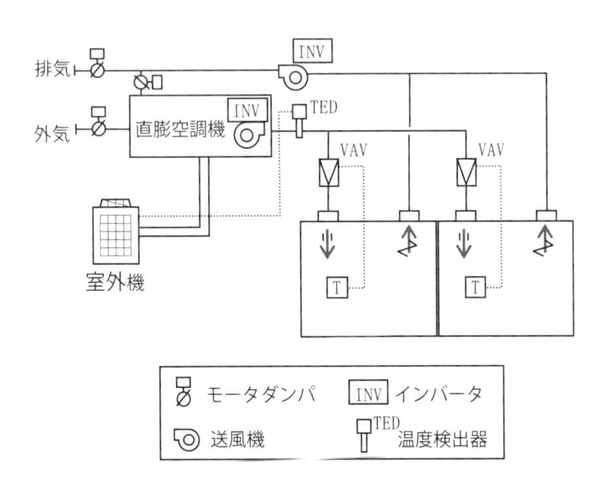

図 7.3-6　変風量方式の空調システム例

7.3.2　制御

図 7.3-5 に示した直膨空調機を外調機として使用した場合の運転制御について述べる．この場合は，冷房時と暖房時の設定温度をそれぞれ設定する．中央監視による遠方，もしくは室内などに設置されたリモコンにより冷暖房の設定をおこない，それに合わせて四方弁が切り替わり，冷房，暖房の運転がおこなわれる．温度制御は，給気温度を検出してコンプレッサの回転数を演算しておこなわれる．加湿に関しては，近年，気化式加湿器の採用が多くなっており，計測している給気露点温度により，給水用電動弁の開閉がおこなわれる．水加湿方式では，二位置制御であるため，あまり精度は高くない．

図 7.3-6 に示した直膨空調機を用いた変風量方式の場合の運転制御について述べる．まず，変風量装置（VAV）の制御に関しては，各室に設置した温度検出器の計測値から VAV 内蔵の調節器で演算をおこなって，ダンパの開度を変えて変風量制御をおこなう．空調機の給気ファン，および排気ファンの制御には，送風圧力を検出して各ファンのインバータ周波数を演算するものと，各変風量装置の要求風量から周波数を決定するものがある．この際，室内の CO_2 濃度が管理値を上回らないように，給気風量の下限を設ける．

温度制御については，先に説明した外調機として使用した場合と同様，基本的に給気温度一定制御である．冷房時，暖房時の給気温度を設定し，冷暖を切り替えて運転させる．なお，VAV を使用する場合は，VAV の状態から室内の負荷状況を判断して，給気温度の設定を変更して給気風量を少なくし，搬送動力を削減することも可能である．

湿度制御においては，給気露点温度を検出値として使用する場合と，還気相対湿度を検出値として使用する場合があるが，室内の加湿負荷傾向が同じ場合は還気相対湿度を，異なる場合には給気露点温度を用いる．

参　考　文　献

*1)　コンフォート・コントロール：アズビル株式会社ビルシステムカンパニー，(2012)．

7.4　パッケージ形空調機システム

7.4.1　空気熱源空調機

パッケージ形空調機とは，冷凍サイクルを利用した空調機で，その主要要素となる，圧縮機，凝縮器，蒸発器，膨張弁を一式として収納（パッケージ化）した空調機のことをいう．凝縮器と蒸発器は熱源機側のコイルと負荷処理側のコイルに該当し，その使用用途により，冷暖房をおこなう場合には，冷媒の流れを逆にすることで冷房，暖房それぞれをおこなう．

空気熱源パッケージ形空調機の特徴は，冷媒を熱媒としており，水配管が不要であり，また，機器の運用が容易なことである．

空気熱源パッケージ形空調機の機器構成としては，熱源機となる室外機で屋外の空気に対して放熱や吸熱をおこない，室内機において室内供給用の空気の冷却または加熱をおこない，その間を冷媒管で接続する構成となる．室内機には，設置される室の用途に合わせた，フィルタや加湿器，再熱用の電気ヒータなどが内蔵される場合もある．

図 7.4-1 に，空気熱源パッケージ形空調機の構成例を示す．

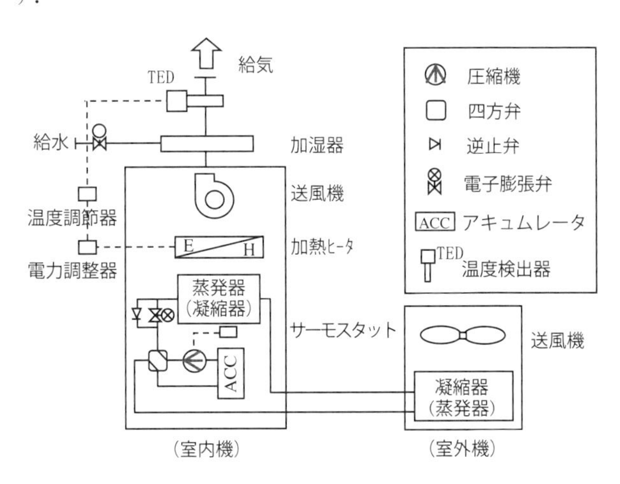

図 7.4-1　空気熱源パッケージ形空調機の構成例

空気熱源パッケージ形空調機は，冷房専用機と冷暖兼用機に分けられる．室内の発熱が大きく，年間を通して冷房が必要な場合（工場やデータセンタなど）には冷房専用機が，季節の影響を受ける場合には，冷暖兼用機が使用される．なお冷暖兼用機は，暖房運転の場合には屋外機に付着した霜を除去することが必要となるため，一時的に暖房が停止したり，能力が低下することを考慮する必要がある．

冷房専用機の中には，その構造により，室内機側に再熱器を持つ冷媒レヒート形も存在する．このタイプの空調機では，通常凝縮器で排熱している熱の一部を，再熱器で使用し，室内に供給する空気を加熱するという構造になっている．冷房専用機の場合，再熱のために電気ヒータを組み込む場合もあるが，冷媒レヒート形の場合では，電気ヒータよりも成績係数が高く，省エネルギーとなる．ただし，電力調整器により位相制御された電気ヒータよりも温度精度は劣る．なお，電気ヒータを設置する場合は消防法の規制を受けるため防火ダンパの設置を検討する．冷房専用機，冷暖兼用機とも対象とする室の温湿度条件や負荷の条件，外気条件などにより，その機種や仕様は選定され，加湿器内蔵とする場合もあるが，空調機とは別に加熱器や加湿器を設置する場合もある．

冷媒レヒート形のパッケージ形空調機の構成例を**図 7.4-2** に示す．

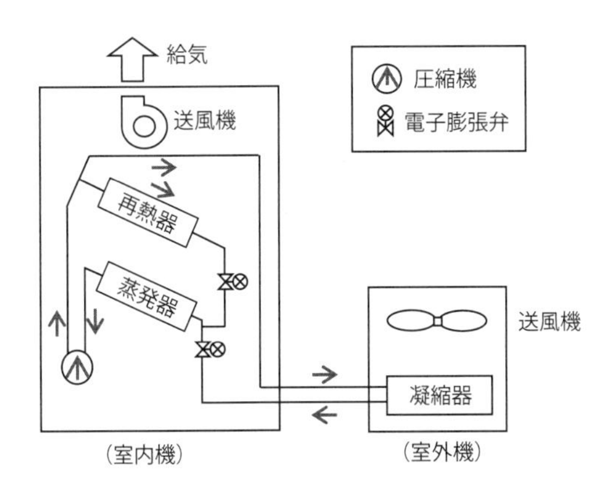

図 7.4-2　冷媒レヒート形のパッケージ形空調機の構成例

空気熱源パッケージ形空調機の制御方法は，吸込温度制御が一般的である．吸込温度制御の場合は，機内に内蔵されたサーモスタットにより吸込温度を検出し，その温度に対して圧縮機の容量制御がおこなわれる．一方，給気温度制御は，電算室用の空調機などに採用される．

湿度制御については，加湿器の種類により制御方法が異なる．気化式加湿器の場合には，加湿器の構造により給水用電動弁の二段階もしくは多段の制御をおこなう．蒸気噴霧式加湿器の場合には，蒸気電動弁の比例制御をおこなう．このほか，内蔵型の電熱式加湿器や外付けの場合は電熱式加湿器，電極式加湿器などがある．

実験室や工場など特殊な仕様が求められる施設では，圧縮機の発停動作や，再熱，加湿などの制御を，それぞれの機器の特性に合わせて計画する必要がある．

7.4.2　水熱源空調機

空気熱源空調機に対し，水を熱源としたパッケージ形空調機は，一般に冷房専用機である．空気に対して冷媒の放熱をおこなうのではなく，冷却水を利用したコイルが凝縮器となっており，冷媒の冷却（放熱）をおこなうことで冷凍サイクルが成り立つ．特徴として，空気熱源パッケージ形空調機と違い室外機を使用せず，冷媒管の設置は不要となり，替わりに冷却水が必要となる．

水熱源パッケージ形空調機が導入されるケースとしては，大規模な工場などで冷媒管の最大長さを超える場合や，低温の井戸水などがある場合などが挙げられる．冷却水の温度条件は，製造メーカによって差がみられるが，一般的には 15 ～ 37 ℃程度である．また，事務所などで冬期加湿が必要な場合などには，付属品（オプション品）で加湿器や電気ヒータを組み込むこともある．さらに，工場などで，その要求される湿度の条件が厳しい場合には，別途加湿器や加熱器を設置する場合もある．

水熱源パッケージ形空調機の構成例を**図 7.4-3** に示す．

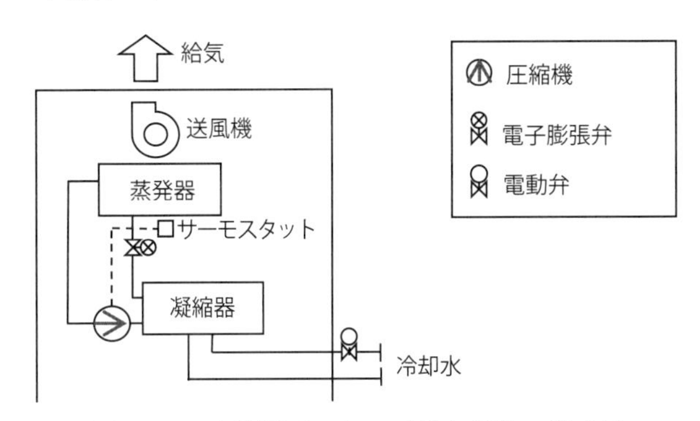

図 7.4-3　水熱源パッケージ形空調機の構成例

水熱源パッケージ形空調機の制御としては，空気熱源パッケージ形空調機と同様に温度制御，もしくは温度制御と湿度制御をおこなう場合があり，機器側で圧縮機の段数制御またはインバータ制御がおこなわれる．水熱源パッケージ形空調機の場合，使用できる冷却水の温度範囲が決まっており，機器側の制御のほかに熱源となる冷却水側の制御をおこなう必要がある．年間冷房で使用される設備では，冬期に許容範囲を下回ることが考えられるため，冷却塔のファン制御や，冷却水のバイパス制御などにより適正温度を確保する．その他，凍結防止対策や，水質制御が必要である．

参　考　文　献

*1)　小笠原祥五：「空気調和設備の実務の知識」，改訂第3版（空気調和・衛生工学会編），pp. 157-164，pp. 182-186，オーム社，東京（1989）．

*2)　空気調和・衛生工学会：「空気調和衛生工学便覧」，第14版，第2巻機器・材料編，pp. 321-361，東京（2010）．

*3)　コンフォート・コントロール：アズビル株式会社ビルシステムカンパニー（2012）．

（垣ケ原　里美）

7.5 データセンタ

7.5.1 データセンサの需要

情報通信の高速・大容量化など情報化社会の進展に伴いデータセンタの需要が高まっている．2025年には，インターネット上を行き交う情報通信量は2006年の約200倍となり，IT（Information Technology）機器の消費電力が急増すると予測されている[*1]．データセンタにおいても，その電力需要が急増すると予想されており，データセンタにおける電力消費量削減の取組みが急務となっている．

本項では，データセンタの消費電力のうち大きな比率を占めている冷却システムに関する動向と，増大するデータセンタの消費電力低減に寄与する冷媒自然循環式局所冷却システムの概要について説明する．

7.5.2 データセンタの概要

(1) データセンタとは

データセンタは，さまざまなサービス提供を支えるサーバ機器やネットワーク機器などのIT機器を設置し，運用する施設である．データセンタには，IT機器のほか，空調設備や電源設備，接続回線などが設置されており，インターネット接続に特化したものはインターネットデータセンタ（IDC）とも呼ばれている．

これらデータセンタ施設は，情報化社会における重要な社会インフラであり，一般の建築設備に比べて要求される安全性･信頼性が非常に高くなっている．また，近年では，データセンタの消費電力が増大しており，省エネルギー化の要求も高くなっていることが特徴である．

(2) データセンタ設備概要

図7.5-1にデータセンタ設備の概要を示す．データセンタには，サーバやストレージ，ネットワーク機器といったIT機器に加え，IT機器を停止することなく連続稼動させるための電源設備，IT機器の温度上昇を防止する空調設備などのファシリティ機器，多くの情報を取り扱う重要な設備に必要なセキュリティ設備などが備えられている．

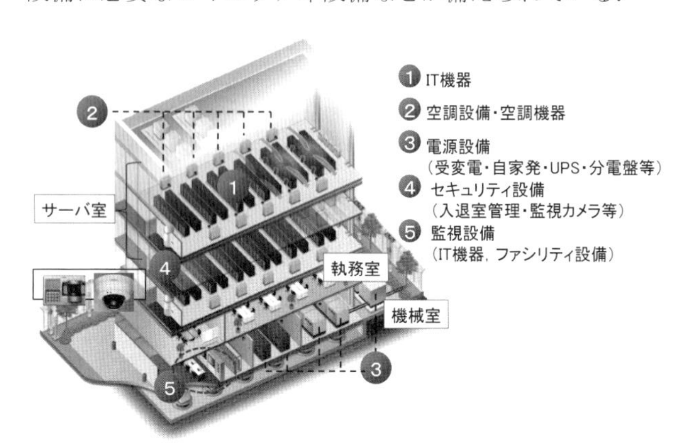

図7.5-1　データセンタ設備の概要

7.5.3 データセンタのトレンド

(1) IT機器の消費電力量

情報化社会の進展に伴い，先進国に加えBRICs諸国でも急速にIT機器の普及が進むと予想されている．**図7.5-2**にIT機器および情報システムの電力消費予測を示す．日本におけるIT機器の消費電力量は，2025年には2006年の約5倍，国内総発電量の20%となることが予測されている．また，世界では2025年に2006年の約9倍，世界の総発電量の15%超に達する恐れがあり，これら情報システムの消費電力量の抑制が，世界全体の課題となっている[*2]．

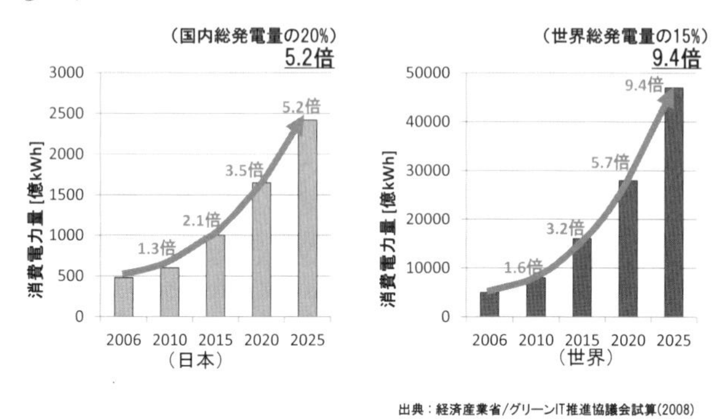

図7.5-2　IT機器・システムの消費電力量予測

(2) データセンタの消費電力量

図7.5-3にデータセンタの消費電力量内訳を示す．データセンタの消費電力量のうち，IT機器の占める割合は約半分で残りの半分は設備機器で消費されている[*3]．なかでも，IT機器の発熱を冷却するための空調設備で30%も使用されており，データセンタの省エネを図るうえで，空調設備の消費電力量削減が重要になっている．

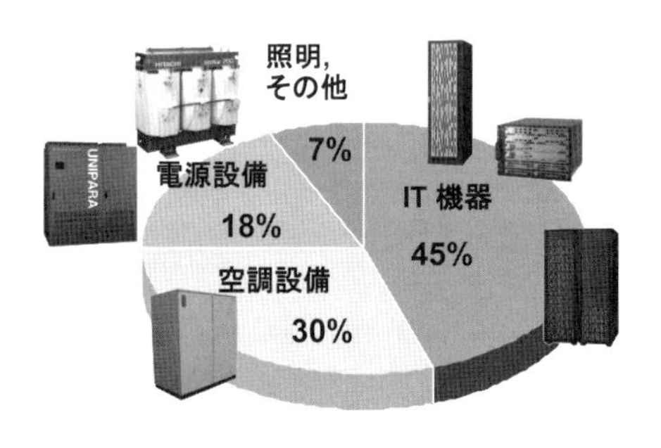

図7.5-3　データセンタの消費電力量内訳

(3) データセンタ設備への要求事項

データセンタには多くのIT機器が設置されており，それらの機器を安定稼動させるための室内環境が要求される．

図7.5-4にASHRAE（アメリカ暖房冷凍空調学会，American Society of Heating, Refrigerating and Air-Conditioning Engineers）が規定するデータセンタの環境指針を示す．データセンタの推奨環境として，温度18～27℃，湿度は露点温度5.5℃以上，相対湿度60% RH以下かつ露点温度15℃以下と規定されている[*4]．

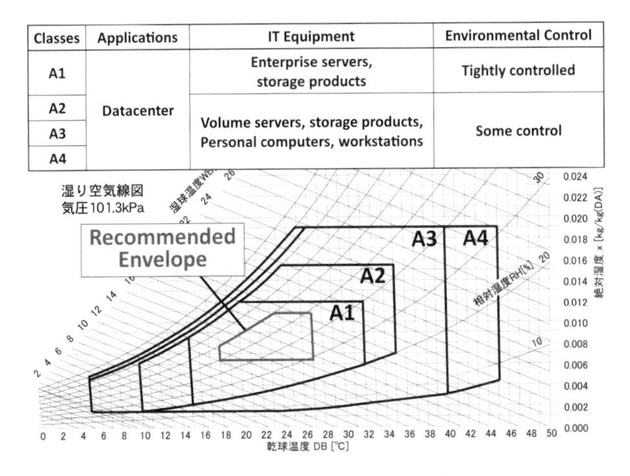

Classes	Applications	IT Equipment	Environmental Control
A1	Datacenter	Enterprise servers, storage products	Tightly controlled
A2		Volume servers, storage products, Personal computers, workstations	Some control
A3			
A4			

図 7.5-4　データセンタ温湿度環境指針（ASHRAE）

(4)　データセンタの冷却システム

データセンタでは，限られたスペース内に IT 機器を収納したサーバラックが並んで設置される．この IT 機器から発生する発熱量が膨大であり，この発熱を処理する空調設備の消費電力も大きくなっている．このデータセンタに対応する空調設備としてさまざまな空調システムが提案されている．

図 7.5-5 にデータセンタ向け空調システムの代表的なものを示す．最も一般的な空調方式である床吹出し空調方式のほか，自然エネルギーを活用して熱源機器の消費電力削減を図る外気冷却方式，水の蒸発潜熱まで利用する気化式冷却方式，さらに局所的な空気循環により熱搬送動力削減が可能な局所冷却システムなどが，代表的なデータセンタ向け冷却方式である．以下に，各方式の構成および特徴を示す．

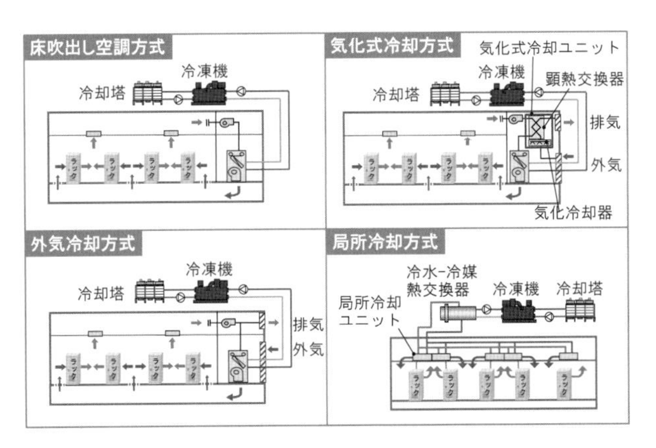

図 7.5-5　データセンタ向け冷却システム

a)　床吹出し空調方式

本方式は，サーバ室内に設置された複数の床吹出し空調機から冷風を床下チャンバを通してサーバ室内に供給し冷却する方式である．IT 機器を内蔵したサーバラックの入気側が向かい合って面するコールドアイルと呼ばれる部分と，排気側が向かい合って面するホットアイルと呼ばれる部分が交互に並ぶ規則的な配列となっている．ホットアイルから室内上部空間に放出された高温の室内空気は，床吹出し空調機の上部から吸い込まれ，空調機内部で冷水により所定温度まで冷却された後，床下チャンバ内に供給される．この冷気は，フリーアクセスフロアのコールドアイル部分に設置された開口部（グレーチング）からコールドアイル部に供給され，IT 機器の発熱を除去した後にホットアイル側に高温排気として排出される．

本方式では，室内に供給する空気温度が一定に制御されている．一般的なサーバ室では，サーバ機器への入気温度条件が 25 ℃程度であり，その温度条件を満足するための空調機の吹出し温度設定値は 20 ℃程度が一般的である．

b)　外気冷却方式

本方式も室内側の空気循環は床吹出し空調と同様となっており，床吹出し空調機で冷却した空気を室内に供給して室内を冷却する．ここで，空調機械室には，冷却した空気を室内に供給する床吹出し空調機に加え，室内から外部に排気する排気ファンおよび空調機に外気を導入する外気ダクトが設置される．外気温度が低温となる中間期や冬期には空調機に直接低温の外気を導入することで，冷却コイルで必要とされていた冷水が削減され，冷水製造にかかる熱源の消費電力を大幅に削減した運転が可能となる．

本方式では，室内に給気する低温空気の湿度が所定値になるように外気導入量を制御する．さらに，給気温度が所定値になるように，必要に応じ冷却・加熱をおこない，室内に空調空気を供給する．また，外気導入による省エネが期待できない温湿度条件になった場合には，計測した外気エンタルピ値により外気導入ダクトを閉止し，床吹出し空調方式と同様の運転を実行する．

c)　気化式冷却方式

本方式も室内側の空気循環は床吹出し空調と同様となっており，床吹出し空調機で冷却した空気を室内に供給して室内を冷却する．本方式では，従来の床吹出し空調機に加え，気化冷却器と顕熱交換器から構成される空調機への還気を水の蒸発潜熱と外気冷熱を用いて間接的に冷却する気化式冷却ユニットと，気化式冷却ユニットに外気を通風する外気ファンおよび室内還気を通風する循環ファンが設置される．

この方式では，中間期や冬期の低温外気に加湿をして低温になった冷熱を間接的に熱交換して利用することで，冷却コイルで必要となる必要冷却熱量が低減され，冷水製造にかかる熱源の消費電力を削減した運転が可能となる．

d)　局所冷却方式

本方式は，ほかの方式と異なり，冷風をサーバラック周辺で局所的に循環させ冷却するシステムである．

室内にはサーバラックが規則的に配置され，コールドアイルおよびホットアイルを形成している．このサーバラック上部に，ホットアイルの空気を冷却してコールドアイルに循環させる局所冷却ユニットが設置され，サーバラックの高温排気をラック排気面近傍で吸い込み，冷却した上でコールドアイル上部に供給している．

この方式では，局所冷却ユニットを分散配置し局所的に冷却空気を循環させることで，冷風を室内全体に循環させる必要がある床吹出し空調方式に比べ，送風機動力を削減した運転が可能となる．

7.5.4　冷媒自然循環式局所冷却システム

(1)　従来空調システムの課題

図 7.5-6 にデータセンタの従来冷却システムとその課題を示す．データセンタ空調では，空調機で冷却した冷風を床下のチャンバを通して床面から給気する，床吹出し空調方式が多用されている．床吹出し空調機で冷却された空気は，床下チャンバからサーバが設置された室内に供給され，室内に給気した冷風はサーバラックに導入され IT 機器を冷却している．

ここで，サーバラック背面からは IT 機器発熱により 40℃程度に昇温した空気が排出されるが，室内気流のマネージメントが悪い場合には気流の滞留や巻込みが起こり，局所的に温度が高くなる「熱溜り」が発生する．この「熱溜り」は，近傍のサーバラック吸込み空気温度を上昇させ，サーバの性能低下や最悪のケースではサーバ停止を引き起こす可能性もあり，問題となっている．

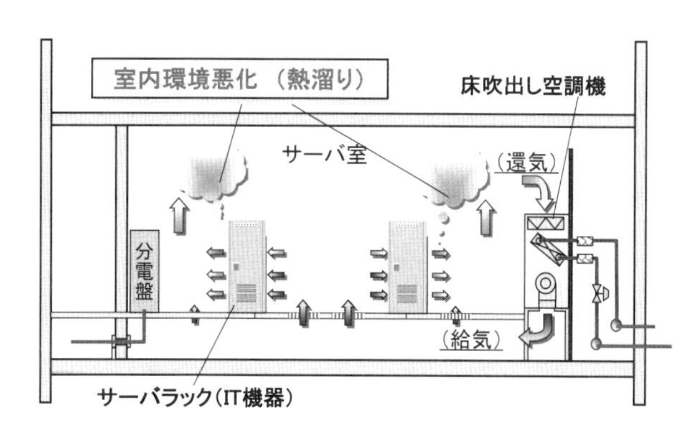

図 7.5-6　従来冷却システムの課題

(2)　冷媒自然循環式局所冷却システムの概要

図 7.5-7 に冷媒自然循環式局所冷却システムの概要を示す．本システムは高効率の大型冷凍機および外気冷熱を活用する冷却塔からなる熱源設備，冷水と冷媒の熱交換をおこなう冷水－冷媒熱交換器および室内のサーバ排気を冷却する局所冷却ユニットから構成される．ここで，冷水－冷媒熱交換器と局所冷却ユニット間の熱輸送に動力が不要の冷媒自然循環方式を採用していることが特徴である．

効率の高い大型冷凍機で製造された冷水は，冷水－冷媒熱交換器で冷媒ガスを冷却し冷媒液を製造する．この冷媒液は，熱交換器より下方に設置された局所冷却ユニット内の蒸発器へ重力落下により供給され，サーバ排気を冷却する．

また，本システムでは冬期および中間期の外気を利用して冷水を製造するフリークーリング用冷却塔を設けており，外気温度が低い冬期および中間期には大型冷凍機で処理する熱源負荷を削減することも可能である．

本方式は，効率の高い熱源機器採用と外気冷熱活用による熱源消費電力の削減，冷媒自然循環方式を採用することによる熱搬送動力の削減などにより大幅な省エネルギー効果が期待できるシステムである．さらに，局所冷却ユニットを採用することで，空調機器設置用床面積の削減と，床下チャンバ高さの低減を図ることが可能であり，省エネ性に加え省スペース性も高い冷却システムとなっている．

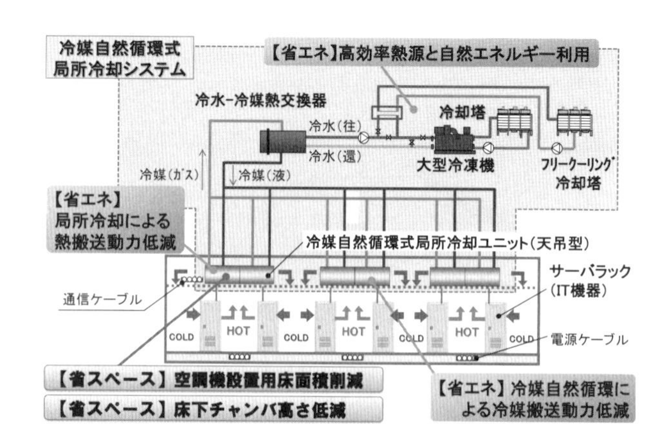

図 7.5-7　冷媒自然循環式局所冷却システムの概要

(3)　局所冷却ユニット

図 7.5-8 に局所冷却ユニットの概要を示す．冷却ユニットのタイプは大きく分けてサーバラック横に設置するラック形およびサーバラックより上方に設置する天吊形の 2 種類がある．ラック形は床面設置でメンテナンスが容易だが，冷却ユニット設置のための床面積が必要である．一方，天吊形はサーバラック上部空間に設置する片吹形とホットアイル上部空間に設置する両吹形の 2 種類があるが，両者とも設置のためのフットプリントが不要で，サーバ室床面積を有効利用できるメリットがある．

名称	ラック形	天吊形	
		天吊片吹形	天吊両吹形
外観			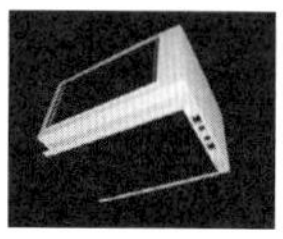
設置方法	サーバラック横（床設置）	サーバラック上部	ホットアイル上部
冷却能力	20kW	15kW	30kW

図 7.5-8　局所冷却ユニットの概要

7.5.5　冷媒自然循環システムの動作

(1)　冷媒自然循環システムの動作

図 7.5-9 に冷媒自然循環システムの動作原理を示す．サーバラック発熱により高温になったサーバラック排気は局所冷却ユニットのファンにより冷却コイルに通風される．冷却コイル内部の冷媒は高温排気から熱を奪って蒸発し冷媒ガスとなり，密度が軽くなることで冷却コイルより上方に設置された冷水－冷媒熱交換器に循環する．冷水－冷媒熱交換器では，冷水により冷媒ガスが凝縮・液化されることで重力落下により再び冷却コイルに循環する．この方式では，ポンプや圧縮機といった搬送機器を用いることなく自然に冷媒が循環するため，動力不要で熱の輸送が可能である．

IT機器の発熱は，空気による熱輸送と冷媒による熱輸送により室外まで搬送されるが，本方式では，冷媒側は自然循環原理により無動力で熱を輸送するとともに，空気側も局所的な空気循環とすることで低い送風動力で熱輸送が可能となっており，ほかの空調方式に比べ大幅な熱搬送動力の削減が実現できる．

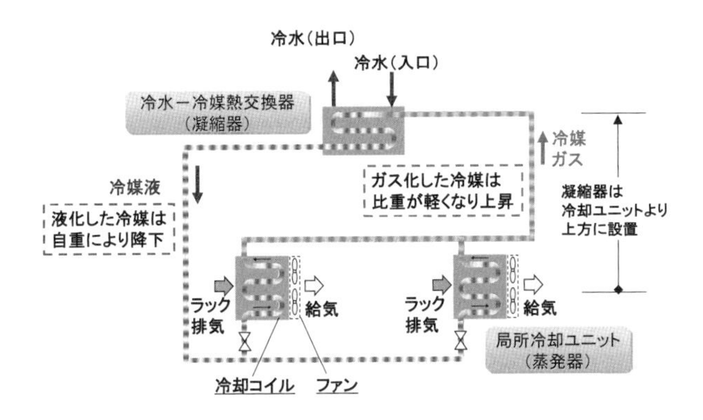

図7.5-9　冷媒自然循環システムの動作原理

(2)　運転制御システム

図7.5-10に冷媒自然循環システムの機器構成を示す．本システムでは複数の局所冷却ユニットと冷水－冷媒熱交換器で構成されるマルチシステムである．マルチシステムでは各冷却ユニットでの異なる熱負荷に対応するため，各冷却ユニット内に冷媒流量制御バルブを設け，冷却コイル出口空気温度に応じて流量制御する方式を採用している．

また，本方式では冷却ユニット内部での結露を防止するため，冷水－冷媒熱交換器の出口冷媒温度により冷水流量を制御する方式を採用している．

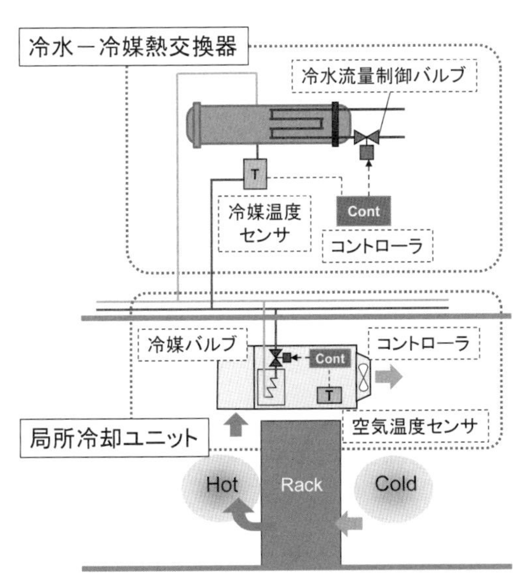

図7.5-10　冷媒自然循環システムの構成

図7.5-11に冷媒自然循環システムのp-h線図上での冷媒状態変化を示す．

冷水－冷媒熱交換器で冷水により凝縮された冷媒液（状態①）は，自重により局所冷却ユニット入口に移動する．ここで，冷媒液は液配管内の高さ位置H（m）まで液柱を形成して安定し，冷却ユニット入口では熱交換器出口に比べ液ヘッド差による圧力回復分と液配管の圧力損失との差分だけ圧力が上昇した状態（状態②）となる．

冷却ユニット内部に流入した冷媒液は，サーバ排気から受熱して蒸発，ガス化する．冷却ユニット出口では，冷却ユニット内部の流量調整バルブおよび冷却コイルを通過する際の圧力損失分だけ圧力が低下した状態（状態③）となる．

冷却ユニットでガス化した冷媒は，ガス管を通り冷水－冷媒熱交換器へと移動する．冷水－冷媒熱交換器入口では，ガス管を通過する際の圧力損失分だけさらに圧力が低下した状態（状態④）となる．冷水－冷媒熱交換器に流入した冷媒ガスは冷水により凝縮され，圧力はほぼ変化せず冷媒液の状態（状態①）となる．

この冷媒自然循環サイクルでは，配管・配管部材の設計および系で処理する熱量に依存して発生する各部の圧力損失と，液管内に発生する液柱のヘッド差による圧力回復が同じとなるよう，サイクル状態が形成される．また，p-h線図上では，通常の圧縮機を用いた冷凍サイクルと冷媒の状態推移の方向が逆になっている．

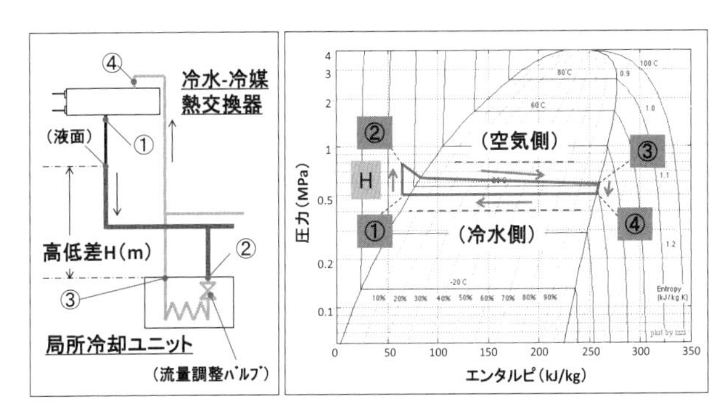

図7.5-11　系内での冷媒状態変化

(3)　負荷変動時の運転状態

データセンタの冷却設備は，室内環境をサーバ稼動に必要な条件に常に維持できることが要求されており，負荷変動条件や冷却ユニットごとの負荷が異なる条件下でも安定した冷却性能を発揮できることが重要である．以下に，実システムでの運転状態の一例を示す．

図7.5-12に負荷変動時の運転状態測定を実施した設備の概要を示す．運転状態評価設備は，冷水で冷媒を冷却する冷水－冷媒熱交換器1台と，局所冷却ユニット4台を冷媒配管で接続した構成となっている．また，試験室内には電気ヒータと送風機を内蔵した模擬サーバラックを設置し，模擬サーバラックから排出された高温排気を局所冷却ユニットが冷却する構成となっている．

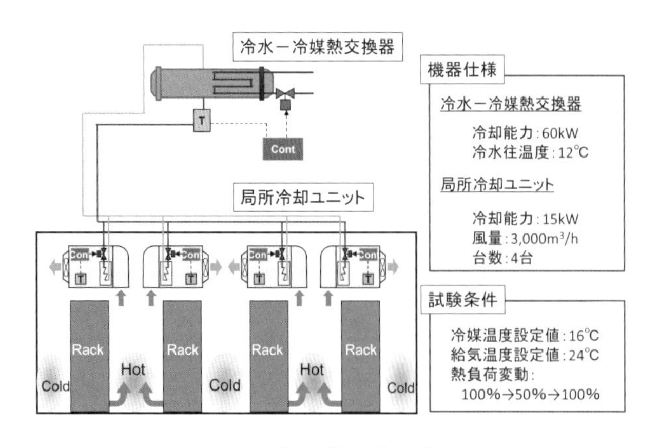

図 7.5-12　運転状態評価設備の概要

図 7.5-13 に負荷変動条件での運転状態の一例を示す．この例では，冷却ユニット 4 台の負荷を同時に 100%→ 50 %→ 100%と変動させ，システムの各部温度および冷却性能を実測した．

負荷減少時（100%→ 50%）および負荷増加時（50% → 100%）に冷媒温度が少し変動しているが，急激な負荷変動条件下でも冷媒温度は設定温度 16 ℃ ± 1 ℃程度に安定して制御できることがわかる．また，冷却ユニット出口温度は負荷減少時に 3 ℃程度の温度低下があるものの，設定温度 24 ℃ ± 2 ℃程度に安定して制御できており，負荷変動条件下でも安定した冷却性能を発揮することが可能である．

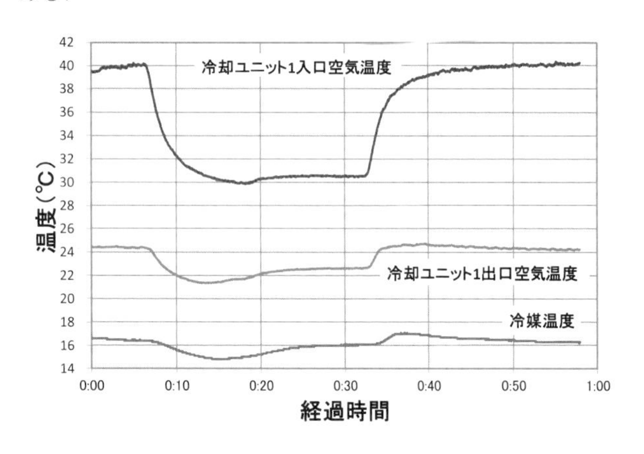

図 7.5-13　負荷変動時の運転状態

図 7.5-14 に個別負荷変動時の運転状態を示す．この例では，冷却ユニットごとの負荷が異なる条件で冷却性能を実測している．冷却ユニット 4 台のうち 2 台を負荷固定(負荷 100%）で連続運転し，3 台目の冷却ユニットを負荷 75 %→ 100%→ 50%と変動，4 台目の冷却ユニットは時間をずらして負荷 75%→ 100%→ 50%と変動させ，冷却システムの各部温度および冷却性能を実測した．

冷却ユニットの負荷状態により，給気温度は 2 ℃程度のばらつきがあるものの，それぞれの冷却ユニットは設定温度以下の給気温度を満足し，必要な冷却性能を発揮できることがわかる．

また，ほかの冷却ユニットが負荷増加や負荷減少した場合も，運転負荷が異なる他の冷却ユニットへの影響は小さく，給気温度設定値 24 ℃以下で安定して熱負荷に追従した冷却能力を発揮することが可能となっている．

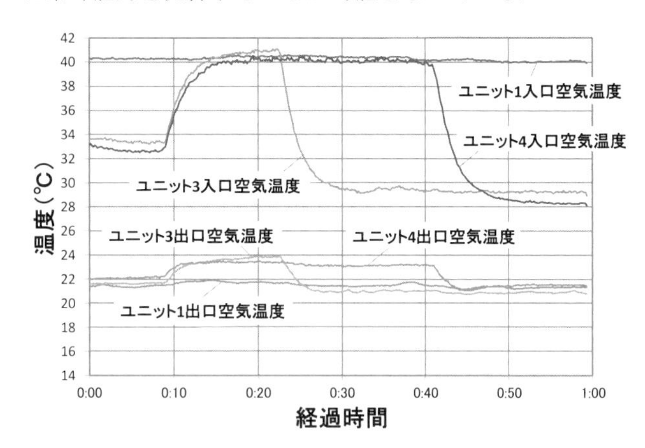

図 7.5-14　個別負荷変動時の運転状態

参　考　文　献

1) 情報通信機器の革新的省エネ技術への期待：グリーン IT シンポジウム 2007，経済産業省（2007）.
2) グリーン IT 推進協議会試算：経済産業省（2008）.
3) IT 化トレンドに関する調査報告書：JEITA（2010）.
4) TC 9.9　2011 Thermal Guidelines for Data Processing Environments：ASHRAE（2011）.

（頭島　康博）

第8章．ビルエネルギーマネジメントシステム

8.1　セントラル空調方式用

8.1.1　システムフロー

ビルエネルギーマネジメントシステム（Building and Energy Management System）は BEMS（ベムス）と略称され，省エネルギーと地球温暖化防止の要請を背景に，エネルギー消費量の把握と改善方法のツールとして重要さを増している．BEMS の概念を**図 8.1-1** に示す．かつては空調設備を主な監視対象としていたが，現在はネットワークで空調，電気，防災などの設備が接続される．また，建物内設備を遠隔で監視操作する中央監視装置を中心に，エネルギー管理，ビル管理支援（保守情報など），施設管理支援（CAD 図など）のセンタ装置が接続され，機能範囲が拡大している．BEMS のシステム構成を**図 8.1-2** に示す．ICT※1 技術を積極的に取り入れてネットワークは TCP/IP 上に BEMS 向けに開発された標準通信プロトコルである BACnet® を採用し，センタ装置には PC を採用することが一般的である．さらに，ウェブ通信により建物外部から BEMS へのアクセスが可能になっており，残業運転申請，消費エネルギーデータ，電力需要抑制制御などが実用化されている．ただし、通信セキュリティの理由から設備機器を外部から直接操作することは少ない．センタ装置 B-OWS，汎用コントローラ B-BC，高機能コントローラ B-AAC，機能指定コントローラ B-ASC など BACnet® によって標準化されたデバイスがある．全体では分散制御システムを構成する．分散制御システムとは各デバイスが独立して動作し，システムの一部のデバイスや通信が故障しても全面停止することがなく残りの部分は正常な動作を継続するシステムをいう．分散制御システムは階層的な構成をとる．上位から下位に向かって，統合管理，系統別管理制御，個別制御に階層化される．統合管理層では設備管理者が日常的におこなう操作監視や，エネルギー管理をおこなう．監視操作は液晶ディスプレイ上のグラフィックでおこなわれる．監視画面の例を**図 8.1-3** に示す．系統別管理制御は図 8.1-2 では B-BC に対応する．ここでは建物の系統（棟別など）に関する制御をおこなう．個別制御層は B-BC の場合と，その下位に接続されるコントローラの場合があり，主に温湿度などの PID 制御をおこなう．**表 8.1-1** にシステム機能を示す．

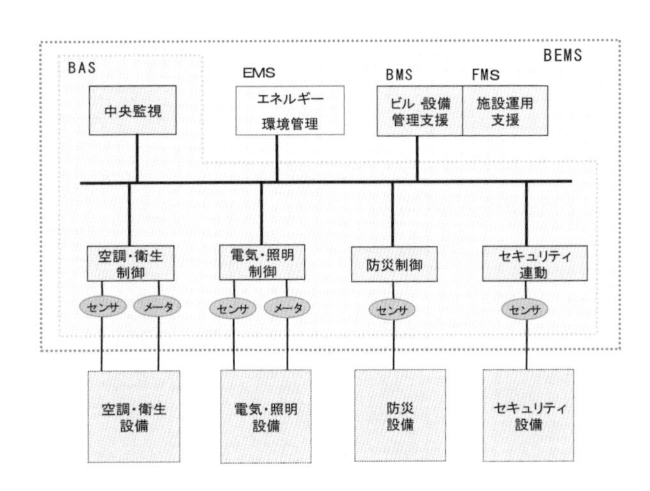

図 8.1-1　BEMS の概念 [1)]

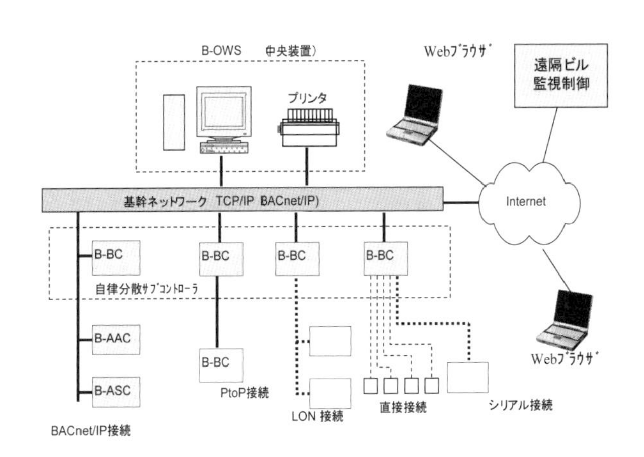

B-OWS	BACnet® Operator Workstation
B-BC	BACnet® Building Controller
B-AAC	BACnet® Application Controller
B-ASC	BACnet® Application Specific Controller
P to P	Peer to Peer
LON	Local Operating Network

図 8.1-2　BEMS のシステム構成 [2)]

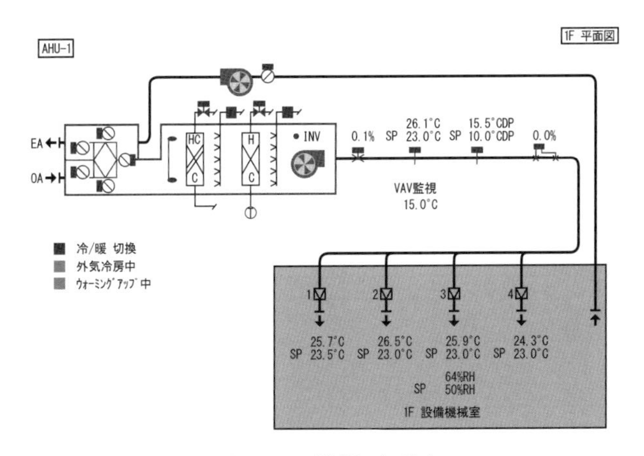

図 8.1-3　監視画面例

表 8.1-1　システム機能

統合管理	発停操作・状態監視	監視端末で設備機器の発停操作，状態監視をおこなう．
	データ管理	エネルギーデータ，警報・状態変化データを収集・蓄積・加工し，報告書作成をおこなう．
系統別管理制御	電力デマンド制御	電力契約料金は需要家建物に設置される取引メータで計測する 30 分周期（デマンド周期）の電力の年間最大電力（kW）によって決定する．目標電力に対してデマンド周期内での使用電力を予測し，あらかじめ登録された電力設備の遮断・復帰をおこなう．これにより契約電力を引き下げ，超過割増料金や契約電力の増加を防ぐことができる．
	タイムスケジュール	あらかじめ設定された日付・曜日・時刻によって機器を自動的に起動・停止する．
	停電時処理	商用電力の断信号を検出時には，停電に起因する機器の起動・停止指令と状態の不一致警報が大量に発生し運転管理者の障害になるので発生を抑止する．
		商用電力が断となり自家用発電機が起動した場合，自家発電機給電動作に入る．このとき，登録されている非常時に運転する電力負荷設備を順次起動出力し，一般制御の実行を保留にする．手動動作は自家発電機給電中でも出力する．
		商用電力が復電したとき，発停点に対して再起動出力をおこなう．出力は停電時の状態および停電中に保留された出力の状態に合わせておこない，復電時に本来あるべき状態に自動的に復帰する．自動復帰のほかに点検作業員の安全のために，手動による復電指令と個別の復帰操作を選択できる．
個別制御	個別制御層ではコントローラによって設備機器の制御をおこなう．制御内容は「第 7 章セントラル空調システム 7.1.1 (2) 制御」を参照されたい．	

8.1.2　監視内容

(1)　管理ポイントの選定

設備監視の基本は管理ポイントである．管理ポイントの種類には操作（設定，切替，発停），表示（状態，COS 故障[※2]，トリップ警報），計測，計量がある．また，管理ポイントの選定は遠隔監視操作の対象のほかに建物運用開始後の運用管理，保守などの観点でおこなうことが重要である．

冷凍機と一次ポンプの管理ポイントの例を**表 8.1-2** に示す．

表 8.1-2　管理ポイント例

名称	操作			表示				計測			計量
	設定	切替	発停	状態	COS故障	トリップ故障	警報	温度	湿度	アナログ	
【冷凍機群】											
冷凍機群発停			○								
夜間/昼間モード		○									
自動/手動切替え		○		○							
冷水送り温度								○			
冷水返り温度(ヘッダ)								○			
冷水返り温度(ヘッダ)負荷側								○			
冷水負荷流量										○	
冷水負荷熱量										○	
冷水負荷積算流量											○
冷水負荷積熱量											
【冷凍機及び補機】											
冷凍機			○	○			○				
強制停止		○									
冷水出入口温度								○x2			
冷水流量										○	
製造熱量										○	○
冷凍機消費電力量											○
冷水一次ポンプ				○							
冷水一次ポンプ消費電力量											○
冷却水出入口温度								○x2			
冷却水流量										○	
冷却水ポンプ消費電力量											○

(2) BEMS データの活用

省エネルギーの建物オーナへの要請が増大しており，建物関係者はデータに基づく PDCA※3 を廻した改善活動を展開している．そのためのデータを提供することが BEMS 機能の中で比率が大きくなっている．BEMS データの主な用途を下記に説明する．

a) エネルギー管理

設備管理者はエネルギー管理の年度計画の策定に当たっては前年 1 年間の結果分析と次年度の目標設定をおこなうため，他建物との比較，目標との比較，前年度との比較をおこなう．また，エネルギー種類別，消費先別のグラフからエネルギー増加部位の特定，原因究明，対策立案をおこなう．日常のエネルギー管理では時，日，月の単位でエネルギー消費量を計測し，目標を超過しそうなときはあらかじめ決めておいた負荷設備を停止する．

b) 室内環境管理

省エネルギーは室内環境が満足されていることが前提である．そのために BEMS で収集蓄積される室内温度や相対湿度などの室内環境に関するデータ，空調機の給気・還気などの空調制御に関するデータなどを活用する．居住者から暑い・寒いなどクレームがあった際には室内温度グラフを確認し設定値からの偏差を見て原因を想定して対策を講じる．

c) 設備の稼動性に係わる活用

建物設備の効率的運用を図る上で数値指標によって客観的に良否を判定することが有効である．熱源単体機器の効率を示す機器単体 COP※4，熱源機器や一次ポンプ，冷却水ポンプ，冷却塔などの補機を含めた熱源システム全体の効率を示すシステム，COP 水搬送システムの効率を示す WTF（Water Transportation Factor），空気調和機ファンのエネルギー効率を示す指標である ATF（Air Transportation Factor）が代表的である．**表 8.1-3** にこれら指標の定義を示す．

表 8.1-3 設備効率評価指標

指標	定義（二次エネルギー基準）
機器単体 COP	冷凍機単体の成績係数．冷凍機によって生成される熱量と，圧縮機で消費される電気エネルギーの比率．
システム COP	冷凍機システムでの成績係数．冷凍機によって生成される熱量と，圧縮機および補機（冷水一次ポンプ，冷却水ポンプ，冷却塔ファン）で消費される電気エネルギー合計の比率．
水搬送エネルギー効率（WTF）	水搬送熱量とポンプ消費動力との比率．ポンプのインバータ制御の評価に使用する．
空気搬送エネルギー効率（ATF）	空気搬送熱量とファン消費動力との比率．ファンインバータ制御の評価に使用する．

d) 制御性能の評価に関する活用

収集記録機能により蓄積したデータを活用して設備システムの運転性能や省エネルギー性能の評価を容易におこなえる．**図 8.1-4** に BEMS データを冷凍機台数制御の評価に使用した例を示す．同上図では運転中の冷凍機の定格能力の合計が実負荷に対して大幅に過剰であり問題があるのに対して，同下図では両者がほぼ一致しており良好であることが判定できる．

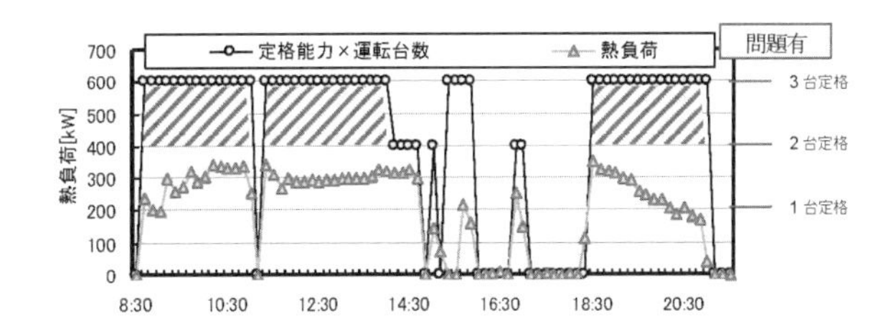

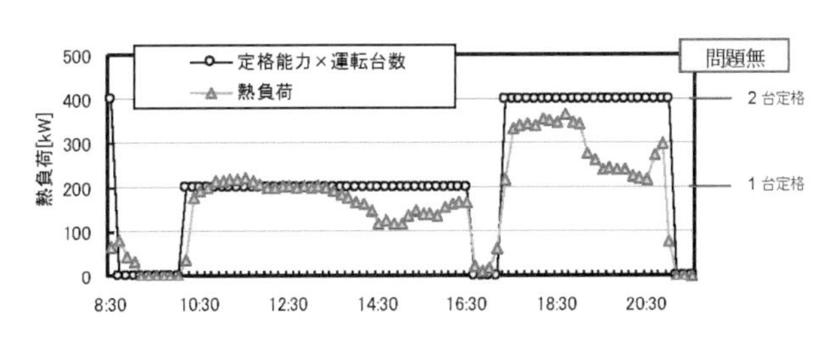

図 8.1-4 冷凍機台数制御評価グラフ *2)

※1 ICT：Information and Communication Technology

※2 COS 故障：発停ポイントで中央からのオン・オフ指令と現場機器のオン・オフ状態が不一致の場合警報とする．

※3 PDCA：Plan-Do-Check-Act 品質改善サイクル

※4 COP（Coefficient Of Performance）：成績係数

引　用　文　献

1) （公社）空気調和・衛生工学会：「BEMS　ビル管理システムの計画・設計と運用の知識」，p.2，東京（2016）．
2) （公社）空気調和・衛生工学会：「BEMS　ビル管理システムの計画・設計と運用の知識」，p.4，東京（2016）．

参　考　文　献

*1) （公社）空気調和・衛生工学会：「BEMSを利用した改善手法ガイドライン」，p.35，東京（2009）．

（田崎　茂）

8.2　個別分散空調方式用（ビル用マルチエアコン）

8.2.1　システムフロー

7.2.1項で述べたように集中管理機器などを用いた空調管理システムは，ビル用マルチエアコンだけでなくほかの空調機器や換気装置などもまとめて管理できる．さらに，ビル全体からテナント別，エリア別，フロア別に運転監視や高度な空調制御，省エネルギー制御などができ，中小規模のビルから大規模ビルまでさまざまなビルの空調機を管理できる．

ただし，大規模のビルでは，空調だけでなくエレベータや照明などの設備を制御監視する中央監視盤が使われるのが一般的であり，空調だけを管理するシステムだけではビル全体の管理をすることはできない．このような場合は，空調管理システムを上位の中央監視盤に接続する必要がある．

表8.2-1　BACnet® 通信による操作，監視の例

操作設定	発停操作
	運転モード設定
	風量設定
	室温設定
	フィルタ使用限度とリセット
	リモコン手元操作禁止
	下位集中操作禁止
	システム強制停止
	風向設定
	強制サーモOFF設定
	省エネルギー設定
監視	発停状態
	警報信号
	異常コード
	運転モード
	風量
	室温
	フィルタ使用限度
	積算電力量
	通信状態
	風向
	サーモ状態
	圧縮機状態
	室内ファン状態
	ヒータ運転状態

ビル用マルチエアコンなどの空調機のデータ通信は，機器メーカ独自の空調専用ネットワークで接続されているため機器メーカ独自の通信プロトコルを標準化された通信プロトコルに変換する必要がある．通常は通信プロトコルを変換するためのゲートウェイ機器を介して，中央監視盤に接続される．空調機器において上位側のビル中央監視盤に接続するための標準的な通信プロトコルとして，BACnet® 通信方式などが使用されている．

最近では，空調機器は中央監視盤の操作端末から各機器の操作や監視をおこなうだけでなく，空調用の集中管理機器を介してクラウドに接続し，複数ビルの統合監視や，気

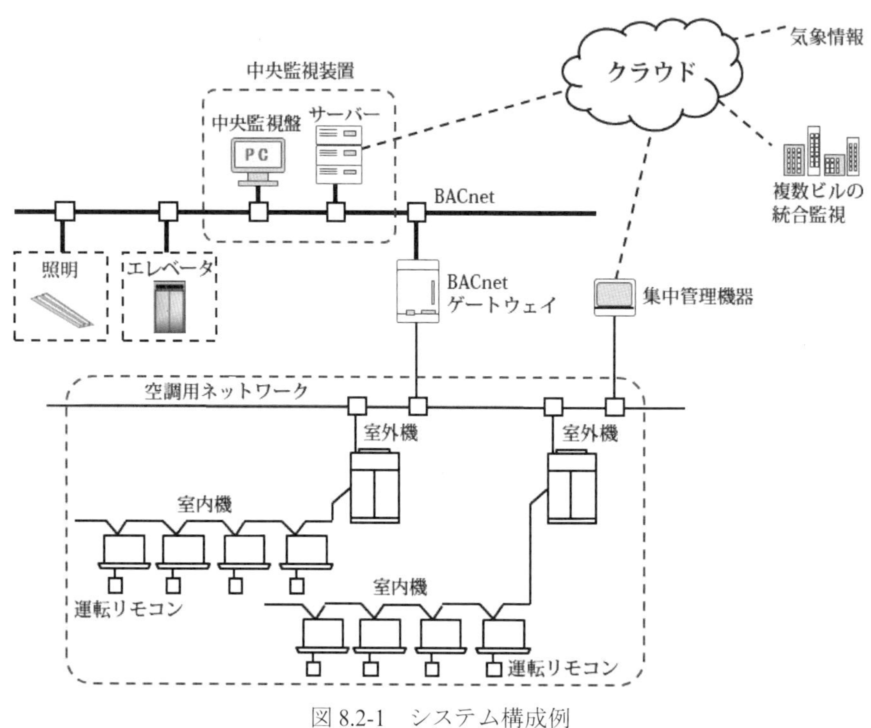

図8.2-1　システム構成例

象情報・電力需給情報を用いたエネルギーマネジメント，機器メーカによる遠隔監視・保守などのサービスが提供されている．システムの構成例を**図 8.2-1** に示す．

8.2.2　監視および制御内容

(1)　中央監視盤による操作・監視

BACnet® 通信による中央監視盤からビル用マルチエアコンに対しておこなえる操作・監視項目を**表 8.2-1** に示す．操作項目として，運転リモコンでおこなえる発停操作（運転・停止），運転モード設定（冷房・暖房・送風），風量設定，室温設定などのほかに，運転リモコンや集中管理機器を併設したときの機能の禁止設定，異常発生時のシステム強制停止などがある．監視項目として，前述した設定項目の現在値のほかに，異常コードや通信状態，圧縮機・室内ファンなどの運転状態がある．

(2)　エネルギー監視

ビルにおける省エネルギー要求が強まっており，各機器メーカではビル用マルチエアコンの消費電力が監視できる機能を提供している．ビル用マルチエアコンにおけるエネルギーの監視方法として，電力メータからパルス信号をもらい専用のソフトを使って，**図 8.2-2** のように電力量の使用実態を月別，日別に表示したりする．さらに，目標消費量や予測消費量，前年実績との比較表示などをおこない，使用者や管理者が現状の課題を認識し省エネルギー・節電対策の策定や検証がおこなえるシステムもある．

ただし，室外機ごとに電力メータが必要であり，パルス信号などの工事も必要であり費用が掛かりすぎてしまう欠点がある．最近では，ビル用マルチエアコン本体に内蔵している電流センサなどを使って電力量を計算して電力量の監視ができるシステムも登場している．

また，電力だけでなく，**図 8.2-3** のように室内機の運転時間や設定温度の分布を表示させ，冷やし（暖め）すぎや消し忘れの疑いのある空調機をピックアップしたりして，使い方での改善点を抽出できるものもあり，省エネルギーの PDCA サイクルを廻すための手助けをおこなうことができる．

機器メーカによっては有償サービスで遠隔でのエネルギーデータも提供している．契約を結ぶと消費電力量だけでなく，省エネルギーに関するアドバイスやエネルギー効率などの報告が受けられる．

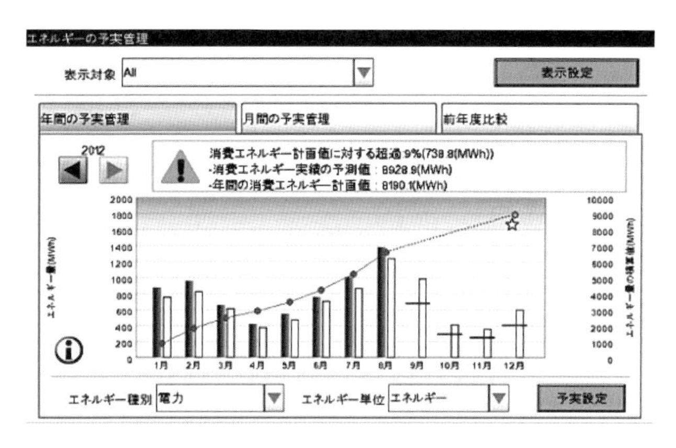

図 8.2-2　エネルギー監視画面

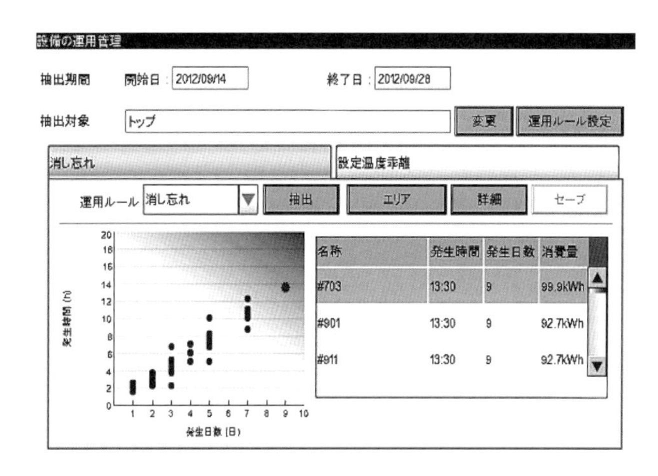

図 8.2-3　空調の使い方の見える化

(3)　空調料金管理

テナントビルにおいては，テナントから使用した空調機の電気料金を徴収する方法として，電力メータから読み取った電力量から電気料金を決めるのが一般的である．

しかし，ビル用マルチエアコンのように 1 台の室外機を複数のテナントで使用している場合，室内機ごとの電力使用量を知る必要があるが室外機の電力メータからではわからない．床面積から空調料金を按分する方法もあるが，個々の室内機の負荷が異なるので公平性が保たれなくなる．そこで，ビル用マルチエアコンでは，集中管理機器などを利用して，室外機の電力使用量から室内機ごとの電力使用量を求める電力按分用のシステムを用意している．室内機のサーモオン時間や運転時間で按分する簡易的な方法もあるが，この方法では設定温度や室内負荷の影響を考慮できない．

より精度を高めたものとして，集中管理機器で室外機の電力使用量を読み取って，室内機の電子膨張弁開度や風量などの運転状態から室内機ごとの負荷を推定して電力使用量を按分させる方法がある．ただし，このようなシステムを採用する場合は，**図 8.2-4** のように集中管理機器が電力パルス信号を入力できる仕様のものでなければいけない．

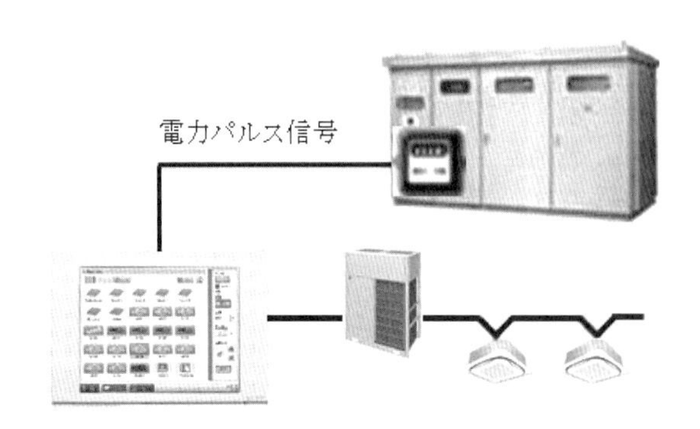

図 8.2-4　電力パルス信号の取込み

(4)　遠隔監視

従来，ビル用マルチエアコンにおける保守サービスは，空調機の点検を年に 2 〜 4 回おこなうのが主流であったが，維持管理コスト低減のため定期的に現地で機器を点検する保守に代わり，インターネットや公衆回線を用いて遠隔でリアルタイムに空調機の状態を監視するサービスがおこなわれるようになってきた．空調機に異常が発生したことをユーザに知らせるだけでなく，緊急修理対応もおこなっている．空調機の運転状態を分析することで，冷媒漏えいやセンサ不良などの兆候を捉え，異常停止や突発修理などのトラブルを未然に防止する予防保全をおこなっている機器メーカもある．

さらに，ビル用マルチエアコンの使われ方を学習し，ユーザの使用環境に応じた省エネルギーチューニングを遠隔で実施する省エネルギーサービスもおこなわれるようになってきている．

(5)　デマンド制御

毎月の電気料金は，基本料金と電力量料金の合計であり，産業用電力の電気料金体系における基本料金は，その月の電力使用量に関わらず契約電力に基づいて決定する．30 分間の電力使用量（平均電力）のうち，1 カ月の最大の値をその月の最大需要電力（最大デマンド）としており，毎月の契約電力はその月を含む過去 1 年間の中で最も大きい値で決まる．つまり，一度でも大きなデマンドを発生させてしまうと，1 年間その契約電力が適用される．

たとえば真夏の暑い時期に，冷房の設定温度を 1℃下げたために，過去の 11 カ月よりも大きいデマンドが発生してしまったら，今後 1 年間は基本料金が上がってしまうことになる．

この電気料金の基本料金を決めるデマンド値を常時監視して必要に応じて警告をおこなったり自動的に目標電力内に納まるように空調機の能力を加減する制御をおこなう装置をデマンド監視装置と呼んでいる．ビル用マルチエアコンではその特徴を活かしてさまざまな制御方法がとられ，たとえば，室内機の設定温度を変化させたり，強制的に空調機を送風運転させたりしてデマンド制御をおこなっている．

室内機にデマンド制御の優先順位を設定すれば，優先順位の高い室内機から順番にデマンド制御をおこなうことができる．消費電力が目標電力を超えそうになった場合，快適性が多少無視できる優先順位の高い室内機を最初に制御をおこない，それでも目標電力を超えそうな場合には，優先順位に従って順番に制御をかけていく．快適性を犠牲にしたくない室内機があれば，デマンド制御をかけなくすることもできる．

室内機に繋がっている室外機の圧縮機を停止させて，圧縮機の発停が頻繁におこなわれると温度変化による不快感を与える可能性があるため，制御の設計には気をつけるべきである．インバータ方式のビル用マルチエアコンの場合，設定した電流値以下になるように圧縮機の回転数を調整して電力を抑える制御をおこなっており，快適性をできるだけ損なわないデマンド制御をおこなうことも可能になってきた．**図 8.2-5** にデマンド制御のイメージ図を示す．

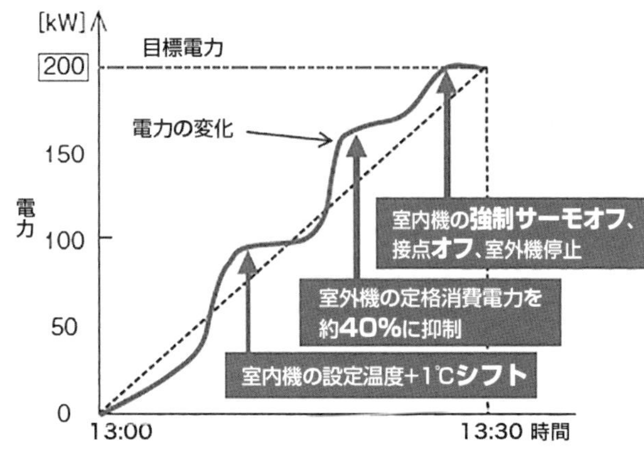

図 8.2-5　デマンド制御のイメージ

(6)　連動制御

空調機を他の設備と連動させて運転・停止などをおこなう連動制御は，機器単独では得られない利便性や効率性がある．たとえば，セキュリティシステムとの連動で，空調機や照明，換気装置を自動で運転・停止させて入退出時の手間を簡略化したり，火災報知機との連動で，全館または防火区画の空調機や換気装置を緊急停止させるといったことが可能である．

このように，機器同士を目的に応じて自動連携させることで設備をきめ細かく，効率良く管理することができる．

(7)　省エネルギー

ビル用マルチエアコンだけに限らないが，通常おこなわれる省エネルギーは，あらかじめ決めた目標の設定温度で運用し，冷やしすぎや暖めすぎを防止したり，こまめに運転を停止したりする方法がとられ，その運用は主にその空調機を使用する人がおこなっているために十分な省エネルギーが図れない場合がある．空調管理システムでは，省エネルギーをおこなうための各種自動制御が搭載されているのでこの機能を活用すれば人による運用を省くことができる．

設定温度の上下限を設定し，無駄に設定温度を上下させない機能や運転スケジュール機能を使って不要な室内機の運転を停止したり，人の位置を検出し気流をコントロールすることで快適性を提供するだけでなく，不在時には運転を停止させる制御などがある．**図 8.2-6** のように，スケジュールでの設定や人検知センサとの連動で人が居ないと判断した場合，空調機をセーブ運転させる「セットバック機能」による省エネルギー制御の方法もある．

ビル用マルチエアコンの特徴からそのほかにもさまざまな省エネルギー制御が可能である．主な方法として，室内機の配置状況や負荷バランスを考慮し，同居室空間の室内機を間引き運転させる「ローテーション制御」や設定した電流値以下になるように圧縮機回転数を調整する「能力セーブ制御」といった省エネルギー制御をおこなうこともできる．

さらには，冷房運転時の蒸発温度の目標値を上げ，低負荷時における空調能力過多を抑制し，室内機やインバータ圧縮機の運転や停止の繰返し頻度を低減させて快適性を維持しながら大幅な電力削減効果を得る方法もある．

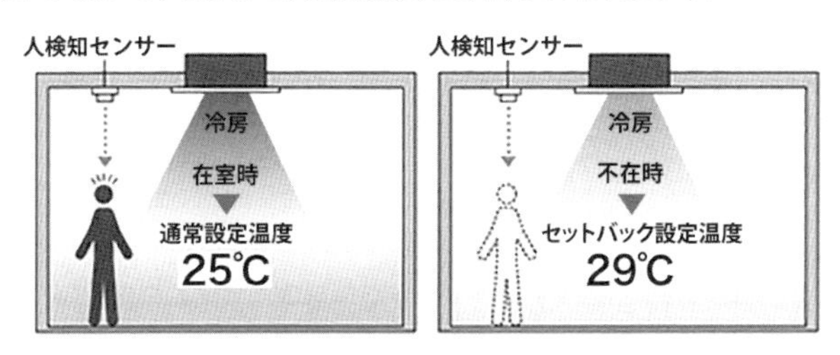

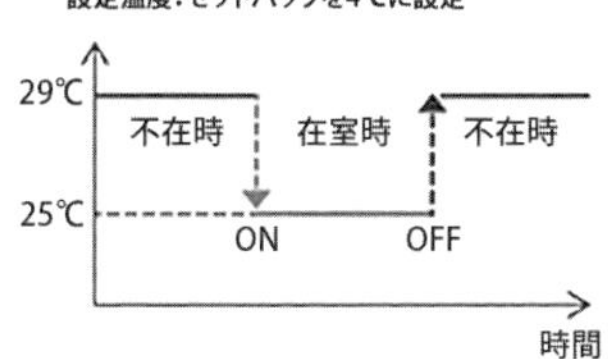

図 8.2-6　セットバック機能

（北出　幸生）

第9章．空調システムの今後の動向

9.1　ZEB

9.1.1　背景

気候変動枠組条約締約国会議などにおいて日本政府が温室効果ガスの削減を掲げるなかでも，オフィスビルや店舗，病院，学校などの業務部門のエネルギー消費量が増加しており，経済産業省が打ち出している省エネルギー政策の中でZEB（net Zero Energy Building）への取組みを推進している．ZEBは「建築物における一次エネルギー消費量を，建築物・設備の省エネルギー性能の向上，オンサイトでの再生可能エネルギーの活用などにより削減し，年間の一次エネルギー消費量が正味（ネット）でゼロまたはおおむねゼロとなる建築物」[1]と定義されており，エネルギー基本計画で，「建築物については，2020年までに新築公共建築物などで，2030年までに新築建築物の平均でZEBを実現することを目指す」[2]との政府目標が示されている．

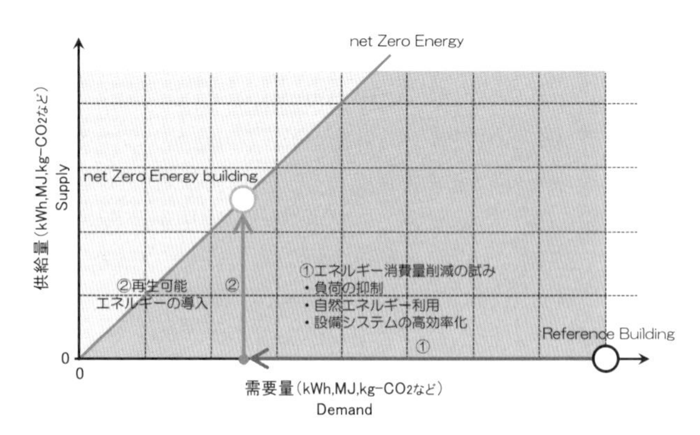

図9.1-1　ZEB実現へのアプローチ[3]

9.1.2　ZEBの定義と評価基準

(1)　ZEBの定義

建築設備に関連する機器は，多機能，高効率，低環境負荷などを目指して開発が進められるが，機器の性能だけではZEBに近づくことは困難であり，建築物の全体での取組みが重要となる．建築物の構造改善による外皮負荷の低減，内部機器発熱の低減，空調設備を含む建築設備全体のシステムとしての高効率化，自然エネルギーの利用などが必要であり，これらの対策が取り入れられた上で，高効率な再生可能エネルギーを採用することでZEBの実現を目指すこととなる．**図9.1-1**はこのようなZEB実現へのアプローチ手法を示したものである．

建物の敷地境界におけるエネルギーの需給バランスを**図9.1-2**に示す．図中左側のDで示されるものが外部から供給されたエネルギーであり，右側のEが外部へ供給したエネルギー，Cは敷地内で消費したエネルギーである．再生可能エネルギーRは敷地内で生成したエネルギーとなっている．この中で，EがDに比べておおむね等しいか大きい，またはRがCに比べておおむね等しいか大きければZEBとみなされる．

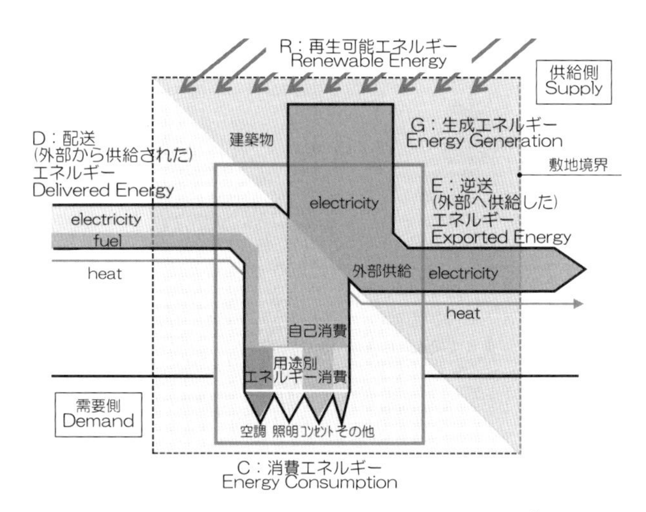

図9.1-2　ZEBの需要と供給のバランス[4]

(2)　ZEBの評価基準

ZEBを実現するまでの段階的な評価基準を**図9.1-3**に示す．基準化需要量C＊が1.0となるレファレンスビルは，「非住宅建築物の環境関連データベース」（一般社団法人日本サステナブル建築協会）などをもとにして決定する．このレファレンスに比較し0.5から0.65の間であればZEB Orientedとし，それよりさらに進んだ場合は再生可能エネルギーとの関係も含めて，ZEB Ready，nearly ZEB Ⅱ，nearly ZEB Ⅰとなり，基準化供給量G＊が基準化需要量C＊を超えたときにnet Plus Energy Buildingとなる．

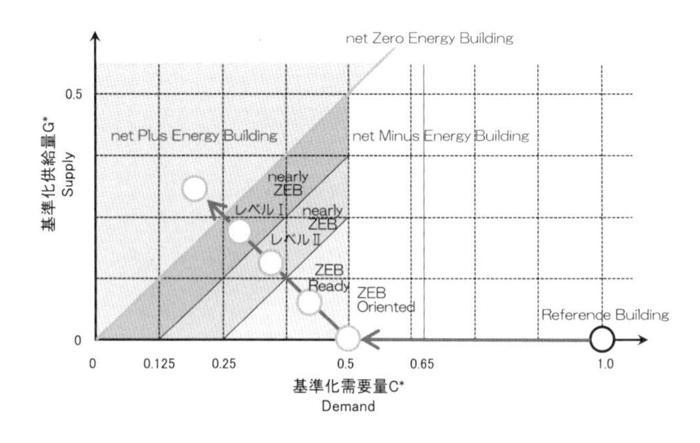

図9.1-3　ZEBの評価基準[5]

9.1.3　ZEB化への省エネルギー技術

建築物における標準ケースからのZEBへ至るまでの省エネルギー技術と削減量の試算は**図9.1-4**のように表される．ここでは標準ケースの年間エネルギー消費量を2,030 MJ/（m^2・年）としている．この中で空調システムの計画に関するものは高効率熱源，低消費搬送，自然エネルギー利用である．パッシブ建築は空調負荷の削減に関わるものであり，高効率照明と低消費 OA 機器は負荷削減とともにそれ自体が消費するエネルギーの削減となるものである．

このように ZEB を達成するためには，再生可能エネルギーを導入する前提として建物全体のエネルギー消費の高効率化が必須であり，それは空調機器や制御システムの高度化によるものだけではなく，負荷削減や空調機器に頼らない自然エネルギーの利用などあらゆる面での対策が重要となる．

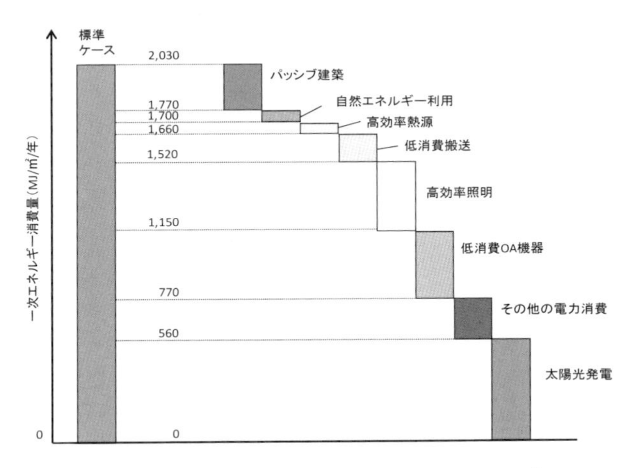

図 9.1-4　ZEB にいたる省エネルギー技術 [6)]

9.1.4　ZEB 化の取組み事例

(1)　公共建築物

図 9.1-5 は庁舎（川越町）における事例を示す．基準となる排出量 1,261 MJ/（m^2・年）は一般財団法人省エネルギーセンタの調査による平均値である．これと比較して事例の建物では約 50%の一次エネルギー削減となっている．採用されている対策技術としては，建築関連では外ルーバの設置，建築設備では共用部局所空調や熱源効率運転化と照明自動調光，自然エネルギーでは自然換気を導入しており，再生可能エネルギーは太陽光発電となっている．

(2)　事務所ビル

図 9.1-6 および**図 9.1-7** は事務所ビル（飯野ビルディング）における事例である．建物への負荷抑制対策として屋上緑化やダブルスキンが採用されている．また，自然エネルギー利用に関するものとして，自然採光，外気冷房，CO_2 制御などが取り入れられている．建築設備に関しては，LED 照明，吸着除湿をおこなうデシカント空調機，ファン動力を要しない放射空調，高効率熱源などを採用している．再生可能エネルギーは将来対応となっている．

これらの対策の導入により，一次エネルギー消費量は大規模事務所ビルの平均値である 2505 MJ/（m^2・年）に比較して，1038 MJ/（m^2・年）程度となっている．

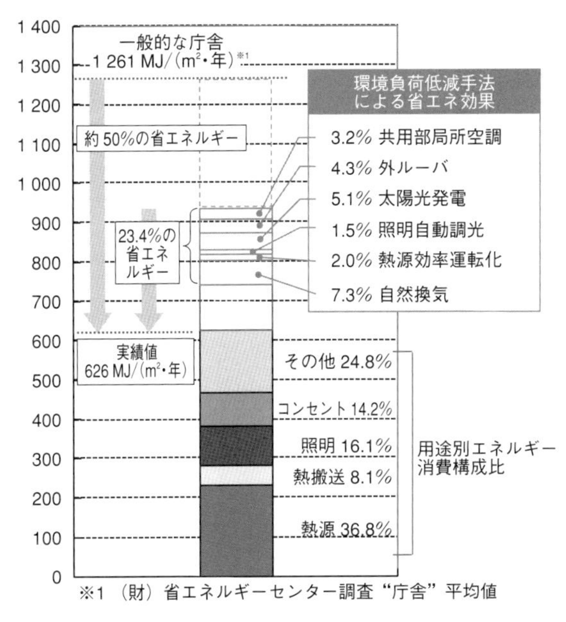

図 9.1-5　事例 1：庁舎における一次エネルギー削減効果 [7)]

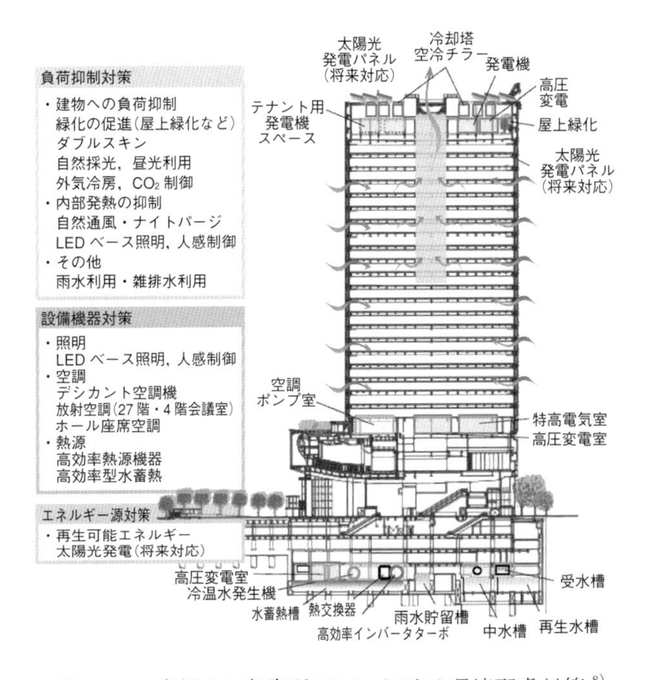

図 9.1-6　事例 2：事務所ビルにおける環境配慮対策 [8)]

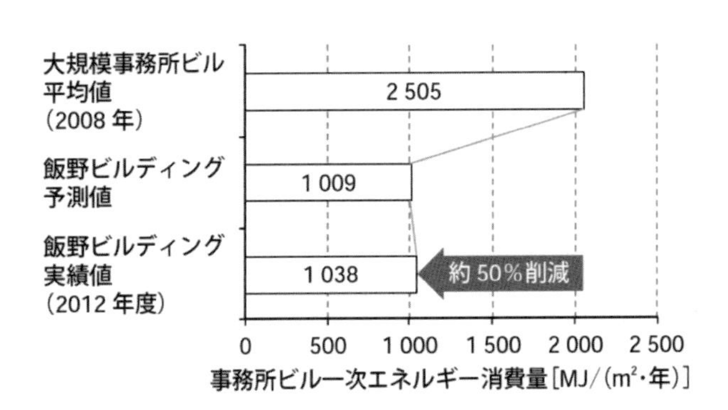

図 9.1-7　事例 2：事務所ビルにおける一次エネルギー削減効果 [9)]

引 用 文 献

1) 経済産業省：ZEB の実現と展開に関する研究会報告書，p.3（2009）．
http://www.meti.go.jp/report/data/g91124dj.html
2) 経済産業省資源エネルギー庁：エネルギー基本計画，p.34（2014）．
http://www.enecho.meti.go.jp/category/others/basic_plan/
3) 空気調和・衛生工学会：ZEB（ネット・ゼロ・エネルギー・ビル）の定義と評価方法，p.2，東京（2015）．
http://www.shasej.org/oshirase/1506/ZEB/shase_zebteigi201506.pdf
4) 空気調和・衛生工学会：ZEB（ネット・ゼロ・エネルギー・ビル）の定義と評価方法，p.2，東京（2015）．
http://www.shasej.org/oshirase/1506/ZEB/shase_zebteigi201506.pdf
5) 空気調和・衛生工学会：ZEB（ネット・ゼロ・エネルギー・ビル）の定義と評価方法，p.5，東京（2015）．
http://www.shasej.org/oshirase/1506/ZEB/shase_zebteigi201506.pdf
6) 経済産業省：ZEB（ネット・ゼロ・エネルギー・ビル）の実現と展開について，p.21（2009）．
http://www.meti.go.jp/report/data/g91124dj.html
7) 竹部友久：空気調和・衛生工学会誌，**88**（1），46（2014）．
8) 伊藤剛，佐藤孝輔，清水洋，平岡雅哉，横井睦己，和田一樹：空気調和・衛生工学会誌，**88**（1），52（2014）．
9) 伊藤剛，佐藤孝輔，清水洋，平岡雅哉，横井睦己，和田一樹：空気調和・衛生工学会誌，**88**（1），53（2014）．

（鈴木　康司）

9.2. IEEE1888による空調監視制御システム

9.2.1 空調のクラウド制御時代

IEEE1888 は近年のインターネットを活用するクラウドによるエネルギー監視制御向けのオープンな通信規格である．空調機をはじめとするあらゆる設備，消費電力，太陽光発電，ガス，蓄熱槽などのインタフェースを，クラウド上のソフトウェアから見えるようにし，オープンで自由な開発環境下で統合管理できるようにするものである．大型の商業施設やキャンパスのような多棟環境における横断的かつ縦断的な設備統合のときに特に威力を発揮し，近年のスマート X（スマートビル，スマートファクトリー，スマートデータセンタ，スマートキャンパス，スマートシティ，スマートグリッド）の実現に貢献する．IEEE1888 は，2011 年 3 月に IEEE（米国電気電子学会）の標準規格となり，2015 年 3 月には ISO/IEC の国際標準規格（ISO/IEC/IEEE18880:2015[*1)]）としても承認されている．

本節は，このような IEEE1888 を空調設備の監視制御に用いる場合のシステム設計の考え方を整理したものである．近年の空調機管理システムは，太陽光などのほかの設備や周囲のコミュニティあるいは外部情報（気象情報や会議システムなど）との連携が求められ，そのクラウド上の開発のオープン性が問われるようになってきている．一方で，インターネットを介した通信をおこなうため，通信特性への配慮も重要なポイントになってくる．本節では，このような背景のもとに開発がおこなわれる IEEE1888 による監視制御システムの基本的な考え方を特にパッケージ空調機に焦点を絞り紹介する．

過去 10 年程の間にコンピュータのアーキテクチャは大きな変化を遂げている．コンピュータ・システムの中心となるコンピュータは，インターネット上のクラウドとして実現され，われわれがそこにブラウザを使ってログインして利用する形態に変化してきた．これまではローカルなパソコンにアプリケーション・プログラムをインストールして，利用していたが，それらはすべてクラウドに移行しつつある．また多様な情報の連携は，すべてクラウドの上でおこなわれる．気象情報の共有，B2B の情報連携，電力取引など，何もかもがクラウドの土俵の上で連携される時代となっている．

ビルの設備についても同様に，設備の稼働状況などをクラウドに取り込み，そこで動くアプリケーション・プログラムによって処理させる方向に時代は変化しつつある．10 年前は，BACnet®[*2)] などを使うローカルネットワーク内での集約監視が先進的なものであったが，新しいプロジェクトではクラウドの利用が先進的なものとして受け入れられている．クラウドにすると，Web サイトやほかのビジネス・アプリケーションなど（会議室予約情報）との連携が実現しやすくなるほか，ソフトウェアのカスタマイズや改修も人の移動を伴わずにリモートから容易に実現できるようになるため，ビル全体としての付加価値が増えるためである．

IEEE1888 を使うと設備情報（稼働履歴や操作のためのインタフェース）が，そのままクラウドに上がってくることになる．IEEE1888 対応商品の売り方にも依存するが，純粋な IEEE1888 対応商品であれば，接続先のクラウドは自由に選ぶことができる．クラウドの設計はオープンであり，プロジェクト単位で自由に選定し，立ち上げることができる．IT のインテグレータがそのクラウド上で設備や他の情報との連携を図ることになる．

BACnet® は，ある程度まとまった単位の設備をローカル・エリア・ネットワーク（LAN）に接続するときに用いていた．BACnet® は接続先が LAN であったが，IEEE1888 ではこの接続先がクラウドになったと考えるとわかりやすい（**図 9.2-1**）．プロジェクトの開発中心がクラウドになりつつある現在，オープンなクラウドへの接続需要は増えるはずである．

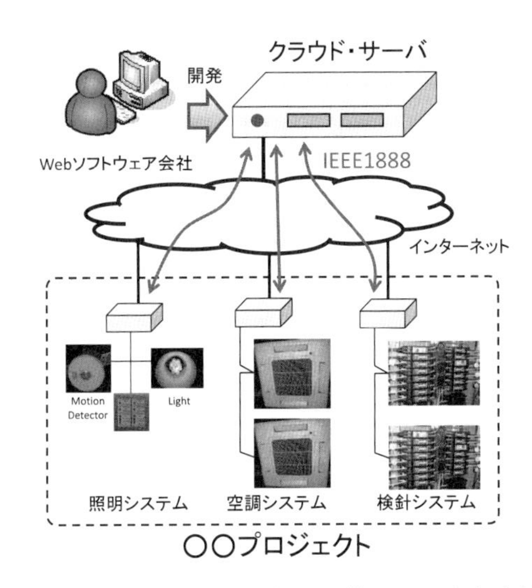

図 9.2-1　IEEE1888 による空調設備のクラウド直接接続

図 9.2-1 において IEEE1888 を使うと，空調設備が直接クラウドに接続される．ここで接続先のクラウドは自由に選ぶことができるため，プロジェクトごとに自由に作られたクラウドに接続することになる．インテグレータはクラウド上のソフトウェア開発を含め，全体の取りまとめをおこなう．

9.2.2　ローカル制御とグローバル制御

設備機器のリモート監視制御を考えると，一般に，以下に述べるローカル制御とグローバル制御という考え方に行きつく．パッケージ空調機システムを例にとり**図 9.2-2** に解説する．

ローカル制御は空調機内部でおこなわれる詳細な制御のことである．コンプレッサの入口での冷媒温度，出口での冷媒温度，インバータ周波数などの状態を監視・制御し，目標とする「設定温度」に空調機の動作を統制する制御である．一方，グローバル制御は，外部から空調機に対して命令を発行することによっておこなう制御のことである．たとえば,「設定温度」の変更操作は外部からおこなわれる．デマンドレスポンス対応などで，設定温度を 25 ℃から 26 ℃に変更する操作はグローバル制御の一部と見なされる．

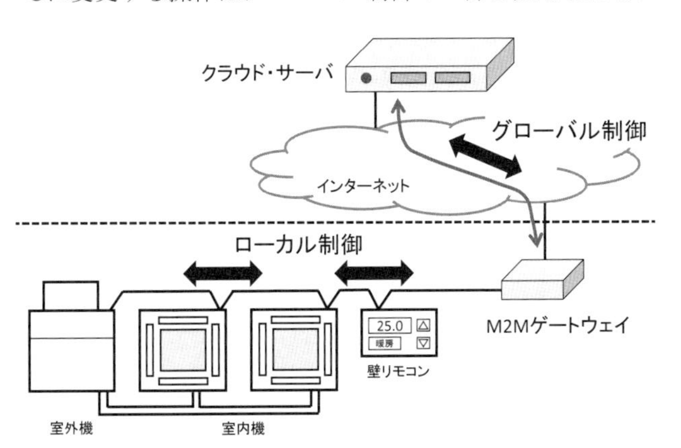

図 9.2-2　ローカル制御とグローバル制御の関係.

IEEE1888 は，グローバル制御に用いる規格として位置づけられる．ローカル制御は，グローバル制御から見ればどのような方式で組まれていても構わない，と考える．ローカル制御システムは一つの自律系であり，極端にいえばグローバル制御システムが存在しなくても動作はする．ただし，その動作をマクロに指示してあげないと，誰もいない部屋を冷やし続けたり，デマンド削減要求時に冷やし過ぎの部屋の温度を上げられなかったりすることになる．

ローカル制御とグローバル制御の切分けをうまくおこなうことは，システム設計において極めて重要である．そこには主に以下の二つの理由がある．

(1)　空調機システム内部の技術情報を開示しなくて済む

空調機内部のシステム制御，つまりローカル制御は，空調機の種類やメーカーによって異なるものである．これは，空調機自体の性能向上のために日々研究がおこなわれている領域であり，それらの情報はその企業にとっての財産となる．ローカル制御とグローバル制御をうまく切分けしてあれば，グローバル制御側にはその仕組みを見せないようにすることができる．

(2)　インターネット接続不良時にも安全運転できる

インターネット接続ではリモコンレベルの状態を読書きする，という形に設計することによって，空調機自体の制御は，インターネットを介さずに自律的におこなわれることになる．つまり，インターネット接続に万一不良があったとしても，空調設備は設定情報に基づいて安全に運転を遂行することができる．もし，ローカル制御の内容をグローバル制御に切り出していたとすれば，インターネット接続に問題があったときに空調機自体の運転ができなくなってしまいかねない．

9.2.3　IEEE1888 の通信形態と通信内容

IEEE1888 は，HTTP 上で XML メッセージを交換することで通信をおこなう．原理的にはさまざまな通信を実現することが可能であるが，ここでは主な使われ方である (1) トレンドデータの収集と (2) 制御信号の設定の通信について解説する．

なお，IEEE1888 には，コンポーネント（Gateway，Storage，Application の総称）と呼ばれる概念，WRITE 手順，FETCH 手順，TRAP 手順と呼ばれる 3 種類の通信手順が規定されているが，本項ではそれらの基本的な事項は割愛する．詳細は IEEE1888 教科書 [*3] などを参照されたい．

(1)　トレンドデータの収集

トレンドデータの収集は，通常，設備側（IEEE1888 の用語では Gateway 側）から，クラウド側（IEEE1888 の用語ではここでは Storage 側）に対し，定期的に（たとえば 1 分に 1 回の頻度で）設備の状態を WRITE 手順で送信することによっておこなわれる．**図 9.2-3** がリクエストメッセージ（設備の状態を送信しているメッセージ）であり，**図 9.2-4** がそれに対する応答メッセージである．

```
POST /axis2/services/FIAPStorage/ HTTP/1.1
Host: fiap-sandbox.gutp.ic.i.u-tokyo.ac.jp
Connection: Keep-Alive
User-Agent: PHP-SOAP/5.3.10-1ubuntu3.11
Content-Type: text/xml; charset=utf-8
SOAPAction: "http://soap.fiap.org/data"
Content-Length: 1070

<?xml version="1.0" encoding="UTF-8"?>
<SOAP-ENV:Envelope xmlns:SOAP-ENV="http://schemas.xmlsoap.org/soap/envelope/"
  xmlns:ns1="http://soap.fiap.org/">
<SOAP-ENV:Body><ns1:dataRQ>
<transport xmlns="http://gutp.jp/fiap/2009/11/">
 <body>
 <point id="http://tscp.u-tokyo.ac.jp/Hongo/EngBldg02/EHP/10F/102B1/SWCfb">
  <value time="2015-11-29T17:15:00+09:00">ON</value>
 </point>
 <point id="http://tscp.u-tokyo.ac.jp/Hongo/EngBldg02/EHP/10F/102B1/MODEfb">
  <value time="2015-11-29T17:15:00+09:00">COOL</value>
  </point>
  <point id="http://tscp.u-tokyo.ac.jp/Hongo/EngBldg02/EHP/10F/102B1/FANfb">
   <value time="2015-11-29T17:15:00+09:00">MID</value>
   </point>
  <point id="http://tscp.u-tokyo.ac.jp/Hongo/EngBldg02/EHP/10F/102B1/DB">
   <value time="2015-11-29T17:15:00+09:00">27.0</value>
  </point>
  ...
  </body></transport>
</ns1:dataRQ></SOAP-ENV:Body></SOAP-ENV:Envelope>
```

図 9.2-3　クライアントからサーバへのメッセージ送信の様子（見やすくするためにキャプチャデータを加工してある）

```
HTTP/1.1 200 OK
Date: Sun, 29 Nov 2015 08:25:43 GMT
Content-Type: text/xml;charset=utf-8
Vary: Accept-Encoding
Keep-Alive: timeout=5, max=100
Connection: Keep-Alive
Transfer-Encoding: chunked

<?xml version='1.0' encoding='utf-8'?>
<soapenv:Envelope xmlns:soapenv="http://schemas.xmlsoap.org/soap/envelope/">
<soapenv:Body><ns1:dataRS xmlns:ns1="http://soap.fiap.org/">
<transport xmlns="http://gutp.jp/fiap/2009/11/">
 <header><OK /></header>
</transport>
</ns1:dataRS></soapenv:Body></soapenv:Envelope>
```

図 9.2-4　サーバからクライアントへの応答の様子（見やすくするためにキャプチャデータを加工してある）

この例は，東京大学の本郷キャンパスの工学部 2 号館にある電気式ヒートポンプ（EHP）群のうち，10 階の 102B1 号室の室内機の ON/OFF 状態，動作モード，風量モード，吸気口温度の 2015 年 11 月 29 日 17 時 15 分時点の状態を送っている．設備の各種状態はポイント ID によってグローバルユニークに識別され，これにより設備を具体的に特定できる．IEEE1888 では，ポイント ID に http から始まる URL 形式を用いる．

この例では 102B1 号室の室内機の状態しか送っていないが，実際には，ビルマルチエアコンであれば数多くの室内機がビル全体で管理されている．その場合，Gateway から Storage に対しては，複数の室内機の状態を一つのリクエストメッセージの中に同時に載せて送信する．

このような通信を定期的におこなうことでクラウド側に長時間のトレンドデータを収集していくことができる．

(2)　制御信号の設定

設備に対して制御をおこなうときはフィードバック制御の原則に沿って設計すべきである．つまり，制御信号を単に設備に対して送り付けるのではなく，送り付けた通りに設定が変化しているかを読み出して確認する，という仕組みを盛り込むべきである．

具体的には，IEEE1888 では WRITE 手順によって設定値を設備側に書き込むが，その値が設定されたことを実際に FETCH 手順で読み出してみて確認し，成否を判定することによってこの操作をおこなう．

ローカル制御システムの作りによっては書き込んだ値が反映されるまでに時間がかかったり，失われてしまったりするため，グローバル制御のインタフェース側には設定用のポイント ID と監視用のポイント ID を別々に見せておいて，クラウド側の動作としては設定用に書き込んだ値が監視用に表れてくることを確認する（そして反映されていなければ最大 3 回程度までリトライする），という手法を取る．これによって信頼性のある制御（成功しているか否かを把握できている制御）を実現することができる．

9. 2. 4　グローバル制御のインタフェース設計

ローカル制御とグローバル制御の設計原則を考えると，これらのシステム間をつなぐインタフェースとして交換される情報は必然的にリモコンレベルの情報になる．つまり，グローバルに監視制御できるのは室内機の稼働状態，運転モード，風量，設定温度，吸気口温度などである．ここでは，空調機のグローバル制御インタフェースが「東京大学広域設備ネットワーク 標準データモデル形式 *4)」として規定されている標準モデルを紹介する．

図 9.2-5　空調機のデータモデル

図 9.2-5 に空調機のデータモデルのイメージを示す．これはリモコンイメージである．監視用・設定用に分かれており，現在の空調の状態は監視側に出現してくる．設定用に書込みをおこなうと，それは現在の状態として反映される．各項目には SWCfb や SetTemp のように名前を割り振られている．これが図 9.2-3 に示したようにポイント ID の末尾に対応することになる．各項目は取りうる値やその意味を詳細に規定している．その内容を**表 9.2-1** に示す．ただ，表 9.2-1 では規定しきれない内容（サンプリングの

頻度，温度の精度など）もある．これらは，システムインテグレーションのときに，考慮されなければならない．このように意味を規定することによって，グローバル制御インタフェースとして機能することが可能になる．新しく空調機のIEEE1888の外部インタフェースを設計開発する際には，この定義を参考にしていただきたい．

表9.2-1　各パラメータの定義

稼働状態監視（SWCfb）		
名称	SWCfb	
存在	必須	
値	表記	意味
	ON	稼働状態である
	OFF	停止状態である
運転モード監視（MODEfb）		
名称	MODEfb	
存在	必須	
値	表記	意味
	AUTO	空調機の判断で実運転モードが決められる
	COOL	冷房モードで運転する（している）
	HEAT	暖房モードで運転する（している）
	DRY	除湿モードで運転する（している）
	FAN	送風モードで運転する（している）
風量監視（FANfb）		
名称	FANfb	
存在	必須	
値	表記	意味
	AUTO	空調機の判断で実風量が決められる
	LOW	最も弱い風を出す運転をする（している）
	HIGH	最も強い風を出す運転をする（している）
	MID	LOWとHIGHの間の風力で運転する（している）
設定温度監視（SetTempfb）		
名称	SetTempfb	
存在	オプション	
単位	℃	
型	デシマル	
意味	部屋の温度をその状態にする（している）	
吸気口温度監視（DB）		
名称	DB	
存在	必須	
単位	℃	
型	デシマル	
意味	エアコン室内機の吸気口での温度	
稼働状態設定（SWC）		
名称	SWC	
存在	必須	
値	表記	意味
	ON	稼働状態にする
	OFF	停止状態にする
運転モード設定（MODE）		
名称	MODE	
存在	必須	
値	表記	意味
	AUTO	空調機の判断で実運転モードを決めるようにする
	COOL	冷房モードで運転するようにする
	HEAT	暖房モードで運転するようにする
	DRY	除湿モードで運転するようにする
	FAN	送風モードで運転するようにする
風量設定（FAN）		
名称	FAN	
存在	必須	
値	表記	意味
	AUTO	空調機の判断で実風量が決められる
	LOW	最も弱い風を出す運転をするようにする
	HIGH	最も強い風を出す運転をするようにする
	MID	LOWとHIGHの間の風力で運転するようにする
設定温度設定（SetTemp）		
名称	SetTemp	
存在	オプション	
単位	℃	
型	デシマル	
意味	部屋の温度をその状態にしようとする	

通常，トレンドデータの収集は監視系の項目（SWCfb, MODEfb, FANfb, SetTempfb, DB）に対しておこなう．一方，制御信号の設定は，設定系の項目（SWC, MODE, FAN, SetTemp）にWRITEした後に監視系の項目（SWCfb, MODEfb, FANfb, SetTempfb）から同じ値が読み出せるかどうかを確認することでおこなう．

このような形にグローバル制御インタフェースを作るのがIEEE1888での設計である．

9.2.5　将来展望

本節では，IEEE1888通信によってクラウドから空調設備を監視制御する仕組みについて，その設計の原則と具体的な設計方法を紹介した．IEEE1888を使うと，設備がクラウドにダイレクトに接続されるようになり，監視制御ロジックの開発はオープンなソフトウェア会社（もちろんノウハウは必要である）がおこなうことになる．利用先のクラウドも案件ごとに自由に決めることができ，監視制御システムを自由に開発することができる．

参　考　文　献

*1)　ISO/IEC/IEEE18880:2015 http://www.iso.org/iso/catalogue_detail.htm?csnumber=67485（2015）．

*2)　ASHRAE BACnet：http://www.bacnet.org/（2015）．

*3)　落合秀也：「IEEE1888プロトコル教科書」，インプレスジャパン，東京（2012）．

*4)　東京大学広域設備ネットワーク標準データモデル形式：東京大学，（2015）．

（落合　秀也）

索 引

日本冷凍空調学会専門書シリーズ

冷凍サイクル制御

定価（本体価格 5,556円+税）

平成30年11月12日　　初版発行
令和５年８月８日　　第１版　第２刷発行

編集・発行　公益社団法人日本冷凍空調学会

〒103-0011　東京都中央区日本橋大伝馬町13-7
日本橋大富ビル
TEL　03（5623）3223
FAX　03（5623）3229

印刷所　株式会社 昌 文 社

 ISBN978-4-88967-139-1-C3053　¥5,556E